MECÁNICA

UNIDADES DIDÁCTICAS

Mariano Artés Gómez

MECÁNICA

Universidad Nacional de Educación a Distancia

UNIDADES DIDÁCTICAS (52203UD01A01)
MECÁNICA

Librería UNED: C/ Bravo Murillo, 38 - 28015 Madrid
Tels.: 91 398 75 60 / 73 73, e-mail: libreria@adm.uned.es

ISBN: 84-362-4938-0
Depósito legal: M. 49.750-2003

Primera edición: noviembre de 2003

Impreso en España - Printed in Spain
Compuesto e impreso en Fernández Ciudad, S. L.
Catalina Suárez, 19. 28007 Madrid

A María José, Mariano,
Joaquín y Alberto.

PRESENTACIÓN

La presente obra, que desarrolla un programa de Mecánica de nivel intermedio para estudiantes de ingeniería, se ha escrito con el fin de facilitar la tarea a los alumnos que van a cursar sus estudios universitarios de ingeniería industrial en una modalidad a distancia. Este objetivo ha influido decisivamente en el método seguido, buscando en todo momento la claridad en la exposición y tratando de hacer más sencilla la ardua labor del estudio independiente, ya que, aunque existen numerosos textos de Mecánica de este nivel, no es frecuente que hayan sido escritos con ese propósito.

El libro pretende proporcionar a los estudiantes de ingeniería una base sólida de conocimientos que les permita afrontar con éxito las materias con las que se van a encontrar en los siguientes cursos de la carrera. Los tres primeros capítulos se dedican a presentar los conceptos fundamentales de la cinemática, estudiando detenidamente los movimientos plano y esférico. Continúa con dos capítulos dedicados a la estática, poniendo especial atención en la estática de hilos, seguidos de otros cuatro en los que se introduce la dinámica del punto, tanto libre como ligado, y el movimiento relativo. A continuación, tras un capítulo dedicado a la geometría de masas, se aborda el estudio de los teoremas fundamentales de la dinámica de los sistemas. En los siguientes tres capítulos, se trata la dinámica del sólido con un eje y con un punto fijo y la dinámica de las percusiones. La última parte del texto se ocupa de la mecánica analítica, presentándose las formulaciones lagrangiana y hamiltoniana y los principios variacionales. La obra concluye con un capítulo dedicado al estudio de las vibraciones, de tanto interés en ingeniería. Al final de cada capítulo se han incluido varios ejemplos resueltos con el fin de que el estudiante pueda ejercitarse en la resolución de problemas.

La mayor parte del material del libro procede de los cursos impartidos por el autor durante cerca de diez años en la Universidad Politécnica de Madrid y en la Universidad de Oviedo, y de su experiencia de más de veinte años como catedrático de esta disciplina en la UNED. Otra parte fue preparada durante una estancia de un año, como profesor visitante, en la State University of New York en Buffalo. Como todo texto de esta naturaleza, la obra es tributaria de numerosas fuentes, la mayoría de las cuales figuran incluidas en la Bibliografía, pero lo es también, sobre todo en muchos de sus enfoques y planteamientos, de la influencia ejercida sobre el propio autor por sus maestros, especialmente el profesor Scala. Pero, además, el libro debe mucho al constante apoyo recibido de los compañeros del Departamento de Mecánica de la UNED. A todos ellos mi sincero agradecimiento.

Aunque, como ya se ha dicho, el libro se ha escrito pensando en los alumnos que van a cursar sus estudios en una modalidad a distancia, también podrá resultar útil a los estudiantes de los primeros cursos de otras escuelas de ingeniería cuyos planes de estudios incluyan esta materia. Si a unos y a otros les permite abordar más fácilmente el estudio de esta disciplina, el autor se considerará sobradamente recompensado.

Madrid, mayo de 2003

ÍNDICE

Capítulo 1

CINEMÁTICA DEL PUNTO Y DE LOS SISTEMAS

OBJETIVOS

1. *Determinar el vector de posición, la trayectoria y la hodógrafa del movimiento de un punto.*
2. *Diferenciar claramente los conceptos de velocidad media e instantánea.*
3. *Expresar la velocidad en forma intrínseca.*
4. *Calcular la expresión de la velocidad en distintos sistemas de coordenadas particulares.*
5. *Diferenciar claramente los conceptos de aceleración media y aceleración instantánea.*
6. *Calcular la expresión de la aceleración en distintos sistemas particulares de coordenadas*
7. *Calcular las componentes intrínsecas de la aceleración.*
8. *Definir el concepto de velocidad areolar.*
9. *Comprender el significado de la condición de indeformabilidad y los grados de libertad de un sistema indeformable.*
10. *Distinguir los movimientos de traslación circular y los de rotación.*
11. *Calcular la velocidad de un punto en el movimiento de rotación.*
12. *Definir los conceptos de velocidad y aceleración angular.*
13. *Comprender el significado del teorema de las velocidades proyectadas.*
14. *Calcular la velocidad de un punto y obtener el grupo cinemático.*
15. *Cálcular la aceleración de un punto.*
16. *Reducir el movimiento más general de un sistema a un punto.*
17. *Calcular la ecuación del eje instantáneo de rotación y los axoides del movimiento*
18. *Definir y calcular las rotaciones de rodadura y pivotamiento.*

ESQUEMA-RESUMEN

1.1. Conceptos fundamentales
— Movimiento
— Sistema de referencia
— Vector de posición
— Tiempo
— Trayectoria
— Ecuación horaria

1.2. Velocidad
— Velocidad media
— Velocidad instantánea
— Expresión intrínseca
— Hodógrafa

1.3. Expresión de la velocidad en algunos sistemas particulares de coordenadas
— Coordenadas cartesianas
— Coordenadas cilíndricas
— Coordenadas esféricas

1.4. Aceleración
— Aceleración media
— Aceleración instantánea
— Sobreaceleración

1.5. Expresión de la aceleración en algunos sistemas particulares de coordenadas
— Coordenadas cartesianas
— Coordenadas cilíndricas
— Coordenadas esféricas

1.6. Componentes intrínsecas de la aceleración.
— Aceleración tangencial
— Aceleración normal

1.7. Velocidad areolar

1.8. Sistemas indeformables
— Sistema indeformable
— Sólido rígido
— Grados de libertad

1.9. Movimientos de traslación y de rotación
— Movimiento de traslación
— Movimiento de rotación
— Velocidad angular
— Expresión de la velocidad de un punto
— Aceleración angular

1.10. Equiproyectividad del campo de velocidades
— Campo vectorial equiproyectivo
— Teorema de las velocidades proyectadas

1.11. Distribución de velocidades
— Derivadas de los vectores unitarios en el triedro móvil
— Fórmulas de Poisson
— Velocidad de un punto

1.12. Grupo cinemático
— Definición
— Invariantes

1.13. Distribución de aceleraciones
— Aceleración de un punto

1.14. Reducción del movimiento general de un sistema a rotaciones
— Par de rotaciones
— Reducción del movimiento a un punto

1.15. Eje instantáneo de rotación y deslizamiento mínimo. Axoides
— Expresión analítica del eje instantáneo
— Axoide fijo
— Axoide móvil

1.16. Movimiento relativo de dos superficies en contacto
— Rotación de rodadura
— Rotación de pivotamiento

1. CINEMÁTICA DEL PUNTO Y DE LOS SISTEMAS

1.1. CONCEPTOS FUNDAMENTALES

Se denomina *Cinemática* a la parte de la Mecánica que estudia el movimiento con independencia de la causa que lo produce. El nombre se debe a Ampère aunque la idea de estudiar los aspectos geométricos del movimiento tuvo su origen en Poncelet. Se puede distinguir entre cinemática del punto y cinemática de los sistemas, según que limite su objeto al movimiento de un punto geométrico o bien se ocupe de los sistemas de puntos.

Si se considera un punto, P, aislado de toda referencia no es posible determinar si está en movimiento o permanece fijo. Por eso cuando se dice que un punto está en movimiento se entiende que su posición cambia en el espacio con relación a una referencia que se supone fija. Si esta referencia fuese otro punto geométrico, O, sólo podría decirse que la distancia entre ambos puntos aumenta, disminuye o no varía con el transcurso del tiempo. Por eso el movimiento tiene sentido cuando se refiere a un triedro de referencia con origen en O y que se supone fijo. Definido un sistema de ejes de referencia, diremos que el punto está inmóvil cuando el vector $\overrightarrow{OP}$ no varía con el tiempo. Estudiaremos el movimiento analizando la variación con el tiempo del vector $\overrightarrow{OP}$, al que denominaremos *vector de posición*.

Utilizaremos el espacio euclídeo de la geometría ordinaria y el concepto intuitivo de tiempo, que se considera una variable escalar que puede ser medida por cada observador con independencia de su estado de reposo o movimiento. El punto P, al moverse, describe una curva llamada *trayectoria*, que es el lugar geométrico de los puntos que sucesivamente ocupa el punto móvil y coincide con la indicatriz de la función vectorial $\overrightarrow{OP} = \overrightarrow{OP}(t)$. Resulta obvio que la trayectoria depende del sistema de referencia elegido. Si se hubiese elegido un sistema de referencia en movimiento respecto a otro fijo, la trayectoria respecto a ese sistema de referencia sería distinta a la primera.

Si suponemos que el triedro de referencia elegido es una terna cartesiana ortogonal con origen en O, quedará establecida una correspondencia unívoca entre el valor de la variable escalar t y la posición del punto móvil P de coordenadas x, y, z. La ecuación de la trayectoria en este sistema de referencia se podrá expresar como intersección de dos superficies:

$$\begin{aligned} f_1(x, y, z) &= 0 \\ f_1(x, y, z) &= 0 \end{aligned} \qquad [1.1]$$

o bien en coordenadas paramétricas:

$$\begin{aligned} x &= x(\lambda) \\ y &= y(\lambda) \\ z &= z(\lambda) \end{aligned}$$

La posición del punto P sobre la trayectoria en un instante determinado viene dada por la ecuación $s = s(t)$ que se denomina *ecuación horaria*, en donde s es el camino recorrido sobre la curva a partir de un punto P_0 que se tomará como origen y desde el que se medirá la longitud del arco recorrido por el punto P, es decir, se considera la trayectoria como un espacio unidimensional.

Para obtener las ecuaciones paramétricas de la trayectoria en función del tiempo, conocida la ecuación horaria, se procede del siguiente modo. En las ecuaciones [1.1] de la trayectoria despejaremos y, z en función de x resultando:

$$\begin{aligned} y &= \varphi_1(x) \\ z &= \varphi_2(x) \end{aligned} \qquad [1.2]$$

Recordando la expresión del elemento de arco ds,

$$ds = \sqrt{dx^2 + dy^2 + dz^2}$$

y llamando x_o a la coordenada x de P_o, se tiene:

$$s = \int_{x_o}^{x} \sqrt{1 + \varphi_1'^2 + \varphi_2'^2}\, dx = \varphi(x)$$

con lo que se obtiene:

$$s(t) = \varphi(x)$$

y despejando x resulta:

$$x = x(t)$$

y sustituyendo en las expresiones [1.2] de y y de z, finalmente queda:

$$y = y(t) \qquad z = z(t)$$

con lo que tenemos definido el vector de posición $\vec{r}(t) = \overrightarrow{OP}(t)$ mediante sus tres componentes $x(t)$, $y(t)$ y $z(t)$. Es decir:

$$\vec{r}(t) = x(t)\vec{i} + y(t)\vec{j} = z(t)\vec{k}$$

1.2. VELOCIDAD

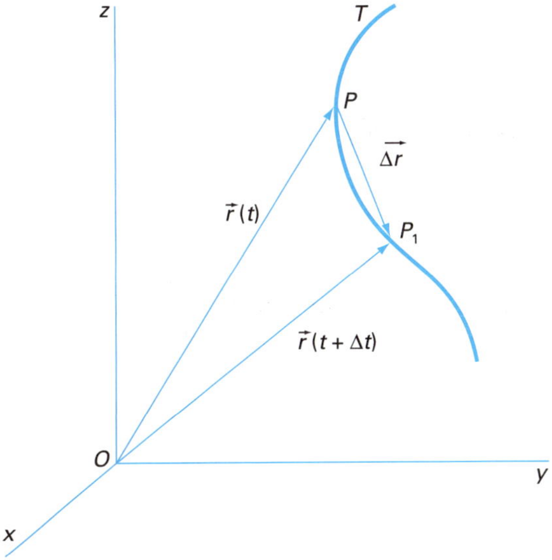

FIGURA 1.1

Supongamos que la trayectoria descrita por el punto móvil sea la curva T. En el instante t el punto se encuentra en P y en el instante $t_1 = t + \Delta t$ en la posición P_1. Al vector $\overrightarrow{P_1P}$ le llamaremos $\Delta\vec{r}$ y al cociente:

$$\vec{v}_m = \frac{\Delta\vec{r}}{\Delta t}$$

se le denomina *velocidad media* en el intervalo (tt_1).

Cuando el Δt tiende a cero, el límite del cociente anterior se denomina *velocidad instantánea*:

$$\vec{v} = \lim_{\Delta t \to 0} \frac{\Delta \vec{r}}{\Delta t}$$

Este límite es precisamente la derivada respecto al tiempo del vector $\vec{r}(t) = \overrightarrow{OP}$, por lo que la velocidad del punto P será:

$$\boxed{\vec{v} = \frac{d\vec{r}}{dt}} \qquad [1.3]$$

que es también una función vectorial del tiempo.

La velocidad puede expresarse en función del elemento de arco ds de la trayectoria y del vector unitario $\vec{\tau}$, tangente en el punto a dicha curva. En efecto:

$$\overrightarrow{\Delta P} = \overrightarrow{\Delta s} = \Delta s \vec{\tau}$$

por lo que:

$$\vec{v} = \lim_{\Delta t \to 0} \frac{\Delta s}{\Delta t} \vec{\tau} = \frac{ds}{dt} \vec{\tau} = v \vec{\tau} \qquad [1.4]$$

es un vector de módulo la derivada del arco respecto al tiempo, dirección tangente a la trayectoria y sentido el del movimiento. La fórmula [1.4] da la expresión de la *velocidad en forma intrínseca*.

Se denomina *hodógrafa* del movimiento a la curva descrita por el extremo del vector velocidad, considerado como vector libre y aplicado en cada instante en el origen de coordenadas. Dicha curva es la indicatriz de la función vectorial $\vec{v} = \vec{v}(t)$, por lo que sus ecuaciones paramétricas serán:

$$x = \dot{x}(t)$$
$$y = \dot{y}(t)$$
$$z = \dot{z}(t)$$

en donde se han representado las derivadas primeras respecto al parámetro t colocando un punto encima de la letra correspondiente.

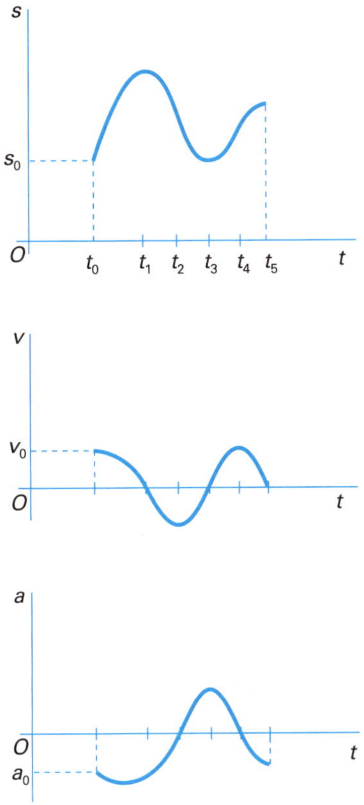

FIGURA 1.2

En el parágrafo anterior se definió la función horaria $s = s(t)$. Esta función puede derivarse respecto al tiempo y se obtiene la expresión:

$$v = \frac{ds(t)}{dt} = \dot{s}(t)$$

que se denomina *función cinemática*. Esta función puede derivarse nuevamente respecto al tiempo y se obtendría la aceleración como escalar:

$$a = \frac{d^2s(t)}{dt^2} = \frac{dv(t)}{dt} = \ddot{s}(t)$$

En la figura 1.2 se ha representado un ejemplo de las funciones anteriores y sus derivadas con respecto al tiempo que reciben el nombre de *diagramas cinemáticos*.

1.3. EXPRESION DE LA VELOCIDAD EN ALGUNOS SISTEMAS PARTICULARES DE COORDENADAS

Para expresar la velocidad en los diferentes sistemas de coordenadas partiremos de la expresión del elemento de arco de trayectoria $d\vec{s}$ en cada uno de ellos. Recordamos que dicha curva es la indicatriz de la función vectorial $\vec{r} = \vec{r}(t)$.

1.3.1. Coordenadas cartesianas

El elemento diferencial de arco viene dado por:

$$d\vec{s} = dx\vec{i} + dy\vec{j} + dz\vec{k}$$

Dividiendo por el elemento diferencial de tiempo dt, se tiene:

$$\vec{v} = \frac{d\vec{s}}{dt} = \frac{dx}{dt}\vec{i} + \frac{dy}{dt}\vec{j} + \frac{dz}{ds}\vec{k} = \dot{x}\vec{i} + \dot{y}\vec{j} + \dot{z}\vec{k} \qquad [1.5]$$

que da la expresión de la velocidad en coordenadas cartesianas.

1.3.2. Coordenadas cilíndricas

En coordenadas cilíndricas (fig. 1.3) un punto viene dado por la intersección del semiplano definido por θ, la superficie cilíndrica de radio ρ,

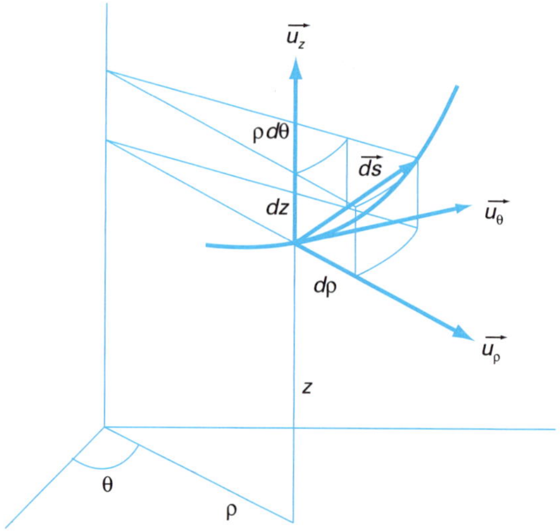

FIGURA 1.3

y el plano z. El elemento diferencial de arco se expresará mediante los tres vectores unitarios $\vec{u}_\rho$, $\vec{u}_\theta$, $\vec{u}_z$ en la forma:

$$d\vec{s} = d\rho\vec{u}_\rho + \rho d\theta\vec{u}_\theta + dz\vec{u}_z$$

por lo que la expresión del vector velocidad será:

$$\boxed{\vec{v} = \dot{\rho}\vec{u}_\rho + \rho\dot{\theta}\vec{u}_\theta + \dot{z}\vec{u}_z} \qquad [1.6]$$

1.3.3. Coordenadas esféricas

En coordenadas esféricas (fig. 1.4) un punto viene dado por la intersección de la superficie esférica de radio r, el semiplano definido por θ, y la superficie cónica de semiángulo φ. El elemento diferencial de arco en coordenadas esféricas, referido a la terna $\vec{u}_r$, $\vec{u}_\theta$, $\vec{u}_\varphi$ viene dado por la expresión:

$$d\vec{s} = dr\vec{u}_r + r\cos\varphi d\theta\vec{u}_\theta + rd\varphi\vec{u}_\varphi$$

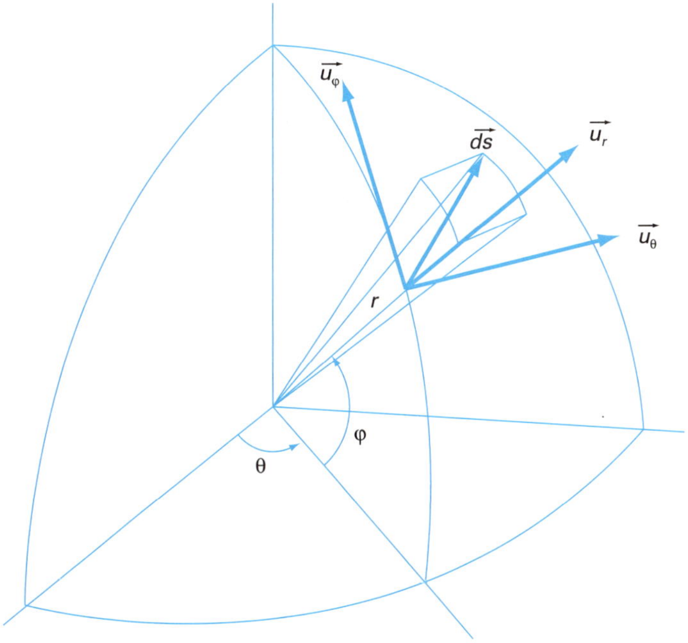

FIGURA 1.4

por lo que la expresión del vector velocidad será:

$$\vec{v} = \dot{r}\vec{u}_r + r\dot{\theta} \cos \varphi\vec{u}_\theta + r\dot{\varphi}\vec{u}_\varphi \qquad [1.7]$$

1.4. ACELERACIÓN

En el instante t el punto se encuentra en P y su velocidad es $\vec{v}$. En el instante $t_1 = t + \Delta t$ se encuentra en la posición P_1 con velocidad $\vec{v}_1$. Al vector $\vec{v}_1 - \vec{v}$ le llamaremos $\overrightarrow{\Delta v}$ y al cociente:

$$\vec{a}_m = \frac{\overrightarrow{\Delta v}}{\Delta t}$$

se le denomina *aceleración media* en el intervalo (t, t_1).

Cuando el Δt tiende a cero, el límite del cociente anterior se denomina *aceleración instantánea*:

$$\vec{a} = \lim_{\Delta t \to 0} \frac{\overrightarrow{\Delta v}}{\Delta t}$$

Este límite es precisamente la derivada respecto al tiempo del vector $\vec{v}(t)$, por lo que la aceleración del punto P será:

$$\vec{a} = \frac{d\vec{v}}{dt} = \frac{d^2\vec{r}}{dt^2} \qquad [1.8]$$

que es también una función vectorial del tiempo.

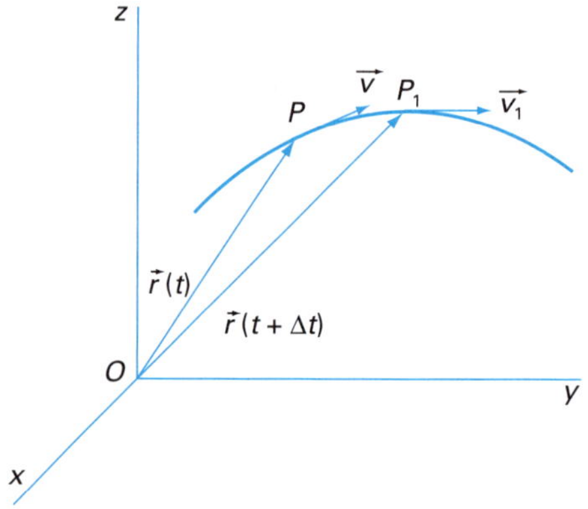

FIGURA 1.5

Puesto que la aceleración es una función vectorial de variable escalar puede derivarse a su vez obteniéndose una nueva función vectorial del tiempo que se denomina *sobreaceleración*.

En general la expresión de la *sobreaceleración de orden n* será:

$$\vec{a}^{(n)} = \frac{d^n\vec{a}}{dt^n} = \frac{d^n}{dt^n}\left(\frac{d^2\vec{r}}{dt^2}\right) = \frac{d^{n+2}\vec{r}}{dt^{n+2}}$$

A la indicatriz de la función vectorial $\vec{a}^{(n)}(t)$ se le denomina *hodógrafa de la sobreaceleración de orden n*. El estudio de las sobreaceleraciones, en particular la de primer orden, tiene importancia, entre otros fenómenos, debido a que son una de las causas del mareo en los vehículos por lo que deben ser objeto de análisis durante el proceso de diseño de los mismos, ya que cuando la aceleración es constante también lo es la fuerza de inercia, mientras que cuando aparece una variación en la aceleración —sobreaceleración— se producen variaciones en las fuerzas de inercia que al actuar sobre el organismo humano, en especial en el oído interno, que es el órgano del equilibrio, dan lugar a la sensación de mareo.

1.5. EXPRESIÓN DE LA ACELERACIÓN EN ALGUNOS SISTEMAS PARTICULARES DE COORDENADAS

Para expresar la, aceleración en los diferentes sistemas de coordenadas partiremos de la expresión del vector velocidad en cada uno de ellos. Derivando respecto al tiempo obtendremos las expresiones buscadas.

1.5.1. Coordenadas cartesianas

La expresión de la velocidad en coordenadas cartesianas [1.5] es:

$$\vec{v} = \dot{x}\vec{i} + \dot{y}\vec{j} + \dot{z}\vec{k} \qquad [1.9]$$

Derivando respecto al tiempo, por la constancia de los vectores de la terna $\{\vec{i}, \vec{j}, \vec{k}\}$, resulta que las componentes cartesianas de la derivada son las derivadas de las componentes cartesianas de la función vectorial por lo que la expresión de la aceleración será:

$$\vec{a} = \ddot{x}\vec{i} + \ddot{y}\vec{j} + \ddot{z}\vec{k}$$

1.5.2. Coordenadas cilíndricas

La velocidad viene dada por la expresión [1.6]:

$$\vec{v} = \dot{\rho}\,\vec{u}_\rho + \rho\dot{\theta}\,\vec{u}_\theta + \dot{z}\,\vec{u}_z \qquad [1.10]$$

referida a la terna ortonormal variable $\{\vec{u}_\rho, \vec{u}_\theta, \vec{u}_z\}$, cuyo primer vector tiene la dirección y sentido de la proyección del vector velocidad sobre el plano *xOy* y el tercer vector coincide con el eje *Oz* de los ejes cartesianos *Oxyz*. La nueva terna de vectores unitarios de referencia resulta de girar la terna cartesiana un ángulo $\theta(t)$ alrededor del eje *Oz* en sentido positivo (contrario a las agujas del reloj) y depende del tiempo a través del ángulo θ. La expresión de dichos vectores unitarios en función de la terna cartesiana $\{\vec{i}, \vec{j}, \vec{k}\}$, es:

$$\begin{aligned} \vec{u}_\rho &= \cos\theta\,\vec{i} + \operatorname{sen}\theta\,\vec{j} \\ \vec{u}_\theta &= -\operatorname{sen}\theta\,\vec{i} + \cos\theta\,\vec{j} \\ \vec{u}_z &= \vec{k} \end{aligned}$$

y sus derivadas respecto al tiempo serán:

$$\begin{aligned} \frac{d\vec{u}_\rho}{dt} &= (-\operatorname{sen}\theta\,\vec{i} + \cos\theta\,\vec{j})\,\frac{d\theta}{dt} = \dot{\theta}\,\vec{u}_\theta \\ \frac{d\vec{u}_\theta}{dt} &= (-\cos\theta\,\vec{i} - \operatorname{sen}\theta\,\vec{j})\,\frac{d\theta}{dt} = -\dot{\theta}\,\vec{u}_\rho \qquad [1.11] \\ \frac{d\vec{u}_z}{dt} &= \vec{0} \end{aligned}$$

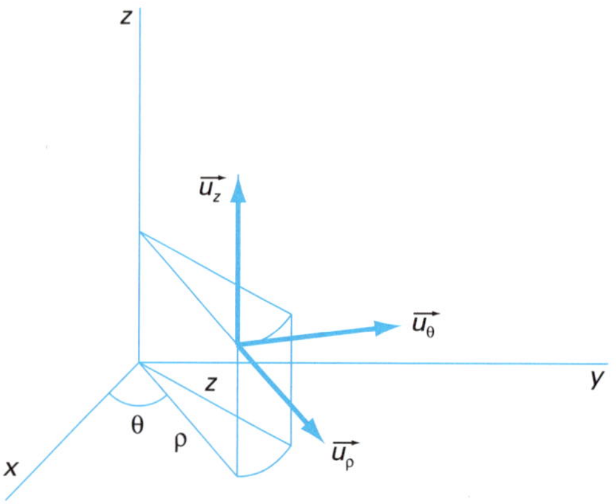

FIGURA 1.6

Derivando respecto al tiempo la expresión [1.10] de la velocidad, resulta:

$$\vec{a} = \ddot{\rho}\,\vec{u}_\rho + \dot{\rho}\,\frac{d\vec{u}_\rho}{dt} + \dot{\rho}\dot{\theta}\vec{u}_\theta + \rho\ddot{\theta}\,\vec{u}_\theta + \rho\dot{\theta}\,\frac{d\vec{u}_\theta}{dt} + \ddot{z}\vec{u}_z + \dot{z}\,\frac{d\vec{u}_z}{dt}$$

y teniendo en cuenta las expresiones [1.11] que dan los valores de las derivadas de los vectores unitarios queda:

$$\vec{a} = \ddot{\rho}\,\vec{u}_\rho + \dot{\rho}\dot{\theta}\vec{u}_\theta + \dot{\rho}\dot{\theta}\vec{u}_\theta + \rho\ddot{\theta}\,\vec{u}_\theta + \rho\dot{\theta}(-\dot{\theta}\vec{u}_\rho) + \ddot{z}\vec{u}_z + \dot{z}\vec{0}$$

obteniéndose finalmente la expresión de la aceleración en coordenadas cilíndricas:

$$\boxed{\vec{a} = (\ddot{\rho} - \rho\dot{\theta}^2)\vec{u}_\rho + (\rho\ddot{\theta} + 2\dot{\rho}\dot{\theta})\vec{u}_\theta + \ddot{z}\vec{u}_z} \qquad [1.12]$$

1.5.3. Coordenadas esféricas

La velocidad en coordenadas esféricas viene dada por la expresión [1.7]:

$$\vec{v} = \dot{r}\,\vec{u}_r + r\dot{\theta}\,\cos\varphi\,\vec{u}_\theta + r\dot{\varphi}\,\vec{u}_\varphi \qquad [1.13]$$

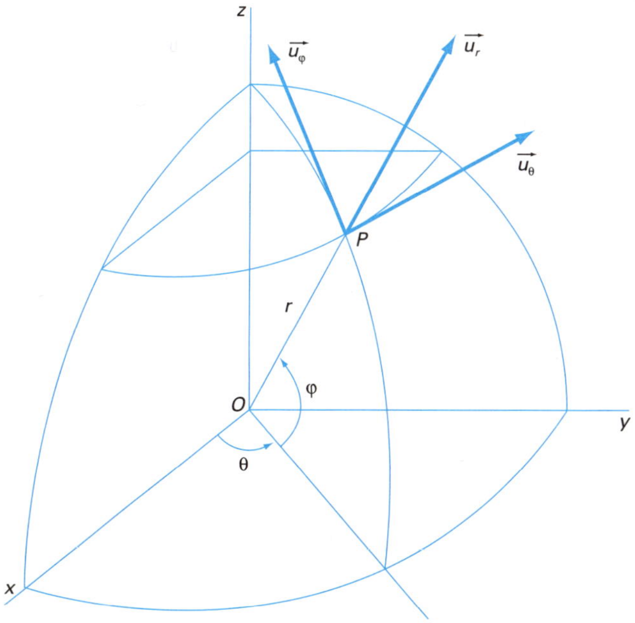

FIGURA 1.7

referida a la terna ortonormal variable $\{\vec{u}_r, \vec{u}_\theta, \vec{u}_\varphi\}$, cuyo primer vector unitario tiene la dirección y sentido del vector de posición, el segundo vector es perpendicular al plano que determinan el vector de posición y su proyección sobre el plano xOy, en el sentido del crecimiento del ángulo θ y el tercer vector unitario es tangente al meridiano contenido en el plano formado por r y su proyección sobre xOy, que pasa por el extremo de r y en el sentido del crecimiento del ángulo φ (fig. 1.7). La nueva terna de vectores unitarios de referencia depende del tiempo a través de los ángulos θ y φ. La expresión de dichos vectores unitarios en función de la terna cartesiana $\{\vec{i}, \vec{j}, \vec{k}\}$, es:

$$\begin{aligned} \vec{u}_r &= \cos\varphi\cos\theta\vec{i} + \cos\varphi\,\mathrm{sen}\,\theta\vec{j} + \mathrm{sen}\,\varphi\vec{k} \\ \vec{u}_\theta &= -\mathrm{sen}\,\theta\vec{i} + \cos\theta\vec{j} \\ \vec{u}_\varphi &= -\mathrm{sen}\,\varphi\cos\theta\vec{i} - \mathrm{sen}\,\varphi\,\mathrm{sen}\,\theta\vec{j} + \cos\varphi\vec{k} \end{aligned}$$

A continuación calcularemos las derivadas de dichos vectores unitarios respecto al tiempo recordando que son derivadas totales respecto a los ángulos θ y φ, que a su vez dependen del tiempo:

$$\begin{aligned} \frac{d\vec{u}_r}{dt} &= \frac{d\vec{u}_r}{d\theta}\frac{d\theta}{dt} + \frac{d\vec{u}_r}{d\varphi}\frac{d\varphi}{dt} = \\ &= (-\cos\varphi\,\mathrm{sen}\,\theta\vec{i} + \cos\varphi\cos\theta\vec{j})\dot{\theta} + \\ &+ (-\mathrm{sen}\,\varphi\cos\theta\vec{i} - \mathrm{sen}\,\varphi\,\mathrm{sen}\,\theta\vec{j} + \cos\varphi\vec{k})\dot{\varphi} = \\ &= (-\mathrm{sen}\,\theta\vec{i} + \cos\theta\vec{j})\dot{\theta}\cos\varphi + \vec{u}_\varphi\dot{\varphi} = \dot{\theta}\cos\varphi\vec{u}_\theta + \dot{\varphi}\vec{u}_\varphi \end{aligned}$$

$$\begin{aligned} \frac{d\vec{u}_\theta}{dt} &= \frac{\partial\vec{u}_\theta}{\partial\theta}\dot{\theta} + \frac{\partial\vec{u}_\theta}{\partial\varphi}\dot{\varphi} = \\ &= -\cos\theta\dot{\theta}\vec{i} - \mathrm{sen}\,\theta\dot{\theta}\vec{j} = -\dot{\theta}(\cos\theta\vec{i} + \mathrm{sen}\,\theta\vec{j}) = -\dot{\theta}\vec{u}_\rho = \qquad [1.14] \\ &= -\dot{\theta}(\cos\varphi\vec{u}_r + \mathrm{sen}\,\varphi\vec{u}_\varphi) \end{aligned}$$

$$\begin{aligned} \frac{d\vec{u}_\varphi}{dt} &= \frac{\partial\vec{u}_\varphi}{\partial\theta}\dot{\theta} + \frac{\partial\vec{u}_\varphi}{\partial\varphi}\dot{\varphi} = \\ &= \mathrm{sen}\,\varphi\,\mathrm{sen}\,\theta\dot{\theta}\vec{i} - \mathrm{sen}\,\varphi\cos\theta\dot{\theta}\vec{j} - \cos\varphi\cos\theta\dot{\varphi}\vec{i} - \\ &- \cos\varphi\,\mathrm{sen}\,\theta\dot{\varphi}\vec{j} - \mathrm{sen}\,\varphi\dot{\varphi}\vec{k} = -\dot{\theta}\,\mathrm{sen}\,\varphi(-\mathrm{sen}\,\theta\vec{i} + \cos\theta\vec{j}) - \\ &- \dot{\varphi}(\cos\varphi\cos\theta\vec{i} + \cos\varphi\,\mathrm{sen}\,\theta\vec{j} + \mathrm{sen}\,\varphi\vec{k}) = -\dot{\theta}\vec{u}_\theta - \dot{\varphi}\vec{u}_r \end{aligned}$$

Derivando respecto al tiempo la expresión [1.13] que da la velocidad en coordenadas esféricas obtendremos la aceleración:

$$\begin{aligned}\vec{a} &= \ddot{r}\vec{u}_r + \dot{r}\dot{\vec{u}}_r + \dot{r}\dot{\theta}\cos\varphi\vec{u}_\theta + r\ddot{\theta}\cos\varphi\vec{u}_\theta - \\ &- r\dot{\theta}\dot{\varphi}\operatorname{sen}\varphi\vec{u}_\theta + r\dot{\theta}\cos\varphi\dot{\vec{u}}_\theta + \dot{r}\dot{\varphi}\vec{u}_\varphi + r\ddot{\varphi}\vec{u}_\varphi + r\dot{\varphi}\dot{\vec{u}}_\varphi\end{aligned} \qquad [1.15]$$

y sustituyendo en [1.15] los valores de las derivadas respecto al tiempo obtenidos en [1.14] resulta finalmente:

$$\begin{aligned}\vec{a} &= (\ddot{r} - r\dot{\theta}^2\cos^2\varphi - r\dot{\varphi}^2)\vec{u}_r + \\ &+ (2\dot{r}\dot{\theta}\cos\varphi + r\ddot{\theta}\cos\varphi - 2r\dot{\theta}\dot{\varphi}\operatorname{sen}\varphi)\vec{u}_\theta + \\ &+ (2\dot{r}\dot{\varphi} + r\dot{\theta}^2\operatorname{sen}\varphi\cos\varphi + r\ddot{\varphi})\vec{u}_\varphi\end{aligned} \qquad [1.16]$$

que es la expresión de la aceleración en coordenadas esféricas.

1.6. COMPONENTES INTRÍNSECAS DE LA ACELERACIÓN

Tal como se vio en la fórmula [1.2] la velocidad puede expresarse en forma intrínseca mediante el vector unitario, $\vec{\tau}$, tangente a la trayectoria, es decir:

$$\vec{v} = v\vec{\tau}$$

Para obtener las componentes intrísecas de la aceleración derivaremos la expresión anterior respecto al tiempo,

$$\vec{a} = \frac{d}{dt}(v\vec{\tau}) = \frac{dv}{dt}\vec{\tau} + v\frac{d\vec{\tau}}{dt} = \frac{dv}{dt}\vec{\tau} + v\frac{d\vec{\tau}}{ds}\frac{ds}{dt} \qquad [1.17]$$

y recordando la primera fórmula de Frénet que da la derivada del vector unitario tangente respecto al arco:

$$\frac{d\vec{\tau}}{ds} = \frac{\vec{\nu}}{\rho}$$

en donde $\vec{\nu}$ es el vector unitario en la dirección de la normal principal a la curva y ρ el radio de curvatura de la trayectoria en ese punto. Sustituyendo en [1.17] queda:

$$\vec{a} = \frac{dv}{dt}\vec{\tau} + \frac{v^2}{\rho}\vec{\nu} \qquad [1.18]$$

expresión que da las *componentes intrínsecas de la aceleración* y que pone de manifiesto que la aceleración está contenida en el plano que determinan los vectores unitarios $\vec{\tau}$ y $\vec{\nu}$, del triedro intrínseco de la trayectoria, es decir en el denominado plano osculador de la curva.

A la componente según la tangente:

$$a_t = \frac{dv}{dt}$$

se le denomina *aceleración tangencial* y mide la variación del módulo del vector velocidad

A la componente según la normal:

$$a_n = \frac{v^2}{\rho}$$

se le denomina *aceleración normal* y es la que determina el cambio de dirección del vector velocidad.

La aceleración tangencial se anula cuando el módulo de la velocidad es constante (movimiento uniforme) o cuando pasa por un máximo o mínimo relativo. La aceleración normal se anula cuando lo hace el módulo de la velocidad, cuando el radio de curvatura de la trayectoria se hace infinito (puntos de inflexión) o cuando la trayectoria es rectilínea. Cuando el radio de curvatura es constante se tiene un movimiento circular.

1.7. VELOCIDAD AREOLAR

Sea $\vec{r}$ el vector de posición en el instante t y $\vec{r} + \Delta\vec{r}$ el nuevo vector de posición en el instante $t + \Delta t$. El área barrida, ΔS, por el vector de posición puede expresarse como el producto vectorial:

$$\Delta\vec{S} = \frac{1}{2}(\vec{r} \times \Delta\vec{r})$$

y la velocidad areolar puede definirse del siguiente modo:

$$\vec{v}_a = \frac{d\vec{S}}{dt} = \lim_{\Delta t \to 0} \frac{\Delta\vec{S}}{\Delta t} = \frac{1}{2}\left(\vec{r} \times \lim_{\Delta t \to 0} \frac{\Delta\vec{r}}{\Delta t}\right) = \frac{1}{2}(\vec{r} \times \vec{v})$$

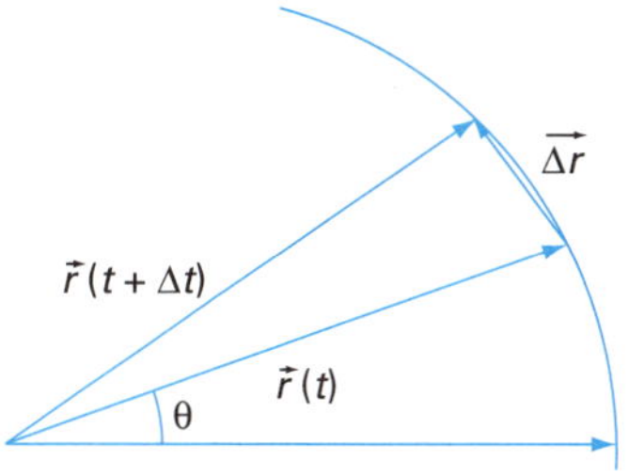

FIGURA 1.8

es decir:

$$\vec{v}_a = \frac{1}{2}(\vec{r} \times \vec{v}) \qquad [1.19]$$

En el caso de movimiento en un plano la velocidad areolar será un vector perpendicular a dicho plano con el sentido correspondiente al producto vectorial y de módulo, en coordenadas polares planas:

$$|\vec{v}| = \frac{1}{2}\rho^2\dot{\theta} \qquad [1.20]$$

1.8. CINEMÁTICA DE LOS SISTEMAS INDEFORMABLES

1.8.1. Sistemas indeformables

Un *sistema indeformable* es un conjunto de puntos para los que se verifica la propiedad de que dados dos cualesquiera de ellos, P y Q, la distancia entre ambos se mantiene constante. Al moverse el sistema, las posiciones de los puntos P y Q serán funciones del tiempo por lo que la condición anterior puede expresarse analíticamente en la forma:

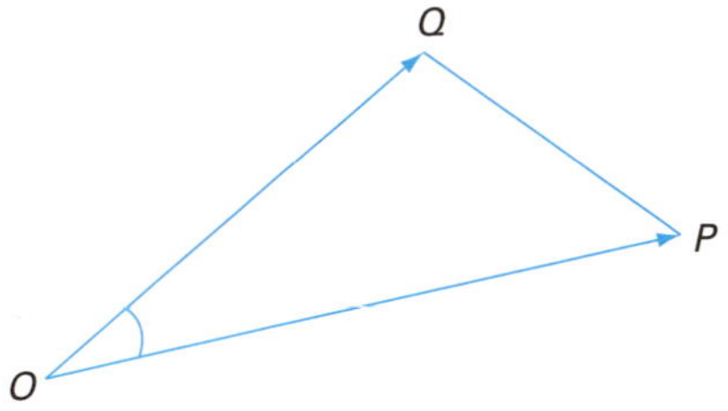

FIGURA 1.9

$$\frac{d}{dt} \text{nor } \overrightarrow{PQ} = 0$$

Cuando la definición anterior se aplica a un sólido geométrico ideal decimos que se trata de un *sólido rígido*. Si se tratase de un conjunto de puntos materiales hablaríamos de un *cuerpo rígido*.

De la expresión anterior se desprende la constancia de los ángulos. En efecto, sean O, P y Q tres puntos cualesquiera de un sistema indeformable, se verifica:

$$\frac{d}{dt} \text{nor } \overrightarrow{PQ} = \frac{d}{dt} \text{nor } \overrightarrow{OP} = \frac{d}{dt} \text{nor } \overrightarrow{OQ} = 0 \qquad [1.21]$$

Por otra parte, se tiene que:

$$\frac{d}{dt} \text{nor } \overrightarrow{PQ} = \frac{d}{dt} \text{nor } (\overrightarrow{PO} + \overrightarrow{OQ}) = \frac{d}{dt} \text{nor } (\overrightarrow{OQ} - \overrightarrow{OP}) = 0$$

Y puesto que la norma de un vector es el producto escalar del vector por sí mismo resulta:

$$\frac{d}{dt} \text{nor } (\overrightarrow{OQ} - \overrightarrow{OP}) = \frac{d}{dt} (\overrightarrow{OQ} - \overrightarrow{OP}) \cdot (\overrightarrow{OQ} - \overrightarrow{OP}) =$$

$$= \frac{d}{dt} (\text{nor } \overrightarrow{OQ} - 2\overrightarrow{OQ} \cdot \overrightarrow{OP} + \text{nor } \overrightarrow{OP}) = 0$$

y teniendo en cuenta [1.21] queda:

$$-2\frac{d}{dt}(\overrightarrow{OQ} \cdot \overrightarrow{OP}) = -2\frac{d}{dt}\left(\sqrt{\text{nor } \overrightarrow{OP}}\ \sqrt{\text{nor } \overrightarrow{OQ}} \cos (\widehat{POQ})\right) = 0$$

o lo que es igual:

$$-2\sqrt{\text{nor } \overrightarrow{OP} \cdot \text{nor } \overrightarrow{OQ}}\ \frac{d}{dt} \cos (\widehat{POQ}) = 0$$

y puesto que las normas son constantes en la derivación y distintas de cero, resulta:

$$\frac{d}{dt} \cos (\widehat{POQ}) = 0$$

de donde se deduce que:

$$\cos(\widehat{POQ}) = \text{cte}$$

y por tanto los ángulos son constantes.

De la constancia de los ángulos se deduce como consecuencia inmediata la conservación de las alineaciones. Igualmente se conservarán los planos, por conservarse las rectas, y también se conservarán los rectilíneos de los diedros, por conservarse los ángulos y los planos.

La posición de un sistema indeformable queda determinada si se conocen las coordenadas de tres cualesquiera de sus puntos no alineados, ya que cualquier otro punto del sistema se obtiene de forma única teniendo en cuenta la condición de indeformabilidad. Ahora bien estos nueve parámetros no son independientes, debido a que la distancia entre dos puntos es invariable, condición que proporciona tres ecuaciones adicionales, por lo que el número de parámetros necesario para determinar la posición de un sistema indeformable en el espacio es de seis. Se dice por ello que el número de *grados de libertad* de un sólido rígido libre es de seis. A cualquier conjunto de parámetros independientes que permita fijar la posición del sólido indeformable en el espacio de forma única se le denomina *coordenadas de posición o coordenadas generalizadas*. Si el sistema no es libre sino que está sometido a ligaduras, el número de coordenadas de posición será igual a la diferencia entre seis y el número mínimo de ecuaciones necesario para expresar las condiciones de ligadura que han de verificarse durante el movimiento.

1.9. MOVIMIENTOS DE TRASLACIÓN Y DE ROTACIÓN

La velocidad en cada punto de un sistema indeformable es un campo vectorial que depende de la posición y del tiempo. Es decir:

$$\vec{v} = \vec{v}(\vec{r}, t)$$

En lo que sigue estudiaremos ese campo de velocidades en un instante dado, esto es el campo instantáneo de velocidades $\vec{v} = \vec{v}(\vec{r})$. Para ello definiremos previamente los conceptos de movimiento de traslación y movimiento de rotación.

Diremos que un sistema indeformable realiza un *movimiento de traslación* si dados dos puntos cualesquiera del mismo P y Q se cumple:

$$\frac{d\overrightarrow{PQ}}{dt} = 0$$

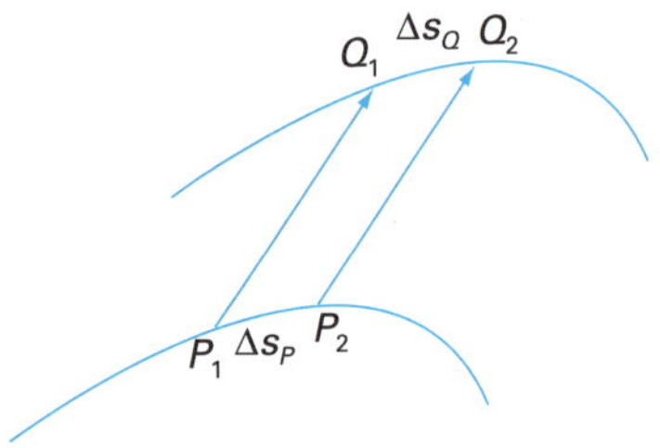

FIGURA 1.10

Dicha condición expresa que el vector que determinan dos puntos cualesquiera en el instante inicial, permanece equipolente a su posición inicial durante el movimiento.

Supongamos que en el instante t_1 los puntos P y Q ocupan las posiciones P_1 y Q_1 y que en el instante $t_2 = t_1 + \Delta t$ sus posiciones son P_2 y Q_2. Puesto que nor $\overrightarrow{PQ}$ = nor $\overrightarrow{P_1Q_1}$ = nor $\overrightarrow{P_2Q_2}$, por la condición de indeformabilidad, y $\overrightarrow{P_1Q_1}$ es paralelo a $\overrightarrow{P_2Q_2}$, por la definición de movimiento de traslación, resulta que el cuadrilatero $P_1Q_1Q_2P_2$ es un paralelogramo. Puede entonces escribirse:

$$\overrightarrow{P_1P_2} = \overrightarrow{Q_1Q_2}$$

o lo que es lo mismo:

$$\Delta\vec{s}_P = \Delta\vec{s}_Q$$

y dividiendo por Δt y tomando límites cuando $\Delta t \to 0$ resulta:

$$\lim_{\Delta t \to 0} \frac{\Delta\vec{s}_P}{\Delta t} = \lim_{\Delta t \to 0} \frac{\Delta\vec{s}_Q}{\Delta t}$$

o sea:

$$\vec{v}_P = \vec{v}_Q$$

por lo que se puede concluir que el vector velocidad en el instante considerado es el mismo para todos los puntos. El campo instantáneo de velocidades es uniforme y el movimiento puede representarse por un vector libre igual a la velocidad de cualquier punto al que se le denomina *vector traslación*.

Derivando respecto al tiempo la expresión anterior se tiene:

$$\vec{a}_P = \vec{a}_Q$$

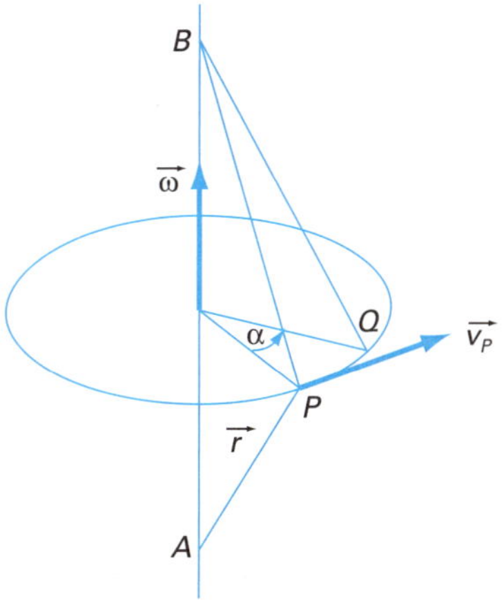

FIGURA 1.11

de donde se deduce la igualdad de las aceleraciones para todos los puntos de un sistema indeformable en movimiento de traslación.

Resulta de cuanto se ha dicho que en el movimiento de traslación las trayectorias de los puntos del sistema son iguales en forma y pueden obtenerse por desplazamiento paralelo de una misma línea, es decir, mediante una traslación geométrica. Las hodógrafas de velocidades de cualquier punto son coincidentes y el vector aceleración será también el mismo para todos los puntos en el instante considerado.

Supongamos ahora que un sistema indeformable se mueve de modo que dos cualesquiera de sus puntos se mantienen fijos. Se dice, en ese caso, que ejecuta un *movimiento de rotación*.

Sean los dos puntos fijos A y B. Como consecuencia de la condición de indeformabilidad hemos visto que se conservan las alineaciones, por tanto todos los puntos de la recta AB serán también fijos y a la recta AB la denominaremos *eje de rotación*.

Si P es un punto cualquiera del sistema, no perteneciente al eje de rotación, por la definición de sistema indeformable han de cumplirse simultáneamente las dos condiciones:

$$\frac{d \operatorname{nor} \overrightarrow{AP}}{dt} = 0 \quad \text{y} \quad \frac{d \operatorname{nor} \overrightarrow{BP}}{dt} = 0$$

de donde se deduce inmediatamente que los puntos no pertenecientes al eje de rotación tienen como trayectorias circunferencias cuyos centros están sobre la recta AB, ya que por la primera condición el punto P ha de moverse sobre una esfera de centro A y radio AP y, por la segunda, ha de moverse sobre una esfera de centro B y radio BP. El cumplimiento simultáneo de ambas condiciones obliga a que el punto se mueva sobre la circunferencia resultante de la intersección de las dos esferas con centros en los puntos fijos A y B y radios AP y BP, respectivamente, que estará situada en un plano perpendicular a la recta AB y cuyo centro se encontrará sobre dicha recta.

Tomemos dos puntos arbitrarios, no pertenecientes al eje de rotación, que llamaremos P y Q. Sea α el ángulo que forman los planos APB y AQB y sea $\Delta\alpha$ la variación de dicho ángulo al cabo de un tiempo Δt. Se define la *velocidad angular* instantánea del sistema como:

$$\omega = \lim_{\Delta t \to 0} \frac{\Delta\alpha}{\Delta t} = \frac{d\alpha}{dt} \qquad [1.22]$$

Puesto que la trayectoria descrita por un punto cualquiera P es una circunferencia, la velocidad instantánea de dicho punto será un vector tangente a la circunferencia trayectoria, contenido en el plano perpendicular al eje de rotación, cuyo sentido es el del movimiento y de módulo:

$$v_P = \frac{ds}{dt} = \frac{r \operatorname{sen} \varphi \, d\alpha}{dt} = r\,\omega \operatorname{sen} \varphi = |\vec{\omega} \times \vec{r}\,|$$

en donde $\vec{r}$ es un vector con origen en un punto cualquiera O del eje de rotación y extremo en el punto P y $\vec{\omega}$ es un vector deslizante, que denominaremos *vector rotación*, cuya línea de acción es el eje de rotación, su sentido es tal que los tres vectores $\vec{\omega}, \vec{r}, \vec{v}_P$, en ese orden, forman un triedro a derechas y que tiene por módulo la velocidad angular. Esto puede expresarse vectorialmente del siguiente modo:

$$\vec{v}_P = \vec{\omega} \times \overrightarrow{OP}$$

o bien:

$$\boxed{\vec{v}_P = \vec{\omega} \times \vec{r}} \qquad [1.23]$$

que da la velocidad de un punto cualquiera P de un sistema indeformable.

Puesto que el vector rotación es el mismo para cualquier punto del sistema indeformable, su variación respecto al tiempo también será la misma para todos los puntos del sistema en un instante dado. A dicha variación respecto al tiempo se le denomina *aceleración angular*.

$$\dot{\vec{\omega}} = \frac{d\vec{\omega}}{dt}$$

Cuando sobre el sistema indeformable actúan simultáneamente una rotación y una traslación paralela al eje de giro se dice que el sistema está animado de un *movimiento helicoidal*.

1.10. EQUIPROYECTIVIDAD DEL CAMPO DE VELOCIDADES

Un campo vectorial es equiproyectivo cuando dados dos puntos cualesquiera, pertenecientes al dominio en el que está definido el campo, se verifica que son iguales en cada punto las proyecciones del vector campo sobre la recta que une los dos puntos.

Sean P y Q dos puntos cualesquiera del sistema indeformable y δ la distancia entre ellos. Por la condición de indeformabilidad la distancia se mantiene constante por lo que se tiene:

$$\text{nor } \overrightarrow{PQ} = \text{nor } (\overrightarrow{OQ} - \overrightarrow{OP}) = \delta^2$$

es decir:

$$(\overrightarrow{OQ} - \overrightarrow{OP})^2 = \delta^2$$

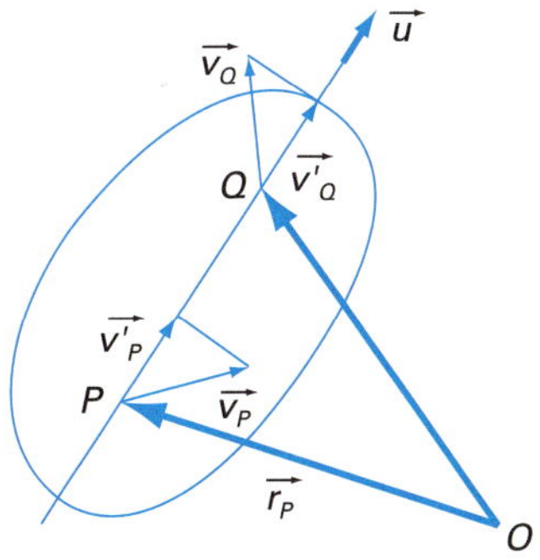

FIGURA 1.12

y derivando respecto al tiempo, ya que $\vec{OP}$ y $\vec{OQ}$ son funciones del tiempo, resulta:

$$2(\vec{OQ} - \vec{OP}) \cdot \left(\frac{d\vec{OQ}}{dt} - \frac{d\vec{OP}}{dt} \right) = 0$$

y puesto que $\vec{OQ} - \vec{OP} = \vec{PQ}$ se tiene:

$$\vec{PQ} \cdot \frac{d\vec{OQ}}{dt} - \vec{PQ} \cdot \frac{d\vec{OP}}{dt} = 0$$

es decir:

$$\vec{PQ} \cdot \frac{d\vec{OQ}}{dt} = \vec{PQ} \cdot \frac{d\vec{OP}}{dt}$$

dividiendo ambos miembros por δ y teniendo en cuenta que $\vec{u} = \dfrac{\vec{PQ}}{\delta}$ es el vector unitario en la dirección que une los puntos P y Q, resulta:

$$\boxed{\vec{u} \cdot \vec{v}_Q = \vec{u} \cdot \vec{v}_P}$$

expresión que demuestra que el campo de velocidades es equiproyectivo y que se conoce con el nombre de teorema de las **velocidades proyectadas**: «*en el movimiento instantáneo de un sistema indeformable las velocidades de dos puntos cualesquiera tienen proyecciones iguales sobre la recta que une los mismos*».

1.11. DISTRIBUCIÓN DE VELOCIDADES

Vamos a calcular la expresión de la velocidad de un punto P cualquiera en el movimiento general instantáneo de un sistema indeformable. Para ello consideraremos dos sistemas de referencia: uno fijo $O_1x_1y_1z_1$ y otro móvil, ligado al sistema indeformable al que acompaña en su movimiento, con origen en uno de sus puntos O, al que llamaremos $Oxyz$.

Sea P un punto cualquiera del sistema indeformable. Su vector de posición respecto al sistema móvil será:

$$\vec{r} = x\vec{i} + y\vec{j} + z\vec{k}$$

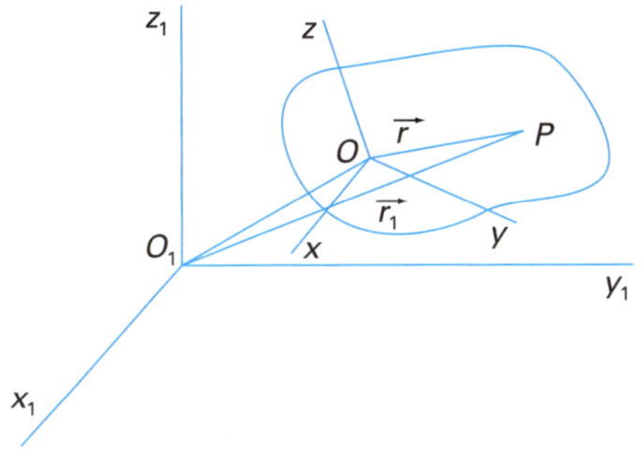

FIGURA 1.13

en donde x, y, z son las coordenadas del punto respecto a dicho sistema de referencia móvil.

El vector de posición de P respecto al sistema fijo será:

$$\vec{r}_1 = \overrightarrow{O_1O} + \vec{r}$$

en donde $\overrightarrow{O_1O}$ es el vector de posición del origen del sistema móvil respecto al sistema fijo.

La velocidad del punto P se obtendrá derivando la expresión anterior:

$$\vec{v}_P = \frac{d\vec{r}_1}{dt} = \frac{d\overrightarrow{O_1O}}{dt} + \frac{d\vec{r}}{dt} = \vec{v}_O + x\frac{d\vec{i}}{dt} + y\frac{d\vec{j}}{dt} + z\frac{d\vec{k}}{dt}$$

ya que las coordendas de P permanecen constantes por pertenecer a un sistema indeformable, y en donde $\vec{v}_O$ es la velocidad del origen de coordenadas del sistema de ejes móviles.

Para calcular las derivadas respecto al tiempo de los vectores unitarios del triedro móvil tendremos en cuenta que, por ser su módulo constante, las derivadas estarán contenidas en un plano perpendicular al vector y podrán, en consecuencia, expresarse como el producto vectorial de ciertos vectores desconocidos $\vec{\alpha}$, $\vec{\beta}$ y $\vec{\gamma}$ por los vectores unitarios $\vec{i}$, $\vec{j}$ y $\vec{k}$, respectivamente.

Comencemos por la $\dfrac{d\vec{i}}{dt}$. Será igual al producto vectorial de un cierto vector desconocido $\vec{\alpha} = \alpha_x\vec{i} + \alpha_y\vec{j} + \alpha_z\vec{k}$, por $\vec{i}$. Es decir:

$$\frac{d\vec{i}}{dt} = (\alpha_x\vec{i} + \alpha_y\vec{j} + \alpha_z\vec{k}) \times \vec{i}$$

y análogamente:

$$\frac{d\vec{j}}{dt} = (\beta_x\vec{i} + \beta_y\vec{j} + \beta_z\vec{k}) \times \vec{j}$$

y

$$\frac{d\vec{k}}{dt} = (\gamma_x\vec{i} + \gamma_y\vec{j} + \gamma_z\vec{k}) \times \vec{k}$$

Al ser perpendiculares entre si los vectores unitarios de la terna se verifican las siguientes relaciones:

$$\vec{i} \times \vec{i} = \vec{j} \times \vec{j} = \vec{k} \times \vec{k} = 0$$

y se deduce inmediatamente que:

$$\alpha_x\vec{i} \times \vec{i} = 0; \quad \beta_y\vec{j} \times \vec{j} = 0; \quad \gamma_z\vec{k} \times \vec{k} = 0$$

lo que quiere decir que los valores α_x, β_y y γ_z pueden ser cualesquiera.

Las expresiones anteriores quedarán en la forma:

$$\frac{d\vec{i}}{dt} = \alpha_z\vec{j} - \alpha_y\vec{k}$$

$$\frac{d\vec{j}}{dt} = \beta_x\vec{k} - \beta_z\vec{i}$$

$$\frac{d\vec{k}}{dt} = \gamma_y\vec{i} - \gamma_x\vec{j}$$

ahora bien, las componentes de estos vectores no son independientes entre sí ya que entre los vectores unitarios existen las siguientes relaciones:

$$\vec{i} \cdot \vec{j} = \vec{j} \cdot \vec{k} = \vec{k} \cdot \vec{i} = 0$$

Derivando estas expresiones respecto al tiempo se tiene:

$$\frac{d\vec{i}}{dt} \cdot \vec{j} + \vec{i} \cdot \frac{d\vec{j}}{dt} = \frac{d\vec{j}}{dt} \cdot \vec{k} + \vec{j} \cdot \frac{d\vec{k}}{dt} = \frac{d\vec{k}}{dt} \cdot \vec{i} + \vec{k} \cdot \frac{d\vec{i}}{dt} = 0$$

y sustituyendo aquí las expresiones de las derivadas de los vectores unitarios, resulta:

$$(\alpha_z\vec{j} - \alpha_y\vec{k})\cdot\vec{j} + \vec{i}\cdot(\beta_x\vec{k} - \beta_z\vec{i}) = \alpha_z - \beta_z = 0$$
$$(\beta_x\vec{k} - \beta_z\vec{i})\cdot\vec{k} + \vec{j}\cdot(\gamma_y\vec{i} - \gamma_x\vec{j}) = \beta_x - \gamma_x = 0$$
$$(\gamma_y\vec{i} - \gamma_x\vec{j})\cdot\vec{i} + \vec{k}\cdot(\alpha_z\vec{j} - \alpha_y\vec{k}) = \gamma_y - \alpha_y = 0$$

de donde se obtiene inmediatamente:

$$\alpha_z = \beta_z$$
$$\beta_x = \gamma_x$$
$$\gamma_y = \alpha_y$$

y recordando que los valores α_x, β_y, y γ_z son arbitrarios, se puede escribir:

$$\alpha_x = \beta_x = \gamma_x$$
$$\alpha_y = \beta_y = \gamma_y$$
$$\alpha_z = \beta_z = \gamma_z$$

lo que significa que los tres vectores cualesquiera son en realidad un único vector. Si a este vector le llamamos $\vec{\omega}$, las expresiones de las derivadas de los vectores unitarios en los ejes móviles pueden expresarse en la forma:

$$\frac{d\vec{i}}{dt} = \vec{\omega}\times\vec{i}$$
$$\frac{d\vec{j}}{dt} = \vec{\omega}\times\vec{j}$$
$$\frac{d\vec{k}}{dt} = \vec{\omega}\times\vec{k}$$

expresiones conocidas con el nombre de **fórmulas de Poisson** y que equivalen a decir que, en los ejes móviles, se puede definir el operador:

$$\left(\frac{d}{dt}\right)_{\text{mov}} = \vec{\omega}\times$$

Sustituyendo los valores de las derivadas de los vectores unitarios en la expresión [2.1] que da la velocidad del punto P quedará:

$$\vec{v}_P = \vec{v}_O + x(\vec{\omega}\times\vec{i}) + y(\vec{\omega}\times\vec{j}) + z(\vec{\omega}\times\vec{k}) = \vec{v}_O + \vec{\omega}\times(x\vec{i} + y\vec{j} + z\vec{k})$$

o lo que es igual:

$$\boxed{\vec{v}_P = \vec{v}_O + \vec{\omega} \times \vec{r}} \quad [1.24]$$

expresión que proporciona la velocidad de un punto cualquiera del sistema y que consta de dos términos. El primer término es la velocidad del origen del sistema de ejes móviles y obsérvese que si se hubiese escogido, para calcular la velocidad, un punto del sistema indeformable distinto del *P* también habría aparecido este término, por lo que dicha velocidad es la misma para todos los puntos del sistema indeformable, es decir, es una traslación de valor $\vec{v}_O$. El segundo sumando, $\vec{\omega} \times \vec{r}$, es el momento del vector $\vec{\omega}$ respecto al origen del sistema móvil, con signo cambiado, y hay que recordar que en la generación del vector $\vec{\omega}$ no ha intervenido la posición del punto elegido *P* sino únicamente las variaciones de los vectores unitarios con respecto al tiempo, se trata pues de una rotación alrededor de un eje que pasa por *O* y cuyo vector rotación es $\vec{\omega}$. Finalmente hay que señalar que si se hubiese elegido un punto distinto del *O* como origen del sistema móvil la velocidad de traslación habría cambiado pero al permanecer fijo *P* en el sistema indeformable su velocidad total no habría variado. En consecuencia la velocidad de cualquier punto del sistema indeformable queda perfectamente determinada cuando se conocen los vectores $\vec{v}_O$ y $\vec{\omega}$. Se dice por eso que el movimiento más general de un sistema indeformable se compone de una traslación y una rotación y, puesto que el punto *O* puede ser cualquier punto del sistema, hay infinitas posibilidades de descomposición del movimiento.

1.12. GRUPO CINEMÁTICO

El conjunto $(\vec{v}_O, \vec{\omega})$ de los dos vectores $\vec{v}_O$ y $\vec{\omega}$ recibe el nombre de *grupo cinemático*. A continuación estudiaremos que sucede con el grupo cinemático cuando se cambia el origen de coordenadas del sistema de referencia móvil.

En efecto, sea O_1 el nuevo origen [1] y supongamos que el nuevo grupo cinemático en O_1 es $(\vec{v}_{O_1}, \vec{\omega}_1)$. Calculemos a continuación la velocidad de un punto cualquiera *P*, distinto de *O* y O_1, del sistema indeformable respecto a cada uno de los dos sistemas móviles.

[1] Este nuevo origen pertenece también al sistema móvil y no debe confundirse con el origen O_1 del sistema fijo que se utilizó anteriormente.

Respecto a O tendremos:

$$\vec{v}_P = \vec{v}_O + \vec{\omega} \times \vec{r}$$

y respecto a O_1:

$$\vec{v}_P = \vec{v}_{O_1} + \vec{\omega}_1 \times \vec{r}_1$$

Ahora bien, estas dos expresiones han de ser iguales puesto que la velocidad del punto P es única, o sea:

$$\vec{v}_O + \vec{\omega} \times \vec{r} = \vec{v}_{O_1} + \vec{\omega}_1 \times \vec{r}_1$$

y si ahora expresamos la velocidad del punto O_1 en función del grupo cinemático en O, resulta:

$$\vec{v}_O + \vec{\omega} \times \vec{r} = \vec{v}_O + \vec{\omega} \times \overrightarrow{OO}_1 + \vec{\omega}_1 \times \vec{r}_1 = \vec{v}_O + \vec{\omega}(\vec{r} - \vec{r}_1) + \vec{\omega}_1 \times \vec{r}_1$$

es decir:

$$\vec{\omega} \times \vec{r} = \vec{\omega} \times \vec{r} - \vec{\omega} \times \vec{r}_1 + \vec{\omega}_1 \times \vec{r}_1$$

de donde:

$$(\vec{\omega} - \vec{\omega}_1) \times \vec{r}_1 = 0$$

Para que este producto vectorial se anule habrá de anularse uno de los factores o ser ambos paralelos. El vector $\vec{r}_1$ es distinto de cero, ya que si no P y O_1 coincidirían y, al ser un punto genérico, no tiene por qué ser paralelo al primer factor por lo que el anterior producto vectorial sólo se anula si la diferencia $(\vec{\omega} - \vec{\omega}_1)$ es nula, de donde se deduce que el vector rotación en un instante determinado no depende del punto elegido como origen, es decir, $\vec{\omega}$ es un invariante (*primer invariante*).

Calculemos a continuación el producto escalar de $\vec{v}_{O_1}$ por $\vec{\omega}$. Tendremos:

$$\vec{v}_{O_1} \cdot \vec{\omega} = (\vec{v}_O + \vec{\omega} \times \overrightarrow{OO}_1) \cdot \vec{\omega} = \vec{v}_O \cdot \vec{\omega} + (\vec{\omega} \times \overrightarrow{OO}_1) \cdot \vec{\omega}$$

la expresión $(\vec{\omega} \times \overrightarrow{OO}_1) \cdot \vec{\omega}$ se anula por ser un producto mixto con dos factores iguales quedando:

$$\vec{v}_{O_1} \cdot \vec{\omega} = \vec{v}_O \cdot \vec{\omega}$$

es decir, el producto escalar de los dos vectores del grupo cinemático es un invariante (*segundo invariante*).

Esta expresión se puede escribir también en la forma:

$$|\vec{\omega}|\ \text{proy}_{\omega}\,\vec{v}_{O_1} = |\vec{\omega}|\ \text{proy}_{\omega}\,\vec{v}_{O} = v_d$$

es decir, la proyección de la velocidad de cualquier punto del sistema indeformable sobre la dirección de la rotación instantánea es constante y se denomina *velocidad de deslizamiento*.

1.13. DISTRIBUCIÓN DE ACELERACIONES

Para obtener la aceleración de un punto cualquiera P de un sistema indeformable, derivaremos respecto al tiempo la expresión [1.24] de la velocidad de P. Es decir:

$$\vec{a}_P = \frac{d\vec{v}_P}{dt} = \frac{d\vec{v}_O}{dt} + \frac{d\vec{\omega}}{dt} \times \vec{r} + \vec{\omega} \times \frac{d\vec{r}}{dt}$$

El primer término es la aceleración del origen del sistema móvil respecto a la referencia fija, $\vec{a}_O$; en el segundo aparece la aceleración angular del sistema, $\dot{\vec{\omega}}$, que es en cada instante independiente del punto del sistema indeformable elegido y, por último el tercer sumando, recordando el operador derivada respecto al tiempo en ejes móviles:

$$\frac{d}{dt} = \vec{\omega} \times$$

se puede escribir en la forma:

$$\frac{d\vec{r}}{dt} = \vec{\omega} \times \vec{r}$$

por lo que queda finalmente:

$$\boxed{\vec{a}_P = \vec{a}_O + \dot{\vec{\omega}} \times \vec{r} + \vec{\omega} \times (\vec{\omega} \times \vec{r})} \qquad [1.25]$$

que da la aceleración de un punto P cualquiera de un sistema indeformable.

1.14. REDUCCIÓN DEL MOVIMIENTO GENERAL DE UN SISTEMA A ROTACIONES

Comenzaremos por definir que se entiende por *par de rotaciones*. Se llama así a dos rotaciones de igual módulo, igual dirección y sentidos opuestos. Debe interpretarse en el sentido de un primer sistema que gira con una rotación y otro sistema que gira respecto al anterior con una rotación igual y opuesta.

A continuación vamos a calcular la velocidad de un punto P cualquiera del sistema indeformable. Se tiene:

$$\vec{v}_P = \vec{v}_O + (\vec{\omega} - \vec{\omega}) \times \vec{r}$$

es decir:

$$\vec{v}_P = \vec{v}_O$$

ya que la resultante del par de rotaciones es cero, es decir, cuando actúa únicamente un par de rotaciones la velocidad de cualquier punto del sistema es la misma, o lo que es igual, el sistema está animado de un movimiento de traslación, por lo que cabe decir que un par de rotaciones aplicado a un sistema indeformable es equivalente a una traslación.

En consecuencia, si sobre un sistema indeformable hay aplicadas r rotaciones y t traslaciones, puesto que cada traslación equivale a dos rotaciones, se pueden descomponer las t traslaciones en $2t$ rotaciones con lo que el sistema quedará reducido únicamente a $2t + r$ rotaciones y la resultante de todas ellas será la rotación única a la que estará sometido el sistema, por lo cual siempre es posible reducir el movimiento general de un sistema a un conjunto de rotaciones.

La reducción del movimiento de un sistema a un punto P consiste en dar en él los elementos necesarios para poder definir el movimiento en cualquier punto del sistema. Para ello es preciso conocer la resultante de las $2t + r$ rotaciones, $\vec{\Omega}$, y la velocidad con que se mueve dicho punto, ya que la velocidad de cualquier otro punto se obtiene inmediatamente a partir de la expresión:

$$\vec{v}_Q = \vec{v}_P + \vec{\Omega} \times \overrightarrow{PQ}$$

Como se observa existe una analogía completa entre el movimiento de un sistema indeformable y la teoria de los sistema de vectores deslizantes, aunque es preciso decir una vez más que es aplicable únicamente al estado instantáneo de velocidades de los puntos del sistema y no a su evolución en el tiempo.

1.15. EJE INSTANTÁNEO DE ROTACIÓN Y DE DESLIZAMIENTO MÍNIMO. AXOIDES

Como se acaba de ver, el movimiento de un sistema indeformable puede reducirse, en el caso más general, a rotaciones y, análogamente a lo que sucede con los sistemas de vectores deslizantes, al eje central del sistema, que es lugar geométrico de los puntos respecto a los cuales el momento es mínimo, o lo que es lo mismo, los puntos en los que el momento es paralelo a la resultante, se le llama *eje instantáneo de rotación y deslizamiento mínimo*. O sea que dicho eje es el lugar geométrico de los puntos en los que, en un instante determinado, la velocidad es mínima, o lo que es lo mismo, en los que la velocidad es paralela a la resultante del sistema de rotaciones.

Para obtener la expresión analítica del eje instantáneo de rotación basta con expresar la condición de paralelismo, en un punto cualquiera del lugar geométrico buscado, entre la velocidad de dicho punto y la rotación resultante. En efecto, si conocemos el grupo cinemático, $\vec{\Omega}$, $\vec{v}_O$, en el punto O, de coordenadas x_O, y_O, z_O, respecto a un sistema fijo OXYZ, se tiene:

$$\vec{v}_P = \vec{v}_O + \vec{\Omega} \times \vec{OP}$$

es decir:

$$\vec{v}_P = \vec{v}_{OX}\vec{i} + \vec{v}_{OY}\vec{j} + \vec{v}_{OZ}\vec{k} + \begin{vmatrix} \vec{i} & \vec{j} & \vec{k} \\ \Omega_X & \Omega_Y & \Omega_Z \\ x - x_O & y - y_O & z - z_O \end{vmatrix}$$

y puesto que la velocidad de P y la rotación instantánea resultante han de ser colineales, se verificará:

$$\vec{v}_P = \lambda\vec{\Omega} = \lambda\Omega_X\vec{i} + \lambda\Omega_Y\vec{j} + \lambda\Omega_Z\vec{k}$$

y sustituyendo en la expresión anterior e identificando miembro a miembro, se obtienen las ecuaciones paramétricas del eje instantáneo de rotación:

$$\begin{aligned} v_{OX} + \Omega_Y(z - z_O) - \Omega_Z(y - y_O) &= \lambda\Omega_X \\ v_{OY} + \Omega_Z(x - x_O) - \Omega_X(z - z_O) &= \lambda\Omega_Y \\ v_{OZ} + \Omega_X(y - y_O) - \Omega_Y(x - x_O) &= \lambda\Omega_Z \end{aligned}$$

y basta con eliminar el parámetro para obtener la ecuación en la forma canónica:

$$\frac{v_{OX} + \Omega_Y(z - z_O) - \Omega_Z(y - y_O)}{\Omega_X} = \frac{v_{OY} + \Omega_Z(x - x_O) - \Omega_X(z - z_X)}{\Omega_Y} =$$

$$= \frac{v_{OZ} + \Omega_X(y - y_O) - \Omega_Y(x - x_O)}{\Omega_Z}$$

que es la *ecuación del eje instantáneo de rotación* y *deslizamiento mínimo*.

El lugar geométrico de las sucesivas posiciones que va ocupando el eje instantáneo con el transcurso del tiempo es una superficie reglada que, si la referimos a unos ejes en el sistema fijo, se denomina *axoide fijo*. Dicha superficie depende del sistema de referencia elegido, por lo que si la hubiésemos referido a unos ejes que acompañan al movimiento (sistema móvil) daría lugar a otra superficie reglada, distinta de la anterior, que se denomina *axoide móvil*. En cada instante ambos axoides tienen una tangente común que es el eje instantáneo de rotación.

Un ejemplo sencillo lo proporciona la rodadura, sin deslizamiento, de un cilindro sobre un plano. El eje instantáneo coincide con la generatriz de contacto entre el clindro y el plano ya que, al no haber deslizamiento, la velocidad de dichos puntos es nula. Si tomamos unos ejes fijos en el plano, el lugar geométrico de las sucesivas posiciones del eje instantáneo de rotación, será el propio plano. Si, por el contrario tomamos unos ejes vinculados al cilindro de modo que uno de ellos, por ejemplo el *OZ*, coincida con el eje del cilindro, el lugar geométrico de las sucesivas posiciones del eje instantáneo de rotación será una superficie cilíndrica de radio igual al del cilindro.

1.16. MOVIMIENTO RELATIVO DE DOS SUPERFICIES EN CONTACTO

Se trata de estudiar el movimiento de dos sólidos que se mueven de forma que las superficies que los limitan mantienen siempre en contacto un punto *O*. Puesto que lo que nos interesa es el movimiento relativo de ambas superficies, se puede considerar una de las superficies fija y la otra móvil.

El movimiento de la superficie móvil se puede reducir al punto de contacto *O*, dando el grupo cinemático en él. En el caso más general, el movimiento estará compuesto por una velocidad $\vec{v}_O$, que estará contenida en

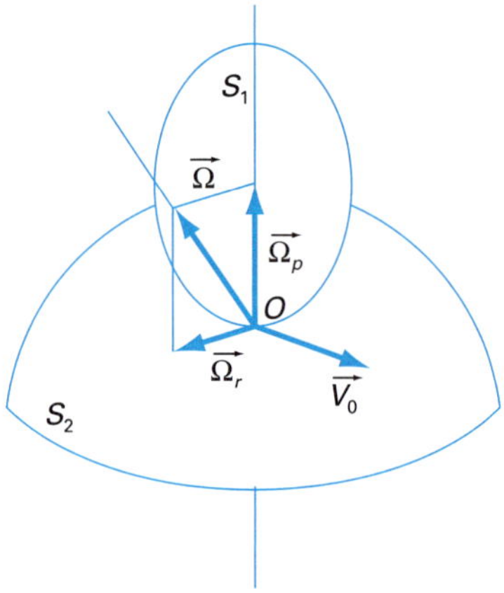

FIGURA 1.14

el plano tangente común a ambas superficies, ya que de no ser así tendría componente normal por lo que las superficies se penetrarían o se separarian, en contra de la hipótesis, y una rotación $\vec{\Omega}$.

Esta rotación puede descomponerese de infinitas formas, pero la descompondremos en dos, una según la normal al plano tangente en O, que da lugar a una rotación alrededor de un eje en la dirección de la normal común a ambas superficies y que llamaremos *rotación de pivotamiento*, $\vec{\Omega}_p$, y otra contenida en el plano tangente que llamaremos *rotación de rodadura*, $\vec{\Omega}_r$.

EJERCICIOS

1.1 Un punto describe la parábola de ecuación $y^2 = 2px$, siendo su aceleración constantemente paralela a la recta $y = ax$. En el instante inicial el móvil se encuentra situado en el vértice de la parábola y el módulo de su velocidad es v_0. Calcular:

1.º Componentes de la velocidad y aceleración en función de la ordenada.

2.º Ecuaciones horarias del movimiento.

1.2 Un punto recorre una hipérbola de ecuación:

$$xy = k$$

de modo que el extremo del vector velocidad se encuentra situado en todo instante sobre el eje *OX*. Calcular:

a) El módulo del vector velocidad.

b) La ecuación de la hodógrafa.

1.3 Un punto se mueve en un plano de modo que su aceleración tangencial y su aceleración normal son constantes. En el instante inicial su velocidad es v_0. Determinar:

1.º Hodógrafa del movimiento.

2.º Ecuación de la trayectoria.

1.4 Un sólido indeformable está sometido en un cierto instante a las siguientes rotaciones: $\vec{\omega}_1 = \vec{i} - 2\vec{j} - \vec{k}$, $\vec{\omega}_2 = -\vec{i} + 4\vec{j} - \vec{k}$ y $\vec{\omega}_3 = \vec{i} - \vec{j} + 3\vec{k}$, aplicadas, en los puntos $A(1, 0, 0)$, $B(0, 1, 0)$ y $C(0, 0, 1)$, respectivamente. Determinar:

a) Rotación instantánea del sistema.

b) Velocidad de deslizamiento mínimo.

c) Eje instantáneo de rotación.

1.5 Sobre un sistema indeformable actúan las siguientes rotaciones instantáneas: $\vec{\omega}_1 = 2\vec{i} - 3\vec{j}$, aplicada en el punto $(2, 0, 0)$, y $\vec{\omega}_2 = -2\vec{i} + 3\vec{j} + 2\vec{k}$, aplicada en el punto $(0, 6, 0)$. Se desea que el eje instantáneo de rotación sea la recta $x = 0, y = 3$. Determinar:

a) La rotación $\vec{\omega}$ que hay que aplicar al sistema en el origen de coordenadas.

b) La velocidad de deslizamiento mínimo.

1.6 Sobre un sistema indeformable actúan tres rotaciones. Dos de ellas tienen igual módulo, ω, sentidos opuestos y sus líneas de acción son paralelas y están separadas una distancia d. La tercera tiene de módulo Ω y su línea de acción corta a las otras dos formando un ángulo α. Calcular:

a) Rotación resultante.

b) Eje instantáneo de rotación.

SOLUCIONES DE LOS EJERCICIOS

1.1 1.° La condición de paralelismo de la aceleración con la recta $y = ax$ obliga a que las componentes de la aceleración verifiquen la relación $\ddot{y} = a\ddot{x}$. Integrando esta última expresión se obtiene:

$$\dot{y} = a\dot{x} + C$$

y puesto que, según las condiciones iniciales, para $t = 0$, $v_x = 0$, $v_y = v_0$, la constante de integración toma el valor $C = v_0$ y la expresión anterior queda en la forma:

$$\dot{y} = a\dot{x} + v_0 \qquad [1.26]$$

Por otra parte, puesto que la ecuación de la trayectoria es $y^2 = 2px$, derivando respecto al tiempo obtendremos otra relación entre la componentes $\dot{x}$ e $\dot{y}$ de la velocidad:

$$2y\dot{y} = 2p\dot{x}$$

o bien:

$$\dot{y} = \frac{p\dot{x}}{y}$$

que sustituido en la ecuación [1.26] permite obtener la expresión de $\dot{x}$ e $\dot{y}$. En efecto:

$$\frac{p\dot{x}}{y} = a\dot{x} + v_0$$

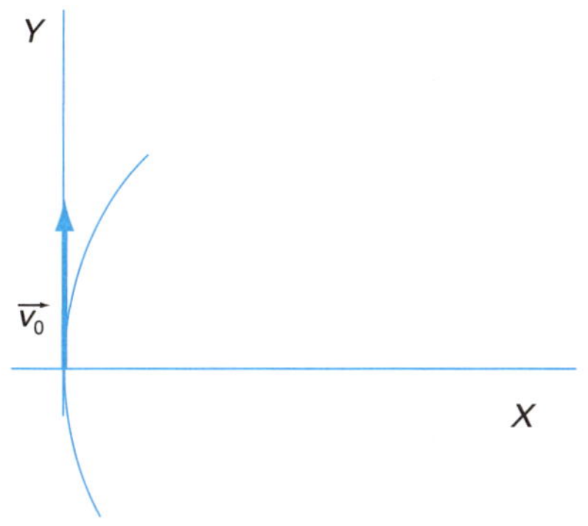

FIGURA 1.15

por lo que finalmente se tiene:

$$\dot{x} = \frac{v_0}{\dfrac{p}{y} - a}$$
$$\dot{y} = \frac{p}{y} \frac{v_0}{\dfrac{p}{y} - a} \qquad [1.27]$$

Para obtener las componentes de la aceleración derivamos respecto al tiempo en la primera de las expresiones [1.27] puesta en la forma:

$$\dot{x} = \frac{v_0 y}{p - ay}$$

y resulta:

$$\ddot{x} = v_0 \frac{\dot{y}\,(p - ay) + a\dot{y}y}{(p - ay)^2}$$

y sustituyendo $\dot{y}$ por su expresión obtenida en [1.27] queda finalmente:

$$\ddot{x} = \frac{p^2 v_0^2}{(p - ay)^3}$$

y puesto que $\ddot{y} = a\ddot{x}$, se tiene:

$$\ddot{y} = a \frac{p^2 v_0^2}{(p - ay)^3}$$

que son las componentes de la aceleración, en función de la ordenada, pedidas.

2.° Para obtener las ecuaciones horarias del movimiento partimos de las ecuaciones [1.52] de la velocidad. En efecto, si tomamos la componente $\dot{y}$ resulta:

$$\frac{dy}{dt} = \frac{pv_0}{p - ay}$$

que integrada da:

$$py - \frac{1}{2}ay^2 = pv_0\,t + C$$

y puesto que las condiciones iniciales son que para $t = 0$, $x = 0$ e $y = 0$, la constante $C = 0$ y queda:

$$y = \frac{p \pm p\sqrt{^{2} - 2pv_0\,at}}{a}$$

y puesto que el punto se mueve sobre la parábola, la expresión de $x(t)$ vendrá dada por:

$$x = \frac{y^2}{2p}$$

De los dos signos que anteceden al radical se toma el signo negativo ya que el signo positivo conduce a una solución extraña. En efecto, para $t = 0$ no resulta $y = 0$ como exigen las condiciones iniciales.

1.2

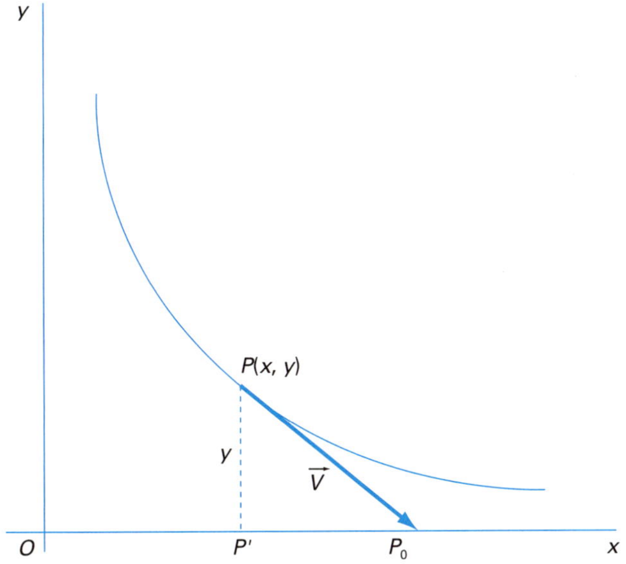

FIGURA 1.16

La ecuación de la trayectoria es:

$$xy = k$$

o sea:

$$y = \frac{k}{x}$$

y la tangente en un punto es:

$$y' = -\frac{k}{x^2} = \operatorname{tg} \alpha$$

La ecuación de la recta soporte de $\vec{V}$ es la de la recta tangente a la trayectoria en P, y es:

$$y - y_P = -\frac{k}{x_P^2}(x - x_P)$$

La ecuación de la recta corta al eje OX en P_0 de coordenadas $(x_0, 0)$. Es decir:

$$0 - y_P = -\frac{k}{x_P^2}(x_0 - x_P)$$

de donde:

$$x_0 = 2x_P = 2x$$

Por tanto, las componentes del vector velocidad, serán:

$$V_x = \overrightarrow{P'P}_0 = \overrightarrow{OP}_0 - \overrightarrow{P'P}_0 = 2x - x = x$$
$$V_y = -y$$

a) El módulo de la velocidad es:

$$|V| = \sqrt{V_x^2 + V_y^2} = \sqrt{x^2 + y^2} = \sqrt{\frac{k^2}{y^2} + y^2} = \frac{1}{y}\sqrt{k^2 + y^4}$$

b) La hodógrafa será:

$$X = V_x = x \qquad Y = V_y = -y \qquad XY = -xy = -k$$

$$\boxed{XY = -k}$$

1.3 1.º Utilizaremos coordenadas intrínsecas puesto que conocemos que las componentes intrínsecas de la aceleración son constantes. Se tendrá:

$$a_t = a, \quad a_n = b$$

Para obtener la hodógrafa, necesitamos calcular la expresión de la velocidad para lo cual procederemos a integrar las expresiones anteriores. En efecto:

$$\frac{dv}{dt} = a$$

y

$$\frac{v^2}{\rho} = b$$

la primera ecuación puede escribirse en la forma:

$$\frac{dv}{dt}\frac{ds}{ds} = a$$

es decir:

$$v\frac{dv}{ds} = a \qquad [1.28]$$

y la segunda, teniendo en cuenta que el radio de curvatura es $\rho = \dfrac{ds}{d\varphi}$, siendo φ el ángulo que forma la tangente a la trayectoria con el eje OX, se puede escribir como:

$$v^2 = b\frac{ds}{d\varphi} \qquad [1.29]$$

Dividiendo miembro a miembro ambas expresiones para eliminar *ds*, queda:

$$\frac{dv}{v} = \frac{a}{b} d\varphi$$

e integrando:

$$\ln v = \frac{a}{b}\varphi + \text{cte}$$

y con las condiciones iniciales $v = v_0$, $\varphi = 0$, resulta:

$$v = v_0 e^{\frac{a}{b}\varphi}$$

por lo que la hodógrafa es una espiral logarítmica.

2.° Para el cálculo de la trayectoria volvemos a la ecuación:

$$v\frac{dv}{ds} = a$$

que integrada con la condición $s = 0$, $v = 0$, da:

$$s = \frac{v^2}{2a}$$

expresión que llevada a la ecuación [1.28] proporciona:

$$2as = b\frac{ds}{d\varphi}$$

o sea:

$$\frac{ds}{s} = \frac{2a}{b} d\varphi$$

que integrada queda en la forma:

$$s = ke^{2\frac{a}{b}\varphi}$$

Como, por otra parte, sabemos que:

$$dx = ds \cos \varphi$$
$$dy = ds \operatorname{sen} \varphi$$

sustituyendo ds por su diferencial obtenida de la expresión anterior, resulta:

$$dx = \frac{2a}{b} k e^{2\frac{a}{b}\varphi} \cos \varphi \, d\varphi$$

$$dy = \frac{2a}{b} k e^{2\frac{a}{b}\varphi} \operatorname{sen} \varphi \, d\varphi$$

e integrando, se tiene para la ecuación de la trayectoria:

$$x - x_0 = Ce^{2\frac{a}{b}\varphi} \cos (\varphi - \alpha)$$

$$y - y_0 = Ce^{2\frac{a}{b}\varphi} \operatorname{sen} (\varphi - \alpha)$$

que es una espiral logarítmica en donde:

$$C = \frac{\dfrac{2a}{b} k}{\sqrt{1 + \left(\dfrac{2a}{b}\right)^2}}$$

1.4 a) La rotación instantánea del sistema será:

$$\vec{\Omega} = \sum_{i=1}^{3} \vec{\omega}_i = \vec{\omega}_1 + \vec{\omega}_2 + \vec{\omega}_3 = \vec{i} + \vec{j} + \vec{k}$$

b) Para calcular la velocidad de deslizamiento mínimo, comenzaremos por calcular la velocidad en el origen de coordenadas. Se tiene:

$$\vec{v}_O = \vec{\omega}_1 \times \overrightarrow{AO} + \vec{\omega}_2 \times \overrightarrow{BO} + \vec{\omega}_3 \times \overrightarrow{CO} =$$

$$= \begin{vmatrix} \vec{i} & \vec{j} & \vec{k} \\ 1 & -2 & -1 \\ -1 & 0 & 0 \end{vmatrix} + \begin{vmatrix} \vec{i} & \vec{j} & \vec{k} \\ -1 & 4 & -1 \\ 0 & -1 & 0 \end{vmatrix} + \begin{vmatrix} \vec{i} & \vec{j} & \vec{k} \\ 1 & -1 & 3 \\ 0 & 0 & -1 \end{vmatrix} = 2\vec{j} - \vec{k}$$

La velocidad de deslizamiento mínimo corresponde a la proyección de la velocidad en la dirección de la resultante. Es decir:

$$v_d = \frac{\vec{\Omega}}{|\vec{\Omega}|} \cdot \vec{v}_O = \frac{1}{\sqrt{3}} (\vec{i} + \vec{j} + \vec{k}) \cdot (2\vec{j} - \vec{k}) = \frac{1}{\sqrt{3}}$$

c) Para calcular la ecuación del eje central, calcularemos la velocidad en un punto genérico del eje $P(x, y, z)$ y le impondremos la condición de ser paralelo a la resultante. Tendremos:

$$\vec{v}_P = \vec{v}_O + \vec{\Omega} \times \vec{OP}$$

es decir:

$$\vec{v}_P = 2\vec{j} - \vec{k} + \frac{1}{\sqrt{3}} \begin{vmatrix} \vec{i} & \vec{j} & \vec{k} \\ 1 & 1 & 1 \\ x & y & z \end{vmatrix} =$$

$$= \frac{1}{\sqrt{3}} (z - y)\vec{i} + \left[2 - \frac{1}{\sqrt{3}} (x - z)\right]\vec{j} + \left[-1 + \frac{1}{\sqrt{3}} (y - x)\right]\vec{k}$$

e imponiendo la condición de paralelismo con la resultante se obtiene la ecuación en forma canónica del eje instantáneo de rotación:

$$\frac{1}{\sqrt{3}} (z - y) = 2 - \frac{1}{\sqrt{3}} (x - z) = -1 + \frac{1}{\sqrt{3}} (y - x)$$

1.5 a) La rotación resultante del sistema de rotaciones será:

$$\vec{\Omega} = \vec{\omega}_1 + \vec{\omega}_2 + \vec{\omega}$$

siendo $\vec{\omega}$ la rotación desconocida que hay que aplicar en el origen para que el eje central sea la recta:

$$\left.\begin{aligned} x &= 0 \\ y &= 3 \end{aligned}\right\}$$

que como se observa es paralela al eje OZ del sistema de referencia. Puesto que la rotación resultante y el eje instantáneo de rotación son siempre paralelos, la rotación $\vec{\omega}$ habrá de tener la dirección de OZ. Es decir:

$$\vec{\omega} = \omega\vec{k}$$

y la resultante será:

$$\vec{\Omega} = (2\vec{i} - 3\vec{j}) + (-2\vec{i} + 3\vec{j} + 2\vec{k}) + \omega\vec{k}$$

o sea:

$$\vec{\Omega} = (2 + \omega)\vec{k}$$

La velocidad de deslizamiento mínimo corresponde a los puntos del eje instantáneo de rotación por lo que la calcularemos tomando uno cualquiera de sus puntos, por ejemplo, el $P(0, 3, 0)$.

La velocidad del punto P será:

$$\vec{v}_P = \vec{\omega}_1 \times \overrightarrow{O_1P} + \vec{\omega}_2 \times \overrightarrow{O_2P} + \vec{\omega} \times \overrightarrow{OP}$$

o sea:

$$\vec{v}_P = \begin{vmatrix} \vec{i} & \vec{j} & \vec{k} \\ 2 & -3 & 0 \\ -2 & 3 & 0 \end{vmatrix} + \begin{vmatrix} \vec{i} & \vec{j} & \vec{k} \\ -2 & 3 & 2 \\ 0 & -3 & 0 \end{vmatrix} + \begin{vmatrix} \vec{i} & \vec{j} & \vec{k} \\ 0 & 0 & \omega \\ 0 & 3 & 0 \end{vmatrix} =$$

$$= 12\vec{k} + 6\vec{i} + 6\vec{k} - 3\omega\vec{i} = (6 - 3\omega)\vec{i} + 18\vec{k}$$

Puesto que la velocidad de P ha de ser paralela al eje instantáneo, que tiene dirección paralela a OZ, no podrá tener componentes según OX y se tiene:

$$6 - 3\omega = 0, \quad \text{o sea} \quad \omega = 2$$

es decir:

$$\vec{\omega} = 2\vec{k}$$

b) Sustituyendo este valor en la expresión anterior que da la velocidad de deslizamiento mínimo resulta:

$$\vec{v}_P = 18\vec{k}$$

y la rotación resultante será:

$$\vec{\Omega} = 4\vec{k}$$

ambos paralelos como se indicó anteriormente.

1.6 a) Resultante:

$$\vec{\Omega} + \omega\vec{j} - \omega\vec{j} = \vec{\Omega}$$
$$\vec{\Omega} = \Omega(\cos\alpha\vec{i} + \text{sen}\,\alpha\vec{j})$$

b) Momento resultante respecto al origen, (velocidad de O):

$$\vec{V}_0 = \omega\, d\vec{k}$$

Velocidad de un punto P genérico del eje instantáneo de rotación:

$$\vec{V}_P = \vec{V}_0 + \Omega \times \vec{OP}$$

o sea:

$$\vec{V}_P = \omega d\vec{k} + \begin{vmatrix} \vec{i} & \vec{j} & \vec{k} \\ \Omega\cos\alpha & \Omega\,\text{sen}\,\alpha & 0 \\ x & y & z \end{vmatrix} =$$

$$= \omega\, d(\vec{k}) + z\,\Omega\,\text{sen}\,\alpha(\vec{i}) - z\,\Omega\cos\alpha(\vec{j}) + $$
$$+ (\Omega\, y\cos\alpha - \Omega\, x\,\text{sen}\,\alpha)(\vec{k}) =$$

$$= z\,\Omega\,\text{sen}\,\alpha(\vec{i}) - z\,\Omega\cos\alpha(\vec{j}) + (\omega\, d + \Omega\, y\cos\alpha -$$
$$- \Omega\, x\,\text{sen}\,\alpha)(\vec{k})$$

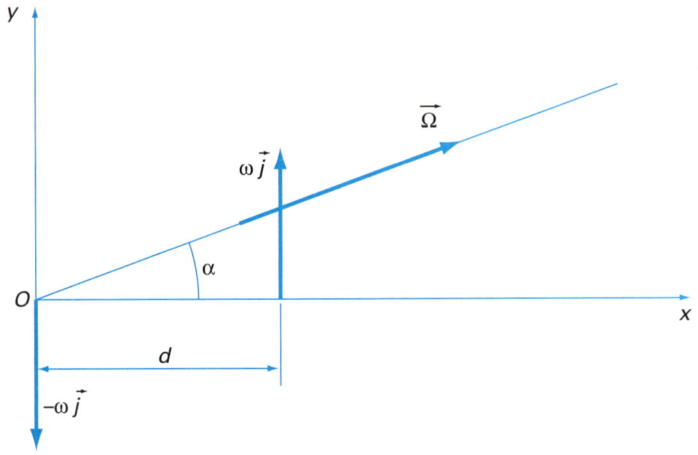

FIGURA 1.17

La condición de paralelismo entre $\vec{V}_P$ y $\vec{\Omega}$ permite obtener el eje instantáneo de rotación:

$$\frac{z\,\Omega \text{ sen } \alpha}{\Omega \cos \alpha} = \frac{-z\,\Omega \cos \alpha}{\Omega \text{ sen } \alpha} = \frac{\omega\, d + \Omega\,(y \cos \alpha - x \text{ sen } \alpha)}{0}$$

y de aquí las dos ecuaciones:

$$z \text{ sen}^2 \alpha = -z \cos^2 \alpha$$
$$\omega d = -\Omega(y \cos \alpha - x \text{ sen } \alpha)$$

o sea:

$$z(\text{sen}^2 \alpha + \cos^2 \alpha) = 0, \; z = 0$$
$$\frac{\omega\, d}{\Omega} = x \text{ sen } \alpha - y \cos \alpha$$

Luego el eje instantáneo de rotación es la recta:

$$z = 0 \qquad x \text{ sen } \alpha - y \cos \alpha = \frac{\omega\, d}{\Omega}$$

Capítulo 2

CINEMÁTICA DEL MOVIMIENTO RELATIVO

OBJETIVOS

1. *Determinar los movimientos de arrastre, relativo y absoluto de un punto.*
2. *Calcular la velocidad relativa de un punto.*
3. *Calcular la velocidad de arrastre.*
4. *Calcular la velocidad absoluta de un punto.*
5. *Calcular la aceleración relativa de un punto.*
6. *Calcular la aceleración de arrastre.*
7. *Calcular la aceleración complementaria o de Coriolis.*
8. *Calcular la aceleración absoluta de un punto.*
9. *Determinar los efectos de las componentes horizontal y vertical de la rotación terrestre.*
10. *Calcular la expresión de la velocidad de un punto en coordenadas polares a partir del movimiento relativo del punto.*
11. *Calcular la expresión de la aceleración de un punto en coordenadas polares a partir del movimiento relativo del punto.*

ESQUEMA-RESUMEN

2.1. Sistemas de referencia fijo y móvil
- Sistema fijo
- Sistema móvil
- Movimiento absoluto
- Movimiento relativo
- Movimiento de arrastre

2.2. Velocidad en el movimiento relativo
- Velocidad de arrastre
- Velocidad relativa
- Velocidad absoluta

2.3. Aceleración de un punto en el movimiento relativo
- Aceleración de arrastre
- Aceleración relativa
- Aceleración de Coriolis
- Aceleración absoluta

2.4. Aceleración de Coriolis. Efecto geostrófico
- Significado de la aceleración de Coriolis
- Efecto geostrófico
- Efecto de la componente horizontal de la rotación terrestre
- Efecto de la componente vertical de la rotación terrestre

2.5. Velocidad y aceleración en coordenadas polares planas como aplicación del movimiento relativo
- Expresión de la velocidad
- Expresión de la aceleración

2. CINEMÁTICA DEL MOVIMIENTO RELATIVO

2.1. SISTEMAS DE REFERENCIA FIJO Y MÓVIL

Vamos a estudiar nuevamente el movimiento de un punto P en el espacio de una forma diferente. Recordamos que para estudiar el movimiento es preciso establecer un sistema de referencia que se supone fijo. Denominaremos $OXYZ$ a este sistema fijo y en él situaremos una terna ortonormal de vectores unitarios que llamaremos $\vec{I}, \vec{J}, \vec{K}$. El vector de posición del punto P respecto a este sistema de referencia fijo será:

$$\vec{R} = X\vec{I} + Y\vec{J} + Z\vec{K}$$

Tomaremos en el espacio otro triedro trirrectángulo que llamaremos $oxyz$ y en él una terna de vectores unitarios $\vec{i}, \vec{j}, \vec{k}$, y supondremos que está animado de un movimiento cualquiera, independiente del que tiene

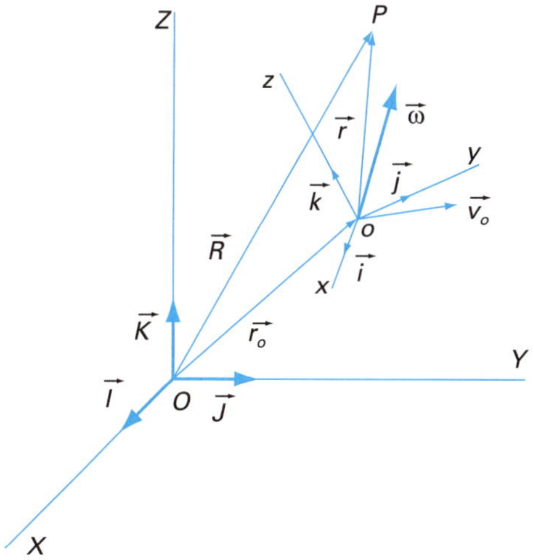

FIGURA 2.1

el punto *P*. A este sistema le llamaremos sistema *móvil* y el vector de posición del punto *P* respecto a este sistema móvil será:

$$\vec{r} = x\vec{i} + y\vec{j} + z\vec{k}$$

Se trata de estudiar el movimiento del punto *P* respecto a las referencias fija y móvil, lo que es completamente diferente al planteamiento del capítulo anterior. En aquel caso el punto *P* era un punto del sistema indeformable y respecto a los ejes ligados a éste siempre permanecía inmóvil. En el caso que estamos estudiando ahora el punto *P* evoluciona también respecto al sistema móvil y se trata de encontrar la relación existente entre el movimiento del punto respecto a dichos sistemas fijo y móvil.

Al movimiento del punto *P* respecto a la referencia fija se le llama movimiento *absoluto*, y es el que vería un observador situado en el sistema de referencia *OXYZ*. El movimiento respecto al sistema de referencia *oxyz*, se denomina movimiento relativo. Y, finalmente, el movimiento respecto al sistema fijo de la referencia *oxyz*, se denomina movimiento de *arrastre*.

2.2. VELOCIDAD EN EL MOVIMIENTO RELATIVO

Sea $\vec{r}_o$ el vector de posición del origen del sistema móvil respecto al sistema de referencia fijo (fig. 2.1). El vector de posición del punto *P* respecto al sistema fijo se podrá escribir en la forma:

$$\vec{R} = \vec{r}_o + \vec{r}$$

es decir:

$$\vec{R} = \vec{r}_o + x\vec{i} + y\vec{j} + z\vec{k}$$

y derivando esta igualdad respecto a *t*, se tiene:

$$\frac{d\vec{R}}{dt} = \frac{d\vec{r}_o}{dt} + \frac{dx}{dt}\vec{i} + x\frac{d\vec{i}}{dt} + \frac{dy}{dt}\vec{j} + y\frac{d\vec{j}}{dt} + \frac{dz}{dt}\vec{k} + z\frac{d\vec{k}}{dt}$$

puesto que en este caso las coordenadas del punto *P* respecto al sistema móvil, como ya se dijo antes, no se mantienen fijas. Recordando además las fórmulas de Poisson que dan las derivadas de los vectores unitarios en el sistema móvil resulta:

$$\frac{d\vec{R}}{dt} = \frac{d\vec{r}_o}{dt} + x\vec{\omega} \times \vec{i} + y\vec{\omega} \times \vec{j} + z\vec{\omega} \times \vec{k} + \frac{dx}{dt}\vec{i} + \frac{dy}{dt}\vec{j} + \frac{dz}{dt}\vec{k}$$

o lo que es lo mismo:

$$\frac{d\vec{R}}{dt} = \frac{d\vec{r}_o}{dt} + \vec{\omega} \times (x\vec{i} + y\vec{j} + z\vec{k}) + \frac{dx}{dt}\vec{i} + \frac{dy}{dt}\vec{j} + \frac{dz}{dt}\vec{k}$$

que se puede escribir en la forma:

$$\frac{d\vec{R}}{dt} = \frac{d\vec{r}_o}{dt} + \vec{\omega} \times \vec{r} + \vec{v}_r \qquad [2.1]$$

En esta expresión el término $\frac{d\vec{r}_o}{dt}$ es la velocidad del origen del sistema móvil, es decir la velocidad de traslación del sistema indeformable al que está asociado dicho sistema de referencia y que en adelante llamaremos $\vec{v}_o$. El término $\vec{\omega} \times \vec{r}$ es la velocidad de rotación del punto P, considerado como perteneciente al sistema indeformable asociado al sistema de referencia *oxyz*. La suma de ambos términos, $\vec{v}_o + \vec{\omega} \times \vec{r}$, es la velocidad que tendría el punto P si estuviese invariablemente unido al triedro móvil, y se denomina *velocidad de arrastre*. Finalmente el término:

$$\vec{v}_r = \frac{dx}{dt}\vec{i} + \frac{dy}{dt}\vec{j} + \frac{dz}{dt}\vec{k}$$

es la velocidad del punto P respecto al sistema móvil y se denomina *velocidad relativa*.

Se puede, por tanto, expresar la *velocidad absoluta*, $\vec{v}$, del punto en la forma:

$$\boxed{\vec{v} = \vec{v}_{arr} + \vec{v}_r} \qquad [2.2]$$

Es decir, la velocidad absoluta de un punto en el movimiento relativo es igual a la velocidad de arrastre más la velocidad relativa.

2.3. ACELERACIÓN DE UN PUNTO EN EL MOVIMIENTO RELATIVO

Para calcular la aceleración absoluta volvemos a derivar respecto al tiempo en la expresión [2.1] que nos da la velocidad absoluta. Se tiene:

$$\frac{d^2\vec{R}}{dt^2} = \frac{d^2\vec{r}_o}{dt^2} + \frac{d\vec{\omega}}{dt} \times \vec{r} + \vec{\omega} \times \frac{d\vec{r}}{dt} + \frac{d\vec{v}_r}{dt}$$

es decir:

$$\frac{d^2\vec{R}}{dt^2} = \frac{d^2\vec{r}_o}{dt^2} + \frac{d\vec{\omega}}{dt} \times \vec{r} + \vec{\omega} \times \frac{d}{dt}(x\vec{i} + y\vec{j} + z\vec{k}) +$$

$$+ \frac{d}{dt}(v_{rx}\vec{i} + v_{ry}\vec{j} + v_{rz}\vec{k}) = \frac{d^2\vec{r}_o}{dt^2} + \frac{d\vec{\omega}}{dt} \times \vec{r} +$$

$$+ \vec{\omega} \times \left(\frac{dx}{dt}\vec{i} + \frac{dy}{dt}\vec{j} + \frac{dz}{dt}\vec{k} + x\frac{d\vec{i}}{dt} + y\frac{d\vec{j}}{dt} + z\frac{d\vec{k}}{dt} \right) +$$

$$+ \frac{dv_{rx}}{dt}\vec{i} + \frac{dv_{ry}}{dt}\vec{j} + \frac{dv_{rz}}{dt}\vec{k} + v_{rx}\frac{d\vec{i}}{dt} + v_{ry}\frac{d\vec{j}}{dt} + v_{rz}\frac{d\vec{k}}{dt} =$$

$$= \frac{d^2\vec{r}_o}{dt^2} + \frac{d\vec{\omega}}{dt} \times \vec{r} + \vec{\omega} \times \vec{v}_r + \vec{\omega} \times (x\vec{\omega} \times \vec{i} + y\vec{\omega} \times \vec{j} + z\vec{\omega} \times \vec{k}) +$$

$$+ \vec{a}_r + v_{rx}\vec{\omega} \times \vec{i} + v_{ry}\vec{\omega} \times \vec{j} + v_{rz}\vec{\omega} \times \vec{k} =$$

$$= \frac{d^2\vec{r}_o}{dt^2} + \frac{d\vec{\omega}}{dt} \times \vec{r} + \vec{\omega} \times \vec{v}_r + \vec{\omega} \times (\vec{\omega} \times \vec{r}) + \vec{a}_r + \vec{\omega} \times v_r =$$

$$= \frac{d^2\vec{r}_o}{dt^2} + \frac{d\vec{\omega}}{dt} \times \vec{r} + 2\vec{\omega} \times \vec{v}_r + \vec{\omega} \times (\vec{\omega} \times \vec{r}) + \vec{a}_r$$

Vamos a analizar cada uno de los términos de esta expresión: $\frac{d^2\vec{r}_o}{dt^2}$, es la aceleración del origen del sistema móvil respecto al fijo; $\frac{d\vec{\omega}}{dt} \times \vec{r}$, es la aceleración tangencial debida a la variación de la velocidad angular del sistema móvil respecto al fijo y $\vec{\omega} \times (\vec{\omega} \times \vec{r})$, es la aceleración debida al movimiento de rotación del sistema móvil respecto al fijo. La suma de estos tres términos es la que se denomina *aceleración de arrastre* y aparece siempre que el sistema móvil se mueva respecto a los ejes fijos, aunque el punto considerado no se mueva respecto al triedro fijo. El término $\vec{a}_r$ es la *aceleración relativa*, o sea, la que tiene el punto respecto al sistema móvil y, finalmente, el término $2\vec{\omega} \times \vec{v}_r$ se denomina *aceleración complementaria o de Coriolis*.

En consecuencia la aceleración absoluta del punto *P* puede expresarse en la forma:

$$\boxed{\vec{a} = \vec{a}_{arr} + \vec{a}_r + \vec{a}_c} \qquad [2.3]$$

Es decir, la aceleración absoluta de un punto en el movimiento relativo es igual a la suma de las aceleraciones de arrastre, relativa y de Coriolis.

2.4. ACELERACIÓN DE CORIOLIS. EFECTO GEOSTRÓFICO

Como se acaba de ver la aceleración complementaria o de Coriolis viene dada por la expresión:

$$\vec{a}_c = 2\vec{\omega} \times \vec{v}_r$$

Para comprender mejor su significado vamos a utilizar un ejemplo. Supóngase un disco que gira con velocidad angular $\vec{\omega}$. Un punto se mueve, desde el centro del disco, en dirección radial, con velocidad uniforme $\vec{v}_o$. El punto, al separarse del centro del disco, se irá encontrando con puntos de mayor velocidad tangencial, ωr, por lo que al pasar de una posición P a otra P', según el radio, su velocidad ha aumentado lo que equivale a decir que ha experimentado una aceleración en esa dirección tangencial.

2.4.1. Efecto geostrófico

Todo cuerpo que se mueve sobre la superficie de la Tierra, que está animada de un movimiento de rotación $\vec{\Omega}$, experimenta una aceleración de Coriolis debido al movimiento de arrastre de aquélla. Solamente en el caso de un punto que se encontrase en el ecuador y se moviese con velocidad dirigida según un meridiano, la aceleración de Coriolis sería nula ya que la velocidad relativa del punto y la rotación $\vec{\Omega}$ serían paralelas por lo que su producto vectorial sería cero. El efecto que experimenta un cuerpo, que se mueve sobre la superficie de la Tierra, debido a una aceleración igual a la de Coriolis y de signo contrario se denomina *efecto geostrófico*.

Supongamos que nos encontramos en un punto P de la superficie terrestre de latitud λ. El plano tangente a la superficie terrestre en dicho punto coincide con el plano horizontal y la dirección norte-sur con el meridiano del lugar. Llevamos a dicho punto el valor de la rotación $\vec{\Omega}$ y la descomponemos en dos componentes: una en la dirección del meridiano del lugar, es decir, dirigida hacia el norte, y otra según la vertical del lugar, que irá dirigida hacia el exterior de la superficie terrestre en el hemisferio norte y hacia el interior en el hemisferio sur (fig. 2.2). Vamos a estudiar los efectos producidos por cada una de dichas componentes.

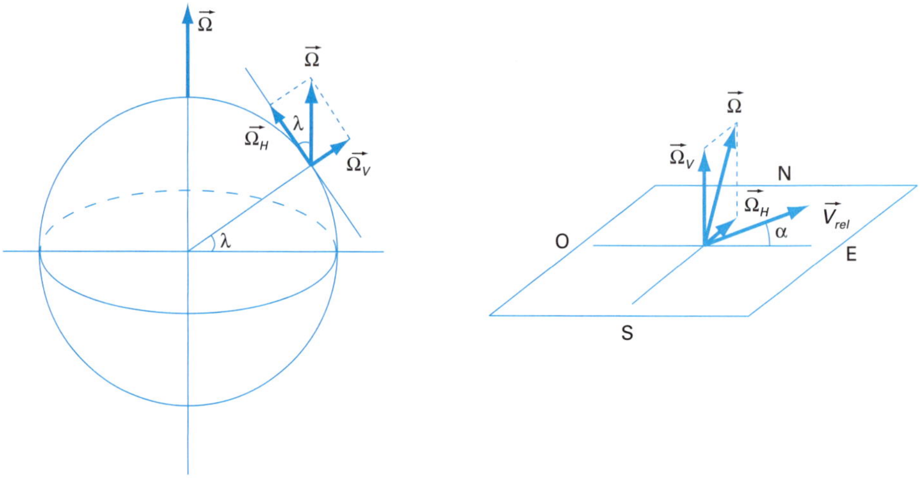

FIGURA 2.2

a) Componente Ω_H

La componente $\vec{\Omega}_H$, según el meridiano, está contenida en el plano horizontal y dirigida hacia el norte. Si suponemos que un punto material se mueve con velocidad, $\vec{v}_r$, contenida en el plano horizontal (tangente a la esfera terrestre), y que forma un ángulo α con la dirección oeste-este, el producto vectorial $\vec{\Omega}_H \times \vec{v}_r$ tiene sentido entrante en la superficie de la Tierra, por tanto el esfuerzo tiene sentido contrario y se resta de la acción de la gravedad. Su módulo vale $2\Omega \cos \lambda \vec{v}_r \cos \alpha$. Si el punto se mueve en dirección este a oeste la velocidad relativa tendría distinto signo y en este caso el esfuerzo resultante se sumaría a la acción del peso. El cambio de hemisferio no altera el efecto de la componente horizontal ya que al cambiar λ por $-\lambda$ el coseno no varía.

b) Componente $\vec{\Omega}_V$

El producto vectorial $\vec{\Omega}_V \times \vec{v}_r$, en el hemisferio norte va dirigido hacia la izquierda del movimiento del punto, y en el hemisferio sur hacia la derecha del movimiento. El esfuerzo irá en sentido contrario a la aceleración, es decir, hacia la derecha en el hemisferio norte y al contrario en el hemisferio sur.

Algunos de los efectos físicos más importantes debido a estas aceleraciones son los siguientes: desviación hacia la derecha, en el hemisferio norte, de las corrientes de aire en la atmósfera y hacia la izquierda en el hemisferio sur; en el hemisferio norte una persona dando la espalda al viento tiene alta presión a la derecha y baja a su izquierda y al contrario en el hemisferio sur (ley de Buis Ballot o de Ferrel), por eso en el hemis-

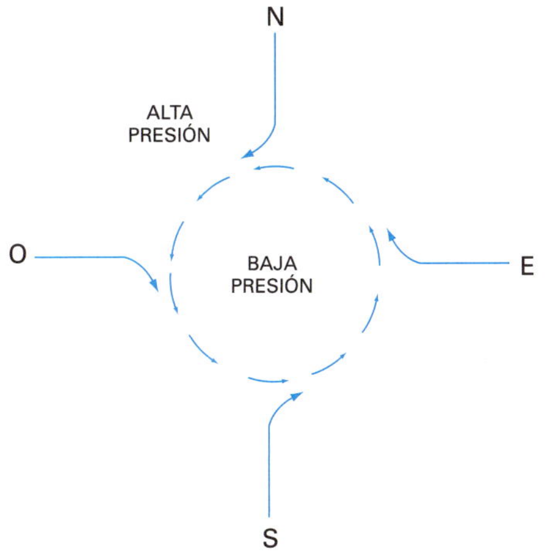

FIGURA 2.3

ferio norte los ciclones giran en sentido contrario a las agujas del reloj y al revés en el hemisferio sur (fig. 2.3); erosión de los márgenes de los rios, más intensa en la margen derecha en el hemisferio norte (ley de Bar); desgaste desigual de los carriles de ferrocarril en tramos largos y rectos, con grandes velocidades de circulación, siendo mayor el desgaste en el carril derecho en el sentido de la marcha y, finalmente, la desviación de los proyectiles, de forma que el plano de tiro se desvía hacia la derecha en el hemisferio norte.

2.5. VELOCIDAD Y ACELERACIÓN EN COORDENADAS POLARES PLANAS COMO APLICACIÓN DEL MOVIMIENTO RELATIVO

Se trata de obtener las expresiones de la velocidad y aceleración de un punto en coordenadas polares planas como aplicación del movimiento relativo de un punto que se mueve a lo largo de un radio que gira.

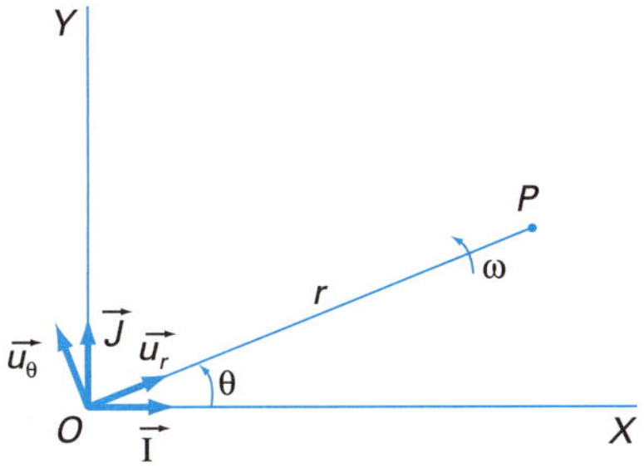

FIGURA 2.4

Sea *OXYZ* el sistema de referencia fijo en el que se define una terna de vectores unitarios $\vec{I}, \vec{J}, \vec{K}$. Y sea $Or\theta z$ un sistema de referencia móvil cuyos vectores unitarios serán $\vec{u}_r \vec{u}_\theta \vec{k}$. En este sistema de referencia la posición del punto móvil *P*, viene dada por $\vec{r} = r\vec{u}_r$.

El movimiento de arrastre del sistema móvil respecto al fijo será un movimiento de rotación de velocidad angular $\omega = \dot{\theta}$ y de aceleración angular $\alpha = \ddot{\theta}$.

2.5.1. Expresión de la velocidad

La velocidad absoluta es igual a la velocidad de arrastre más la velocidad relativa. Se tendrá:

Velocidad de arrastre: $\vec{v}_a = \vec{\omega} \times \vec{r} = \dot{\theta}\vec{K} \times r\vec{u}_r = r\dot{\theta}\vec{u}_\theta$.

Velocidad relativa: $\vec{v}_r = \dot{r}\vec{u}_r$.

Por lo que la expresión de la velocidad en coordenadas polares queda:

$$\vec{v} = \dot{r}\vec{u}_r + r\dot{\theta}\vec{u}_\theta$$

2.5.2. Expresión de la aceleración

La aceleración absoluta del punto será igual a la de arrastre, más la relativa, más la complementaria o de Coriolis.

Aceleración de arrastre:

$$\begin{aligned}\vec{a}_a &= \vec{\alpha} \times \vec{r} + \vec{\omega} \times (\vec{\omega} \times \vec{r}) = \\ &= \ddot{\theta}\vec{k} \times r\vec{u}_r + \dot{\theta}\vec{K} \times r\dot{\theta}\vec{u}_\theta = \\ &= r\ddot{\theta}\vec{u}_\theta - r\dot{\theta}^2\vec{u}_r\end{aligned}$$

Aceleración relativa:

$$\vec{a}_r = \ddot{r}\vec{u}_r$$

Aceleración complementaria o de Coriolis:

$$\vec{a}_c = 2\vec{\omega} \times \vec{v}_r = 2\begin{vmatrix} \vec{u}_r & \vec{u}_\theta & \vec{k} \\ 0 & 0 & \dot{\theta} \\ \dot{r} & 0 & 0 \end{vmatrix} = 2\dot{\theta}\dot{r}\vec{u}_\theta$$

Por tanto, la expresión de la aceleración en coordenadas polares será:

$$\vec{a} = (\ddot{r} - r\dot{\theta}^2)\vec{u}_r + (r\ddot{\theta} + 2\dot{\theta}\dot{r})\vec{u}_\theta$$

EJERCICIOS

2.1 Un tubo recto de longitud l, gira en un plano horizontal con velocidad angular constante $\vec{\omega}$ alrededor de uno de sus extremos. En el interior del tubo se encuentra situada una bolita que puede desplazarse a lo largo de él sin rozamiento. En el instante inicial la bola se encuentra en reposo en el punto medio del tubo. Determinar:

a) Trayectoria absoluta descrita por la bola, en coordenadas polares.

b) Velocidad relativa y absoluta de la bola en el instante en el que sale del tubo.

2.2 El movimiento absoluto de un punto es rectilíneo y uniforme de velocidad $\vec{V}$. Determinar:

a) La trayectoria en el movimiento relativo respecto a un observador que gira uniformemente con velocidad angular ω alrededor de un eje perpendicular a la recta descrita por el punto e incidente con ésta.

b) Velocidad y aceleración relativas del punto.

2.3 Un punto P se mueve a lo largo del perímetro de un disco de radio R con velocidad de módulo constante v. El disco gira en sentido opuesto con velocidad angular $\vec{\omega}$.

a) Determinar la aceleración absoluta del punto.

b) A partir de un cierto instante el punto inicia un movimiento según un radio del disco manteniendo la misma velocidad de módulo v. Determinar la aceleración absoluta del punto en este caso.

2.4 Una placa cuadrada gira con velocidad angular $\vec{\omega}$ alrededor de su centro O. Sobre dicha placa se mueve un punto P describiendo una circunferencia de radio $R/2$ y centro O', en el mismo sentido del movimiento de la placa, con una velocidad relativa constante $\vec{v}$. O' está situado a una distancia R de O y se cumple que lado de la placa $> R$. Hallar:

a) Valor de la velocidad relativa v para que sea nula la aceleración absoluta del punto cuando se encuentra en su posición más próxima a O.

b) Aceleración del punto P cuando se encuentre en la posición más alejada de O.

2.5 Un avión que se desplaza con velocidad v respecto al suelo está girando alrededor de un eje vertical describiendo una circunferencia de radio R en sentido antihorario. Desde el avión se observa que la hélice, de longitud $2r$, da n vueltas por minuto en sentido contrario al movimiento de las agujas del reloj. Calcular:

a) Aceleración absoluta del extremo derecho de la hélice, vista desde el avión, cuando se encuentra en posición horizontal.

b) Aceleración absoluta del extremo superior de la hélice cuando se encuentra en posición vertical.

SOLUCIONES DE LOS EJERCICIOS

2.1

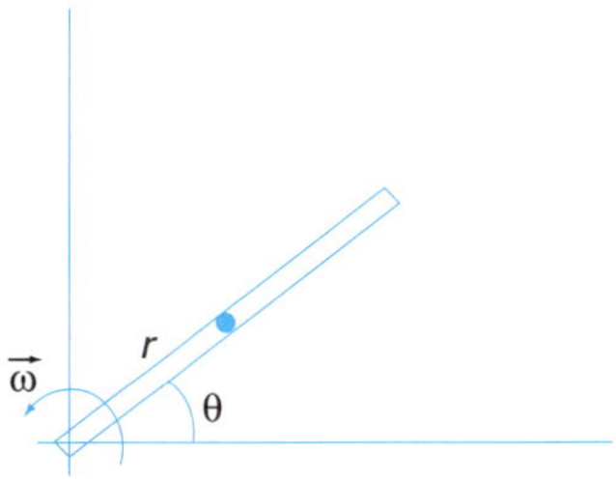

FIGURA 2.5

Al estar la bola en reposo la única aceleración que actúa es la de arrastre del sistema móvil, y de ésta la componente normal ya que la tangencial es nula por ser constante la velocidad angular, es decir:

$$\vec{a} = \dot{\theta}^2 r \vec{u}_r$$

o lo que es lo mismo:

$$\frac{d^2r}{dt^2} = \dot{\theta}^2 r$$

que se puede escribir en la forma:

$$\ddot{r} - \omega^2 r = 0$$

ecuación diferencial lineal homogénea que podemos integrar inmediatamente formando la ecuación característica:

$$\alpha^2 - \omega^2 = 0$$

cuya solución es $\alpha = \pm\omega$, por lo que la integral será:

$$r = C_1 e^{\omega t} + C_2 e^{-\omega t}$$

Las constantes C_1 y C_2 se pueden determinar a partir de las condiciones iniciales que son: para $t = 0$, $r = \dfrac{l}{2}$ y $\dot{r} = 0$. En efecto:

$$\frac{l}{2} = C_1 + C_2$$

y

$$0 = C_1\omega - C_2\omega$$

ya que

$$\dot{r} = C_1\omega e^{\omega t} + C_2\omega e^{-\omega t}$$

Por tanto:

$$C_1 = C_2 = \frac{l}{4}$$

y la ecuación del movimiento será:

$$r = \frac{l}{4}(e^{\omega t} + e^{-\omega t})$$

que junto con

$$\theta = \omega t$$

son las ecuaciones paramétricas de la trayectoria. Eliminando t obtenemos la ecuación de la trayectoria en coordenadas polares:

$$r = \frac{l}{2}\,\frac{e^{\omega t} + e^{-\omega t}}{2} = \frac{l}{2}\mathrm{ch}\,\omega t = \frac{l}{2}\mathrm{ch}\,\theta$$

La velocidad relativa de la bola es la que corresponde a su movimiento en dirección radial y será:

$$\dot{r} = \omega\frac{l}{2}\mathrm{sh}\,\omega t$$

Cuando la bola sale del tubo $r = l$ y al instante correspondiente le llamaremos τ. Se tiene:

$$l = \frac{l}{4}(e^{\omega\tau} + e^{-\omega\tau})$$

o lo que es igual:

$$(e^{\omega\tau})^2 - 4e^{\omega\tau} + 1 = 0$$

de donde:

$$e^{\omega\tau} = 2 \pm \sqrt{3}$$

Tomando la determinación positiva de la raíz y sustituyendo en la ecuación:

$$4 = (e^{\omega\tau} + e^{-\omega\tau})$$

resulta:

$$e^{-\omega\tau} = 2 - \sqrt{3}$$

con lo que la velocidad relativa de la bola en el instante que abandona el tubo es:

$$\dot{r}(l) = \frac{l}{4}\omega(e^{\omega\tau} - e^{-\omega\tau}) = \frac{l\omega\sqrt{3}}{2}$$

y la velocidad absoluta será:

$$\vec{v} = \vec{v}_a + \vec{v}_r = \omega r\vec{u}_\theta + \dot{r}\vec{u}_r = \omega l\vec{u}_\theta + \frac{l\omega\sqrt{3}}{2}\,\vec{u}_r$$

cuyo módulo es:

$$|\vec{v}| = \frac{\sqrt{7}}{2}\,\omega l$$

2.2

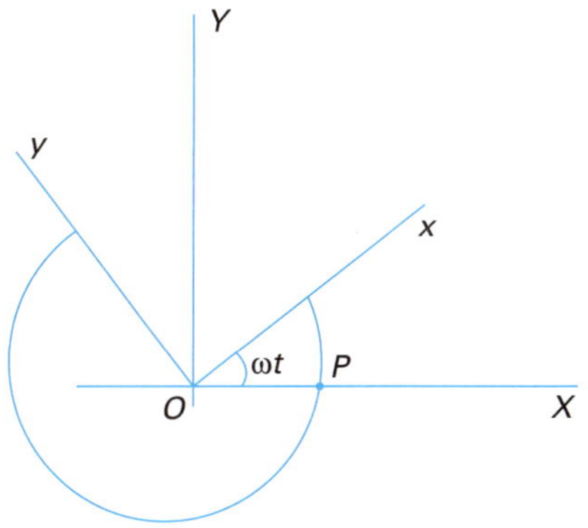

FIGURA 2.6

a) Tomamos como eje fijo OX la recta descrita por el punto móvil P en su movimiento absoluto; como eje fijo OY el perpendicular con el anterior y como eje OZ fijo el que coincide con el eje de rotación. Como ejes móviles $Oxyz$ se toman tres ejes cartesianos solidarios con el observador móvil y tales que el eje Oz coincide siempre con el eje OZ y el eje Ox coincide inicialmente con el eje OX. Los movimientos absoluto y relativo de P se obtienen a partir de las expresiones siguientes:

$$X = Vt + X_o$$
$$Y = 0$$
$$Z = 0$$

y

$$x = (Vt + X_o)\cos \omega t; \; y = -(Vt + X_o)\,\text{sen}\, \omega t; \; z = 0$$

siendo V la velocidad absoluta (constante) con la que P se mueve a lo largo del eje OX, X_o la abscisa X de P en la posición inicial y ω la velocidad angular del observador móvil.

La trayectoria en el movimiento absoluto es la recta OX.

La trayectoria en el movimiento relativo se obtiene a partir de la segunda de las relaciones anteriores, utilizando coordenadas polares. En efecto:

$$x^2 + y^2 = r^2 = (Vt + X_o)^2$$

$$\text{tg}\, \theta = \frac{y}{x} = \frac{-(Vt + X_o)}{(Vt + X_o)} \frac{\text{sen}\, \omega t}{\cos \omega t}$$

es decir:

$$r = Vt + X_o; \; \theta = -\omega t$$

y la ecuación de la trayectoria en polares la obtenemos eliminando t entre las dos ecuaciones anteriores. Queda:

$$r = -\frac{V}{\omega}\theta + X_o$$

que es una espiral de Arquímedes.

b) La velocidad relativa v tiene por componentes, según los ejes móviles:

$$\dot{x} = V\cos \omega t - \omega(Vt + X_o)\,\text{sen}\, \omega t$$
$$\dot{y} = -V\,\text{sen}\, \omega t - \omega(Vt + X_o)\cos \omega t$$

La aceleración relativa tiene por componentes, según los ejes móviles:

$$\ddot{x} = -2V\omega \text{ sen } \omega t - \omega^2(Vt + X_o) \cos \omega t$$
$$\ddot{y} = -2V\omega \cos \omega t + \omega^2(Vt + X_o) \text{ sen } \omega t$$

2.3 a) En este caso el punto sigue un movimiento radial.

La aceleración absoluta del punto P será:

$$\vec{a}_P = \vec{a}_{arr} + \vec{a}_r + \vec{a}_c$$

Vamos a calcular a continuación cada uno de dichos términos.

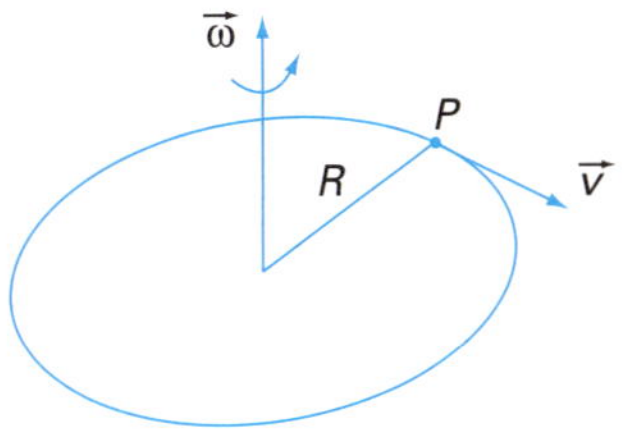

FIGURA 2.7

Aceleración de arrastre:

$$\vec{a}_{arr} = \omega^2 R(-\vec{u}_r)$$

Aceleración relativa:

$$\vec{a}_r = \left(\frac{v}{R}\right)^2 R(-\vec{u}_r)$$

Aceleración de Coriolis:

$$\vec{a}_c = 2\vec{\omega} \times \vec{v} = 2\omega v(\vec{u}_r)$$

Y finalmente la aceleración absoluta del punto será:

$$\vec{a}_P = \left[-\omega^2 R - \left(\frac{v}{R}\right)^2 + 2\omega v\right]\vec{u}_r = \frac{(v - R\omega)^2}{R}(-\vec{u}_r)$$

cuyo módulo es:

$$|\vec{a}_P| = \frac{(v - R\omega)^2}{R}$$

b) En este caso el punto se mueve perpendicularmente al radio. Calculemos análogamente cada una de las aceleraciones.

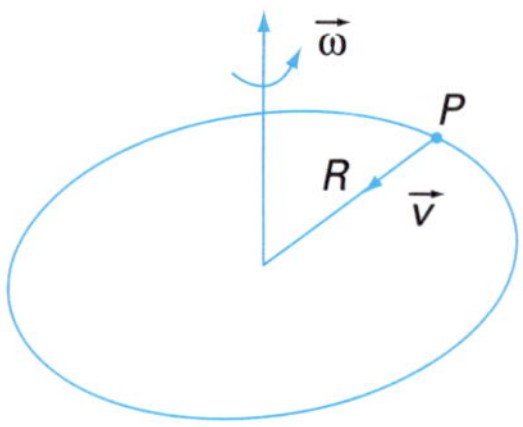

FIGURA 2.8

Aceleración de arrastre:

$$\vec{a}_{arr} = \omega^2 R(-\vec{u}_r)$$

Aceleración relativa:

$$\vec{a}_r = 0$$

Aceleración de Coriolis:

$$\vec{a}_c = 2\omega v(\vec{u}_\theta)$$

La aceleración absoluta del punto será:

$$\vec{a}_P = \omega^2 R(-\vec{u}_r) + 2\omega v(\vec{u}_\theta)$$

cuyo módulo es:

$$|\vec{a}_P| = \sqrt{(\omega^2 R)^2 + (2\omega v)^2} = \omega\sqrt{\omega^2 R^2 + 4v^2}$$

2.4

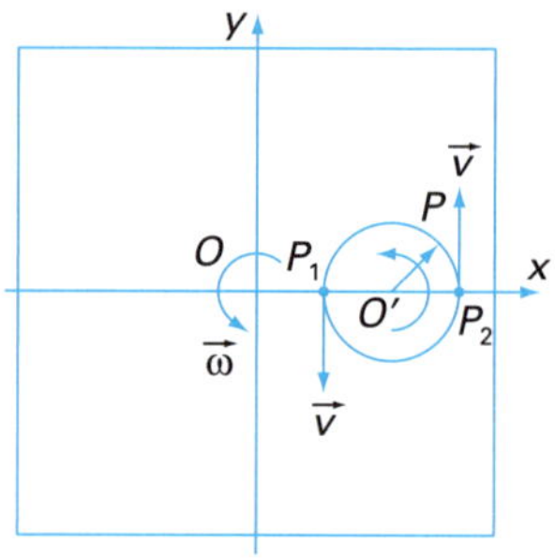

FIGURA 2.9

De acuerdo con el enunciado se tiene:

$$|\overrightarrow{OO'}| = R; \qquad |\overrightarrow{O'P}| = \frac{R}{2}$$

$$\vec{R} = \overrightarrow{O'O} = R\vec{i}$$

$$\vec{r} = \overrightarrow{P_1O'} = \frac{R}{2}(-\vec{i})$$

$$\omega_{O'} = \frac{v}{\frac{R}{2}} = \frac{2v}{R} = \text{cte}$$

$$\frac{d\vec{\omega}}{dt} = 0; \quad \frac{d\vec{\omega}_{O'}}{dt} = 0$$

La aceleración absoluta de un punto será:

$$\vec{a}_P = \vec{a}_{arr} + \vec{a}_r + \vec{a}_c$$

a) Cuando el punto está en la posición más próxima al origen de la placa O (punto P_1) se tiene:

Aceleración de arrastre:

$$\vec{a}_{arr} = \vec{\omega} \times (\vec{\omega} \times \vec{r}) + \frac{d\vec{\omega}}{dt} \times \vec{r} = \omega^2\left(R - \frac{R}{2}\right)(-\vec{i})$$

Aceleración relativa:

$$\vec{a}_r = \dot{\vec{\omega}}_{O'} \times \vec{r} + \vec{\omega}_{O'} \times (\vec{\omega}_{O'} \times \vec{r}) = \left(\frac{2v}{R}\right)^2 \frac{R}{2}\vec{i} = \frac{2V^2}{R}\vec{i}$$

Aceleración de Coriolis:

$$\vec{a}_C = 2\vec{\omega} \times \vec{v} = 2\omega v\vec{i}$$

luego:

$$\vec{a}_1 = -\omega^2\left(\frac{R}{2}\right)\vec{i} + \frac{2v^2}{R}\vec{i} + 2\omega v\vec{i}$$

Si ha de ser nula, se tendrá que verificar:

$$0 = -\omega^2\left(\frac{R}{2}\right) + \frac{2v^2}{R} + 2\omega v$$

o sea:

$$0 = v^2 + R\omega v - \left(\frac{\omega^2 R^2}{4}\right)$$

$$v = \frac{-R\omega \pm \sqrt{R^2\omega^2 + R^2\omega^2}}{2}$$

$$v_1 = R\omega\left(\frac{\sqrt{2} - 1}{2}\right); \qquad v_2 = -R\omega\left(\frac{\sqrt{2} + 2}{2}\right)$$

b) Cuando el punto está en la posición más alejada de O (punto P_2):

$$\vec{a}_2 = \omega^2\left(R + \frac{R}{2}\right)(-\vec{i}) + \frac{2v^2}{R}(-\vec{i}) + 2\omega v(-\vec{i})$$

$$\vec{a}_2 = \left(\frac{3\omega^2 R}{2} + \frac{2v^2}{R} + 2\omega v\right)(-\vec{i})$$

2.5 Se trata de obtener la aceleración absoluta de la hélice respecto al sistema *OXYZ* en dos posiciones: cuando su extremo se encuentra en *B* o en *C*.

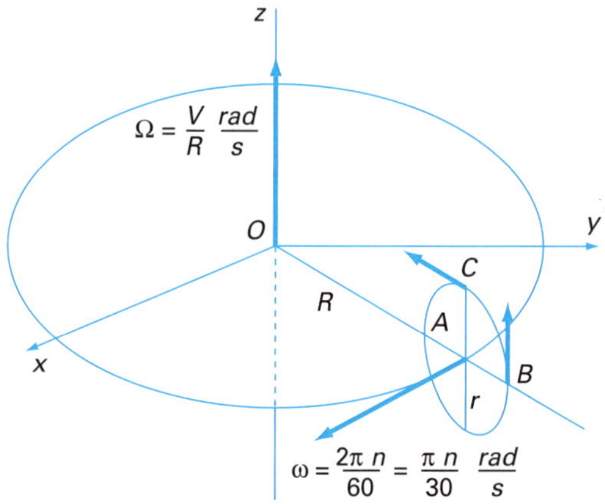

FIGURA 2.10

La expresión de la aceleración absoluta es:

$$\vec{a} = \vec{a}_{arr} + \vec{a}_r + \vec{a}_c$$

siendo $\vec{a}_{arr}$ la aceleración de arrastre; $\vec{a}_r$ la aceleración relativa y $\vec{a}_c$ la aceleración de Coriolis.

a) Extremo de la hélice en B:

$$\vec{a}_{arr} = \Omega^2(R + r)(-\vec{u}_R)$$
$$\vec{a}_r = \omega^2 r(-\vec{u}_R)$$
$$\vec{a}_C = 2\vec{\Omega} \times \vec{V}_{rB} = 0$$

en donde $\vec{u}_R$ es un vector unitario dirigido según $\overrightarrow{OA}$.

Luego:

$$\vec{a}_B = [\Omega^2(R + r) + \omega^2 r](-\vec{u}_R) = \left(\frac{V^2}{R^2}(R + r) + \frac{\pi^2 n^2}{30^2} r\right)(-\vec{u}_R)$$

y en módulo:

$$\boxed{|\vec{a}_B| = \frac{V^2}{R^2}(R + r) + \frac{\pi^2 n^2}{30^2} r}$$

b) Extremo de la hélice en el punto C:

$$\vec{a}_{arr} = \Omega^2 R(-\vec{u}_R)$$
$$\vec{a}_r = \omega^2 r(-\vec{k})$$
$$\vec{a}_C = 2\vec{\Omega} \times \vec{V}_{r_C} = 2\Omega\omega r(-\vec{u}_\theta)$$

en donde $\vec{u}_\theta$ es un vector unitario perpendicular a $\vec{u}_R$ y $\vec{k}$ formando un triedro a derechas: $\vec{u}_R, \vec{u}_\theta, \vec{k}$.

Luego:

$$\vec{a}_C = \Omega^2 R(-\vec{u}_R) + 2\Omega\omega r(-\vec{u}_\theta) + \omega^2 r(-\vec{k}) =$$

$$= \frac{V^2}{R^2} R(-\vec{u}_R) + 2\frac{V}{R}\frac{\pi n}{30} r(-\vec{u}_\theta) + \frac{\pi^2 n^2}{30^2} r(-\vec{k})$$

y en módulo:

$$|a_C| = \sqrt{\left(\frac{V^2}{R}\right)^2 + \left(2\frac{V}{R}\frac{\pi n}{30}r\right)^2 + \left(\frac{\pi^2 n^2}{30^2}r\right)^2} =$$

$$= \sqrt{\frac{V^4}{R^2} + \frac{4V^2}{R^2}\frac{\pi^2 n^2}{30^2}r^2 + \frac{\pi^4 n^4}{30^4}r^2}$$

o sea:

$$\boxed{|a_C| = \sqrt{\frac{V^4}{R^2} + \frac{\pi^2 n^2 r^2}{30^2}\left(\frac{4V^2}{R^2} + \frac{\pi^2 n^2}{30^2}\right)}}$$

Capítulo 3

CINEMÁTICA DEL MOVIMIENTO PLANO Y ESFÉRICO

OBJETIVOS

1. *Definir el movimiento plano.*
2. *Determinar el centro instantáneo de rotación.*
3. *Obtener la base y ruleta del movimiento.*
4. *Obtener la velocidad de sucesión y la aceleración del centro instantáneo.*
5. *Trazar la trayectoria de un punto conocida la base y ruleta.*
6. *Trazar la base y ruleta conocida la trayectoria de dos puntos.*
7. *Obtener la velocidad de sucesión del centro instantáneo por el método de Hartmann.*
8. *Trazar perfiles conjugados por distintos métodos gráficos.*
9. *Relacionar los radios de curvatura de la base y la ruleta con los de dos perfiles conjugados.*
10. *Determinar el polo de aceleraciones y las circunferencias de las inversiones y de las inflexiones.*
11. *Dibujar los cinemas de velocidades y aceleraciones del movimiento.*
12. *Definir el movimiento esférico.*
13. *Calcular los conos de Poinsot del movimiento y la poloide y herpoloide.*
14. *Calcular las velocidades y aceleraciones en el movimiento esférico.*
15. *Determinar los ángulos y rotaciones de Euler.*
16. *Estudiar el movimiento de precesión.*

ESQUEMA-RESUMEN

3.13. Velocidades y aceleraciones en el movimiento esférico

3.14. Ángulos y rotaciones de Euler
— Ángulos de Euler. Línea de nodos
— Rotaciones de Euler

3.15. Movimiento de precesión

3. CINEMÁTICA DEL MOVIMIENTO PLANO Y ESFÉRICO

3.1. MOVIMIENTO PLANO

Se dice que un sistema indeformable ejecuta un movimiento plano cuando se mueve de forma que la distancia de cada uno de sus puntos a un cierto plano, fijo en el espacio, permanece constante. Esto equivale a decir que *todos los puntos del sistema se mueven en planos paralelos*, por lo que también se puede definir el movimiento plano de un sistema como aquél que hace coincidir un cierto plano del sistema consigo mismo en todo instante, o bien, cuando existe al menos una terna de puntos del sistema tal que el plano geométrico que determinan coincide permanentemente consigo mismo.

Vamos a ver a continuación una serie de consecuencias que se derivan de la definición anterior.

1.ª Los vectores velocidad de todos los puntos del plano están contenidos en él

Sea π el plano que permanece constante durante el movimiento. Supongamos que un cierto punto del plano tuviese una velocidad cualquiera.

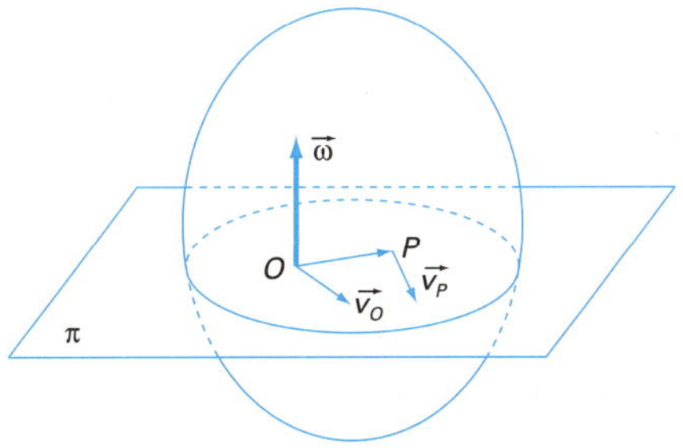

FIGURA 3.1

Este vector velocidad se podría descomponer en dos componentes: una situada en el plano y otra perpendicular a él. Pero si esto fuese así esta componente perpendicular al plano haría que el punto abandonase el plano por lo que en el instante siguiente ya no pertenecería a él en contra de la hipótesis del movimiento plano. Se concluye por tanto que la componente normal ha de ser nula, es decir que las velocidades de todos los puntos del plano están contenidas en él.

2.ª La rotación instantánea del sistema es perpendicular al plano

Situemos sobre el plano π los ejes OX y OY de un sistema cartesiano ortogonal y sea P un punto cualquiera del plano. Sea $\vec{v}_0 = v_x\vec{i} + v_y\vec{j}$ la velocidad de O, conocida. Llamemos $\vec{\omega}$ a la rotación instantánea del sistema. La velocidad de P será:

$$\vec{v}_P = \vec{v}_O + \vec{\omega} \times \vec{r}$$

desarrollando se tiene:

$$\vec{v}_P = v_x\vec{i} + v_y\vec{j} + \begin{vmatrix} \vec{i} & \vec{j} & \vec{k} \\ \omega_x & \omega_y & \omega_z \\ x & y & 0 \end{vmatrix} =$$

$$= (v_x - \omega_z y)\vec{i} + (v_y + \omega_z x)\vec{j} + (\omega_z y - \omega_y x)\vec{k}$$

Para que el movimiento sea plano la velocidad de P no puede tener componente según OZ, luego

$$\omega_x y - \omega_y x = 0$$

y como esta igualdad ha de verificarse para todo punto del plano, ha de ser:

$$\omega_x = \omega_y = 0$$

es decir que la rotación sólo tiene componente según OZ y es, por tanto, perpendicular al plano.

3.ª Todos los puntos situados sobre una perpendicular al plano tienen la misma velocidad

Sea un punto O del plano y P otro punto situado sobre la perpendicular al plano trazada por O. Se tiene:

$$\vec{v}_P = \vec{v}_O + \vec{\omega} \times \overrightarrow{OP}$$

ahora bien, por ser $\vec{\omega}$ perpendicular al plano, será colineal con $\overrightarrow{OP}$ por lo que su producto vectorial es nulo y resulta $\vec{v}_P = \vec{v}_O$, como se quería demostrar.

A continuación vamos a demostrar que *si las velocidades de tres puntos no alineados de un sistema indeformable son vectores situados en el plano definido por los puntos, el movimiento es plano*.

Sean A, B y C los puntos que determinan el plano y $\vec{v}_A$, $\vec{v}_B$ y $\vec{v}_C$ sus velocidades respectivas.

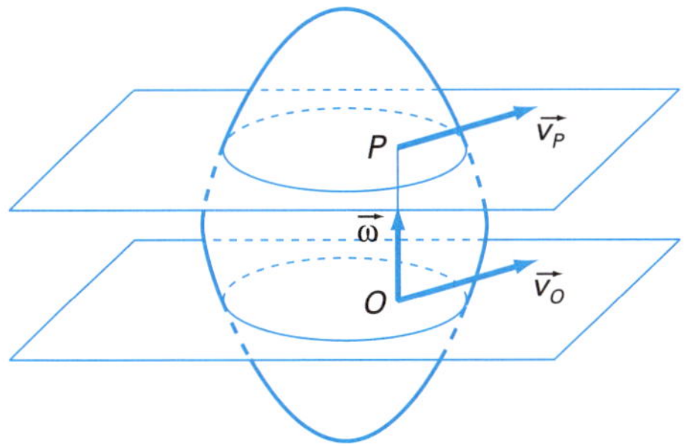

FIGURA 3.2

Restemos de las velocidades de los puntos la de uno de ellos, por ejemplo $\vec{v}_A$. El sistema indeformable tendrá entonces un punto fijo A por lo que en ese instante el sistema gira con una rotación pura alrededor de él que será perpendicular al plano ABC ya que las velocidades de los tres puntos son coplanarias. En consecuencia las velocidades de todos los puntos del sistema serán perpendiculares a la rotación instantánea $\vec{\omega}$ y por tanto el sistema ejecuta un movimiento plano.

El módulo de la rotación instantánea puede calcularse fácilmente a partir de la expresión

$$\vec{v}_B' = \vec{v}_B - \vec{v}_A = \overrightarrow{BA} \times \vec{\omega}$$

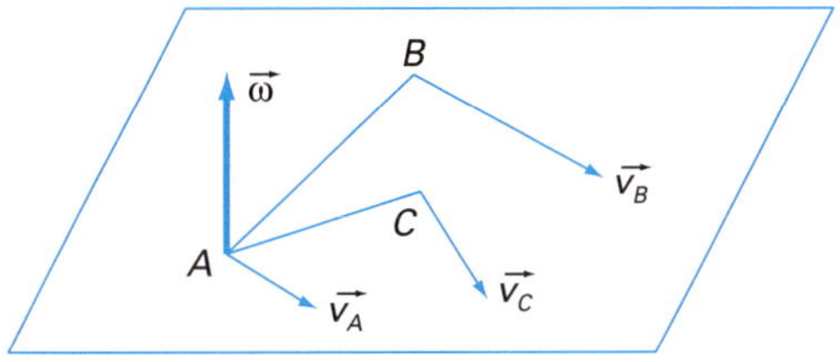

FIGURA 3.3

es decir:

$$|\vec{v}_B'| = |\overrightarrow{BA}|\,|\vec{\omega}| \operatorname{sen} \frac{\pi}{2}$$

de donde resulta:

$$|\vec{\omega}| = \frac{|\vec{v}_B'|}{|\overrightarrow{BA}|}$$

3.2. CENTRO INSTANTÁNEO DE ROTACIÓN. BASE Y RULETA

Puesto que la rotación instantánea del sistema, $\vec{\omega}$, y la velocidad de cualquiera de sus puntos son perpendiculares, el segundo invariante del grupo cinemático se anula. Es decir, $\vec{v} \cdot \vec{\omega} = 0$. No habrá deslizamiento puesto que es nulo en la dirección del eje instantáneo de rotación (paralelo a $\vec{\omega}$), que es el único posible. El movimiento instantáneo del sistema equivale a una rotación pura alrededor del eje instantáneo de rotación.

Los ejes instantáneos de rotación, en sus posiciones sucesivas, determinan dos superficies regladas, que se denominan *axoide fijo* y *axoide móvil*, cuyas generatrices son perpendiculares al plano del movimiento. Se trata por tanto de superficies cilíndricas. La intersección de estas superficies cilíndricas con el plano del movimiento da lugar a dos curvas denominadas *base* y *ruleta* o polar fija y polar móvil, respectivamente.

El punto I en el que son tangentes la base y la ruleta se denomina *centro instantáneo de rotación* y es el punto de intersección del eje instantáneo de rotación con el plano. Este punto es el único que tiene velocidad cero ya que si hubiese otro punto más con velocidad nula el sistema estaría inmóvil.

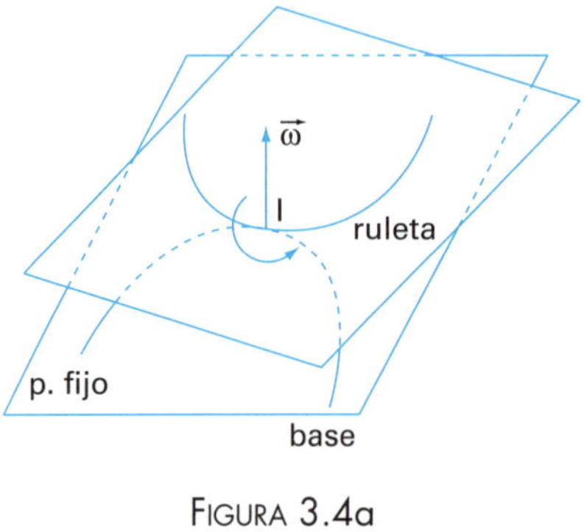

FIGURA 3.4a

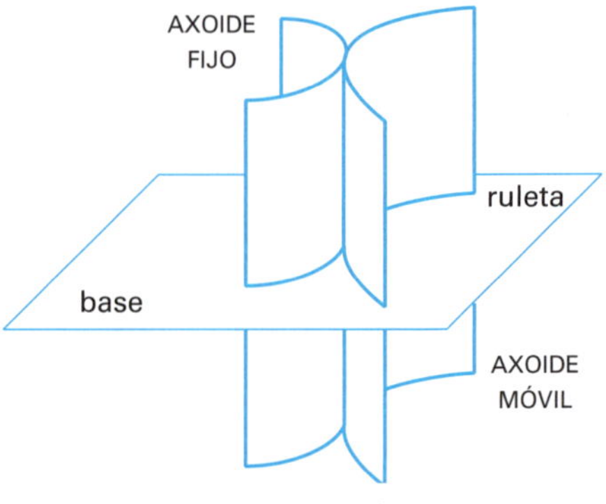

FIGURA 3.4b

El movimiento plano puede estudiarse considerando dos planos, uno fijo y otro móvil, coincidentes constantemente de forma que el plano móvil se apoya mediante la ruleta sobre la base situada en el plano fijo y al rodar aquélla sobre ésta arrastra en su movimiento a todo el plano móvil.

En efecto, imaginemos una hoja de papel, que representa al plano fijo, perfectamente sujeta a una mesa, y otra hoja de papel de calco que se apoya sobre la anterior y puede moverse libremente, que representa el plano móvil (fig. 3.4a). En cada instante existe un punto *I* alrededor del cual se mueve el plano móvil. Si suponemos que un lápiz se apoya en cada momento en dicho punto *I*, irá marcando en el plano móvil una curva que es la ruleta y, por medio del papel de calco, va marcando sobre el plano fijo otra curva que es la base.

La velocidad de cualquier punto del sistema puede determinarse a partir de la expresión

$$\vec{v}_P = \vec{v}_I + \vec{\omega} \times \overrightarrow{IP}$$

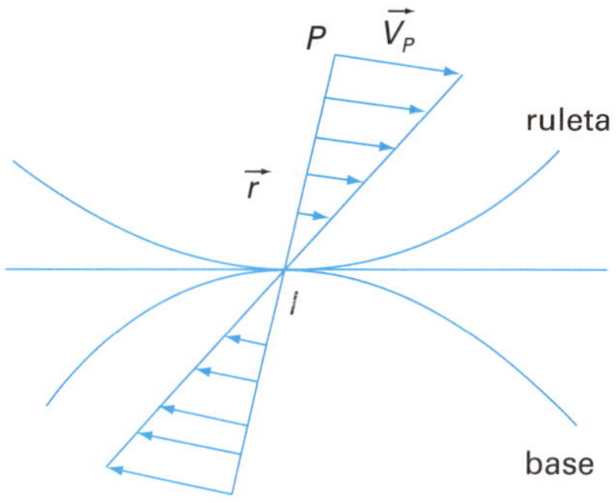

FIGURA 3.5

Puesto que $\vec{v}_P = 0$ y la rotación instantánea $\vec{\omega}$ es perpendicular a $\overrightarrow{IP}$, modularmente se tiene:

$$v_P = \omega r$$

La velocidad de cualquier punto del sistema queda determinada si se conoce su distancia al centro instantáneo de rotación y la rotación instantánea $\vec{\omega}$ de la ruleta sobre la base. Esta velocidad será perpendicular al segmento *IP* y estará contenida en el plano del movimiento. Puesto que $\vec{\omega}$ es la misma para todos los puntos del sistema en un instante dado, la velocidad de cualquier punto es proporcional a su distancia *r* al centro instantáneo de rotación.

Finalmente, se deduce de todo lo anterior que si se conocen, en un instante determinado, las tangentes a las trayectorias de dos puntos del sistema, resulta inmediato determinar la posición del centro instantáneo ya que vendrá dada por la intersección de las perpendiculares trazadas a las trayectorias por dichos puntos.

3.3. VELOCIDAD DE SUCESIÓN DEL CENTRO INSTANTÁNEO. ACELERACIÓN DEL CENTRO INSTANTÁNEO

Sean I e I_1 los centros instantáneos de rotación en los instantes t y $t + \Delta t$. Se denomina velocidad de sucesión del centro instantáneo al límite:

$$\vec{v}_S = \lim_{\Delta t \to 0} \frac{\overrightarrow{II}_1}{\Delta t}$$

Obsérvese que esta velocidad no es la correspondiente al centro instantáneo de rotación, que es el único punto del plano móvil cuya velocidad es nula, sino que representa la de un punto móvil ficticio cuya trayectoria fuera la polar fija o base y cuya posición coincidiera en cada instante con la del centro instantáneo de rotación.

El vector velocidad de sucesión será en cada instante tangente a la base en el centro instantáneo correspondiente. Para determinar su módulo consideraremos el sistema de coordenadas siguiente: el origen se toma coincidente con el centro instantáneo de rotación, el eje de abscisas tendrá la dirección y sentido del vector velocidad de sucesión y viene orientado por él, el eje OZ tiene la dirección de $\vec{\omega}$ y viene orientado por él y, finalmente, el eje de ordenadas es el que junto con los anteriores forme un triedro directo (fig. 3.6.a).

En relación con este sistema de coordenadas adoptaremos el siguiente convenio de signos: los radios de curvatura de base y ruleta se miden desde el origen (centro instantáneo) hacia el centro de curvatura de la respectiva polar. Si el vector $\overrightarrow{IC}$ (siendo C el centro de curvatura) tiene el mismo sentido que el vector unitario $\vec{j}$ del sistema de referencia anteriormente definido, dicho radio de curvatura se considerará positivo.

En el instante $t + \Delta t$ el punto de tangencia de base y ruleta es I_1 y los centros de curvatura de la base y la ruleta son, respectivamente, C_b y C_r (fig. 3.6.a). El ángulo girado por la recta IC_r del plano móvil en el intervalo de tiempo Δt es $\Delta\theta$, que es el ángulo que forma la recta I_1C_r del plano móvil en el instante t con su nueva posición $I_1'C_r'$ en el instante $t + \Delta t$ (I_1' es el punto de la ruleta que en el instante $t + \Delta t$ pasa a ser centro instantáneo de rotación).

Los ángulos girados al cabo de un tiempo Δt por los radios de curvatura de la base y la ruleta y la recta del plano móvil verifican la relación:

$$\Delta\theta = \Delta\alpha_b - \Delta\alpha_r$$

Los ángulos elementales girados por los radios de curvatura de base y ruleta serán:

$$\Delta\alpha_b = \frac{\widehat{II_1}}{\rho_b} \quad \text{y} \quad \Delta\alpha_r = \frac{\widehat{II_1'}}{\rho_r}$$

en donde ρ_b y ρ_r son los radios de curvatura de la base y la ruleta, respectivamente.

Puesto que la ruleta rueda sin deslizar sobre la base, los arcos $\widehat{II_1}$ e $\widehat{II_1'}$ son iguales y se puede escribir:

$$\Delta\theta = \widehat{II_1}\left(\frac{1}{\rho_b} - \frac{1}{\rho_r}\right)$$

y dividiendo por Δt y tomando límites resulta:

$$\lim_{\Delta t \to 0} \frac{\Delta\theta}{\Delta t} = \lim_{\Delta t \to 0} \frac{\widehat{II_1}}{\Delta t}\left(\frac{1}{\rho_b} - \frac{1}{\rho_r}\right)$$

es decir:

$$\omega = v_s\left(\frac{1}{\rho_b} - \frac{1}{\rho_r}\right)$$

de donde queda finalmente:

$$\boxed{v_s = \frac{\omega}{\dfrac{1}{\rho_b} - \dfrac{1}{\rho_r}}} \qquad [3.1]$$

que da la velocidad de sucesión del centro instantáneo en función de la rotación instantánea del sistema y de los radios de curvatura de la base y la ruleta.

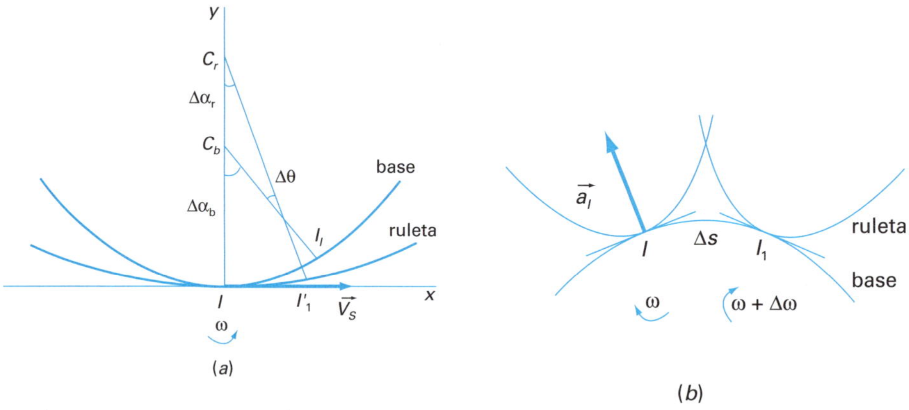

FIGURA 3.6

Vamos a calcular a continuación la *aceleración del centro instantáneo*.

El centro instantáneo de rotación I tiene velocidad cero, pero su aceleración no es nula ya que se mueve con la ruleta cuando en el instante siguiente el punto I' ha pasado a ser el nuevo centro instantáneo.

Consideremos dos posiciones infinitamente próximas de la ruleta. El punto I, que en la primera posición era el centro instantáneo, ha pasado a ocupar la posición I_1. Puesto que la ruleta rueda sobre la base, el punto I, anterior centro instantáneo, gira alrededor del nuevo centro instantáneo I' y su velocidad será perpendicular al segmento infinitesimal $I'I$, es decir, a la tangente común a base y ruleta. Su sentido irá siempre dirigido hacia la ruleta ya que en caso contrario penetraria en la base en contra de la hipótesis.

El módulo del incremento de velocidad en el intervalo será:

$$\Delta v_I = |\omega + \Delta\omega|\,|II'|$$

es decir,

$$\Delta v_I = |\omega + \Delta\omega|\Delta s$$

de donde:

$$\Delta v_I = \omega\Delta s$$

dividiendo por Δt y tomando límites, obtendremos el módulo de la aceleración:

$$\lim_{\Delta t\to 0} \frac{\Delta v_I}{\Delta t} = \omega \lim_{\Delta t\to 0} \frac{\Delta s}{\Delta t}$$

o sea:

$$a_I = \omega v_S$$

que, con los criterios de signos dados anteriormente, podemos expresar vectorialmente en la forma:

$$\vec{a}_I = \vec{v}_S \times \vec{\omega} \qquad [3.2]$$

que nos da la aceleración del centro instantáneo en función de la velocidad de sucesión del centro instantáneo y de la rotación instantánea.

3.4. TRAZADO DE LA TRAYECTORIA DE UN PUNTO CONOCIDA LA BASE Y LA RULETA

El problema de dibujar la trayectoria de un punto, conocidas la base y la ruleta del movimiento, puede resolverse gráficamente de un modo sencillo por dos métodos: mediante el trazado por puntos o mediante el trazado por envolventes.

3.4.1. Trazado por puntos

Supóngase conocidas la base y la ruleta del movimiento y sea P el punto cuya trayectoria se desea obtener. Comencemos escogiendo una serie de puntos cualesquiera I_1, I_2... sobre la base. A continuación tomaremos una serie de puntos I'_1, I'_2... sobre la ruleta de modo que las distancias medidas sobre los arcos entre dos puntos cualesquiera de la base y los dos puntos correspondientes de la ruleta sean las mismas.

Con esta construcción (fig. 3.7) los puntos correspondientes de la base y la ruleta irán coincidiendo al rodar la ruleta sobre la base, siendo en el instante de coincidencia centros instantáneos de rotación. El punto P está fijo en el sistema móvil y se mueve con él al rodar la ruleta sobre la base. Sus posiciones relativas respecto a los puntos I'_1, I'_2... de la ruleta se pueden determinar mediante unas coordenadas polares α y d, siendo α el ángulo formado por la tangente en cada punto de la ruleta y la recta que une este punto con el P y d la distancia desde P a cada uno de los puntos I'_1, I'_2... de la ruleta.

Como el sistema es indeformable, las coordenadas polares definidas en el sistema móvil para cada punto coincidirán, al pasar a ser este punto centro instantáneo, con las que se hubieran podido definir igualmente en los puntos correspondientes de la base, por lo que las posiciones

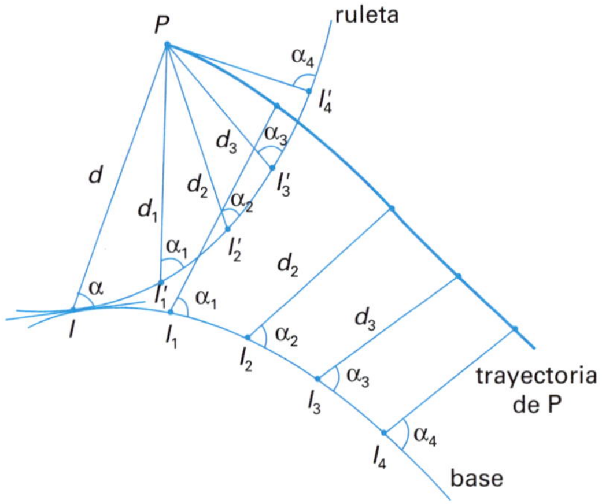

FIGURA 3.7

sucesivas del punto *P* pueden determinarse llevando desde el sistema móvil a los sucesivos centros instantáneos de rotación las coordenadas determinadas anteriormente, obteniéndose así la trayectoria de *P*.

3.4.2. Trazado por envolventes

El trazado de la trayectoria se fundamenta en la propiedad de que la velocidad en cada punto de la trayectoria es perpendicular al radio I_iP, cuando I_i es el centro instantáneo de rotación, y en que las distancias entre los puntos I_i y A son fijas.

El planteamiento inicial es idéntico al caso anterior, pero ahora tomamos las distancias, $d_1, d_2...$, etc., y, con éstas como radios, se trazan arcos con centros en los puntos $I_1, I_2...$ (fig. 3.8). La envolvente de estos arcos

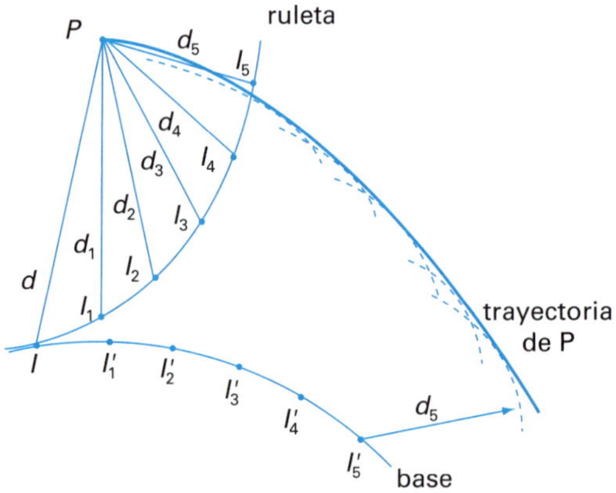

FIGURA 3.8

es la trayectoria buscada, ya que ha de tener en cada punto la dirección del vector velocidad que, a su vez, ha de ser perpendicular a cada radio.

3.5. TRAZADO DE LA BASE Y LA RULETA CONOCIDAS LAS TRAYECTORIAS DE DOS PUNTOS

Sean T_A y T_B las trayectorias de los dos puntos A y B cuyas posiciones en un cierto instante son A_1 y B_1. Tomemos sobre la trayectoria de A, en el sentido del movimiento, puntos, A_2, A_3..., etc., y a partir de ellos, con radio A_1B_1 que permanece constante por ser el sistema indeformable, se trazan arcos que cortan a la trayectoria de B en puntos B_2, B_3..., etc., siendo los puntos así obtenidos las posiciones que en los instantes sucesivos ocuparán los puntos A y B, respectivamente.

Para trazar la *base*, basta recordar que la trayectoria es perpendicular en cada punto al radio que une a éste con el centro instantáneo de rotación en cada instante. Por tanto la base será el lugar geométrico de las intersecciones de las normales a la trayectoria en cada par de puntos homólogos A_i, B_i.

Para trazar la *ruleta*, en el instante en el que A y B ocupan las posiciones iniciales A_1, B_1, se lleva sobre el lado A_1B_1 inicial cada uno de los lados A_2B_2, A_3B_3... de los triángulos $A_iB_iI_i$ (fig. 3.9) siendo la ruleta el lugar geométrico de los vértices $I_i^{!}$ de los triángulos transportados. La forma de la ruleta no depende del instante considerado, solamente de las trayectorias de A y B y de la distancia AB. Sin embargo su posición si que depende del instante considerado ya que el triángulo $A_iB_iI_i^{!}$ es el que forman, cuando I sea el centro instantáneo de rotación, las posiciones de A, B y su centro instantáneo y este triángulo ha de conservarse, aunque I_i no sea centro instantáneo, por ser el sistema indeformable.

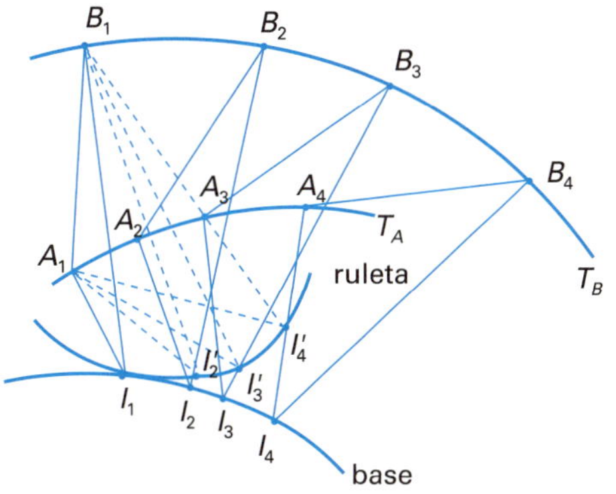

FIGURA 3.9

3.6. MÉTODO DE HARTMAN PARA CALCULAR LA VELOCIDAD DE SUCESIÓN DEL CENTRO INSTANTÁNEO

Este método permite calcular gráficamente la velocidad de sucesión del centro instantáneo de rotación conocidas las trayectorias de dos puntos y sus velocidades.

Previamente vamos a calcular la relación que existe entre la velocidad del punto A, el radio de curvatura de su trayectoria y la distancia desde el punto A al centro intantáneo de rotación, con la proyección de la velocidad de sucesión de los centros instantáneos sobre la perpendicular al radio de curvatura que pasa por I.

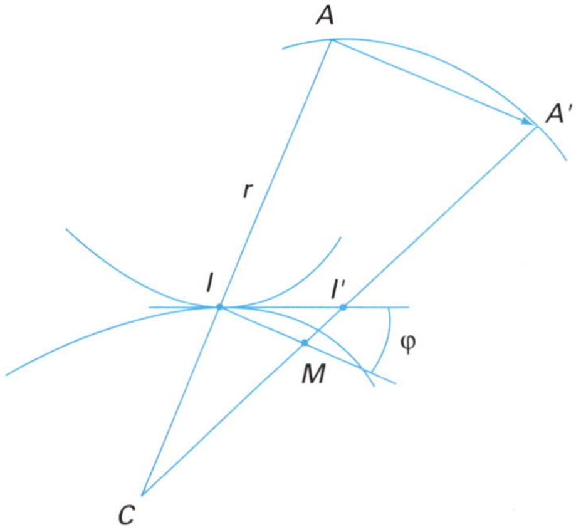

FIGURA 3.10

Sean A y A' dos posiciones infinitamente próximas del punto A sobre su trayectoria. Las normales en dichos puntos se cortarán en el centro de curvatura C, siendo ρ el radio de curvatura. El radio de curvatura en A' cortará a la recta paralela a AA' que pasa por I en el punto M.

La semejanza de los triángulos $AA'C$ e IMC permite escribir:

$$\frac{AA'}{IM} = \frac{AC}{IC}$$

y llamando al elemento de arco sobre la trayectoria $AA' = ds$ e $II' = ds_I$ al elemento de arco sobre la base, ruleta o tangente común, resulta:

$$\frac{ds}{ds_I \cos \varphi} = \frac{\rho}{IC},$$

y dividiendo el primer miembro por dt:

$$\frac{\dfrac{ds}{dt}}{\dfrac{ds_I}{dt}\cos\varphi} = \frac{\rho}{IC}$$

o lo que es igual:

$$\frac{v_A}{v_s \cos\varphi} = \frac{\rho}{\rho - r} \qquad [3.3]$$

ya que v_s, velocidad de sucesión, tendrá la dirección de la tangente y no coincidirá con la dirección IM, siendo su proyección sobre ésta $v_s \cos\varphi$. En consecuencia la velocidad $\vec{v}_s$ podrá ser cualquier vector con origen en I (fig. 3.11) y con la condición de que su proyección sobre la dirección $\vec{v}_A$ de venga determinada por la expresión [3.3].

La velocidad de sucesión $\vec{v}_s$ puede obtenerse inmediatamente si se conocen las trayectorias de dos puntos, repitiendo la construcción anterior (fig. 3.11). En efecto, el punto I vendrá dado por la intersección de dos normales a la trayectoria, y trazando por I paralelas a $\vec{v}_A$ y $\vec{v}_B$, obtendremos IM_2 e IM_1 y, finalmente, trazando paralelas por M_1 y M_2 a AC_A y

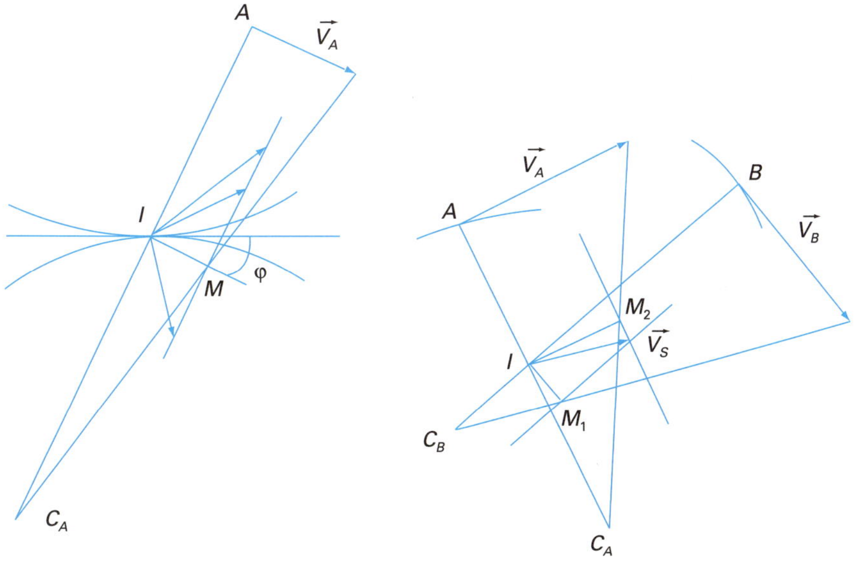

FIGURA 3.11

BC_B, su intersección dará el extremo de v_s y, por tanto, la tangente a la base y la ruleta y el ángulo φ.

3.7. PERFILES CONJUGADOS

Se dice que dos curvas, una en el plano fijo y otra en el plano móvil, son *perfiles conjugados* cuando permanecen constantemente en contacto durante el movimiento sin penetrarse ni separarse.

El perfil conjugado fijo de uno móvil conocido puede definirse también como la envolvente de las posiciones del perfil conjugado móvil durante el movimiento.

El movimiento de los perfiles conjugados será, en general, rodar deslizando. De acuerdo con la definición dada, la base y ruleta serán dos perfiles conjugados particulares en los que no hay deslizamiento.

Si $\vec{\omega}$ es la rotación instantánea del sistema, la velocidad de deslizamiento puede calcularse para cada punto, por ejemplo, el P, y será tangente a ambos perfiles conjugados ya que no puede haber componente normal pues se penetrarían o separarían, en contra de la hipótesis.

$$\vec{v}_P = \vec{\omega} \times \overrightarrow{IP}$$

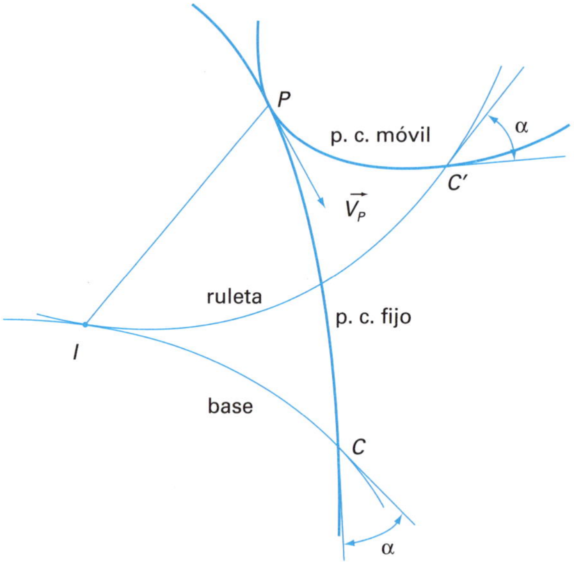

FIGURA 3.12

Los perfiles conjugados verifican las siguientes propiedades:

1. En un instante determinado, los perfiles conjugados son tangentes entre si en el punto de contacto *P*, y perpendiculares a la línea *IP*. De no ser así los perfiles se separarían o penetrarían.
2. Si los perfiles conjugados cortan a la base y la ruleta en los puntos *C* y *C*', respectivamente, la velocidad de deslizamiento en el instante en que dichos puntos coinciden es nula, por pertenecer también a la base y la ruleta y ser, en ese instante, centro instantáneo de rotación. En general, los arcos *PC* y *PC*' no serán iguales.
3. El ángulo formado por el perfil móvil con la ruleta es igual al que forma el perfil fijo con la base. En efecto, cuando el punto de contacto de la base y la ruleta sea el *C* ambas serán tangentes y, del mismo modo, los dos perfiles también lo serán.

3.8. MÉTODOS GRÁFICOS PARA EL TRAZADO DE PERFILES CONJUGADOS

Aunque teóricamente es posible recurrir a métodos analíticos para obtener las ecuaciones de los perfiles conjugados, en la práctica es mucho más sencillo utilizar métodos gráficos. Los métodos normalmente utilizados son:

a) Trazado por puntos o método de Reuleaux.
b) Trazado por envolventes o método de Poncelet.
c) Método de las ruletas.
d) Método de la evolvente.

3.8.1 Trazado por puntos o método de Reuleaux

Se suponen conocidas la base, la ruleta y uno de los perfiles conjugados (por ejemplo, el móvil) y se trata de encontrar el otro perfil conjugado.

Por diversos puntos A_1, A_2, A_3..., tomados arbitrariamente sobre el perfil conjugado móvil (fig. 3.13), trazamos perpendiculares a él que cortarán a la ruleta en I_1, I_2, I_3..., ya que, en efecto, cuando *I* es centro instantáneo de rotación los perfiles conjugados son tangentes en *A* y la recta *IA* es perpendicular a la tangente al perfil móvil en *A*, por lo que cuando I_1 sea centro instantáneo de rotación, el punto A_1 estará en contacto con el perfil conjugado fijo y así sucesivamente.

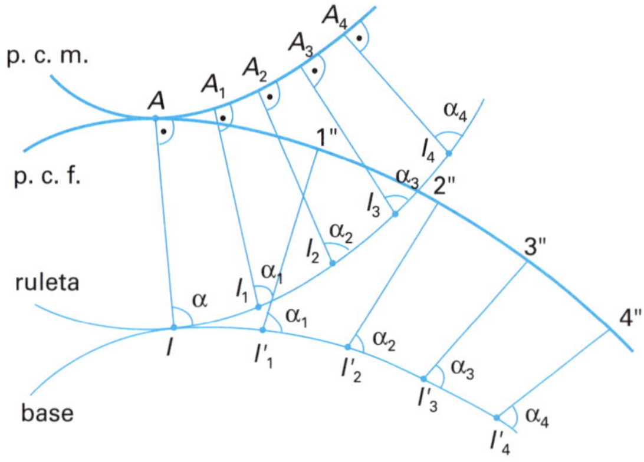

FIGURA 3.13

Tomando, a continuación, arcos en la base tales que $\widehat{II'_1} = \widehat{II_1}$, $\widehat{II'_2} = \widehat{II_2}$, $\widehat{II'_3} = \widehat{II_3}$..., y levantando en sus extremos ángulos α_1, α_2, α_3... y radios ρ_1, ρ_2, ρ_3..., etc., iguales a los que se forman en la ruleta, se obtienen los puntos A'_1, A'_2, A'_3..., que unidos determinan el perfil conjugado fijo buscado. Esto es así puesto que el sistema es indeformable, por lo que cuando un punto de la base, por ejemplo el I'_2, sea centro instantáneo, los perfiles serán tangentes en el correspondiente punto del perfil móvil A_2, y el ángulo formado por la normal al perfil móvil y la tangente a la ruleta en el punto correspondiente, α_2, será igual al formado por el correspondiente en la base con el radio vector. Por la misma razón de la indeformabilidad se conservarán también las distancias.

3.8.2. Trazado por envolventes, o método de Poncelet

Este método aprovecha la propiedad de que el perfil conjugado en un punto debe ser perpendicular a la recta que une a éste con el centro ins-

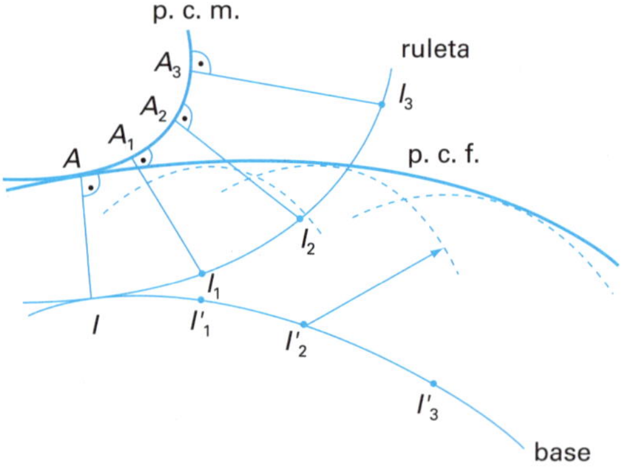

FIGURA 3.14

tantáneo de rotación cuando dicho punto sea el de contacto de los perfiles.

El método es más cómodo ya que no es preciso transportar los ángulos α_1, α_2, α_3... y basta con trazar con radios I_1A_1, I_2A_2, I_3A_3... arcos de centro en I_1', I_2',I_3'..., respectivamente (fig. 3.14) y el perfil conjugado fijo será la envolvente de esos arcos.

3.8.3. Método de las ruletas

En este método se suponen conocidas únicamente la base y la ruleta y se trata de encontrar dos perfiles conjugados cualesquiera mediante la utilización de una ruleta auxiliar que, en principio, puede ser cualquier curva pero que por comodidad suele ser una circunferencia.

Se toma como ruleta auxiliar una circunferencia tangente en el centro instantáneo de rotación que se hace rodar sin deslizar sobre la base y la ruleta, respectivamente, como si ambas fueran la base (fig. 3.15). Un punto P de dicha circunferencia describirá al rodar dos curvas que serán los perfiles conjugados fijo y móvil buscados.

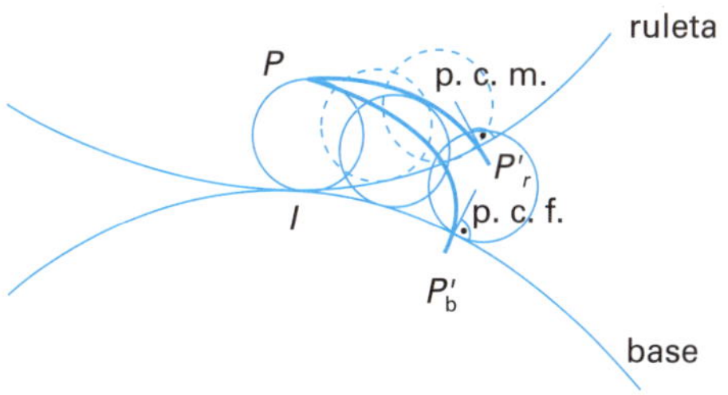

FIGURA 3.15

Las curvas así obtenidas cumplen las propiedades de los perfiles conjugados. En efecto, el arco $\widehat{IP}$ de circunferencia es igual al $\widehat{IP'_r}$ y al $\widehat{IP'_b}$ y los ángulos con los que cortan los perfiles a la ruleta y a la base son iguales y además rectos.

3.8.4. Método de la evolvente

Este método se utiliza sobre todo para obtener perfiles conjugados de dientes de engranajes. Las ruedas dentadas de los engranajes deben cumplir la condición de que la distancia entre sus centros sea fija, manteniéndose el contacto entre los dientes. Al ser la distancia entre centros constante, la base y la ruleta correspondiente al giro de las ruedas son dos circunferencias.

Recordemos que la evolvente de circunferencia es la curva descrita por un punto P de una recta que, manteniéndose tangente a una circunferencia, rueda sobre ella sin deslizar (fig. 3.16).

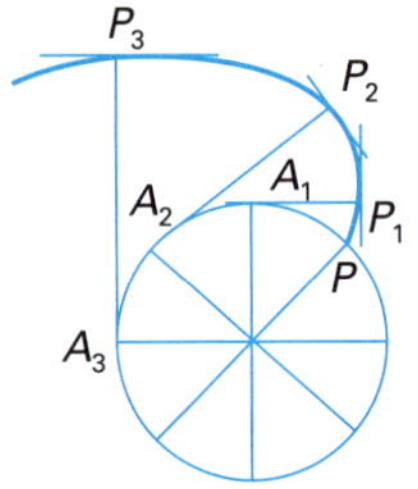

FIGURA 3.16

En consecuencia, el arco de circunferencia sobre el que ha rodado la tangente será igual al segmento de tangente, es decir:

$$\widehat{PA_1} = \overline{P_1A_1},\ \widehat{PA_2} = \overline{P_2A_2},\ \text{etc.}$$

También se verifica la propiedad de que la tangente a la evolvente en un punto es perpendicular a la tangente a la circunferencia trazada por dicho punto.

Sean R_1 y R_2 los radios de las circunferencias ruleta y base respectivamente (fig. 3.17a). Tomemos otras dos circunferencias auxiliares de radios r_1 y r_2 tales que verifiquen la relación:

$$\frac{R_1}{r_1} = \frac{R_2}{r_2} = k$$

y tracemos a continuación dos evolventes de circunferencia sobre ellas.

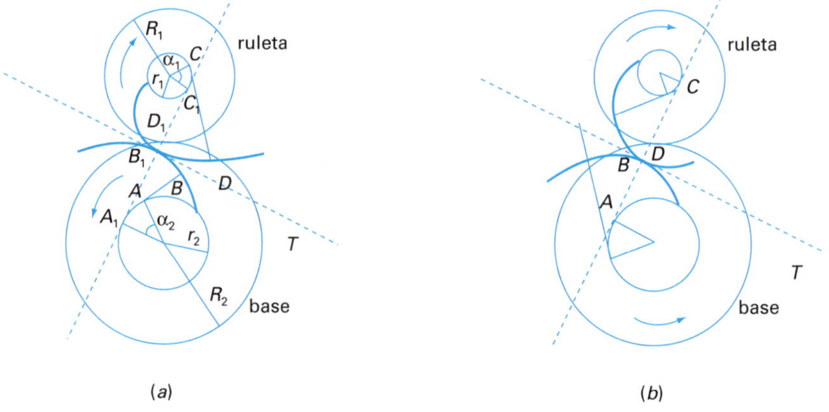

FIGURA 3.17

Una vez trazadas las dos evolventes de las circunferencias de radios r_1 y r_2, las tomaremos como perfiles conjugados y las pondremos en contacto tomando como distancia entre los centros de las dos circunferencia la distancia $R_1 + R_2$.

Recordemos que los perfiles conjugados en el punto de contacto son tangentes, es decir tienen una tangente común que es la recta T. Además, por la propiedad de las evolventes de circunferencia, esta tangente debe ser perpendicular a la tangente a la circunferencia auxiliar, luego también deben coincidir las tangentes a estas circunferencia auxiliares. En consecuencia, todos los puntos de contacto entre los perfiles deben encontrarse sobre la tangente A_1C_1 común a las circunferencias auxiliares.

Se llega a la misma conclusión si se tiene en cuenta que los arcos girados sobre la base y la ruleta deben ser iguales puesto que ruedan la una sobre la otra sin deslizar. Se tendrá:

$$\alpha_1 R_1 = \alpha_2 R_2$$

y como

$$\frac{R_1}{r_1} = \frac{R_2}{r_2}$$

resulta:

$$\alpha_1 r_1 = \alpha_2 r_2$$

Por otra parte, si B y D son dos puntos de los perfiles conjugados que al cabo de un cierto tiempo están en contacto, por la propiedad de las evolventes se verifica:

$$AB = A_1B_1 - r_2\alpha_2$$
$$CD = C_1D_1 + r_1\alpha_1$$

y sumando miembro a miembro ambas igualdades, resulta

$$AB + CD = A_1B_1 + C_1D_1 - r_2\alpha_2 + r_1\alpha_1$$

es decir,

$$AB + CD = A_1B_1 + C_1D_1$$

y la única forma de que se cumpla que esa distancia es constante es que el contacto entre los perfiles se verifique a lo largo de la tangente común a las circunferencias auxiliares.

Los perfiles de evolvente presentan, además, la ventaja de hacer posible la intercambiabilidad de ruedas dentadas ya que dado un par de ruedas que verifiquen la relación

$$\frac{R_1}{r_1} = \frac{R_2}{r_2} = k$$

cualquier otra rueda puede engranar con las anteriores siempre que cumpla también:

$$\frac{R_3}{r_3} = k$$

3.9. FÓRMULA DE EULER-SAVARY

La fórmula de Euler-Savary relaciona los radios de curvatura de dos perfiles conjugados con los de la base y la ruleta.

Sean C_r y C_b los centros de curvatura de la ruleta y la base, respectivamente, en el instante t, y C_m y C_f los centros de curvatura, en dicho instante, de los perfiles conjugado móvil y fijo. Llamaremos ρ_b, ρ_r, ρ_f y ρ_m a los radios de curvatura de la base, la ruleta, el perfil conjugado fijo y el perfil conjugado móvil, respectivamente. En el instante $t + \Delta t$ las posiciones de los centros de curvatura de la ruleta y del perfil móvil serán $C_r^{\prime}$ y $C_m^{\prime}$ (fig. 3.18).

Ampliaremos a continuación el criterio de signos adoptado en el parágrafo 3.3 a los radios de curvatura de ambos perfiles conjugados, es decir: los radios de curvatura de los perfiles conjugados se miden desde el punto P hacia el centro de curvatura; si el vector $\overrightarrow{PC}$ tiene el sentido del vector unitario, dicho radio de curvatura se considerará positivo.

Durante el intervalo de tiempo Δt la ruleta rueda sobre la base de manera que el nuevo centro instáneo de rotación corresponde a las posiciones I_1 e $I_1^{\prime}$ sobre la base y la ruleta, respectivamente.

Puesto que la ruleta rueda sin deslizar sobre la base, si Δs es el arco recorrido, se verificará:

$$\widehat{II_1} = \widehat{II_1^{\prime}} = \Delta s$$

Por otra parte si llamamos $\Delta\theta$ al ángulo que forman las rectas $I_1^{\prime}C_r$ e $I_1C_r^{\prime}$, es decir el ángulo girado por todo el sistema ya que representa la rotación del sistema móvil sobre el fijo, y, asimismo, denominamos $\Delta\alpha_b$ y $\Delta\alpha_r$ a los ángulos que forman las rectas IC_b e I_1C_b, por un lado, e IC_r e

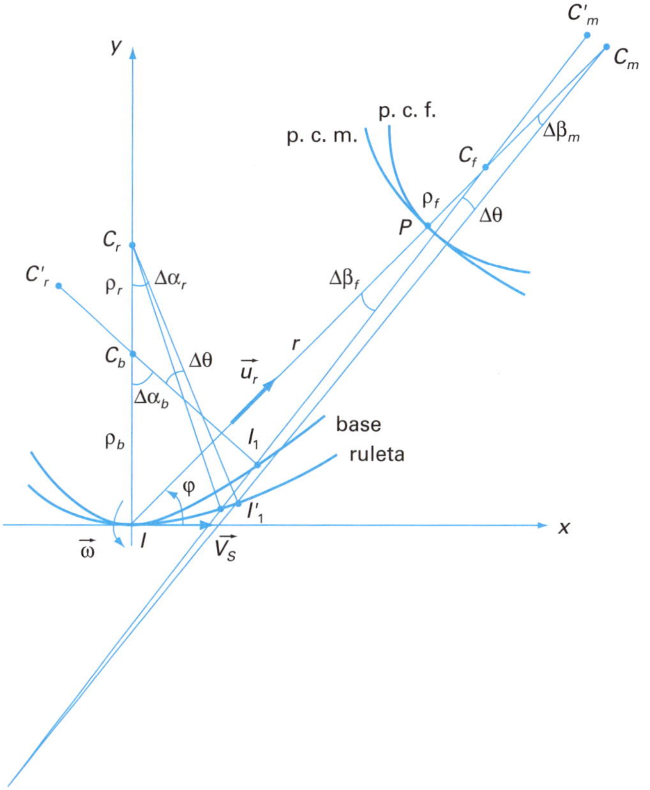

FIGURA 3.18

$I_1'C_r$, por otro, e, igualmente, $\Delta\beta_f$ e $\Delta\beta_m$ a los ángulos que forman las rectas e IC_m e I_1C_m', por una parte, e IC_m e $I_1'C_m$, por otra, se verifica:

$$\Delta\theta = \Delta\beta_f - \Delta\beta_m = \Delta\alpha_b - \Delta\alpha_r \qquad [3.4]$$

Llamando r, φ a las coordenadas polares del punto P de contacto de los perfiles conjugados se tiene:

$$IC_f \Delta\beta_f = II_1 \operatorname{sen} \varphi$$

e

$$IC_m \Delta\beta_m = II_1' \operatorname{sen} \varphi$$

de donde

$$\Delta\beta_f = \frac{\operatorname{sen} \varphi}{r + \rho_f} \Delta s$$

e

$$\Delta\beta_m = \frac{\text{sen}\,\varphi}{r + \rho_m}\,\Delta s$$

Análogamente:

$$IC_b\,\Delta\alpha_b = II_1 = \Delta s$$

e

$$IC_r\,\Delta\alpha_r = II_1' = \Delta s$$

y sustituyendo en la expresión [3.4] y simplificando, resulta:

$$\boxed{\frac{1}{\rho_b} - \frac{1}{\rho_r} = \text{sen}\,\varphi\left(\frac{1}{r+\rho_r} - \frac{1}{r+\rho_m}\right)} \qquad [3.5]$$

que es la denominada *fórmula de Euler-Savary*.

3.10. POLO DE ACELERACIONES. CIRCUNFERENCIAS DE LAS INFLEXIONES Y DE LAS INVERSIONES

Se denomina *centro o polo de aceleraciones* al punto del sistema móvil que en cada instante tiene aceleración nula. Vamos a calcular sus coordenadas en un sistema de coordenadas polares con origen en el centro

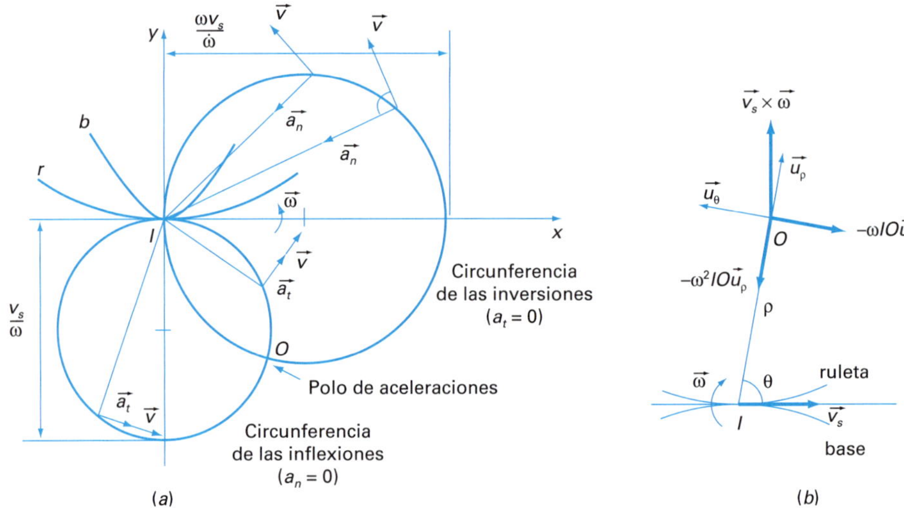

FIGURA 3.19

instantáneo de rotación y cuyo eje coincida con la tangente común la la base y la ruleta en dicho punto.

Sea O el polo de aceleraciones cuyas coordenadas polares serán ρ y θ. Vamos a calcular previamente la expresión general de la aceleración de un punto en el sistema de coordenadas elegido y despues haremos que se anule con lo que se obtendrán las coordenadas del punto buscado.

La expresión general de la aceleración de un punto [2.3] era:

$$\vec{a}_P = \frac{d^2\vec{r}_O}{dt^2} + \frac{d\vec{\omega}}{dt} \times \overrightarrow{OP} + \vec{\omega} \times (\vec{\omega} \times \overrightarrow{OP}) = \vec{a}_{arr} + \vec{a}_r + 2\vec{\omega} \times \vec{v}_r$$

si se toma como origen de los ejes móviles el centro instantáneo de rotación, la expresión anterior se simplifica ya que al pertenecer I a la ruleta se verifica que la velocidad relativa es cero, la aceleración relativa también es nula y la aceleración del origen del sistema móvil se convierte en la aceleración del centro instantáneo.

Se tiene pues en el sistema de coordenadas elegido:

$$\vec{a}_O = \vec{a}_I + \frac{d\vec{\omega}}{dt} \times \overrightarrow{IO} + \vec{\omega} \times (\vec{\omega} \times \overrightarrow{IO})$$

y la aceleración de O será:

$$\vec{a}_O = \vec{a}_I - \frac{d\omega}{dt} IO\, \vec{u}_\theta - \omega^2\, IO\, \vec{u}_\rho$$

Recordando que la aceleración del centro instantáneo es $\vec{a}_I = \vec{v}_S \times \vec{\omega}$, en donde $\vec{v}_S$ es la velocidad de sucesión del centro instantáneo, este vector tiene de módulo $v_S\omega$ y va dirigido perpendicularmente a la tangente común a la base y la ruleta, tal y como se indica en la figura 3.19b, y:

$$\vec{a}_O = \vec{v}_S \times \vec{\omega} - \dot{\omega}\, IO\, \vec{u}_\theta - \omega^2\, IO\, \vec{u}_\rho$$

Proyectando sobre la dirección del radio vector y la normal a él se tienen las componentes normal y tangencial de la aceleración:

$$a_n = -\omega^2\rho + \omega v_S \cos(90 - \theta) \qquad [3.6]$$

y

$$a_t = -\frac{d\omega}{dt}\rho + \omega v_S \cos\theta \qquad [3.7]$$

de donde igualando a cero, resulta:

$$\operatorname{sen}\theta = \frac{\rho\omega}{v_S} \quad \text{y} \quad \cos\theta = \frac{d\omega}{dt}\frac{\rho}{\omega v_S} \tag{3.8}$$

Elevando al cuadrado y sumando en [3.8] queda:

$$1 = \frac{\rho^2\omega^4}{\omega^2 v_S^2} + \frac{\left(\dfrac{d\omega}{dt}\right)^2 \rho^2}{\omega^2 v_S^2}$$

de aquí se obtiene:

$$\rho = \frac{\omega v_S}{\sqrt{\omega^4 + \left(\dfrac{d\omega}{dt}\right)^2}}$$

y dividiendo miembro a miembro las expresiones [3.8] resulta:

$$\theta = \operatorname{arc\,tg} \frac{\omega^2}{\dfrac{d\omega}{dt}}$$

que son las coordenadas polares buscadas del *polo de aceleraciones*.

3.10.1. Circunferencias de las inflexiones y de las inversiones

Se llama *circunferencia de las inflexiones* al lugar geométrico de los puntos cuya aceleración normal es nula.

Se denomina así ya que el módulo de la aceleración normal puede expresarse en la forma $a_n = \dfrac{v^2}{\rho}$ y por tanto ha de ser $\rho = \infty$ en todos los los puntos de la circunferencia de las inflexiones. Es decir, todos los puntos de esta circunferencia describen trayectorias que presentan un punto de inflexión.

Para demostrar que el lugar geométrico así definido es realmente una circunferencia basta con igualar a cero la expresión [3.6] que da la aceleración normal. Despejando ρ, resulta:

$$\rho = \frac{v_S}{\omega} \operatorname{sen} \theta$$

que es la ecuación de una circunferencia en coordenadas polares cuyo centro está en la normal trazada por I al eje polar, que pasa por el origen del sistema de coordenadas, y cuyo diámetro es:

$$D_{\text{inf}} = \frac{v_S}{\omega}$$

Se denomina *circunferencia de las inversiones* al lugar geométrico de los puntos que tienen aceleración tangencial nula.

Se llama así por ser el lugar de los puntos en que la aceleración tangencial cambia de signo. En efecto, en ellos $a_t = \frac{dv}{dt} = 0$ por lo que en esos puntos la aceleración tangencial pasa por un máximo o por un mínimo relativo.

Para demostrar que realmente se trata de una circunferencia partimos de la expresión [3.7] que da la aceleración tangencial y que habrá de ser nula. Resulta:

$$\rho = \frac{\omega v_S}{\dfrac{d\omega}{dt}} \cos \theta$$

que es la ecuación de otra circunferencia que también pasa por I, cuyo centro está sobre el eje polar y cuyo diámetro es:

$$D_{\text{inf}} = \frac{\omega v_S}{\dfrac{d\omega}{dt}}$$

3.11. CINEMAS DE VELOCIDADES Y ACELERACIONES

Los *cinemas* son construcciones geométricas que permiten calcular gráficamente las velocidades o las aceleraciones de los diferentes puntos del sistema en movimiento plano.

3.11.1. Cinema de velocidades

Sea S un sistema indeformable cuyos puntos A, B, C... están animados de velocidades $\vec{v}_A$, $\vec{v}_B$, $\vec{v}_C$..., siendo $\vec{\omega}$ la rotación instantánea del sistema alrededor del centro instantáneo de rotación I. Sea O un punto cualquiera de un plano paralelo al sistema y llevemos a partir de él vectores equipolentes a las velocidades de los puntos A, B, C... Llamaremos a, b, c... a los extremos de esos vectores y a la figura que determinan estos puntos la denominaremos *cinema de velocidades*. El punto O se denomina *polo* del cinema. De la definición se desprende que a cada punto P del sólido le corresponde un punto p en el cinema tal que $\overrightarrow{OP} = \vec{v}_p$.

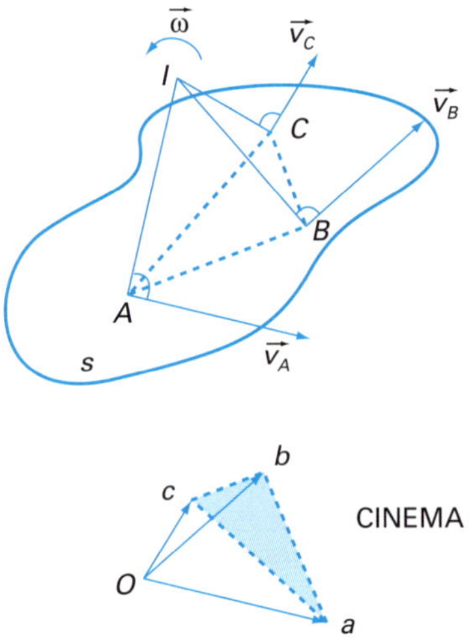

FIGURA 3.20

Puesto que $\vec{\omega}$ es perpendicular al plano del movimiento las velocidades de los puntos serán perpendiculares a los radios vectores y tendrán por módulo:

$$v_A = \omega\, IA$$
$$v_B = \omega\, IB$$
$$v_C = \omega\, IC$$

El triángulo *abc* es semejante al *ABC* ya que las longitudes *IA, IB, IC* son proporcionales a las *Oa, Ob, Oc,* de razón ω, y giradas 90°.

En consecuencia conocidas las velocidades de dos puntos, por ejemplo A y B, para calcular la velocidad del tercer punto C basta llevar a partir de un punto cualquiera O, y a una escala dada, las velocidades de A y B y a partir de los extremos de estos vectores un triángulo homotético al ABC. El vector $\overrightarrow{Oc}$ sería, a la escala prefijada, la velocidad de C.

En este mismo triángulo pueden determinarse fácilmente las velocidades relativas. En efecto, la velocidad relativa de C respecto de A será:

$$\vec{v}_{C/A} = \vec{v}_C - \vec{v}_A = \overrightarrow{Oc} - \overrightarrow{Oa} = \overrightarrow{ac}$$

es decir, los lados de los triángulos formados en el cinema son las velocidades relativas entre los puntos que unen.

3.11.2. Cinema de aceleraciones

Se llama así a la figura geométrica obtenida al trazar por un punto O, perteneciente a un plano fijo paralelo al plano del movimiento, vectores equipolentes a las aceleraciones de los distintos puntos A, B, C... del sistema móvil. El punto O se denomina polo del cinema y es el homólogo de un punto del sistema móvil cuya aceleración se anula en ese instante, es decir el polo de aceleraciones (fig. 3.21a).

La expresión general de la aceleración de un punto, si se toma como origen de los ejes móviles el centro instantáneo de rotación, era:

$$\vec{a}_P = \vec{a}_I + \frac{d\vec{\omega}}{dt} \times \overrightarrow{IP} + \vec{\omega} \times (\vec{\omega} \times \overrightarrow{IP})$$

que aún puede simplificarse más si se elige como origen de los ejes móviles el polo de aceleraciones O con lo que la expresión anterior queda en la forma (fig. 3.21b):

$$\vec{a}_P = \frac{d\vec{\omega}}{dt} \times \overrightarrow{OP} + \vec{\omega} \times (\vec{\omega} \times \overrightarrow{OP})$$

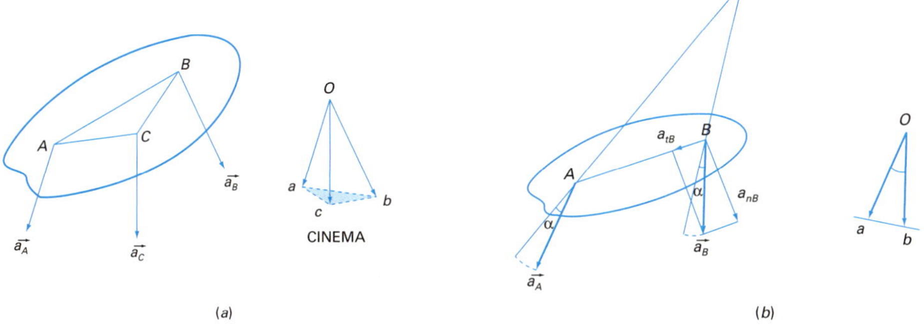

FIGURA 3.21

Las dos componentes de la aceleración son proporcionales a la distancia OP. El ángulo que forma el vector aceleración de P con la recta OP será:

$$\alpha = \text{arc tg}\,\frac{\dfrac{d\omega}{dt}OP}{\omega^2\,OP} = \text{arc tg}\,\frac{\dfrac{d\omega}{dt}}{\omega^2}$$

que es constante para todos los puntos del sistema.

Por otra parte, el módulo de la aceleración es:

$$|\vec{a}_P| = OP\sqrt{\omega^4 + \left(\frac{d\omega}{dt}\right)^2}$$

que, como vemos, es proporcional al segmento OP, siendo la razón de proporcionalidad:

$$k = \sqrt{\omega^4 + \left(\frac{d\omega}{dt}\right)^2}$$

y estando girada un ángulo α. En consecuencia el cinema de aceleraciones será una figura poligonal semejante a la poligonal formada por los puntos homólogos del sistema móvil, de razón de semejanza k y girada un ángulo α.

A la hora de construir gráficamente los cinemas de aceleraciones conviene recordar que existe una relación determinada entre la escala a la que se han dibujado las dimensiones del sólido o sistema indeformable, la escala elegida para representar las velocidades de los puntos en el cinema de velocidades y la escala del cinema de aceleraciones. En efecto, las dimensiones de la aceleración, expresadas en función de la longitud y la velocidad, son las siguientes:

$$[a] = \frac{[V]}{[T]} = \frac{[V]}{\dfrac{[L]}{[V]}} = \frac{[V]^2}{[L]}$$

es decir, que si λ es la escala elegida para las longitudes y β la de las velocidades, la escala de aceleraciones será β^2/λ.

Por tanto si se quiere determinar la aceleración de un punto C, conocidas las de otros dos A y B, se llevan a partir del punto O las aceleraciones de A y B y se construye sobre sus extremos un triángulo semejante al

ABC. La aceleración de *C*, a la escala que se acaba de calcular, vendrá dada por el vector $\overrightarrow{OC}$.

3.12. CINEMÁTICA DEL MOVIMIENTO ESFÉRICO

3.12.1. Movimiento esférico

De forma similar al caso del movimiento plano, en el que el movimiento se estudiaba como un giro alrededor de un eje perpendicular al plano y que se desplazaba paralelamente a sí mismo, se puede estudiar el movimiento esférico como aquél en el que el eje de rotación se desplaza manteniendo siempre fijo uno de sus puntos.

En el caso del movimiento plano se consideraban dos planos: uno fijo y otro móvil, geométricamente coincidentes pero deslizándose el plano móvil sobre el fijo. Análogamente, en el movimiento esférico pueden considerarse dos esferas imaginarias de igual radio e igual centro, que se desplazan deslizando una sobre otra. A la esfera cuya posición permanece invariable se le denomina *esfera fija* y a la que acompaña a los puntos en su movimiento deslizándose sobre la fija se le llama *esfera móvil*.

Se tiene, por tanto, un *movimiento esférico* cuando las rotaciones que obran sobre el sistema son concurrentes. El segundo invariante del sistema de vectores libres formado por el conjunto de rotaciones aplicadas al sistema indeformable es nulo y por consiguiente también lo es la velocidad de deslizamiento mínimo. Todos los ejes centrales pasan por el punto de concurrencia de los vectores rotación que por tanto es fijo y el eje instantáneo de rotación tendrá la dirección de la resultante. Se entiende fácilmente por qué el movimiento puede asimilarse al deslizamiento de una esfera sobre otra, cuyos centros están en el punto fijo. En efecto, todos los puntos que se encuentran a una distancia dada de ese punto fijo no la modificarán durante su movimiento ya que la velocidad de deslizamiento es nula.

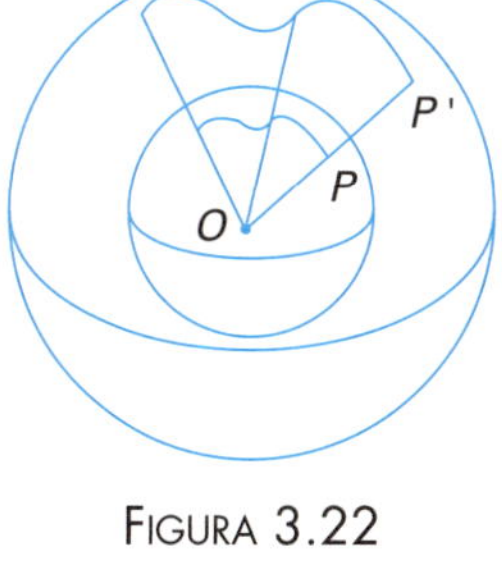

FIGURA 3.22

Estudiemos a continuación el movimiento de dos puntos *P* y *P*' alineados con el punto fijo *O*. Puesto que el sistema es indeformable, las diferentes posiciones que ocupa la recta *OPP*' describirán una superficie cónica con vértice en *O*, que en general no será de revolución. Las trayectorias descritas por los puntos *P* y *P*' serán las intersecciones de dicha superficie cónica con las esferas de radio *OP* y *OP*', respectivamente. Es decir, las trayectorias de los puntos *P* y *P*' son homotéticas por lo que es posible estudiar el movimiento para los puntos situados sobre una esfera y generalizar despues para tods los puntos del sistema.

3.12.2. Conos de Poinsot

En el movimiento esférico el eje instantáneo de rotación pasa siempre por un punto fijo y los axoides fijo y móvil, serán dos superficies cónicas, por tratarse de superficies regladas con un punto de concurrencia de las generatrices, que se denominan *conos de Poinsot*. Los conos de Poinsot tienen un vértice común en el punto *O* y son tangentes a lo largo de una generatriz, que es el eje instantáneo de rotación.

Las intersecciones de los axoides fijo y móvil con la esfera son dos curvas denominadas *polodia*, intersección del axoide móvil, que es la análoga a la ruleta en el movimiento plano, y *herpolodia*, intersección del axoide fijo con la esfera, que es la análoga a la base en el movimiento plano.

El movimiento puede estudiarse como la rodadura sin deslizamiento de la poloide, perteneciente a la esfera móvil, sobre la herpoloide situada sobre la esfera fija. El punto de tangencia de ambas curvas corresponde a la intersección del eje instantáneo de rotación con la esfera, que es el eje instantáneo de rotación.

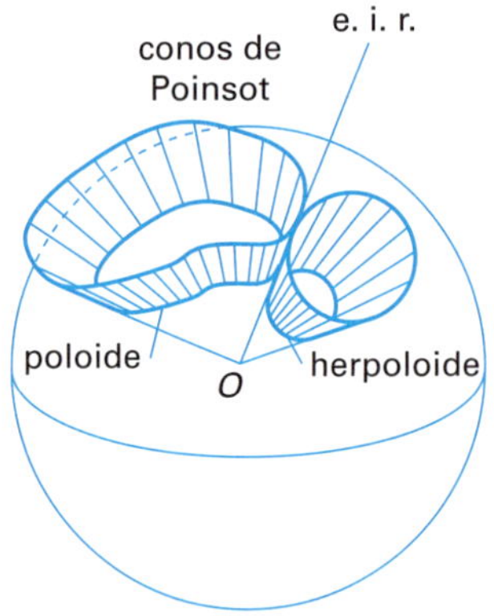

FIGURA 3.23

Análogamente a como se hacía en el movimiento plano pueden definirse los perfiles conjugados fijo y móvil. En la fig. 3.24 se ha representado un caso sencillo en el que la herpoloide coincide con el ecuador de la esfera y el perfil conjugado fijo es un paralelo.

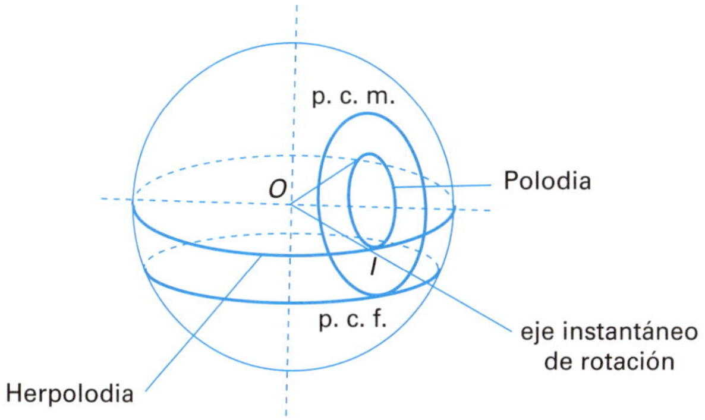

FIGURA 3.24

3.13. VELOCIDADES Y ACELERACIONES EN EL MOVIMIENTO ESFÉRICO

La velocidad de un punto cualquiera P será:

$$\vec{v}_P = \vec{\omega} \times \overrightarrow{OP} = \vec{\omega} \times (\overrightarrow{OI} + \overrightarrow{IP}) = \vec{\omega} \times \overrightarrow{IP} \qquad [3.8]$$

ya que los vectores $\vec{\omega}$ y $\overrightarrow{OI}$ son colineales. Se deduce inmediatamente que la velocidad de un punto cualquiera P es perpendicular al meridiano que pasa por P y por I y es tangente a la esfera.

En los puntos de una recta que pasa por el punto fijo O, la velocidad crece linealmente con la distancia a dicho punto. Por otra parte, en los puntos situados sobre circunferencias pertenecientes a la esfera y cuyos centros se encuentran sobre el eje instantáneo de rotación, la velocidad tiene el mismo módulo, ya que el movimiento es una rotación pura alrededor de dicho eje.

La aceleración de un punto cualquiera se puede obtener derivando respecto al tiempo en la expresión [3.8] que da la velocidad. Se tiene:

$$\vec{a}_P = \frac{d\vec{\omega}}{dt} \times \overrightarrow{IP} + \vec{\omega} \times \frac{d\overrightarrow{IP}}{dt} = \frac{d\vec{\omega}}{dt} \times \overrightarrow{IP} + \vec{\omega} \times (\vec{\omega} \times \overrightarrow{IP})$$

se observa que es preciso conocer la aceleración angular instantánea, $\frac{d\vec{\omega}}{dt}$, para poder determinar la aceleración de un punto.

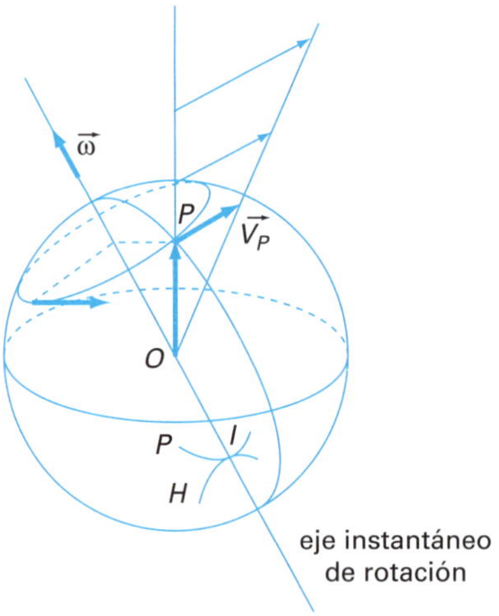

FIGURA 3.25

3.14. ÁNGULOS Y ROTACIONES DE EULER

Supongamos que tenemos dos sistemas de coordenadas trirrectangulares, uno fijo y otro móvil, con sus orígenes coincidentes en O. La posición de una terna respecto a la otra puede determinarse por los nueve cosenos directores que dan la posición de cada una de las tres semirrectas del sistema movil respecto al fijo. Ahora bien estos nueve parámetros no son independientes ya que existen seis relaciones de ligadura, tres que corresponden al hecho de que los ejes son trirrectangulares y las otras tres a que la suma de los tres cuadrados de los cosenos directores que determinan una dirección es igual a la unidad. Por tanto, las ternas pueden referirse, una respecto a la otra, mediante sólo tres parámetros independientes que pueden escogerse de muy diversas formas.

Una terna de particular interés es la constituida por los denominados *ángulos de Euler* que tienen además una interpretación física inmediata en el estudio del movimiento del sólido con un punto fijo. Vamos a definir a continuación dichos ángulos. Para ello pasaremos de una posición en la que el sistema fijo y el móvil son coincidentes a otra cualquiera del sistema móvil, mediante tres giros alrededor de ejes concurrentes. Los ángulos que expresan dichos giros son los parámetros conocidos con el nombre de ángulos de Euler.

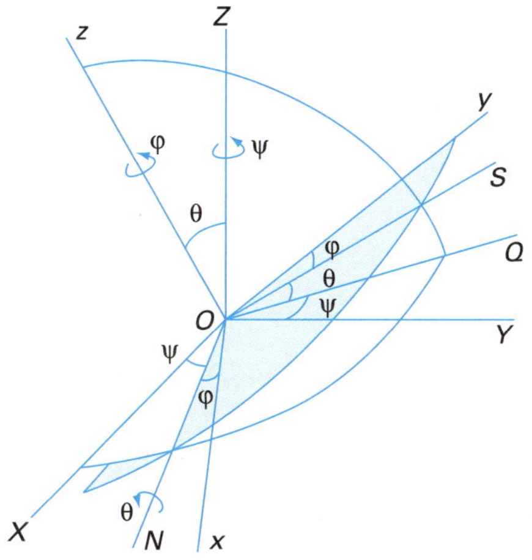

FIGURA 3.26

Sean $OXYZ$ y $Oxyz$ los sistemas fijo y móvil, respectivamente. En primer lugar se gira el triedro móvil un ángulo ψ alrededor del tercer eje fijo OZ, en sentido contrario a las agujas del reloj, obteniéndose así la terna $ONQZ$.

Seguidamente se gira un ángulo θ alrededor del eje ON, denominado *línea de nodos*, en sentido contrario a las agujas del reloj, obteniéndose la terna $ONSz$.

Por último, se gira un ángulo φ alrededor del eje Oz, también en sentido contario a las agujas del reloj, hasta hacer coincidir la terna anterior con el triedro móvil $Oxyz$.

Los ángulos de Euler, ψ, θ y φ, reciben el nombre de ángulo de *precesión*, *nutación* y *rotación propia*, respectivamente.

A continuación vamos a definir estos ángulos de modo más preciso. Comenzaremos definiendo la *línea de nodos*, que es la intersección del plano Oxy móvil con el plano OXY fijo. Se denomina semilínea de nodos positiva a la que forma con el tercer eje fijo y el tercer eje móvil un triedro a derechas.

El primer ángulo de Euler, ψ, o *ángulo de precesión*, es el acimut de la línea de nodos respecto al primer eje fijo. Su sentido positivo coincide con el giro de un sacacorchos que avanzase según el tercer eje fijo. Su variación es de 0 a 2π.

El segundo ángulo de Euler, θ, o *ángulo de nutación*, es el que forman los dos terceros ejes fijo y móvil. Su sentido positivo coincide con el de un sacacorchos que avanzase por la semilínea de nodos positiva. Su variación de 0 a π.

El tercer ángulo de Euler, φ, o *ángulo de rotación propia*, es el acimut del primer eje móvil respecto a la línea de nodos. Su sentido positivo es el de un sacacorchos que avanzase según el tercer eje móvil. Su variación es de 0 a 2π.

Al moverse el triedro móvil, los ángulos de Euler variarán, y sus derivadas respecto al tiempo son las denominadas *rotaciones de Euler*. La $\dfrac{d\psi}{dt}$ es la rotación de precesión y está localizada en el tercer eje fijo; la $\dfrac{d\theta}{dt}$ es la rotación de nutación, que está localizada en la linea de nodos y, finalmente, $\dfrac{d\varphi}{dt}$ es la rotación propia que se localiza sobre el tercer eje móvil.

La rotación instantánea del cuerpo, $\vec{\Omega}$, es la resultante de estas tres rotaciones. Es decir,

$$\vec{\Omega} = \vec{\dot{\psi}} + \vec{\dot{\theta}} + \vec{\dot{\varphi}}$$

Vamos a obtener a continuación las ecuaciones que relacionan las componentes de la rotación instantánea respecto al triedro fijo, con las tres rotaciones de Euler. Para ellos se procederá en dos etapas. En la primera vamos a obtener la relación que existe entre la terna fija (XYZ) y la terna (NQz) y en la segunda calcularemos la relación existente entre la terna (NQz) y la terna (NZz) (triedro de Euler). Para ello recordaremos que en una transformación de coordenadas $(XYZ) \rightarrow (xyz)$ los elementos de la matriz de transformación son los cosenos de los ángulos que forma cada eje de una terna con cada uno de los tres de la otra.

La primera transformación permite pasar de la terna fija (XYZ) a la (NQz) y se tiene la siguiente relación matricial:

$$\begin{bmatrix} X \\ Y \\ Z \end{bmatrix} = \begin{bmatrix} \cos\psi & -\operatorname{sen}\psi & 0 \\ \operatorname{sen}\psi & \cos\psi & 0 \\ 0 & 0 & 1 \end{bmatrix} \begin{bmatrix} N \\ Q \\ z \end{bmatrix} \qquad [3.9]$$

y mediante una segunda transformación se puede obtener la relación entre las ternas (NQz) y (ZNz) que se expresa matricialmente así:

$$\begin{bmatrix} N \\ Q \\ z \end{bmatrix} = \begin{bmatrix} 0 & 1 & 0 \\ 0 & 0 & -\operatorname{sen}\theta \\ 1 & 0 & \cos\theta \end{bmatrix} \begin{bmatrix} Z \\ N \\ z \end{bmatrix} \qquad [3.10]$$

Sustituyendo en [3.9] la expresión [3.10] y llamando Ω_X, Ω_Y, Ω_Z a las proyecciones de la rotación instantánea sobre el triedro fijo y $\dot{\psi}$, $\dot{\theta}$, $\dot{\varphi}$ a las componentes sobre el triedro de Euler de esa misma rotación instantánea, resulta:

$$\begin{bmatrix} \Omega_X \\ \Omega_Y \\ \Omega_Z \end{bmatrix} = \begin{bmatrix} \cos\psi & -\text{sen}\,\psi & 0 \\ \text{sen}\,\psi & \cos\psi & 0 \\ 0 & 0 & 1 \end{bmatrix} \begin{bmatrix} 0 & 1 & 0 \\ 0 & 0 & -\text{sen}\,\theta \\ 1 & 0 & \cos\theta \end{bmatrix} \begin{bmatrix} \dot{\psi} \\ \dot{\theta} \\ \dot{\varphi} \end{bmatrix}$$

Efectuando el producto matricial queda:

$$\begin{bmatrix} \Omega_X \\ \Omega_Y \\ \Omega_Z \end{bmatrix} = \begin{bmatrix} 0 & \cos\psi & \text{sen}\,\psi\,\text{sen}\,\theta \\ 0 & \text{sen}\,\psi & -\cos\psi\,\text{sen}\,\theta \\ 1 & 0 & \cos\theta \end{bmatrix} \begin{bmatrix} \dot{\psi} \\ \dot{\theta} \\ \dot{\varphi} \end{bmatrix} \qquad [3.11]$$

que desarrollando nos permite obtener la relación pedida:

$$\begin{aligned} \Omega_X &= \cos\psi\,\dot{\theta} + \text{sen}\,\psi\,\text{sen}\,\theta\,\dot{\varphi} \\ \Omega_Y &= \cos\psi\,\dot{\theta} - \cos\psi\,\text{sen}\,\theta\,\dot{\varphi} \\ \Omega_Z &= \dot{\psi} + \cos\theta\,\dot{\varphi} \end{aligned} \qquad [3.12]$$

A esta misma relación podía haberse llegado sin más que proyectar cada una de las tres rotaciones $\dot{\psi}$, $\dot{\theta}$, $\dot{\varphi}$ sobre los ejes (XYZ) (fig. 3.27).

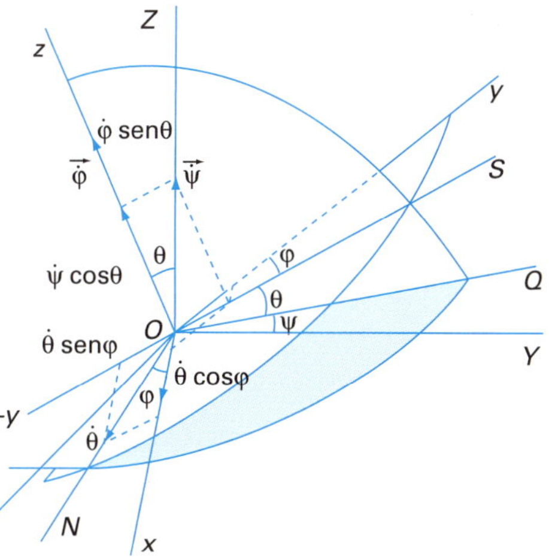

FIGURA 3.27

La relación inversa puede obtenerse matricialmente mediante la expresión:

$$\begin{bmatrix} \dot{\psi} \\ \dot{\theta} \\ \dot{\varphi} \end{bmatrix} = [M]^{-1} \begin{bmatrix} \Omega_X \\ \Omega_Y \\ \Omega_Z \end{bmatrix}$$

en donde $[M]^{-1}$ es la matriz inversa de la matriz de transformación que aparece en la expresión [3.12].

Un ejemplo en el que pueden observarse perfectamente cuales son los ángulos y las rotaciones de Euler lo proporciona el trompo o peonza. Cuando el trompo gira alrededor de un eje que no permanece fijo, el primer ángulo de Euler, ψ, varia al hacerlo la linea de nodos, y además existe una rotación de precesión que es la rotación del eje del trompo. Por otra parte el ángulo de nutación, θ, varía con el tiempo, ya que al disminuir la velocidad de rotación el eje del trompo se irá acercando al suelo, por lo que también existe una rotación de nutación. Finalmente, la rotación propia viene dada por el giro del trompo alrededor de su propio eje de simetría.

3.15. MOVIMIENTO DE PRECESIÓN

Vamos a aplicar las anteriores definiciones de las rotaciones de Euler al caso del movimiento de un sólido con un punto fijo en el que los conos de Poinsot sean de revolución y sus ejes de simetría coincidan con los terceros ejes fijo y móvil.

El eje instantáneo de rotación coincidirá con la generatriz de contacto de ambos conos y estará situado en el plano que definen los terceros ejes fijo y móvil OZ y Oz, respectivamente. La rotación de nutación es nula ya que el ángulo de nutación permanece constante durante el movimiento.

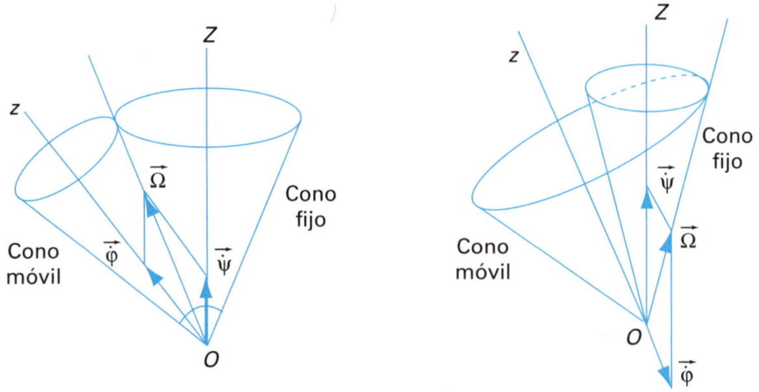

FIGURA 3.28

El movimiento así definido se denomina *movimiento de precesión*. La rotación instantánea del sistema será, por tanto, la suma de las rotaciones de precesión y la rotación propia. Es decir:

$$\vec{\Omega} = \vec{\dot{\psi}} + \vec{\dot{\varphi}}$$

Si el cono fijo es exterior al móvil se dice que el movimiento es una precesión *progresiva*. En el caso en que el cono fijo es interior al móvil se dice que la precesión es *retrógrada*.

EJERCICIOS

3.1 Un disco de radio R rueda, sin deslizar, sobre un plano horizontal con velocidad angular de módulo ω y con una aceleración angular de módulo $\dot{\omega}$ y de sentido contrario al de la velocidad angular. Determinar:

a) La base y ruleta del movimiento.

b) La velocidad del punto P de la periferia del disco en que ésta es máxima.

c) La aceleración del centro instantáneo.

d) La aceleración del punto P.

3.2 La polar fija o base en un movimiento plano es una recta y la polar móvil o ruleta una espiral logarítmica de polo O cuya ecuación es:

$$r = Re^{k\theta}$$

Determinar:

a) El ángulo que forma el radio polar con la tangente a las curvas polares en el centro instantáneo de rotación.

b) La trayectoria que describe el polo de la espiral.

3.3 En un movimiento plano la varilla AB se mantiene siempre tangente a una circunferencia fija de radio R, mientras que su extremo A describe una recta fija tangente a la circunferencia. Determinar:

1) Polar fija o base del movimiento.

2) Polar móvil o ruleta de dicho movimiento.

3.4 Un disco de radio r gira sin deslizar sobre un carril circular de radio R, situado en un plano horizontal, manteniéndose vertical. La velocidad de rotación del disco alrededor de su eje es ω. Calcular:

a) Eje instantáneo de rotación del sistema.

b) Rotación instantánea del sistema.

c) Conos de Poinsot del movimiento.

3.5 Un cono de revolución, que tiene generatrices de longitud l y un semiángulo de abertura de 45°, rueda sin deslizar sobre un plano fijo con una velocidad angular ω respecto de su eje y cuyo sentido va dirigido desde el vértice del cono hacia la base. Suponiendo situado el origen de un sistema de coordenadas cartesianas en el vértice del cono, determinar la velocidad del punto extremo del diámetro de la circunferencia base del cono, paralelo al plano fijo, que se acerca al plano.

SOLUCIONES DE LOS EJERCICIOS

3.1 a) El centro instantáneo de rotación coincide con el punto de contacto disco-plano ya que tiene velocidad nula. La base del movimiento es la línea recta coincidente con la traza del plano y la ruleta es una circunferencia de radio R, coincidente con el perímetro del disco.

b) En el instante considerado el sistema gira alrededor del centro instantáneo por lo que la velocidad máxima corresponderá al punto más alejado del centro instantáneo, es decir, al punto más alto del disco. El módulo de la velocidad de dicho punto será:

$$v_p = \omega 2R$$

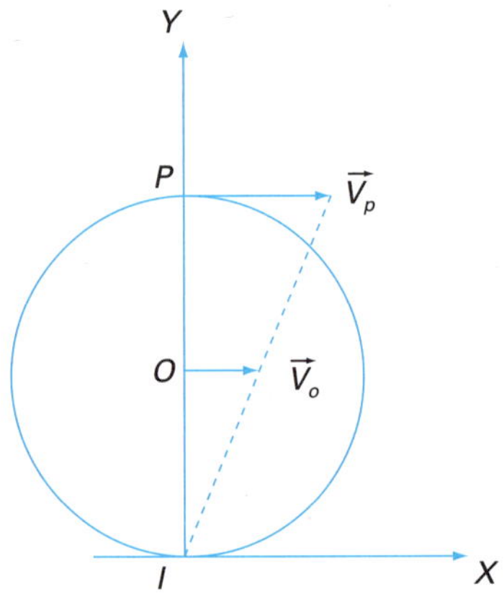

FIGURA 3.29

que también puede calcularse de la forma siguiente:

$$\vec{v}_p = \vec{v}_O + \vec{v}_{P/O}$$

es decir:

$$v_p = \omega R + \omega R = 2\omega R$$

c) Recordando la expresión de la aceleración del centro instantáneo en función de los radios de curvatura de la base y la ruleta se tiene:

$$\vec{a}_I = \frac{R_B R_R}{R_B + R_R}\,\omega^2\vec{j} = \frac{R_R}{1 + \dfrac{R_R}{R_B}}\,\omega^2\vec{j} = \frac{R}{1+0}\,\omega^2\vec{j} = \omega^2 R\vec{j}$$

ya que el radio de curvatura de la base (línea recta) es infinito.

d) Para calcular la aceleración de P tendremos en cuenta la expresión que da la aceleración de un punto en un sistema indeformable:

$$\vec{a}_P = \vec{a}_O + \dot{\vec{\omega}} \times \vec{r} + \vec{\omega} \times (\vec{\omega} \times \vec{r})$$

y tomando como origen de un sistema de coordenadas $OXYZ$ el centro instantáneo y recordando que, aunque no tiene velocidad, si tiene aceleración, resulta:

$$\vec{a}_P = \vec{a}_I + \dot{\omega} 2R(-\vec{i}\,) + \omega^2 2R(-\vec{j}\,)$$

Sustituyendo la aceleración del centro instantáneo que se acaba de calcular, se tiene:

$$\vec{a}_P = \omega^2 R\vec{j} + \dot{\omega} 2R(-\vec{i}\,) + \omega^2 2R(-\vec{j}\,)$$

es decir,

$$\vec{a}_P = -\dot{\omega} R\vec{i} - \omega^2 R\vec{j}$$

cuyo módulo es:

$$|\vec{a}_P| = \sqrt{(-\dot{\omega} 2R)^2 + (-\omega^2 R)^2} = R\sqrt{4\dot{\omega}^2 + \omega^4}$$

3.2

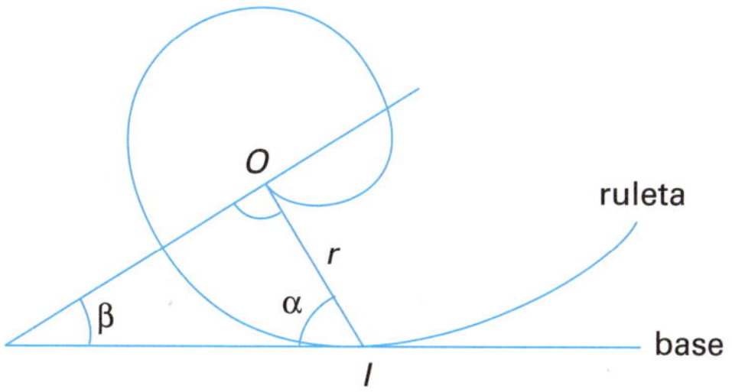

FIGURA 3.30

Si llamamos I al centro instantáneo de rotación, la recta IO es perpendicular en O a la trayectoria descrita por el punto O. Además el ángulo α es constante por tratarse de una espiral logarítmica ya que el radio polar IO corta a la tangente en I con un ángulo constante.

En efecto:

$$\operatorname{tg}\alpha = \frac{r\dfrac{d\theta}{dt}}{\dfrac{dr}{dt}} = \frac{rd\theta}{dr}$$

y si en la ecuación de la espiral logarítmica

$$r = Re^{k\theta}$$

derivamos respecto a θ, queda:

$$\frac{dr}{d\theta} = Rke^{k\theta} = kr$$

que sustituida en la anterior proporciona:

$$\operatorname{tg}\alpha = \frac{r}{kr} = \frac{1}{k}$$

es decir α = cte.

Al ser α = cte, β también es constante y la trayectoria de *O* será una recta.

3.3

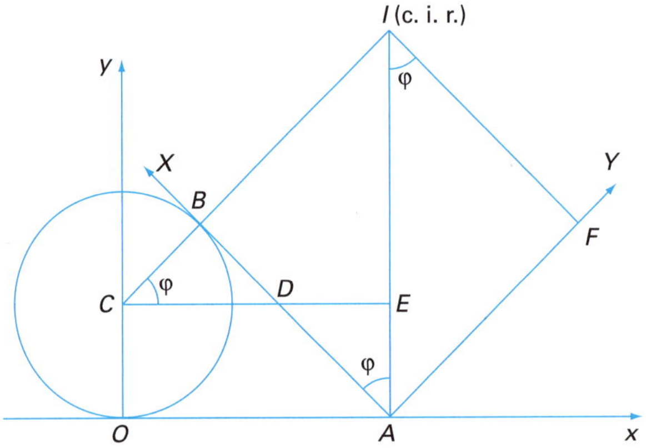

FIGURA 3.31

1) *Base*

De la figura resulta inmediatamente:

$$x = OA = CD + DE = \frac{R}{\cos \varphi} + R \operatorname{tg} \varphi$$

$$y = AI = AE + EI = R + x \operatorname{tg} \varphi$$

Eliminando φ entre estas dos ecuaciones, se obtiene la ecuación cartesiana de la polar fija, referida a los ejes *xOy*.

Es decir, de la segunda ecuación resulta:

$$\operatorname{tg} \varphi = \frac{y - R}{x}$$

que sustituida en la primera da:

$$x = \frac{R}{\cos \varphi} + \frac{R(y - R)}{x}$$

o sea,

$$x - \frac{R(y - R)}{x} = \frac{R}{\cos \varphi}$$

y elevando al cuadrado en ambos miembros y recordando que

$$\frac{1}{\cos^2 \varphi} = 1 + \operatorname{tg}^2 \varphi = 1 + \left(\frac{y - R}{x}\right)^2$$

después de operar, resulta:

$$x^2 = 2R\left(y - \frac{R}{2}\right)$$

que es la ecuación de una parábola.

2) *Ruleta*

De la figura resulta inmediatamente:

$$X = AD + DB = \frac{R}{\cos\varphi} + R \operatorname{tg}\varphi$$

$$Y = AF = X \operatorname{tg}\varphi$$

Eliminando φ entre estas dos ecuaciones se obtiene inmediatamente la ecuación cartesiana de la polar móvil, referida a los ejes *AXY*.

En efecto, de la segunda ecuación resulta $\operatorname{tg}\varphi = \frac{Y}{X}$, que sustituida en la primera da:

$$x - R\frac{Y}{X} = \frac{R}{\cos\varphi}$$

elevando al cuadrado en ambos miembros y teniendo en cuenta que

$$\frac{1}{\cos^2\varphi} = 1 + \operatorname{tg}^2\varphi = 1 + \frac{Y^2}{X^2}$$

tras operar, resulta:

$$X^2 = 2R\left(Y + \frac{R}{2}\right)$$

que es también la ecuación de una parábola.

3.4 a) Durante el movimiento permanece fijo el punto *P* y puesto que el disco gira sin deslizar, el punto de contacto *M* tiene velocidad nula en todo instante y, por tanto, el eje instantáneo de rotación es la recta *MP*, que determinan los dos puntos *M* y *P* que tienen velocidad nula. Durante el movimiento las sucesivas posiciones de la recta *MP* determinan dos superficies regladas que son los axoides del movimiento. En este caso, dos superficies cónicas: de eje *OZ* y radio *R* el axoide fijo y de eje *PC* y radio *r* el axoide móvil.

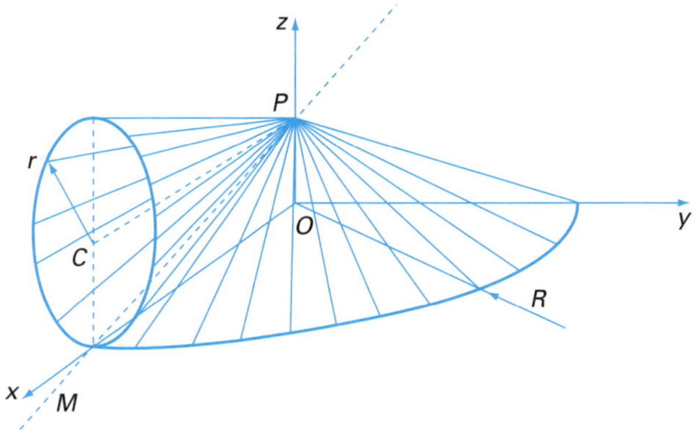

FIGURA 3.32

b) La velocidad angular resultante, $\vec{\Omega}$, del movimiento se encuentra sobre el eje instantáneo *PM*:

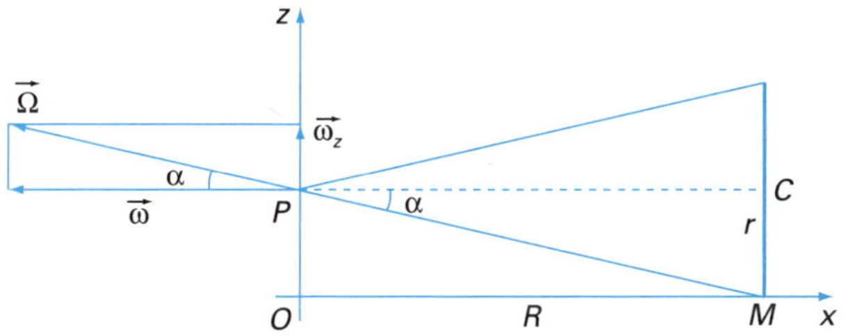

FIGURA 3.33

De la figura se deduce que

$$\omega = \Omega \cos \alpha$$

y que

$$\operatorname{sen} \alpha = \frac{r}{\sqrt{r^2 + R^2}}$$

luego

$$\Omega = \frac{\omega}{\cos \alpha} = \frac{\omega}{\sqrt{1 - \operatorname{sen}^2 \alpha}} =$$

$$= \frac{\omega}{\sqrt{1 - \dfrac{r^2}{(r^2 + R^2)}}} = \frac{\omega}{\sqrt{\dfrac{r^2 + R^2 - r^2}{(r^2 + R^2)}}} = \omega \sqrt{\frac{r^2 + R^2}{R^2}}$$

o sea,

$$\boxed{\Omega = \omega \sqrt{1 + \frac{r^2}{R^2}}}$$

3.5 El cono, en su movimiento sobre el plano gira con la rotación conocida $\vec{\omega}$ alrededor de su eje, y con otra $\vec{\omega}_1$, desconocida, alrededor del eje OZ. El eje instantáneo de rotación del movimiento coincide con la generatriz de contacto con el plano fijo XOY, y sobre él se encontrará la rotación resultante $\vec{\Omega}$.

La rotación resultante $\vec{\Omega}$ va dirigida según el eje OY coincidente, en la posición dibujada en la figura, con el eje instantáneo de rotación, y su módulo será:

$$\Omega = \omega \cos 45° = \omega \frac{\sqrt{2}}{2}$$

o sea,

$$\vec{\Omega} = \omega \frac{\sqrt{2}}{2} \vec{j}$$

La distancia OA viene dada por:

$$\overrightarrow{OA} = \frac{l}{\sqrt{2}} \vec{i} + \frac{l}{2} \vec{j} + \frac{l}{2} \vec{k}$$

Por tanto la velocidad de A será:

$$\vec{V}_A = \vec{\Omega} \times \overrightarrow{OA} = \begin{vmatrix} \vec{i} & \vec{j} & \vec{k} \\ 0 & \omega \dfrac{\sqrt{2}}{2} & 0 \\ \dfrac{l}{\sqrt{2}} & \dfrac{l}{2} & \dfrac{l}{2} \end{vmatrix}$$

es decir,

$$\vec{V}_A = \vec{\Omega} \times \overrightarrow{OA} = \frac{l}{2} \omega \frac{\sqrt{2}}{2} \vec{i} + \omega \frac{\sqrt{2}}{2} \frac{l}{\sqrt{2}} \vec{k}$$

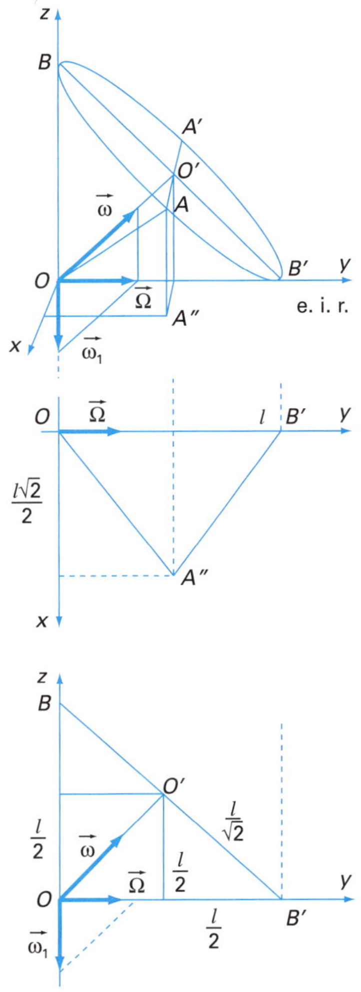

FIGURA 3.34

Por lo que, finalmente, la velocidad de A en el instante considerado es:

$$\vec{V}_A = \frac{l}{2}\omega\left(\frac{\sqrt{2}}{2}\vec{i} + \vec{k}\right)$$

cuyo módulo vale:

$$|\vec{V}_A| = \frac{l}{2}\omega\sqrt{\frac{2}{4}+1} = \frac{l}{2}\omega\sqrt{\frac{3}{4}}$$

o sea:

$$|\vec{V}_A| = \frac{l}{2}\omega\sqrt{\frac{3}{4}}$$

Capítulo 4

ESTÁTICA DEL PUNTO Y DE LOS SISTEMAS

OBJETIVOS

1. *Establecer la fundamentación de la Estática a partir de su propia axiomática.*
2. *Definir los conceptos de ligadura y de reacción del vínculo y obtener los diagramas del cuerpo libre.*
3. *Establecer las ecuaciones de equilibrio del punto material libre para el caso de un sistema cualquiera de fuerzas y cuando éstas derivan de un potencial.*
4. *Obtener las ecuaciones de equilibrio de un punto material ligado a una superficie y analizar la estabilidad del equilibrio según la naturaleza de los puntos de la superficie: elípticos, parabólicos o hiperbólicos.*
5. *Obtener las ecuaciones de equilibrio de un punto material ligado a una curva tanto en el caso de que venga expresada por sus ecuaciones paramétricas como si viene dada por la intersección de dos superficies.*
6. *Establecer la naturaleza reactiva de las fuerzas de rozamiento y los conceptos de coeficiente de rozamiento y cono de rozamiento.*
7. *Determinar la condición de equilibrio de un punto material ligado a una superficie con rozamiento.*
8. *Determinar la condición de equilibrio de un punto material ligado a una línea con rozamiento.*
9. *Definir los conceptos de sistema, fuerzas interiores y exteriores y sólido o cuerpo rígido.*
10. *Determinar las condiciones de equilibrio de un cuerpo rígido libre y ligado.*
11. *Determinar las condiciones de equilibrio de un cuerpo rígido y las reacciones de ligadura en distintos casos particulares.*

ESQUEMA-RESUMEN

4.1. Estática. Axiomas fundamentales
— Equilibrio
— Punto material
— Cuerpo rígido
— Concepto de fuerza
— Axiomas

4.2. Ligaduras: postulado de liberación
— Ligadura
— Reacción del vínculo
— Postulado de liberación

4.3. Equilibrio del punto material libre.
— Ecuaciones de equilibrio
— Fuerzas que derivan de un potencial
— Teorema de Lejeunne-Dirichlet

4.4. Equilibrio del punto material ligado a una superficie sin rozamiento
— Ligadura bilateral y unilateral
— Ecuaciones de equilibrio
— Estabilidad del equilibrio

4.5. Equilibrio del punto material ligado a una línea sin rozamiento
— Curva en paramétricas
— Curva como intersección de dos superficies

4.6. Rozamiento: leyes
— Coeficiente de rozamiento
— Cono de rozamiento
— Leyes

4.7. Equilibrio del punto material ligado a una superficie con rozamiento

4.8. Equilibrio del punto material ligado a una línea con rozamiento

4.9. Estática de los sistemas. Introducción
— Sistemas de puntos materiales
— Fuerzas interiores y exteriores
— Sólido o cuerpo rígido

4.10. Equilibrio del cuerpo rígido libre y ligado en general
— Nulidad de las fuerzas interiores
— Equilibrio del cuerpo rígido libre
— Equilibrio del cuerpo rígido ligado

4.11. Cuerpo rígido bajo la acción de dos o tres fuerzas
— Caso de dos fuerzas
— Caso de tres fuerzas

4.12. Equilibrio de un cuerpo rígido con un punto fijo
— Ecuaciones de equilibrio
— Reacción del vínculo
— Estabilidad del equilibrio

4.13. Equilibrio de un cuerpo rígido con una recta fija
— Condición de equilibrio
— Hiperestaticidad

4.14. Equilibrio de un cuerpo rígido apoyado sobre un plano horizontal sin rozamiento
— Cuerpo apoyado en puntos aislados
— Cuerpo apoyado sobre un plano en toda una superficie

4.15. Cuerpo suspendido de uno o más puntos
— Cuerpo suspendido de un punto
— Estabilidad del equilibrio
— Cuerpo suspendido de dos o más puntos

4.16. Resistencia a la rodadura y al pivotamiento
— Resistencia a la rodadura
— Resistencia al pivotamiento

4.17. Otros problemas de equilibrio de sólidos
— Máquinas simples
— Vigas
— Entramados

4. ESTÁTICA DEL PUNTO Y DE LOS SISTEMAS

4.1. ESTÁTICA. AXIOMAS FUNDAMENTALES

La *Estática* es la parte de la Mecánica que estudia las condiciones que ha de cumplir un punto o un sistema de puntos materiales para mantenerse en equilibrio. Se dice que un punto o un sistema de puntos materiales está en *equilibrio* cuando las coordenadas del punto o de los puntos del sistema se mantienen invariables con el transcurso del tiempo, respecto a un sistema de referencia que se supone fijo.

A diferencia de lo que ocurría en Cinemática, en la que nos ocupábamos de puntos o sistemas geométricos, aquí trataremos con puntos y sistemas materiales. Definiremos *sistema* como aquella parte del Universo limitada por una frontera geométrica arbitraria que es objeto de estudio para la resolución de un problema determinado. Llamaremos *punto material* a un sistema suficientemente pequeño para que, en la escala de longitudes utilizada para estudiar el problema, sus dimensiones puedan considerarse despreciables.

Para el estudio de la Estática basta con un concepto intuitivo de fuerza. Supondremos que la *fuerza* es una magnitud vectorial que mide cuantitativamente la interacción mecánica de los puntos materiales. Por ser la fuerza una magnitud vectorial, vendrá caracterizada por su módulo, dirección, sentido y punto de aplicación. Al conjunto de fuerzas que actúa sobre un sistema de puntos materiales lo llamaremos *sistema de fuerzas*. Cuando un sistema de fuerzas puede sustituirse por otro sin que cambie el estado de equilibrio del sistema de puntos materiales, diremos que ambos sistemas son *equivalentes*.

Aunque la Estática puede considerarse como un caso particular de la Dinámica en el que no hay movimiento, la fundamentaremos en su propia axiomática. Un axioma es una proposición que se acepta sin demostración y que, en el caso de la Estática, se deduce de observaciones empíricas sobre el equilibrio y el movimiento de los cuerpos.

A continuación se enuncian los *axiomas fundamentales de la Estática*:

Axioma 1. Un cuerpo, o un punto material, permanece en equilibrio cuando no actúan fuerzas sobre él.

Axioma 2. Cuando sobre un cuerpo, o un punto material, actúan únicamente dos fuerzas de igual módulo y recta de acción pero de sentidos opuestos, aquél permanece en equilibrio.

En efecto, empíricamente se comprueba que no puede permanecer en equilibrio un cuerpo sobre el que actúa una sola fuerza. Esto equivale a decir que un cuerpo, o punto material, sometido a un sistema de fuerzas equivalente a cero, está en equilibrio.

Axioma 3. Si sobre un cuerpo, o un punto material, actúan dos fuerzas concurrentes, el equilibrio no se altera si se sustituyen por una única fuerza cuya dirección y sentido coincida con los de la diagonal del paralelogramo construido sobre aquellas dos como lados y tomada a partir del origen común. Es decir, la resultante de dos fuerzas aplicadas a un punto material es igual a la suma vectorial de dichas fuerzas. (Regla del paralelogramo de fuerzas.)

Este axioma fue formulado por vez primera por Stevin casi un siglo antes de que Newton estableciera sus leyes.

Axioma 4. Toda acción de un punto o sistema de puntos materiales sobre otro da lugar a una reacción de éste de igual módulo pero de sentido opuesto.

Este axioma no hace sino expresar el principio de acción y reacción, que es la tercera de las leyes de Newton. Conviene notar que en el caso de la tercera ley las fuerzas no forman un sistema en equilibrio ya que están aplicadas en puntos o sistemas diferentes.

Axioma 5. El estado de equilibrio de un *cuerpo* no se altera cuando se desplaza el punto de aplicación de la fuerza a otro punto situado sobre su línea de acción. (Principio de transmisibilidad.)

Nótese que este axioma es el que permite considerar a las fuerzas como vectores deslizantes.

4.2. LIGADURAS: POSTULADO DE LIBERACIÓN

Llamamos enlace, vínculo o *ligadura* a cualquier restricción de los desplazamientos de un punto o de un sistema de puntos materiales en el espacio. La fuerza con la que la ligadura actúa sobre el sistema restringiendo sus desplazamientos se llama *reacción de ligadura* y está siempre dirigida en el sentido opuesto a aquél en el que la ligadura impide el desplazamiento. Las fuerzas que actúan sobre un sistema de puntos materiales pueden clasificarse también, desde este punto de vista, en fuerzas *activas* y fuerzas *de ligadura*, siendo las primeras todas aquellas que no son reacciones vinculares.

Las fuerzas de ligadura sólo existen en la medida en que sobre un punto o sistema de puntos materiales se ejerzan fuerzas activas. Resulta por eso de gran interés en la resolución de problemas concretos el conocer las direcciones de las fuerzas de ligadura. Así, por ejemplo, en el caso de una superficie lisa (sin rozamiento) la ligadura está dirigida según la dirección de la normal en el punto de contacto.

El análisis de los sistemas de puntos materiales sujetos a ligaduras se basa en el denominado *postulado de liberación* que establece que todo punto o sistema de puntos materiales ligado puede considerarse como libre si se suprimen las ligaduras y se sustituyen sus acciones por las correspondientes fuerzas de ligadura. Cuando se trata de un cuerpo rígido al conjunto de fuerzas que resulta al proceder de este modo se le conoce con el nombre de *diagrama del cuerpo libre*.

4.3. EQUILIBRIO DEL PUNTO MATERIAL LIBRE

En este caso, al ser todas las fuerzas concurrentes en el punto, de los axiomas anteriores se deduce que la condición de equilibrio consiste en que la resultante de las fuerzas que actúan sobre el punto sea nula. Es decir:

$$\vec{F} = \sum \vec{F}_i = 0$$

fórmula vectorial que se puede expresar escalarmente por medio de las tres ecuaciones siguientes:

$$\left.\begin{array}{l} \sum F_{xi} = 0 \\ \sum F_{yi} = 0 \\ \sum F_{zi} = 0 \end{array}\right\}$$

en donde F_{xi}, F_{yi}, F_{zi} son las componentes de cada una de las fuerzas que actúan sobre el punto, respecto a un sistema de referencia que se supone fijo. Obsérvese que si se hubiera fundamentado la Estática como caso particular de la Dinámica, no bastaría la condición de nulidad de la resultante sino que habría que exigir además que el punto material tuviese velocidad nula respecto a dicho sistema de referencia. En efecto, de la ley fundamental de la Dinámica se deduce que si hay equilibrio $\vec{a} = 0$ y entonces:

$$\sum \vec{F}_i = m\vec{a} = 0$$

pero la aceleración también sería nula si la velocidad del punto respecto al sistema de referencia elegido fuese constante, situación que, obviamente, no es de equilibrio, por lo que en este caso hay que exigir el cumplimiento de ambas condiciones.

Un caso de equilibrio del punto material libre de particular interés es aquél en el que las fuerzas que actúan sobre el punto derivan de un potencial, es decir, el campo de fuerzas es conservativo. En este caso se tiene:

$$\vec{F} = -\overrightarrow{\text{grad}}\, U$$

Si el punto está en equilibrio, la condición de equilibrio será:

$$\overrightarrow{\text{grad}}\, U = 0$$

que en función de las componentes cartesianas del gradiente puede escribirse como:

$$\left.\begin{array}{l} \dfrac{\partial U}{\partial x} = 0 \\ \dfrac{\partial U}{\partial y} = 0 \\ \dfrac{\partial U}{\partial z} = 0 \end{array}\right\}$$

lo que significa que en ese punto la función potencial $U(x, y, z)$ es estacionaria, y equivale a decir: Si la resultante de las fuerzas que actúan sobre un punto material deriva de un campo conservativo de potencial U, dicho punto tendrá como posiciones de equilibrio aquellos puntos del espacio en los que U tiene un valor estacionario (*teorema de Lejeunne-Dirichlet*).

Puesto que la fuerza tiene sentido contrario al gradiente, se dirigirá hacia los potenciales decrecientes y, en consecuencia, en los puntos en los que la función potencial tenga un mínimo habrá equilibrio estable, en los máximos el equilibrio será inestable y cuando el potencial es uniforme el equilibrio del punto material es indiferente.

4.4. EQUILIBRIO DEL PUNTO MATERIAL LIGADO A UNA SUPERFICIE SIN ROZAMIENTO

La ligadura de un punto material se expresa en este caso diciendo que es la vinculación del punto a una figura geométrica sobre la que puede desplazarse. En el vínculo aparecerá una reacción en contra de las fuerzas exteriores pero que no se opone al desplazamiento del punto sobre la figura geométrica. Los dos casos de figura geométrica que pueden presentarse son que el punto esté ligado a una línea o a una superficie.

La ligadura de un punto a una superficie puede ser *bilateral*, cuando el punto no puede abandonar la superficie por ninguna de sus caras, o *unilateral* cuando impide que el punto abandone la superficie por una de sus caras pero no por la otra.

La condición de equilibrio se expresará del siguiente modo:

$$\vec{F} + \vec{R} = 0$$

en donde $\vec{F}$ es la resultante de las fuerzas activas y $\vec{R}$ la reacción del vínculo o fuerza de ligadura, que será normal a la superficie al no impedir el desplazamiento sobre ella.

Si la ecuación de la superficie en coordenadas cartesianas es

$$f(x, y, z) = 0$$

la reacción normal puede expresarse como

$$\vec{R} = \lambda\, \overrightarrow{\text{grad}} f$$

o bien en coordenadas cartesianas:

$$\vec{R} = \lambda \frac{\partial f}{\partial x} \vec{i} + \lambda \frac{\partial f}{\partial y} \vec{j} + \lambda \frac{\partial f}{\partial z} \vec{k}$$

puesto que el vector gradiente es normal a la superficie y λ es un parámetro que sirve para ajustar el valor modular de la reacción y que se determina a partir de la condición de equilibrio:

$$\vec{F} + \lambda\, \overrightarrow{\text{grad}} f = 0$$

En efecto, ésta, junto con la ecuación de la superficie, nos proporciona el sistema

$$\left.\begin{aligned} F_x + \lambda \frac{\partial f}{\partial x} &= 0 \\ F_y + \lambda \frac{\partial f}{\partial y} &= 0 \\ F_z + \lambda \frac{\partial f}{\partial z} &= 0 \\ f(x, y, z) &= 0 \end{aligned}\right\} \qquad [4.1]$$

que permite calcular las cuatro incógnitas x, y, z y λ, con lo que tendremos las coordenadas de la posición de equilibrio y el valor de la reacción del vínculo. En el supuesto de que el sistema anterior fuese incompatible no habría equilibrio ya que la reacción de ligadura no sería paralela a la resultante de las fuerzas exteriores.

A continuación vamos a estudiar la *estabilidad del equilibrio* sobre la superficie. El equilibrio de un punto material se dice que es *estable* cuando al separarlo una distancia infinitesimal de su posición de equilibrio, al abandonarlo posteriormente vuelve a su posición inicial.

El equilibrio del punto es *inestable* cuando al separarlo una distancia infinitesimal de su posición de equilibrio, al abandonarlo posteriormente pierde el equilibrio. Bastará que esto suceda según una dirección para que el equilibrio sea inestable.

Finalmente el equilibrio del punto será *indiferente* cuando al separarlo una distancia infinitesimal de su posición de equilibrio, al abandonarlo posteriormente continúa estando en equilibrio.

Vamos a estudiar a continuación la estabilidad del equilibrio según la *naturaleza de los puntos de la superficie* a la que está vinculado el punto material.

1. *Puntos elípticos*

Se llaman así a los puntos de la superficie tales que al cortarla en dicho punto por un plano paralelo al plano tangente a la superficie, a una distancia infinitesimal, la sección obtenida es una elipse.

Al separar el punto de la posición de equilibrio, la resultante de las fuerzas activas $\vec{F}$ puede descomponerse en dos fuerzas: una $\vec{F}_t$, contenida en el plano tangente a la superficie y otra $\vec{F}_n$, normal a la superficie. Esta última se anula con la reacción del vínculo y la $\vec{F}_t$, tiende a devolver o separar al punto de su posición inicial. El equilibrio será de diferente naturaleza según la dirección de $\vec{F}$: estable al ir la fuerza de la parte cóncava a la convexa (fig. 4.1.a), e inestable en el caso contrario (fig. 4.1.b).

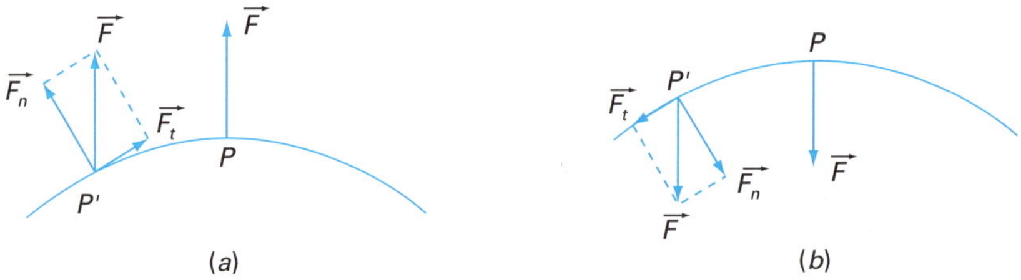

FIGURA 4.1.a y b

2. *Puntos parabólicos*

Se llaman así los puntos de la superficie tales que al cortarla en dicho punto por un plano paralelo al plano tangente a la superficie, a una distancia infinitesimal, la sección obtenida es una parábola.

En los dos casos, figura 4.2, al desplazar el punto sobre la generatriz el equilibrio será indiferente. En el supuesto de la figura 4.2.a, al desplazar el punto en cualquier otra dirección, volverá a una nueva posición de equilibrio que, en general, será distinta de la inicial. Puede decirse que el equilibrio es estable, aunque no coincide exactamente con la definición de equilibrio estable dada anteriormente.

Finalmente, en el caso de la figura 4.2.b, al separar el punto en cualquier dirección, excepto la generatriz, el equilibrio será inestable, por lo que diremos que el equilibrio es inestable.

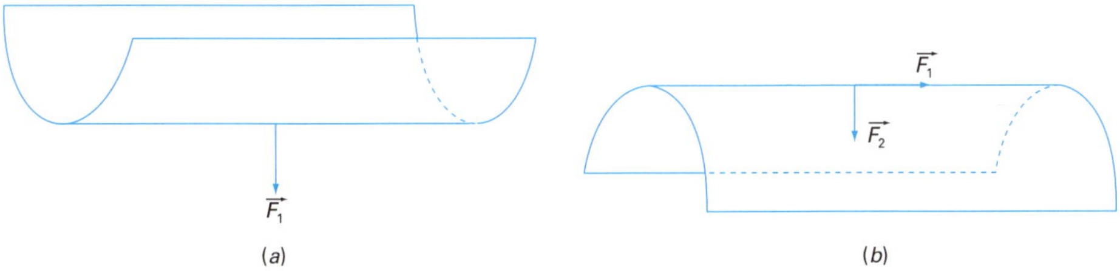

FIGURA 4.2.a y b

3. *Puntos hiperbólicos*

Se llaman así los puntos de la superficie tales que al cortarla en dicho punto por un plano paralelo al plano tangente a la superficie, a una distancia infinitesimal, la sección obtenida es una hipérbola.

En este último caso, figura 4.3, sea cual sea la dirección de la fuerza, existen algunas direcciones de desplazamiento del punto en las que el

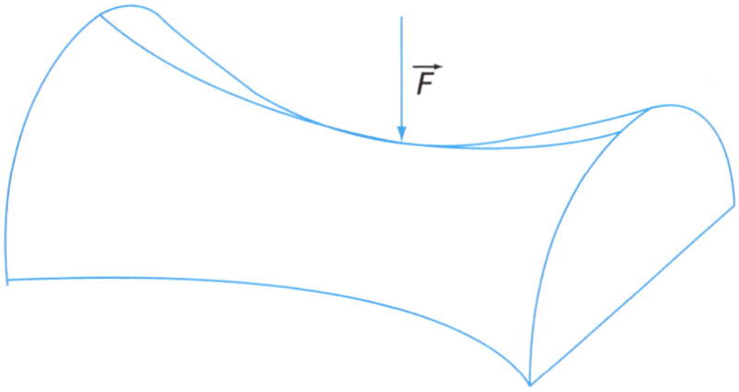

FIGURA 4.3

equilibrio es inestable. Por eso, aunque haya otras en las que el equilibrio es estable, decimos que el equilibrio es inestable en dicho punto.

Puede, por tanto, decirse que el equilibrio es estable según una dirección dada, cuando la resultante de las fuerzas activas en el punto va dirigida de la parte cóncava a la convexa. Si esto ocurre en todas las direcciones, dicho punto de la superficie es un punto de equilibrio *estable*.

Si existe al menos una dirección según la cual el equilibrio es inestable, se dice que dicho punto de la superficie es un punto de equilibrio *inestable*.

4.5. EQUILIBRIO DEL PUNTO MATERIAL LIGADO A UNA LÍNEA SIN ROZAMIENTO

El vínculo del punto material a una línea significa que no puede abandonarla aunque puede moverse libremente sobre ella, en consecuencia la reacción del vínculo no tendrá componente según el vector unitario tangente del triedro intrínseco y se encontrará en el el plano normal a la curva (fig. 4.4). Se deduce pues que, para que haya equilibrio, la resultante de las fuerzas exteriores deberá estar en dicho plano normal verificándose la ecuación:

$$\vec{F} + \vec{R} = 0$$

Pueden presentarse dos casos: que la curva venga expresada analíticamente por sus ecuaciones paramétricas o que se exprese como la intersección de dos superficies. A continuación se determinarán las ecuaciones de equilibrio en cada caso.

a) *Curva en paramétricas*

Las ecuaciones de la curva son:

$$\left.\begin{aligned} x &= x(u) \\ y &= y(u) \\ z &= z(u) \end{aligned}\right\}$$

y un vector tangente a la línea será:

$$\vec{T} = \dot{x}(u)\vec{i} + \dot{y}(u)\vec{j} + \dot{z}(u)\vec{k}$$

La condición necesaria y suficiente para que haya equilibrio es que la resultante de las fuerzas activas sea perpendicular al vector tangente. Es decir:

$$\vec{T} \cdot \vec{F} = 0$$

que en función de las componentes cartesianas de ambos vectores se expresa del siguiente modo:

$$F_x(u)\dot{x}(u) + F_y(u)\dot{y}(u) + F_z(u)\dot{z}(u) = 0 \qquad [4.2]$$

que es una ecuación de la forma:

$$f(u) = 0$$

que permite obtener el valor u_0 del parámetro para el que hay equilibrio y, a partir de él, las componentes cartesianas de la posición de equilibrio y de la reacción de ligadura, sin más que sustituir. En efecto, tendremos:

$$x_0 = x(u_0), \ y_0 = y(u_0), \ z_0 = x(u_0)$$

que son las coordenadas del punto de equilibrio, y

$$R_x = F_x(u_0), \ R_y = F_y(u_0), \ R_z = F_z(u_0)$$

las componentes de la reacción del vínculo.

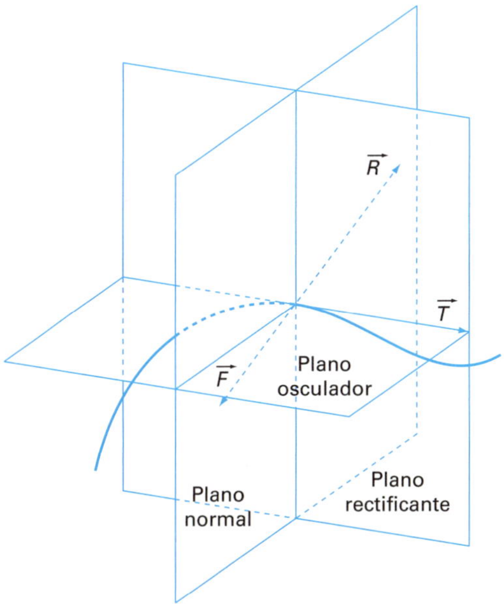

FIGURA 4.4

En el caso en que las fuerzas derivan de un potencial , se podrá escribir:

$$U(u) = -\int f(u)du$$

expresión que determina la función potencial, obteniéndose las posiciones de equilibrio a partir de la condición de extremo de la función, es decir:

$$\frac{dU}{du} = 0$$

ecuación que resuelta dará los valores u_0 del parámetro para los cuales la función tiene un extremo.

b) *Curva dada como intersección de dos superficies*

En este caso las ecuaciones de la curva serán:

$$\left.\begin{aligned} f(x, y, z) &= 0 \\ g(x, y, z) &= 0 \end{aligned}\right\}$$

y, para que haya equilibrio, las dos normales a las superficies deberán encontrarse en el plano normal a la curva , por lo que la expresión de la reacción del vínculo será:

$$\vec{R} = \lambda\, \overrightarrow{\text{grad}} f + \mu\, \overrightarrow{\text{grad}} g$$

y la condición de equilibrio quedará en la forma:

$$\vec{F} + \lambda\, \overrightarrow{\text{grad}} f + \mu\, \overrightarrow{\text{grad}} g = 0$$

que junto con las dos ecuaciones de las superficies forman un sistema de cinco ecuaciones que permite determinar las cinco incógnitas x_0, y_0, z_0, λ, μ:

$$\left.\begin{aligned} F_x + \lambda \frac{\partial f}{\partial x} + \mu \frac{\partial g}{\partial x} &= 0 \\ F_y + \lambda \frac{\partial f}{\partial y} + \mu \frac{\partial g}{\partial y} &= 0 \\ F_z + \lambda \frac{\partial f}{\partial z} + \mu \frac{\partial g}{\partial z} &= 0 \\ f(x, y, z) &= 0 \\ g(x, y, z) &= 0 \end{aligned}\right\} \qquad [4.3]$$

si el sistema anterior fuese incompatible, significaría que la resultante de las fuerzas activas tiene componente según la tangente por lo que no podrá haber equilibrio.

4.6. ROZAMIENTO: LEYES

En los casos estudiados anteriormente se ha supuesto que no existía rozamiento y que, en consecuencia, la reacción de ligadura era siempre normal a la superficie o a la línea. Esta hipótesis es ideal ya que en el mundo real, cuando se ponen en contacto dos cuerpos, aparece una resistencia al deslizamiento relativo que se denomina *rozamiento*.

Esta resistencia se manifiesta por la acción de unas fuerzas mutuas, que tienden a impedir el movimiento entre ambos, cuya dirección coincide con la del movimiento y cuyo sentido es contrario al mismo. Para analizar el fenómeno, en primera aproximación, supondremos que tenemos un pequeño bloque, de peso P, apoyado sobre una superficie horizontal con rozamiento. Supondremos que ambas superficies están secas y que su rugosidad es uniforme a fin de asegurar la isotropía del rozamiento.

Consideremos, en primer lugar, el caso en que sobre el bloque no actúa ninguna fuerza, figura 4.5.a. El bloque permanecerá en equilibrio y la reacción de ligadura será normal a la superficie y de igual módulo y dirección que el peso, pero de sentido opuesto.

Supongamos que se aplica una fuerza exterior horizontal $\vec{H}$, figura 4.5.b. Se observa que para valores de H comprendidos entre 0 y un cierto valor $H_{\text{lím}}$, el bloque sigue en equilibrio. Por tanto si $H < H_{\text{lím}}$, la reacción del vínculo será:

$$\vec{R} = \vec{N} + \vec{F}_r$$

y formará un ángulo α con la normal tal que

$$\operatorname{tg} \alpha = \frac{F_r}{N}$$

Incrementando progresivamente el valor de la fuerza horizontal $\vec{H}$, figura 4.5.c, se observa que para un valor $H = H_{\text{lím}}$ el bloque pierde el equilibrio y se empieza a mover. La fuerza de rozamiento tomará su valor máximo $F_{r\,\text{máx}} = H_{\text{lím}}$ y el ángulo $\varphi = \alpha_{\text{máx}}$, recibe el nombre de *ángulo de rozamiento*. La tangente trigonométrica del ángulo de rozamiento

$$\operatorname{tg} \varphi = \mu$$

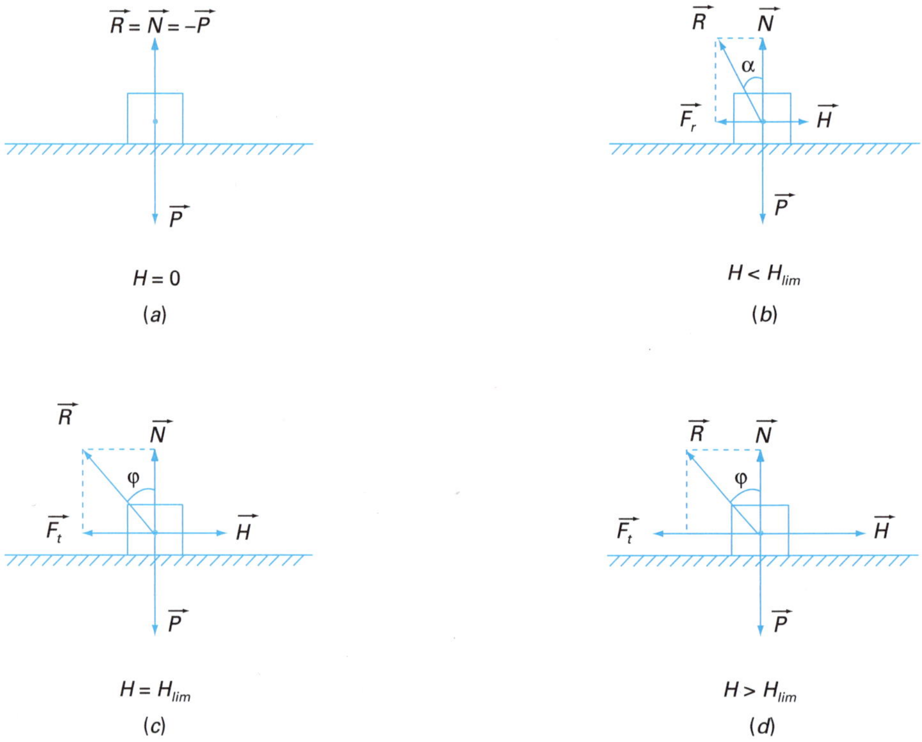

FIGURA 4.5

se denomina *coeficiente estático de rozamiento o simplemente coeficiente de rozamiento*.

Mientras que el bloque está en equilibrio, es decir, para valores de H comprendidos entre 0 y $H_{\text{lím}}$, la fuerza de rozamiento verifica la inecuación:

$$\frac{F_r}{N} \leq \operatorname{tg} \varphi = \mu$$

es decir:

$$F_r \leq \mu N$$

en la que el signo igual corresponde al *equilibrio crítico*.

Para valores de H mayores que $H_{\text{lím}}$, el bloque se mueve con una cierta velocidad, verificándose que

$$\frac{F_r}{N} \leq \operatorname{tg} \varphi_1 = \nu$$

es decir:

$$F_r = \nu N$$

en donde ν recibe el nombre de *coeficiente dinámico de rozamiento*. Este coeficiente es ligeramente menor que el coeficiente estático, es decir:

$$\nu \leq \mu$$

Consideremos nuevamente el caso del bloque en equilibrio, figura 4.5.a, al que se le aplicaba una fuerza horizontal de módulo H. Vimos que, en este caso, el ángulo α que forma la reacción $\vec{R}$ con la normal a la superficie es menor que el ángulo de rozamiento φ. La reacción $\vec{R}$ estará, por tanto, comprendida en el interior de un cono de revolución de eje normal al plano de contacto y semiángulo en el vértice igual al ángulo de rozamiento φ. Este cono se denomina *cono de rozamiento*.

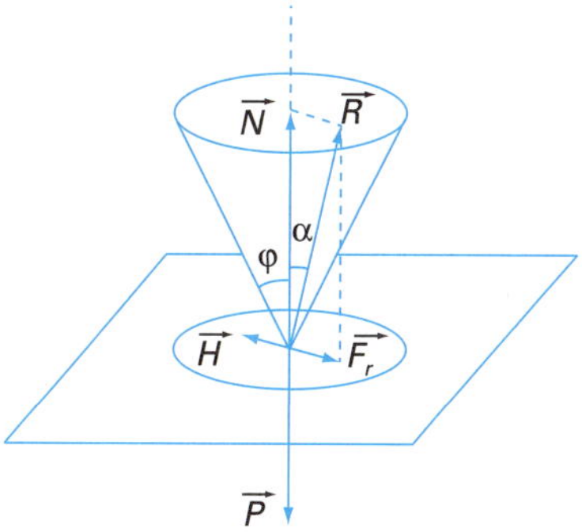

FIGURA 4.6

El cono será de revolución cuando el rozamiento sea isótropo. Si la superficie es anisótropa respecto al rozamiento, habrá direcciones en las que éste tome valores diferentes y la superficie cónica de rozamiento ya no será de revolución.

Los hechos anteriores, que describen el comportamiento de los cuerpos rugosos, pueden resumirse en las denominadas *leyes del rozamiento* entre dos cuerpos, y suelen denominarse *leyes de Coulomb y Morin,* aunque ya eran conocidas con anterioridad. Pueden enunciarse del siguiente modo:

1.ª El coeficiente de rozamiento depende de la naturaleza de las superficies en contacto y es independiente del área o forma que puedan tener éstas.

2.ª La fuerza de rozamiento toma como máximo un valor que es proporcional a la reacción normal entre ambas superficies:

$$F_r \leq \mu N$$

Como resumen podemos decir que la fuerza de rozamiento es una fuerza de reacción que aparece únicamente cuando una fuerza externa intenta romper el equilibrio. Si la fuerza externa crece de forma continua, la fuerza de rozamiento la equilibrará siempre que sus valores estén comprendidos entre 0 y μN, rompiéndose el equilibrio cuando la fuerza externa supere este valor límite. En ese momento el cuerpo comienza a moverse, disminuyendo ligeramente la fuerza de rozamiento hasta un valor que se conserva prácticamente constante mientras permanece en movimiento.

4.7. EQUILIBRIO DE UN PUNTO MATERIAL LIGADO A UNA SUPERFICIE CON ROZAMIENTO

Supondremos el punto ligado a la superficie S, figura 4.7, y llamaremos $\vec{F}$ a la resultante de las fuerzas exteriores, $\vec{N}$ a la componente normal de la reacción del vínculo y $\vec{F}_r$ a la fuerza de rozamiento que, por definición, estará contenida en el plano tangente a la superficie.

La condición de equilibrio será:

$$\vec{F} + \vec{N} + \vec{F}_r = 0$$

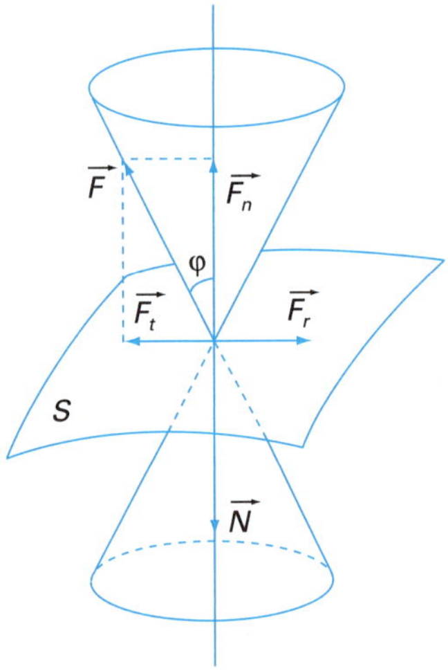

FIGURA 4.7

Si se expresan estos vectores en función de sus componentes según la normal a la superficie y el plano tangente a ella, tendremos:

$$\vec{F} = F_n\vec{n} + F_t\vec{t}$$
$$\vec{N} = N\vec{n}$$
$$\vec{F}_r = F_r\vec{t}$$

en donde, $\vec{n}$ es un vector unitario según la normal a la superficie y $\vec{t}$ es un vector unitario situado sobre el plano tangente y en la dirección y sentido de la componente tangencial de las fuerzas exteriores. Sustituyendo en la ecuación vectorial de equilibrio resultan las siguientes ecuaciones escalares:

$$F_n + N = 0$$
$$F_t + F_r = 0$$

y como, por la segunda ley del rozamiento, se verifica que

$$F_r \leq \mu N$$

se tiene:

$$F_t \leq \mu F_n$$

o lo que es igual:

$$\mu \geq \frac{F_t}{F_n}$$

y si llamamos α al ángulo que forma la resultante de las fuerzas exteriores con la normal a la superficie, queda:

$$\text{tg } \alpha = \frac{F_t}{F_n}$$

con lo que la condición de equilibrio resulta ser:

$$\mu \geq \text{tg } \alpha$$

y recordando que $\mu = \text{tg } \varphi$, siendo φ el ángulo de rozamiento, se tiene:

$$\text{tg } \alpha \leq \text{tg } \varphi$$

y la condición de equilibrio, finalmente, será:

$$\alpha \leq \varphi$$

es decir, habrá equilibrio cuando la resultante de las fuerzas exteriores sea interior o a lo sumo esté contenida en el cono de rozamiento.

4.8. EQUILIBRIO DE UN PUNTO MATERIAL LIGADO A UNA LÍNEA CON ROZAMIENTO

Supongamos que el punto material está ligado a la línea L, figura 4.8, y llamemos $\vec{F}$ a la resultante de las fuerzas exteriores, $\vec{N}$ a la reacción normal y $\vec{F}_r$ a la fuerza de rozamiento que tendrá la dirección de la tangente a la línea puesto que el vínculo sólo permite el desplazamiento del punto en esa dirección.

La condición de equilibrio será:

$$\vec{F} + \vec{N} + \vec{F}_r = 0$$

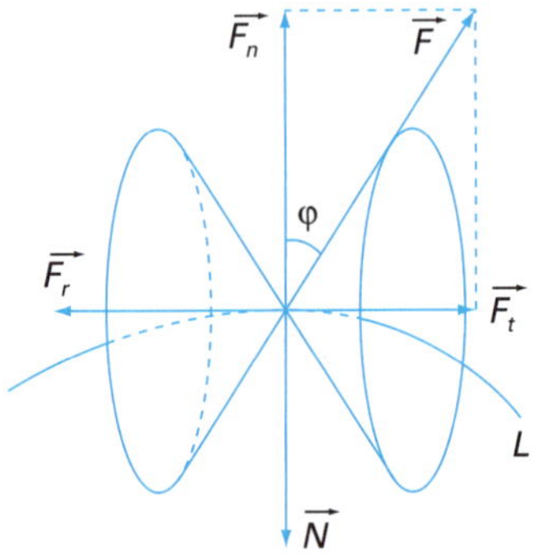

FIGURA 4.8

que puede expresarse en función de las componentes según la normal y la tangente a la línea. Es decir:

$$\vec{F} = F_n\vec{t} + F_t\vec{n}$$

$$\vec{N} = N\vec{n}$$

$$\vec{F}_r = F_r\vec{t}$$

que sustituidas en la condición de equilibrio nos proporcionan las siguientes ecuaciones escalares:

$$F_n + N = 0$$
$$F_t + F_r = 0$$

y puesto que

$$F_r \leq \mu N$$

sustituyendo resulta:

$$F_t \leq \mu F_n$$

es decir,

$$\frac{F_t}{F_n} \leq \mu$$

y si llamamos α al ángulo que forma la resultante de las fuerzas exteriores con la normal a la curva se tiene

$$\text{tg } \alpha = \frac{F_t}{F_n}$$

o sea:

$$\text{tg } \alpha \leq \mu$$

Si para determinar ahora el cono de rozamiento se quisiese tomar como eje, análogamente a como se hizo en el caso del punto ligado a una superficie, alguna de las infinitas direcciones contenidas en el plano normal a la línea, se produciría una indeterminación. Por esa razón se toma como eje del cono de rozamiento la dirección tangente a la línea y como semiángulo de abertura el complementario del ángulo φ de rozamiento. O sea, la condición de equilibrio anterior será:

$$\alpha \leq \frac{\pi}{2} - \varphi$$

y se expresa diciendo que habrá equilibrio siempre que la resultante de las fuerzas activas sea exterior a un cono que en cada punto de la curva tenga como eje la tangente a la línea y como semiángulo el complementario de φ.

4.9. ESTÁTICA DE LOS SISTEMAS. INTRODUCCIÓN

Un *sistema de puntos materiales* se define como un conjunto discreto o continuo de puntos materiales. Se dice que es un *sólido* o *cuerpo rígido* cuando las distancias entre los puntos del sistema permanecen invariables, por lo que dados dos puntos cualesquiera P y Q del sistema se verifica que

$$\text{nor}\ \overrightarrow{PQ} = (x_q - x_p)^2 + (y_q - y_p)^2 + (z_q - z_p)^2 = \text{cte}$$

Las fuerzas que actúan sobre un sistema de puntos materiales pueden ser internas o externas. Llamaremos *fuerzas internas* a aquéllas con las que actúan los puntos materiales de un sistema entre sí y son fuerzas que mantienen a los puntos en sus posiciones respectivas. Las *fuerzas externas* se deben a la acción de otros sistemas o cuerpos materiales distintos al que se está considerando, es decir, son fuerzas aplicadas sobre el cuerpo directamente o, indirectamente, mediante las reacciones de ligadura.

De los axiomas de la Estática enunciados anteriormente se deduce como *corolario* que la acción de una fuerza sobre un *cuerpo rígido* no se modifica si se traslada a lo largo de su recta soporte o línea de acción. Es decir, las fuerzas pueden considerarse como vectores deslizantes en el caso de sólidos rígidos. Esto no es cierto en el caso de sólidos reales. Por ejemplo, una barra sobre la que actúan dos fuerzas iguales y opuestas en sus extremos puede trabajar a tracción o a compresión, según el sentido con el que estén aplicadas dichas fuerzas en sus extremos, y este comportamiento se alteraría si se cambiase el punto de aplicación de las fuerzas deslizándolas a lo largo de su línea de acción.

Estudiemos a continuación el equilibrio de un sistema de n puntos materiales. Si suponemos que el sistema no está sometido a ligaduras, tendrá $3n$ grados de libertad. Para que el sistema esté en equilibrio cada uno de sus puntos deberá encontrarse en equilibrio lo que significa que la resultante de todas las fuerzas, externas e internas, que actúan sobre cada punto ha de ser nula.

Consideremos un punto cualquiera del sistema P_i y llamemos $\vec{F}_i$ a la resultante de las fuerzas exteriores (activas y de ligadura) y $\vec{f}_i$ a la resultante de las fuerzas interiores que obran sobre el punto. La condición de equilibrio para los n puntos del sistema proporciona el conjunto de las n ecuaciones siguiente:

$$\vec{F}_i + \vec{f}_i = 0 \qquad (i = 1, 2, \ldots, n)$$

ahora bien, sobre el punto P_i ejercerá el punto P_k una fuerza interior $\vec{f}_{ki}$ y análogamente cada uno de los n puntos del sistema, con lo que la condición anterior se escribirá en la forma

$$\vec{F}_i + \sum_{k=1}^{n} \vec{f}_{ki} = 0 \qquad (i = 1, 2, \ldots, n) \qquad [4.4]$$

expresión en la que el sumatorio de las fuerzas interiores es nulo ya que, en virtud del axioma 4 de la Estática (principio de acción y reacción) la fuerza $\vec{f}_{ki}$ es igual y opuesta a la $\vec{f}_{ik}$, por lo que la suma de todas ellas tiene resultante nula. Si ahora sumamos todas las expresiones [4.4] para los n puntos del sistema la condición de equilibrio es que las fuerzas $\vec{F}_i$ formen un sistema nulo, por lo que si $\vec{F}$ es la resultante de dichas fuerzas y $\vec{M}$ el momento resultante de dicho sistema de fuerzas respecto al origen del sistema de coordenadas elegido, se tiene:

$$\begin{aligned} \vec{F} &= \sum_{i=1}^{n} \vec{F}_i = 0 \\ \vec{M} &= \sum_{i=1}^{n} \overrightarrow{OP}_i \times \vec{F}_i = 0 \end{aligned} \qquad [4.5]$$

ecuaciones que reciben el nombre de *ecuaciones cardinales de la Estática*.

Conviene observar que en el caso de un sistema de puntos materiales las expresiones [4.5] son una condición necesaria pero no suficiente para el equilibrio del sistema, ya que además ha de verificarse para cada punto, individualmente considerado, que la resultante sea nula.

4.10. EQUILIBRIO DEL CUERPO RÍGIDO LIBRE Y LIGADO EN GENERAL

Veamos qué ocurre en el caso de un sistema indeformable o *cuerpo rígido*. En primer lugar se demostrará que el sistema formado por las fuerzas interiores es nulo. Supongamos que el cuerpo rígido está en equilibrio y démosle una sección ideal (fig. 4.9) que divide al sólido en dos partes A y B.

Consideremos a continuación cada una de estas partes aisladamente e impongámosle la condición de equilibrio. Se tiene:

$$\vec{F}_A + \vec{f}_A = 0$$
$$\vec{F}_B + \vec{f}_B = 0$$

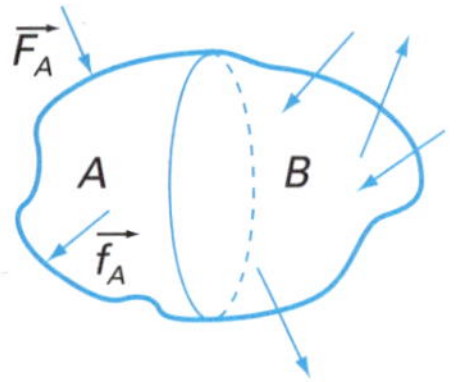

FIGURA 4.9

en donde $\vec{F}_A$, $\vec{F}_B$, $\vec{f}_A$ y $\vec{f}_B$ son las resultantes de las fuerzas exteriores y de las fuerzas interiores aplicadas a cada una de las partes, respectivamente.

Sumando ambas igualdades, se tiene:

$$\vec{F}_A + \vec{F}_B + \vec{f}_A + \vec{f}_B = 0$$

y como el sistema está en equilibrio se verifica que

$$\vec{F}_A + \vec{F}_B = 0$$

ya que en el equilibrio la resultante de las fuerzas exteriores es nula, por lo que finalmente queda:

$$\vec{f}_A + \vec{f}_B = 0$$

es decir, *la resultante de las fuerzas interiores de un cuerpo rígido es nula*.

Supongamos que tenemos un cuerpo rígido constituido por tres puntos materiales. Para fijar su posición de equilibrio necesitaríamos conocer, en principio, nueve parámetros, tres por cada uno de los puntos. Pero, por tratarse de un cuerpo rígido, existen tres ecuaciones de enlace, una entre cada dos de esos puntos, que expresan la condición de indeformabilidad. En consecuencia, el número de coordenadas independientes es de seis que pueden determinarse a partir de las ecuaciones cardinales que, expresadas en forma escalar, son las siguientes:

$$\begin{aligned} \sum F_{xi} = 0; \quad \sum F_{yi} = 0; \quad \sum F_{zi} = 0 \\ \sum M_{xi} = 0; \quad \sum M_{yi} = 0; \quad \sum M_{zi} = 0 \end{aligned} \qquad [4.6]$$

es decir, un sistema de seis ecuaciones con el que pueden determinarse, como máximo, seis incógnitas y que son las condiciones necesarias y suficientes de equilibrio del sólido rígido.

De acuerdo con el número de incógnitas, los problemas de estática del sólido se clasifican en *isostáticos*, cuando el número de incógnitas es igual a seis; *hiperestáticos*, si el número de incógnitas es superior a seis, pudiendo ser hiperestático de primero, segundo, tercero o de orden n, según el número de incógnitas que exceden de seis. Si el número de incógnitas es inferior a seis el problema se denomina *hipostático*.

Ya se dijo anteriormente que las fuerzas exteriores, $\vec{F}$, incluyen a las de ligadura. No obstante, las ecuaciones [4.5] pueden escribirse, explicitando estas últimas, en la forma:

$$\begin{aligned} \sum \vec{F}_{\text{act}\, i} + \sum \vec{R}_{\text{lig}\, j} &= 0 \\ \sum \vec{M}_{\text{act}\, i} + \sum \vec{M}_{\text{lig}\, j} &= 0 \end{aligned} \qquad [4.7]$$

especialmente útiles en el caso en que se desee calcular las reacciones vinculares, y en donde $\vec{F}_{\text{act}\, i}$ son las fuerzas activas, $\vec{M}_{\text{act}\, j}$ el momento de cada una de las fuerzas activas respecto al origen de coordendas, $\vec{R}_{\text{lig}\, j}$ las reacciones de ligadura y $\vec{M}_{\text{lig}\, j}$ los momentos de las reacciones de ligadura respecto al punto tomado como origen de momentos.

4.11. CUERPO RÍGIDO BAJO LA ACCIÓN DE DOS O TRES FUERZAS

Como aplicación de cuanto se ha visto anteriormente, se analizará el equilibrio del cuerpo rígido cuando está sometido a la acción de algunos sistemas sencillos de fuerzas. Dejando de lado el caso trivial de una sola fuerza, en el que para que haya equilibrio ésta habrá de ser nula, estudiemos los casos de dos o tres fuerzas.

En el caso de *dos fuerzas* (fig. 4.10), la condición de nulidad de la resultante se escribe en la forma:

$$\vec{F}_1 + \vec{F}_2 = 0$$

de la que se deduce que las fuerzas han de ser de igual módulo, direcciones paralelas y sentidos opuestos.

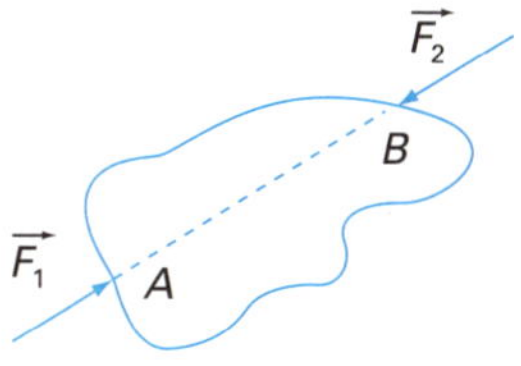

FIGURA 4.10

De la condición de nulidad de momentos se deduce, al tomar momentos respecto a un punto A de la línea de acción de $\vec{F}_1$ y respecto al punto B de la línea de acción de $\vec{F}_2$, que

$$\overrightarrow{AB} \times \vec{F}_2 = 0$$

y

$$\overrightarrow{BA} \times \vec{F}_1 = 0$$

es decir que las dos fuerzas no sólo han de tener direcciones paralelas, sino que han de ser colineales.

Veamos ahora el caso de *tres fuerzas* $\vec{F}_1$, $\vec{F}_2$, $\vec{F}_3$. En primer lugar se demostrará que dichas fuerzas han de estar en el mismo plano para que haya equilibrio. Supongamos que se toman momentos respecto a un punto cualquiera O de la línea de acción de la fuerza $\vec{F}_1$. La nulidad del momento resultante exige, al ser nulo el momento de $\vec{F}_1$, que los momentos de $\vec{F}_2$ y $\vec{F}_3$ sean iguales y opuestos. Como estos momentos son perpendiculares a los planos determinados por O y cada una de las fuerzas $\vec{F}_2$ y $\vec{F}_3$, estos dos planos deben ser coincidentes. Las dos fuerzas $\vec{F}_2$ y $\vec{F}_3$ están situadas en un plano que contiene al punto O elegido arbitrariamente sobre la línea de acción de $\vec{F}_1$, lo que exige que las tres fuerzas estén en un mismo plano, como se quería demostrar. Una vez cumplida la condición de que las fuerzas sean coplanarias pueden presentarse dos casos: que dos de las fuerzas sean concurrentes y que las tres sean paralelas.

a) *Dos fuerzas son concurrentes*

En este caso la tercera fuerza también tendrá que ser concurrente con las otras dos fuerzas. En efecto, supuestas las dos primeras sumadas y hallada su resultante, para que exista equilibrio la tercera fuerza ha de ser igual y opuesta a la resultante, es decir, concurrente con las dos primeras.

b) *Las tres fuerzas son paralelas*

Las tres fuerzas deberán cumplir las condiciones de equilibrio, por lo que, de la nulidad de la resultante, se deduce que dos de ellas tendrán el mismo sentido y la tercera el contrario y su módulo será igual a la suma de las otras dos. De la condición de nulidad del momento resultante se deduce, además, que la tercera fuerza habrá de encontrarse entre las otras dos y que las distancias a las que se encuentra de los dos primeras fuerzas son inversamente proporcionales a los módulos de éstas.

4.12. EQUILIBRIO DE UN CUERPO RÍGIDO CON UN PUNTO FIJO

Sea C un cuerpo rígido con un punto fijo O, mediante una articulación que le permite girar libremente. Y sean $\vec{F}_1$, $\vec{F}_2$, ..., $\vec{F}_n$ las fuerzas exteriores activas y $\vec{R}$ la reacción del vínculo.

Aplicando las ecuaciones de equilibrio en la forma [4.7], se tiene:

$$\sum_{i=1}^{n} \vec{F}_i + \vec{R} = 0$$

$$\sum_{i=1}^{n} M_i + \vec{M}_{\text{lig}} = 0$$

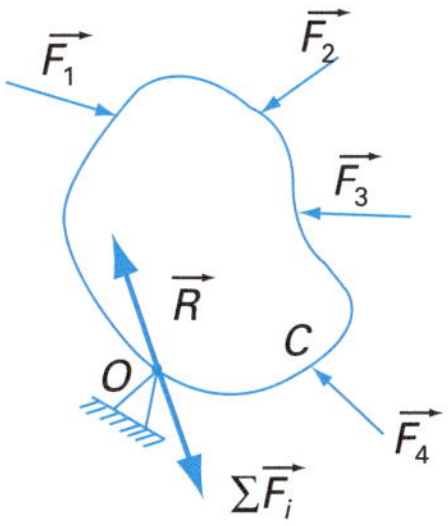

FIGURA 4.11

Ahora bien, si se toma como origen de momentos el punto fijo O, el momento de la fuerza de ligadura se anula, es decir, $\vec{M}_{\text{lig}} = 0$, y las ecuaciones de equilibrio serán:

$$\left.\begin{aligned} \sum_{i=1}^{n} \vec{F}_i + \vec{R} = 0 \\ \sum_{i=1}^{n} \vec{M}_i = 0 \end{aligned}\right\} \qquad [4.8]$$

que permiten resolver el problema.

En efecto, la primera de las [4.8] proporciona inmediatamente el valor de la reacción de ligadura:

$$\vec{R} = -\sum_{i=1}^{n} \vec{F}_i$$

y la segunda determina las condiciones que han de cumplir las fuerzas exteriores para que haya equilibrio, y puede expresarse mediante las tres ecuaciones escalares siguientes:

$$\sum_{i=1}^{n} M_{xi} = 0; \ \sum_{i=1}^{n} M_{yi} = 0; \ \sum_{i=1}^{n} M_{zi} = 0$$

Para que haya equilibrio el eje central del sistema de vectores que forman las fuerzas exteriores ha de pasar por O. La naturaleza del equilibrio dependerá del sentido de la resultante de las fuerzas activas, según que haga trabajar al sólido a tracción, con lo que el equilibrio sería estable, o a compresión, en cuyo caso el equilibrio sería inestable.

4.13. EQUILIBRIO DE UN CUERPO RÍGIDO CON UNA RECTA FIJA

Puesto que el cuerpo rígido es un sólido indeformable, si tiene una recta fija quiere decir que el único movimiento posible es una rotación alrededor de dicha recta. Resulta inmediato, para que haya equilibrio, que el momento resultante de las fuerzas exteriores respecto a dicha recta ha de ser nulo.

En efecto, para que un cuerpo tenga una recta fija basta que lo sean dos de sus puntos. Sean A y B los dos puntos fijos (fig. 4.12). En ellos actuarán las dos fuerzas de ligadura $\vec{R}_A$ y $\vec{R}_B$. Sean $\vec{F}_i$ $(i = 1, 2, ..., n)$ las fuerzas exteriores. Las ecuaciones de equilibrio [4.7] se escribirán en la forma:

$$\sum_{i=1}^{n} \vec{F}_i + \vec{R}_A + \vec{R}_B = 0$$

$$\sum_{i=1}^{n} (\overrightarrow{OP}_i \times \vec{F}_i) + \overrightarrow{OA} \times \vec{R}_A + \overrightarrow{OB} \times \vec{R}_B = 0$$

siendo O un punto cualquiera de la recta AB. Multiplicando escalarmente la segunda ecuación por un vector, $\vec{u}$, unitario y colineal con la recta

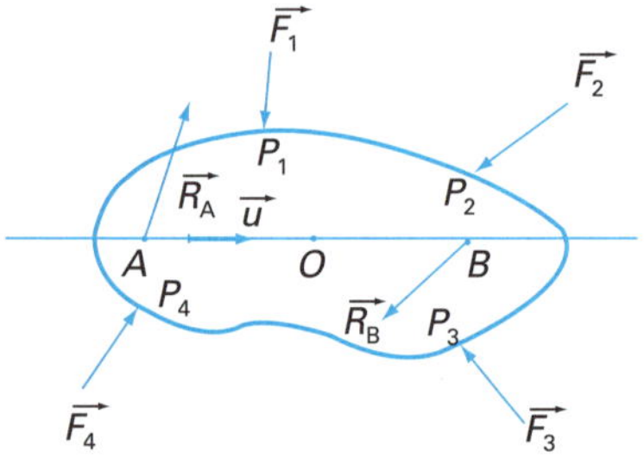

FIGURA 4.12

AB, o lo que es lo mismo, calculando el momento áxico del sistema de fuerzas exteriores respecto a la recta, queda:

$$\sum_{i=1}^{n}(\overrightarrow{OP}_i \times \vec{F}_i) \cdot \vec{u} + (\overrightarrow{OA} \times \vec{R}_A) \cdot \vec{u} + (\overrightarrow{OB} \times \vec{R}_B) \cdot \vec{u} = 0$$

expresión en la que el segundo y tercer término son nulos por ser productos mixtos con dos vectores colineales ($\overrightarrow{OA}$ y $\vec{u}$) y ($\overrightarrow{OB}$ y $\vec{u}$), resultando como condición necesaria y suficiente para que haya equilibrio:

$$\sum_{i=1}^{n}(\overrightarrow{OP}_i, \vec{F}_i, \vec{u}) = 0$$

es decir, que el momento áxico, respecto a la recta fija *AB*, del sistema de fuerzas exteriores sea nulo.

Supongamos ahora que la recta *AB* coincide con el eje *OX* de un sistema cartesiano fijo de referencia. Calculando los momentos respecto al punto *A* se tiene:

$$\left.\begin{array}{l} \sum_{i=1}^{n} M_{xi} = 0 \\ \sum_{i=1}^{n} M_{yi} + (\vec{R}_B \times \overrightarrow{BA}) \cdot \vec{j} = 0 \\ \sum_{i=1}^{n} M_{zi} + (\vec{R}_B \times \overrightarrow{BA}) \cdot \vec{k} = 0 \end{array}\right\}$$

que junto con las

$$\left.\begin{array}{l} \sum_{i=1}^{n} F_{xi} + R_{Ax} + R_{Bx} = 0 \\ \sum_{i=1}^{n} F_{yi} + R_{Ay} + R_{By} = 0 \\ \sum_{i=1}^{n} F_{zi} + R_{Az} + R_{Bz} = 0 \end{array}\right\}$$

forman un sistema de cinco ecuaciones, ya que la primera no contiene ni a $\vec{R}_A$ ni a $\vec{R}_B$, con seis incógnitas, por lo que se trata de un problema hiperestático de primer grado. Para transformarlo en un problema isostático es suficiente añadir alguna condición adicional que fije el módulo o la dirección de una reacción. Por ejemplo, suponiendo que en uno de los puntos fijos hay un cojinete radial, con lo que la reacción en ese punto no tendrá componente según la recta fija.

4.14. EQUILIBRIO DE UN CUERPO RÍGIDO APOYADO SOBRE UN PLANO HORIZONTAL SIN ROZAMIENTO

Este problema tiene especial interés porque se presenta en los cuerpos sometidos a la acción del campo gravitatorio. Pueden considerarse dos casos: que el cuerpo esté apoyado en puntos aislados o que el cuerpo se apoye en toda una superficie.

a) *Cuerpo apoyado en puntos aislados*

Supongamos que el cuerpo está apoyado sobre un plano horizontal, sin rozamiento, en n puntos aislados (fig. 4.13). En cada punto existirá una reacción $\vec{N}_i$, perpendicular al plano sobre el que se apoya el cuerpo.

Se supondrá que el plano XOY de un sistema cartesiano de referencia fijo, coincide con el plano sobre el que se apoya el cuerpo por lo que el eje OZ será perpendicular al plano ya que la única fuerza exterior activa es el peso $\vec{P} = P\vec{k}$, aplicado en el centro de gravedad G del sólido.

Aplicando las ecuaciones generales de equilibrio, tomando momentos respecto al origen de coordenadas, se tiene:

$$\vec{P} + \sum_{i=1}^{n} \vec{N}_i = 0$$

$$\vec{r}_G \times \vec{P} + \sum_{i=1}^{n} \vec{r}_i \times \vec{N}_i = 0$$

Esta última la podemos descomponer en sus componentes escalares, sin más que desarrollar los dos productos vectoriales. Se tendrá:

$$\begin{vmatrix} \vec{i} & \vec{j} & \vec{k} \\ x_G & y_G & z_G \\ 0 & 0 & -P \end{vmatrix} + \sum_{i=1}^{n} \begin{vmatrix} \vec{i} & \vec{j} & \vec{k} \\ x_i & y_i & 0 \\ 0 & 0 & N_i \end{vmatrix} = 0$$

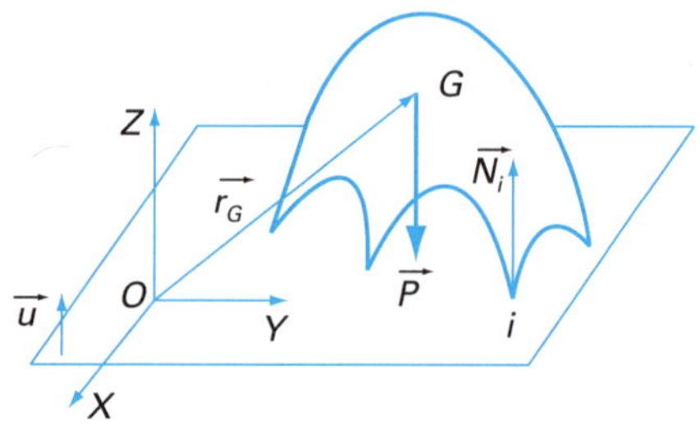

FIGURA 4.13

en donde x_G, y_G, z_G son las coordenadas del centro de gravedad, G, y x_i, y_i las de los puntos del plano en donde está apoyado el cuerpo, es decir, en donde aparecen las reacciones normales $\vec{N_i}$.

Desarrollando la expresión anterior, resulta:

$$-P\,y_G\vec{i} + -P\,x_G\vec{j} + \sum_{i=1}^{n}(N_i y_i \vec{i} - N_i x_i \vec{j}) = 0$$

que se descompone en las dos ecuaciones escalares siguientes:

$$\left.\begin{aligned} -P\,y_G + \sum_{i=1}^{n} N_i y_i &= 0 \\ -P\,x_G + \sum_{i=1}^{n} N_i x_i &= 0 \end{aligned}\right\} \qquad [4.9]$$

despejando x_G e y_G en estas últimas, y teniendo en cuenta que $P = \sum_{i=1}^{n} N_i$, se obtiene:

$$x_G = \frac{\sum_{i=1}^{n} N_i x_i}{\sum_{i=1}^{n} N_i}, \quad y_G = \frac{\sum_{i=1}^{n} N_i y_i}{\sum_{i=1}^{n} N_i}$$

en las que se observa que las coordenadas de G son la media ponderada de las coordenadas de los puntos de apoyo, por lo que podemos concluir que la condición necesaria y suficiente para que el cuerpo esté en equilibrio es que el pie de la perpendicular bajada desde el punto G al plano esté dentro del mínimo recinto convexo situado en el plano que contenga a todos los puntos de apoyo del cuerpo.

Para el cálculo de las reacciones disponemos de las ecuaciones [4.9] y de la $P = \sum_{i=1}^{n} N_i$, es decir:

$$\left.\begin{aligned} -P\,y_G + \sum_{i=1}^{n} N_i &= 0 \\ P\,x_G - \sum_{i=1}^{n} N_i &= 0 \\ -P + \sum_{i=1}^{n} N_i &= 0 \end{aligned}\right\}$$

sistema de tres ecuaciones con el que podrán determinarse únicamente tres incógnitas. Esto quiere decir que el problema será isostático cuando el número n de apoyos sea igual a tres.

b) *Cuerpo apoyado sobre un plano en toda una superficie*

En este caso, al existir un número infinito de apoyos, el problema será hiperestático de grado infinito. Vamos a continuación a resolver el problema inverso, es decir, determinar el peso del cuerpo y la posición de su centro de gravedad suponiendo que se conoce la presión en cada punto, es decir, la fuerza elemental por unidad de superficie.

La reacción elemental en un punto podrá expresarse como:

$$d\vec{N} = p d\vec{S}$$

por lo que la resultante de las reacciones será:

$$\vec{N} = \iint p d\vec{S}$$

en donde $p = p(x, y, z)$ es la ley de variación de presiones y $d\vec{S}$ es el vector elemento de superficie en cada punto, que como sabemos es normal a ésta.

Las ecuaciones de equilibrio en este caso serán:

$$\vec{P} + \iint p d\vec{S} = 0$$
$$\vec{r}_G \times \vec{P} + \iint \vec{r} \times p d\vec{S} = 0$$

expresando las anteriores ecuaciones vectoriales mediante sus componentes escalares, teniendo en cuenta que $\vec{r} = x\vec{i} + y\vec{j}$ y que $d\vec{S} = dS\vec{k}$, resulta:

$$\left.\begin{aligned} -P\, y_G + \iint p y dS &= 0 \\ P\, x_G - \iint p x dS &= 0 \\ -P + \iint p dS &= 0 \end{aligned}\right\}$$

sistema de tres ecuaciones que permite determinar las tres incógnitas P, x_G, y_G. Como se ve el problema puede resolverse en este caso, a pesar de ser hiperestático de grado infinito, ya que al dar la ley de presiones se han hecho también infinitas hipótesis.

4.15. CUERPO SUSPENDIDO DE UNO O MÁS PUNTOS

Las fuerzas exteriores, en este caso, son las fuerzas activas debidas al campo gravitatorio terrestre, es decir, el peso situado en el centro de gra-

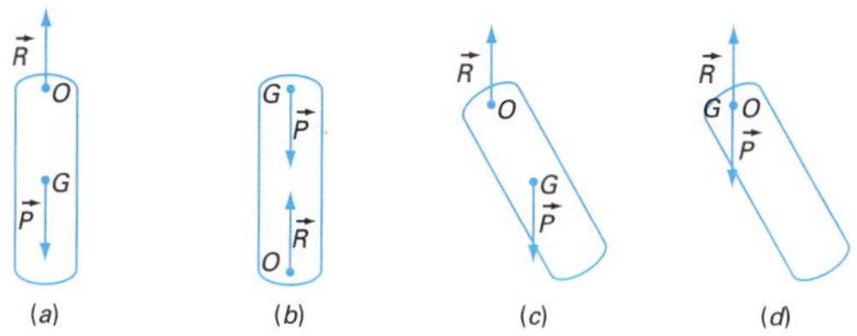

FIGURA 4.14

vedad del cuerpo, y un número de reacciones igual al de puntos de suspensión.

En el caso en que el cuerpo esté suspendido de *un solo punto*, actuarán el peso y la reacción en el punto de suspensión, es decir, se trata de un cuerpo sometido a la acción de dos fuerzas que, como sabemos, habrán de ser iguales en módulo y dirección y de sentidos opuestos para que haya equilibrio. La condición de equilibrio será:

$$\vec{P} + \vec{R} = 0$$

o sea:

$$\vec{R} = -\vec{P}$$

en donde $\vec{R}$ es la reacción del punto de suspensión y $\vec{P}$ es el peso del cuerpo, que supondremos aplicado en el centro de gravedad.

La naturaleza del equilibrio puede analizarse fácilmente teniendo en cuenta que el campo gravitatorio es conservativo lo que significa que deriva de un potencial escalar U tal que:

$$\vec{P} = -\overrightarrow{\text{grad}}\, U$$

y en el equilibrio la función U será estacionaria (máxima, mínima o uniforme) en ese punto. Si es máxima el equilibrio será inestable, si es mínima el equilibrio será estable y si es uniforme el equilibrio será indiferente.

Suponiendo el peso aplicado en el centro de gravedad, se pueden presentar los siguientes casos de equilibrio, figura 4.14 a, b, c y d. En el caso a) el punto de suspensión está por encima del centro de gravedad, la función pasa por un mínimo por lo que el equilibrio será estable. En el caso b) el punto de suspensión está situado por debajo del centro de gravedad, la función U pasa por un máximo y el equilibrio será inestable. En el caso c) el punto de suspensión y el centro de gravedad coinciden y el equilibrio es indiferente. Finalmente en el caso d) el peso y la reacción en el punto de suspensión no son colineales por lo que no hay equilibrio.

Cuando el cuerpo está suspendido por más de un punto, consideraremos, en primer lugar, el caso de *dos puntos*. El cuerpo estará sometido a la acción de tres fuerzas: el peso, aplicado en el centro de gravedad, y las reacciones en los dos puntos de suspensión. Para que estas tres fuerzas se encuentren en equilibrio habrán de ser coplanarias, encontrarse en el plano que determinan el centro de gravedad y los dos puntos de suspensión, y ser concurrentes o paralelas. La naturaleza del equilibrio se analiza de modo análogo al caso anterior. El equilibrio será estable, inestable o indiferente según que el centro de gravedad del cuerpo se encuentre situado por debajo, por encima o en la línea que une los dos puntos de suspensión. Para el caso de tres o más puntos de suspensión se procedería del mismo modo.

4.16. RESISTENCIA A LA RODADURA Y AL PIVOTAMIENTO

Supongamos el caso de un cuerpo que se mueve sobre una superficie manteniendo un contacto puntual y sometido a la acción de una rotación $\vec{\Omega}$. Dicha rotación puede descomponerse en otras dos: una $\vec{\Omega}_p$, normal al plano tangente a la superficie en el punto de contacto, denominada rotación de *pivotamiento*, y otra, $\vec{\Omega}_r$, contenida en dicho plano denominada rotación de *rodadura* (fig. 4.15). Las resistencia o rozamientos correspondientes a estas dos rotaciones son diferentes y los expresaremos, en función de los momentos opuestos a la rodadura y al pivotamiento.

El módulo del momento opuesto a la rodadura será:

$$M_r = hF_n$$

y el módulo del momento opuesto al pivotamiento será:

$$M_p = kF_n$$

en donde h y k son los respectivos coeficientes de rozamiento a la rodadura y al pivotamiento y tienen dimensiones de una longitud, a diferen-

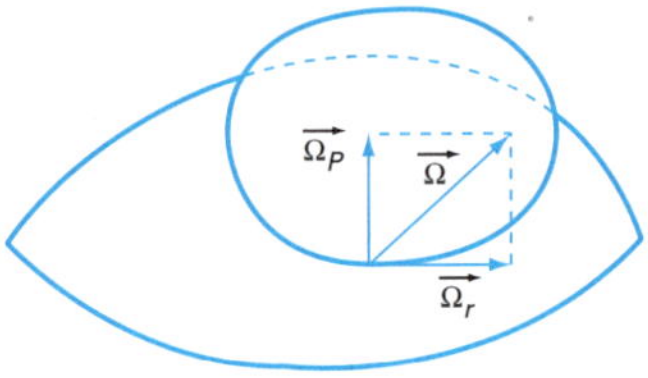

FIGURA 4.15

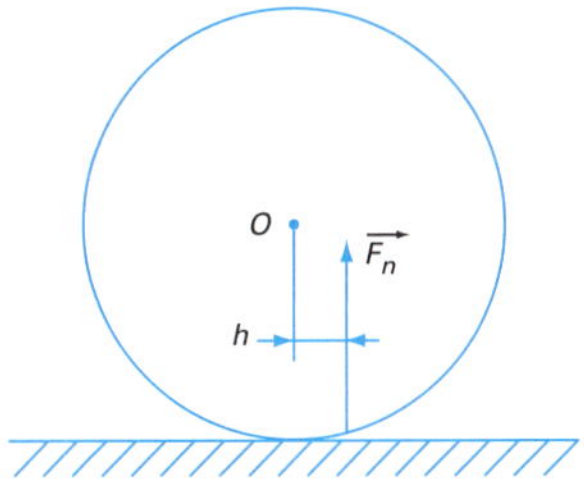

FIGURA 4.16

cia del coeficiente de rozamiento al deslizamiento que era un número adimensional.

El momento de resistencia a la rodadura M_r, puede suponerse producido, en los sólidos reales, por la deformación de la porción del sólido en contacto con la superficie, o por la deformación de ésta última. Así, por ejemplo, en el caso de una rueda moviéndose sobre un plano horizontal, figura 4.16, la deformación hace que la reacción normal no pase por el centro de curvatura por lo que produce un momento respecto a dicho punto que se opone al movimiento de rodadura. Puede observarse que en este caso el coeficiente de rozamiento a la rodadura se corresponde con la distancia que existe entre la dirección que lleva la reacción normal y la que llevaría si no hubiera movimiento.

El momento de resistencia al pivotamiento, M_p, puede suponerse producido también, en sólidos reales, por la deformación originada en el cuerpo al apoyar sobre el plano. Puede imaginarse que el cuerpo se deforma en el punto de contacto de manera que éste no es puntual sino que tiene lugar sobre un círculo cuyo eje de simetría coincide con la rotación de pivotamiento. En este caso el coeficiente de resistencia, o rozamiento al pivotamiento, puede relacionarse con el coeficiente de rozamiento al deslizamiento como veremos a continuación.

Sea el cuerpo de la figura 4.17, que pivota sobre una superficie deformándose su extremo de modo que la superficie de contacto es un pequeño circulo de radio R. Supondremos que la presión ejercida es función de r, es decir, $P = P(r)$. Si dF_r es la fuerza elemental de rozamiento, contenida en el plano tangente, que se opone al movimiento, el momento elemental respecto al eje de rodadura de pivotamiento será:

$$dM = r dF_r$$

y puesto que la reacción normal elemental es:

$$dN = \mu P(r) dS$$

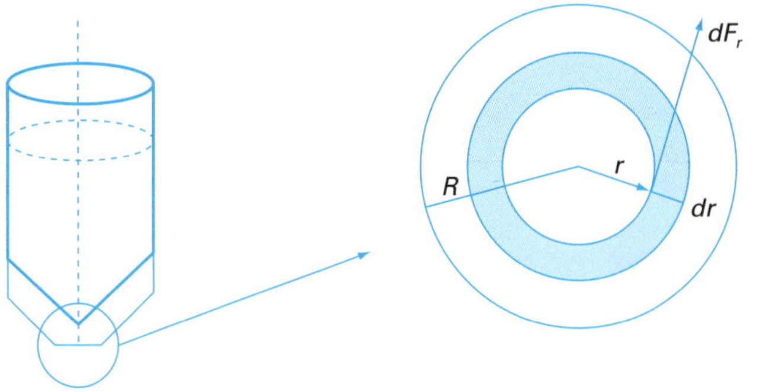

FIGURA 4.17

queda:

$$dM = r\mu P(r)dS = r\mu P(r)2\pi r dr = 2\pi\mu P(r)r^2 dr$$

e integrando:

$$M = 2\pi\mu\int_0^R r^2\, P(r)dr \qquad [4.10]$$

Y recordando que:

$$M = kF_n$$

o sea,

$$M = kN = k\int_0^R P(r)2\pi r dr = k2\pi\int_0^R rP(r)dr \qquad [4.11]$$

Igualando las expresiones [4.10] y [4.11] y despejando k, resulta:

$$k = \mu\,\frac{\int_0^R r^2 P(r)dr}{\int_0^R rP(r)dr}$$

que como vemos tiene dimensiones de longitud y es función del rozamiento al deslizamiento, como se había dicho anteriormente.

4.17. OTROS PROBLEMAS DE EQUILIBRIO DE SÓLIDOS

Hasta ahora se ha estudiado el equilibrio de un único cuerpo rígido en distintas situaciones, pero en la práctica suelen presentarse conjuntos de sólidos por lo que también presenta interés analizar el equilibrio de estos sistemas.

Los sistemas de sólidos están integrados por diversos sólidos, cada uno de ellos indeformable, aunque el conjunto puede ser deformable al alterarse las posiciones relativas de los distintos sólidos que forman el sistema.

Para que un sistema de sólidos esté en equilibrio, deberá estar en equilibrio cada sólido individualmente considerado bajo la acción de todas las fuerzas que actúan sobre él: activas y de reacción. Por tanto, para analizar el equilibrio, lo primero que habrá de hacerse es aplicar las condiciones de equilibrio del sólido a cada uno de los sólidos considerándolo sometido a la acción de las fuerzas activas y las de reacción que originan los restantes sólidos del sistema sobre él. Dos casos que presentan interés son las máquinas simples y las vigas y entramados de barras.

4.17.1. Máquinas simples

Sistemas típicos integrados por conjuntos de sólidos, son las máquinas. Entre ellas cabe citar las denominadas *máquinas simples*: palanca, torno, polea, tornillo, etc. (figura 4.18). Las tres primeras son casos de equilibrio de un sólido con un eje fijo, por lo que la condición de equilibrio se reduce a la nulidad del momento áxico respecto a dicho eje. Se expresa por la ecuación:

$$F_p a - F_r b = 0$$

o bien:

$$F_p a = F_r b$$

en donde F_p, es la fuerza que tiende a mover la máquina y recibe el nombre de fuerza de *potencia* y F_r, es la fuerza de *resistencia*, que es la que hay que vencer.

En el caso del tornillo, el sólido que ha de ascender sobre la hélice (en realidad un helizoide) puede asimilarse al ascenso por un plano inclinado cuyo ángulo viene dado por

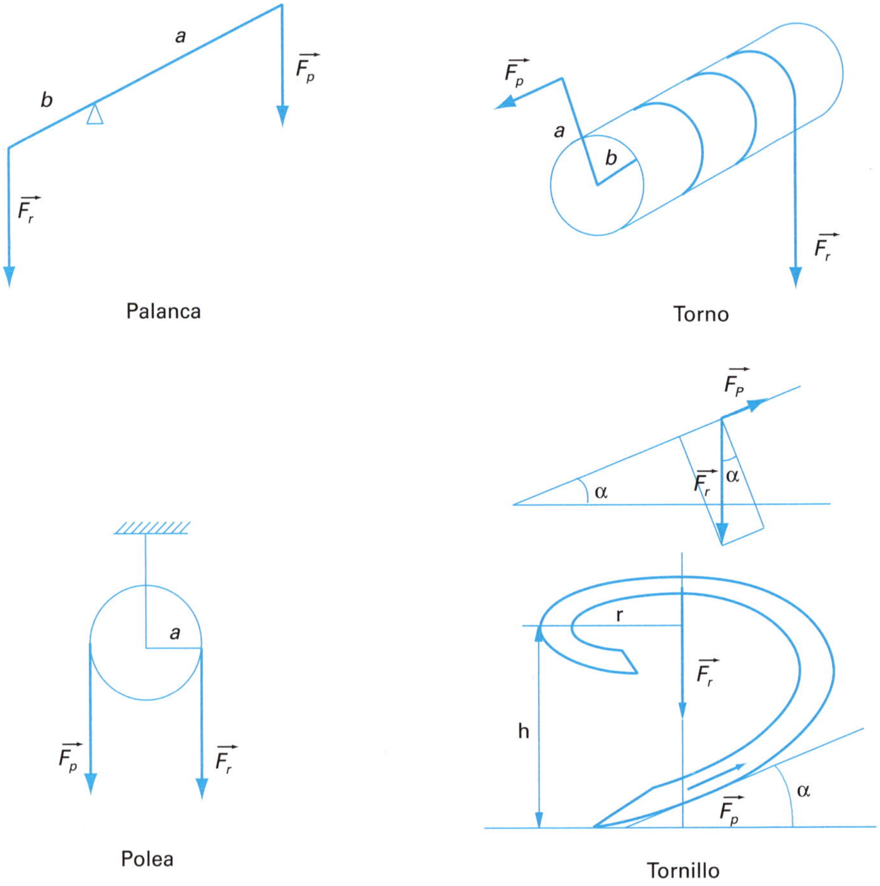

FIGURA 4.18

$$\operatorname{tg} \alpha = \frac{h}{2\pi r}$$

en donde h es el paso de la hélice, y r el radio del cilindro sobre el que se genera. El equilibrio sobre el plano inclinado da.

$$F_p = F_r \operatorname{sen} \alpha$$

y si se supone que en el caso del tornillo la fuerza de potencia es prácticamente horizontal, o lo que es lo mismo el ángulo α es muy pequeño, el seno es aproximadamente igual a la tangente y queda:

$$F_p = F_r \operatorname{tg} \alpha$$

y finalmente:

$$F_p = F_r \frac{h}{2\pi r}$$

que es la denominada ley del tornillo.

4.17.2. Vigas

Una *viga* es un elemento estructural diseñado para soportar cargas aplicadas a lo largo de ella en diversos puntos. Suelen ser barras prismáticas rectas y largas con secciones diversas (rectangular, T, doble T, etc.) Las vigas transmiten las cargas que soportan al resto de la estructura mediante apoyos que pueden ser de diferentes tipos: apoyo móvil, apoyo fijo y empotramiento.

El apoyo *móvil* (fig. 4.19) se caracteriza porque la reacción ha de ser normal al apoyo y no transmite ningún tipo de momento ya que puede girar libremente. Suele materializarse mediante rodillos cilíndricos sobre los que se apoya la viga.

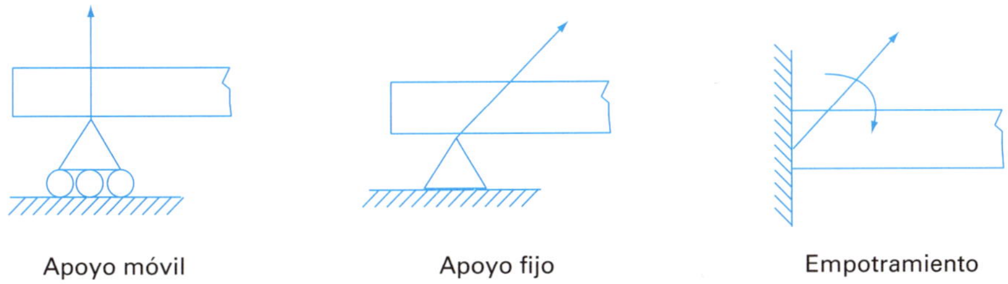

FIGURA 4.19

En el apoyo *fijo* la reacción puede tener cualquier dirección pero tampoco absorbe ningún momento. El extremo de la viga no puede desplazarse horizontalmente como sucedía en el caso anterior pero puede girar libremente.

Finalmente en un *empotramiento* la reacción puede tener cualquier dirección y además puede absorber momentos. El extremo de la viga no puede girar ni desplazarse.

Para resolver los problemas de equilibrio en el plano disponemos de tres ecuaciones escalares, por tanto en el caso de las vigas dispondremos de esas tres ecuaciones. El problema será hipostático, isóstático, o hiperestático según el tipo y número de los apoyos. En efecto, un apoyo móvil equivale a una incógnita: la reacción en dirección normal; un apoyo fijo a dos: las dos componentes de la reacción; y un empotramiento a tres: las dos componentes de la reacción y el momento.

Vamos a estudiar a continuación el equilibrio de una viga con un apoyo fijo y otro móvil, sometida, primero, a un conjunto de cargas (fuerzas) discreto y, después, a un sistema continuo de cargas.

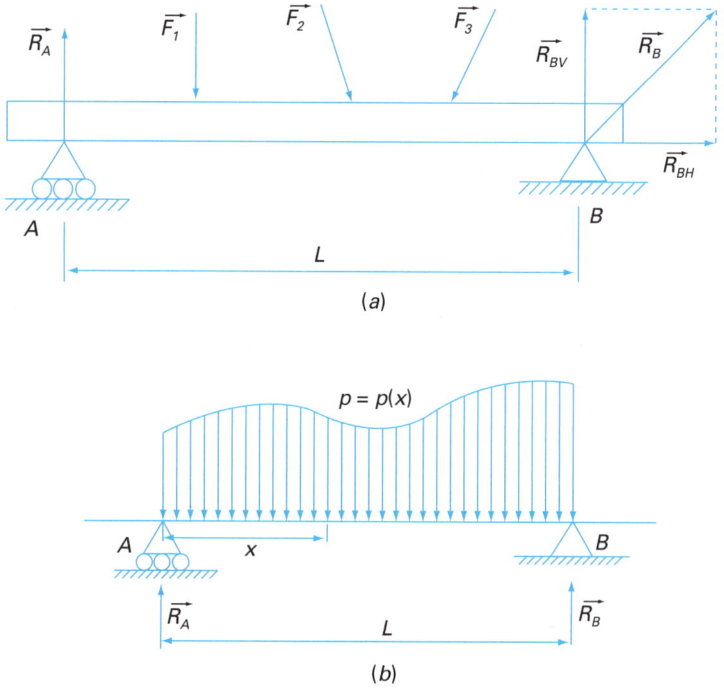

FIGURA 4.20

En el primer caso el sistema de fuerzas $\vec{F}_1$, $\vec{F}_2$, ..., $\vec{F}_n$ que actúa sobre la viga es coplanar y situado en el plano vertical. A las componentes vertical y horizontal de cada una de las fuerzas le llamaremos V_i, y H_i respectivamente. Se supone que el peso de la viga es despreciable.

Las reacciones en los apoyos serán: normal en el apoyo móvil A, R_{AV}, y tendrá dos componentes, R_{BV}, y R_{BH} en el apoyo fijo B.

Las ecuaciones generales de equilibrio, tomando momentos respecto al apoyo fijo, B, serán:

$$\sum_{i=1}^{n} H_i + R_{BH} = 0$$

$$\sum_{i=1}^{n} V_i + R_{BV} + R_{AV} = 0$$

$$\sum_{i=1}^{n} V_i x_i + R_{AV} L = 0$$

sistema de tres ecuaciones con tres incógnitas, R_{AV}, R_{BV} y R_{BH}, que permite resolver el problema que, como ya sabíamos, es isostático.

Si la viga soporta una carga continua vertical, cuya ley de variación en función de la distancia, x, al apoyo A es $p = p(x)$, las dos reacciones en A y en B serán verticales, ya que también lo son las cargas. Las ecuaciones de equilibrio serán en este caso:

$$\int_0^L p(x)dx + R_A + R_B = 0$$

$$\int_0^L p(x)\, x\, dx - R_B L = 0$$

que permiten calcular las dos reacciones en A y en B.

4.17.3. Entramados

Otros elementos estructurales de interés son los denominados *entramados planos*, constituidos por conjuntos planos de barras rectas, conectadas entre sí por sus extremos mediante articulaciones (fig. 4.21). Los

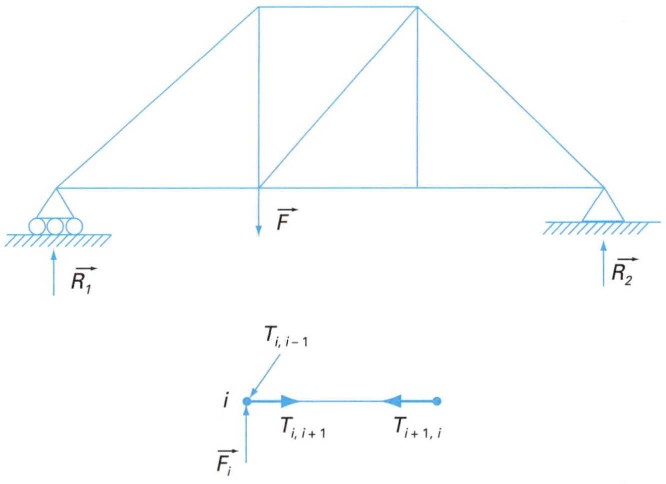

FIGURA 4.21

puntos de conexión de las barras se denominan *nudos*, y las fuerzas externas se supone que siempre están aplicadas en ellos. Veamos que *las fuerzas interiores que actuan sobre cada barra son siempre reducibles a fuerzas aplicadas en los nudos*. En efecto, una fuerza cualquiera aplicada en un punto intermedio puede sustituirse, como sabemos, por otras dos paralelas a ella y aplicadas en los extremos de la barra. Si se hace esta descomposición para todas las fuerzas interiores que actuen sobre la barra se habrá sustituido el sistema de fuerzas interiores por otro cuyas fuerzas actúan en los nudos, como se quería demostrar.

Para analizar el equilibrio de los sistemas articulados planos, hay que proceder en dos etapas. En primer lugar se determinan las reacciones de enlace o vinculares, a partir de las fuerzas activas, para lo cual se considerará el entramado en su conjunto como un sólido rígido en equilibrio bajo la acción de las fuerzas exteriores (activas y vinculares). En segundo lugar, se calculan los esfuerzos de tracción o compresión a que están sometidas cada una de las barras que integran el entramado y que suelen denominarse *tensiones*, para lo cual se impondrá la condición de que el sistema de fuerzas (exteriores e interiores) que actúa sobre cada nudo esté en equilibrio. Si la fuerza interior que ejerce la barra sobre el nudo va dirigida hacia él se dice que la barra trabaja a compresión y si va dirigida en sentido opuesto, alejándose del nudo, se dice que trabaja a tracción. Resulta inmediato que las condiciones necesarias y suficientes para el equilibrio de un entramado son las siguientes:

1.° En cada nudo i deben equilibrarse las tensiones y la fuerza exterior (activa y vincular) aplicada, cumpliéndose que

$$\vec{T}_{i,\,i-1} + \vec{F}_i + \vec{T}_{i,\,i+1} = 0$$

2.° Las tensiones que actúan sobre las barras, llevan la dirección de éstas, y verifican:

$$\vec{T}_{i,\,i+1} = -\vec{T}_{i+1,\,1}$$

3.° En los extremos del entramado se cumplirá:

$$\vec{F}_0 + \vec{T}_{0,1} = 0$$
$$-\vec{T}_{n-1,\,n} + \vec{F}_n = 0$$

La solución de los problemas de entramados planos puede hacerse analítica o gráficamente. En este último caso los métodos de Cremona y Culman son los de más frecuente aplicación.

EJERCICIOS

4.1 Un punto material libre de peso p está sometido a la acción de tres fuerzas repulsivas de módulo proporcional al cuadrado de la distancia del punto a cada uno de los planos coordenados, respectivamente, y cuyas direcciones son perpendiculares al plano correspondiente. Llámese a, b y c a los coeficientes de proporcionalidad.

a) Determinar la posición de equilibrio del punto.

b) Calcular la función potencial y discutir la estabilidad del equilibrio.

4.2 Un punto material pesado de peso p está vinculado a una hélice lisa de eje vertical de ecuaciones paramétricas:

$$x = r \cos u$$
$$y = r \operatorname{sen} u$$
$$z = k\, u$$

Sobre el punto actúa una fuerza atractiva, dirigida hacia el origen de coordenadas, cuyo módulo es proporcional a la distancia del punto al origen. Llámese c a la constante de proporcionalidad. Determinar:

a) Posiciones de equilibrio del punto.

b) Reacción del vínculo.

c) Naturaleza del equilibrio.

4.3 Un punto material de peso P se encuentra situado sobre una hipérbola equilátera cuyas asíntotas tienen pendientes cero e infinito. Determinar la fuerza que hay que aplicar al punto para que se encuentre en equilibrio en la posición de coordenadas (a, b).

4.4 Un punto material de peso P se encuentra ligado unilateralmente, sin rozamiento, a la superficie de revolución de eje OZ cuya sección meridiana viene dada en coordenadas cilíndricas por la ecuación:

$$rz = a$$

Sobre el punto actúa una fuerza horizontal, dirigida hacia el eje OZ, cuyo módulo es inversamente proporcional a la distancia desde el punto al eje OZ. Llámese b a la constante de proporcionalidad.

Determinar las posiciones de equilibrio del punto sobre la superficie.

4.5 Una barra homogénea AC, de peso P y longitud L ($L > 2R$), está apoyada en una semicircunferencia fija de radio R, cuya parte cóncava está dirigida hacia arriba, de modo que su extremo A se apoya en uno de los puntos de la circunferencia por la parte cóncava, y un punto intermedio, B, de la barra se apoya en uno de los dos extremos de la semicircunferencia (que se encuentran a igual altura) quedando el extremo C libre. Determinar:

a) El ángulo que forma la barra con la horizontal en la posición de equilibrio.

b) Reacciones en A y B.

4.6 Una escalera no homogénea está apoyada en una pared vertical lisa y en un suelo horizontal rugoso de coeficiente de rozamiento μ. Su peso es P y su centro de gravedad se encuentra a una distancia a del extremo apoyado sobre la pared, y a una distancia b del extremo apoyado sobre el suelo. Determinar el menor ángulo para que la escalera permanezca en equilibrio.

SOLUCIONES DE LOS EJERCICIOS

4.1 a) Las fuerzas que actúan sobre el punto material son:

$$\vec{F}_1 = ax^2\vec{i};\ \vec{F}_2 = by^2\vec{j};\ \vec{F}_3 = cz^2\vec{k};\ \vec{P} = -p\vec{k}$$

cuya resultante será:

$$\vec{F} = ax^2\vec{i} + by^2\vec{j} + (cz^2 - p)\vec{k}$$

Para que el punto material esté en equilibrio la resultante ha de ser nula, o lo que es igual sus tres componentes han de anularse:

$$\left.\begin{array}{r} ax^2 = 0 \\ by^2 = 0 \\ cz^2 - p = 0 \end{array}\right\} \qquad [4.12]$$

De aquí se obtiene inmediatamente que la posición de equilibrio corresponde al punto de coordenadas:

$$x_0 = 0;\ y_0 = 0;\ z_0 = \pm\sqrt{\frac{p}{c}}$$

b) La función potencial será tal que

$$\vec{F} = -\overrightarrow{\text{grad}}\, U$$

y escalarmente:

$$ax^2 = -\frac{\partial U}{\partial x}$$

$$ax^2 = -\frac{\partial U}{\partial y}$$

$$cx^2 - p = -\frac{\partial U}{\partial z}$$

de donde, integrando, resulta que la función U será:

$$U(x, y, z) = a\frac{x^3}{3} + b\frac{y^3}{3} + c\frac{z^3}{3} - pz + C$$

la constante de integración puede determinarse suponiendo que la función U toma valor cero en el origen de coordenadas, con lo que $C = 0$ y la función potencial es:

$$U(x, y, z) = a\frac{x^3}{3} + b\frac{y^3}{3} + c\frac{z^3}{3} - pz$$

Para analizar la estabilidad del equilibrio bastará estudiar los extremos de dicha función y ver si en el punto de equilibrio la función tiene un máximo, un mínimo o es uniforme. La condición de extremo vuelve a darnos las ecuaciones [4.12] por lo que a partir de ellas se obtienen las coordenadas de la posición de equilibrio, como no podía ser de otro modo. Para estudiar la naturaleza del equilibrio las derivaremos una vez más:

$$\frac{\partial^2 U}{\partial x^2} = 2ax$$

$$\frac{\partial^2 U}{\partial y^2} = 2ay$$

$$\frac{\partial^2 U}{\partial z^2} = 2az$$

y sustituyendo los valores de las coordenadas de la posición de equilibrio se tiene:

$$\left(\frac{\partial^2 U}{\partial x^2}\right)_0 = 0; \quad \left(\frac{\partial^2 U}{\partial y^2}\right)_0 = 0; \quad \left(\frac{\partial^2 U}{\partial z^2}\right)_0 = 2a\left(\pm\sqrt{\frac{p}{c}}\right)$$

y como vemos se presentan dos casos: para $z_0 = \sqrt{\dfrac{p}{c}}$ la segunda derivada es positiva por lo que se trata de un mínimo y será una posición de equilibrio estable; para $z_0 = -\sqrt{\dfrac{p}{c}}$, la segunda derivada es negativa y la función tiene un máximo por lo que el punto se encuentra en una posición de equilibrio inestable.

4.2 a) La fuerza repulsiva es:

$$\vec{F}_{\text{rep}} = cx\vec{i} + cy\vec{j} + cz\vec{k}$$

y el peso puede escribirse como:

$$\vec{P} = -p\vec{k}$$

por lo que la resultante de las fuerzas activas es:

$$\vec{F} = \vec{F}_{\text{rep}} + \vec{P}$$

cuyas componentes son:

$$X = cx; \; Y = cy; \; Z = cz - p$$

Recordando que la condición de equilibrio es:

$$\vec{F} \cdot \vec{T} = 0$$

en donde $\vec{T}$ es un vector tangente a la hélice cuyas componentes son:

$$\dot{x}(u) = -r \operatorname{sen} u; \; \dot{y}(u) = r \cos u; \; \dot{z}(u) = k,$$

en donde el superpunto indica la derivada respecto al parámetro u, resulta:

$$-cxr \operatorname{sen} u + cyr \cos u + k(cz - p) = 0$$

y sustituyendo x, y, z en función del parámetro mediante las ecuaciones de la hélice queda:

$$f(u) = -cr \cos u \operatorname{sen} u + cr \operatorname{sen} u \cos u + k(cku - p) = 0$$

es decir:

$$k^2cu - kp = 0$$

cuya solución es:

$$u_0 = \frac{p}{kc}$$

que nos da la posición de equilibrio del punto sobre la hélice:

$$x_0 = r \cos \frac{p}{kc}; \; y_0 = r \operatorname{sen} \frac{p}{kc}; \; z_0 = \frac{p}{c}$$

b) Para calcular la reacción del vínculo recordamos que se verifica:

$$\vec{F} + \vec{R} = 0$$

de donde:

$$\vec{R} = -\vec{F} = -cx\vec{i} - cy\vec{j} - (cz - p)\vec{k}$$

y sustituyendo aquí los valores de las coordenadas de la posición de equilibrio se obtiene el valor de la reacción pedido:

$$\vec{R} = -cr\cos\frac{p}{ck}\vec{i} - cr\,\text{sen}\,\frac{p}{ck}\vec{j} - \left(c\frac{p}{c} - p\right)\vec{k}$$

es decir:

$$\vec{R} = -cr\left(\cos\frac{p}{ck}\vec{i} + \text{sen}\,\frac{p}{ck}\vec{j}\right)$$

expresión que pone de manifiesto que el punto de equilibrio es aquél en el que la componente según el eje *OZ* de la fuerza repulsiva y el peso se equilibran, por lo que la reacción sólo tendrá componentes según *OX* y *OY*.

c) Para estudiar la naturaleza del equilibrio, recordamos que si las fuerzas derivan de un potencial, como sucede en este caso, la función *U* se obtiene a partir de la expresión:

$$U = -\int f(u)du$$

o lo que es lo mismo:

$$\frac{dU}{du} = -f(u) = -k(cku - p)$$

Derivando nuevamente en esta expresión resulta:

$$\frac{d^2U}{du^2} = -ck^2 < 0$$

luego la función *U* pasa por un máximo y el equilibrio será inestable.

4.3

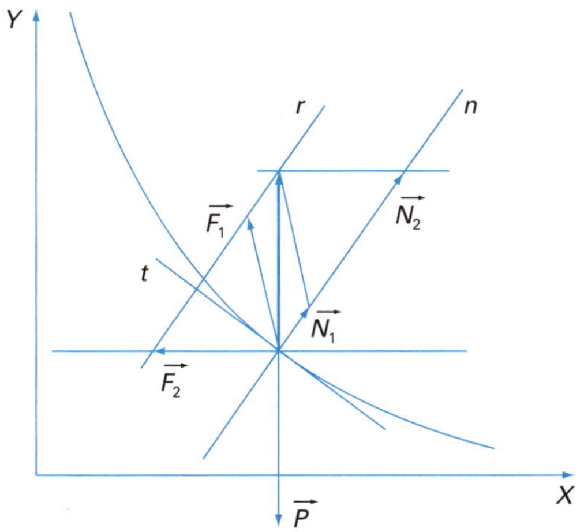

FIGURA 4.22

Para que el punto esté en equilibrio, su peso $\vec{P}$ habrá de equilibrarse con la suma $\vec{F} + \vec{N}$, siendo $\vec{N}$ la reacción normal del vínculo. Por tanto existen infinitos valores de $\vec{F}\,(\vec{F}_1, \vec{F}_2, ...)$ que satisfacen la condición de equilibrio siempre y cuando sus extremos se encuentren sobre la recta r, paralela a la normal a la curva en el punto trazada por el extremo del vector $-\vec{P}$.

Las fuerzas que actúan son:

$$\vec{N} = \lambda\left(\frac{\partial f}{\partial x}\vec{i} + \frac{\partial f}{\partial y}\vec{j}\right) \text{ y } \vec{P} = -P\vec{j}$$

La ecuación de la curva $f(x, y) = 0$ es:

$$xy - k = 0$$

por lo que la reacción normal es:

$$\vec{N} = \lambda(y\vec{i} + x\vec{j})$$

Y como

$$\vec{F}_i + \vec{N} + \vec{P} = 0 \rightarrow \vec{F}_i = -\vec{P} - \vec{N} \rightarrow \vec{F}_i = -\vec{P} - \lambda(y\vec{i} + x\vec{j})$$

Es decir:

$$\vec{F}_i = P\vec{j} - \lambda y\vec{i} - \lambda x\vec{j}$$

o sea:

$$\vec{F}_i = -\lambda b\vec{i} + (P - \lambda x)\vec{j}$$

y en el punto (a, b):

$$\vec{F}_i = -\lambda b\vec{i} + (P - \lambda a)\vec{j}$$

Por ejemplo, algunos casos particulares, son:

Para $\lambda = 0 \rightarrow \vec{F}_i = P\vec{j}$. Solución trivial.

Para $\lambda = \dfrac{P}{a} \rightarrow \vec{F}_i = -\dfrac{Pb}{a}\vec{i}$. Fuerza horizontal.

4.4 La ecuación de la hipérbola meridiana es:

$$rz = k$$

Ecuación de equilibrio:

$$\vec{F} + \vec{P} + \vec{N} = 0$$

Fuerzas que intervienen:

$$\vec{F} = \frac{b}{r}(-\vec{u}_r)$$
$$\vec{P} = P(-\vec{u}_z)$$
$$\vec{N} = \lambda\, \overrightarrow{\text{grad}} f$$

La ecuación de la superficie es:

$$f \equiv (rz - a = 0)$$

y como en cilíndricas se tiene que

$$\vec{N} = \lambda\, \overrightarrow{\text{grad}} f = \left(\frac{\partial f}{\partial r}\vec{u}_r + \frac{1}{2}\frac{\partial f}{\partial \theta}\vec{u}_\theta + \frac{\partial f}{\partial z}\vec{u}_z\right)$$

resulta:

$$\overrightarrow{\text{grad}} f = z\vec{u}_r + r\vec{u}_z$$

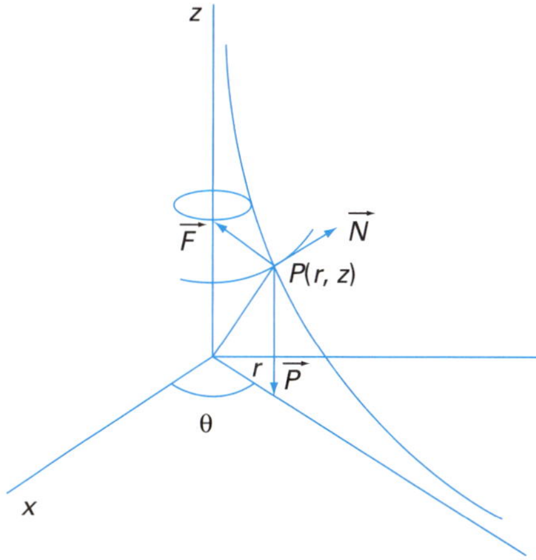

FIGURA 4.23

Planteando el equilibrio:

$$-\frac{b}{r}\vec{u}_r - P\vec{u}_z + \lambda z\vec{u}_r + \lambda r\vec{u}_z = 0$$

Identificando:

$$-\frac{b}{r} + \lambda z = 0; \quad -P + \lambda r = 0; \quad rz = a$$

y resolviendo, de la primera resulta:

$$\lambda = -\frac{b}{rz}, \quad \boxed{\lambda = \frac{b}{a}}$$

$$-P + \frac{b}{a}r = 0, \quad \boxed{r = \frac{Pa}{b}}$$

y

$$z = \frac{a}{r} = \frac{a}{\frac{Pa}{b}} = \frac{P}{b}, \quad \boxed{z = \frac{P}{b}}$$

Los puntos de equilibrio se encuentran en la circunferencia de radio $r = \dfrac{Pa}{b}$ situada en el plano $z = \dfrac{P}{b}$, intersección de este plano con la superficie de revolución.

4.5

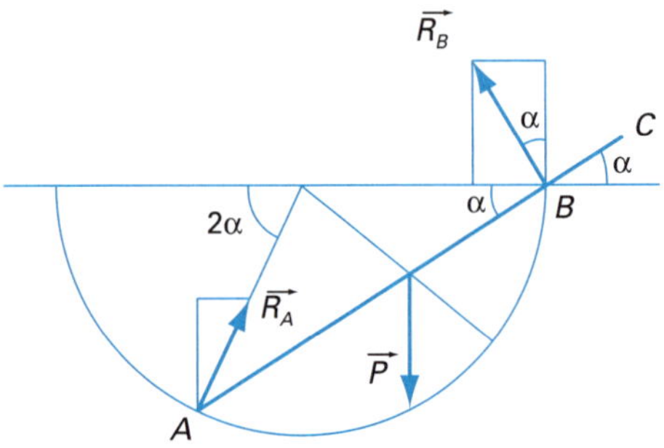

FIGURA 4.24

En primer lugar hay que definir las reacciones de los vínculos para poder determinar el diagrama del cuerpo libre para la varilla. Puesto que no hay rozamiento, la reacción en A será perpendicular a la circunferencia en el punto de contacto, es decir, irá dirigida según el radio de la circunferencia. La reacción en B será normal a la varilla.

Sobre la varilla actúan, por tanto, las reacciones en A y B y el peso P. Proyectando según la horizontal y la vertical y tomando momentos respecto al punto A se obtienen las ecuaciones de equilibrio:

$$R_A \cos 2\alpha - R_B \cos (90 - \alpha) = 0$$
$$R_A \operatorname{sen} 2\alpha + R_B \operatorname{sen} (90 - \alpha) = P \qquad [4.13]$$
$$P\frac{L}{2} \cos \alpha - R_B\, 2R \cos \alpha = 0$$

De la tercera ecuación resulta inmediatamente el valor de la reacción:

$$R_B = \frac{PL}{4R}$$

La primera y segunda ecuación pueden escribirse en la forma:

$$R_A \cos 2\alpha - R_B \operatorname{sen} \alpha = 0$$
$$R_A \operatorname{sen} 2\alpha + R_B \cos \alpha = P$$

y multiplicando la primera por cos α y la segunda por sen α, se tiene:

$$R_A \cos 2\alpha \cos \alpha + R_B \operatorname{sen} \alpha \cos \alpha = 0$$
$$R_A \operatorname{sen} 2\alpha \operatorname{sen} \alpha - R_B \cos \alpha \operatorname{sen} \alpha = P \operatorname{sen} \alpha$$

que permiten eliminar R_B sin más que sumar miembro a miembro ambas ecuaciones, resultando:

$$R_A (\cos 2\alpha \cos \alpha + \operatorname{sen} 2\alpha \operatorname{sen} \alpha) = P \operatorname{sen} \alpha$$

y dividiendo por cos α:

$$R_A(\cos 2\alpha + \operatorname{sen} 2\alpha \operatorname{tg} \alpha) = P \operatorname{tg} \alpha$$

Desarrollando la expresión del paréntesis queda:

$$R_A\left(\cos^2 \alpha - \operatorname{sen}^2 \alpha + 2 \operatorname{sen} \alpha \cos \alpha \frac{\operatorname{sen} \alpha}{\cos \alpha}\right) = P \operatorname{tg} \alpha$$

o lo que es igual:

$$R_A(\cos^2 \alpha - \operatorname{sen}^2 \alpha + 2 \operatorname{sen}^2 \alpha) = P \operatorname{tg} \alpha$$

de donde resulta:

$$R_A = P \operatorname{tg} \alpha$$

Para calcular el valor del ángulo α sustituiremos los valores de R_A y R_B en la segunda de las ecuaciones de equilibrio [4.13], obteniéndose:

$$P \operatorname{tg} \alpha \operatorname{sen} 2\alpha + \frac{PL}{4R} \cos \alpha = P$$

operando y simplificando:

$$\frac{\operatorname{sen} \alpha}{\cos \alpha} 2 \operatorname{sen} \alpha \cos \alpha + \frac{L}{4R} \cos \alpha = 1$$

o sea:

$$2 \operatorname{sen}^2 \alpha + \frac{L}{4R} \cos \alpha = 1$$

Para determinar estas seis constantes es preciso fijar unas condiciones de contorno que podrán ser, por ejemplo, los puntos en los que se fijan los extremos del hilo.

5.4. ECUACIONES INTRÍNSECAS DE EQUILIBRIO

Son las ecuaciones que se obtienen cuando la ecuación fundamental vectorial [5.1] se refiere al triedro intrínseco a la curva que forma el hilo. Como se recordará, el triedro intrínseco a la curva (triedro de Frénet) está formado por los vectores unitarios tangente, normal y binormal $(\vec{t}, \vec{b}, \vec{n})$. Recordando que la tensión, $\vec{T}$, es un vector tangente al hilo y con sentido hacia los arcos crecientes, se tiene:

$$\vec{T} = T\vec{t}$$

y descomponiendo también $\vec{F}$ en las tres direcciones del triedro intrínseco:

$$\vec{F} = F_t\vec{t} + F_n\vec{n} + F_b\vec{b}$$

expresiones que, sustituidas en [5.1] dan:

$$d(T\vec{t}) + F_t ds\,\vec{t} + F_n ds\,\vec{n} + F_b ds\,\vec{b} = 0$$

o sea:

$$dT\vec{t} + T\vec{d}t + F_t ds\,\vec{t} + F_n ds\,\vec{n} + F_b ds\,\vec{b} = 0 \qquad [5.3]$$

Según la primera fórmula de Frénet:

$$\frac{d\vec{t}}{ds} = \frac{\vec{n}}{\rho}$$

luego:

$$T\vec{d}t = T\frac{1}{\rho}ds\,\vec{n}$$

que sustituida en [5.3] da:

$$T\vec{d}t + T\frac{1}{\rho}ds\,\vec{n} + F_t ds\,\vec{t} + F_n ds\,\vec{n} + F_b ds\,\vec{b} = 0$$

o lo que es igual:

$$\cos^2 \alpha - \frac{L}{8R} \cos \alpha - \frac{1}{2} = 0$$

y de aquí:

$$\cos \alpha = \frac{1}{2}\left(\frac{L}{8R} \pm \sqrt{\left(\frac{L}{8R}\right)^2 + 2}\right)$$

puesto que la raíz es algo mayor que $\frac{L}{8R}$ la elección del signo menos conduce a una solución extraña, de forma que el valor del ángulo de equilibrio corresponderá al signo positivo de la raíz.

4.6

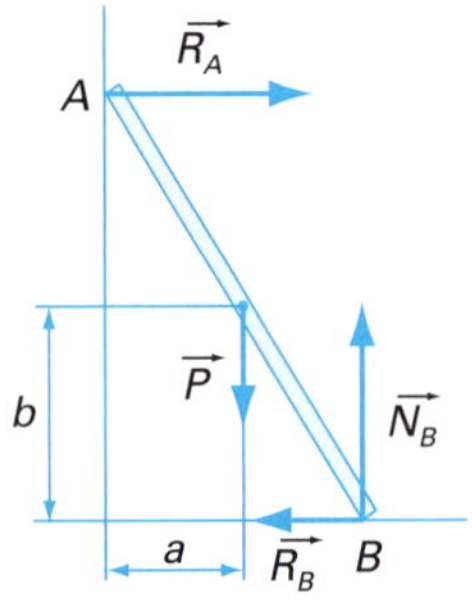

FIGURA 4.25

La reacción en el punto A de contacto de la escalera con la pared será normal a esta superficie por ser lisa.

En el punto B de contacto con el suelo rugoso la reacción tendrá una componente horizontal, debida al rozamiento, que será:

$$R_B \leq \mu N_B$$

Las ecuaciones escalares de equilibrio, en función de las componentes horizontales y verticales de las fuerzas y tomando momentos respecto al punto B, serán:

$$N_A - R_B = 0$$
$$N_B - P = 0$$
$$Pb \cos \alpha - N_A(a + b) \operatorname{sen} \alpha = 0$$

De la tercera ecuación resulta:

$$\operatorname{tg} \alpha = \frac{Pb}{N_A(a + b)}$$

y teniendo en cuenta el valor de N_A, obtenido de la primera, y el de N_B, obtenido de la segunda, queda:

$$\operatorname{tg} \alpha = \frac{N_B b}{R_B(a + b)} = \frac{b}{a + b} \frac{N_B}{R_B}$$

Y puesto que $R_B \leq \mu N_B$, resulta:

$$\frac{N}{R_B} \geq \frac{1}{\mu}$$

por lo que la tangente del ángulo pedido será:

$$\operatorname{tg} \alpha \geq \frac{b}{a + b} \frac{1}{\mu}$$

Capítulo 5

ESTÁTICA DE HILOS

OBJETIVOS

1. *Comprender los conceptos mecánicos de hilo, tensión y figura de equilibrio.*
2. *Obtener la ecuación fundamental del equilibrio de hilos.*
3. *Expresar la ecuación fundamental de equilibrio en coordenadas cartesianas e intrínsecas.*
4. *Diferenciar los conceptos de hilo sometido a un peso por unidad de longitud o por unidad de abscisa.*
5. *Obtener la expresión matemática de la catenaria.*
6. *Obtener la expresión matemática de un hilo cuando soporta un puente colgante.*
7. *Determinar la figura de equilibrio de un hilo apoyado sobre una superficie.*
8. *Obtener la expresión de la tensión de un hilo apoyado sobre una superficie cuando hay rozamiento.*

ESQUEMA-RESUMEN

5.1. Conceptos fundamentales
- — Hilo
- — Principio de solidificación
- — Tensión

5.2. Hilo sometido a un sistema discreto de fuerzas
- — Polígono funicular
- — Fuerzas concurrentes
- — Fuerzas paralelas

5.3. Hilo sometido a un sistema continuo de fuerzas
- — Ecuación fundamental del equilibrio de hilos
- — Ecuaciones del equilibrio de hilos en coordenadas cartesianas
- — Integrales generales

5.4. Ecuaciones intrínsecas del equilibrio de hilos

5.5. Equilibrio de hilos en el caso de que exista una función potencial

5.6. Hilo bajo la acción de su propio peso.
- — La figura de equilibrio es plana
- — Ecuación de la figura de equilibrio: catenaria
- — Tensión en un punto del hilo

5.7. Puente colgante
- — La figura de equilibrio es plana
- — Ecuación de la figura de equilibrio: parábola
- — Aproximación de la catenaria por una parábola

5.8. Hilo sobre una superficie sin rozamiento

5.9. Hilo sobre una superficie con rozamiento
- — Ecuaciones de equilibrio
- — Aplicación al caso de un hilo sobre un cilindro

5. ESTÁTICA DE HILOS

5.1. SISTEMAS DEFORMABLES: HILOS

Se llama *hilo* a un sistema de una sola dimensión con dos propiedades: perfectamente flexible, esto es, que no opone resistencia a doblarse, y completamente inextensible, es decir, de longitud constante. Para el estudio de los hilos se utiliza el denominado *principio de solidificación* que establece que *cuando el hilo ha alcanzado la forma de equilibrio se comporta como si fuera un sistema rígido*.

Supóngase que se tiene una porción de hilo en equilibrio y que se da una sección ideal al hilo en un punto *P*. Puesto que el hilo sigue en equilibrio, cada una de las porciones de hilo ejerce sobre la otra una fuerza que la mantiene en equilibrio. A esta fuerza se le llama *tensión del hilo* en ese punto. La tensión debe tener la dirección de la tangente al hilo, ya que si tuviera componente normal, en virtud de la primera propiedad, el hilo se doblaría y abandonaría el equilibrio.

Como este vector tiene su dirección determinada, se puede tratar como un escalar. No obstante, puesto que la tensión se origina por acciones mutuas entre dos porciones de hilo, solamente se le podrá asignar un sentido si previamente se ha fijado un sentido sobre el hilo. Una vez establecido dicho criterio, a la magnitud escalar *tensión* se le podrá asignar un signo positivo o negativo, según coincida o no con el determinado previamente.

Como, por hipótesis, las fuerzas están concentradas en los puntos de aplicación, la derivada de la curva representativa del equilibrio del hilo será discontinua. Para el cálculo de las tensiones en el punto de aplicación de una fuerza, se descompone ésta según las dos direcciones del hilo en ese punto (fig. 5.1). Las fuerzas que equilibran a estas componentes son las tensiones del hilo.

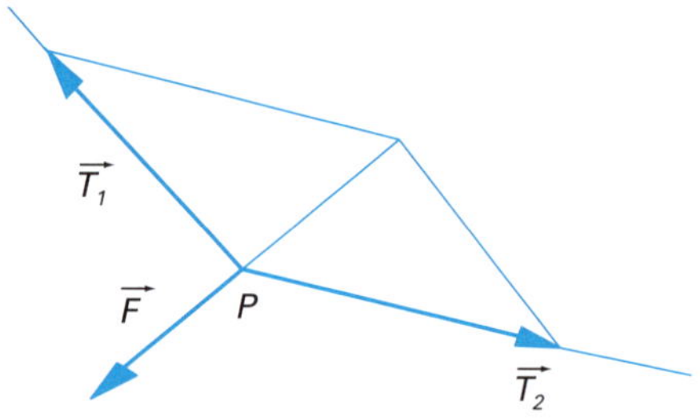

FIGURA 5.1

5.2. HILO SOMETIDO A UN SISTEMA DISCRETO DE FUERZAS COPLANARIAS

Si el sistema de las fuerzas que actúa sobre el hilo está contenido en un plano, la figura de equilibrio también lo estará (fig. 5.2). Aplicando la ecuación de equilibrio a cada nudo, sucesivamente, se obtiene:

Para el primer nudo:

$$\vec{F}_1 + \vec{T}_1 + \vec{T}_2 = 0$$

Y para que exista equilibrio $\vec{F}_1$, $\vec{T}_1$ y $\vec{T}_2$ tienen que ser coplanarios.

Para el segundo nudo se tiene:

$$\vec{F}_2 + \vec{T}'_2 + \vec{T}_3 = 0$$

y, como $\vec{F}_2$ y $\vec{T}'_2$ son coplanarios con $\vec{T}_1$ y $\vec{T}_2$, la tensión $\vec{T}_3$ también lo será. Reiterando el mismo razonamiento en cada uno de los nudos se llega a la conclusión de que la figura de equilibrio es plana.

Puede observarse que un hilo sometido a un sistema plano de fuerzas es una materialización del *polígono funicular*, y precisamente de esta pro-

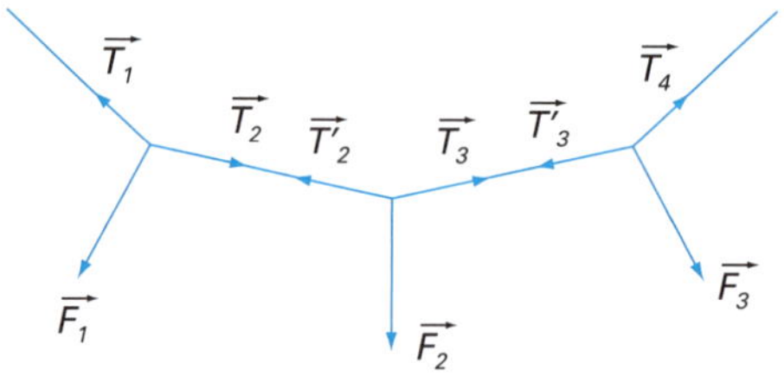

FIGURA 5.2

piedad toma el nombre dicho polígono. A continuación, se van a estudiar dos casos interesantes de fuerzas: concurrentes y paralelas.

a) *Fuerzas exteriores concurrentes*

En este caso la figura de equilibrio del hilo es plana. En efecto (fig. 5.3), aplicando la condición de equilibrio al punto M:

$$\vec{T}_{i-1} + \vec{T}_i + \vec{F}_i = 0$$

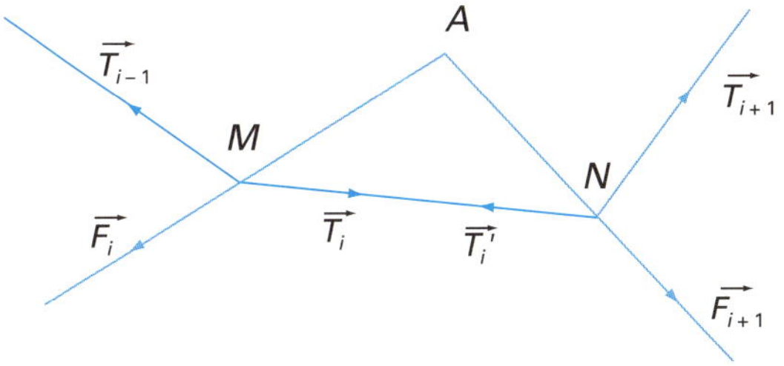

FIGURA 5.3

Para que esta igualdad se verifique es preciso que las fuerzas sean coplanarias, y el plano será el determinado por el triángulo de la figura 5.3. Por tanto, $\vec{F}_i$ y $\vec{F}_{i+1}$ son coplanarias, y, repitiendo el razonamiento, se deduce que el sistema es totalmente plano.

b) *Fuerzas exteriores paralelas*

Si las fuerzas exteriores son paralelas a una dirección determinada, la figura de equilibrio es plana y la proyección de la tensión en cada punto sobre una dirección perpendicular a la común a todas las fuerzas es constante.

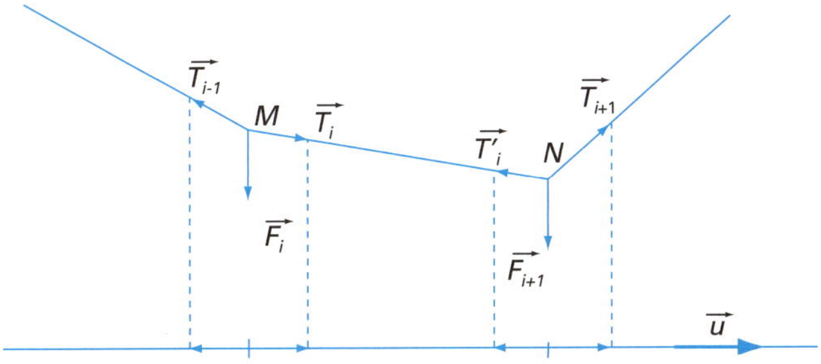

FIGURA 5.4

En efecto, considerando nuevamente la ecuación de equilibrio de un punto M (fig. 5.4):

$$\vec{F}_i + \vec{T}_{i-1} + \vec{T}_i = 0$$

y multiplicando escalarmente por $\vec{u}$, vector unitario perpendicular a la dirección común, resultará:

$$\text{proy } \vec{T}_{i-1} = \text{proy } \vec{T}_i$$

y análogamente para los restantes puntos.

5.3. HILO SOMETIDO A UN SISTEMA CONTINUO DE FUERZAS: INTEGRALES GENERALES

Considérese un hilo en el que se ha definido un sentido, y estudiemos las fuerzas a que está sometido un elemento diferencial, ds, de este hilo.

Por ser el sistema de fuerzas continuo, si $\vec{F}$ es la fuerza total que actúa por unidad de longitud de hilo, la fuerza que actuará sobre la porción ds será $\vec{F}ds$. Además, sobre ds se ejercerán las acciones de las otras partes del hilo que, una vez establecido un sentido en éste y al ser continuo el sistema, serán $-\vec{T}$ y $\vec{T} + d\vec{T}$, dirigidas según la tangente, por ser perfectamente flexible el hilo. En consecuencia, la condición de equilibrio, suma de las fuerzas igual a cero, se expresará por:

$$\vec{T} + d\vec{T} + \vec{F}ds - \vec{T} = 0$$

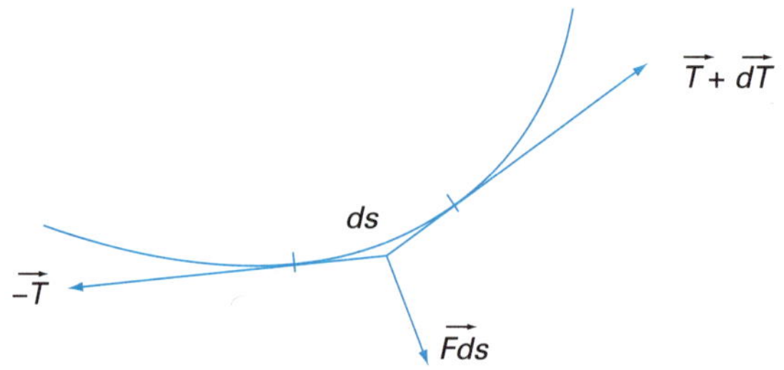

FIGURA 5.5

de donde:

$$\boxed{d\vec{T} + \vec{F}ds = 0} \qquad [5.1]$$

que es la llamada *ecuación fundamental del equilibrio de hilos*.

La ecuación vectorial [5.1] puede descomponerse en tres escalares, expresando el vector $\vec{T}$ en función de los cosenos directores de la tangente al hilo. Es decir:

$$\cos\alpha = \frac{dx}{ds}; \qquad \cos\beta = \frac{dy}{ds}; \qquad \cos\gamma = \frac{dz}{ds}$$

y se tiene:

$$\vec{T} = T\frac{dx}{ds}\vec{i} + T\frac{dy}{ds}\vec{j} + T\frac{dz}{ds}\vec{k}$$

Por otra parte:

$$\vec{F} = F_x\vec{i} + F_y\vec{j} + F_z\vec{k}$$

y sustituyendo ambas en [5.1]:

$$\left.\begin{aligned} d\left(T\frac{dx}{ds}\right) + F_x ds = 0 \\ d\left(T\frac{dy}{ds}\right) + F_y ds = 0 \\ d\left(T\frac{dz}{ds}\right) + F_z ds = 0 \end{aligned}\right\} \qquad [5.2]$$

Se obtiene un sistema de tres ecuaciones diferenciales de segundo orden en derivadas totales cuya solución tendrá seis constantes indeterminadas. Esta solución general será:

$$\begin{aligned} x &= x(s, C_1, C_2, C_3, C_4, C_5, C_6) \\ y &= y(s, C_1, \dots\dots\dots\dots) \\ z &= z(s, C_1, \dots\dots\dots\dots) \\ T &= T(s, C_1, \dots\dots\dots\dots) \end{aligned}$$

Esta ecuación puede reducirse a tres escalares, igualando a cero cada una de las tres componentes:

$$\left.\begin{aligned} dT + F_t ds = 0 \\ \frac{T}{\rho} + F_n = 0 \\ F_b = 0 \end{aligned}\right\} \qquad [5.4]$$

que son las denominadas *ecuaciones intrínsecas del equilibrio de hilos*.

5.5. EQUILIBRIO DE HILOS EN EL CASO DE QUE EXISTA FUNCIÓN POTENCIAL DE FUERZAS

Si las fuerzas derivan de un potencial U, se tiene:

$$\vec{F} = \overrightarrow{\text{grad}}\, U$$

siendo U una función escalar.

La ecuación fundamental del equilibrio de hilos toma la forma:

$$d\vec{T} + \overrightarrow{\text{grad}}\, U\, ds = 0$$

En donde hay que observar que ds no es un vector y, por lo tanto, $\overrightarrow{\text{grad}}\, U\, ds \neq dU$.

Como ya se ha dicho anteriormente, $\vec{T} = T\vec{t}$ luego:

$$d(T\vec{t}) + \overrightarrow{\text{grad}}\, U\, ds = 0$$

o sea:

$$dT\vec{t} + Td\vec{t} + \overrightarrow{\text{grad}}\, U\, ds = 0$$

Recordando la primera fórmula de Frénet:

$$dT\vec{t} + T\frac{\vec{n}}{\rho}ds + \overrightarrow{\text{grad}}\, U\, ds = 0$$

Multiplicando escalarmente por $\vec{t}$:

$$dT + (\overrightarrow{\text{grad}}\, U\, ds)\vec{t} = 0$$

Y como $\vec{ds} = ds\vec{t}$, resulta:

$$dT + \overrightarrow{\text{grad}} \cdot \vec{ds} = dT + dU = 0$$

T y U son escalares y, por tanto:

$$d(T + U) = 0$$

e integrando, se tiene:

$$T + U = \text{cte}$$

Esta ecuación expresa que *los puntos que tienen el mismo potencial, tendrán la misma tensión*, por lo que, si se conoce la diferencia de potencial entre dos puntos del hilo, se podrá conocer la diferencia de tensión entre dichos puntos.

5.6. HILO BAJO LA ACCIÓN DE SU PROPIO PESO. CATENARIA

En este caso actúa únicamente el propio peso del hilo que se reparte uniformemente por unidad de longitud. Para calcular la figura de equilibrio que adopta y determinar el valor de la tensión en un punto cualquiera del hilo se parte de la ecuación fundamental del equilibrio de hilos expresada en coordenadas cartesianas [5.2]:

$$d\left(T\frac{dx}{ds}\right) + F_x ds = 0$$
$$d\left(T\frac{dy}{ds}\right) + F_y ds = 0 \qquad [5.5]$$
$$d\left(T\frac{dz}{ds}\right) + F_z ds = 0$$

Si suponemos que el peso actúa según la dirección del eje OZ, las componentes de éste según los ejes OX y OY serán nulas, y se tiene:

$$d\left(T\frac{dx}{ds}\right) = 0; \qquad d\left(T\frac{dy}{ds}\right) = 0$$

e integrando:

$$T\frac{dx}{ds} = a; \qquad T\frac{dy}{ds} = b$$

dividiendo las dos últimas miembro a miembro queda:

$$\frac{dy}{dx} = \frac{b}{a}$$

o sea:

$$b\,dx - a\,dy = 0$$

que integrada, resulta:

$$bx - ay = c$$

que es la ecuación de un plano en el que está contenida la figura de equilibrio, luego *la figura de equilibrio es plana*. Por tanto, se pueden utilizar solamente dos variables que, por comodidad, elegiremos x e y. El eje OX sigue siendo el mismo y el eje OY coincide ahora con el anterior OZ.

Aplicando las expresiones [5.5] a estas dos variables, se tiene:

$$d\left(T\frac{dx}{ds}\right) = 0 \qquad [5.6]$$

$$d\left(T\frac{dy}{ds}\right) + F_y\,ds = 0 \qquad [5.7]$$

Integrando la [5.6], resulta:

$$T\frac{dx}{ds} = A$$

en donde la constante A tiene el significado de una tensión, puesto que $\frac{dx}{ds}$ es un número abstracto. Dicha tensión es, además, mínima, porque $T = A$ cuando $\frac{dx}{ds} = 1$, es decir, cuando dx se proyecta totalmente sobre ds, lo que equivale a decir que $dy = 0$. Llamando T_0 a la constante A, resulta:

$$T\frac{dx}{ds} = T_0 \qquad [5.8]$$

o sea:

$$T = T_0 \frac{ds}{dx}$$

y sustituyendo en la [5.7]:

$$d\left(T_0 \frac{ds}{dx} \frac{dy}{ds}\right) + F_y ds = 0$$

Simplificando, y sacando T_0 fuera del paréntesis, por ser constante:

$$T_0 d\left(\frac{dy}{dx}\right) + F_y ds = 0$$

y sustituyendo ds por su expresión en cartesianas:

$$ds = \sqrt{1 + y'^2}\, dx$$

queda:

$$T_0 dy' + F_y \sqrt{1 + y'^2}\, dx = 0$$

Puesto que el hilo está sometido solamente a la acción de su propio peso, la componente de la fuerza según OY será $F_y = -p$, siendo p el peso por unidad de longitud. Sustituyendo:

$$T_0 dy' - p\sqrt{1 + y'^2}\, dx = 0$$

y ordenando:

$$\frac{dy'}{\sqrt{1 + y'^2}} = \frac{p}{T_0} dx \qquad [5.9]$$

Integrando la ecuación diferencial [5.9] resulta:

$$\text{arg sh } y' = \frac{p}{T_0} x + C$$

siendo C una constante que se determina mediante las condiciones de contorno.

Imponiendo las condiciones de contorno $x = 0$, $y' = 0$, resulta $C = 0$. Estas condiciones equivalen a exigir que el eje de ordenadas pase por el punto más bajo del hilo.

Se obtiene, por tanto, la expresión:

$$\arg \operatorname{sh} y' = \frac{p}{T_0} x$$

o lo que es lo mismo:

$$y' = \operatorname{sh} \frac{p}{T_0} x$$

que integrada de nuevo da:

$$y = \frac{T_0}{p} \operatorname{ch} \frac{p}{T_0} x + D$$

Procediendo análogamente a como se hizo anteriormente, se determina D exigiendo que para $x = 0$ sea $y = \frac{T_0}{p}$, luego $D = 0$. Esto es equivalente (fig. 5.6), a hacer pasar el eje de abscisas a una distancia $\frac{T_0}{p}$ del punto más bajo del hilo. Al cociente $\frac{T_0}{p}$ se le denomina *parámetro* de la catenaria.

Así pues, la ecuación final a la que se llega es:

$$\boxed{y = \frac{T_0}{p} \operatorname{ch} \frac{p}{T_0} x} \quad [5.10]$$

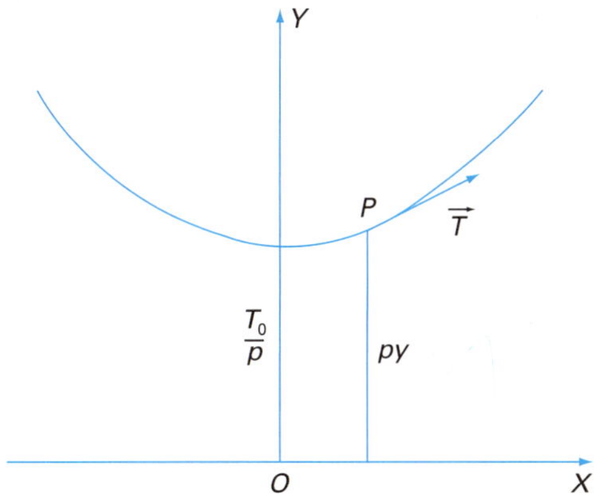

FIGURA 5.6

que es la ecuación de la figura de equilibrio del hilo y que recibe el nombre de *catenaria* (del latín *catena* = cadena).

El valor de la tensión en un punto cualquiera del hilo se calcula a partir de la ecuación [5.10]:

$$T = T_o \frac{ds}{dx} = T_o \frac{\sqrt{1 + y'^2}}{dx}\, dx = T_o \sqrt{1 + y'^2} \qquad [5.11]$$

Al derivar la ecuación [5.10] resulta $y' = \operatorname{sh} \frac{p}{T_o} x$, que sustituida en la expresión [5.11] da:

$$T = T_o \sqrt{1 + \operatorname{sh}^2 \frac{p}{T_o} x} = T_o \operatorname{ch} \frac{p}{T_o} x$$

Comparando esta ecuación con la de la catenaria [5.10], se obtiene para la tensión en un punto la expresión:

$$T = py$$

Es decir, *la tensión en un punto tiene un valor igual al peso de una longitud de hilo igual a su ordenada.*

5.7. PUENTE COLGANTE

Bajo este nombre se estudia el caso de un cable pesado que ha de sostener un peso mucho mayor que el suyo propio, por lo que podemos considerar éste despreciable frente a aquél. El peso sostenido se encuentra distribuido sobre una recta perpendicular a la dirección del peso.

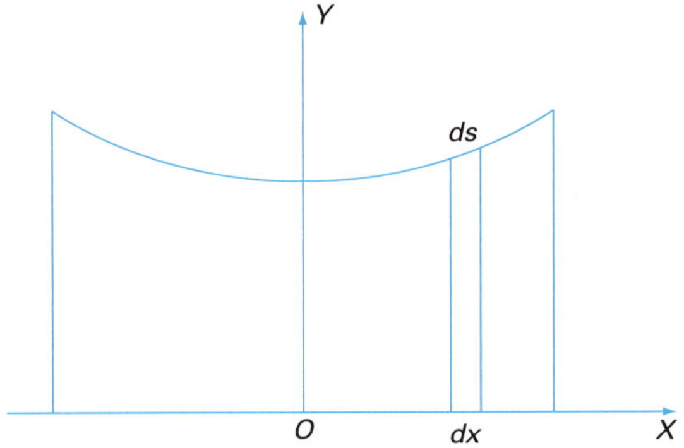

FIGURA 5.7

Sea q la fuerza por unidad de abscisa que actúa sobre el cable, que en este caso es el peso que soporta. Partiendo de la ecuación fundamental de equilibrio de hilos en forma vectorial [5.1] resulta:

$$d\vec{T} + \vec{q}\,dx = 0$$

y tomando unos ejes cartesianos OXY, de forma que el peso coincida con la dirección del eje OY, y en sentido negativo, se obtienen las ecuaciones escalares siguientes:

$$d\left(T\frac{dx}{ds}\right) = 0 \qquad [5.12]$$

$$d\left(T\frac{dy}{ds}\right) - q\,dx = 0 \qquad [5.13]$$

Integrando la [5.12] se deduce, de forma análoga a como se hizo en el epígrafe anterior:

$$T\frac{dx}{ds} = A$$

donde $A = T$ cuando $dx = ds$, o lo que es lo mismo, $dy = 0$. Por tanto, se puede poner:

$$T\frac{dx}{ds} = T_0$$

ya que la tensión es mínima en el punto más bajo del hilo. Sustituyendo ésta en la ecuación [5.13]:

$$d\left(T_0\frac{ds}{dx}\frac{dy}{ds}\right) = q\,dx$$

Simplificando y sacando T_0 fuera del paréntesis por ser constante:

$$T_0 d\left(\frac{dy}{dx}\right) = q\,dx$$

o sea:

$$T_0 dy' = q\,dx$$

es decir:

$$dy' = \left(\frac{q}{T_0}\right) dx$$

que integrada queda:

$$y' = \left(\frac{q}{T_0}\right) x + B \qquad [5.14]$$

Para que la constante B sea igual a cero y la expresión sea monomia se elige un eje de ordenadas que pase por el punto más bajo de la curva que define el cable. Esto equivale a imponer las condiciones de contorno: $x = 0$, $y' = 0$ con lo que será $B = 0$, resultando:

$$y' = \left(\frac{q}{T_0}\right) x$$

que integrada de nuevo da la ecuación de una parábola:

$$y = \frac{q}{2T_0} x^2 + C$$

Para determinar C se imponen las condiciones de contorno, $x = 0$ e $y = 0$, con lo que resulta $C = 0$ y, finalmente, la ecuación de la curva será:

$$y = \frac{q}{2T_0} x^2$$

Si en lugar de elegir los ejes anteriores, en los que la curva pasa por el origen de coordenadas, se eligen unos ejes tomando el eje de abscisas de forma análoga a como se tomó para representar la catenaria, es decir, haciendo pasar el eje de abscisas a una distancia $\dfrac{T_0}{q}$ del punto más bajo del hilo, la ecuación de la parábola será:

$$y = \frac{T_0}{q} + \frac{q}{2T_0} x^2 = \frac{T_0}{q}\left(1 + \frac{1}{2}\,\frac{q^2}{2T_0^2} x^2\right)$$

Se puede realizar una comparación entre esta ecuación y la obtenida para la catenaria, ecuación [5.10]:

$$y = \frac{T_0}{p} \operatorname{ch} \frac{q}{T_0} x$$

En efecto, si se desarrolla en serie de Taylor el coseno hiperbólico resulta:

$$y = \frac{T_0}{q}\left(1 + \frac{1}{2!}\frac{q^2x^2}{T_0^2} + \frac{1}{4!}\frac{q^4x^4}{T_0^4} + \ldots\right)$$

Puede observarse que si x y q son pequeños y T_0 es elevado, se pueden despreciar los términos del desarrollo a partir de las cuartas potencias, por lo que, en esas condiciones, la catenaria se asimila a una parábola.

5.8. HILO SOBRE UNA SUPERFICIE SIN ROZAMIENTO

Supóngase que se tiene un hilo obligado a permanecer sobre una superficie, es decir, sometido a una ligadura que consiste en permanecer total o parcialmente adaptado a una superficie cuya ecuación es $f(x, y, z) = 0$.

Las fuerzas que actúan sobre el hilo en este caso serán:

— La tensión $\vec{T}$, tangente al hilo.

— La fuerza, por unidad de longitud, $\vec{F}$, resultante de las fuerzas exteriores.

— La reacción del vínculo, por unidad de longitud, que, al no existir rozamiento, habrá de ser normal a la superficie, y que se denomina $\vec{N}$.

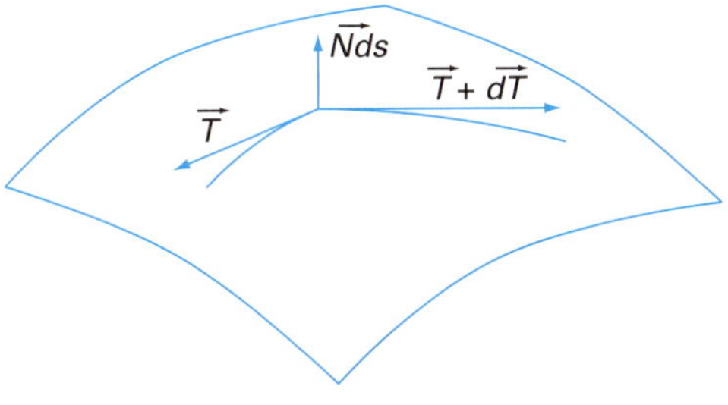

FIGURA 5.8

La ecuación general del equilibrio de hilos [5.1] se expresará, por:

$$d\vec{T} + \vec{F}ds + \vec{N}ds = 0$$

o sea:

$$d\vec{T} + (\vec{F} + \vec{N})\,ds = 0 \qquad [5.15]$$

Expresando las fuerzas anteriores en función de sus componentes en coordenadas cartesianas y recordando que un vector normal a la superficie puede escribirse en la forma:

$$\vec{N} = \lambda\left(\frac{\partial f}{\partial x}\vec{i} + \frac{\partial f}{\partial y}\vec{j} + \frac{\partial f}{\partial z}\vec{k}\right)$$

resulta:

$$\vec{T} = T\frac{dx}{ds}\vec{i} + T\frac{dy}{ds}\vec{j} + T\frac{dz}{ds}\vec{k}$$

$$\vec{F} = F_x\vec{i} + F_y\vec{j} + F_z\vec{k}$$

$$\vec{N} = \lambda\frac{\partial f}{\partial x}\vec{i} + \lambda\frac{\partial f}{\partial y}\vec{j} + \lambda\frac{\partial f}{\partial z}\vec{k}$$

Por tanto, la ecuación vectorial [5.15], se transforma en las tres escalares:

$$d\left(T\frac{dx}{ds}\right) + F_x ds + \lambda\frac{\partial f}{\partial x}ds = 0$$

$$d\left(T\frac{dy}{ds}\right) + F_y ds + \lambda\frac{\partial f}{\partial y}ds = 0$$

$$d\left(T\frac{dz}{ds}\right) + F_z ds + \lambda\frac{\partial f}{\partial z}ds = 0$$

que junto con:

$$\left(\frac{dx}{ds}\right)^2 + \left(\frac{dy}{ds}\right)^2 + \left(\frac{dz}{ds}\right)^2 = 1$$

y

$$f(x, y, z) = 0$$

permiten resolver el problema, y obtener x, y, z, λ y T en función de s.

A veces es posible hacer algunas simplificaciones, que conducen a casos particulares muy interesantes. Por ejemplo, supóngase que se verifican las siguientes condiciones:

1.ª Que las *fuerzas exteriores sean muy pequeñas* comparadas con las reacciones normales, por lo que se pueden despreciar.

2.ª Que *no haya rozamiento*.

3.ª Que el hilo *esté totalmente apoyado* en la superficie.

Entonces, $\vec{F} = 0$ y la ecuación [5.15] se reduce a:

$$d\vec{T} + \vec{N}\,ds = 0$$

Multiplicando escalarmente por $\vec{t}$:

$$dT + \vec{N} \cdot \vec{ds} = 0$$

y por ser $\vec{N}$ y $\vec{ds}$ perpendiculares, como consecuencia de no haber rozamiento y de la condición tercera, resulta:

$$dT = 0 \quad \text{y} \quad T = \text{constante}$$

Partiendo de la ecuación

$$d\vec{T} + (\vec{F} + \vec{N})\,ds = 0$$

y expresándola en componentes intrínsecas se obtiene:

$$dT\,\vec{t} + T\,\frac{\vec{n}}{\rho}\,ds + \vec{N}\,ds = 0$$

Y puesto que T = cte, será $dT = 0$, luego:

$$\frac{T}{\rho}\vec{n} + \vec{N} = 0$$

Para que se verifique esta ecuación, los dos sumandos han de tener la misma dirección. La dirección de $\vec{N}$ coincide con la normal a la superficie, y la de $\vec{n}$ con la normal principal a la línea. Recordando que se denominan geodésicas a las curvas de una superficie que tienen la propiedad de que la normal principal a la curva y la normal a la superficie coinciden, resulta que el hilo adoptará la forma de una línea *geodésica* sobre la superficie.

5.9. HILO SOBRE UNA SUPERFICIE CON ROZAMIENTO

Supóngase que el hilo está situado sobre una superficie y que el coeficiente de rozamiento entre el hilo y la superficie es μ. Cada elemento de hilo estará sometido a la acción de la fuerza exterior $\vec{F}ds$ y a la reacción de la superficie, $\vec{R}ds$. Esta reacción tendrá dos componentes: una R_N en dirección normal a la superficie y otra R_T tangente a la superficie. Para que haya equilibrio se tiene que verificar que $R_T \leq \mu R_N$.

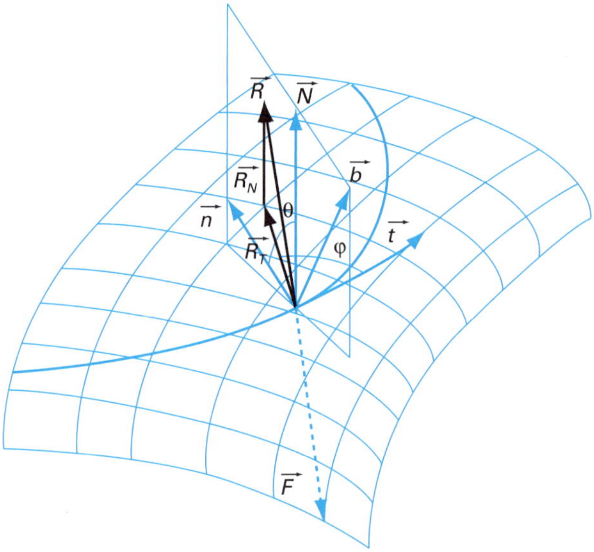

FIGURA 5.9

Si θ es el ángulo formado por la normal principal a la curva y la normal a la superficie y φ el ángulo que forma la componente tangente a la superficie con la tangente a la curva, las ecuaciones intrínsecas de equilibrio serán:

$$\frac{dT}{ds} + F_t + R_T \cos\varphi = 0$$

$$\frac{T}{\rho} + F_n + R_N \cos\theta + R_T \operatorname{sen}\varphi \operatorname{sen}\theta = 0 \qquad [5.16]$$

$$F_b + R_N \operatorname{sen}\theta + R_T \operatorname{sen}\varphi \cos\theta = 0$$

A continuación se estudiará un caso de gran interés. Es el de una superficie cilíndrica fija sobre la que está situado un hilo de peso despreciable y que se apoya con rozamiento sobre una sección transversal circular de radio ρ a lo largo de un arco AB. En este caso, la dirección de la normal principal a la curva coincide con la de la normal a la superficie pero con sentido contrario y la componente tangencial de la reacción R_T tiene la dirección de la tangente a la curva. Se tiene, por tanto, que $\theta = \pi$ y $\varphi = 0$. No hay fuerzas exteriores.

Las ecuaciones [5.16] toman la forma:

$$\frac{dT}{ds} + R_T = 0$$

$$\frac{T}{\rho} - R_N = 0$$

Para que exista equilibrio se tiene que verificar que $|R_T| \leq \mu R_N$, expresión que sustituida en las ecuaciones [5.16] da:

$$\left|\frac{dT}{ds}\right| \leq \mu R_N$$

$$\frac{T}{\rho} - R_N = 0$$

Eliminando R_N se obtiene la ecuación:

$$\left|\frac{dT}{ds}\right| \leq \mu \frac{T}{\rho}$$

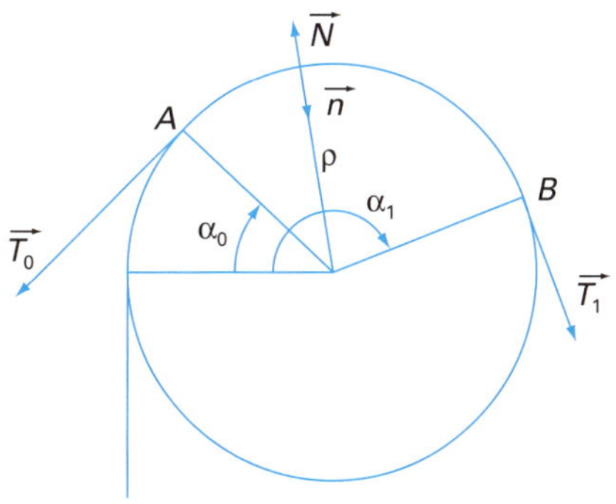

FIGURA 5.10

o sea:

$$\left|\frac{dT}{T}\right| \leq \mu \frac{1}{\rho} ds$$

en donde $\frac{1}{\rho} = C$, es la curvatura de flexión, que por definición, es:

$$\frac{1}{\rho} = \frac{d\alpha}{ds}$$

y sustituyendo, se obtiene la expresión:

$$\left|\frac{dT}{T}\right| \leq \mu d\alpha$$

En el caso límite de equilibrio se tiene $R_T = \mu R_N$, por lo que la expresión anterior se puede escribir en la forma:

$$\frac{dT}{T} = \pm \mu ds$$

tomando el signo positivo cuando el deslizamiento coincida con el sentido de crecimiento del arco *AB*. Por tanto:

$$\frac{dT}{T} = \mu d\alpha$$

Integrando esta ecuación, se obtiene:

$$\ln T_1 - \ln T_0 = \mu(\alpha_1 - \alpha_0)$$

siendo T_0 y T_1 los valores de la tensión en los extremos del hilo correspondientes a los valores del ángulo α_0 y α_1, respectivamente, que se puede poner en la forma:

$$\ln \frac{T_1}{T_0} = \mu(\alpha_1 - \alpha_0)$$

o bien:

$$\boxed{T_1 = T_0 e^{\mu(\alpha_1 - \alpha_0)}} \qquad [5.17]$$

ecuación que permite calcular la tensión en uno de los extremos del hilo conocida la tensión en el otro.

Como puede observarse, la tensión tiene un crecimiento exponencial muy rápido que es el fundamento de diversas aplicaciones prácticas de gran interés en ingeniería (transmisiones por correas, poleas, etc.).

EJERCICIOS

5.1 Un hilo, de peso despreciable es atraído por un plano con una fuerza por unidad de longitud inversamente proporcional al cuadrado de la distancia de cada punto del hilo al plano y dirigida perpendicularmente al plano. Llámese k a la constante de proporcionalidad.

a) Determinar la figura de equilibrio del hilo.

b) Tensión del hilo en función de la ordenada del punto.

5.2 La sección de un cable, suspendido entre dos puntos a igual altura, es proporcional en cada punto a la tensión que soporta. Determinar:

a) Ecuación de la figura de equilibrio.

b) Variación de la tensión en función de la abscisa.

5.3 Un hilo perfectamente flexible, inextensible, de peso despreciable y longitud L, está sometido a la acción de una carga constante, q, por unidad de longitud, que es perpendicular al hilo en todos sus puntos. Determinar:

a) Ecuación de la figura de equilibrio del hilo.

b) Tensión del hilo.

5.4 Un hilo flexible e inextensible, de peso p por unidad de longitud, se encuentra sujeto por uno de sus extremos a un punto P y está colocado sin holgura entre dos placas verticales sin rozamiento que giran con velocidad angular constante ω alrededor de un eje vertical que se encuentra a una distancia d de P. Calcular la ecuación de la figura de equilibrio del hilo.

5.5 Un puente colgante está sujeto de un hilo que tiene sus extremos fijos en dos puntos A y B separados una distancia horizontal l y entre los que existe un desnivel d. El punto B se encuentra situado por debajo del A y el desnivel que existe entre B y el punto más bajo del hilo es f. El peso del tablero del puente y del sistema de sujeción equivale a una carga q uniformemente repartida horizontalmente.

Calcular la tensión en el punto más bajo del hilo.

SOLUCIONES DE LOS EJERCICIOS

5.1 a) La ecuación vectorial de equilibrio de hilos es:

$$d\vec{T} + \vec{F}\,ds = 0$$

Proyectando sobre el triedro *OXYZ* y teniendo en cuenta que:

$$\vec{F} = -\frac{k}{z^2}\vec{k}$$

se obtienen las ecuaciones de equilibrio del hilo en cartesianas:

$$\begin{aligned} & d\left(T\frac{dx}{ds}\right) + F_x\,ds = 0; \qquad d\left(\frac{dT}{dy}\right) = 0 \\ & d\left(T\frac{dy}{ds}\right) + F_y\,ds = 0; \qquad d\left(T\frac{dy}{ds}\right) = 0 \\ & d\left(T\frac{dz}{ds}\right) + F_z\,ds = 0; \qquad d\left(T\frac{dz}{ds}\right) - \frac{k}{z^2}\,ds = 0 \end{aligned} \qquad [5.18]$$

De las dos primeras se deduce:

$$T\frac{dx}{ds} = A \quad \text{y} \quad T\frac{dy}{ds} = B$$

por lo que:

$$Ay - Bx = C$$

es decir, la figura de equilibrio es plana y se puede, por tanto, estudiar el problema en un plano, por ejemplo el *OYZ*. Se tiene:

$$d\left(T\frac{dy}{ds}\right) = 0 \quad \text{y} \quad T\frac{dy}{ds} = T_0$$

por lo que:

$$T = T_0\frac{ds}{dy} \qquad [5.19]$$

Y de la tercera ecuación de las [5.18]:

$$d\left(T\frac{dz}{ds}\right) = \frac{k}{z^2}\,ds$$

sustituyendo el valor de T, obtenido en [5.19], se tiene:

$$d\left(T_0\frac{dz}{dy}\right) = \frac{k}{z^2}\sqrt{1 + z'^2}\,dy$$

O sea:

$$T_0\,dz' = k\frac{\sqrt{1 + z'^2}}{z^2}\,dy$$

Separando variables:

$$\frac{dz'}{\sqrt{1 + z'^2}} = \frac{k}{T_0}\,\frac{dy}{z^2}$$

y multiplicando y dividiendo por dz en el segundo miembro:

$$\frac{dz'}{\sqrt{1 + z'^2}} = \frac{k}{T_0}\,\frac{dy}{z^2}\,\frac{dz}{dz}$$

o sea:

$$\frac{dz'}{\sqrt{1 + z'^2}} = \frac{k}{T_0}\,\frac{1}{z'}\,\frac{dz}{z^2}$$

y de aquí:

$$\frac{z'dz'}{\sqrt{1 + z'^2}} = \frac{k}{T_0}\,\frac{dz}{z^2}$$

Integrando:

$$\sqrt{1 + z'^2} = -\frac{k}{T_0}\,\frac{1}{z} + C$$

Si hacemos que $z' = 0$ (tangente horizontal) para $z = -\dfrac{k}{T_0}$, la constante es $C = 0$.

Queda:

$$\sqrt{1 + z'^2} = -\frac{k}{T_0}\frac{1}{z}$$

De donde:

$$1 + z'^2 = \left(\frac{k}{T_0}\right)^2 \frac{1}{z^2}$$

o sea:

$$z' = \sqrt{\left(\frac{k}{T_0}\right)^2 \frac{1}{z^2} - 1}$$

y

$$\frac{dz}{dy} = \sqrt{\frac{k^2 - T_0^2 z^2}{T_0^2 z^2}} \qquad [5.20]$$

separando variables:

$$\frac{T_0 z\, dz}{\sqrt{k_2 - T_0^2 z^2}} = dy$$

Integrando nuevamente:

$$\frac{1}{T_0}\sqrt{k_2 - T_0^2 z^2} = y + D$$

Si hacemos que el eje OZ pase por el punto de tangente horizontal:

$$\left.\begin{aligned} y &= 0 \\ z &= -\frac{k}{T_0} \end{aligned}\right\}$$

la constante es:

$$D = \frac{1}{T_0}\sqrt{k^2 - T_0^2\frac{k^2}{T_0^2}} = 0$$

Luego queda como figura de equilibrio:

$$k^2 - T_0^2 z^2 = T_0^2 y^2 \rightarrow T_0^2 (y^2 + z^2) = k^2$$

O sea:

$$\boxed{y^2 + z^2 = \left(\frac{k}{T_0}\right)^2}$$

Circunferencia de radio $\dfrac{k}{T_0}$ y centro en el origen de coordenadas.

b) La tensión en el hilo se calcula a partir de las ecuaciones [5.19] y [5.20]:

$$T = T_0 \frac{ds}{dy} = T_0 \sqrt{1 + z'^2} = T_0 \sqrt{1 + z'^2} = T_0 \sqrt{1 + \frac{k^2}{T_0^2 z^2} - 1} = \frac{k}{z}$$

o sea:

$$\boxed{T = \frac{k}{z}}$$

5.2 Sobre el hilo sólo actúa una fuerza vertical debida al peso de cada elemento de hilo cuya sección A es variable y proporcional a la tensión T.

Es decir:

$$A = kT$$

o sea:

$$F_y\, ds = \rho g A\, ds = (\rho g k) T\, ds = KT\, ds$$

Las ecuaciones cartesianas de equilibrio son:

$$d\left(T \frac{dx}{ds}\right) + F_x\, ds = 0$$

$$d\left(T \frac{dy}{ds}\right) + F_y\, ds = 0$$

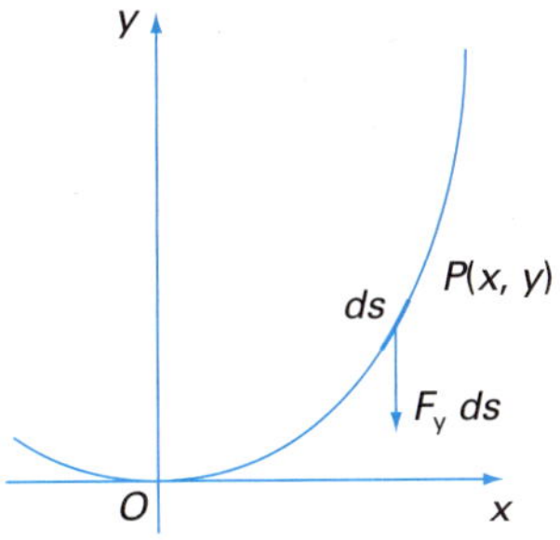

FIGURA 5.11

y puesto que $F_x = 0$, $F_y ds = KT ds$, resulta de la primera:

$$d\left(T\frac{dx}{ds}\right) = 0$$

integrando:

$$T_0 = T\frac{dx}{ds}$$

o sea:

$$T = T_0\frac{ds}{dx}$$

y sustituyendo en la segunda:

$$d\left(T_0\frac{ds}{dx}\frac{dy}{ds}\right) - KT\,ds = 0$$

o sea:

$$d\left(T_0\frac{ds}{dx}\frac{dy}{ds}\right) - KT_0\frac{(ds)^2}{dx} = 0$$

y de aquí:

$$d\left(\frac{dy}{dx}\right) - K\frac{(ds)^2}{dx} = 0$$

es decir:

$$dy' = K\frac{(dx)^2 + (dy)^2}{dx}$$

o sea:

$$\frac{dy'}{dx} = K\left[1 + \left(\frac{dy}{dx}\right)^2\right] = K[1 + y'^2]$$

y separando variables:

$$\frac{dy'}{1 + y'^2} = K\,dx$$

Integrando esta última ecuación diferencial de variables separadas, resulta:

$$\text{arc tg}\, y' = Kx + C_1$$

y con las condiciones de contorno (véase la figura 5.11): $x = 0$, $y' = 0$ resulta ser $C_1 = 0$, por lo que:

$$y' = \text{tg}\,(Kx)$$

o sea:

$$dy = \frac{\text{sen}\,(Kx)}{\cos\,(Kx)}\,dx$$

Integrando nuevamente:

$$y = -\frac{1}{K}\ln\,[\cos\,(Kx)] + C_2$$

y con la condición de contorno (véase la figura 5.11]: $x = 0$, $y = 0$ resulta $C_2 = 0$.

Luego la figura de equilibrio es:

$$y = -\frac{1}{K}\ln\,[\cos\,(Kx)]$$

La tensión, en función de x, será:

$$T = T_0\frac{ds}{dx} = T_0\sqrt{1 + y'^2} = T_0\sqrt{1 + [\text{tg}\,(Kx)]^2} = \frac{T_0}{\cos\,(Kx)}$$

o sea:

$$T = \frac{T_0}{\cos(Kx)}$$

5.3 La ecuación vectorial de equilibrio de hilos es:

$$d\vec{T} + \vec{F}ds = 0$$

Utilizando coordenadas intrínsecas se convierte en:

$$dT + F_t ds = 0$$

$$\frac{T}{\rho} + F_n = 0$$

En este caso la carga siempre es perpendicular al hilo por lo que no habrá componente tangencial, es decir:

$$F_t = 0$$
$$F_n = -q$$

De la primera se deduce que $T = \text{cte} = T_0$ y sustituyendo en la segunda queda:

$$\frac{T_0}{\rho} = q$$

de donde:

$$\rho = \frac{T_0}{q} = \text{cte}$$

por lo que la figura de equilibrio es una circunferencia de radio $\frac{T_0}{q}$.

Para calcular la tensión en el hilo, determinaremos primero la longitud de hilo comprendida entre dos puntos de amarre definidos por los ángulos θ_1 y θ_2:

$$L = \int_1^2 ds = \int_{\theta_1}^{\theta_2} \rho d\theta = \int_{\theta_1}^{\theta_2} \frac{T_0}{q} d\theta = \frac{T_0}{q}(\theta_2 - \theta_1)$$

de donde se obtiene la tensión en el hilo:

$$T_0 = \frac{qL}{\theta_2 - \theta_1}$$

5.4 El hilo se sitúa entre las dos placas sin rozamiento con el fin de que la figura del hilo se mantenga en un plano. Sea éste el plano *OXY*.

Un elemento de hilo *ds* se encuentra en equilibrio bajo la acción de su peso *p ds* y la fuerza centrífuga

$$dF_x = \frac{p}{g}\omega^2 x\, ds$$

Proyectando sobre la normal a la curva en el punto *M* se tiene:

$$p \cos \varphi\, ds = \frac{p}{g}\omega^2 x \operatorname{sen} \varphi\, ds$$

y de aquí:

$$\operatorname{tg} \varphi = \frac{g}{\omega^2 x}$$

y como $\operatorname{tg} \varphi = \dfrac{dy}{dx}$, resulta:

$$\frac{dy}{dx} = \frac{g}{\omega^2 x}$$

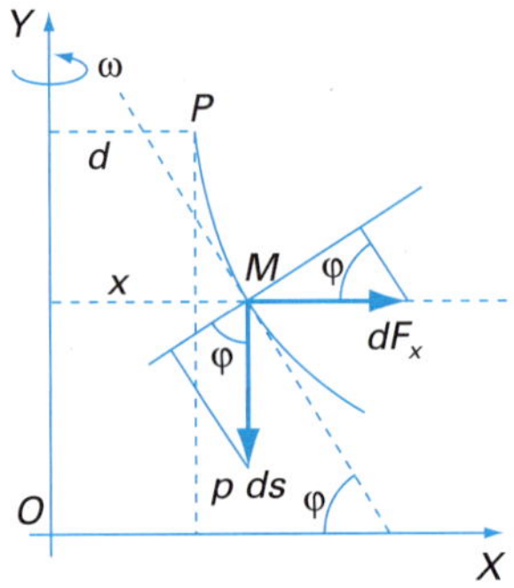

FIGURA 5.12

y separando variables:

$$\frac{dx}{x} = \frac{\omega^2}{g} dy$$

e integrando:

$$\ln x = \frac{\omega^2}{g} y + C$$

Si se impone la condición de que el eje OX pase por el punto P, sus coordenadas serán $P(d, 0)$, y la constante resulta ser $C = \ln d$, por lo que finalmente:

$$\ln x = \frac{\omega^2}{g} y + \ln d$$

o sea:

$$\ln \frac{x}{d} = \frac{\omega^2}{g} y$$

o bien:

$$\boxed{x = d\, e^{\frac{\omega^2}{g} y}}$$

ecuación de la figura de equilibrio buscada.

5.5 Las ecuaciones de equilibrio del hilo en coordenadas cartesianas son:

$$d\left(T \frac{dx}{ds}\right) = 0$$

$$d\left(T \frac{dy}{ds}\right) - q dx = 0$$

Integrando la primera, se tiene:

$$T \frac{dx}{ds} = T_0$$

y sustituyendo en la segunda:

$$d\left(T_0 \frac{ds}{dx} \frac{dy}{ds}\right) = q dx$$

de ésta, integrando, resulta:

$$T_0 \frac{dy}{dx} = qx + c_1$$

Imponiendo como condiciones de contorno que para $x = 0$, $y' = 0$ (tangente horizontal) resulta $c_1 = 0$.

Integrando nuevamente se tiene:

$$T_0 y = \frac{qx^2}{2} + c_2$$

y con la condición de contorno de que la curva pase por $O(0, 0)$ resulta $c_2 = 0$.

La ecuación de la curva de equilibrio es la parábola:

$$y = \frac{q}{2T_0} x^2$$

Puesto que los puntos A y B pertenecen a la curva se tiene:

$$f + d = \frac{q}{2T_0} a^2$$

$$f = \frac{q}{2T_0} b^2$$

$$a + b = l$$

estas tres ecuaciones permiten obtener a, b y T_0.

En efecto, restando la primera de la segunda y dividiendo miembro a miembro, se obtiene:

$$T_0 = \frac{q}{2d}(a^2 - b^2)$$

y

$$b = \frac{1}{1 + \sqrt{\dfrac{f + d}{f}}}$$

y como $a = l - b$, se puede escribir:

$$T_0 = \frac{q}{2d}[(l - b)^2 - b^2] = \frac{ql}{2d}(l - 2b)$$

y sustituyendo b por el valor obtenido anteriormente, resulta la tensión en el punto más bajo:

$$T_0 = \frac{ql^2}{2d}\left[\frac{\sqrt{\dfrac{f+d}{f}} - 1}{\sqrt{\dfrac{f+d}{f}} - 1}\right]$$

Capítulo 6

DINÁMICA DEL PUNTO LIBRE

OBJETIVOS

1. *Definir el concepto de sistema de referencia inercial.*
2. *Enunciar las leyes de Newton y el principio de relatividad de Galileo.*
3. *Definir el concepto de masa inerte.*
4. *Obtener la ecuación fundamental de la dinámica.*
5. *Definir el concepto de punto material.*
6. *Definir el concepto de integral general del movimiento.*
7. *Obtener la ecuación fundamental del movimiento en coordenadas intrínsecas.*
8. *Enunciar y demostrar los teoremas de la cantidad de movimiento, momento cinético y energía cinética.*
9. *Estudiar el movimiento rectilíneo de un punto material bajo la acción de distintos tipos de fuerzas.*
10. *Estudiar el movimiento rectilíneo de un punto material en un medio resistente.*
11. *Estudiar el movimiento curvilíneo de un punto pesado en el vacío y obtener la parábola de seguridad.*
12. *Estudiar el movimiento curvilíneo de un punto pesado en un medio resistente.*

ESQUEMA-RESUMEN

6.1. Introducción
— Sistemas de referencia
— Sistemas inerciales

6.2. Leyes fundamentales de la mecánica
— Conceptos de espacio y tiempo
— Principio de relatividad de Galileo
— Concepto de masa inerte
— Ecuación fundamental de la dinámica

6.3. Ecuaciones del movimiento del punto material libre
— Concepto de punto material
— Ecuaciones del movimiento
— Integrales generales

6.4. Ecuaciones intrínsecas
— Ecuaciones del movimiento
— Casos particulares

6.5. Teorema de la cantidad de movimiento

6.6. Teorema del momento cinético

6.7. Teorema de la energía cinética

6.8. Movimiento rectilíneo
— Fuerza dependiente sólo del tiempo
— Fuerza dependiente sólo de la velocidad
— Fuerza dependiente sólo de la posición

6.9 Movimiento rectilíneo en un medio resistente
— Movimiento descendente y ascendente
— Velocidad límite

6.10. Movimiento curvilíneo de un punto pesado en el vacío
— Alcance máximo
— Parábola de seguridad

6.11. Movimiento curvilíneo de un punto pesado en un medio resistente

6. DINÁMICA DEL PUNTO LIBRE

6.1. INTRODUCCIÓN

En la estática se define la fuerza intuitivamente, sin embargo en la dinámica este concepto va a ser expresado con rigor en función de la variación de movimiento, analizando las causas que producen éste, aunque no independientes en sí mismas, sino en relación con la clase y propiedades del movimiento producido. Ahora bien, para describir el movimiento es preciso un sistema de referencia y éste se basa en los conceptos de espacio y tiempo.

La Mecánica clásica supone que el espacio es homogéneo e isótropo, es decir, que todos sus puntos son idénticos y no hay direcciones privilegiadas. El tiempo es homogéneo pero no es isótropo ya que aunque todos los instantes son iguales discurre únicamente en un sentido. Se supondrá que el espacio es euclideo y que es posible establecer un sistema de referencia absoluto. En principio, puede considerarse así el denominado *«ejes de Copérnico»*, terna de ejes situados en el centro del Sol y dirigidos a tres estrellas fijas. El tiempo se considerará también absoluto, ya que fluye de la misma manera para todos los observadores, es decir, independiente del sistema de referencia. En general, cualquier otro triedro animado de movimiento rectilíneo y uniforme respecto al anterior también se considerará absoluto. Este es el llamado principio de *relatividad de Galileo*, por lo que estos sistemas reciben también el nombre de *galileanos*.

Las leyes de transformación entre dichos sistemas son:

$$\left.\begin{aligned} X &= x \\ Y &= y + vt \\ Z &= z \\ T &= t \end{aligned}\right\} \qquad [6.1]$$

Se puede comprobar fácilmente, derivando respecto al tiempo en las ecuaciones anteriores, que la aceleración en dos sistemas inerciales es la misma, y, en consecuencia, permanecerán invariantes todas las leyes de la dinámica, por lo que decimos que los sistemas *galileanos* son equivalentes.

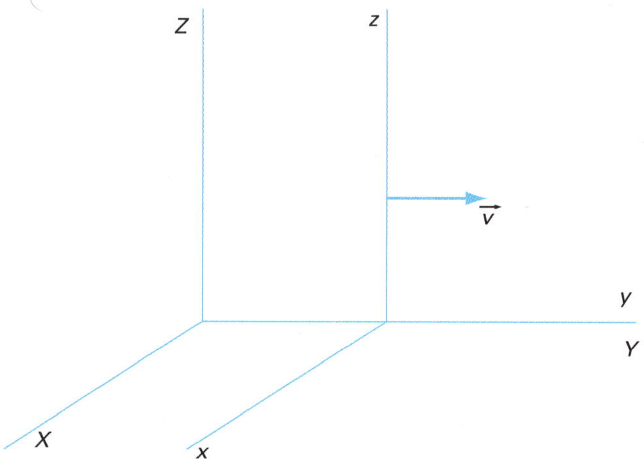

FIGURA 6.1

El principio de relatividad de Galileo puede enunciarse también diciendo que *las leyes de la mecánica son invariantes en dos sistemas de referencia que se mueven con velocidad relativa constante.*

Este principio parece estar en contradicción con el concepto newtoniano de espacio absoluto. Por este motivo es por lo que se introdujo el concepto de *sistema inercial*, que se define como un sistema en el que un punto material libre se mueve uniformemente, es decir que verifica el principio de inercia que se enunciará a continuación.

6.2. LEYES FUNDAMENTALES DE LA MECÁNICA

La mecánica, como toda ciencia experimental, se basa en unos principios fundamentales, confirmados por la experiencia, a partir de los cuales puede desarrollarse una teoría que es capaz de predecir otros hechos que, a su vez, son confirmados posteriormente por la experiencia.

En este texto nos ocupamos de los denominados sistemas newtonianos, que son puntos materiales o sólidos rígidos cuyas ecuaciones del movimiento pueden obtenerse a partir de las leyes de Newton.

Las leyes fundamentales de la mecánica son, por tanto, los tres principios de Newton que se enuncian a continuación:

1.º Principio de inercia

Todo cuerpo permanece en estado de reposo o moviéndose con movimiento rectilíneo y uniforme a no ser que se modifique este estado por la acción de fuerzas exteriores.

Hay que tener en cuenta que el que un cuerpo esté aislado de toda acción exterior no quiere decir que no pueda estar en contacto con otros, sino que no está sometido a ninguna fuerza. Igualmente de este principio se deduce que el estado de reposo y el de movimiento rectilíneo y uniforme son equivalentes, ya que no se puede averiguar experimentalmente si se está en reposo o moviéndose con movimiento uniforme.

2.º Segundo principio (ley fundamental de la dinámica)

La aceleración es proporcional a la fuerza motriz, y tiene la misma línea de acción que ella.

En este principio se establece la relación entre la fuerza, causa de la variación del movimiento, y el efecto, que es la aceleración. Implícitamente se define la constante de proporcionalidad, que llamaremos *masa*.

3.º Principio de acción y reacción

La reacción es siempre igual y de sentido contrario a la acción. Es decir, las acciones recíprocas entre dos cuerpos son siempre iguales en módulo, con la misma línea de acción y de sentidos opuestos.

Partiendo del segundo principio se van a hacer a continuación algunas consideraciones que permitirán aclarar los conceptos de masa y fuerza. Supongamos dos cuerpos A y O, aislados de toda acción exterior. No se conoce la fuerza que se ejercen mutuamente, pero fijando uno de ellos, por ejemplo el O, el cuerpo A se moverá con una aceleración de módulo $a_{A/O}$. Después fijamos A y el cuerpo O se verá sometido a una fuerza que le producirá una aceleración $a_{O/A}$, en módulo.

FIGURA 6.2

Se halla el cociente:

$$\frac{a_{A/O}}{a_{O/A}} \qquad [6.2]$$

y será un número abstracto que designaremos por:

$$\frac{m_O}{m_A}$$

es decir,

$$\frac{a_{A/O}}{a_{O/A}} = \frac{m_O}{m_A}$$

Se toma otro punto *B*, y de igual modo, referido a *O*, se obtendría el cociente:

$$\frac{a_{B/O}}{a_{O/A}}$$

que es un número abstracto, que expresaremos en forma de fracción, pero con el mismo numerador de la expresión [6.2], es decir:

$$\frac{a_{B/O}}{a_{O/A}} = \frac{m_O}{m_B}$$

Obsérvese que ahora queda fijado unívocamente m_B por haberse elegido así el numerador.

Tomando, por tanto, una serie de cuerpos *A*, *B*, *C*, *D*... y, colocándolos sucesivamente en presencia de *O*, se establece la siguiente tabla:

A	**B**	**C**	**D**	**...**
m_A	m_B	m_C	m_D	...

Considerando ahora dos de ellos, por ejemplo el *A* y el *B*, se observa experimentalmente (segundo principio) que:

$$\frac{a_{A/B}}{a_{B/A}} = \frac{m_B}{m_A} \qquad [6.3]$$

A estos números m_A, m_B... se les denomina masa inerte de los cuerpos A, B... Como no tienen más sentido físico que el de unos coeficientes, es posible escoger con toda libertad uno de ellos que sirva como unidad quedando así fijado el coeficiente de cada cuerpo.

Considérese a continuación otra experiencia. Supóngase que se tienen dos cuerpos O y A, situados en dos puntos del espacio (fig. 6.3), estando el O sometido a una aceleración $a_{O/A}$. Se suprime el cuerpo A, y se coloca otro cuerpo B en un punto distinto al anterior con lo que el punto O sufre una aceleración $\vec{a}_{O/B}$. Si a continuación se considera conjuntamente el sistema OAB, la aceleración de O será $\vec{a}_{O/AB}$, y, experimentalmente se comprueba que:

$$\vec{a}_{O/AB} = \vec{a}_{O/B} + \vec{a}_{O/A}$$

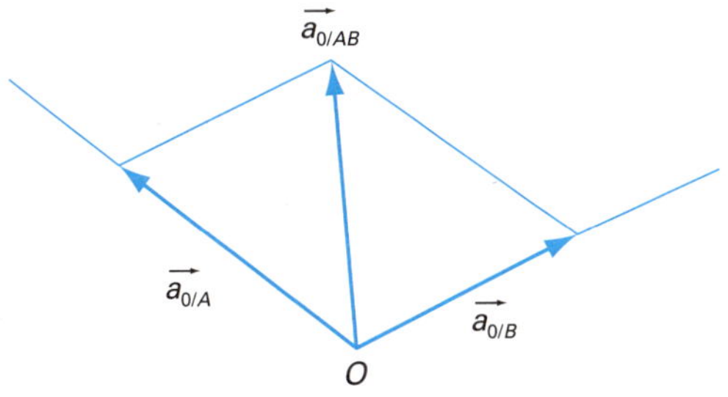

FIGURA 6.3

De la igualdad [6.3]:

$$a_{B/A}\, m_B = a_{A/B}\, m_A = F$$

que expresa el tercer principio de acción y reacción, y teniendo en cuenta la ecuación [6.2], resulta:

$$a_{A/O}\, m_A = F$$

o de forma más general:

$$\boxed{\vec{F} = m\vec{a}} \qquad [6.4]$$

que es la *ecuación fundamental de la dinámica*.

ISAAC NEWTON

Isaac Newton nació en Woolsthorpe, Linconshire, Inglaterra, en 1642. Cuando contaba dieciocho años ingresó en el Trinity College de Cambridge para estudiar matemáticas. Aunque fue un estudiante aplicado, no destacó especialmente y obtuvo el título de bachiller en artes en 1665. Debido a una epidemia de peste, se marchó a vivir al campo durante casi dos años y, según confesaba él mismo, fue durante ese periodo cuando concibió la mayor parte de las ideas por las que es considerado uno de los más grandes científicos que han existido y, en concreto, la ley de la gravedad. Sin embargo tardó mucho tiempo en publicar sus descubrimientos y su famosísima obra *Philosophia Naturalis Principia Matemática* no se publicó hasta el año 1687, cuando Newton contaba cuarenta y cinco años. La obra está escrita en latín y en el primer libro expone sus conocidas tres leyes que se reproducen a continuación:

I. Corpus omne perseverare in statu suo quiescendi vel movendi uniformiter in directum, nisi quatenus a viribus impressis cogitur statum illum mutare

II. Mutationem motus proportionalem esse vi motrici impressae, et fieri secundum lineam rectam qua vis illa imprimitur.

III. Actioni contrariam semper et aequalem esse reactionem: sive corpurum duorum actiones in se mutuo semper esse aequales et in partes contrarias dirigi.

Newton mantuvo diversas polémicas con varios de los científicos más notables de su época como Hooke, Leibnitz o Huyghens y obtuvo otros muchos resultados científicos de interés, tanto en el campo de las matemáticas (su conocida fórmula del binomio o el cálculo diferencial —que él llamaba cálculo de fluxiones—) como en el de la física, especialmente en la óptica, publicando en 1704 la obra de igual nombre. Además de su actividad científica, Newton se ocupó también de otros asuntos, siendo nombrado a los cincuenta y cuatro años director de la Casa de la Moneda de Londres, lo que le permitió vivir holgadamente el resto de su vida. Fue miembro del Parlamento y recibió numerosos honores y condecoraciones. En 1705, le fue concedido el título de nobleza. Murió en 1727 y fue enterrado en la Abadía de Westminster.

6.3. ECUACIONES DEL MOVIMIENTO DEL PUNTO MATERIAL LIBRE

Antes de comenzar con el estudio de la dinámica del punto material vamos a dar una idea de lo que se entiende por *punto material*. Ante todo hay que señalar que el concepto de punto material es un concepto relativo. En efecto, supongamos que se tiene un cuerpo que se puede encerrar en el interior de una esfera de radio ε, sin cometer un error apreciable. Si ε se puede considerar despreciable respecto a las dimensiones de las trayectorias que va a describir el punto, se dice entonces que se trata de un *punto material*. Por tanto el concepto de punto material incluye el de un punto geométrico en un espacio euclideo ordinario al que se le asocia la masa m.

Las ecuaciones del movimiento se obtienen a partir de la ecuación fundamental de la dinámica:

$$\vec{F} = m\vec{a}$$

que proyectada sobre los ejes *OXYZ* proporciona las tres ecuaciones escalares:

$$F_x = m\ddot{x}$$
$$F_y = m\ddot{y}$$
$$F_z = m\ddot{z}$$

En el caso más general, la expresión de la fuerza que actúa sobre el punto material será:

$$\vec{F} = \vec{F}(x, y, z, \dot{x}, \dot{y}, \dot{z}, t)$$

que en componentes cartesianas se puede expresar por:

$$\vec{F} = F_x\vec{i} + F_y\vec{j} + F_y\vec{k}$$

con lo que resulta:

$$\begin{aligned} F_x(x, y, z, \dot{x}, \dot{y}, \dot{z}, t) &= m\ddot{x} \\ F_y(x, y, z, \dot{x}, \dot{y}, \dot{z}, t) &= m\ddot{y} \\ F_z(x, y, z, \dot{x}, \dot{y}, \dot{z}, t) &= m\ddot{z} \end{aligned} \qquad [6.5]$$

sistema de tres ecuaciones de segundo orden, que integrado dará:

$$x = x(t, C_1, C_2, C_3, C_4, C_5, C_6) = x(t, C_i)$$
$$y = y(t, C_1, C_2, C_3, C_4, C_5, C_6) = y(t, C_i)$$
$$z = z(t, C_1, C_2, C_3, C_4, C_5, C_6) = z(t, C_i)$$

que son las *ecuaciones generales del movimiento de un punto material libre*.

Las seis constantes se determinan a partir de las condiciones de contorno de cada problema particular. Por ejemplo: la posición, $\vec{r}_0$, y la velocidad del punto, $\vec{v}_0$, en un instante determinado t_0. En efecto:

$$\left.\begin{aligned} x_o &= x_o(t_o, C_i) \\ y_o &= y_o(t_o, C_i) \\ z_o &= z_o(t_o, C_i) \\ \dot{x}_o &= \dot{x}_o(t_o, C_i) \\ \dot{y}_o &= \dot{y}_o(t_o, C_i) \\ \dot{z}_o &= \dot{z}_o(t_o, C_i) \end{aligned}\right\}$$

que es un sistema de seis ecuaciones con seis incógnitas que permite determinar las C_i.

Integrando las ecuaciones (6.5) se obtendrían ecuaciones de la forma

$$f(x, y, z, \dot{x}, \dot{y}, \dot{z}, t) = C$$

que se denominan *integrales primeras*. Estas ecuaciones pueden obtenerse también directamente aplicando los teoremas que veremos más adelante (teorema de la cantidad de movimiento, de la energía cinética, etc.).

6.4. ECUACIONES INTRÍNSECAS

Si se proyecta la ecuación fundamental de la dinámica sobre el triedro intrínseco o de Frénet de la trayectoria del punto, y se tiene en cuenta que la aceleración puede descomponerse en sus componentes tangencial y normal, según la tangente y la normal principal de dicho triedro, resulta:

$$\vec{F} = F_t\vec{t} + F_n\vec{n} + F_b\vec{b}$$

$$\vec{a} = \vec{a}_t + \vec{a}_n = \frac{dv}{dt}\vec{t} + \frac{v^2}{\rho}\vec{n}$$

Por lo que, sustituyendo en la ecuación fundamental de la dinámica e identificando se tiene:

$$\vec{F} = m\left(\frac{v^2}{\rho}\vec{n} + \frac{dv}{dt}\vec{t}\right)$$

y en definitiva:

$$\left.\begin{aligned} F_t &= m\frac{dv}{dt} \\ F_n &= m\frac{v^2}{\rho} \\ F_b &= 0 \end{aligned}\right\} \qquad [6.6])$$

ecuaciones que expresan que la fuerza está contenida en el plano osculador de la trayectoria.

Pueden presentarse distintos casos particulares. Si la componente de la fuerza según la tangente a la curva es nula, es decir, $F_t = 0$, será $\frac{dv}{dt} = 0$ por lo que v = constante, y el punto se mueve sobre la trayectoria con velocidad uniforme. Si la que se anula es la componente según la normal, $F_n = 0$, y será $v = 0$ ó bien $\rho \to \infty$. Si $v = 0$, no hay movimiento; si $\rho \to \infty$, la trayectoria es recta o tiene en ese punto una inflexión.

6.5. TEOREMA DE LA CANTIDAD DE MOVIMIENTO

Se llama *cantidad de movimiento*, $\vec{p}$, de un punto material a un vector de la misma dirección y sentido que el movimiento y de módulo mv. A veces se designa también con el nombre de *momento lineal*. Vectorialmente se expresa como:

$$\vec{p} = m\vec{v}$$

Si se tiene un punto material de masa m que se mueve por la acción de un sistema de fuerzas de resultante $\vec{F}$, aplicando la ecuación fundamental de la dinámica:

$$\vec{F} = m\frac{d^2\vec{r}}{dt^2} = m\frac{d}{dt}\left(\frac{d\vec{r}}{dt}\right) = m\frac{d\vec{v}}{dt}$$

Si se supone m constante, $\frac{dm}{dt}$ será igual a cero y:

$$\frac{d}{dt}(m\vec{v}) = \frac{dm}{dt}\vec{v} + m\frac{d\vec{v}}{dt} = m\frac{d\vec{v}}{dt}$$

Por tanto:

$$\vec{F} = \frac{d}{dt}(m\vec{v}) = \frac{d\vec{p}}{dt}$$

o bien:

$$\boxed{\frac{d\vec{p}}{dt} = \vec{F}} \qquad [6.7]$$

que es la expresión del **teorema de la cantidad de movimiento** y que se puede enunciar como sigue: *la derivada respecto al tiempo de la cantidad de movimiento de un punto material es igual a la resultante de las fuerzas aplicadas*.

Podría haberse partido de este teorema para una definición general de la fuerza, ya que en el caso particular de que la masa sea constante el teorema expresa el segundo principio de Newton. Sin embargo no siempre es así como, por ejemplo, en el caso del movimiento de un cohete en el que se va perdiendo masa continuamente. Este teorema se conoce también con el nombre de *teorema del impulso* ya que al producto $\vec{F}dt$ se le denomina *impulso*.

En la práctica, es muy frecuente utilizar el *teorema de la proyección de la cantidad de movimiento*. En efecto, si se proyecta la ecuación [6.7] sobre un eje definido por el vector unitario $\vec{u}$, constante con el tiempo.

$$\vec{F} \cdot \vec{u} = \frac{d(m\vec{v}) \cdot \vec{u}}{dt} \qquad [6.8]$$

y derivando respecto al tiempo en el segundo miembro

$$\frac{d}{dt}(m\vec{v} \cdot \vec{u}) = \frac{dm\vec{v}}{dt} \cdot \vec{u} + m\vec{v} \cdot \frac{d\vec{u}}{dt}$$

Y por ser $\vec{u}$ constante con el tiempo, $\frac{d\vec{u}}{dt} = 0$, y sustituyendo en [6.8] resulta:

$$\vec{F} \cdot \vec{u} = \frac{d}{dt}(m\vec{v} \cdot \vec{u})$$

$$\vec{F} \cdot \vec{u} = \frac{d\vec{p}}{dt} \cdot \vec{u} = \frac{d}{dt}(m\vec{v}) \cdot \vec{u}$$

Es decir: *La proyección de la fuerza sobre el eje definido por el vector* $\vec{u}$ *es igual a la derivada respecto al tiempo de la cantidad de movimiento proyectada sobre el mismo eje.*

6.6. TEOREMA DEL MOMENTO CINÉTICO

Se denomina *momento cinético*, $\vec{L}_O$, de un punto material respecto a un punto O, al momento de la cantidad de movimiento $m\vec{v}$ del punto material respecto al punto O. Se conoce también con el nombre de *momento angular*.

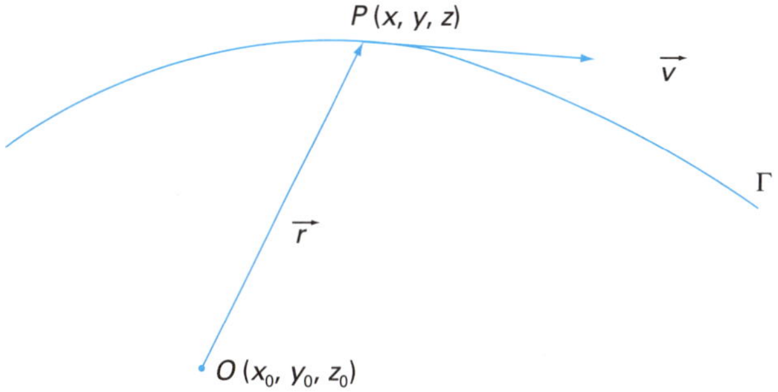

FIGURA 6.4

Supongamos un punto material P, de masa m, que describe la trayectoria Γ con velocidad $\vec{v}$, siendo $\vec{r} = \overrightarrow{OP}$ su vector de posición respecto al punto O (fig. 6.4). Su momento cinético, por definición, es:

$$\vec{L}_O = \overrightarrow{OP} \times \vec{p} = \vec{r} \times \vec{p} = \vec{r} \times m\vec{v} \qquad [6.9]$$

Es decir,

$$\vec{L}_O = \overrightarrow{OP} \times \vec{p} = \vec{r} \times m\vec{v} = m(\vec{r} \times \vec{v}) = m\left(\vec{r} \times \frac{d\vec{r}}{dt}\right) =$$

$$= m\begin{vmatrix} \vec{i} & \vec{j} & \vec{k} \\ x - x_o & y - y_o & z - z_o \\ \dfrac{dx}{dt} & \dfrac{dy}{dt} & \dfrac{dz}{dt} \end{vmatrix}$$

El **teorema del momento cinético** se enuncia diciendo que: *la derivada respecto al tiempo del momento cinético respecto a un punto, es igual al momento, respecto de este mismo punto, de la resultante* $\vec{F}$ *de las fuerzas aplicadas al punto material.*

Para demostrarlo, se parte, como siempre, de la ecuación fundamental de la dinámica:

$$\vec{F} = \frac{md^2\vec{r}}{dt^2}$$

y multiplicando vectorialmente a la izquierda por $\vec{r}$, se tiene:

$$\vec{r} \times \vec{F} = m\left(\vec{r} \times \frac{d^2\vec{r}}{dt^2}\right)$$

Si se deriva respecto al tiempo en la expresión [6.9]:

$$\frac{d\vec{L}_O}{dt} = \frac{d}{dt}(\vec{r} \times \vec{p}) = \frac{d\vec{r}}{dt} \times \vec{p} + \vec{r} \times \frac{d\vec{p}}{dt}$$

Como

$$\vec{p} = m\,\frac{d\vec{r}}{dt} \qquad [6.10]$$

resulta:

$$\frac{d\vec{L}_O}{dt} = m\left(\frac{d\vec{r}}{dt} \times \frac{d\vec{r}}{dt}\right) + m\left(\vec{r} \times \frac{d^2\vec{r}}{dt^2}\right)$$

El primer sumando se anula, y recordando la igualdad [6.4]:

$$\boxed{\frac{d\vec{L}_O}{dt} = \vec{r} \times \vec{F}} \qquad [6.11]$$

que es la expresión del *teorema del momento cinético.*

Este teorema del momento cinético tiene también significado cuando el momento es *áxico*. Aunque se puede demostrar mediante el cálculo vectorial, se obtiene de forma inmediata por aplicación directa del teorema de la proyección del vector derivada. En efecto, puesto que *la proyección del vector derivada de otro sobre una recta es igual a la derivada de la proyección de éste*, resulta al aplicarlo al vector $\vec{L}_O$ de la ecuación [6.11] que:

La derivada respecto al tiempo del momento áxico de la cantidad de movimiento respecto de una recta fija es igual al momento áxico de la resultante de las fuerzas aplicadas al punto respecto de dicha recta.

Por tanto, si la fuerza es permanente coplanaria con un eje, la proyección sobre dicho eje del momento cinético es constante.

6.7. TEOREMA DE LA ENERGÍA CINÉTICA

Este teorema se conoce también con el nombre de teorema de las fuerzas vivas debido a que se llama *fuerza viva* al producto de la masa de un punto por la norma de su velocidad, que es una cantidad esencialmente positiva. Por referirse a esta expresión, el teorema que vamos a estudiar tiene esta denominación, aunque es más usual denominarlo teorema de la energía cinética, concepto que definiremos más adelante.

Se comenzará por definir el concepto de *trabajo*. El trabajo elemental, dT, realizado por la fuerza $\vec{F}$, es:

$$dT = \vec{F} \cdot d\vec{r} \qquad [6.12]$$

y por tanto, el trabajo realizado por la fuerza $\vec{F}$ a lo largo de la curva Γ, entre los puntos A y B es:

$$T_A^B = \int_\Gamma \vec{F} \cdot d\vec{r} \qquad [6.13]$$

donde $d\vec{r}$ es la diferencial de arco de Γ.

De la definición [6.12], como:

$$\vec{F} = m\frac{d^2\vec{r}}{dt^2}$$

será:

$$dT = m\frac{d^2\vec{r}}{dt^2} \cdot d\vec{r} = m\frac{d\vec{v}}{dt} \cdot \vec{v}\,dt = m\vec{v} \cdot d\vec{v} \qquad [6.14]$$

pero

$$d\left(\frac{1}{2}\, m \text{ nor } \vec{v}\right) = m\vec{v} \cdot d\vec{v} \qquad [6.15]$$

y como [6.14] es igual a [6.15] por tener iguales los segundos miembros, los primeros también lo serán:

$$\boxed{dT = \frac{1}{2}\, m\, d\,(\text{nor}\, \vec{v})} \qquad [6.16]$$

e integrando:

$$T_A^B = \frac{1}{2}\, m\,(\text{nor}\, \vec{v}_A - \text{nor}\, \vec{v}_B) = \frac{1}{2}\, mv_A^2 - \frac{1}{2}\, mv_B^2$$

Al producto $\frac{1}{2}\, mv^2$ se le llama *energía cinética* del punto material de masa m, y se designa por E_C.

El **teorema de la energía cinética** se enuncia diciendo que: *el trabajo realizado por la fuerza motriz* $\vec{F}$ *entre los puntos* A *y* B *es igual a la variación de la energía cinética del punto material entre dichos puntos.*

Expresando la ecuación [6.12] en función de sus componentes cartesianas se tiene:

$$\vec{F} = F_x \vec{i} + F_y \vec{j} + F_z \vec{k}$$

y como

$$\vec{ds} = dx\vec{i} + dy\vec{j} + dz\vec{k}$$

resulta:

$$dT = F_x\, dx + F_y\, dy + F_z\, dz$$

y expresando [6.16] en cartesianas queda:

$$dT = F_x\, dx + F_y\, dy + F_z\, dz = \frac{1}{2}\, md\left[\left(\frac{dx}{dt}\right)^2 + \left(\frac{dy}{dt}\right)^2 + \left(\frac{dz}{dt}\right)^2\right]$$

Un caso particular interesante es aquel en el que la fuerza es conservativa, $\vec{F} = \overrightarrow{\text{grad}}\, U$, como, por ejemplo, en el caso del campo gravitatorio. Entonces:

$$dT = \vec{F} \cdot \vec{ds} = \overrightarrow{\text{grad}}\, U \cdot \vec{ds}$$

y como:

$$dT = \frac{1}{2}\, m\, d\,(v^2) \quad \text{y} \quad \overrightarrow{\text{grad}}\, U \cdot \vec{ds} = dU$$

resulta:

$$\frac{1}{2} m \, d\,(v^2) = dU$$

Integrando se tiene:

$$\frac{1}{2} mv_A^2 - \frac{1}{2} mv_B^2 = U_A - U_B$$

que expresa el *teorema de la conservación de la energía*:

«La diferencia de energía cinética entre dos puntos es igual a la de sus potenciales inicial y final.»

6.8. MOVIMIENTO RECTILÍNEO: CASOS EN QUE LA FUERZA MOTRIZ DEPENDE SÓLO DEL TIEMPO, DE LA POSICIÓN O DE LA VELOCIDAD

Movimiento rectilíneo es el de un punto que se mueve sobre una recta. Como consecuencia, la fuerza tiene la dirección de la recta, y, por lo tanto, la podremos tratar como escalar. En general, $\vec{F}$ será función de la posición, la velocidad y el tiempo.

De la ecuación fundamental:

$$\vec{F} = m\vec{a}$$

proyectándola sobre el eje *OX* se tiene:

$$F(x, \dot{x}, t) = m \frac{d^2x}{dt^2} \qquad [6.17]$$

ecuación que integrada nos dará soluciones de la forma:

$$x = x(t, C_1, C_2)$$

en donde C_1 y C_2 son constantes que se determinarán mediante las condiciones de contorno.

Se van a estudiar los casos en los que

$$F = F(t), \qquad F = F(x) \qquad \text{y} \qquad F = F(\dot{x})$$

6.8.1. La fuerza sólo depende del tiempo

En este caso la ecuación del movimiento es:

$$m\frac{d^2x}{dt^2} = F(t)$$

es decir:

$$m\frac{d}{dt}\left(\frac{dx}{dt}\right) = F(t)dt$$

o sea:

$$mdv = F(t)dt$$

Integrando:

$$mv = \int_{t_0}^{t} F(t)dt + C_1 \qquad [6.18]$$

La constante C_1 se determina por las condiciones de contorno. Por ejemplo, si para $t = t_0$, $v = v_0$, de [6.18] se tiene:

$$mv_0 = \int_{t_0}^{t_0} F(t)dt + C_1 = C_1$$

Luego $C_1 = mv_0$ y, por tanto:

$$mv_0 = \int_{t_0}^{t} F(t)dt + mv_0$$

que es una integral primera.

Como $v = \dfrac{dx}{dt}$, sustituyendo en la última ecuación y volviendo a integrar:

$$m\frac{dx}{dt} = \int_{t_0}^{t} F(t)dt + mv_0$$

o sea:

$$mx = \int_{t_0}^{t} dt \int_{t_0}^{t} F(t)dt + mv_0\,(t - t_0) + C_2$$

Si las condiciones iniciales son tales que para $t = t_0$ se verifica $x = x_0$, resulta que:

$$C_2 = mx_0$$

Y, finalmente, la ecuación horaria del movimiento es:

$$x - x_0 = \frac{1}{m}\int_{t_0}^{t} dt \int_{t_0}^{t} F(t)dt + v_0\,(t - t_0)$$

Las constantes C_1 y C_2 se habrían podido determinar por muchos otros tipos de condiciones de contorno, si bien las que se han utilizado son muy frecuentes y las determinan unívocamente.

El proceso que se va a seguir en los dos casos siguientes es similar a éste. Se busca una ecuación diferencial que relacione v con t; se integra (integral primera) y el resultado se vuelve a integrar, con lo que se obtiene la relación $x = x(t)$, que es la ecuación horaria que se pretendía obtener.

Aunque, como ya se dijo, es posible determinar las constantes de integración a partir de muy diversas condiciones de contorno, en lo que sigue se utilizarán las más sencillas, que suelen ser la posición y la velocidad en el instante inicial, igualándolas además a cero en muchos casos para una mayor simplicidad de la solución.

6.8.2. La fuerza sólo depende de la velocidad

Si la fuerza es de la forma $F = F(v)$, la ecuación del movimiento será:

$$m\frac{d^2x}{dt^2} = F(v)$$

o lo que es lo mismo:

$$m\frac{dv}{dt} = F(v)$$

es decir:

$$m\frac{dv}{F(v)} = dt$$

ecuación diferencial de variables separadas, que se integra inmediatamente:

$$m\int_{v_0}^{v}\frac{dv}{F(v)} = t - t_0 = \phi(v)$$

En esta ecuación ya se han aplicado las condiciones de contorno (para $t = t_0$, $v = v_0$.) Se ha obtenido así una integral primera del movimiento. Para hallar la ecuación horaria se despeja v en $t - t_0 = \phi(v)$, con lo que queda:

$$v = \phi^{-1}(t - t_0) \qquad [6.19]$$

en la que se ha representado por ϕ^{-1} la función inversa de ϕ.

Integrando ahora la [6.19]:

$$\frac{dx}{dt} = \phi^{-1}(t - t_0)$$

de donde:

$$x = \int_{t_0}^{t}\phi^{-1}(t - t_0)\,dt + x_0$$

ecuación que resuelve el problema.

6.8.3. La fuerza sólo depende de la posición

En este caso $F = F(x)$ y la ecuación del movimiento se escribe:

$$m\frac{d^2x}{dt^2} = F(x)$$

Como interesa integrar respecto a t, se aplica el teorema de la energía cinética para obtener una integral primera del movimiento:

$$d\left(\frac{1}{2}mv^2\right) = F(x)\,dx$$

Integrando:

$$\frac{1}{2}mv^2 - \frac{1}{2}mv_0^2 = \int_{x_0}^{x}F(x)\,dx$$

o sea:

$$v^2 = v_0^2 + \frac{2}{m}\int_{x_0}^{x} F(x)\,dx = \phi(x)$$

integral primera, que volvemos a integrar:

$$\left(\frac{dx}{dt}\right)^2 = \phi(x)$$

es decir:

$$\frac{dx}{dt} = \sqrt{\phi(x)}$$

y separando variables:

$$\frac{dx}{\sqrt{\phi(x)}} = dt$$

e integrando:

$$t - t_0 = \int_{x_0}^{x} \frac{dx}{\sqrt{\phi(x)}}$$

que es la ecuación horaria del movimiento del punto.

Casos particulares de este último apartado son: fuerza constante; fuerza atractiva directamente proporcional a la distancia; fuerza repulsiva directamente proporcional a la distancia; fuerza atractiva inversamente proporcional a la distancia; fuerza repulsiva inversamente proporcional a la distancia, y fuerza newtoniana.

6.9. MOVIMIENTO RECTILÍNEO DE UN PUNTO EN UN MEDIO RESISTENTE: VELOCIDAD LÍMITE

A continuación se va a estudiar el movimiento rectilíneo de un punto material de masa m, sometido a la acción del campo gravitatorio, en el seno de un fluido que opone una resistencia a su movimiento que es función de la velocidad del punto. Se pueden presentar dos casos: que el movimiento sea ascendente o descendente. Se considera como dirección positiva del eje OX la vertical ascendente.

a) *Movimiento descendente*

Sea R la resistencia opuesta al movimiento que consideraremos función de v. Es decir, $R = R(v)$. La ecuación del movimiento es en este caso:

$$m\frac{d^2x}{dt^2} = -mg + R$$

y escribiendo R en la forma:

$$R = mg\phi(v)$$

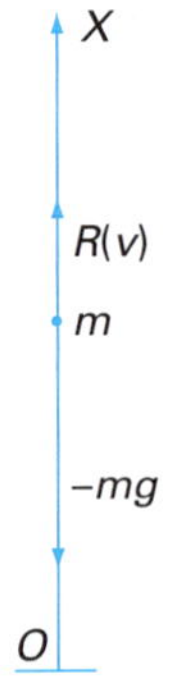

FIGURA 6.5

se tiene:

$$m\frac{d^2x}{dt^2} = -mg + mg\phi(v) = -mg\,[1 - \phi(v)] \qquad [6.20]$$

La función $\phi(v)$ puede obtenerse, por ejemplo, en el caso de un cuerpo, en un túnel aerodinámico. A continuación se van a discutir los valores que puede tomar esta función.

Para $v = 0$, la función $\phi(v)$ debe ser menor que 1, pues si no lo fuera, cuando el sólido estuviese en reposo, la fuerza debida a la resistencia al movimiento iniciaría éste, lo que es absurdo. En general, $\phi(0) = 0$, porque la fuerza se opone al movimiento, y si éste no se ha iniciado, no puede haber resistencia. En el caso de que $\phi(v)$ sea igual a uno, no hay movimiento. El fluido es tan viscoso que impide totalmente éste. Es decir, $\phi(v)$ es siempre menor o igual que uno, pues si fuese mayor, la fuerza resultante produciría una fuerza ascendente.

Supóngase que $\phi(v)$ es creciente con v, y que existe un valor de v para el que $\phi(v) = 1$. En este caso, deja de actuar la fuerza al anularse el segundo miembro de [6.20]. Por tanto, el primer miembro es $m\,\dfrac{dv}{dt} = 0$ y la velocidad es constante, con lo que $\phi(v)$ sigue siendo la unidad. El punto se mueve con movimiento uniforme, y a la velocidad se le llama *velocidad límite* λ.

A continuación se calculará la ecuación del movimiento y la expresión de la velocidad límite en este caso particular.

De la [6.20], sustituyendo 1 por el valor $\phi(\lambda)$:

$$\frac{dv}{dt} = -g[\phi(\lambda) - \phi(v)] \qquad [6.21]$$

o también:

$$\frac{dv}{\phi(\lambda) - \phi(v)} = -g\,dt$$

e integrando:

$$-g(t - t_0) = \int_{v_0}^{v} \frac{dv}{\phi(\lambda) - \phi(v)} = f_1(v) \qquad [6.22]$$

Sustituyendo $dt = \dfrac{dx}{v}$ en la [6.21] se tiene:

$$\frac{dv}{\dfrac{dx}{v}} = g[\phi(\lambda) - \phi(v)]$$

o sea:

$$\frac{v\,dv}{\phi(\lambda) - \phi(v)} = -g\,dx$$

y volviendo a integrar:

$$-g(x - x_0) = \int_{v_0}^{v} \frac{v\,dv}{\phi(\lambda) - \phi(v)} = f_2(v) \qquad [6.23]$$

De las [6.22] y [6.23] obtendríamos x y t en funcion de v.

b) *Movimiento ascendente*

Es totalmente análogo al caso anterior, salvo que el signo de la función $R(v)$ es negativo y la ecuación del movimiento es:

$$m\frac{d^2x}{dt^2} = -mg[1 + \phi(v)]$$

luego

$$\int_{v_0}^{v} \frac{-dv}{g[1 + \phi(v)]} = t - t_0$$

es decir, $t = f(v)$ y como:

$$\frac{dv}{dx}\frac{dx}{dt} = \frac{dv}{dx}v = -g[1 + \phi(v)]$$

volviendo a integrar:

$$\int_{v_0}^{v} \frac{-v\,dv}{g[1 + \phi(v)]} = x - x_0$$

Y de aquí se obtiene $v = f(x)$.

c) *Ejemplo*

A continuación se va a estudiar un caso particular en el que $R(v) = mgkv^2$ con movimiento descendente. Aplicando la expresión [6.20]:

$$\frac{dv}{dt} = -g(1 - kv^2)$$

ecuación diferencial de variables separadas:

$$-\frac{dv}{1 - kv^2} = g\,dt$$

que se integra directamente:

$$-\frac{1}{\sqrt{k}}\,\text{arg cth}\,(\sqrt{k}\,v) = gt + C$$

de donde:

$$-\sqrt{k}\, v = \text{cth}\,(\sqrt{k}\, gt + \sqrt{k}\, C)$$

y de aquí:

$$v = -\frac{1}{\sqrt{k}}\, \text{cth}\, \sqrt{k}\, (gt + C)$$

y como cth x tiende a 1 al crecer x, en este caso, al crecer t indefinidamente, v tiende a $\frac{1}{k}$, y ésta será la velocidad límite.

Como $v = \frac{dx}{dt}$, $dx = v\, dt$ y la solución general del problema será:

$$x = \int v\, dt = -\frac{1}{\sqrt{k}} \int [\text{cth}\, \sqrt{k}\, (gt + C)]\, dt + D$$

6.10. MOVIMIENTO CURVILÍNEO DE UN PUNTO PESADO EN EL VACÍO. PARÁBOLA DE SEGURIDAD

Supongamos un punto de masa m que se mueve por la acción de una fuerza vertical constante mg y que en el instante inicial está animado de una velocidad $\vec{v}_0$.

En este caso se demuestra fácilmente que la trayectoria es plana. Se toman los ejes en este plano, con el origen coincidente con el punto de partida y el eje OY paralelo a la dirección de la fuerza. Aplicando la ecuación fundamental de la dinámica, las ecuaciones diferenciales del movimiento son:

$$m\frac{d^2x}{dt^2} = 0$$

$$m\frac{d^2y}{dt^2} = -mg$$

Integrando y aplicando las condiciones de contorno, siendo α el ángulo que forma el vector $\vec{v}_0$ con el eje OX, se tiene:

$$\frac{dx}{dt} = C_1 = v_0 \cos \alpha$$

$$\frac{dy}{dt} = -gt + C_2 = -gt + v_0 \,\text{sen}\, \alpha$$

E integrando nuevamente:

$$x = v_0 (\cos \alpha) t + D_1$$

$$y = v_0 (\text{sen } \alpha) t - \frac{1}{2} g t^2 + D_2$$

Puesto que el punto parte del origen de coordenadas, se tiene $D_1 = 0$ y $D_2 = 0$ y queda, en definitiva:

$$x = v_0 (\cos \alpha) t$$

$$y = v_0 (\text{sen } \alpha) t - \frac{1}{2} g t^2$$

Para obtener la ecuación de la trayectoria, se despeja t en la primera expresión y se sustituye en la segunda:

Es decir:

$$t = \frac{x}{v_0 \cos \alpha}$$

y resulta:

$$y = v_0 \text{ sen } \alpha \frac{x}{v_0 \cos \alpha} - \frac{1}{2} g \frac{x^2}{v_0^2 \cos^2 \alpha}$$

o sea:

$$y = (\text{tg } \alpha) x - \frac{g x^2}{2 v_0^2 \cos^2 \alpha}$$

que es una parábola de eje vertical, que pasa por el origen.

6.10.1. Alcance

El alcance máximo correspondiente a un determinado ángulo de la velocidad inicial y para un valor dado de ésta, v_0, será la abscisa correspondiente a la ordenada $y = 0$. La ecuación, resuelta para $y = 0$, proporciona dos soluciones: una ($x = 0$) es el punto de partida, y la otra el alcance que buscamos.

En efecto, resolviendo la ecuación:

$$(\text{tg}\,\alpha)\,x - \frac{gx^2}{2v_0^2\cos^2\alpha} = 0$$

se tienen las dos soluciones:

$$x = 0 \text{ (origen)}$$

$$x_{\text{máx}} = \frac{2v_0^2\cos^2\alpha\,\text{tg}\,\alpha}{g}$$

o lo que es igual:

$$x_{\text{máx}} = \frac{2v_0^2\cos\alpha\,\text{sen}\,\alpha}{g} = \frac{v_0^2\,\text{sen}\,2\alpha}{g}$$

Si se hace variar α, ángulo formado por la velocidad inicial con el eje *OX*, el valor máximo del alcance corresponderá al máximo de sen 2α. Es decir, sen $2\alpha = 1$, $2\alpha = \pi/2$ y, por tanto, $\alpha = \pi/4$, o sea que el alcance máximo se obtiene con un ángulo de 45°.

Obsérvese que existen dos valores de α, uno mayor de 45° y otro menor, para los que corresponde un mismo alcance, debido a que el factor sen 2α puede tomar el mismo valor para ambos casos. Por ejemplo, para los ángulo $\alpha_1 = 60°$ y $\alpha_2 = 30°$, los senos de los ángulos $2\alpha_1$ y $2\alpha_2$ son iguales a $\sqrt{3}/2$. Esto quiere decir que en el caso de un tiro en el que interesa batir un punto que dista *d*, siempre es posible escoger entre dos ángulos. Al tiro correspondiente al ángulo menor de 45° se le llama *tiro rasante*, y al del ángulo mayor de 45°, *tiro por elevación*.

A continuación se va a calcular el ángulo que necesario para alcanzar un punto de coordenadas (x, y). Se parte de la ecuación de la trayectoria

$$y = (\text{tg}\,\alpha)\,x - \frac{gx^2}{2v_0^2\cos^2\alpha} = (\text{tg}\,\alpha)\,x - \frac{gx^2\,(1 + \text{tg}^2\,\alpha)}{2v_0^2}$$

y resolviendo la ecuación en tg α:

$$gx^2\,\text{tg}^2\,\alpha - 2v_0^2x\,\text{tg}\,\alpha + 2v_0^2y + gx^2 = 0$$

resulta:

$$\text{tg}\,\alpha = \frac{v_0^2 \pm \sqrt{v_0^4 - g^2x^2 - 2gv_0^2y}}{gx}$$

ecuación que tiene dos soluciones reales, correspondientes al tiro rasante y por elevación. Si las soluciones son imaginarias, el punto no se puede alcanzar con la velocidad inicial del proyectil.

La frontera que determinan todos estos puntos es la llamada *parábola de seguridad*, porque fuera de ella no se puede batir ningún punto (fig. 6.6.) Su ecuación se obtiene imponiendo la condición:

$$\sqrt{v_0^4 - g^2x^2 - 2gv_0^2y} = 0$$

Es decir:

$$v_0^4 - g^2x^2 - 2gv_0^2y = 0$$

y de aquí:

$$y = \frac{1}{2gv_0^2}(v_0^2 - g^2x^2)$$

Que es la ecuación de una parábola de eje OY y, por tanto, con simetría respecto a él. La parábola de seguridad es la envolvente de las trayectorias descritas con los diferentes ángulos α (fig. 6.6).

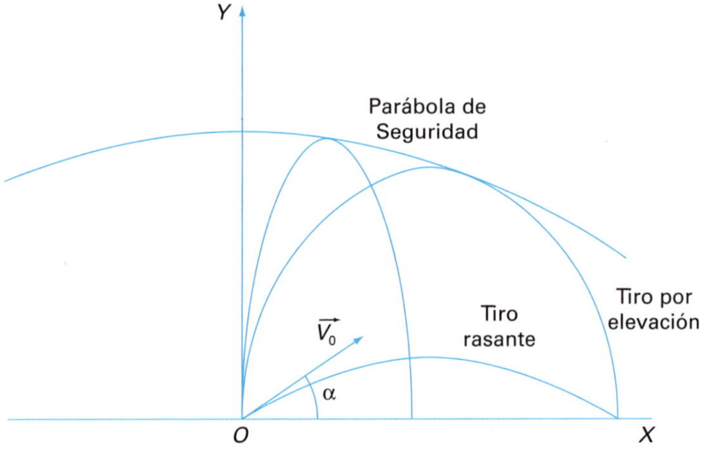

FIGURA 6.6

6.11. MOVIMIENTO CURVILÍNEO DE UN PUNTO MATERIAL EN MEDIO RESISTENTE

Sea $\vec{R}(v)$ la resistencia opuesta por el medio al movimiento del punto, y R_x, R_y, R_z sus componentes sobre los tres ejes cartesianos.

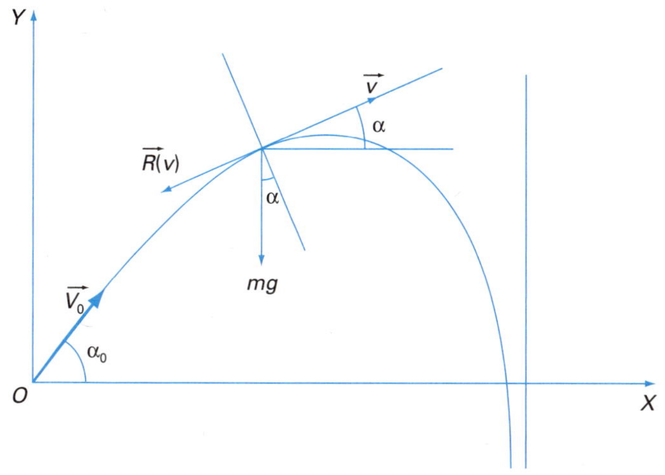

FIGURA 6.7

La ecuación fundamental de la dinámica se descompone en las siguientes tres ecuaciones escalares:

$$m\frac{d^2x}{dt^2} = R_x, \qquad m\frac{d^2y}{dt^2} = R_y, \qquad m\frac{d^2z}{dt^2} = -mg + R_z$$

Si se considera que únicamente actúan las fuerzas resistentes del medio y el peso, como las primeras se oponen al movimiento, tendrán la dirección de la velocidad, y estarán contenidas en cada instante en el plano determinado por la velocidad inicial y la dirección del peso. Se trata de un caso de fuerzas coplanarias en el que la velocidad está contenida en el mismo plano, luego la trayectoria es plana. Para mayor simplicidad se resolverá el problema sobre el triedro intrínseco.

Las ecuaciones del movimiento en componentes intrínsecas son:

$$m\frac{d^2s}{dt^2} = F_t$$
$$m\frac{v^2}{\rho} = F_n \qquad [6.24]$$

La resistencia del medio $\vec{R}(v)$, como se opone a $\vec{v}$, ha de tener la dirección de la tangente, siendo α el ángulo que forma la dirección del peso con la normal a la curva.

Proyectando sobre el triedro intrínseco según la tangente y la normal a la curva:

$$m\frac{dv}{dt} = -R - mg \operatorname{sen} \alpha \qquad [6.25]$$

$$m\frac{v^2}{\rho} = mg \cos \alpha \qquad [6.26]$$

Haciendo, como siempre, $R(v) = mg\phi(v)$, la ecuación [6.15] quedará:

$$m\frac{dv}{dt} = -mg[\operatorname{sen} \alpha + \phi(v)] \qquad [6.27]$$

Recordando que $\frac{1}{\rho} = C = \frac{d\alpha}{ds}$, la [6.26] se puede escribir en la forma:

$$v^2\frac{d\alpha}{ds}\frac{dt}{dt} = g \cos \alpha$$

pero $\frac{ds}{dt} = v$, luego:

$$v\frac{d\alpha}{dt} = -g \cos \alpha \qquad [6.28]$$

El signo − es debido a que, al discurrir el tiempo, α decrece, y su derivada será negativa.

Dividiendo [6.27] por [6.28]:

$$\frac{dv}{v\,d\,\alpha} = \operatorname{tg} \alpha + \frac{\phi(v)}{\cos \alpha} \qquad [6.29]$$

que es la ecuación general del movimiento de un punto en medio resistente.

Esta ecuación diferencial se integrará en distintos casos particulares, obteniéndose $v = \psi(\alpha)$, una integral primera, y que sería la hodógrafa en coordenadas polares.

Si ahora se proyecta sobre los ejes cartesianos, tomando unos ejes contenidos en el plano del movimiento, siendo el *OX* paralelo al peso, y con el origen en el punto de partida, resulta:

$$\begin{aligned} dx &= v\,dt\cos\alpha \\ dy &= v\,dt\,\text{sen}\,\alpha \end{aligned} \qquad [6.30]$$

Si en la ecuación [6.28] se sustituye $v = \psi(\alpha)$, ya hallada, resulta:

$$\psi(\alpha)\frac{d\alpha}{dt} = -g\cos\alpha$$

es decir:

$$\frac{\psi(\alpha)\,d\,\alpha}{\cos\alpha} = -g\,dt$$

que integrada será:

$$\int_{\alpha_0}^{\alpha} \frac{\psi(\alpha)\,d\alpha}{\cos\alpha} = -g(t - t_0) \qquad [6.31]$$

Sustituyendo ésta y la [6.29] en la [6.30] se tiene:

$$dx = \psi(\alpha)\left[-\frac{1}{g}\frac{\psi(\alpha)\,d\alpha}{\cos\alpha}\right]\cos\alpha = -\frac{1}{g}[\psi(\alpha)]^2\,d\alpha$$

$$dy = \psi(\alpha)\left[-\frac{1}{g}\frac{\psi(\alpha)\,d\alpha}{\cos\alpha}\right]\text{sen}\,\alpha = -\frac{1}{g}[\psi(\alpha)]^2\,\text{tg}\,\alpha\,d\alpha$$

expresiones que, combinadas con la [6.31], resuelven todos los problemas.

Por último, conviene señalar que en medios resistentes la trayectoria ha de tener una asíntota, porque en la expresión:

$$v\frac{d\alpha}{dt} = -g\cos\alpha$$

la variación de α depende de $\cos\alpha$, por lo que al aproximarse el valor de α a $-\pi/2$, el ángulo α tendrá una variación muy lenta (se acerca a la asíntota).

EJERCICIOS

6.1 Un punto material pesado de masa m se mueve en un medio que le opone en cada instante una resistencia, tangente a la trayectoria del punto, de sentido contrario a su velocidad y de módulo mkv, siendo v el módulo de la velocidad ($k > 0$). En el instante inicial se lanza el móvil con una velocidad de módulo v_0 y que forma un ángulo α con la horizontal. Determinar:

1. Ecuaciones horarias del movimiento.
2. Ecuación de la trayectoria.
3. Asíntotas de la trayectoria.
4. Condición que ha de verificarse para que la proyección ortogonal del móvil sobre la vertical se desplace con movimiento uniforme.

6.2 Desde una altura h sobre la horizontal se deja caer un punto material pesado de masa m, en el seno de un medio viscoso que le opone una resistencia proporcional a la velocidad (llámese k a la constante de proporcionalidad). En el mismo instante y en la misma vertical se lanza hacia arriba, con velocidad inicial v_0, un segundo punto material pesado también de masa m. Determinar:

a) Instante en el que se encuentran ambos móviles

b) Condición que ha de verificarse para que dicho encuentro sea posible.

6.3 Un punto material de masa m es atraído por otro punto con una fuerza de módulo $G\dfrac{Mm}{x^2}$ para todo $x \geq R$, siendo G, M y R constantes. Si para $t = 0$ la masa m se encuentra en $x = R$, determinar:

1. Energía cinética mínima que hay que comunicarle para que llegue hasta el infinito
2. Velocidad que posee cuando haya recorrido una distancia $4R$.

6.4 Un punto material de masa m se mueve sometido a la acción de una fuerza paralela al eje de abscisas, dirigida constantemente hacia el eje de ordenadas, y cuyo módulo es $mv_0^2e^{-x}$. En el instante inicial el punto se encuentra situado en el origen de coordenadas y su velocidad tiene módulo $2v_0$ y forma un ángulo de 45° con el eje de abscisas. Calcular:

a) Velocidad del punto en un instante t.

b) Ecuación de la trayectoria.

SOLUCIONES DE LOS EJERCICIOS

6.1 1) Las ecuaciones diferenciales del movimiento son:

$$m\ddot{x} = -km\,\dot{x}$$
$$m\ddot{y} = -km\,\dot{y} - mg$$

Integrando:

$$x = \frac{v_0 \cos\alpha}{k}(1 - e^{-kt})$$
$$y = \left(\frac{v_0 \operatorname{sen}\alpha}{k} + \frac{g}{k^2}\right)(1 - e^{-kt}) - \frac{gt}{k} \qquad [6.32]$$

2) Trayectoria:

$$\frac{kx}{v_0 \cos\alpha} = 1 - e^{-kt}$$

o sea:

$$e^{-kt} = 1 - \frac{kx}{v_0 \cos\alpha}$$

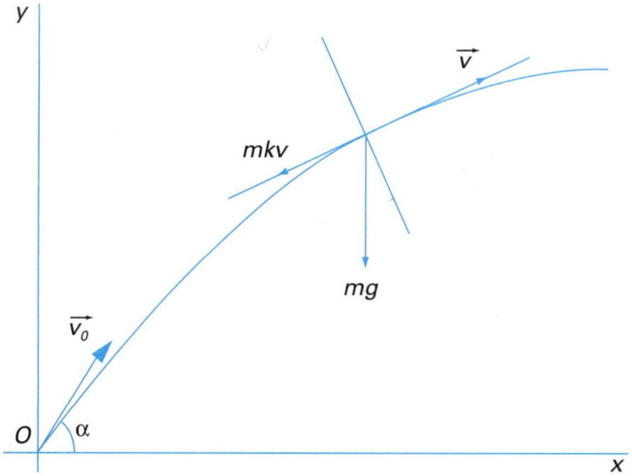

FIGURA 6.8

es decir:

$$\frac{v_0 \cos \alpha}{v_0 \cos \alpha - kx} = e^{kt}$$

despejando t:

$$t = \frac{1}{k} \ln \frac{v_0 \cos \alpha}{v_0 \cos \alpha - kx}$$

sustituyendo en la ecuación que da y en las [6.32] se tiene:

$$y = \left(\frac{v_0 \operatorname{sen} \alpha}{k} + \frac{g}{k^2} \right) \frac{kx}{v_0 \cos \alpha} - \frac{g}{k^2} \ln \frac{v_0 \cos \alpha}{v_0 \cos \alpha - kx}$$

3) Asíntota:

Cuando $x = \dfrac{v_0 \cos \alpha}{k}$, $y \to \infty$ y $t \to \infty$.

Luego la asíntota es la recta

$$x = \frac{v_0 \cos \alpha}{k}$$

4) La condición pedida es $\dot{y} = \text{cte}$, o sea:

$$\frac{dy}{dt} = \text{cte} = A$$

Integrando:

$$y = At + B$$

y como para $t = 0$, $y = 0$, la constante es $B = 0$, y queda:

$$y = At$$

Se observa inmediatamente que se cumple siempre que

$$\frac{v_0 \operatorname{sen} \alpha}{k} + \frac{g}{k^2} = 0$$

6.2

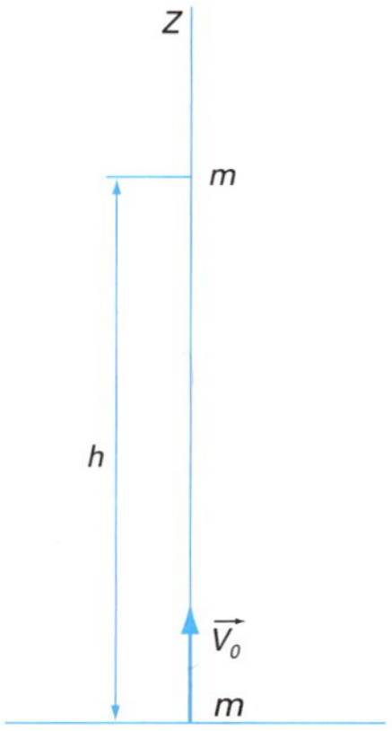

FIGURA 6.9

1) La ecuación diferencial del movimiento de los móviles 1 y 2 es:

$$m\ddot{z} = -mg - k\dot{z}$$

ya que en el caso del móvil 1 las z son constantemente crecientes por lo que $\dot{z}$ siempre es positiva, y en el caso del móvil 2 las z son constantemente decrecientes por lo que $\dot{z}$ siempre es negativa.

Simplificando, queda

$$\ddot{z} + \frac{k}{m}\dot{z} = -g$$

Para integrar esta ecuación diferencial hacemos el cambio de variable $\dot{z} = v$, y resulta

$$\frac{dv}{dt} + \frac{k}{m}v = -g$$

o sea

$$\frac{dv}{-g - \dfrac{k}{m}v} = dt$$

que es una ecuación diferencial de variables separadas que se integra inmediatamente:

$$\ln\left(-g-\frac{k}{m}v\right)=-\frac{k}{m}t+C$$

Aplicando las condiciones de contorno para el móvil 1, es decir, para $t=0$, $v=v_0$, resulta

$$v_1=\left(\frac{mg}{k}+v_0\right)e^{-\frac{k}{m}t}-\frac{mg}{k} \qquad [6.33]$$

y para el móvil 2, en el que para $t=0$, $v=0$, queda

$$v_2=\frac{mg}{k}e^{-\frac{k}{m}t}-\frac{mg}{k}$$

Integrando la ecuación [6.33] se obtiene la posición del móvil 1 al cabo de un tiempo t, sin más que tener en cuenta que para $t=0$, $z_1=0$.

Resulta:

$$z_1=\left(\frac{mg}{k}+v_0\right)\left(-\frac{m}{k}\right)e^{-\frac{k}{m}t}-\frac{mg}{k}t+\frac{m^2g}{k^2}+v_0\frac{m}{k}$$

Procediendo análogamente para el móvil 2, sin más que tener en cuenta que en el instante inicial $t=0$, $z_2=h$, resulta

$$z_2=\frac{-m^2g}{k^2}e^{-\frac{k}{m}t}-\frac{mg}{k}t+\frac{m^2g}{k^2}+h$$

En el instante t_e en el que ambos móviles se encuentran han de estar en la misma posición sobre el eje OZ, luego sus coordenadas han de ser iguales. Es decir para $t=t_e$, $z_1=z_2$. Por lo que

$$\left(\frac{mg}{k}+v_0\right)\left(-\frac{m}{k}\right)e^{-\frac{k}{m}t_e}-\frac{mg}{k}t_e+\frac{m^2g}{k^2}+\frac{v_0m}{k}=$$

$$=-\frac{m^2g}{k^2}e^{-\frac{k}{m}t_e}-\frac{mg}{k}t_e+\frac{m^2g}{k^2}+h$$

Simplificando, se tiene

$$\frac{mv_0}{k}e^{-\frac{k}{m}t_e}=\frac{mv_0}{k}-h$$

de donde resulta finalmente

$$t_e = \frac{m}{k} \ln \frac{mv_0}{mv_0 - hk}$$

Para que el encuentro sea posible ha de ser $t_e > 0$, es decir

$$\ln \frac{mv_0}{mv_0 - hk} > 0$$

o sea,

$$\frac{mv_0}{mv_0 - hk} > 1$$

o bien

$$\frac{1}{1 - \dfrac{hk}{mv_0}} > 1$$

para lo cual

$$\frac{hk}{mv_0} < 1$$

resultando como condición para que el encuentro sea posible:

$$v_0 > \frac{hk}{m}$$

6.3

FIGURA 6.10

Aplicando el teorema de la energía cinética:

$$dT = d\left(\frac{1}{2} mv^2\right)$$

o sea

$$dT = \vec{F} \cdot d\vec{r} = -\frac{GMm}{x^2} dx$$

Integrando

$$\int_{v_0}^{v} d\left(\frac{1}{2}mv^2\right) = -\int_R^x \frac{GMm}{x^2}\,dx$$

de donde

$$v^2 = v_0^2 + 2GM\left(\frac{1}{x} - \frac{1}{R}\right)$$

1.º La energía cinética inicial mínima se corresponde con la velocidad nula para $x \to \infty$, luego

$$0 = v_0^2 + 2GM\left(-\frac{1}{R}\right)$$

de donde

$$v_0^2 = \frac{2GM}{R}$$

y resulta

$$E_{c\,\text{mín}} = \frac{1}{2}m\,\frac{2GM}{R} = \frac{GMm}{R}$$

2.º Cuando ha recorrido $4R$, su posición es $x = 5R$, luego

$$v^2 = \frac{2GM}{R} + 2GM\left(\frac{1}{5R} - \frac{1}{R}\right) =$$

$$= 2GM\left(\frac{1}{R} + \frac{1}{5R} - \frac{1}{R}\right) = \frac{2GM}{5R}$$

6.4 Las ecuaciones diferenciales del movimiento son:

$$m\ddot{x} = -mv_0^2 e^{-x}$$
$$m\ddot{y} = 0$$

es decir

$$\ddot{x} = -v_0^2 e^{-x}$$
$$\ddot{y} = 0$$

o sea

$$\frac{d\dot{x}}{dt} = -v_0^2 e^{-x} \qquad [6.34]$$
$$\dot{y} = C_2$$

es decir

$$\dot{x}\frac{d\dot{x}}{dt} = -v_0^2 e^{-x}\dot{x}$$

o lo que es igual

$$\dot{x}d\dot{x} = -v_0^2 e^{-x} dx$$

e integrando queda

$$\frac{\dot{x}^2}{2} = -v_0^2 e^{-x} + C_1 \qquad [6.35]$$

Las constantes C_1 y C_2 se determinan a partir de las condiciones de contorno que son:

$$t = 0$$
$$x = 0; \quad \dot{x}_0 = 2v_0 \cos 45°$$
$$y = 0; \quad \dot{y}_0 = 2v_0 \cos 45°$$

y sustituyendo en [6.34] y [6.35] por $t = 0$:

$$\frac{1}{2}(v_0\, 2 \cos 45°)^2 = v_0^2 e^{-0} + C_1$$
$$v_0\, 2 \cos 45° = C_2$$

Por lo tanto

$$C_1 = v_0^2 - v_0^2 = 0$$
$$C_2 = 2v_0 \cos 45° = v_0\sqrt{2}$$

luego

$$\dot{x}^2 = 2v_0^2 e^{-x}$$

y la velocidad será:

$$\boxed{\begin{aligned}\dot{x} &= v_0\sqrt{2}e^{-x}\\ \dot{y} &= v_0\sqrt{2}\end{aligned}} \qquad [6.36]$$

Para calcular la trayectoria integramos nuevamente las ecuaciones [6.36].

Se tiene:

$$\frac{dx}{dt} = v_0\sqrt{2}e^{-x}$$

$$\frac{dy}{dt} = v_0\sqrt{2}$$

o sea

$$e^x\,dx = v_0\sqrt{2}\,dt$$

$$dy = v_0\sqrt{2}\,dt$$

e integrando

$$e^x + C_3 = v_0\sqrt{2}t$$

$$y + C_4 = v_0\sqrt{2}t$$

y teniendo en cuenta las condiciones de contorno

$$C_3 = -1$$

$$C_4 = 0$$

y por tanto

$$e^x - 1 = v_0\sqrt{2}t$$

$$y = v_0\sqrt{2}t$$

y eliminando t entre ambas se obtiene la ecuación de la trayectoria pedida

$$\boxed{y = e^x - 1}$$

Capítulo 7

MOVIMIENTO EN UN CAMPO DE FUERZAS CENTRALES

OBJETIVOS

1. *Obtener las ecuaciones del movimiento de un punto material en un campo de fuerzas centrales.*
2. *Estudiar el movimiento bajo la acción de una fuerza central que sólo depende de la distancia.*
3. *Estudiar el movimiento unidimensional equivalente.*
4. *Determinar la fuerza central conociendo la ecuación de la trayectoria.*
5. *Formular las leyes de Kepler y sus consecuencias.*
6. *Calcular la trayectoria conocida la fuerza central newtoniana.*
7. *Obtener la ley de gravitación universal.*
8. *Estudiar el problema de los dos cuerpos.*

ESQUEMA-RESUMEN

7.1. Ecuaciones del movimiento de un punto material en un campo de fuerzas centrales
— Fórmula de Binet

7.2. Movimiento bajo la acción de una fuerza central que sólo depende de la distancia
— Movimiento unidimensional equivalente
— Energía potencial efectiva

7.3. Determinación de la fuerza central conociendo la trayectoria

7.4. Movimiento de los planetas: leyes de Kepler
— Cálculo de la trayectoria conociendo la fuerza central newtoniana

7.5. Atracción universal. Problema de los dos cuerpos
— Ley de gravitación universal
— Problema de los dos cuerpos

7. MOVIMIENTO EN UN CAMPO DE FUERZAS CENTRALES

7.1. ECUACIONES DEL MOVIMIENTO

Se llaman *fuerzas centrales* a las que pasan constantemente por un punto fijo. Cuando un punto material se mueve en un campo de fuerzas centrales se verifican las siguientes *propiedades*:

a) *La trayectoria es plana*

En efecto, aplicando el teorema del momento cinético y tomando momentos respecto al punto por el que pasan las fuerzas:

$$\frac{d}{dt}(\vec{r} \times \vec{p}) = \vec{r} \times \vec{F}$$

y como $\vec{r}$ y $\vec{F}$ son colineales, el segundo miembro es cero. Por lo tanto:

$$\frac{d}{dt}(\vec{r} \times \vec{p}) = 0$$

luego:

$$\vec{r} \times \vec{p} = \overrightarrow{\text{cte}} \quad \text{y} \quad m\vec{r} \times \vec{v} = \overrightarrow{\text{cte}}$$

Así pues, el vector momento cinético, perpendicular al plano determinado por $\vec{r}$ y $\vec{v}$, es de dirección constante y, por eso, el plano coincide siempre consigo mismo. Se concluye que la trayectoria es plana, y vendrá determinada por los valores iniciales $\vec{v}_0$ y $\vec{r}_0$.

b) *La velocidad areolar es constante*

Consideremos ahora el módulo de $\vec{r} \times \vec{v}$:

$$|\vec{r} \times \vec{v}| = \text{cte} = \left|\vec{r} \times \frac{d\vec{s}}{dt}\right| =$$

$$= |\vec{r}| \left|\frac{d\vec{s}}{dt}\right| \text{sen}\, \alpha = r\, r\frac{d\theta}{dt} = \frac{2d\sigma}{dt} = \text{cte} = C \qquad [7.1]$$

como se quería demostrar. A C se le llama constante de las áreas.

Apliquemos el teorema de la energía cinética, que, junto con la segunda propiedad, nos dará dos relaciones entre r y θ, y entre r y t. En efecto:

$$d\left(\frac{1}{2}mv^2\right) = \vec{F} \cdot d\vec{s}$$

y puesto que, en polares

$$d\vec{s} = dr\,\vec{u}_r + rd\theta\, \vec{u}_\theta$$

Al ser $\vec{F}$ y $\vec{u}_\theta$ perpendiculares, $\vec{F} \cdot rd\theta\, \vec{u}_\theta = 0$, y queda:

$$d\left(\frac{1}{2}mv^2\right) = Fdr$$

o sea:

$$F = \frac{1}{2}m\frac{d}{dr}v^2 \qquad [7.2]$$

Por otra parte:

$$v^2 = \left(\frac{ds}{dt}\right)^2 = \frac{dr^2 + r^2 d\theta^2}{dt^2} \qquad [7.3]$$

De la [7.1], se obtiene:

$$r^2\frac{d\theta}{dt} = C$$

o sea

$$dt = \frac{r^2 d\theta}{C}$$

y sustituyendo en la [7.3]:

$$v^2 = \frac{dr^2 + r^2 d\theta^2}{\frac{r^4 d\theta^2}{C^2}} = \frac{C^2 dr^2}{r^4 d\theta^2} + \frac{C^2}{r^2} = \frac{C^2}{r^4}\left(\frac{d\,r}{d\theta}\right)^2 + \frac{C^2}{r^2}$$

Sustituyendo finalmente en la [7.2]:

$$F = \frac{1}{2} m \frac{d}{dr}\left[\frac{C^2}{r^4}\left(\frac{dr}{d\theta}\right)^2 + \frac{C^2}{r^4}\right] \qquad [7.4]$$

Pero

$$\frac{1}{r^4}\left(\frac{dr}{d\theta}\right)^2 = \left(\frac{d\frac{1}{r}}{d\theta}\right)^2$$

y llevándolo a la anterior:

$$F = \frac{1}{2} mC^2 \frac{d}{dr}\left[\left(\frac{d\frac{1}{r}}{d\theta}\right)^2 + \left(\frac{1}{r}\right)^2\right]$$

operando se tiene:

$$F = \frac{1}{2} mC^2\left[2\frac{d\left(\frac{1}{r}\right)}{d\theta}\,\frac{d^2\left(\frac{1}{r}\right)}{d\theta^2}\,\frac{d\theta}{dr} + 2\frac{1}{r}\left(-\frac{1}{r^2}\right)\right] \qquad [7.5]$$

y puesto que

$$\frac{d\left(\frac{1}{r}\right)}{d\theta} = \frac{d\left(\frac{1}{r}\right)}{dr}\,\frac{dr}{d\theta} = -\frac{1}{r^2}\,\frac{dr}{d\theta}$$

resulta:

$$F = mC^2\left[-\frac{1}{r^2}\,\frac{d^2\left(\frac{1}{r}\right)}{d\theta^2} - \frac{1}{r^3}\right]$$

y finalmente:

$$F = \frac{-mC^2}{r^2}\left[\frac{d^2\left(\frac{1}{r}\right)}{d\theta^2} + \frac{1}{r}\right]$$

que suele conocerse con el nombre de **fórmula de Binet**.

A continuación se va a interpretar la fórmula de Binet. Para ello se comenzará por hacer unas consideraciones sobre la curvatura en polares.

Sea β el ángulo formado por la tangente en un punto con el eje polar (fig. 7.1).

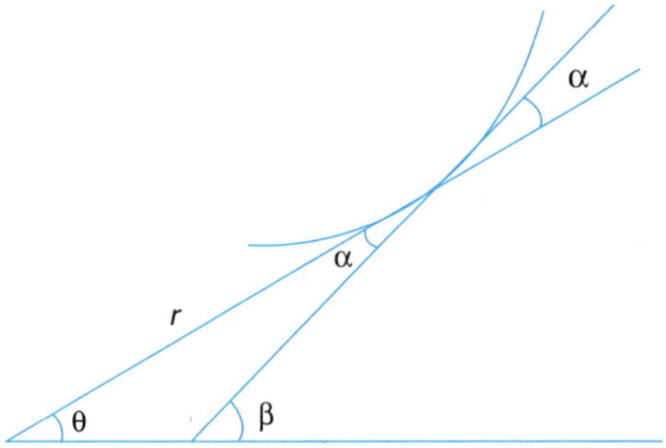

FIGURA 7.1

Si $\frac{d\beta}{d\theta} > 0$, la curva vuelve su concavidad hacia el origen.

Si $\frac{d\beta}{d\theta} < 0$, volverá hacia éste su convexidad.

Si $\frac{d\beta}{d\theta} = 0$, en este punto habrá una inflexión.

Además, se cumple:

$$\beta = \theta + \alpha$$

y

$$\alpha = \text{arc tg}\,\frac{r d\theta}{dr} = \text{arc tg}\,\frac{r}{r'}$$

en donde $r' = \dfrac{dr}{d\theta}$.

Por tanto:

$$\beta = \theta + \text{arc tg}\,\frac{r}{r'}$$

y derivando respecto a θ:

$$\begin{aligned}\frac{d\beta}{d\theta} &= 1 + \frac{1}{1 + \left(\dfrac{r}{r'}\right)^2}\,\frac{d}{d\theta}\left(\frac{r}{r'}\right) = 1 + \frac{r'^2}{r'^2 + r^2}\,\frac{r'^2 - rr'}{r'^2} = \\ &= 1 + \frac{r'^2 - rr''}{r'^2 + r^2} = \frac{2r'^2 + r^2 - rr''}{r'^2 + r^2}\end{aligned} \qquad [7.6]$$

Ahora bien, como:

$$\frac{d\left(\dfrac{1}{r}\right)}{d\theta} = -\frac{1}{r^2}\,\frac{dr}{d\theta}$$

resulta:

$$\frac{d^2\left(\dfrac{1}{r}\right)}{d\theta^2} = \frac{2}{r^3}r^2 - \frac{r''}{r^2} = \frac{2r'^2 - rr'}{r^3}$$

con lo que

$$\frac{d^2\left(\dfrac{1}{r}\right)}{d\theta^2} + \frac{1}{r} = \frac{2r'^2 - rr' + r^2}{r^3}$$

y por la [7.6]:

$$\frac{d^2\left(\dfrac{1}{r}\right)}{d\theta^2} + \frac{1}{r} = \frac{d\beta}{d\theta}\,\frac{r'^2 + r^2}{r^3}$$

y sustituyendo en la fórmula de Binet, [7.5]:

$$F = -\frac{mC^2}{r^5}\,\frac{d\beta}{d\theta}\,(r^2 + r'^2)$$

es decir:

$$F\,r = \frac{-mC^2}{r^4}\,\frac{d\beta}{d\theta}\,(r^2 + r'^2)$$

Como m en este caso es siempre positivo, y también lo son los factores cuadráticos, el signo del producto $F\,r$ depende únicamente de $\frac{d\beta}{d\theta}$. Se pueden presentar los siguientes casos:

A) Si $\frac{d\beta}{d\theta} > 0$, $F\,r < 0$, y adoptando como sentido positivo de r el de los radios crecientes, $\vec{F}$ va dirigida hacia el centro. Es decir, la fuerza es atractiva, y la concavidad está dirigida hacia el origen.

B) Si $\frac{d\beta}{d\theta} < 0$, $F\,r > 0$, y por análogo razonamiento, la fuerza es repulsiva. Su convexidad está dirigida hacia el origen.

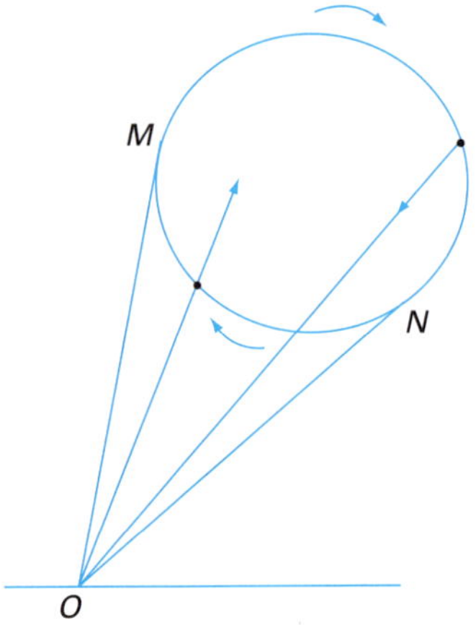

FIGURA 7.2

Por ejemplo, en la figura 7.2, entre M y N, en el sentido indicado, la fuerza será atractiva, y entre N y M, será repulsiva.

La fórmula de Binet proporciona una expresión de la fuerza en función de r y θ. A continuación se va a obtener la fórmula que liga F con r y t como variables:

La expresión de $d\theta$ en función de dt, obtenida a partir de la [7.1], es:

$$d\theta = \frac{C\,dt}{r^2}$$

Si se sustituye en la expresión [7.3], que da el cuadrado de la velocidad, resulta:

$$v^2 = \frac{dr^2 + r^2 d\theta^2}{dt^2} = \frac{dr^2 + r^2\left(\frac{C^2 dt^2}{r^4}\right)}{dt^2} = \frac{dr^2 + \frac{C^2 dt^2}{r^2}}{dt^2}$$

es decir:

$$v^2 = \left(\frac{dr}{dt}\right)^2 + \frac{C^2}{r^2} \qquad [7.7]$$

Sustituyendo en la [7.2]:

$$F = \frac{1}{2}m\frac{d(v^2)}{dr} = \frac{1}{2}m\frac{d}{dr}\left[\left(\frac{dr}{dt}\right)^2 + \frac{C^2}{r^2}\right] =$$

$$= \frac{1}{2}m\left[2\frac{dr}{dt}\frac{d^2r}{dt^2}\frac{dt}{dr} + C^2\left(-\frac{2}{r^3}\right)\right]$$

y, simplificando:

$$F = m\left(\frac{d^2r}{dt^2} - \frac{C^2}{r^3}\right)$$

que es la expresión buscada que relaciona F con r y con la variación de r con el tiempo.

7.2. MOVIMIENTO BAJO LA ACCIÓN DE UNA FUERZA CENTRAL QUE SÓLO DEPENDE DE LA DISTANCIA

Del mismo modo que se hizo anteriormente, partimos de la ecuación que proporciona el teorema de las fuerzas vivas:

$$d\frac{1}{2}mv^2 = \vec{F}\cdot d\vec{s} \qquad [7.8]$$

Por tratarse de una fuerza central $\vec{F} = F\vec{u}_r$ y como

$$d\vec{s} = dr\,\vec{u}_r + rd\theta\,\vec{u}_\theta$$

se tiene:

$$\vec{F} \cdot d\vec{s} = F\,dr$$

Como además se trata de una fuerza que depende sólo de la posición: $F = F(r)$, la ecuación [7.8] se expresará:

$$d\frac{1}{2}mv^2 = F(r)\,dr$$

o sea,

$$dv^2 = \frac{2}{m}F(r)\,dr$$

e integrando:

$$v^2 - v_0^2 = \int_{r_0}^{r} \frac{2}{m}F(r)\,dr$$

es decir:

$$v^2 = v_0^2 + \int_{r_0}^{r} \frac{2}{m}F(r)\,dr \qquad [7.9]$$

Una vez resuelta esta integral se obtiene $v^2 = \phi(r)$.

Por otra parte, según la expresión [7.7]:

$$v^2 = \left(\frac{dr}{dt}\right)^2 + \frac{c^2}{r^2}$$

fórmula en la que, sustituyendo $v^2 = \phi(r)$, queda:

$$\left(\frac{dr}{dt}\right)^2 = \phi(r) \rightarrow \frac{dr}{dt} = \sqrt{\phi(r)} \qquad [7.10]$$

o lo que es igual:

$$\frac{dr}{\sqrt{\phi(r)}} = dt$$

Integrando:

$$t - t_0 = \int_{r_0}^{r} \frac{dr}{\sqrt{\phi(r)}}$$

que nos proporciona la ecuación horaria $r = r(t)$.

Si se quisiera calcular la trayectoria, se necesita una relación entre r y θ (trayectoria en polares) y para ello realizamos las siguientes operaciones:

Por ser la fuerza central, cumple la ley de las áreas:

$$r^2 \frac{d\theta}{dt} = C$$

es decir:

$$dt = \frac{r^2 d\theta}{C}$$

y sustituyendo este valor en la expresión [7.10] se tiene:

$$\frac{dr}{\dfrac{r^2 d\theta}{C}} = \sqrt{\phi(r)}$$

de donde:

$$d\theta = \frac{C dr}{r^2 \sqrt{\phi(r)}}$$

ecuación que, integrada con la condición de contorno de que en la posición inicial r_0 el ángulo inicial es α, dará la ecuación de la trayectoria buscada:

$$\theta - \alpha = C \int_{r_0}^{r} \frac{dr}{r^2 \sqrt{\phi(r)}}$$

Este método general puede aplicarse para cualquier tipo de fuerza central, en particular al caso en que la fuerza sea newtoniana.

7.2.1. Movimiento unidimensional equivalente

Por tratarse de una fuerza central que depende solamente de la distancia se demuestra fácilmente que admite una función potencial U tal que

$$\vec{F} = -\overrightarrow{\text{grad}}\, U$$

y puesto que F sólo depende de la distancia r se puede poner:

$$F(r) = -\frac{dU}{dr}$$

Aplicando el teorema de la energía cinética resulta:

$$d\left(\frac{1}{2}mv^2\right) = F(r)\,dr = -\frac{dU}{dr}\,dr$$

e integrando:

$$\frac{1}{2}mv^2 + U(r) = E \qquad [7.11]$$

que es la expresión del teorema de conservación de la energía mecánica, en donde E representa la energía total del sistema. De esta expresión puede obtenerse el valor de la velocidad del punto

$$v^2 = \frac{2}{m}[E - U(r)]$$

Por otra parte, expresando la velocidad en coordenadas polares y recordando que, por tratarse de un movimiento central, se verifica la ley de las áreas:

$$r^2\dot{\theta} = C$$

se tiene:

$$v^2 = \dot{r}^2 + (r\dot{\theta})^2 = \dot{r}^2 + r^2\frac{C^2}{r^4} = \dot{r}^2 + \frac{C^2}{r^2}$$

sustituyendo este valor de la velocidad en la ecuación [7.11] queda:

$$\dot{r}^2 + \frac{C^2}{r^2} = \frac{2}{m}[E - U(r)]$$

y de aquí:

$$\dot{r}^2 = \frac{2}{m}\left[E - U(r) - \frac{mC^2}{2r^2}\right] = \frac{2}{m}[E - U_{ef}(r)] \qquad [7.12]$$

en donde se ha llamado *energía potencial efectiva* a

$$U_{ef}(r) = U(r) + \frac{mC^2}{2r^2}$$

lo que permite estudiar el movimiento según el radio, es decir, en una sola dimensión ya que la ecuación [7.12] puede escribirse en la forma:

$$\frac{1}{2}m\dot{r}^2 + U_{ef}(r) = E$$

y por ello se denomina *movimiento unidimensional equivalente*.

7.3. DETERMINACIÓN DE LA FUERZA CENTRAL CONOCIENDO LA TRAYECTORIA

El problema fundamental de la mecánica celeste consiste en, conocida la ecuación $r = r(\theta)$ de la trayectoria, encontrar la fuerza que produce el movimiento, sabiendo que se verifica la ley de las áreas y que la trayectoria es plana.

Para hallar la fuerza, se parte de la fórmula de Binet y de la ecuación $r = r(\theta)$ de la trayectoria. Es decir:

$$F = -\frac{mC^2}{r^2}\left[\frac{d^2\left(\frac{1}{r}\right)}{d\theta^2} + \frac{1}{r}\right]$$

siendo:

$$\frac{1}{r} = \varphi(\theta)$$

Sustituyendo resulta:

$$F = -\frac{mC^2}{r^2}[\ddot{\varphi}(\theta) + \varphi(\theta)] = -mC^2[\varphi(\theta)]^2[\ddot{\varphi}(\theta) + \varphi(\theta)] \qquad [7.13]$$

Ésta es la solución general de la fuerza para una trayectoria $r = r(\theta)$. En el sistema solar se sabe que los planetas describen órbitas elípticas en uno de cuyos focos está el Sol. Por tanto, de la ecuación de las cónicas en polares:

$$r = \frac{p}{1 + e \cos \theta}$$

o bien:

$$\frac{1}{r} = \frac{1 + e \cos \theta}{p} = \varphi(\theta)$$

derivando se tiene:

$$\frac{d\frac{1}{r}}{d\theta} = -\frac{1}{p} e \operatorname{sen} \theta = \varphi'(\theta)$$

es decir:

$$\frac{d^2\frac{1}{r}}{d\theta^2} = -\frac{1}{p} e \cos \theta = \varphi''(\theta)$$

y sustituyendo en la ecuación [7.13] resulta el módulo de la fuerza buscado:

$$F = -\frac{mC^2}{r^2}\left[-\frac{1}{p} e \cos \theta + \frac{1 + e \cos \theta}{p}\right] = -\frac{mC^2}{pr^2}$$

En consecuencia, la fuerza F depende de:

a) La masa m del móvil, que en este caso será positiva.

b) La órbita descrita, representada por el parámetro p y la constante C, doble de la velocidad areolar.

c) El cuadrado de la distancia que en ese instante exista entre el móvil y el cuerpo que lo atrae.

La fuerza es atractiva e inversamente proporcional al cuadrado de la distancia, es decir, newtoniana. Demostremos seguidamente que las fuerzas son centrales.

En efecto, si se verifica la ley de las áreas, será:

$$r^2 \frac{d\theta}{dt} = C$$

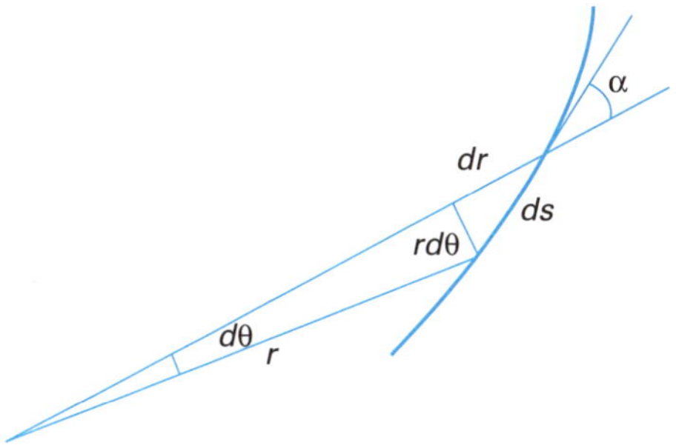

FIGURA 7.3

y, según se observa en la figura 7.3, $rd\theta = ds$ sen α, luego:

$$\frac{r\,ds\,\text{sen}\,\alpha}{dt} = C$$

y como

$$\frac{ds}{dt} = v$$

se tiene:

$$r\,v\,\text{sen}\,\alpha = C$$

y por ser α el ángulo formado por $\vec{r}$ y $\vec{v}$ se puede expresar la igualdad anterior como módulo del producto vectorial:

$$\vec{r} \times \vec{v} = \text{cte}$$

Como, por hipótesis, la trayectoria es plana, $\vec{r} \times \vec{v} = \overrightarrow{\text{cte}}$. Multiplicando por m los dos miembros, tendremos $\vec{r} \times m\vec{v} = \overrightarrow{\text{cte}}$, igualdad que representa la constancia del momento cinético. En efecto, aplicando el teorema del momento cinético se tiene:

$$\frac{d}{dt}(\vec{r} \times m\vec{v}) = \vec{r} \times \vec{F}$$

y puesto que el paréntesis es constante, el primer miembro es cero, por lo que $\vec{r} \times \vec{F} = 0$ en todo punto e instante que se considere. Así pues, $\vec{r}$ y $\vec{F}$ son paralelos, y $\vec{F}$ pasa siempre por el polo, que es el foco de la trayectoria.

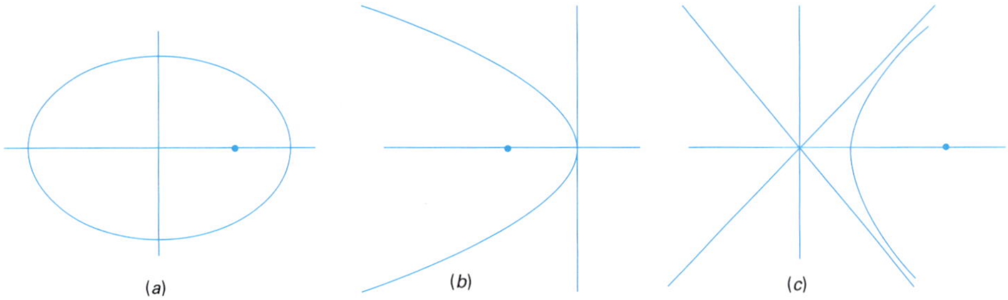

FIGURA 7.4

Si las trayectorias fueran parábolas o una rama de hipérbola, la fuerza seguiría siendo atractiva. Por eso, en el caso de que el móvil describa una trayectoria que corresponda a la ecuación de una cónica, la fuerza será atractiva, salvo en el caso de la rama de la hipérbola que vuelve su convexidad hacia el polo. En este caso p tiene distinto signo y por ello también lo tendrá la fuerza, que será repulsiva. Recuérdese que se llegaba a la misma conclusión cuando se hacía el estudio de la curvatura a partir del ángulo β.

En el sistema solar, a pesar de la mutua influencia entre los planetas, la fuerza siempre va dirigida hacia el Sol debido a que su masa es mucho mayor que la de los planetas. En el caso de los planetas, no se pueden encontrar fuerzas repulsivas, pero sí cuando las masas representadas son partículas con cargas eléctricas, que pueden ser de signo diferente.

Para saber si la trayectoria que se obtendrá es elipse, parábola o hipérbola se determinará el valor de la excentricidad e de la cónica.

Es posible distinguir inmediatamente la rama de hipérbola que vuelve su convexidad hacia el polo (debida a una fuerza repulsiva), como se observa en la figura 7.5, del resto de los casos a, b, c (fig. 7.4) originados por una fuerza atractiva.

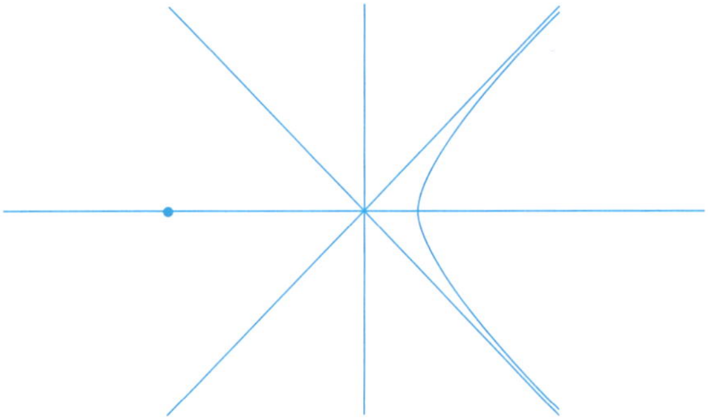

FIGURA 7.5

7.4. MOVIMIENTO DE LOS PLANETAS: LEYES DE KEPLER

Basándose en las mediciones astronómicas realizadas por Tycho Brahe, Kepler estableció sus conocidas leyes experimentales sobre el movimiento de los planetas:

1.ª *Los centros de los planetas describen elipses, en uno de cuyos focos está el sol.*

2.ª *Los planetas describen estas órbitas de modo que el área barrida por el radio vector (con origen en el sol y extremo en el planeta) es proporcional al tiempo empleado en barrerla, es decir, verifican la ley de las áreas.*

3.ª *Los cuadrados de los tiempos invertidos por los planetas en una revolución completa (de período* T*) son proporcionales a las terceras potencias de los ejes mayores de las elipses por ellos descritas.*

De las leyes anteriores se deducen las siguientes *consecuencias*:

a) Por verificarse la segunda ley de Kepler (ley de las áreas), *las fuerzas son centrales*. En efecto, puesto que:

$$C = \dot{\theta} r^2$$

derivando:

$$0 = \ddot{\theta} r^2 + 2r\dot{r}\dot{\theta}$$

y, al dividir por r:

$$\ddot{r} + 2\dot{r}\dot{\theta} = 0$$

y como

$$a_\theta = \ddot{r} + 2\dot{r}\dot{\theta}$$

es la componente de la aceleración según $\vec{u}_\theta$ en coordenadas polares, que se anule significa que sólo hay componente radial de la aceleración, luego las fuerzas son centrales.

b) Por ser trayectorias elípticas, *las fuerzas son newtonianas*. En efecto, aplicando la fórmula de Binet, válida para fuerzas centrales, en virtud de la consecuencia anterior:

$$F = -\frac{mC^2}{r^2}\left[\frac{1}{r} + \frac{d^2\frac{1}{r}}{d\theta^2}\right]$$

y como

$$\frac{1}{r} = \frac{1 + e\cos\theta}{p}$$

derivando respecto a θ se tiene:

$$\frac{d\left(\frac{1}{r}\right)}{d\theta} = \frac{-e \operatorname{sen}\theta}{p} \quad \text{y} \quad \frac{d^2\left(\frac{1}{r}\right)}{d\theta^2} = -\frac{-e\cos\theta}{p}$$

y sustituyendo en la fórmula de Binet:

$$F = -\frac{mC^2}{r^2}\frac{1}{p}$$

llamando $\mu = \dfrac{C^2}{p}$, queda:

$$F = -m\frac{\mu}{r^2}$$

Observemos primeramente que μ es positivo. En efecto, siendo para la elipse $p = \dfrac{b^2}{a}$:

$$\mu = \frac{C^2}{p} = \frac{C^2}{\frac{b^2}{a}} \qquad [7.14]$$

y como $a > 0$, será $\mu > 0$.

Aplicaremos ahora la tercera ley de Kepler. Sustituyendo C en función del período T:

$$C = r^2\dot{\theta} = 2\frac{d\sigma}{dt}$$

en el tiempo T, r habrá dado una vuelta completa (por definición de T), y el área barrida será $S = \pi ab$, luego:

$$C = 2\frac{\pi ab}{T}$$

Sustituyendo en [7.14]:

$$\mu = \frac{4\pi^2 a^2 b^2 a}{T^2 b^2} = 4\pi^2 \frac{a^3}{T^2}$$

y como, por la tercera ley, $\frac{a^3}{T^2}$ es constante para cualquier planeta, se deduce que μ es la misma para todos los planetas. Es decir, es una constante característica del sistema considerado (por ejemplo, el solar.) La fuerza con que el sol atrae a un planeta es:

$$F = -\frac{m\mu}{r^2} \qquad [7.15]$$

es decir, una fuerza newtoniana.

7.4.1. Cálculo de la trayectoria conocida la fuerza central newtoniana

Analicemos ahora el problema inverso: conocida la fuerza central newtoniana que actúa sobre un cuerpo, obtener la trayectoria que describe.

De la [7.15], aplicando a esta fuerza el teorema de la energía cinética, resulta:

$$d\left(\frac{mv^2}{2}\right) = -\mu\frac{m}{r^2}dr$$

o sea:

$$d\left(\frac{v^2}{2}\right) = -\frac{\mu}{r^2}dr$$

e integrando:

$$\frac{v^2}{2} = \frac{\mu}{r} + \frac{h}{2}$$

es decir:

$$v^2 = \frac{2\mu}{r} + h \qquad [7.16]$$

La constante de integración, h, se obtiene a partir de las condiciones iniciales. Si para $t = 0$ la velocidad es v_0 y la posición r_0, resulta:

$$h = v_0^2 - \frac{2\mu}{r_0}$$

La constante h tiene gran importancia a la hora de clasificar la trayectoria descrita.

La velocidad puede expresarse en la forma:

$$v^2 = \frac{dr^2 + r^2 d\theta^2}{dt^2}$$

y, por verificarse la ley de las áreas:

$$dt = \frac{r^2 d\theta}{C^2}$$

sustituyendo en la primera:

$$v^2 = \frac{dr^2 + r^2 d\theta^2}{r^4 \frac{d\theta^2}{C^2}} = C^2 \left[\left(\frac{d\frac{1}{r}}{d\theta} \right)^2 + \frac{1}{r^2} \right]$$

e igualando a [7.16]:

$$\frac{2\mu}{r} + h = C^2 \left[\left(\frac{d\frac{1}{r}}{d\theta} \right)^2 + \frac{1}{r^2} \right]$$

operando:

$$\left[\frac{d\frac{1}{r}}{d\theta} \right]^2 + \frac{1}{r^2} = \frac{1}{C^2} \left(\frac{2\mu}{r} + h \right)$$

o sea:

$$\left[\frac{d\frac{1}{r}}{d\theta}\right]^2 + \frac{1}{r^2} = \frac{2\mu}{C^2 r} + \frac{h}{C^2}$$

Sumando a los dos miembros $\frac{\mu^2}{C^4}$ para que el segundo sumando del primer miembro sea un cuadrado perfecto:

$$\left[\frac{d\frac{1}{r}}{d\theta}\right]^2 + \left(\frac{1}{r^2} - \frac{2\mu}{C^2 r} + \frac{\mu^2}{C^4}\right) = \frac{h}{C^2} + \frac{\mu^2}{C^4}$$

o sea:

$$\left[\frac{d\frac{1}{r}}{d\theta}\right]^2 + \left(\frac{1}{r} - \frac{\mu}{C^2}\right)^2 = \frac{h}{C^2} + \frac{2\mu}{C^4} \qquad [7.17]$$

y haciendo el cambio siguiente:

$$\frac{1}{r} - \frac{\mu}{C^2} = u\sqrt{\frac{\mu^2}{C^4} + \frac{h}{C^2}}$$

derivando respecto a θ se tiene:

$$\frac{d\frac{1}{r}}{d\theta} = \sqrt{\frac{\mu^2}{C^4} + \frac{h}{C^2}}\,\frac{du}{d\theta}$$

y sustituyendo en [7.17]:

$$\left(\frac{\mu^2}{C^4} + \frac{h}{C^2}\right)\left(\frac{du}{d\theta}\right)^2 + u^2\left(\frac{\mu^2}{C^4} + \frac{h}{C^2}\right) = \frac{\mu^2}{C^4} + \frac{h}{C^2}$$

simplificando queda:

$$\left(\frac{du}{d\theta}\right)^2 + u^2 = 1$$

que es una ecuación diferencial de variables separadas:

$$\frac{du}{d\theta} = \pm\sqrt{1 - u^2}$$

que puede escribirse en la forma:

$$\frac{\pm du}{\sqrt{1 - u^2}} = d\theta$$

Integrando, siendo α la constante de integración, se tiene:

$$\text{arc cos } u = \theta - \alpha$$

y

$$\text{arc sen } u = \theta - \alpha$$

según que se tome el signo + ó −. Deshaciendo el cambio, considerando únicamente la primera de ellas, pues se diferencian en una constante:

$$\frac{1}{r} = \frac{\mu}{C^2} + \sqrt{\frac{\mu^2}{C^4} + \frac{h}{C^2}} \cos(\theta - \alpha) \qquad [7.18]$$

que es de la forma:

$$\frac{1}{r} = \frac{1}{p} + \frac{e}{p} \cos(\theta - \alpha) \qquad [7.19]$$

que es la ecuación de una cónica en coordenadas polares. A continuación vamos a clasificar esta cónica.

Identificando [7.18] y [7.19] se tiene:

$$\frac{1}{p} = \frac{\mu}{c^2}$$

y

$$\frac{e}{p} = \sqrt{\frac{\mu^2}{C^4} + \frac{h}{C^2}}$$

y sustituyendo $\frac{1}{p}$ en la segunda:

$$\frac{e\mu}{C^2} = \sqrt{\frac{\mu^2}{C^4} + \frac{h}{C^2}}$$

de donde:

$$e = \sqrt{1 + \frac{C^2 h}{\mu^2}}$$

Como es sabido, atendiendo a su excentricidad, las cónicas se clasifican del siguiente modo:

ELIPSE	$e < 1$	o sea	$h < 0$
PARÁBOLA	$e = 1$	o sea	$h = 0$
HIPÉRBOLA	$e > 1$	o sea	$h > 0$

Pero como

$$h = v_0^2 - \frac{2\mu}{r_0}$$

la clasificación puede hacerse también de la forma siguiente:

$$v_0 < \sqrt{\frac{2\mu}{r_0}} \qquad \text{ELIPSE}$$

$$v_0 = \sqrt{\frac{2\mu}{r_0}} \qquad \text{PARÁBOLA}$$

$$v_0 > \sqrt{\frac{2\mu}{r_0}} \qquad \text{HIPÉRBOLA}$$

Como se ve, la forma de la trayectoria depende de v_0 y r_0, y también de μ, es decir de h. Nótese que la dependencia es respecto al módulo, y no respecto a la dirección de v_0.

En el caso de fuerzas newtonianas repulsivas la expresión de la fuerza es:

$$F = \frac{\mu m}{r^2}$$

y, procediendo de modo análogo, se habría llegado a la ecuación:

$$\frac{1}{r} = \frac{\mu}{C^2} - \sqrt{\frac{\mu}{C^4} + \frac{h}{C^2}} \cos(\theta - \alpha)$$

que es de la forma:

$$\frac{1}{r} = \frac{1}{p} - \frac{e}{p} \cos \theta$$

y

$$e = \sqrt{1 + \frac{C^2 h}{\mu^2}} \qquad [7.20]$$

pero en este caso la expresión [7.16] será:

$$h = v_0^2 + \frac{2\mu}{r_0}$$

por lo que h es siempre positivo y, por tanto, es $e > 1$ y la trayectoria será una rama de *hipérbola*.

Las características de la cónica pueden determinarse a partir de la expresión [7.20]:

$$\frac{hC^2}{\mu^2} = e^2 - 1$$

En efecto, como:

$$C^2 = p\mu, \quad e = \frac{c}{a}, \quad p = \frac{b^2}{a}$$

y, además,

$$c^2 = a^2 + b^2$$

siendo c la distancia al foco, se tiene:

$$h = \frac{\mu^2}{C^2}(e^2 - 1) = \frac{\mu^2}{p\mu}\left(\frac{c^2}{a^2} - 1\right) = \frac{\mu}{\frac{b^2}{a}} \frac{c^2 - a^2}{a^2} = -\frac{\mu}{a}$$

de donde se obtiene el valor del semieje mayor, a, de la órbita

$$a = -\frac{\mu}{h}$$

El semieje menor, b, se obtendrá de:

$$p = \frac{b^2}{a} = \frac{C^2}{\mu}$$

luego:

$$b = C\sqrt{\frac{a}{\mu}} = C\sqrt{-\frac{1}{h}}$$

De esta última se deduce, además, que si:

$h > 0$ → el eje menor es imaginario, y la cónica es una *hipérbola*.

$h < 0$ → el eje menor es real, y la cónica es una *elipse*.

Por tanto, se han determinado las características de la cónica a partir de h.

7.5. ATRACCIÓN UNIVERSAL. PROBLEMA DE LOS DOS CUERPOS

Partiendo de las observaciones realizadas en el sistema solar, Newton obtuvo la ley de atracción entre el Sol y los planetas y la generalizó para todos los cuerpos celestes.

7.5.1. Ley de gravitación universal

En el sistema solar del mismo modo que el Sol atrae a los planetas, cometas, y, en general, a todos los cuerpos, éstos, a su vez, atraerán al Sol. Así pues, será preciso afectar a cada cuerpo de un coeficiente de atracción determinado.

Sean M la masa del Sol y m, m', m''..., las masas de diversos planetas; μ el coeficiente de atracción del Sol, y λ, λ', λ''... los de los planetas. Si la atracción del Sol sobre el planeta situado a una distancia r es $\frac{m\mu}{r^2}$, la del planeta sobre el Sol será $\frac{M\lambda}{r^2}$ y, en virtud del principio de la acción y reacción, ambas serán iguales. Es decir:

$$m\mu = M\lambda$$

o sea:

$$\frac{\mu}{M} = \frac{\lambda}{m}$$

Para los restantes planetas puede escribirse de modo análogo:

$$\frac{\mu}{M} = \frac{\lambda}{m} = \frac{\lambda'}{m'} = \frac{\lambda''}{m''} = \ldots = G$$

En consecuencia, la fuerza de atracción mutua entre el Sol y un planeta de masa m será:

$$\boxed{F = G\frac{Mm}{r^2}}$$

resultado que se conoce como *ley de la gravitación universal*.

La constante G, que ya hemos definido, tiene como valor [1]:

$$G = 6{,}67 \cdot 10^{-11}$$

en el sistema internacional de unidades (SI).

Si se calcula la ecuación de dimensiones de G resulta:

$$[G] = \frac{ML^3}{T^2M^2} = \frac{L^3}{MT^2}$$

por lo que el valor de G depende de la elección de las unidades fundamentales de longitud, masa y tiempo.

[1] Cavendish, en 1798, la determinó experimentalmente por primera vez y obtuvo como valor $6{,}7 \cdot 10^{-8}$ unidades cgs.

Si se toma una unidad de longitud λ veces más pequeña, una de tiempo τ veces más pequeña y otra de masa μ veces menor, el nuevo valor numérico de G será:

$$G = \frac{\lambda^3}{\mu\tau^2}$$

Supóngase que convenimos en tomar como unidad de masa la equivalente a un cubo formado por una sustancia determinada, por ejemplo agua a 4 °C, que tiene por arista la unidad de longitud. Entonces, $\mu = \lambda^3$, y G no dependerá más que de la unidad de tiempo. Si se toma una unidad de tiempo τ veces más pequeña, G se convertirá en $\frac{G}{\tau^2}$.

Así pues, si se toma como unidad de tiempo, en vez del segundo, otra unidad de valor τ veces menor, en este nuevo sistema de unidades, teniendo en cuenta que en el sistema internacional la unidad de masa es el kilogramo y la de longitud el metro, la unidad de masa es mil veces mayor, por lo que el valor de G será:

$$G = \frac{1}{(3.862)^2\tau^2}$$

Si se adoptase como unidad de tiempo «3.862 segundos», el valor de la constante sería $G = 1$. Lippmann, en 1899, propuso llamar a esta nueva unidad de tiempo *hora natural* ya que difiere poco de una hora (3.600 s).

7.5.2. Problema de los dos cuerpos

Al tratar de explicar los movimientos de n cuerpos, con sus posiciones y velocidades iniciales conocidas, atrayéndose mutuamente, se llegará a un conjunto de ecuaciones que, en general, es difícil de resolver. No obstante, para el caso particular de dos cuerpos, el problema se resuelve de la forma que se indica a continuación.

Sean S y P dos cuerpos celestes, que supondremos el Sol y uno de los planetas, situado a una distancia r de aquél. Por el principio de acción y reacción, se tiene (fig. 7.6):

$$\vec{F}_{S/P} + \vec{F}_{P/S} = 0 \qquad [7.21]$$

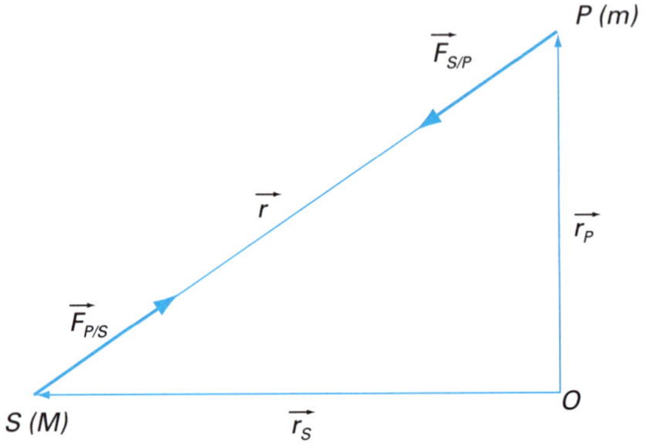

FIGURA 7.6

siendo $\vec{F}_{S/P}$ y $\vec{F}_{P/S}$ las fuerzas que el Sol atrae al planeta y el planeta al Sol, respectivamente, y cuyo valor será:

$$\vec{F}_{S/P} = -G\frac{Mm}{r^2}\frac{\vec{r}}{r}; \quad \vec{F}_{P/S} = G\frac{Mm}{r^2}\frac{\vec{r}}{r}$$

siendo $\frac{\vec{r}}{r}$ el vector unitario en la dirección de r.

Además, según se observa en la figura 7.6, respecto a un sistema absoluto con origen en O:

$$\left.\begin{aligned} \vec{F}_{S/P} &= m\frac{d^2\vec{r}_P}{dt^2} \\ \vec{F}_{P/S} &= M\frac{d^2\vec{r}_S}{dt^2} \end{aligned}\right\}$$

y según [7.21]:

$$M\frac{d^2\vec{r}_S}{dt^2} + m\frac{d^2\vec{r}_P}{dt^2} = 0 \qquad [7.22]$$

La posición del centro de masa viene dada por el vector:

$$\vec{r}_G = \frac{\sum m_i\vec{r}_i}{\sum m_i}$$

es decir,

$$\vec{r}_G = \frac{M\vec{r}_S + m\vec{r}_P}{M + m}$$

Si se deriva en esta expresión respecto al tiempo, siendo M y m constantes, resulta:

$$\frac{d^2\vec{r}_G}{dt^2} = \frac{1}{M + m}\left[M\frac{d^2\vec{r}_S}{dt^2} + m\frac{d^2\vec{r}_P}{dt^2}\right] = 0$$

Y también $\dfrac{d\vec{r}_G}{dt} = \vec{C}$, que expresa que el centro de masa de los dos cuerpos permanece en reposo o se mueve con movimiento rectilíneo y uniforme.

Teniendo en cuenta que:

$$\frac{d^2\vec{r}}{dt^2} = \frac{d^2(\vec{r}_P - \vec{r}_S)}{dt^2} = \frac{d^2\vec{r}_P}{dt^2} - \frac{d^2\vec{r}_S}{dt^2}$$

y la expresión [7.22], se tiene:

$$\frac{d^2\vec{r}}{dt^2} = \frac{d^2\vec{r}_P}{dt^2} + \frac{m}{M}\frac{d^2\vec{r}_P}{dt^2} = \frac{m + M}{M}\frac{d^2\vec{r}_P}{dt^2}$$

y de aquí

$$F_{S/P} = m\frac{d^2\vec{r}_P}{dt^2} = \frac{mM}{m + m}\frac{d^2\vec{r}}{dt^2}$$

que permite interpretar el movimiento de los dos cuerpos como el de un único cuerpo de masa equivalente $\dfrac{mM}{m + m}$.

Para calcular el error introducido al considerar como inercial el sistema con los ejes situados en el centro del Sol y dirigidos hacia tres estrellas fijas que, como se dijo anteriormente, en rigor no es inercial, consideraremos el movimiento relativo del planeta, P, respecto al Sol, S.

Esto equivale a considerar S fijo con una masa $(M + m)$. Por tanto, la fuerza será:

$$\vec{F} = m\frac{d^2\vec{r}}{dt^2} = -G\frac{(M + m)m}{r^2}\frac{\vec{r}}{r} = -\mu\frac{m}{r^2}\frac{\vec{r}}{r} \qquad [7.23]$$

en donde se ha llamado μ al valor $\mu = G(M + m)$.

Por otra parte, sabemos que:

$$\mu = \frac{c^2}{p} = \frac{\left(2\frac{\pi ab}{T}\right)^2}{\frac{b^2}{a}} = 4\pi^2 \frac{a^3}{T^2}$$

Según la tercera ley de Kepler $\frac{a^3}{T^2}$, es igual para todos los planetas, pero al sustituir μ por su valor, en la ecuación [7.23], queda:

$$\left.\begin{aligned} G(M + m) &= 4\pi^2 \frac{a^3}{T^2} \\ G(M + m') &= 4\pi^2 \frac{a'^3}{T'^2} \end{aligned}\right\}$$

para dos planetas m y m'.

Dividiendo miembro a miembro resulta:

$$\frac{M + m}{M + m'} = \frac{\frac{a^3}{T^2}}{\frac{a'^3}{T'^2}}$$

o sea:

$$\frac{1 + \frac{m}{M}}{1 + \frac{m'}{M}} = \frac{\frac{a^3}{T^2}}{\frac{a'^3}{T'^2}}$$

Se observa que la tercera ley de Kepler no es exacta, ya que el cociente anterior no es igual a la unidad ($a \neq a'$). Sin embargo, si M es mucho mayor que m y m', las cantidades $\frac{m}{M}$ y $\frac{m'}{M}$ pueden despreciarse, y puede considerarse que dicha ley se cumple con suficiente aproximación.

EJERCICIOS

7.1 Un punto material de masa m se mueve bajo la acción de la fuerza central, dirigida hacia el origen de un sistema de coordenadas OXY, cuyo módulo es proporcional a la distancia desde el punto al origen. Llámese k a la constante de proporcionalidad. En el instante inicial el punto está situado en la posición de coordenadas $(a, 0)$ y tiene una velocidad $\vec{v}_0$ que forma un ángulo α con el eje OX. Calcular:

a) La ecuación de la trayectoria del punto.

b) La constante de las áreas.

7.2 Se quiere poner en órbita un satélite a una distancia R del centro de la Tierra, siendo R mayor que el radio terrestre, de forma que la órbita tenga su perigeo a la distancia R_1 del centro y su apogeo a R_2. Se supondrá que la Tierra está en reposo y aislada en el espacio y que es esférica y homogénea. Calcular:

a) Velocidad que hay que comunicar al satélite.

b) Ángulo respecto a la vertical con el que hay que lanzarlo

7.3 Un punto material de masa m está sometido a la acción de una fuerza central dirigida hacia el origen y cuyo módulo es proporcional al cubo de la distancia. Llámese k a la constante de proporcionalidad. Calcular:

a) La posición y la velocidad inicial del punto material para que describa una órbita circular de radio R y centro en el origen.

b) La energía total.

7.4 La trayectoria descrita por un punto material de masa m sometido a la acción de una fuerza central dirigida hacia el punto O y que depende sólo de la distancia es:

$$r = k\theta$$

Calcular el módulo de dicha fuerza central.

SOLUCIONES DE LOS EJERCICIOS

7.1

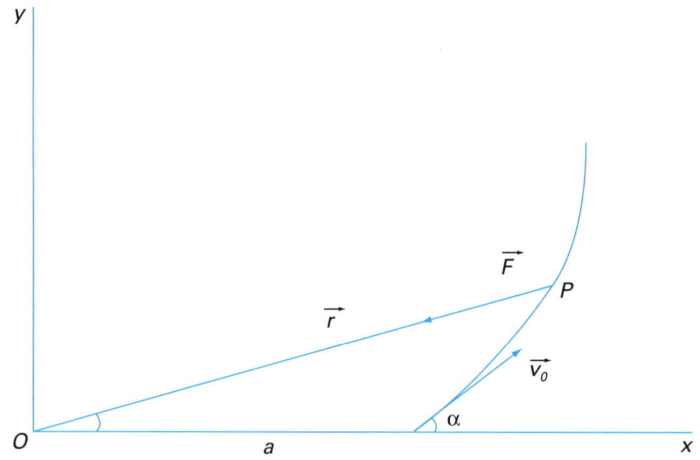

FIGURA 7.7

La fuerza central es:

$$\vec{F} = -k\vec{r}$$

cuyas componentes en coordenadas cartesianas son:

$$F_x = -kx$$
$$F_y = -ky$$

Las ecuaciones diferenciales del movimiento son:

$$m\ddot{x} + kx = 0$$
$$m\ddot{y} + ky = 0$$

que una vez integradas nos dan:

$$\begin{aligned} x &= A \cos (\omega t + \varphi) \\ y &+ B \cos (\omega t + \psi) \end{aligned} \qquad [7.24]$$

y teniendo en cuenta las condiciones iniciales, relativas a la posición, resulta:

$$a = A \cos \varphi$$

$$0 = B \cos \psi$$

de donde se obtiene:

$$\psi = \frac{\pi}{2}, \quad A = \frac{a}{\cos\varphi} \qquad [7.25]$$

Derivando respecto al tiempo en [7.24]:

$$\begin{aligned} \dot{x} &= -A\omega \operatorname{sen}(\omega t + \varphi) \\ \dot{y} &= -B\omega \operatorname{sen}\left(\omega t + \frac{\pi}{2}\right) = B\omega \cos \omega t \end{aligned} \qquad [7.26]$$

e imponiendo las condiciones iniciales de la velocidad resulta:

$$\begin{aligned} v_0 \cos\alpha &= -A\omega \operatorname{sen}\varphi \\ v_0 \operatorname{sen}\alpha &= B\omega \end{aligned}$$

sustituyendo el valor de A obtenido en [7.25], queda:

$$\operatorname{tg}\varphi = \frac{v_0 \cos\alpha}{a\omega}$$

$$B = \frac{v_0 \operatorname{sen}\alpha}{\omega}$$

Por tanto, las ecuaciones horarias del movimiento son:

$$x = \frac{a}{\cos\varphi}\cos(\omega t + \varphi)$$

$$y = \frac{v_0 \operatorname{sen}\alpha}{\omega}\operatorname{sen}\omega t$$

que pueden ponerse en la forma:

$$x = \frac{a}{\cos\varphi}(\cos\omega t \cos\varphi + \operatorname{sen}\omega t \operatorname{sen}\varphi) = a\cos\omega t + a \operatorname{tg}\varphi \operatorname{sen}\omega t =$$

$$= a\cos\omega t + \frac{v_0 \cos a}{\omega}\operatorname{sen}\omega t$$

$$y = \frac{v_0 \operatorname{sen}\alpha}{\omega}\operatorname{sen}\omega t$$

La ecuación de la trayectoria se obtiene eliminando el tiempo entre ellas:

$$\boxed{\frac{x^2}{a^2} + \frac{v_0^2 \cos^2 \alpha + a^2\omega^2}{a^2 v_0^2 \operatorname{sen}^2 \alpha} y^2 - \frac{2xy}{a^2 \operatorname{tg} \alpha} = 1}$$

La constante de las áreas se calcula a partir de la expresión que la relaciona con el momento cinético, o sea:

$$C = |\vec{r} \times \vec{v}|$$

y teniendo en cuenta las ecuaciones [7.24] y [7.26]:

$$C = x\dot{y} - y\dot{x}$$

sustituyendo los valores de la posición y la velocidad en el instante inicial se obtiene el valor de la constante de las áreas buscado:

$$C = av_0 \operatorname{sen} \alpha - 0\, v_0 \cos \alpha$$

o sea:

$$\boxed{C = av_0 \operatorname{sen} \alpha}$$

7.2 Llamando a al semieje mayor de la órbita y e a la excentricidad, el apogeo R_1 y el perigeo R_2 vendrán dados por las expresiones:

$$R_1 = a(1 - e); \quad R_2 = a(1 + e)$$

A partir de estas expresiones se pueden obtener los valores de la excentricidad y del semieje mayor en función del apogeo y perigeo. Dividiendo miembro a miembro:

$$\frac{R_2}{R_1} = \frac{1 + e}{1 - e}$$

y

$$e = \frac{R_2 - R_1}{R_2 + R_1} \quad \text{y} \quad a = \frac{R_1 + R_2}{2} \qquad [7.27]$$

Por otra parte, la energía total del satélite en su órbita será:

$$E_T = \frac{1}{2}mv^2 - G\frac{Mm}{R}$$

y la energía por unidad de masa:

$$E = \frac{1}{2}v^2 - G\frac{M}{R} \qquad [7.28]$$

La expresión de la excentricidad de la órbita (ver apartado 7.4) es:

$$e = \sqrt{1 + \frac{C^2h}{\mu^2}}$$

y sustituyendo h por su valor (ecuación 7.16) teniendo en cuenta que $\mu = GM$, queda:

$$e = \sqrt{1 + \frac{C^2}{(GM)^2}\left(v^2 - \frac{2\mu}{R}\right)} = \sqrt{1 + \frac{C^2}{(GM)^2}\left(v^2 - \frac{2GM}{R}\right)}$$

de donde:

$$e^2 - 1 = \frac{C^2}{(GM)^2}\left(v^2 - \frac{2GM}{R}\right) = \frac{2C^2}{(GM)^2}\left(\frac{v^2}{2} - \frac{GM}{R}\right)$$

y por tanto:

$$e^2 - 1 = 2\frac{C^2}{(GM)^2}E \qquad [7.29]$$

donde C es la constante de las áreas, G la constante de gravitación universal y E la energía total por unidad de masa del satélite. Para calcular esta expresión tenemos en cuenta, ecuación [7.27], que:

$$e^2 - 1 = -\frac{4R_1R_2}{(R_1 + R^2)^2}$$

y que el semieje menor de la trayectoria, b, es:

$$b = a\sqrt{1 - e^2} = \sqrt{R_1R_2} \qquad [7.30]$$

La constante de las áreas es:

$$C = \frac{2\pi\, ab}{T} \tag{7.31}$$

siendo T el período.

Y de la tercera ley de Kepler se deduce:

$$T^2 = \frac{4\pi^2 a^3}{GM} \tag{7.32}$$

A partir de las ecuaciones [7.29] y [7.30] se obtiene:

$$-\frac{b^2}{a^2} = e^2 - 1 = \frac{2C^2}{G^2M^2}E$$

que teniendo en cuenta [7.31] y [7.32] resulta:

$$-\frac{1}{a} = \frac{2E}{GM} \tag{7.33}$$

Y como la energía por unidad de masa es:

$$E = \frac{v^2}{2} - \frac{GM}{R}$$

sustituyendo en [7.33] se tiene:

$$-\frac{1}{a} = \frac{2}{GM}\left(\frac{v^2}{2} - \frac{GM}{R}\right)$$

de donde:

$$v^2 = \frac{2GM}{R} - \frac{GM}{a}$$

y sustituyendo a por su valor (ecuación 7.27):

$$v^2 = \frac{2GM}{R} - \frac{GM}{a} = 2GM\frac{R_1 + R_2 + R}{R(R_1 + R_2)}$$

expresión que da la velocidad pedida:

$$v = \sqrt{2GM\frac{R_1 + R_2 + R}{R(R_1 + R_2)}} \qquad [7.34]$$

Para calcular el ángulo θ que forma la velocidad con la vertical se parte de la ley de las áreas, expresando la constancia del momento cinético:

$$C = |R \times v| = Rv \operatorname{sen} \theta$$

Despejando y sustituyendo C y v por su valor obtenido de las ecuaciones [7.31] y [7.34] queda:

$$\operatorname{sen} \theta = \frac{C}{Rv} = \frac{2\pi ab}{2\pi a^{\frac{3}{2}}}(GM)^{\frac{1}{2}}\frac{1}{R}\frac{1}{(2GM)^{\frac{1}{2}}}\left(\frac{R(R_1 + R_2)}{R_1 + R_2 - R}\right)^{\frac{1}{2}}$$

o sea:

$$\theta = \operatorname{arc\,sen} \sqrt{\frac{R_1R_2}{R(R_1 + R_2 - R)}}$$

fórmula que da el ángulo θ pedido.

7.3 La expresión de la fuerza es:

$$\vec{F} = -kr^3\,\vec{u}_r$$

Esta fuerza deriva del potencial:

$$U(r) = k\frac{r^4}{4}$$

A partir de la ecuación [7.12] que da la energía total, se obtiene:

$$E = \frac{1}{2}m\dot{r}^2 + \frac{mC^2}{2r^2} + k\frac{r^4}{4}$$

por lo que el potencial efectivo es:

$$U_{\text{ef}} = \frac{mC^2}{2r^2} + k\frac{r^4}{4}$$

Para que describa una órbita circular de radio R y centro en el origen, el potencial efectivo debe pasar por un mínimo para $r = R$. Es decir:

$$\frac{dU_{\text{ef}}}{dr} = -\frac{mC^2}{r^3} + kr^3 = 0$$

y para $r = R$:

$$mC^2 = kR^6$$

La constante de las áreas es de la forma $C = r^2\dot{\theta}$ y la velocidad inicial es normal al vector de posición por lo que la constante de las áreas vale $C = v_0R$ y por tanto:

$$mR^2v_0^2 = kR^6$$

de donde:

$$v_0 = R^2\sqrt{\frac{k}{m}}$$

La energía total es:

$$E = \frac{1}{2}m\frac{R^4k}{m} + \frac{mkR^6}{2R^2m} + k\frac{R^4}{4} = kR^4\left(\frac{1}{2} + \frac{1}{2} + 1\right) = 2kR^4$$

Se sabe que la constante de las áreas es el doble de la velocidad areolar. El área total barrida por la trayectoria vale πR^2. Luego el periodo del movimiento es:

$$T = \frac{S}{C/2} = \frac{2\pi R^2}{v_0R} = \frac{2\pi R}{R^2\sqrt{\frac{k}{m}}} = \frac{2\pi}{R}\sqrt{\frac{m}{k}}$$

7.4 Utilizando coordenadas polares con origen el punto de atracción O, se tiene:

$$m\vec{a} = -F(r)\vec{u}_r$$

puesto que la aceleración en coordenadas polares es:

$$\vec{a} = (\ddot{r} - r\dot{\theta}^2)\vec{u}_r + (2\dot{r}\dot{\theta} + r\ddot{\theta})\vec{u}_\theta$$

resulta:

$$\ddot{r} - r\dot{\theta}^2 = -\frac{F(r)}{m} \qquad [7.35]$$

y

$$2\dot{r}\dot{\theta} + r\ddot{\theta} = 0$$

De esta segunda se obtiene:

$$\frac{2\dot{r}}{r} = -\frac{\ddot{\theta}}{\theta}$$

e integrando:

$$r^2\dot{\theta} = C$$

que es la expresión de la ley de las áreas.

Sustituyendo en [7.35] queda:

$$\ddot{r} - r\frac{C^2}{r^4} = -\frac{F(r)}{m}$$

o sea:

$$m\ddot{r} - mC^2r^{-3} = -F(r) \qquad [7.36]$$

Haciendo el cambio de variable:

$$r = \frac{1}{u}$$

y derivando respecto a t:

$$\dot{r} = -\frac{\dot{u}}{u^2} = -\frac{1}{u^2}\frac{du}{d\theta}\dot{\theta} = -r^2\frac{du}{d\theta}\frac{C}{r^2}$$

y sustituyendo $\frac{1}{u^2} = r^2$ y $\dot{\theta} = \frac{C}{r^2}$ queda:

$$\dot{r} = -r^2 \frac{C}{r^2}\frac{du}{d\theta} = -C\frac{du}{d\theta}$$

Derivando nuevamente respecto al tiempo:

$$\ddot{r} = -C\frac{d}{dt}\left(\frac{du}{d\theta}\right) = -C\frac{d^2u}{d\theta^2}\frac{d\theta}{dt} = -C\frac{d^2u}{d\theta^2}\dot{\theta}$$

Sustituyendo $\dot{\theta} = \dfrac{C}{r^2} = Cu^2$ se tiene:

$$\ddot{r} = -C^2u^2\frac{d^2u}{d\theta^2}$$

Si ahora se sustituyen los valores de r y $\ddot{r}$ en la ecuación [7.36] resulta:

$$-mC^2u^2\frac{d^2u}{d\theta^2} - mC^2u^3 = -F(u)$$

reordenando y simplificando:

$$\frac{d^2u}{d\theta^2} + u = \frac{-1}{mC^2}\frac{F(u)}{u^2}$$

y deshaciendo el cambio $u = \dfrac{1}{r}$ se tiene:

$$\frac{d^2}{d\theta^2}\left(\frac{1}{r}\right) + \frac{1}{r} = -\frac{1}{mC^2}r^2F(r)$$

Puesto que la trayectoria es $r = k\theta$:

$$\frac{1}{r} = \frac{1}{k}\theta^{-1}$$

y derivando respecto a θ dos veces:

$$\frac{d^2}{d\theta}\left(\frac{1}{r}\right) = \frac{z}{k}\theta^{-3} = \frac{z}{k}\left(\frac{k}{r}\right)^3 = \frac{2k^2}{r^3}$$

Por tanto:

$$\frac{2k^2}{r^3} + \frac{1}{r} = \frac{-1}{mC^2} r^2 F(r)$$

y despejando $F(r)$:

$$F(r) = -\frac{mC^2}{r^2}\left[\frac{2k^2}{r^3} + \frac{1}{r}\right] = -mC^2\left[\frac{2k^2}{r^5} + \frac{1}{r^3}\right]$$

El problema también se podría haber resuelto por aplicación de la fórmula de Binet:

$$F(r) = -\frac{mC^2}{r^2}\left[\frac{d^2\left(\dfrac{1}{r}\right)}{d\theta^2} + \frac{1}{r}\right]$$

obteniéndose el mismo resultado de forma directa.

Capítulo 8

DINÁMICA DEL PUNTO LIGADO

OBJETIVOS

1. *Obtener las ecuaciones del movimiento y la reacción para un punto material ligado a una curva sin rozamiento.*
2. *Estudiar el movimiento en el caso particular de un punto material pesado ligado a una curva lisa y fija.*
3. *Obtener las ecuaciones del movimiento ligado a una superficie lisa.*
4. *Obtener las ecuaciones intrínsecas del movimiento en este caso.*
5. *Estudiar el caso particular en el que no actúan fuerzas exteriores sobre el punto material.*

ESQUEMA-RESUMEN

8.1. Movimiento de un punto material ligado a una curva sin rozamiento. Cálculo de la reacción
— Ecuación del movimiento
— Cálculo de la reacción
— Caso en que existe función potencial

8.2. Movimiento de un punto material pesado sobre una curva lisa y fija

8.3. Movimiento de un punto material ligado a una superficie lisa: ecuaciones generales

8.4. Ecuaciones intrínsecas del movimiento

8.5. Caso en que no existen fuerzas exteriores: geodésicas

8. DINÁMICA DEL PUNTO LIGADO

8.1. MOVIMIENTO DE UN PUNTO MATERIAL LIGADO A UNA CURVA SIN ROZAMIENTO

Se trata de estudiar el movimiento de un punto material P, de masa m, ligado a una curva lisa Γ, bajo la acción de un conjunto de fuerzas activas cuya resultante es $\vec{F}$. En lo que sigue supondremos Γ fija en una referencia inercial, reservando el caso de vínculos móviles en el tiempo para cuando se estudie la dinámica del movimiento relativo.

Al ser lisa la curva, la segunda ley de Newton nos permite escribir:

$$\vec{F} + \vec{N} = m\frac{d^2\vec{r}}{dt^2}$$

siendo $\vec{N}$ la reacción del vínculo, contenida en el plano normal a la curva Γ, y $\vec{r}$ el vector de posición del punto P sobre la curva, respecto a una referencia inercial.

La integración de la ecuación anterior puede realizarse por dos procedimientos distintos, según que conozcamos las ecuaciones implícitas de Γ o sus ecuaciones paramétricas.

a) Si la curva Γ viene dada por sus ecuaciones implícitas:

$$\Gamma \begin{cases} f(xyz) = 0 \\ g(xyz) = 0 \end{cases}$$

en un sistema de referencia inercial $OXYZ$ en el cual la resultante de las fuerzas activas se expresa en la forma:

$$\vec{F} = F_x(\vec{r}, \vec{v}, t)\vec{i} + F_y(\vec{r}, \vec{v}, t)\vec{j} + F_z(\vec{r}, \vec{v}, t)\vec{k}$$

y puesto que la reacción normal vendrá dada por:

$$\vec{N} = \lambda\, \overrightarrow{\text{grad}} f + \mu\, \overrightarrow{\text{grad}} g$$

las ecuaciones del movimiento serán:

$$m\ddot{x} = F_x + \lambda \frac{\partial f}{\partial x} + \mu \frac{\partial g}{\partial x}$$

$$m\ddot{y} = F_y + \lambda \frac{\partial f}{\partial y} + \mu \frac{\partial g}{\partial y}$$

$$m\ddot{z} = F_z + \lambda \frac{\partial f}{\partial z} + \mu \frac{\partial g}{\partial z}$$

$$f(xyz) = 0$$

$$g(xyz) = 0$$

sistema de ecuaciones diferenciales que una vez integrado define, en función del tiempo, las coordenadas $x(t)$, $y(t)$, $z(t)$, es decir el movimiento, y los coeficientes λ y μ, es decir, la reacción normal. En el proceso de integración aparecerán seis constantes arbitrarias cuya determinación exige conocer seis condiciones de contorno.

b) Si la curva Γ viene dada por sus ecuaciones paramétricas:

$$\vec{r} = \vec{r}(q), \text{ o } \begin{cases} x = x(q) \\ y = y(q) \\ z = z(q) \end{cases}$$

puesto que el vector velocidad $\vec{v}$ resultará ser:

$$\vec{v} = x'\dot{q}\vec{i} + y'\dot{q}\vec{j} + z'\dot{q}\vec{k} = \vec{v}(q, \dot{q})$$

la resultante de las fuerzas exteriores podrá escribirse en la forma:

$$\vec{F} = F_x(q, \dot{q}, t)\vec{i} + F_y(q, \dot{q}, t)\vec{j} + F_z(q, \dot{q}, t)\vec{k}$$

Proyectando la reacción normal sobre los ejes

$$\vec{N} = N_x\vec{i} + N_y\vec{j} + N_z\vec{k}$$

se pueden escribir las ecuaciones:

$$m\ddot{x} = F_x + N_x$$
$$m\ddot{y} = F_y + N_y$$
$$m\ddot{z} = F_z + N_z$$

que junto a la relación que se obtiene al expresar la perpendicularidad entre la reacción normal y el vector tangente a la curva Γ, es decir

$$x'N_x + y'N_y + z'N_z = 0$$

permiten resolver el problema.

Teniendo en cuenta que

$$\dot{x} = x'\dot{q}, \quad \ddot{x} = x''\dot{q}^2 + x'\ddot{q}$$
$$\dot{y} = x'\dot{q}, \quad \ddot{y} = y''\dot{q}^2 + y'\ddot{q}$$
$$\dot{z} = x'\dot{q}, \quad \ddot{z} = z''\dot{q}^2 + z'\ddot{q}$$

se puede, finalmente, escribir:

$$m(x''\dot{q}^2 + x'\ddot{q}) = F_x + N_x$$
$$m(y''\dot{q}^2 + x'\ddot{q}) = F_y + N_y$$
$$m(z''\dot{q}^2 + x'\ddot{q}) = F_z + N_z$$
$$x'N_x + y'N_y + z'N_z = 0$$

sistema de ecuaciones diferenciales cuya integración proporciona q, N_x, N_y, N_z como funciones del tiempo. Aparecerán dos constantes arbitrarias cuya determinación exige conocer los valores de q y $\dot{q}$ en sendos instantes.

Este método general puede simplificarse, obteniendo a partir del teorema de la energía cinética una integral primera del movimiento. En efecto, como sabemos, es posible expresar la posición del punto móvil sobre la curva como función de un sólo parámetro, por lo que bastará una sola ecuación, que no contenga a la reacción normal, para definir el movimiento.

Aplicando el teorema de la energía cinética

$$d\left(\frac{1}{2}mv^2\right) = F_x\,dx + F_y\,dy + F_z\,dz$$

no apareciendo la reacción normal $\vec{N}$ en la expresión del trabajo por ser en todo instante perpendicular al camino recorrido.

La ecuación anterior puede expresarse, en función del parámetro q, como sigue:

$$\frac{1}{2} md\,[(x'^2 + y'^2 + z'^2)\dot{q}^2] = F_x\,x'dq + F_y\,y'dq + F_z\,z'dq$$

Integrando queda:

$$\dot{q}^2 = \frac{2}{m}\,\frac{\int_{q_0}^{q} (F_x\,x' + F_y\,y' + F_z\,z')dq}{x'^2 + y'^2 + z'^2} = \phi(q)$$

luego

$$t - t_0 = \int_{q_0}^{q} \frac{dq}{\sqrt{\phi(q)}}$$

8.1.1. Cálculo de la reacción

Una vez conocido el movimiento por la ecuación de la energía cinética, pueden emplearse las ecuaciones intrínsecas del movimiento del punto sometido a las fuerzas $\vec{F} = F_t\vec{t} + F_n\vec{n} + F_b\vec{b}$ y $\vec{N} = N_n\vec{n} + N_b\vec{b}$ para determinar la reacción del vínculo:

$$F_t = m\frac{dv}{dt}$$

$$F_n + N_n = \frac{mv^2}{\rho}$$

$$F_b + N_b = 0$$

La primera de las ecuaciones, que no depende de la reacción, proporciona el movimiento sobre la curva. Las otras dos permiten calcular las componentes de la reacción normal.

8.1.2. Caso de que exista función potencial

Si la resultante de las fuerzas activas que obran sobre el punto material deriva de un potencial, tendremos:

$$\vec{F} = -\text{grad}\,U$$

Ahora bien si $\vec{F} = \vec{F}(s)$ y, por tanto, $F_t = F_t(s)$, resulta

$$-dU = \vec{F} \cdot d\vec{r} = F_t(s)ds$$

ya que los productos escalares de las componentes $\vec{F}$ de según la normal y la binormal se anulan al tener $d\vec{r}$ la dirección de la tangente a la curva, por lo que podemos suponer $U = U(s)$.

El teorema de conservación de la energía permite escribir:

$$\frac{1}{2} mv^2 + U(s) = E$$

de donde

$$v^2 = \frac{2E}{m} - \frac{2}{m} U(s)$$

y de aquí

$$v = \frac{ds}{dt} = \sqrt{\frac{2E}{m}} \sqrt{1 - \frac{U(s)}{E}}$$

que integrada da:

$$\sqrt{\frac{2E}{m}} (t - t_0) = \int_{s_0}^{s} \frac{ds}{\sqrt{1 - \frac{U(s)}{E}}}$$

que es la ecuación del movimiento del punto material.

8.2. MOVIMIENTO DE UN PUNTO MATERIAL PESADO SOBRE UNA CURVA LISA Y FIJA

Un caso particular de gran interés es el que se presenta cuando la única fuerza activa es el peso de la partícula.

Entonces, si se supone que el eje OZ lleva la dirección de la vertical ascendente,

$$\vec{F} = -mg\vec{k} \quad \text{y} \quad U = mg\,z$$

si además la curva tiene por ecuaciones

$$\left.\begin{aligned} x &= x(s) \\ y &= y(s) \\ z &= z(s) \end{aligned}\right\}$$

aplicando el teorema de conservación de la energía resulta:

$$\frac{1}{2} mv^2 + z(s) = E$$

de donde

$$v^2 = 2g\left[\frac{E}{mg} - z(s)\right]$$

y finalmente

$$v = \pm\sqrt{2g\,[a - z(s)]}$$

en donde $a = \dfrac{E}{mg}$ es la energía total por unidad de peso y representa la máxima cota que puede alcanzar el punto con una energía total E, determinada.

Teniendo en cuenta que

$$v = \frac{ds}{dt} = \pm\sqrt{2g\,[a - z(s)]}$$

integrando queda:

$$\sqrt{2g}\,(t - t_0) = \pm\int_{s_0}^{s} \frac{ds}{\sqrt{a - z(s)}}$$

que también puede expresarse tomando z como variable independiente en la forma:

$$\sqrt{2g}(t - t_0) = \pm\int_{z_0}^{z} \frac{dz}{\cos\gamma\,\sqrt{a - z}}$$

ya que

$$v = \frac{ds}{dt} = \frac{ds}{dz}\,\frac{dz}{dt} = \frac{1}{\cos\gamma}\,\frac{dz}{dt}$$

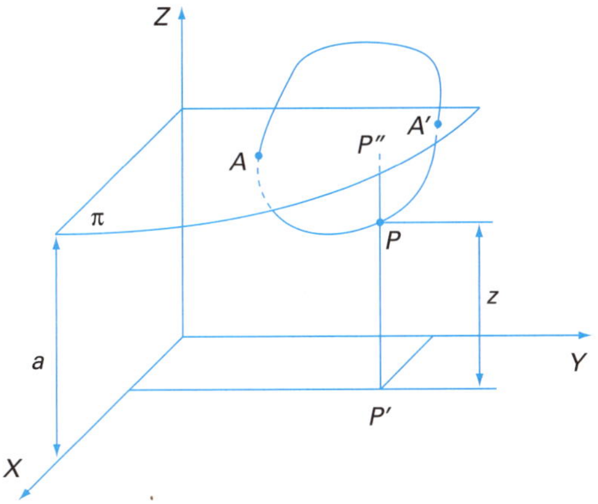

FIGURA 8.1

en donde cos γ representa el tercer coseno director de la tangente a la curva.

A continuación discutiremos brevemente el movimiento. Para ello vamos a considerar un plano π cuya ecuación es $z = a$.

La distancia PP'' del móvil a este plano es $a - z$, por lo que la velocidad vale:

$$v^2 = 2g\,\overline{PP''}$$

o sea que el módulo de esta velocidad es el mismo que si el móvil cayese desde P'' hasta P sin velocidad inicial.

Supongamos que la curva Γ sea cerrada. Pueden presentarse entonces dos casos:

1.° *Que el plano π no corte a la curva Γ.*

En ese caso siempre $z < a$ y $v \neq 0$ o bien, $a < z$ y no hay movimiento.

2.° *Que el plano π corte a la curva Γ.*

2a) En dos puntos.

Sean los A y A'. Tendremos:

$$\left(\frac{ds}{dt}\right)^2 = 2g(a - z)$$

y

$$\pm\sqrt{2g}\,(t - t_0) = \int_{z_0}^{z} \frac{ds}{\sqrt{a - z}} = \int_{z_0}^{z} \frac{\frac{ds}{dz}}{\sqrt{a - z}}\, dz$$

y no siendo horizontales las tangentes en A y A' $\frac{ds}{dz}$ es finita para $z = a$ y la integral es convergente para $z \to a$.

El movimiento se reduce a una serie de oscilaciones entre A y A'.

2b) En un solo punto.

En ese caso la tangente en ese punto ($A = A'$) es horizontal y el cociente $\frac{ds}{dz} \to \infty$ para $z \to a$, por lo que el punto móvil no llega nunca a alcanzar A, que se convierte así en una posición asintótica.

Finalmente vamos a establecer un resultado importante que se deduce de la ecuación:

$$\sqrt{2g}\,(t - t_0) = \pm \int_{z_0}^{z} \frac{dz}{\cos\gamma \sqrt{a - z}}$$

«*El tiempo invertido por el punto material en subir desde una cota* $z = z_1$ *hasta otra* $z = z_2\,(z_2 > z_1)$ *es igual al que invertiría en bajar desde* z_2 *hasta* z_1 *con igual energía mecánica.*»

En efecto, en la subida

$$t_2 - t_1 = \frac{1}{\sqrt{2g}} \int_{z_1}^{z_2} \frac{dz}{\cos\gamma \sqrt{a - z}}$$

y en la bajada

$$t_1' - t_2' = \frac{1}{\sqrt{2g}} \int_{z_1}^{z_2} \frac{dz}{\cos\gamma \sqrt{a - z}} = -\frac{1}{\sqrt{2g}} \int_{z_1}^{z_2} \frac{dz}{\cos\gamma \sqrt{a - z}} = -(t_2 - t_1)$$

luego

$$t_1' - t_2' = t_1 - t_2$$

8.3. MOVIMIENTO DE UN PUNTO MATERIAL LIGADO A UNA SUPERFICIE LISA: ECUACIONES GENERALES

Considérese una superficie Σ, de dos caras, fija en un sistema de referencia inercial, sin rozamiento, sobre la que se mueve, vinculado bilateralmente, un punto material de masa m.

Si $\vec{r}$ es el vector de posición del punto móvil en dicha referencia, $\vec{F}$ la resultante de las fuerzas exteriores que obran sobre el punto y $\vec{N}$ la reacción del vínculo, se puede escribir:

$$\vec{F} + \vec{N} = m\frac{d^2\vec{r}}{dt^2}$$

Según que se conozca la ecuación implícita de la superficie o bien sus ecuaciones paramétricas se presentarán los siguientes casos en la solución del problema:

a) Se conoce la ecuación implícita de la superficie, $f(xyz) = 0$, en un sistema de referencia inercial $OXYZ$.

Al ser el vínculo liso, la reacción de ligadura es exclusivamente normal y

$$\vec{N} = \lambda\left(\frac{\partial f}{\partial x}\vec{i} + \frac{\partial f}{\partial y}\vec{j} + \frac{\partial f}{\partial z}\vec{k}\right)$$

Como además:

$$\vec{F} = F_x\vec{i} + F_y\vec{j} + F_z\vec{k}$$

resulta:

$$m\ddot{x} = F_x + \lambda\frac{\partial f}{\partial x}$$

$$m\ddot{y} = F_y + \lambda\frac{\partial f}{\partial y}$$

$$m\ddot{z} = F_z + \lambda\frac{\partial f}{\partial z}$$

que junto con

$$f(xyz) = 0$$

constituye un sistema de ecuaciones diferenciales que permite obtener x, y, z y λ en función de t.

b) Si se conocen las ecuaciones paramétricas de la superficie:

$$
\begin{aligned}
x &= x(u_1, u_2)\\
y &= y(u_1, u_2)\\
z &= z(u_1, u_2)
\end{aligned}
$$

teniendo en cuenta que:

$$\vec{r} = x(u_1, u_2)\vec{i} + y(u_1, u_2)\vec{j} + z(u_1, u_2)\vec{k}$$

se obtienen inmediatamente

$$\dot{x} = \left(\frac{\partial x}{\partial u_1}\right)\dot{u}_1 = \left(\frac{\partial x}{\partial u_2}\right)\dot{u}_2$$

y

$$\ddot{x} = \left(\frac{\partial^2 x}{\partial u_1^2}\right)\dot{u}_1^2 + 2\left(\frac{\partial^2 x}{\partial u_1 \partial u_2}\right)\dot{u}_1\dot{u}_2 + \left(\frac{\partial^2 x}{\partial u_2^2}\right)\dot{u}_2^2 + \left(\frac{\partial x}{\partial u_1}\right)\ddot{u}_1 + \left(\frac{\partial x}{\partial u_2}\right)\ddot{u}_2$$

y análogamente

$$\dot{y} = \left(\frac{\partial y}{\partial u_1}\right)\dot{u}_1 = \left(\frac{\partial y}{\partial u_2}\right)\dot{u}_2$$

$$\ddot{y} = \left(\frac{\partial^2 y}{\partial u_1^2}\right)\dot{u}_1^2 + 2\left(\frac{\partial^2 y}{\partial u_1 \partial u_2}\right)\dot{u}_1\dot{u}_2 + \left(\frac{\partial^2 y}{\partial u_2^2}\right)\dot{u}_2^2 + \left(\frac{\partial y}{\partial u_1}\right)\ddot{u}_1 + \left(\frac{\partial y}{\partial u_2}\right)\ddot{u}_2$$

y del mismo modo

$$\dot{z} = \left(\frac{\partial z}{\partial u_1}\right)\dot{u}_1 = \left(\frac{\partial z}{\partial u_2}\right)\dot{u}_2$$

$$\ddot{z} = \left(\frac{\partial^2 z}{\partial u_1^2}\right)\dot{u}_1^2 + 2\left(\frac{\partial^2 y}{\partial u_1 \partial u_2}\right)\dot{u}_1\dot{u}_2 + \left(\frac{\partial^2 z}{\partial u_2^2}\right)\dot{u}_2^2 + \left(\frac{\partial z}{\partial u_1}\right)\ddot{u}_1 + \left(\frac{\partial z}{\partial u_2}\right)\ddot{u}_2$$

Por otra parte, recordando la expresión del vector normal a una superficie, se tiene para la reacción normal la expresión

$$\vec{N} = \lambda\left[\frac{\partial \vec{r}}{\partial u_1} \times \frac{\partial \vec{r}}{\partial u_2}\right] = \lambda(n_x\vec{i} + n_y\vec{j} + n_z\vec{k})$$

y se puede escribir:

$$
\begin{aligned}
m\ddot{x} &= X + \lambda n_x \\
m\ddot{y} &= Y + \lambda n_y \\
m\ddot{z} &= Z + \lambda n_z
\end{aligned}
$$

sistema de ecuaciones diferenciales que una vez integrado permite obtener u_1, u_2 y λ en función del tiempo.

El procedimiento descrito admite una simplificación ya que el teorema de la energía cinética da una ecuación independiente de λ. En efecto:

$$d\left(\frac{1}{2}mv^2\right) = F_x\,dx + F_y\,dy + F_z\,dz$$

puesto que el trabajo de la reacción normal es idénticamente nulo.

Teniendo en cuenta que la velocidad puede escribirse como:

$$
\begin{aligned}
v^2 &= \dot{x}^2 + \dot{y}^2 + \dot{z}^2 = \\
&= \left[\left(\frac{\partial x}{\partial u_1}\right)\dot{u}_1 + \left(\frac{\partial x}{\partial u_2}\right)\dot{u}_2\right]^2 + \left[\left(\frac{\partial y}{\partial u_1}\right)\dot{u}_1 + \left(\frac{\partial y}{\partial u_2}\right)\dot{u}_2\right]^2 + \\
&+ \left[\left(\frac{\partial z}{\partial u_1}\right)\dot{u}_1 + \left(\frac{\partial z}{\partial u_2}\right)\dot{u}_2\right]^2 = f(u_1, u_2, \dot{u}_1, \dot{u}_2)
\end{aligned}
$$

en donde $f(u_1, u_2, \dot{u}_1, \dot{u}_2)$ es una función cuadrática en $\dot{u}_1$ y $\dot{u}_2$, queda:

$$
\begin{aligned}
&\frac{1}{2}m\,df(u_1, u_2, \dot{u}_1, \dot{u}_2) = F_x dx + F_y dy + F_z dz = \\
&= F_x\left(\frac{\partial x}{\partial u_1}du_1 + \frac{\partial x}{\partial u_2}du_2\right) + F_y\left(\frac{\partial y}{\partial u_1}du_1 + \frac{\partial y}{\partial u_2}du_2\right) + \\
&+ F_z\left(\frac{\partial z}{\partial u_1}du_1 + \frac{\partial z}{\partial u_2}du_2\right) = \left[F_x\frac{\partial x}{\partial u_1} + F_y\frac{\partial y}{\partial u_1}F_z\frac{\partial z}{\partial u_1}\right]du_1 + \\
&+ \left[F_x\frac{\partial x}{\partial u_2} + F_y\frac{\partial y}{\partial u_2}F_z\frac{\partial z}{\partial u_2}\right]du_2 = Pdu_1 + Qdu_2
\end{aligned}
$$

en donde P y Q son funciones de u_1, u_2, $\dot{u}_1$, $\dot{u}_2$ y t, es decir

$$\frac{1}{2}m\,df(u_1, u_2, \dot{u}_1, \dot{u}_2) = Pdu_1 + Qdu_2$$

Si existe una función potencial $U(u_1, u_2)$, la ecuación anterior puede integrarse directamente. En efecto:

$$Pdu_1 + Qdu_2 = -dU(u_1, u_2)$$

luego

$$\frac{1}{2} m \, df(u_1, u_2, \dot{u}_1, \dot{u}_2) = -dU(u_1, u_2)$$

e integrando resulta

$$\frac{1}{2} m f(u_1, u_2, \dot{u}_1, \dot{u}_2) + U(u_1, u_2) = E$$

8.4. ECUACIONES INTRÍNSECAS DEL MOVIMIENTO

Sea un punto material P de masa m, cuya trayectoria sobre la superficie Σ es la curva C. Consideraremos como ejes coordenados los definidos a partir de P por los vectores unitarios $\vec{t}$, $\vec{h}$ y $\vec{g}$ (triedro geodésico), siendo $\vec{t}$ el vector tangente a la curva, $\vec{h}$ el vector unitario en la dirección de la normal geodésica (perpendicular a $\vec{t}$ contenida en el plano tangente) y $\vec{g}$ la normal a la superficie en P.

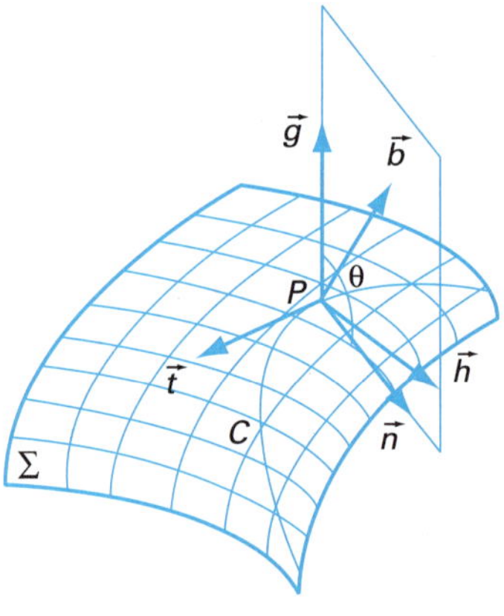

FIGURA 8.2

Las ecuaciones del movimiento según el triedro intrínseco a la curva C, son:

$$F_t = m\frac{dv}{dt}$$

$$F_n + N_n = m\frac{v^2}{\rho}$$

$$F_b + N_b = 0$$

La reacción normal, según el triedro sobre el que se proyecte, será:

$$\vec{N} = N\vec{g} = N_n\vec{n} + N_b\vec{b}$$

e igualmente la resultante de las fuerzas exteriores

$$\vec{F} = F_t\vec{t} + F_n\vec{n} + F_b\vec{b} = F_t\vec{t} + F_h\vec{h} + F_g\vec{g}$$

La ecuación del movimiento en coordenadas intrínsecas, expresando la fuerza en el triedro geodésico, será:

$$m\frac{dv}{dt}\vec{t} + m\frac{v^2}{\rho}\vec{n} = F_t\vec{t} + F_h\vec{h} + (N + F_g)\vec{g} \qquad [8.1]$$

y multiplicando la ecuación [8.1] escalarmente por $\vec{t}$, $\vec{h}$ y $\vec{g}$, respectivamente resulta:

$$m\frac{dv}{dt} = F_t$$

$$m\frac{v^2}{\rho}(\vec{n}\cdot\vec{h}) = F_h$$

$$m\frac{v^2}{\rho}(\vec{n}\cdot\vec{g}) = F_g + N$$

y teniendo en cuenta que

$$(\vec{n}\cdot\vec{h}) = \operatorname{sen}\theta$$

$$(\vec{n}\cdot\vec{g}) = \cos\theta$$

se tiene

$$m\frac{dv}{dt} = F_t$$

$$m\frac{v^2}{\rho}\ \text{sen}\ \theta = F_h$$

$$m\frac{v^2}{\rho}\cos\theta = F_g + N$$

Recordando el teorema de Meusnier que establece que «*el radio de curvatura de una sección oblicua a una superficie es la proyección, sobre el plano de esta curva, del radio de curvatura de la sección normal que tiene la misma tangente en el punto considerado*», resulta (fig. 8.3) que:

$$\rho = R\cos\theta$$

siendo R el radio de curvatura de la sección normal, y, por tanto, la última de las ecuaciones anteriores la podemos poner en la forma:

$$\frac{mv^2}{\dfrac{\rho}{\cos\theta}} = F_g + N$$

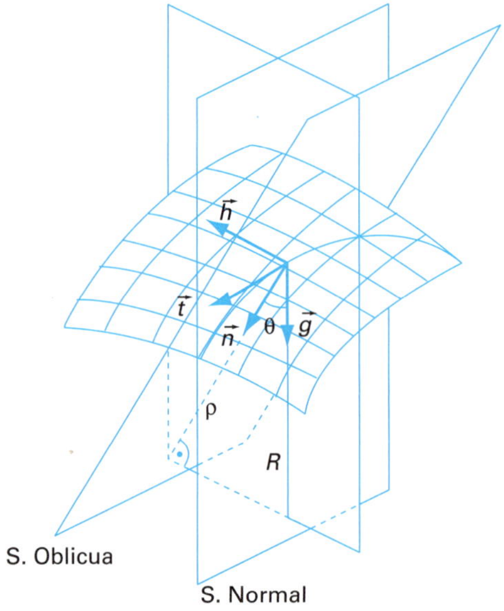

FIGURA 8.3

o sea,

$$\frac{mv^2}{R} = F_g + N$$

de donde se obtiene el valor de la reacción normal a la superficie:

$$N = \frac{mv^2}{R} - F_g$$

8.5. CASO DE QUE NO EXISTAN FUERZAS EXTERIORES: GEODÉSICAS

Cuando la resultante de las fuerzas activas es permanentemente nula:

$$\vec{F} = 0$$

y se tiene

$$F_t = F_h = F_g = 0$$

por lo que las ecuaciones anteriores quedan en la forma:

$$m\frac{dv}{dt} = 0$$

$$m\frac{v^2}{\rho} \operatorname{sen} \theta = 0$$

$$m\frac{v^2}{R} = N$$

De la primera se deduce que la velocidad del punto permanece constante, $v = v_0$, y de la tercera se deduce que el valor de la reacción de la superficie será:

$$N = \frac{mv_0^2}{R}$$

De la segunda se deduce que sen $\theta = 0$, y $\theta = 0$, o sea, que el ángulo que forman la normal principal y la normal a la superficie es nulo. Es decir, la normal principal a la curva y la normal a la superficie coinciden, por lo que la línea es una geodésica.

Otra forma de verlo es a partir de la definición de la curvatura de flexión geodésica:

$$\Gamma = \frac{d\vec{t}}{ds} \cdot \vec{h} = \frac{1}{\rho_g}$$

siendo ρ_g el radio de curvatura de flexión geodésica, y como según la primera fórmula de Frénet

$$\frac{d\vec{t}}{ds} = \frac{\vec{n}}{\rho}$$

resulta

$$\frac{1}{\rho_g} = \frac{\vec{n}}{\rho} \cdot \vec{h} = \frac{\text{sen}\,\theta}{\rho}$$

por lo que la segunda ecuación del movimiento puede escribirse:

$$\frac{mv_0^2}{\rho_g} = 0$$

y siendo $m \neq 0$ y $v_0 \neq 0$ sólo puede anularse si $\rho_g \to \infty$, por lo que la trayectoria es una geodésica (línea sobre la superficie cuyo radio de curvatura geodésico es infinito).

Se comprueba, pues, que la reacción normal debe encontrase en el plano osculador de la trayectoria, propiedad característica de las líneas geodésicas de una superficie.

EJERCICIOS

8.1 Un punto material pesado de masa m se mueve obligado a desplazarse sobre una cicloide situada en un plano vertical con la concavidad dirigida hacia arriba y de ecuaciones:

$$x = R(\varphi - \text{sen } \varphi)$$
$$y = R(1 - \cos \varphi)$$

Suponiendo que el punto se abandona sobre la curva sin velocidad inicial, determinar:

1. La longitud del arco de cicloide en función del tiempo.
2. El módulo de la reacción normal.

8.2 Un punto material pesado, de masa m, se mueve vinculado unilateralmente a una circunferencia de radio R situada en un plano vertical. El punto puede abandonar la circunferencia por el interior y en el instante inicial se sitúa en el punto más bajo y se le comunica una velocidad v_0. Determinar:

a) Condición que ha de cumplirse para que el punto abandone la circunferencia.

b) Coordenadas del punto en que la abandona, supuesta cumplida la condición anterior.

8.3 Un punto material de peso p se mueve vinculado, sin rozamiento, a la hélice de ecuaciones:

$$x = a \cos \theta$$
$$y = a \text{ sen } \theta$$
$$z = a\theta$$

Determinar:

a) Ecuación horaria del movimiento.

b) Reacción del vínculo cuando el punto ha descendido una altura a.

8.4 Un punto material pesado, de masa m, se mueve ligado a una curva lisa y fija, situada en un plano vertical, de ecuación:

$$r^2 = 2a^2 \text{ sen } 2\varphi$$

El punto parte del origen de coordenadas sin velocidad inicial. Calcular:

a) Velocidad del punto material cuando se encuentra en un punto de la curva cuya distancia al origen es R.

b) Tiempo de caída hasta dicho punto.

8.5 Un punto material pesado de masa m se mueve vinculado a la superficie de una semiesfera de radio R. La semiesfera presenta su concavidad hacia arriba y su eje de simetría coincide con la vertical. En el instante inicial el punto material se encuentra en un punto P situado sobre la circunferencia horizontal que limita la semiesfera, su velocidad es tangente a dicha circunferencia y su módulo es v_0. Al cabo de un cierto tiempo el punto material se encuentra en un punto Q de la superficie que está situado a una distancia h del plano que contiene a la circunferencia que limita la semiesfera, y a una distancia r del eje de simetría. Calcular:

a) Velocidad del punto en el instante en el que se encuentra en Q.

b) Ángulo que forma la velocidad del punto en ese instante con la horizontal.

SOLUCIONES DE LOS EJERCICIOS

8.1

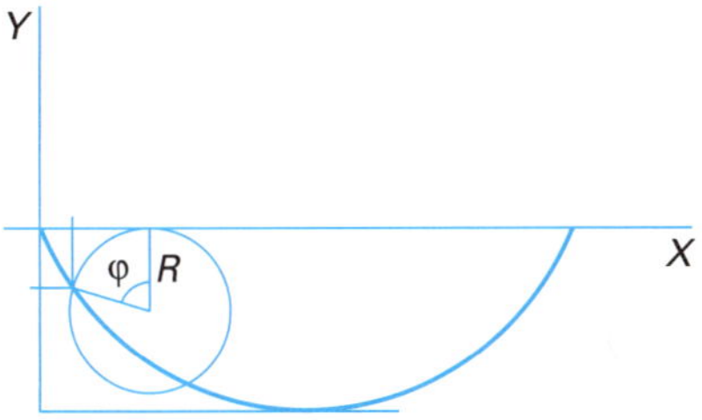

FIGURA 8.4

Las ecuaciones de la curva son:

$$x = R(\varphi - \text{sen } \varphi)$$
$$y = R(1 - \cos \varphi)$$

Aplicando el teorema de la energía cinética

$$d\left(\frac{1}{2} mv^2\right) = dT$$

o sea:

$$d\left(\frac{1}{2} mv^2\right) = mgdy$$

Integrando

$$v^2 = 2g(y - y_0)$$

de aquí

$$\left(\frac{ds}{dt}\right)^2 = 2g(y - y_0)$$

Vamos a calcular y en función de s. Tomemos como origen de arcos el vértice de la curva que corresponde a $\varphi = \pi$ y como sentido positivo el de las φ crecientes.

Se tiene

$$ds = \sqrt{dx^2 + dy^2} = \sqrt{[R(d\varphi - \cos\varphi \, d\varphi)]^2 + [R \operatorname{sen} \varphi \, d\varphi]^2} =$$
$$= R \, d\varphi \sqrt{(1 - \cos\varphi)^2 + \operatorname{sen}^2 \varphi} = R \, d\varphi \sqrt{1 - 2 \cos\varphi + 1} =$$
$$= R \, d\varphi \sqrt{2(1 - \cos\varphi)} = R \, d\varphi \sqrt{2\left(1 - \cos^2 \frac{\varphi}{2} + \operatorname{sen}^2 \frac{\varphi}{2}\right)} =$$
$$= R \, d\varphi \sqrt{4 \operatorname{sen}^2 \frac{\varphi}{2}} = 2R \operatorname{sen} \frac{\varphi}{2} \, d\varphi$$

de donde

$$s = -4R \cos \frac{\varphi}{2}$$

Por otro lado

$$y = R(1 - \cos\varphi) = R\left(1 - \cos^2 \frac{\varphi}{2} + \operatorname{sen}^2 \frac{\varphi}{2}\right) =$$
$$= R\left(1 - \cos^2 \frac{\varphi}{2} + 1 - \cos^2 \frac{\varphi}{2}\right) = R\left(2 - 2\cos^2 \frac{\varphi}{2}\right) =$$
$$= 2R\left(1 - \cos^2 \frac{\varphi}{2}\right) = 2R\left[1 - \left(\frac{s}{4R}\right)^2\right] =$$
$$= 2R\left[1 - \frac{s^2}{16R^2}\right] = 2R - \frac{s}{8R}$$

Por tanto:

$$y_0 = 2R - \frac{s_0^2}{8R}$$

en donde s_0 e y_0 corresponden a la posición inicial.

Resulta inmediato que:

$$y - y_0 = \frac{s_0^2 - s}{8R}$$

Por tanto la ecuación diferencial

$$\left(\frac{ds}{dt}\right)^2 = 2g(y - y_0)$$

se puede escribir en la forma

$$\left(\frac{ds}{dt}\right)^2 = \frac{g}{4R}(s_0^2 - s^2)$$

de donde

$$\frac{ds}{dt} = \sqrt{\frac{g}{4R}}\sqrt{(s_0^2 - s^2)}$$

y

$$\frac{ds}{\sqrt{(s_0^2 - s^2)}} = \sqrt{\frac{g}{4R}}dt$$

Integrando

$$\text{arc cos}\,\frac{s}{s_0} = \sqrt{\frac{g}{4R}}\,t$$

o sea:

$$s = s_0 \cos t\sqrt{\frac{g}{4R}}$$

El periodo de la oscilación es $\pi\sqrt{\frac{4R}{g}}$ que es independiente de la posición inicial. El movimiento es isócrono.

La reacción normal es

$$N = \frac{mv^2}{\rho} - F_n$$

en donde

$$v^2 = 2g(y - y_0); \qquad \rho = 4R \text{ sen } \frac{\varphi}{2}; \qquad F_n = -mg \text{ sen } \frac{\varphi}{2}$$

por lo que resulta

$$N = \frac{mg(2y - y_0)}{2R \text{ sen } \frac{\varphi}{2}}$$

8.2

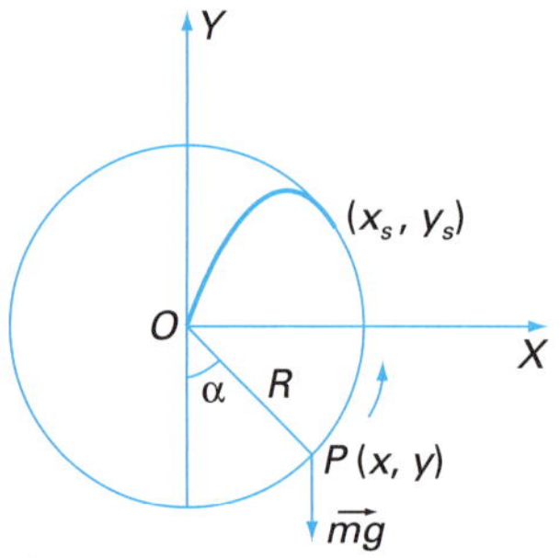

FIGURA 8.5

1. Las proyecciones del peso son:

$$F_x = 0; \quad F_y = -mg$$

El teorema de la energía cinética se escribe:

$$d\left(\frac{1}{2}mv^2\right) = F_x dx + F_y dy = -mgdy$$

e integrando:

$$\frac{v^2 - v_0^2}{2} = -g(y - y_0)$$

y como

$$y_0 = -R$$

resulta

$$v^2 = v_0^2 - 2gR - 2gy$$

Expresemos a continuación que la suma de las proyecciones de las fuerzas según la normal (sentido positivo *PO*) es igual a $\frac{mv^2}{R}$

$$N + mg\cos\alpha = \frac{mv^2}{R}$$

o sea:

$$N + mg\frac{y}{R} = \frac{mv^2}{R}$$

y sustituyendo v^2 por su valor queda:

$$N = \frac{m}{R}(v_0^2 - 2gR - 3gy)$$

Para que el punto abandone la circunferencia es preciso que se anule N. Es decir

$$y = \frac{v_0^2 - 2gR}{3g}$$

Pero para que esta solución sea aceptable es preciso además que $y < R$, o sea:

$$\frac{v_0^2 - 2gR}{3g} < R$$

de donde

$$v_0^2 < 5gR$$

que es la condición pedida.

Las coordenadas del punto de separación son:

$$y_s = \frac{v_0^2 - 2gR}{3g}; \qquad x_s = +\sqrt{R^2 - y_s^2}$$

La velocidad v_s en este punto será:

$$v_s^2 = v_0^2 - 2gR - 2gy_s = \frac{v_0^2 - 2gR}{3} = gy_s$$

El ángulo que forma dicha velocidad con Ox es:

$$\text{tg}\,\alpha = -\frac{x_s}{y_s}$$

2. En el punto (x_s, y_s) el móvil abandona la circunferencia y se mueve como un punto material pesado libre. Su movimiento está definido por las ecuaciones:

$$x = x_s + v_s t \cos \alpha$$

$$y = y_s + v_s t \,\text{sen}\, \alpha - \frac{1}{2} gt^2$$

que son las ecuaciones paramétricas de una parábola.

Para que pase por el origen ha de existir un valor de t para el cual

$$x = x_s + v_s\, t \cos \alpha = 0$$

$$y = y_s + v_s\, t \operatorname{sen} \alpha - \frac{1}{2} g t^2 = 0$$

Eliminando t entre las dos ecuaciones anteriores

$$y_s - x_s \operatorname{tg} \alpha - \frac{g x_x^2}{2 v_x^2 \cos^2 \alpha} = 0$$

y como

$$\operatorname{tg} \alpha = -\frac{x_s}{y_s} \quad \text{y} \quad \cos^2 \alpha = \frac{y_s^2}{x_s^2 + y_s^2}$$

se tiene

$$\frac{x_s^2 + y_s^2}{y_s} - \frac{g x_x^2 (x_s^2 + y_s^2)}{2 v_x^2 y_s^2} = 0$$

o bien

$$2 v_s^2 y_s = g x_s^2$$

y como

$$v_s^2 = g y_s \quad \text{y} \quad x_s^2 = R^2 - y_s^2$$

resulta

$$3 y_s = R^2$$

es decir

$$y_s = \frac{R}{\sqrt{3}}$$

de donde

$$v_0^2 = gR(2 + \sqrt{3})$$

que es la velocidad pedida.

8.3 Las ecuaciones de la hélice son:

$$x = a \cos \theta$$
$$y = a \operatorname{sen} \theta$$
$$z = a\theta$$

Las componentes de la velocidad del punto son:

$$\dot{x} = -a\dot{\theta} \operatorname{sen} \theta$$
$$\dot{y} = a\dot{\theta} \cos \theta$$
$$\dot{z} = a\dot{\theta}$$

El módulo de la velocidad será

$$v = \sqrt{\dot{x}^2 + \dot{y}^2 + \dot{z}^2}$$

y sustituyendo

$$v = a\dot{\theta}\sqrt{2} \qquad [8.2]$$

Por otra parte la velocidad del punto puede calcularse aplicando el teorema de la conservación de la energía y se tiene:

$$\frac{1}{2}mv^2 + mgz = E$$

o bien,en función del peso $mg = p$ de la partícula,

$$\frac{pv^2}{2g} + pz = E \qquad [8.3]$$

de donde

$$v^2 = \frac{2gE}{p} - 2gz$$

o sea

$$v = \sqrt{\frac{2gE}{p} - 2gz} \qquad [8.4]$$

Como $z = a\theta$, igualando las ecuaciones [8.2] y [8.4], resulta:

$$a\dot{\theta}\sqrt{2} = \sqrt{\frac{2gE}{p} - 2gz}$$

es decir

$$\frac{d\theta}{dt} = \frac{1}{a\sqrt{2}}\sqrt{\frac{2gE}{p} - 2ga\theta}$$

o sea,

$$\frac{d\theta}{\sqrt{\frac{gE}{p} - ga\theta}} = \frac{dt}{a}$$

integrando:

$$\int_{\theta_0}^{\theta} \frac{d\theta}{\sqrt{\frac{gE}{p} - ga\theta}} = \int_0^t \frac{dt}{a}$$

y finalmente

$$\left[\frac{-2}{ag}\sqrt{\frac{gE}{p} - ga\theta}\right]_{\theta=\theta_0}^{\theta} = \left[\frac{t}{a}\right]_{t=0}^{t}$$

es decir,

$$\sqrt{\frac{gE}{p} - ga\theta} - \sqrt{\frac{gE}{p} - ga\theta_0} = -\frac{gt}{2}$$

Si en el instante inicial el punto está en $z = a$ sin velocidad, se tiene de la ecuación de la hélice y de la ecuación [8.3]:

$$pa\theta_0 = E$$

o sea:

$$\theta_0 = \frac{E}{pa}$$

con lo que:

$$\sqrt{\frac{gE}{p} - ga\theta} = -\frac{gt}{2}$$

de donde:

$$\frac{E}{p} - a\theta = \frac{gt^2}{4}$$

y, finalmente:

$$\theta = \frac{E}{pa} - \frac{gt^2}{4a} = \theta(t)$$

La ecuación horaria se calcula sin más que sustituir $\theta(t)$ en las ecuaciones paramétricas de la hélice, obteniéndose $x(t)$, $y(t)$, $z(t)$.

La reacción del vínculo se obtiene a partir de las ecuaciones de la dinámica del punto ligado:

$$m\ddot{x} = F_x + R_x,\ m\ddot{y} = F_y + R_y,\ m\ddot{z} = F_z + R_z$$

y puesto que

$$F_x = F_y = 0, \quad F_z = -p$$

resulta:

$$\begin{aligned} R_x &= m\ddot{x} = m(-a\dot{\theta}^2 \cos\theta - a\ddot{\theta}^2 \operatorname{sen}\theta) = \\ &= -ma(\dot{\theta}^2 \cos\theta + \ddot{\theta} \operatorname{sen}\theta) \\ R_y &= m\ddot{y} = m(-a\dot{\theta}^2 \operatorname{sen}\theta + a\ddot{\theta}^2 \cos\theta) = \\ &= -ma(\dot{\theta}^2 \operatorname{sen}\theta + \ddot{\theta} \cos\theta) \\ R_z &= m\ddot{z} + p = ma\ddot{\theta} + p \end{aligned} \qquad [8.5]$$

Por otra parte como:

$$\theta = \frac{E}{pa} - \frac{gt^2}{4a} = \theta(t) \rightarrow \dot{\theta} = -\frac{gt}{2a} \rightarrow \ddot{\theta} = -\frac{g}{2a} \qquad [8.6]$$

sustituyendo en [8.5]:

$$R_x = -ma\left(\frac{g^2t^2}{4a^2}\cos\theta - \frac{g}{2a}\operatorname{sen}\theta\right) = -mg\frac{gt^2}{4a}\cos\theta + mg\frac{1}{2}\operatorname{sen}\theta =$$

$$= p\left(\frac{1}{2}\operatorname{sen}\theta - \frac{gt^2}{4a}\cos\theta\right)$$

y teniendo en cuenta las expresiones [8.6]:

$$R_x = p\frac{1}{2}\,\text{sen}\,\theta - p\left(\frac{E}{pa} - \theta\right)\cos\theta = p\,\frac{1}{2}\,\text{sen}\,\theta + p\theta\cos\theta - \frac{E}{a}\cos\theta$$

o sea

$$R_x = p\left(\frac{1}{2}\,\text{sen}\,\theta + \theta\cos\theta\right) - \frac{E}{a}\cos\theta$$

e igualmente:

$$R_y = -p\left(\frac{1}{2}\cos\theta - \theta\,\text{sen}\,\theta\right) - \frac{E}{a}\,\text{sen}\,\theta$$

$$R_z = -ma\,\frac{g}{2a} + p = \frac{-p}{2} + p = \frac{p}{2}$$

Para $z = a$, $a = a\theta$, y $\theta = 1$ rad y, por tanto, sen (1 rad) = 0,84, y cos (1 rad) = 0,54. Sustituyendo estos valores en las ecuaciones anteriores se obtienen las componentes de la reacción del vínculo:

$$R_x = p\left(\frac{1}{2}\,0{,}84 + 0{,}54\right) - \frac{E}{a}\,0{,}54 = 0{,}96p - 0{,}54\,\frac{E}{a}$$

$$R_y = p\left(\frac{1}{2}\,0{,}54 - 0{,}84\right) - \frac{E}{a}\,0{,}84 = 0{,}57 - 0{,}84\,\frac{E}{a}$$

$$R_z = \frac{p}{2}$$

8.4 a) La ecuación de la curva es:

$$r^2 = 2a^2\,\text{sen}\,(2\varphi)$$

Aplicando el teorema de conservación de la energía:

$$mbz = \frac{1}{2}mv^2$$

o sea

$$mgr\,\text{sen}\,\varphi = \frac{1}{2}mv^2$$

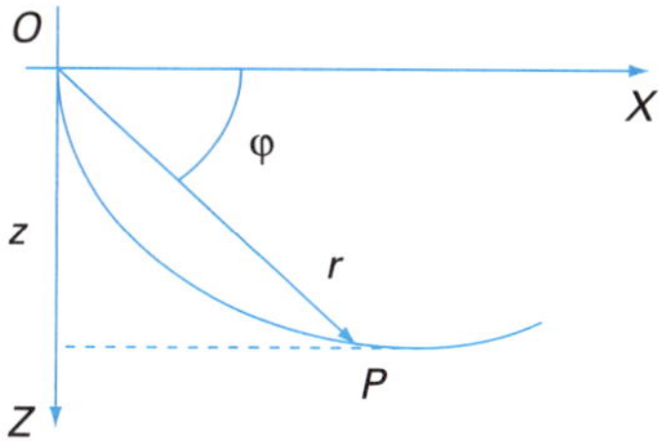

FIGURA 8.6

de donde

$$v = \sqrt{2\, gr \text{ sen } \varphi} \qquad [8.7]$$

y cuando $r = R$, $\varphi_R = \dfrac{1}{2}$ arc sen $\dfrac{R^2}{2a^2}$ y $v_R = \sqrt{2\, g\, R \text{ sen } \varphi_R}$

b) De la ecuación [8.7] resulta:

$$\frac{ds}{dt} = \sqrt{2\, gr \text{ sen } \varphi} \qquad [8.8]$$

y de la ecuación de la curva, a la que el punto está vinculado, se deduce que el elemento de arco viene dado por:

$$ds = (dr)^2 + (rd\varphi)^2$$

diferenciando la ecuación de la curva, se tiene:

$$2\, rdr = 2a^2 2 \cos(2\varphi)\, d\varphi$$

es decir,

$$dr = \frac{2a^2}{r} \cos(2\varphi)\, d\varphi$$

y resulta:

$$ds = \sqrt{\frac{4a^2 \cos^2(2\varphi)}{r^2}(d\varphi)^2 + r^2 (d\varphi)^2} =$$

$$= \sqrt{\frac{4a^4 \cos^2(2\varphi) + r^4}{r^2}}\, d\varphi =$$

$$= \sqrt{\frac{4a^4 \cos^2(2\varphi) + 4a^4 \cos(2\varphi)}{2a^2 \text{ sen } (2\varphi)}}\, d\varphi = a\sqrt{\frac{2}{\text{sen } (2\varphi)}}\, d\varphi$$

o sea

$$\boxed{ds = a\sqrt{\frac{2}{\text{sen}\,(2\varphi)}}\,d\varphi}$$

Para calcular el tiempo de caída se sustituye en [8.9]:

$$dt = \frac{ds}{\sqrt{2\,gr\ \text{sen}\ \varphi}} = \frac{a\sqrt{\dfrac{2}{\text{sen}(2\varphi)}}\,d\varphi}{\sqrt{2\,g\left(2\,a^2\ \text{sen}\ (2\varphi)\right)^{\frac{1}{2}}\ \text{sen}\varphi}} =$$

$$= \frac{1}{2}\sqrt{\frac{a}{g}}\,(\text{sen}\ \varphi)^{-\frac{5}{4}}\,(\cos\ \varphi)^{-\frac{3}{4}}\,d\varphi$$

e integrando

$$t = \frac{1}{2}\sqrt{\frac{a}{g}}\int_{\frac{\pi}{2}}^{\varphi_R}(\text{sen}\ \varphi)^{-\frac{5}{4}}\,(\cos\ \varphi)^{-\frac{3}{4}}\,d\varphi$$

haciendo el cambio de variable $\text{cotg}\ \varphi = q^4$ se tiene $\dfrac{d\varphi}{\text{sen}^2\ \varphi} =$ $= 4q^3dq$ y $\cos\ \varphi = q^4\ \text{sen}\ \varphi$, por lo que sustituyendo:

$$t = \frac{1}{2}\sqrt{\frac{a}{g}}\int(\text{sen}\ \varphi)^{-\frac{5}{4}}\,(\text{sen}\ \varphi)^{-\frac{3}{4}}\,4q^3\ \text{sen}^2\varphi\ dq$$

o sea

$$t = \frac{1}{2}\sqrt{\frac{a}{g}}\int(\text{sen}\ \varphi)^{-\frac{5}{4}}\,(\text{sen}\ \varphi)^{-\frac{3}{4}}\,q^{-3}\,4q^3\ \text{sen}^2\varphi\ dq =$$

$$= 2\sqrt{\frac{a}{g}}\int dq = 2\sqrt{\frac{a}{g}}\,z$$

y deshaciendo el cambio:

$$t = 2\sqrt{\frac{a}{g}}\left[\sqrt[4]{\text{cotg}\ \varphi}\right]_{\frac{\pi}{2}}^{\varphi_R}$$

Para el punto pedido $\varphi = \varphi_R$, se tiene

$$t = 2\sqrt{\frac{a}{g}}\sqrt[4]{\operatorname{cotg}\varphi_R}$$

8.5

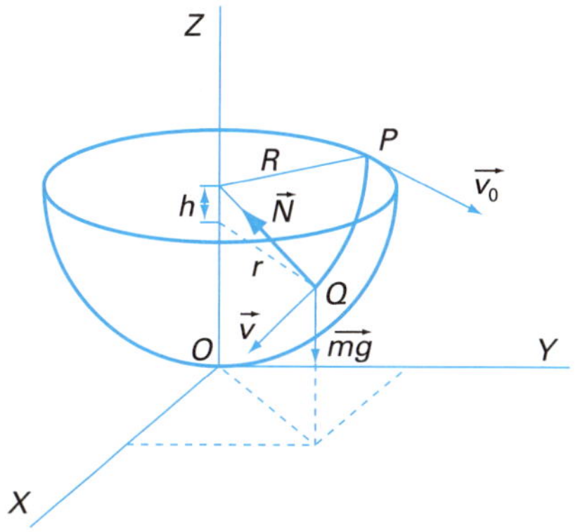

FIGURA 8.7

Se trata del movimiento de un punto material ligado a una superficie lisa. Las fuerzas que actúan son el peso $m\vec{g}$ y la reacción normal a la superficie $\vec{N}$.

Puesto que no hay rozamiento, $\vec{N}$ es normal a la superficie y no produce trabajo, por lo que aplicando el teorema de conservación de la energía se obtiene una integral primera. Tomando como referencia de energía potencial el plano, *OXY*, se tiene

$$\frac{1}{2}mv_0^2 = \frac{1}{2}mv^2 - mgh$$

de donde

$$v^2 = v_0^2 + 2gh$$

y

$$v = \sqrt{v_0^2 + 2\,gh}$$

Para calcular el ángulo que forma el vector velocidad con la horizontal aplicaremos el teorema del momento cinético respecto al eje *OZ*. Se tiene

$$\frac{dL_z}{dt} = \Gamma_z$$

o sea

$$\frac{dL_z}{dt} = 0$$

ya que los momentos áxicos de $m\vec{g}$ y de $\vec{N}$ respecto al eje OZ son nulos. Por tanto, integrando

$$L_z = \text{cte}$$

es decir, el momento cinético se conserva, y será igual en el instante t que en el instante inicial.

Llamando α al ángulo que forma la velocidad en el instante t con la horizontal, el vector velocidad se puede escribir en la forma

$$\vec{v} = v \cos \alpha\, \vec{u}_h + v \operatorname{sen} \alpha\, \vec{k}$$

en donde $\vec{u}_h$ es un vector unitario tangente en Q al círculo menor de radio r y, por tanto, paralelo al plano horizontal.

El momento cinético en el instante t, respecto a OZ, será:

$$L_z(t) = mvr \cos \alpha$$

y como en el instante inicial su valor es

$$L_z(0) = mv_0 R$$

resulta

$$mvr \cos \alpha = mv_0 R$$

o sea

$$\cos \alpha = \frac{v_0 R}{rv}$$

Sustituyendo v por su valor y $r = \sqrt{R^2 - h^2}$ queda

$$\cos \alpha = \frac{v_o R}{\sqrt{(R^2 - h^2)(v_0^2 + 2\,gh)}}$$

que proporciona el ángulo pedido.

Capítulo 9

DINÁMICA DEL MOVIMIENTO RELATIVO

OBJETIVOS

1. *Obtener las ecuaciones del movimiento relativo del punto material libre.*
2. *Obtener las ecuaciones del movimiento relativo del punto material ligado.*
3. *Estudiar el equilibrio relativo en la superficie de la Tierra.*
4. *Estudiar el movimiento relativo en la superficie de la Tierra.*
5. *Aplicar las ecuaciones del movimiento relativo al caso del péndulo de Foucault.*

ESQUEMA-RESUMEN

9.1. Dinámica del movimiento relativo del punto material libre. Equilibrio relativo
— Ecuaciones del movimiento
— Equilibrio relativo

9.2. Dinámica del movimiento relativo del punto material ligado
— Punto ligado a una curva móvil
— Punto ligado a una superficie

9.3. Equilibrio relativo en la superficie de la Tierra

9.4. Movimiento relativo en la superficie de la Tierra

9.5. Caída libre de un punto pesado sobre la superficie de la Tierra

9.6. Péndulo de Foucault

9. DINÁMICA DEL MOVIMIENTO RELATIVO

9.1. DINÁMICA DEL MOVIMIENTO RELATIVO DEL PUNTO MATERIAL LIBRE

En este capítulo se pretende resolver, en un sistema de referencia no inercial, los dos problemas clásicos de la dinámica:

1.° Conocida la resultante, $\vec{F}$, de las fuerzas que obran sobre un punto material P, de masa m, determinar la ecuación de su movimiento $\vec{r} = \vec{r}(t)$, y

2.° Conocida la ecuación del movimiento, $\vec{r} = \vec{r}(t)$, determinar $\vec{F}$.

En ambos casos se supone conocido el movimiento del sistema de referencia no inercial ($OXYZ$), respecto a un sistema de referencia inercial ($O'X'Y'Z'$), definido por el grupo cinemático, función del tiempo, $\{\vec{v}_0, \vec{\omega}\}$.

La segunda ley de Newton permite escribir en el sistema inercial:

$$m\frac{d^2\overrightarrow{O'P}}{dt^2} = \vec{F}$$

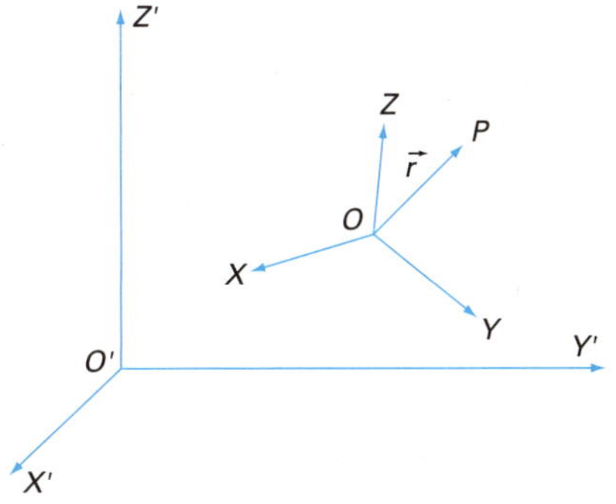

FIGURA 9.1

y como por otra parte $\frac{d^2\overrightarrow{O'P}}{dt^2}$ es la aceleración absoluta del punto P, se puede poner:

$$\frac{d^2\overrightarrow{O'P}}{dt^2} = \vec{a}_{arr} + \vec{a}_r + \vec{a}_c$$

siendo $\vec{a}_{arr}$, $\vec{a}_r$ y $\vec{a}_c$, las aceleraciones de arrastre, relativa y de Coriolis, respectivamente. Sustituyendo esta expresión de $\frac{d^2\overrightarrow{O'P}}{dt^2}$ resulta:

$$m(\vec{a}_{arr} + \vec{a}_r + \vec{a}_c) = \vec{F}$$

y como $\vec{a}_r = \frac{d^2\vec{r}}{dt^2}$, queda:

$$m\frac{d^2\vec{r}}{dt^2} = \vec{F} - m\vec{a}_{arr} - m\vec{a}_c$$

ecuación que, llamando al término $-m\vec{a}_{arr} = \vec{F}_{arr}$ *fuerza de inercia de arrastre* y al término $-m\vec{a}_c = \vec{F}_c$ *fuerza de inercia complementaria o de Coriolis*, se puede escribir en la forma:

$$\boxed{m\frac{d^2\vec{r}}{dt^2} = \vec{F} + \vec{F}_{arr} + \vec{F}_c}$$

expresión que recibe el nombre de *ecuación de D'Alembert* y que permite resolver los dos problemas propuestos.

9.1.1. Equilibrio relativo

La ecuación de D'Alembert proporciona también la solución a los problemas de *equilibrio relativo* en un sistema de referencia no inercial. En efecto, si hay equilibrio relativo:

$$\frac{d\vec{r}}{dt} = 0 \quad \text{y} \quad \frac{d^2\vec{r}}{dt^2} = 0$$

y la condición de equilibrio relativo viene dada por:

$$\vec{F} - m\vec{a}_{arr} = \vec{0}$$

o lo que es igual:

$$\vec{F} + \vec{F}_{arr} = \vec{0}$$

9.1.2. Teoremas fundamentales

Vamos a ver a continuación qué expresiones adoptan los teoremas del momento cinético y de la energía cinética en un sistema de referencia no inercial.

Respecto al sistema de referencia inercial $O'X'Y'Z'$ el *teorema del momento cinético* es:

$$\frac{d_i}{dt}(\overrightarrow{O'P} \times m\vec{v}_P) = \vec{\Gamma}_{o'}$$

en donde el subíndice i, indica que la derivada la calcula un observador vinculado a la referencia inercial.

Por otro lado el teorema vectorial del cambio del origen de momentos permite escribir:

$$\vec{\Gamma}_{o'} = \vec{\Gamma}_o + \overrightarrow{O'O} \times \vec{F}$$

luego:

$$\frac{d_i\overrightarrow{O'P}}{dt} \times m\vec{v}_P + \overrightarrow{O'P} \times m\frac{d_i\vec{v}_P}{dt} = \vec{\Gamma}_o + \overrightarrow{O'O} \times \vec{F}$$

el primer sumando es nulo puesto que $\frac{d_i\overrightarrow{O'P}}{dt} = \vec{v}_P$, y si tenemos en cuenta que $\overrightarrow{O'P} = \overrightarrow{O'O} + \overrightarrow{OP}$, resulta:

$$\overrightarrow{O'O} \times m\frac{d_i\vec{v}_P}{dt} + \overrightarrow{OP} \times m\frac{d_i\vec{v}_P}{dt} = \overrightarrow{O'O} \times \vec{F} + \vec{\Gamma}_o$$

y como $m\frac{d_i\vec{v}_P}{dt} = \vec{F}$, finalmente queda:

$$\overrightarrow{OP} \times \frac{d_i}{dt}m\vec{v}_P = \vec{\Gamma}_o$$

y puesto que:

$$\frac{d_i\vec{v}_P}{dt} = \vec{a}_{arr} + \vec{a}_r + \vec{a}_c$$

se llega a

$$\overrightarrow{OP} \times (-\vec{F}_{arr} - \vec{F}_c) + \overrightarrow{OP} \times m\vec{a}_r = \vec{\Gamma}_O$$

y de aquí, siendo $\overrightarrow{OP} = \vec{r}$, a

$$\vec{r} \times m\frac{d^2\vec{r}}{dt^2} = \vec{\Gamma}_O + \vec{r} \times \vec{F}_{arr} + \vec{r} \times \vec{F}_c$$

o lo que es igual:

$$\frac{d}{dt}\left(\vec{r} \times m\frac{d\vec{r}}{dt}\right) = \vec{\Gamma}_O + \vec{r} \times \vec{F}_{arr} + \vec{r} \times \vec{F}_c$$

y finalmente:

$$\frac{d\vec{L}_O}{dt} = \vec{\Gamma}_O + \vec{r} \times \vec{F}_{arr} + \vec{r} \times \vec{F}_c$$

ecuación que expresa el teorema del momento cinético en un sistema de referencia no inercial.

En cuanto al *teorema de la energía cinética*, se puede escribir:

$$dT = \vec{F}\cdot d\vec{r} = m\vec{a}_{arr}\cdot d\vec{r} + m\vec{a}_c\cdot d\vec{r} + m\vec{a}_r\cdot d\vec{r}$$

en donde $d\vec{r}$ está medido en el sistema de referencia no inercial, y como

$$m\vec{a}_c\cdot d\vec{r} = 2m\left(\vec{\omega} \times \frac{d\vec{r}}{dt}\right)\cdot d\vec{r} = 0$$

por ser permanentemente coplanarios los tres vectores, resulta:

$$dT - m\vec{a}_{arr}\cdot d\vec{r} = m\frac{d^2\vec{r}}{dt^2}\cdot d\vec{r} = d\left(\frac{1}{2}m\dot{\vec{r}}^{\,2}\right)$$

y finalmente:

$$dT + \vec{F}_{arr}\cdot d\vec{r} = d\left(\frac{1}{2}m \text{ nor}\,\dot{\vec{r}}\right)$$

ecuación que expresa el teorema de la energía cinética en un sistema de referencia no inercial.

9.2. DINÁMICA DEL MOVIMIENTO RELATIVO DEL PUNTO MATERIAL LIGADO

A continuación se estudiarán los casos en que el punto material se encuentra vinculado a una línea o a una superficie móvil.

9.2.1. Punto ligado a una curva móvil

Considérese una curva γ cuyo movimiento respecto a una referencia inercial viene dado por el grupo cinemático $\{\vec{v}_0, \vec{\omega}\}$ relativo a un punto $O \in \gamma$. Sea P un punto material de masa m, vinculado a γ. La posición de P respecto al sistema de referencia $OXYZ$ en el cual γ es fija queda determinada cuando se conoce la longitud de arco s sobre la curva en función del tiempo. Las fuerzas que actúan sobre P son:

$\vec{F}$, resultante de las fuerzas activas aplicadas a P.

$\vec{N}$, reacción normal del vínculo, y

$\vec{R}$, fuerza de rozamiento, si la hay.

La ecuación de D'Alembert permite escribir:

$$\vec{F} + \vec{N} + \vec{R} + \vec{F}_{arr} + \vec{F}_c = m\frac{d^2\vec{r}}{dt^2}$$

Por otra parte si μ es el coeficiente de rozamiento dinámico, puesto que supondremos que hay movimiento, se puede poner:

$$R = \mu N$$

y proyectando la anterior igualdad vectorial sobre el triedro intrínseco a la curva γ resultan las tres ecuaciones escalares siguientes:

$$F_t \pm R + (\vec{F}_{arr} \cdot \vec{t}) = m\frac{dv}{dt}$$

$$F_n + N_n + (\vec{F}_{arr} \cdot \vec{n}) + (\vec{F}_c \cdot \vec{n}) = m\frac{v^2}{\rho}$$

$$F_b + N_b + (\vec{F}_{arr} \cdot \vec{b}) + (\vec{F}_c \cdot \vec{b}) = 0$$

$$R \leq \mu\sqrt{N_n^2 + N_b^2}$$

sistema de cuatro ecuaciones que permite determinar s, R, N_n y N_b en función del tiempo. El signo $\pm$ delante de $\vec{R}$, recuerda que R es siempre opuesto al sentido del vector velocidad.

Las condiciones de equilibrio relativo se obtienen fácilmente teniendo en cuenta que, permanentemente:

$$v = 0$$

y

$$R \leq \mu \sqrt{N_n^2 + N_b^2}$$

luego:

$$F_t \pm R + (\vec{F}_n \cdot \vec{t}) = 0$$
$$F_n + N_n + (\vec{F}_{arr} \cdot \vec{n}) + (\vec{F}_c \cdot \vec{n}) = 0$$
$$F_b + N_b + (\vec{F}_c \cdot \vec{b}) + (\vec{F}_c \cdot \vec{b}) = 0$$
$$R = \mu \sqrt{N_n^2 + N_b^2}$$

Obsérvese que, en cualquier caso, $(\vec{F}_c \cdot \vec{t}) = 0$ ya que $\vec{F}_c$ es perpendicular a $\frac{d\vec{r}}{dt}$ y que $\vec{F}_c \cdot \vec{n} = -2m\left(\vec{\omega}, \frac{d\vec{r}}{dt}, \vec{n}\right)$ se anula cuando está contenida en el plano osculador de la curva γ. Igualmente:

$$\vec{F}_c \cdot \vec{b} = -2m\left(\vec{\omega}, \frac{d\vec{r}}{dt}, \vec{b}\right)$$

se anula cuando $\vec{\omega}$ está contenida en el plano rectificante de γ. Por supuesto, ambas componentes se anulan cuando $\vec{\omega} = 0$ o $\frac{d\vec{r}}{dt} = 0$.

9.2.2. Punto ligado a una superficie móvil

Considérese una superficie σ cuyo movimiento respecto a un sistema de referencia inercial viene dado por el grupo cinemático $\{\vec{v}_0, \vec{\omega}\}$ relativo a un punto $O \in \sigma$. Sea un punto material P, de masa m, vinculado a σ. Las fuerzas que actúan sobre P son:

$\vec{F}$, resultante de las fuerzas activas aplicadas a P.

$\vec{N}$, reacción normal del vínculo, y

$\vec{R}$, fuerza de rozamiento al deslizamiento.

La ecuación de D'Alembert permite escribir:

$$\vec{F} + \vec{N} + \vec{R} + \vec{F}_{arr} + \vec{F}_c = m\frac{d^2\vec{r}}{dt^2}$$

Por otra parte si μ es el coeficiente de rozamiento al deslizamiento suponiendo que hay movimiento relativo, será:

$$R = \mu N$$

por lo que proyectando sobre el triedro *geodésico* de σ se obtienen las siguientes ecuaciones:

$$F_t \pm R + (\vec{F}_{arr} \cdot \vec{t}) = m\frac{dv}{dt}$$

$$F_h + (\vec{F}_{arr} \cdot \vec{h}) + (\vec{F}_c \cdot \vec{h}) = \frac{mv^2}{\rho} \operatorname{sen} \theta$$

$$F_g + N + (\vec{F}_{arr} \cdot \vec{g}) + (\vec{F}_c \cdot \vec{g}) = \frac{mv^2}{R} \operatorname{sen} \theta$$

$$R = \mu N$$

sistema que permite obtener $u_1(t)$, $u_2(t)$, N y R, supuesta dada la superficie σ en paramétricas de parámetros u_1 y u_2.

El signo $\pm$ que precede a R recuerda que $\vec{R}$ es siempre opuesto a $\dfrac{d\vec{r}}{dt}$.

Las condiciones de equilibrio relativo se obtienen fácilmente al tener en cuenta que, permanentemente $v = 0$ y $R \leq \mu N$, o sea:

$$F_t \pm R + (\vec{F}_{arr} \cdot \vec{t}) = 0$$

$$F_h + (\vec{F}_{arr} \cdot \vec{h}) = 0$$

$$F_g + N + (\vec{F}_{arr} \cdot \vec{g}) = 0$$

$$R \leq \mu N$$

en donde $(\vec{F}_c \cdot \vec{h})$ y $(\vec{F}_c \cdot \vec{g})$ son nulas por ser $v = 0$.

9.3. EQUILIBRIO RELATIVO EN LA SUPERFICIE DE LA TIERRA

Consideraremos la Tierra como un sistema indeformable animado de un movimiento de rotación de velocidad angular constante $\vec{\omega}$, alrededor de la línea de los polos. Se prescindirá en lo que sigue de la influencia del movimiento de traslación de la Tierra alrededor del Sol y de las acciones gravitatorias de todos los cuerpos celestes distintos de la Tierra.

Sobre el punto material P de masa m, situado en un lugar de latitud λ sobre la superficie terrestre actúan las fuerzas siguientes:

— La atracción gravitatoria terrestre $\vec{A}$.

— La fuerza de inercia de arrastre, $-m\vec{\omega} \times (\vec{\omega} \times \overrightarrow{OP})$.

— La reacción del vínculo, $\vec{N}$.

La resultante tiene de módulo mg y su dirección será la indicada por una plomada en el punto en cuestión, que definimos como *vertical* del lugar. La *latitud* geográfica del lugar es el ángulo que forma la vertical con el ecuador terrestre.

La condición de equilibrio relativo se escribe:

$$\vec{N} + \vec{F}_{arr} + \vec{A} = 0$$

y puesto que:

$$\vec{F}_{arr} + \vec{A} = m\vec{g}$$

la anterior ecuación vectorial del equilibrio puede escribirse como:

$$\vec{N} + m\vec{g} = 0$$

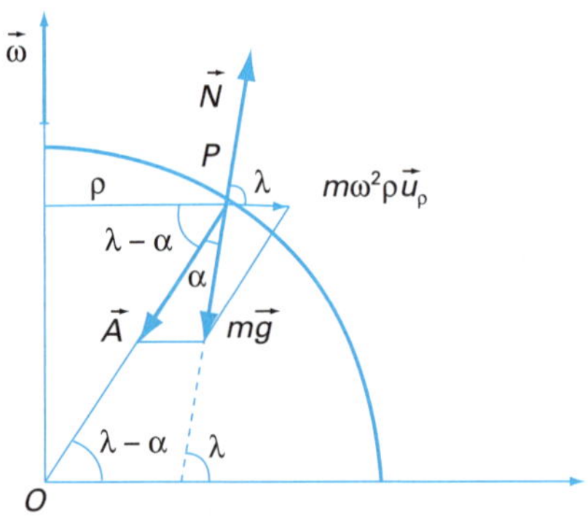

FIGURA 9.2

Proyectando sobre la dirección de la vertical del lugar y perpendicularmente a ella, se tiene:

$$A \cos \alpha - m\omega^2\rho \cos \lambda = mg$$
$$A \operatorname{sen} \alpha - m\omega^2\rho \operatorname{sen} \lambda = 0$$

de donde:

$$A^2 = m^2g^2 + m^2\omega^4\rho^2 + 2m^2g\omega^2\rho \cos \lambda$$

y

$$\operatorname{tg} \alpha = \frac{\omega^2\rho \operatorname{sen} \lambda}{g + \omega^2\rho \cos \lambda}$$

que proporcionan el módulo A de la atracción gravitatoria terrestre en un lugar de latitud λ y el ángulo α de desviación respecto a la vertical del lugar, en función del módulo de la rotación terrestre, el radio del círculo menor que pasa por el lugar y la latitud y aceleración de la gravedad en ese lugar.

Realizando los cálculos correspondientes se comprueba que para un lugar de latitud $\lambda = 45°$ el ángulo de desviación es $\alpha \cong 6'$ de arco. Este ángulo varía con una ley senoidal hacia los polos.

9.4. MOVIMIENTO RELATIVO EN LA SUPERFICIE DE LA TIERRA

Vamos a estudiar el movimiento de un punto material de masa m que se mueve en las proximidades de un punto P de la superficie terrestre, de latitud λ. Se adoptará el siguiente sistema de coordenadas: origen en P, eje Z dirigido según la vertical del lugar y en sentido opuesto al peso, eje X dirigido según el meridiano que pasa por P y sentido positivo hacia el sur, y eje Y tal que forme un triedro a derechas $OXYZ$ con los otros dos.

Sobre dicho punto actúan las siguientes fuerzas exteriores:

— $\vec{F}$, resultante de las fuerzas activas.

— $\vec{A}$, atracción terrestre.

No existe reacción vincular, ya que el punto se mueve libremente en las proximidades de la superficie terrestre con velocidad $\vec{v}_r$.

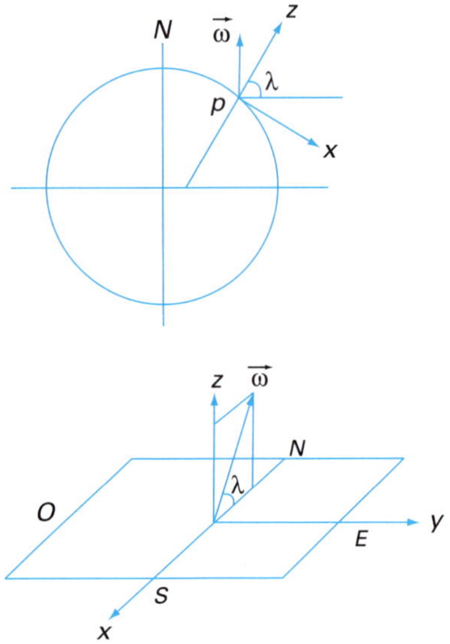

FIGURA 9.3

Aplicando la ecuación de D'Alembert, resulta:

$$\vec{F} + \vec{A} + \vec{F}_{arr} + \vec{F}_c = m\frac{d^2\vec{r}}{dt^2}$$

y como:

$$\vec{A} + \vec{F}_{arr} = -mg\vec{k}$$

queda:

$$\vec{F} - mg\vec{k} + \vec{F}_c = m\frac{d^2\vec{r}}{dt^2}$$

Proyectando sobre los tres ejes *OXYZ*, teniendo en cuenta que:

$$\vec{F} = F_x\vec{i} + F_y\vec{j} + F_z\vec{k}$$

y

$$\vec{\omega} = -\omega \cos \lambda \vec{i} + \omega \operatorname{sen} \lambda \vec{j}$$

y que:

$$\vec{F}_c = -2m(\vec{\omega} \times \vec{v}_r) = -2m \begin{vmatrix} \vec{i} & \vec{j} & \vec{i} \\ -\omega \cos \lambda & 0 & \omega \operatorname{sen} \lambda \\ \dot{x} & \dot{y} & \dot{z} \end{vmatrix} =$$

$$= 2m\dot{y}\omega \operatorname{sen} \lambda \vec{i} - 2m(\dot{x}\omega \operatorname{sen} \lambda + \dot{z}\omega \cos \lambda)\vec{j} + 2m\dot{y}\omega \cos \lambda \vec{k}$$

resulta:

$$\begin{cases} m\ddot{x} = F_x + 2m\dot{y}\omega \text{ sen } \lambda \\ m\ddot{y} = F_y - 2m(\dot{x}\omega \text{ sen } \lambda + \dot{z}\omega \cos \lambda) \\ m\ddot{z} = F_z - mg + 2m\dot{y}\omega \cos \lambda \end{cases}$$

que son las ecuaciones del movimiento relativo de un punto en unos ejes ligados a la superficie terrestre. Conviene observar que solo son válidas si el móvil está muy cerca de P y OZ se conserva paralelo a mg.

A continuación se verá qué forma adoptan los *teoremas de la energía cinética* y de *conservación de la energía* en un sistema de ejes ligados a la superficie de la Tierra.

El teorema de la energía cinética, en un sistema no inercial, se escribe en la forma:

$$(\vec{F} + \vec{A} + \vec{F}_{arr}) \cdot d\vec{r} = d\left(\frac{1}{2} m v_r^2\right)$$

como

$$\vec{A} + \vec{F}_{arr} = -mg\vec{k}$$

resulta:

$$(\vec{F} - mg\vec{k}) \cdot d\vec{r} = d\left(\frac{1}{2} m v_r^2\right)$$

y si admitimos que $\vec{g}$ es constante en las proximidades del punto de latitud λ, puesto que $d\vec{r} \cdot \vec{k} = dz$ resultará:

$$d\left(\frac{1}{2} m v_r^2\right) = \vec{F} \cdot d\vec{r} - mgdz$$

que es la expresión del teorema de la energía cinética en este caso.

Ahora bien, si $\vec{F}$ deriva de un potencial U, entonces:

$$\vec{F} = -\overrightarrow{\text{grad}}\, U$$

y

$$d\left(\frac{1}{2} m v_r^2\right) = -mgdz - dU$$

o bien

$$d\left(\frac{1}{2}mv_r^2 + mgz + U\right) = 0$$

de donde, integrando, queda:

$$\frac{1}{2}mv_r^2 + mgz + U = E$$

que expresa el teorema de conservación de la energía en unos ejes ligados a la superficie de la Tierra.

9.5. CAÍDA LIBRE DE UN PUNTO PESADO SOBRE LA SUPERFICIE DE LA TIERRA

Como aplicación de las ecuaciones obtenidas en el apartado anterior, se va a estudiar la caída libre de un punto material pesado de masa m en las proximidades de un lugar de la superficie terrestre de latitud λ.

Sobre el punto no actúa ninguna fuerza, excepción hecha de la acción gravitatoria terrestre, luego $\vec{F} = 0$, o sea $F_x = F_y = F_z = 0$, y las ecuaciones anteriores se convierten en las:

$$\begin{aligned}\ddot{x} &= 2\omega \operatorname{sen} \lambda\, \dot{y}\\ \ddot{y} &= -2\omega(\operatorname{sen} \lambda\, \dot{x} + \cos \lambda\, \dot{z})\\ \ddot{z} &= -g + 2\omega \cos \lambda\, \dot{y}\end{aligned}$$

Se admitirá que en el instante inicial el punto se encuentra en reposo en el origen de coordenadas, es decir:

$$\begin{aligned}x(0) &= y(0) = z(0) = 0\\ \dot{x}(0) &= \dot{y}(0) = \dot{z}(0) = 0\end{aligned}$$

A continuación se integrarán las anteriores ecuaciones diferenciales con estas condiciones de contorno.

La primera y la tercera se integran inmediatamente y resulta:

$$\begin{aligned}\dot{x} &= 2\omega \operatorname{sen} \lambda\, y + C_1\\ \dot{z} &= -gt + 2\omega \cos \lambda\, y + C_2\end{aligned}$$

y al introducir las condiciones de contorno se obtiene $C_1 = C_2 = 0$.

Sustituyendo los valores de $\dot{x}$ y $\dot{z}$ así hallados en la segunda resulta:

$$\ddot{y} = -2\omega[2\omega \operatorname{sen}^2 \lambda\, y - gt \cos \lambda + 2\omega \cos^2 \lambda\, y] = -4\omega^2 y + 2\omega \cos \lambda\, gt$$

es decir:

$$\ddot{y} + 4\omega^2 y = 2\omega \cos \lambda\, gt$$

que es una ecuación diferencial lineal de coeficientes constantes con segundo término. Para integrarla se suma a la solución de la homogénea una solución particular de la completa, que en este caso se ve inmediatamente que es de la forma $\frac{gt}{2\omega} \cos \lambda$. Entonces:

$$y = A \cos (2\omega t + \psi) + \frac{gt}{2\omega} \cos \lambda$$

Para determinar las dos constantes A y ψ se aplican las condiciones de contorno. Derivando:

$$\dot{y} = -A2\omega \operatorname{sen} (2\omega t + \psi) + g\frac{\cos \lambda}{2\omega}$$

y puesto que para $t = 0$, $y = 0$ e $\dot{y} = 0$, resulta:

$$0 = A \cos \psi$$

$$0 = -2A\omega \operatorname{sen} \psi + \frac{g}{2\omega} \cos \lambda$$

de donde se obtiene:

$$\psi = \frac{\pi}{2}$$

y

$$A = \frac{g}{4\omega^2} \cos \lambda$$

resultando finalmente:

$$y = \frac{g}{4\omega^2} \cos \lambda\, (2\omega t - \operatorname{sen} 2\omega t)$$

Sustituyendo este valor de y en las expresiones de $\dot{x}$ y $\dot{z}$ resulta:

$$\dot{x} = 2\omega \operatorname{sen} \lambda\, y = 2\omega \operatorname{sen} \lambda \left[\frac{g}{4\omega^2} \cos \lambda\, (2\omega t - \operatorname{sen} 2\omega t) \right]$$

e integrando:

$$x = 2\omega \operatorname{sen} \lambda \frac{g}{4\omega^2} \cos \lambda \left(\omega t^2 + \frac{1}{2\omega} \cos 2\omega t \right) + C_3$$

y puesto que $x(0) = 0$, resulta:

$$C_3 = -\frac{1}{2} g \frac{\operatorname{sen} 2\lambda}{4\omega^2}$$

quedando finalmente:

$$x = \frac{g}{4\omega^2} \operatorname{sen} 2\lambda \left[\omega^2 t^2 + \frac{1}{2} (\cos 2\omega t - 1) \right]$$

Procediendo análogamente:

$$\dot{z} = -gt + 2\omega \cos \lambda\, y = -gt + 2\omega \cos \lambda \left[\frac{g}{4\omega^2} \cos \lambda\, (2\omega t - \operatorname{sen} 2\omega t) \right]$$

e integrando:

$$z = -\frac{1}{2} g t^2 + 2\omega \cos^2 \lambda \frac{g}{4\omega^2} \left(\omega t^2 + \frac{1}{2\omega} \cos 2\omega t \right) + C_4$$

y puesto que $z(0) = 0$, resulta:

$$C_4 = -\frac{g \cos^2 \lambda}{4\omega^2}$$

quedando finalmente:

$$z = -\frac{1}{2} g t^2 + \frac{g}{4\omega^2} \cos^2 \lambda\, [2\omega^2 t^2 + (\cos 2\omega t - 1)]$$

9.6. PÉNDULO DE FOUCAULT

El problema consiste en estudiar el movimiento de un péndulo esférico teniendo en cuenta el movimiento de rotación de la Tierra.

Las ecuaciones del movimiento en un sistema de referencia ligado a la superficie terrestre son:

$$\begin{aligned} m\ddot{x} &= F_x + 2m\omega \operatorname{sen} \lambda \dot{y} \\ m\ddot{y} &= F_y - 2m\omega\,(\dot{x} \operatorname{sen} \lambda + \dot{z} \cos \lambda) \\ m\ddot{z} &= F_z - mg + 2m\omega \cos \lambda \dot{y} \end{aligned} \qquad [9.1]$$

Las componentes de la reacción normal son:

$$N_x = -N\frac{x}{l};\; N_y = -N\frac{y}{l};\; N_z = -N\frac{z}{l}$$

Se supondrá, en primera aproximación, pequeñas oscilaciones por lo que:

$$z \cong -l = \text{cte}$$

y, por tanto:

$$\dot{z} = \ddot{z} = 0$$

y puesto que ω es muy pequeña, de la tercera de las ecuaciones [9.1] se deduce:

$$-N\frac{z}{l} - mg = 0$$

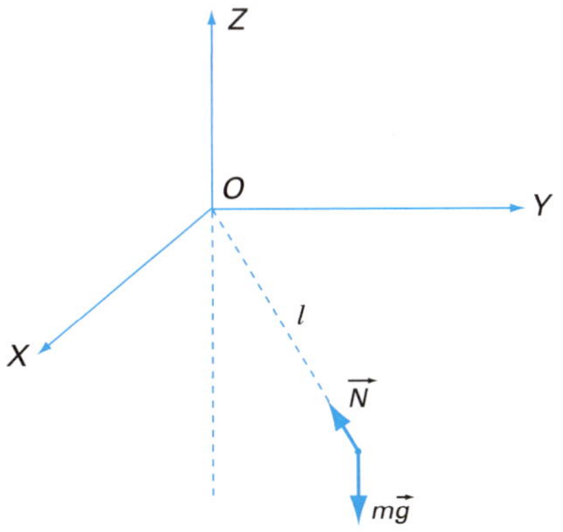

FIGURA 9.4

o sea:

$$-N\left(\frac{-l}{l}\right) - mg = 0$$

de donde resulta:

$$N = mg$$

Sustituyendo en las ecuaciones [9.1] del movimiento queda:

$$\begin{aligned}\ddot{x} &= -\frac{g}{l}x + 2\omega \operatorname{sen} \lambda \dot{y} \\ \ddot{y} &= -\frac{g}{l}y + 2\omega \operatorname{sen} \lambda \dot{x}\end{aligned} \qquad [9.2]$$

admitiendo que el movimiento se produce sin separación aparente del plano horizontal.

Expresando las ecuaciones anteriores en coordenadas polares en el plano horizontal, se tiene:

$$\rho^2\dot{\theta} = (x^2 + y^2)\frac{d}{dt} \operatorname{arctg} \frac{y}{x} = (x^2 + y^2)\frac{1}{1 + \left(\dfrac{y}{x}\right)^2}\frac{\dot{y}x - \dot{x}y}{x^2} = \dot{y}x - \dot{x}y$$

y multiplicando por y la primera de las [9.2] y la segunda por x:

$$\frac{d}{dt}(\rho^2\dot{\theta}) = \ddot{y}x + \dot{y}\dot{x} - \ddot{x}y - \dot{x}\dot{y} = \ddot{y}x - \ddot{x}y = -2\omega \operatorname{sen} \lambda \, (\dot{x}x + \dot{y}y) =$$

$$= -\omega \operatorname{sen} \lambda \frac{d}{dt}(\rho^2)$$

ya que $\dot{x}x + \dot{y}y = \dfrac{1}{2}\dfrac{d}{dt}(x^2 + y^2)$, por lo que finalmente:

$$\frac{d}{dt}(\rho^2\dot{\theta}) = -\omega_1\frac{d\rho^2}{dt}$$

siendo $\omega_1 = \omega \operatorname{sen} \lambda$.

Integrando:

$$\rho^2\dot{\theta} = -\omega_1\rho^2 + C$$

o sea:

$$\rho^2 (\dot{\theta} + \omega_1) = C$$

resultado que indica que para el movimiento proyectado sobre el plano horizontal se cumple la ley de las áreas en un sistema de referencia en el que la variación temporal del ángulo polar del punto móvil sea $\dot{\theta} + \omega_1$, es decir en un sistema de referencia que gire alrededor del tercer eje con velocidad angular $-\omega_1$ respecto al sistema de ejes vinculado a la superficie terrestre.

Por tanto en el sistema $OX_1Y_1Z_1$ todo va a ocurrir como si el producto $m\vec{a}_1$ se iguala, en proyección horizontal, a una magnitud de tipo central respecto de O.

Por otro lado en el sistema $OXYZ$, se tiene:

$$\vec{N} + \vec{A} + \vec{F}_{arr} = m\vec{a}_r + m\vec{a}_c$$

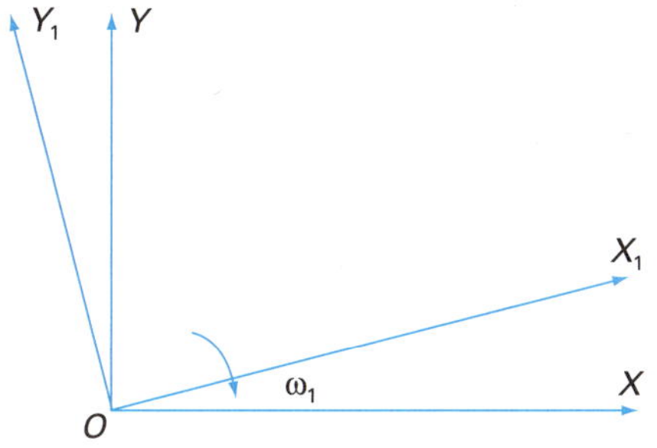

FIGURA 9.5

es decir:

$$\vec{N} + \vec{P} = m\vec{a}_r + m\vec{a}_c$$

siendo $\vec{P} = \vec{A} + \vec{F}_{arr}$ el peso.

El teorema de la energía cinética se escribe entonces:

$$d\left(\frac{1}{2}mv_r^2\right) = (\vec{P} + \vec{N}) \cdot d\vec{r} = -N\frac{\vec{\rho}}{l} \cdot d\vec{\rho}$$

En el sistema $OX_1Y_1Z_1$, que difiere del anterior en la rotación $-\omega_1$, la energía cinética diferirá al aparecer un término debido al trabajo de la «*fuerza centrífuga de arrastre*». Es decir:

$$d\left(\frac{1}{2}mv_r^2\right) = (\vec{P} + \vec{N} + m\omega_1^2\vec{\rho})\cdot d\vec{r} \cong -N\frac{\vec{\rho}}{l}\cdot d\vec{\rho} + m\omega_1^2\vec{\rho}\cdot d\vec{\rho}$$

y la fuerza central a la que nos referimos resulta ser:

$$\left(-N\frac{\rho}{l} + m\omega_1^2\rho\right)\vec{u}_\rho$$

que, por ser ω_1^2 despreciable, puede suponerse, aproximadamente igual a

$$-N\frac{\rho}{l}\vec{u}_\rho$$

siendo:

$$\rho\vec{u}_\rho = x_1\vec{i} + y_1\vec{j}$$

con lo que las ecuaciones del movimiento en $OX_1Y_1Z_1$ son:

$$m\ddot{x}_1 = -\frac{N}{l}x_1 \cong -\frac{mg}{l}x_1$$

$$m\ddot{y}_1 = -\frac{N}{l}y_1 \cong -\frac{mg}{l}y_1$$

o lo que es igual:

$$\ddot{x}_1 + \frac{g}{l}x_1 = 0$$

$$\ddot{y}_1 + \frac{g}{l}y_1 = 0$$

cuya solución es:

$$x_1 = A\cos\left(\sqrt{\frac{g}{l}}t + \phi\right)$$

$$y_1 = B\cos\left(\sqrt{\frac{g}{l}}t + \psi\right)$$

Para determinar las constantes A, B, ϕ y ψ se tendrá en cuenta que en el instante inicial ($t = 0$) el punto se encuentra en reposo respecto al sistema $OXYZ$, con lo que:

$$x_1(0) = \rho \qquad \dot{x}_1(0) = 0$$
$$y_1(0) = 0 \qquad \dot{y}_1(0) = \omega_1\rho_o$$

Derivando respecto al tiempo resulta:

$$\dot{x}_1 = A\sqrt{\frac{g}{l}}\,\text{sen}\left(\sqrt{\frac{g}{l}}t + \phi\right)$$

$$\dot{y}_1 = -B\sqrt{\frac{g}{l}}\,\text{sen}\left(\sqrt{\frac{g}{l}}t + \psi\right)$$

y aplicando las condiciones de contorno resulta finalmente:

$$\rho_o = A\cos\phi$$

$$0 = -A\sqrt{\frac{g}{l}}\,\text{sen}\,\phi$$

de donde se deduce:

$$\phi = 0, \quad A = \rho_o$$

y de las

$$0 = B\cos\psi$$

$$\omega_1\rho_o = -B\sqrt{\frac{g}{l}}\,\text{sen}\,\psi$$

resulta:

$$\psi = \frac{\pi}{2}, \quad B = -\omega_1\rho_o\sqrt{\frac{g}{l}}$$

por lo que las ecuaciones del movimiento quedan en la forma:

$$x_1 = \rho_o\cos\sqrt{\frac{g}{l}}t$$

$$y_1 = \omega_1\rho_o\sqrt{\frac{g}{l}}\,\text{sen}\sqrt{\frac{g}{l}}t$$

y eliminando t, se obtiene la ecuación de la trayectoria:

$$\frac{x_1^2}{\rho_o^2} + \frac{y_1^2}{\omega_1^2 \rho_o^2 \dfrac{l}{g}} = 1$$

que es la ecuación de una elipse. Esta elipse es «muy alargada». Así, por ejemplo, en las experiencias de Foucault en París:

$$\frac{\text{semieje menor}}{\text{semieje mayor}} = \frac{\omega_1 \rho_o \sqrt{\dfrac{l}{g}}}{\rho_o^2} = \omega_1 \sqrt{\frac{l}{g}} = \frac{2\pi \sqrt{\dfrac{l}{g}}}{\dfrac{2\pi}{\omega_1}} =$$

$$= \frac{16 \text{ s}}{32 \text{ h}} = \frac{1}{7.200}$$

como el semieje mayor era $\cong$ 14,4 m, resultaba para el semieje menor 2 mm.

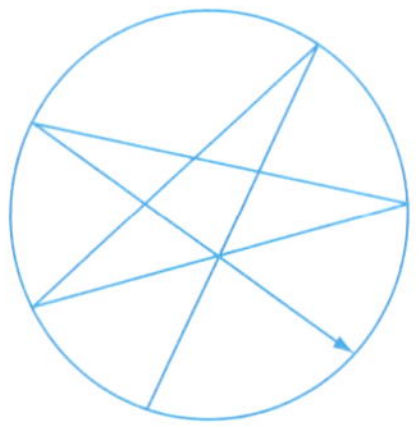

FIGURA 9.6

En la figura puede verse el aspecto de la huella del estilete de la lenteja del péndulo, dando una vuelta completa cada 32 horas, en París, ya que:

$$\omega_1 = \omega \text{ sen } \lambda = 24 \text{ sen } 48° = 32 \text{ h}$$

El giro del plano de oscilación del péndulo es una consecuencia de la acción de la aceleración de Coriolis y es lo que permite poner de manifiesto la rotación de la Tierra.

EJERCICIOS

9.1 Un tubo recto de longitud l, gira en un plano horizontal con velocidad angular $\vec{\omega}$ alrededor de uno de sus extremos. En el interior del tubo se encuentra situada una bolita que puede desplazarse a lo largo de él sin rozamiento. En el instante inicial la bola se encuentra en el punto medio del tubo. Determinar:

1. Trayectoria absoluta descrita por la bolita, en coordenadas polares.
2. Velocidad relativa y absoluta de la bola en el instante en que sale del tubo.

9.2 Un tubo que tiene forma de semicircunferencia de radio r se encuentra situado en un plano vertical que gira con velocidad angular constante ω alrededor del eje de simetría del tubo. Por su interior puede moverse sin rozamiento una bolita de masa m. En el instante inicial la bola se encuentra en el punto más bajo del tubo. Determinar:

1. Ecuación diferencial del movimiento de la bola.
2. El par que es preciso aplicar al eje para que la rotación ω se mantenga constante.

9.3 Un punto material de masa m, inicialmente en reposo, se deja caer en el hemisferio norte, en un lugar de latitud λ, desde una altura h pequeña en comparación con el radio de la Tierra. La velocidad angular ω de la Tierra alrededor de su eje es constante.

Calcular la desviación hacia el este de dicho punto material.

9.4 Un péndulo está formado por una varilla de peso despreciable y de longitud L y una masa m en su extremo. El péndulo oscila, bajo la acción del campo gravitatorio, en un sistema de referencia no inercial que está sometido a una aceleración constante de módulo a dirigida según el eje OX en sentido positivo. Determinar:

1. Ecuación diferencial del movimiento del péndulo.
2. Tensión en la varilla.

SOLUCIONES DE LOS EJERCICIOS

9.1

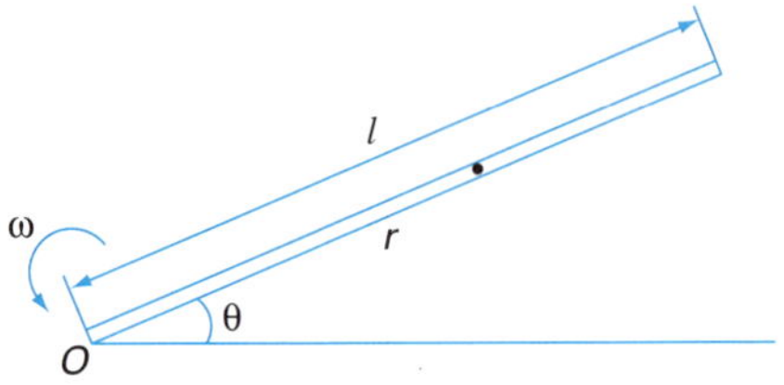

FIGURA 9.7

En primer lugar se estudiará el movimiento relativo de la bola en el interior del tubo. Sobre la bola no actúa ninguna fuerza exterior por lo que la única fuerza que actúa es la debida a la fuerza de inercia de arrastre. Es decir:

$$\vec{F}_{arr} = -ma_n\,\vec{u}_r = m\omega^2 r\,\vec{u}_r$$

La ecuación de D'Alembert para el movimiento relativo se escribe en la forma:

$$m\ddot{r} = m\omega^2 r$$

es decir:

$$\ddot{r} - \omega^2 r = 0$$

que es una ecuación diferencial de segundo orden con coeficientes constantes. Para integrarla se forma la ecuación característica:

$$\alpha^2 - \omega^2 = 0$$

cuyas soluciones son:

$$\alpha = \pm\omega$$

y se tiene finalmente la solución de la ecuación diferencial es:

$$r = c_1 e^{\omega t} + c_2 e^{-\omega t} \qquad [9.3]$$

Las constantes de integración se determinan a partir de las condiciones iniciales:

$$t = 0, \quad r = \frac{1}{2}, \quad \dot{r} = 0$$

Derivando respecto al tiempo en la ecuación anterior:

$$\dot{r} = c_1\omega\, e^{\omega t} - c_2\omega\, e^{-\omega t} \qquad [9.4]$$

y sustituyendo en las ecuaciones [9.3] y [9.4] los valores de las condiciones iniciales, queda:

$$\frac{l}{2} = c_1 + c_2$$

$$0 = c_1\omega - c_2\omega$$

o sea:

$$c_1 = c_2 = \frac{l}{4}$$

y, finalmente, la ecuación del movimiento es:

$$r = \frac{l}{4}(e^{\omega t} + e^{-\omega t}) \qquad [9.5]$$

o lo que es lo mismo:

$$r = \frac{l}{2}\,\mathrm{ch}\,\omega t$$

La ecuación de la trayectoria absoluta del punto se obtiene teniendo en cuenta que $\dot{\theta} = \omega$. Integrando resulta $\theta = \omega t$ (suponiendo que en el instante inicial = 0), y eliminando el tiempo en la ecuación anterior se obtiene la ecuación de la trayectoria pedida en coordenadas polares:

$$\boxed{r = \frac{l}{2}\,\mathrm{ch}\,\theta}$$

La velocidad relativa de la bolita se obtiene derivando en [9.5]:

$$\dot{r} = \frac{l}{4}\omega(e^{\omega t} - e^{-\omega t}) = \omega\frac{l}{2}\,\mathrm{sh}\,\omega t$$

La bolita sale del tubo cuando, $r = l$, por lo que el instante será el t_s. Es decir:

$$l = \frac{l}{4}(e^{\omega t_s} + e^{-\omega t_s})$$

o lo que es igual:

$$4 = e^{\omega t_s} + \frac{1}{e^{\omega t_s}} \qquad [9.6]$$

de donde:

$$(e^{\omega t_s})^2 - 4e^{\omega t_s} + 1 = 0$$

cuya solución es:

$$e^{\omega t_s} = \frac{4 \pm \sqrt{16 - 4}}{2} = 2 \pm \sqrt{3}$$

Si se toma la determinación positiva de la raíz, queda:

$$e^{\omega t_s} = 2 + \sqrt{3}$$

Para calcular el valor de $e^{-\omega t_s}$ se sustituye en la expresión [9.6]:

$$4 = e^{\omega t_s} + e^{-\omega t_s}$$

el valor de $e^{\omega t_s} = 2 + \sqrt{3}$ y queda:

$$e^{-\omega t_s} = 2 - \sqrt{3}$$

con lo que:

$$\dot{r}(l) = \frac{l}{4}\omega(e^{\omega t_s} - e^{-\omega t_s}) = \frac{l}{4}\omega(2 + \sqrt{3} - 2 + \sqrt{3}) =$$

$$= \frac{l}{4}\omega 2\sqrt{3} = l\omega\frac{\sqrt{3}}{2}$$

La velocidad absoluta de la bola será:

$$\vec{v}_a = \vec{v}_{arr} + \vec{v}_r$$

La velocidad relativa es:

$$\vec{v}_r = \dot{r}\vec{u}_r$$

y la velocidad de arrastre:

$$\vec{v}_{arr} = \omega r\,\vec{u}_\theta$$

sustituyendo para el valor $r = l$ queda:

$$\vec{v}_r(l) = l\omega \frac{\sqrt{3}}{2}\vec{u}_r$$

y

$$\vec{v}_{arr}(l) = \omega l\,\vec{u}_\theta$$

y, finalmente, la velocidad absoluta será:

$$\vec{v}_a = l\omega \frac{\sqrt{3}}{2}\vec{u}_r + \omega l\vec{u}_\theta$$

cuyo módulo es:

$$|\vec{v}_a| = \sqrt{l^2\omega^2 \frac{3}{4} + \omega^2 l^2} = \omega l\sqrt{\frac{3}{4} + 1} = \omega l\frac{\sqrt{7}}{2}$$

9.2

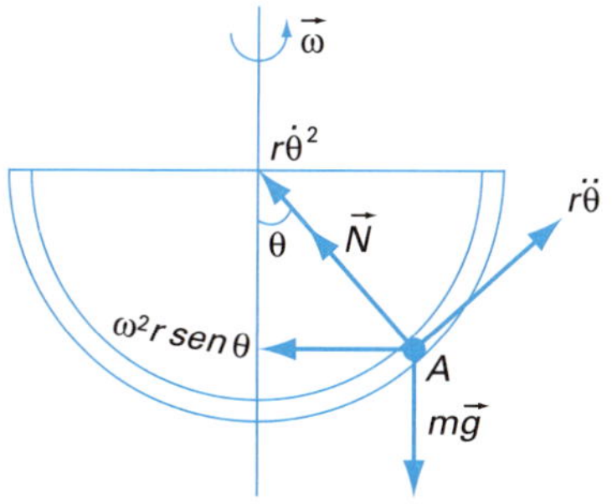

FIGURA 9.8

Recordando la ecuación fundamental de la dinámica del movimiento relativo, ecuación de D'Alembert, se tiene:

$$m\vec{a} = \vec{F} + \vec{N} + \vec{F}_{arr} + \vec{F}_c$$

en donde:

$$\vec{F} = mg\vec{u}_z$$
$$\vec{N} = N\vec{n}$$
$$\vec{F}_{arr} = -\omega^2 r\vec{u}_r$$
$$\vec{F}_c = 2\vec{\omega} \times \vec{v}_r$$

Proyectando esta ecuación sobre la tangente y la normal al tubo, y teniendo en cuenta que

$$\vec{a} = \frac{dv}{dt}\vec{t} + \frac{v^2}{\rho}\vec{n}$$

resulta:

$$m\frac{dv}{dt} = -mg \text{ sen } \theta + m\omega^2 r \text{ sen } \theta \cos \theta \qquad [9.7]$$

$$\frac{mv^2}{r} = -mg \cos \theta + N + m\omega^2 r \text{ sen}^2 \theta \qquad [9.8]$$

Puesto que $v = \dot{\theta} r$ las anteriores ecuaciones se pueden poner en la forma:

$$r\frac{d\dot{\theta}}{dt} = -g \text{ sen } \theta + \omega^2 r \text{ sen } \theta \cos \theta$$

$$m\dot{\theta}^2 r = -mg \cos \theta + N - m\omega^2 r \text{ sen}^2 \theta$$

y teniendo en cuenta que:

$$\dot{\theta} = \frac{d\theta}{dt}$$

la primera se puede escribir en la forma:

$$r\dot{\theta}d\dot{\theta} = -g \text{ sen } \theta d\theta + \omega^2 r \text{ sen } \theta \cos \theta d\theta$$

e integrando:

$$r\frac{\dot{\theta}^2}{2} - g \cos \theta = \frac{\omega^2 r \text{ sen}^2 \theta}{2} + C$$

La constante C se determina a partir de las condiciones iniciales, es decir, para $t = 0$, $\theta = 0$, $\dot{\theta} = 0$, luego $C = -g$ con lo que resulta:

$$r\frac{\dot{\theta}^2}{2} - g\cos\theta = \frac{\omega^2 r \operatorname{sen}^2\theta}{2} - g$$

que es la ecuación diferencial del movimiento de la bola.

El par que hay que aplicar al eje para mantener constante la velocidad angular es el necesario para compensar el que produce la fuerza de inercia de Coriolis que es perpendicular al plano que contiene al tubo. Dicho par es:

$$\vec{\Gamma} = \vec{r} \times \vec{F}_c = \vec{r} \times [-m2(\vec{\omega} \times \vec{v}_r)]$$

Por tanto el par que es preciso aplicar tiene por módulo:

$$\Gamma = r \operatorname{sen}\theta\, 2m\omega\, r\,\dot{\theta} \operatorname{sen}\theta = 2mr^2\omega\,\dot{\theta}\operatorname{sen}^2\theta$$

y es de sentido opuesto.

9.3 Se toman unos ejes tales que OX esté dirigido hacia el Norte, OY hacia el Este y OZ coincidente con la vertical del lugar y en sentido descendente.

Las ecuaciones del movimiento del punto respecto a la Tierra son:

$$m\frac{d^2y}{dt^2} = 2m\omega\frac{dz}{dt}\cos\lambda$$

$$m\frac{d^2z}{dt^2} = mg$$

Integrando, resulta:

$$\dot{z} = gt + c_1$$

y puesto que en el instante inicial el punto está en reposo, $c_1 = 0$ y se tiene $\dot{z} = gt$. Volviendo a integrar y aplicando las condiciones iniciales resulta:

$$z = \frac{gt^2}{2} \qquad [9.9]$$

Sustituyendo $\dot{z}$ en la primera e integrando se tiene:

$$m\dot{y} = m\omega\, gt^2 \cos\lambda + c_2$$

y por idéntico razonamiento al anterior, resulta $c_2 = 0$, luego:

$$\dot{y} = \omega\, gt^2 \cos\lambda$$

integrando nuevamente y aplicando las condiciones iniciales:

$$y = \frac{\omega g t^3}{3} \cos\lambda \qquad [9.10]$$

Eliminando el tiempo entre [9.9] y [9.10] se obtiene la ecuación que permite obtener la coordenada y en función de la altura z. O sea:

$$y = \frac{2}{3}\omega\, z \sqrt{\frac{2z}{g}} \cos\lambda$$

Conocida la altura h desde la que se deja caer el punto se obtiene inmediatamente la desviación hacia el este y_h. Es decir:

$$y_h = \frac{2}{3}\omega h \sqrt{\frac{2h}{g}} \cos\lambda$$

9.4

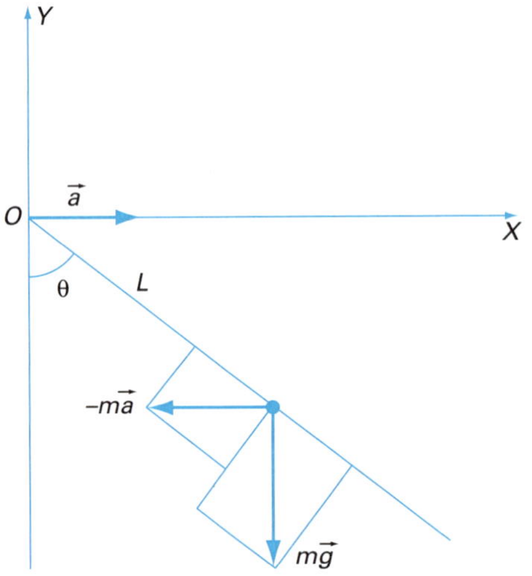

FIGURA 9.9

Sea *OXY* el sistema de referencia no inercial (fig. 9.9). La ecuación de d'Alembert es:

$$m\frac{d^2\vec{r}}{dt^2} = \vec{F} + \vec{F}_{arr} + \vec{F}_c$$

En este caso se tiene:

$$\vec{F}_{arr} = -ma\,\vec{i}$$
$$\vec{F}_c = 0$$
$$\vec{F} = m\vec{g} + \vec{T}$$

siendo $\vec{T}$ la tensión en la varilla.

Utilizando ecuaciones intrínsecas resulta:

$$m\frac{dv}{dt} = F_t$$

$$m\frac{v^2}{L} = F_n$$

Tomando como sentido positivo el de crecimiento del ángulo θ y expresando las componente de las fuerzas según la normal y la tangente a la trayectoria, queda:

$$\begin{aligned} mL\,\ddot{\theta} &= -mg \text{ sen } \theta - ma \cos\theta \\ mL\,\dot{\theta}^2 &= T - mg\cos\theta + ma \text{ sen } \theta \end{aligned} \qquad [9.11]$$

La primera de las ecuaciones [9.10] proporciona la ecuación diferencial del movimiento buscada:

$$\ddot{\theta} + \frac{g}{L}\text{ sen } \theta = -\frac{a}{L}\cos\theta$$

y la segunda de los [9.10] permite obtener la tensión en la varilla:

$$T = mL\,\dot{\theta}^2 + mg\cos\theta - ma \text{ sen } \theta$$

Capítulo 10

GEOMETRÍA DE MASAS

OBJETIVOS

1. *Obtener los momentos estáticos de una distribución de masas respecto a un punto, una recta y un plano.*
2. *Calcular las coordenadas del centro de masas de una distribución.*
3. *Aplicar las simplificaciones que introduce la presencia de elementos de simetría en la distribución al calcular las coordenadas del centro de masas.*
4. *Demostrar y enunciar los teoremas de Guldin.*
5. *Obtener los productos de inercia de una distribución de masas.*
6. *Obtener las relaciones entre los momentos de inercia respecto a puntos, ejes y planos.*
7. *Demostrar y enunciar el teorema de Steiner para puntos, ejes y planos.*
8. *Demostrar y enunciar el teorema de Steiner para productos de inercia.*
9. *Expresar el momento de inercia respecto a una recta en función de los momentos de inercia respecto a tres ejes concurrentes con ella.*
10. *Obtener la matriz de inercia de una distribución de masas.*
11. *Determinar las direcciones y momentos principales de inercia de una distribución de masas.*
12. *Calcular el elipsoide y la elipse de inercia de una distribución de masas.*

ESQUEMA-RESUMEN

10.1. Momentos estáticos de una distribución de masas
- Momento estático respecto a un punto
- Momento estático respecto a una recta
- Momento estático respecto a un plano

10.2. Centro de masas de una distribución
- Elementos de simetría en las distribuciones de masas
- Concentración de la masa de la distribución en el centro de masas
- Coordenadas del centro de masas

10.3. Teoremas de Guldin

10.4. Momentos de inercia centrales, áxicos y planarios

10.5. Productos de inercia

10.6. Relaciones entre momentos de inercia

10.7. Teorema de Steiner
- Teorema de Steiner para productos de inercia

10.8. Relación entre los momentos de inercia respecto a ejes concurrentes

10.9. Matriz de inercia
- Determinación de las direcciones y momentos principales de inercia

10.10. Elipsoide y elipse de inercia

10. GEOMETRÍA DE MASAS

10.1. MOMENTOS ESTÁTICOS DE UNA DISTRIBUCIÓN DE MASAS

Las distribuciones de masas pueden ser discretas o continuas. En el primer caso se trata de un conjunto de masas puntuales m_i, situadas en puntos A_i. En el caso de que se trate de una distribución continua de masa contenida en un cierto dominio D, se supondrá definida una función de densidad $\rho = \rho(\vec{r})$, en donde ρ es la densidad en un punto cuyo vector de posición es $\vec{r}$.

10.1.1. Momento estático respecto a un punto

Dada una distribución discreta de n masas, m_i, aplicadas en puntos A_i, y un punto O cualquiera, se define el momento estático de la distribución de masas, respecto al punto O, por la expresión:

$$\vec{M}_0 = \sum_{i=1}^{n} m_i \vec{r}_i$$

en donde $\vec{r}_i = \overrightarrow{OA}_i$.

En el caso de una distribución continua de masa de densidad $\rho = \rho(\vec{r})$, contenida en el dominio D:

$$\vec{M}_0 = \iiint_D \vec{r}\, dm = \iiint_D \vec{r}\, \rho dv$$

Vamos a hallar a continuación, la relación que existe entre los momentos estáticos respecto a dos puntos distintos O y O'.

$$\vec{M}_{O'} = \sum_{i=1}^{n} m_i \overrightarrow{O'A}_i = \sum_{i=1}^{n} m_i (\overrightarrow{O'O} + \overrightarrow{OA}_i) = \sum_{i=1}^{n} m_i \overrightarrow{O'O} + \sum_{i=1}^{n} m_i \overrightarrow{OA}_i = \overrightarrow{O'O} \sum_{i=1}^{n} m_i + \vec{M}_O$$

Es decir:

$$\vec{M}_{O'} = \vec{M}_O + \overrightarrow{O'O}\, m_t \qquad [10.1]$$

que se puede enunciar diciendo que: *el momento estático de una distribución de masas respecto a un punto O', es igual al momento respecto a otro punto O, más el momento de la masa total, m_t, supuesta aplicada en O.*

Se define como *momento geométrico del dominio D* a:

$$\vec{M} = \iiint_D \vec{r}\, dv$$

expresión en la que se han sustituido las masas por volúmenes, lo que equivale a suponer la densidad constante e igual a la unidad.

10.1.2. Momento estático respecto a una recta

Dado un sistema discreto de n masas, m_i, una recta r, y un punto O cualquiera de la recta. Se define el momento estático de la distribución respecto de esta recta como la proyección del momento estático respecto a O, sobre un plano perpendicular a r que pase por O.

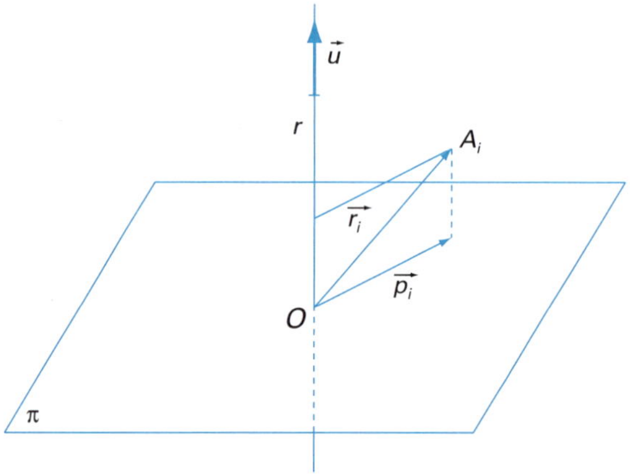

FIGURA 10.1

Sea $\vec{u}$ un vector unitario de la misma dirección que r (fig. 10.1), se puede escribir:

$$\vec{M} = (\vec{u} \times \vec{M}_O) \times \vec{u} = (\vec{u} \times \sum_{i=1}^{n} m_i \vec{r}_i) \times \vec{u} = \sum_{i=1}^{n} m_i (\vec{u} \times \vec{r}_i) \times \vec{u}$$

expresión que es equivalente a tomar el momento estático respecto a O y proyectarlo sobre el plano. Podríamos igualmente considerar proyectadas las masas m_i sobre el plano y calcular el momento estático respecto al punto O, siendo $\vec{p}_i$ cada una de las proyecciones de los vectores $\vec{r}_i$ sobre dicho plano, por lo que el momento estático se expresaría en la forma:

$$\vec{M}_r = \sum_{i=1}^{n} m_i \vec{p}_i$$

Esta concepción de momento estático respecto de una recta es mucho más intuitiva. La equivalencia citada se prueba sin más que considerar que:

$$\vec{p}_i = (\vec{u} \times \vec{r}_i) \times \vec{u}$$

y sustituirlo en los sumatorios.

A continuación demostraremos que $\vec{M}_r$ no depende del punto considerado, O, sobre la recta.

En efecto, si O y O', son dos puntos de la recta, en virtud de la [10.1]:

$$\vec{M}_{O'} = \vec{M}_O + \overrightarrow{O'O}\, m_t$$

y multiplicando vectorialmente por $\vec{u}$ dos veces resulta:

$$(\vec{u} \times \vec{M}_{O'}) \times \vec{u} = (\vec{u} \times \vec{M}_O) \times \vec{u} + (\vec{u} \times \overrightarrow{O'O}) \times \vec{u}\, m_t = (\vec{u} \times \vec{M}_O) \times \vec{u}$$

ya que al ser $\vec{u}$ y $\overrightarrow{O'O}$ colineales, el segundo sumando es cero.

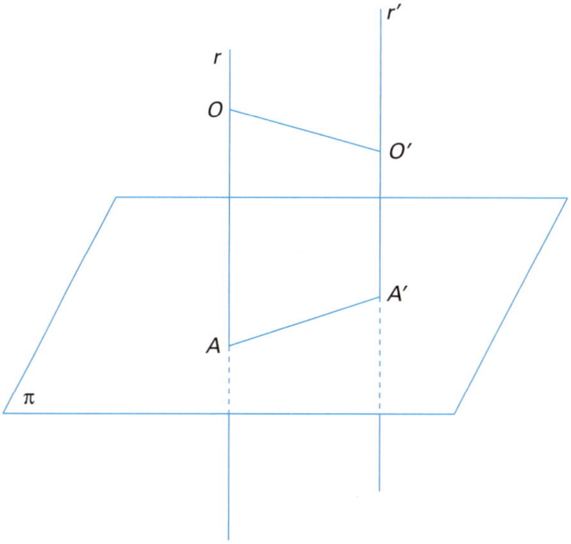

FIGURA 10.2

Por último calculemos el momento estático respecto de otra recta r' paralela a r, conocido el momento estático respecto a esta última.

Tomando dos puntos cualesquiera O y O' sobre cada una de las dos rectas paralelas:

$$\vec{M}_{O'} = \overrightarrow{O'O}\, m_t + \vec{M}_O$$

y al proyectar sobre el plano:

$$(\vec{u} \times \vec{M}_{O'}) \times \vec{u} = (\vec{u} \times \overrightarrow{O'O}) \times \vec{u}\, m_t + (\vec{u} \times \vec{M}_O) \times \vec{u}$$

O sea:

$$\vec{M}_{r'} = \text{proy}_\pi\, \overrightarrow{O'O}\, m_t + \vec{M}_r$$

es decir,

$$\vec{M}_{r'} = \overrightarrow{AA}'\, m_t + \vec{M}_r$$

El momento estático de una distribución de masas respecto a una recta es igual al momento estático respecto a otra paralela más la masa total por el vector $\overrightarrow{AA}'$, siendo este vector la proyección del vector $\overrightarrow{OO}'$ sobre el plano π, cuyo módulo es la distancia entre las dos rectas (fig. 10.2).

10.1.3. Momento estático respecto a un plano

Se denomina momento estático de la distribución de masas respecto al plano (fig. 10.3) a la proyección sobre una recta perpendicular al plano, del momento estático respecto a un punto O de dicho plano. Es, por consiguiente, un escalar.

$$\vec{M}_\pi = \vec{M}_O \cdot \vec{u} = \sum_{i=1}^{n} m_i (\vec{r}_i \cdot \vec{u})$$

En donde $\vec{r}_i \cdot \vec{u}$ es la distancia del punto al plano, positiva o negativa según el semiespacio en el que se encuentre situado el punto. La elección del punto O es arbitraria.

El momento respecto a otro plano paralelo (fig. 10.4) se obtiene de modo análogo a como se hizo en el caso anterior:

$$\vec{M}_{O'} = \overrightarrow{O'O}\, m_t + \vec{M}_O$$

y proyectando sobre la recta perpendicular a los dos planos:

$$\vec{M}_{O'} \cdot \vec{u} = \overrightarrow{O'O}\, m_t \cdot \vec{u} + \vec{M}_O \cdot \vec{u}$$

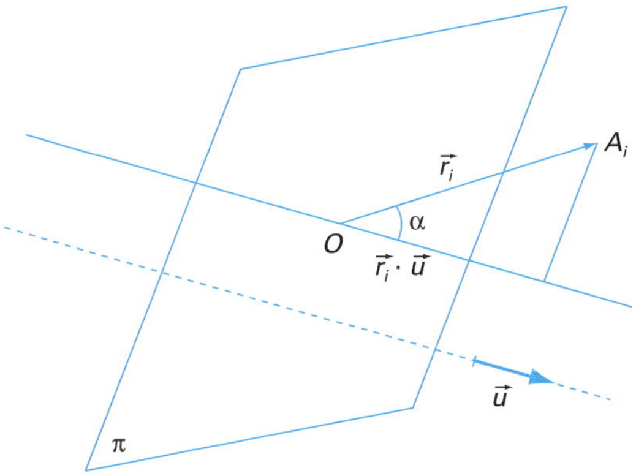

FIGURA 10.3

de donde se deduce el momento respecto al nuevo plano:

$$\vec{M}_{\pi'} = \text{proy}\ \overrightarrow{O'O}\, m_t + M_\pi$$

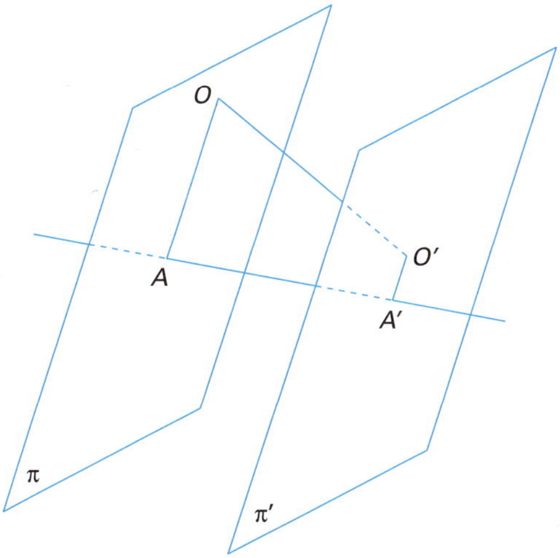

FIGURA 10.4

10.2. CENTRO DE MASAS DE UNA DISTRIBUCIÓN

El momento estático es un vector determinado distinto para cada punto y existirá un punto G tal que $\sum_{i=1}^{n} m_i \vec{r}_i = 0$, que será único, y que se denomina *centro de masas, baricentro o centro de gravedad* de la distribución de masas.

Veamos a continuación que ocurre con los momentos estáticos respecto a una recta y a un plano que contienen al centro de masas G.

a) Momento estático respecto de una recta que pasa por G.

$$\vec{M}_r = (\vec{u} \times \vec{M}_O) \times \vec{u} = (\vec{u} \times \vec{M}_G) \times \vec{u} = 0$$

ya que, por definición, $\vec{M}_G = 0$.

Por tanto, el momento estático respecto de cualquier recta que pase por G se anula. Si se considera otro punto O perteneciente a la recta r, distinto de G, resulta que el momento respecto a O es paralelo a la recta, puesto que el doble producto vectorial del primer miembro de la igualdad no puede anularse por otra causa, ya que el primer factor es perpendicular al segundo.

b) Momento estático respecto a un plano que pase por G:

$$M_\pi = \vec{M}_O \cdot \vec{u} = \vec{M}_G \cdot \vec{u} = 0$$

o sea que el momento estático de la distribución de masas respecto a cualquier plano que pase por G se anula. Así mismo, el momento respecto a otro punto O del plano está contenido en éste, y aplicando la última conclusión del apartado anterior a la recta OG, resulta que $\vec{M}_O$ es paralelo a OG.

A continuación se van a estudiar dos casos particulares de interés en el que la distribución de masa pertenece a un espacio unidimensional o bidimensional, es decir, los sistemas los lineales y los sistemas planos.

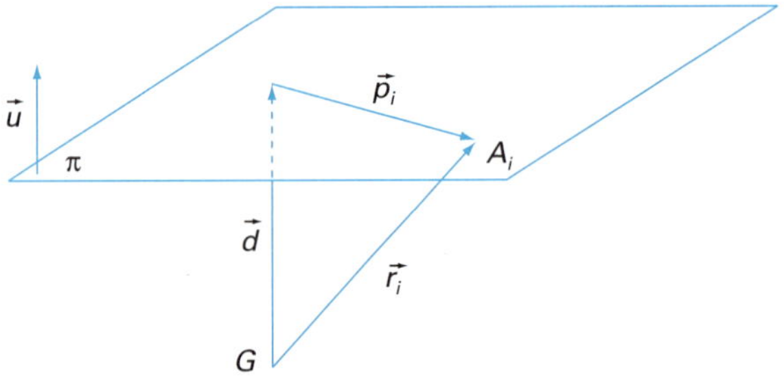

FIGURA 10.5

1. Distribución de masas contenidas en un plano

Sea $\vec{u}$, un vector unitario perpendicular al plano π que contiene a la distribución de n masas m_i y G el centro de masas del sistema.

Demostraremos que G está contenido en el plano. En efecto:

$$\vec{M}_G = 0$$

$$\sum_{i=1}^{n} m_i \vec{r}_i = 0$$

$$\vec{r}_i = \vec{d} + \vec{p}_i$$

siendo $\vec{d}$ un vector con origen en G, extremo en el plano y perpendicular a éste y $\vec{p}_i$ un vector con origen en el extremo de $\vec{d}$ y extremo en A_i que como sabemos está contenido en el plano.

Sustituyendo el valor de $\vec{r}_i$:

$$\sum_{i=1}^{n} m_i(\vec{d} + \vec{p}_i) = \sum_{i=1}^{n} m_i \vec{d} + \sum_{i=1}^{n} m_i \vec{p}_i = 0 \qquad [10.1]$$

donde $\sum_{i=1}^{n} m_i \vec{p}_i$ es un vector contenido en el plano π y $\sum_{i=1}^{n} m_i \vec{d}$ es otro vector perpendicular a π. Son dos vectores linealmente independientes y para que se cumpla la relación anterior han de ser nulos ambos vectores.

De la ecuación

$$\sum_{i=1}^{n} m_i \vec{d} = m_t \vec{d} = 0$$

se deduce que $\vec{d} = 0$, por lo que concluimos que G está contenido en el plano, como se quería demostrar.

Otra forma de demostrarlo es multiplicando escalarmente por $\vec{u}$ en [10.1]. En efecto:

$$\sum_{i=1}^{n} m_i \vec{p}_i \cdot \vec{u} + \vec{d} \cdot \vec{u}\, m_t = 0$$

y

$$\vec{p}_i \cdot \vec{u} = 0$$

por ser normales, y

$$\vec{d} \cdot \vec{u} = |\vec{d}\,|\,|\vec{u}\,| = |\vec{d}\,|$$

por ser $\vec{u}$ unitario.

Sustituyendo, queda $|\vec{d}\,| = 0$, llegándose a la conclusión anterior.

2. Distribución de masas contenidas en una recta

En este caso la distribución de masas se encuentra contenida en una recta r en la que se ha definido un sentido por medio del vector unitario $\vec{u}$ (fig. 10.6). Demostremos que G está contenido en la recta r. En efecto:

$$\vec{M}_G = \sum_{i=1}^{n} m_i \vec{r}_i = 0$$

y

$$\vec{r}_i = \vec{d} + \vec{p}_i$$

siendo $\vec{d}$ un vector con origen en G, extremo en la recta y perpendicular a ella, y $\vec{p}_i$ otro vector con origen en el extremo de $\vec{d}$ y extremo en A_i que pertenece a la recta. Sustituyendo:

$$\sum_{i=1}^{n} m_i \vec{r}_i = \sum_{i=1}^{n} m_i (\vec{d} + \vec{p}_i) = \sum_{i=1}^{n} m_i \vec{d} + \sum_{i=1}^{n} m_i \vec{p}_i = 0$$

Como se dijo en el caso anterior, los dos sumandos representan dos vectores perpendiculares, y para que su suma sea cero es preciso que se anule cada uno de los sumandos.

De la ecuación

$$\sum_{i=1}^{n} m_i \vec{d} = m_t \vec{d} = 0$$

resulta que $\vec{d} = 0$, de donde se deduce que G está contenido en r como se quería demostrar.

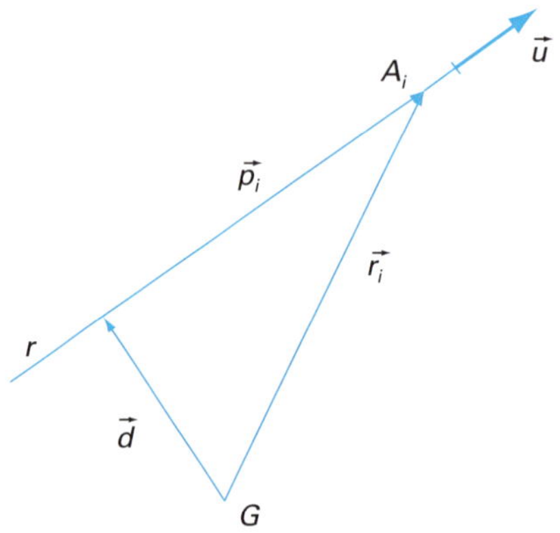

FIGURA 10.6

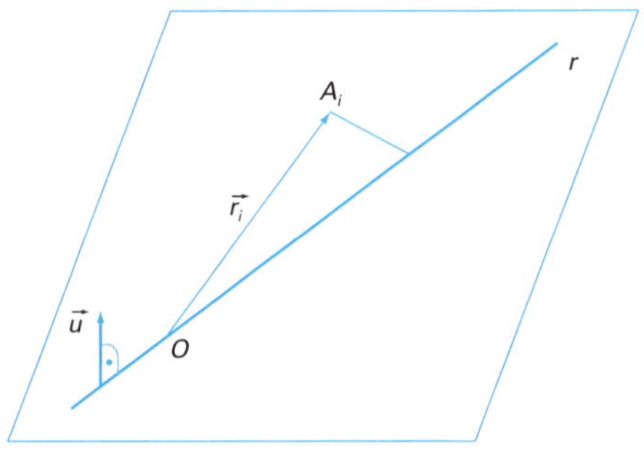

FIGURA 10.7

También puede demostrarse multiplicando vectorialmente por $\vec{u}$, como se hizo en el caso de la distribución contenida en un plano.

Por último, vamos a calcular el momento estático de una distribución plana respecto de una recta contenida en el plano. Puesto que el vector $\vec{u}$ es perpendicular a la recta r, y la recta pertenece al plano, se tiene (fig. 10.7):

$$M_r = \left(\sum_{i=1}^{n} m_i \vec{r}_i\right) \cdot \vec{u} = \vec{M}_O \cdot \vec{u}$$

que es un escalar y no un vector, análogamente a lo que sucedía en el caso del momento estático respecto a un plano.

10.2.1. Elementos de simetría en las distribuciones de masas

La existencia de elementos de simetría en la distribución de masas simplifica notablemente el cálculo de la posición del centro de masas ya que en esos casos el baricentro pertenece al elemento de simetría. A continuación se estudiarán varios casos:

1. Simetría central

Si O es el centro de simetría del sistema (fig. 10.8), para cada masa m_i, situada en A_i, siempre existirá otra m_i, situada simétricamente respecto de O en A_i'. En el cálculo siguiente se supone que se tiene un sistema de $2n$ masas y utilizaremos el subíndice i para designar los dos puntos de cada una de la n parejas. Si G es el centro de masas de la distribución, se tiene:

$$\sum_{i}^{n} m_i \overrightarrow{GA}_i + \sum_{i}^{n} \overrightarrow{m_i GA'_i} = 0$$

$$\sum_{i}^{n} m_i (\overrightarrow{GO} + \overrightarrow{OA}_i) + \sum_{i}^{n} m_i (\overrightarrow{GO} + \overrightarrow{OA}_i') = 0$$

$$\overrightarrow{GO}\frac{1}{2} m_t + \sum_{i=1}^{n} m_i + \overrightarrow{OA}_i + \overrightarrow{GO}\frac{1}{2} m_t + \sum_{i=1}^{n} m_i \overrightarrow{OA}_i' = 0$$

Reagrupando términos, y por ser O centro de simetría de A_i y A_i', o sea $\overrightarrow{OA}_i = -\overrightarrow{OA}_i'$, se tiene:

$$\overrightarrow{GO} m_t + \sum_{i=1}^{n} m_i \overrightarrow{OA}_i + \sum_{i=1}^{n} m_i \overrightarrow{OA}_i' = 0$$

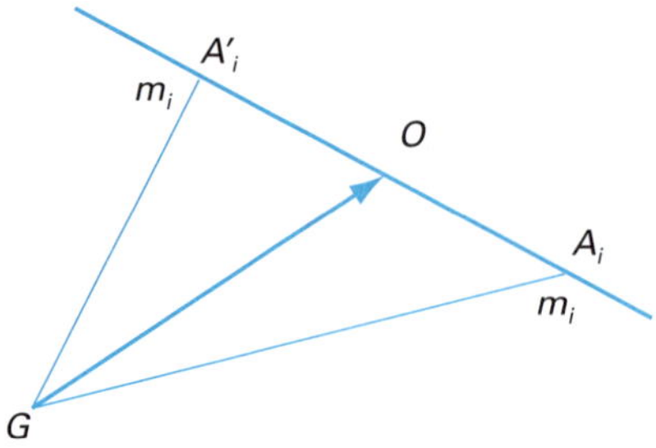

FIGURA 10.8

luego

$$\vec{GO}\, m_t = 0$$

Por lo tanto, si la distribución de masas presenta simetría respecto al punto *O*, el centro de gravedad *G* coincide con *O*, centro de simetría del sistema.

2. Simetría axial

Procediendo de modo análogo a como se ha hecho en el caso anterior, tomando parejas de puntos simétricos respecto al eje (fig. 10.9), se tiene:

$$\sum_i^n m_i\, \vec{GA}_i + \sum_i^n m_i \vec{GA'}_i = 0$$

$$\sum_i^n m_i (\vec{GO} + \vec{OC}_i + \vec{C_iA_i}) + \sum_i^n m_i (\vec{GO} + \vec{OC}_i + \vec{C_iA_i}) = 0$$

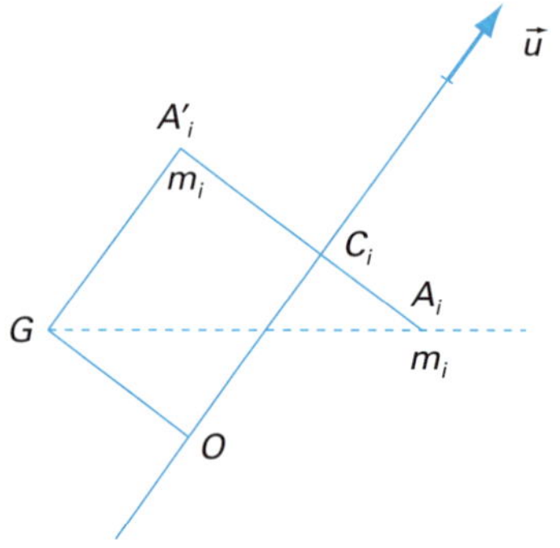

FIGURA 10.9

El punto O será el mismo para todas las parejas, pero no C_i, que varía con cada pareja:

$$\vec{GO}\, m_t \frac{1}{2} + \sum_i^n m_i \vec{OC}_i + \sum_i^n m_i \vec{C_iA}_i + \vec{GO}\, m_t \frac{1}{2} + \sum_i^n m_i \vec{OC}_i + \sum_i^n m_i \vec{C_iA}_i = 0$$

Agrupando términos, y considerando que $\vec{C_iA}_i = -\vec{C_iA}_i'$, obtenemos:

$$\vec{GO}\, m_t + 2\sum_i^n m_i \vec{OC}_i = 0$$

como estos dos vectores son perpendiculares, se deberán anular separadamente y por tanto $\vec{GO} = 0$ por lo que G coincide con O y está contenido en el eje de simetría, como se quería demostrar. La ecuación

$$\sum_i^n m_i \vec{OC}_i = 0$$

permite determinar el punto O, que como hemos dicho coincide con G. Nótese que, a diferencia de lo que ocurría en el caso de existencia de simetría central, en el que no era necesario ningún cálculo adicional para fijar la posición del centro de masas, en el caso de la simetría axial si es necesario.

3. *Simetría plana*

En el caso de que la distribución presente simetría respecto a un plano (fig. 10.10) también haremos el cálculo tomando pares de masas situadas en los puntos simétricos A_i y A_i':

$$\sum_i^n m_i \vec{GA}_i + \sum_i^n m_i \vec{GA'}_i = 0$$

o sea,

$$\sum_i^n m_i (\vec{GO} + \vec{OC}_i + \vec{C_iA}_i) + \sum_i^n m_i (\vec{GO} + \vec{OC}_i + \vec{C_iA}_i') = 0$$

por tanto

$$\vec{GO}\, m_t + 2\sum_i^n m_i \vec{OC}_i + \sum_i^n m_i (\vec{C_iA}_i + \vec{C_iA}_i') = 0$$

pero como $\overrightarrow{C_iA_i} = -\overrightarrow{C_iA'_i}$, queda:

$$m_t\overrightarrow{GO} + 2\sum_i^n m_i\overrightarrow{OC}_i = 0 \qquad [10.2]$$

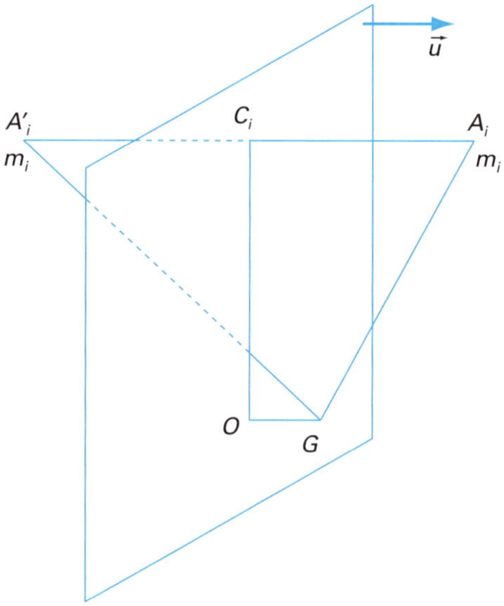

FIGURA 10.10

Razonando de forma semejante a los casos anteriores, y teniendo en cuenta que estos dos vectores son perpendiculares, se concluye que el centro de masas está en el plano de simetría, como se quería demostrar. No obstante también puede demostrarse fácilmente multiplicando escalarmente por $\vec{u}$ en la expresión anterior:

$$m_t\overrightarrow{GO}\cdot\vec{u} + 2\sum_i^n m_i\overrightarrow{OC}_i\cdot\vec{u} = 0$$

donde el segundo sumando es cero, por ser $\overrightarrow{OC}_i$ y $\vec{u}$ perpendiculares, luego:

$$\overrightarrow{GO}m_t = 0$$

pero como $m_t \neq 0$, resulta que $\overrightarrow{GO} = 0$, es decir, que G está contenido en el plano y coincide con O.

Sustituyendo $\overrightarrow{GO}$ en [10.2] por el vector nulo, queda:

$$\sum_i^n m_i\overrightarrow{OC}_i = 0$$

ecuación que permite determinar la posición de G.

10.2.2. Concentración de la masa de la distribución en el centro de masas

A efectos del cálculo de los momentos estáticos, la masa del cuerpo se podrá suponer concentrada en el centro de masas, como a continuación veremos.

a) *Momentos estáticos respecto a un punto*

En efecto, sabemos que:

$$\vec{M}_O = m_t \overrightarrow{OO'} + \vec{M}_{O'}$$

luego

$$\vec{M}_O = m_t \overrightarrow{OG} + \vec{M}_G$$

supuesto $O' = G$, y como $\vec{M}_G = 0$ queda

$$\vec{M}_O = m_t \overrightarrow{OG}$$

es decir, el momento estático de una distribución de masas es igual al que se obtendría suponiendo toda la masa concentrada en G.

b) *Momento respecto de una recta*

Suponiendo $O' = G$,

$$\vec{M}_r = (\vec{u} \times \vec{M}_O) \times \vec{u} = [(\vec{u} \times (\vec{M}_G + \overrightarrow{OG} m_t)] \times \vec{u} =$$
$$= (\vec{u} \times \overrightarrow{OG}) \times \vec{u} m_t = m_t \, \overline{\text{proy}_\pi \overrightarrow{OG}}$$

luego también podemos suponer la masa concentrada en G.

c) *Momento respecto de un plano*

Procediendo como en los casos anteriores

$$M_\pi = \vec{M}_O \cdot \vec{u} = \overrightarrow{OG} m_t \cdot \vec{u}$$

resultado semejante al obtenido en a) y b).

10.2.3. Coordenadas del centro de masas

Tomemos un plano de referencia y en él un punto O, como origen (fig. 10.11). El centro de masas, G, está situado a una distancia y_G del plano, que es la que se trata de calcular en función de las distancias a este plano y de las masas de cada punto del sistema.

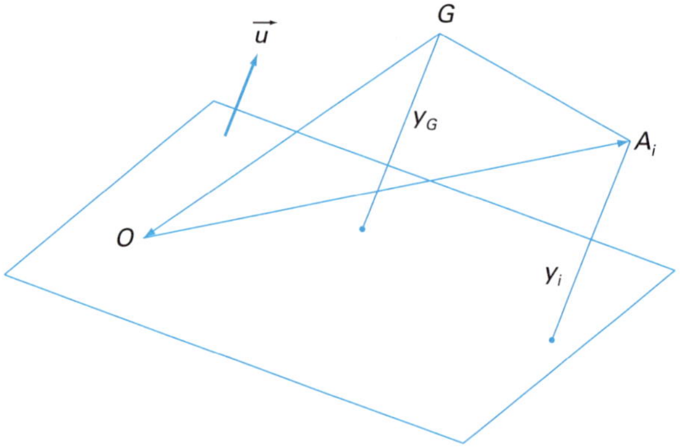

FIGURA 10.11

Recordando la definición de centro de masas:

$$\sum_{i=1}^{n} m_i \overrightarrow{GA}_i = 0$$

se tiene

$$\sum_{i=1}^{n} m_i (\overrightarrow{GO} + \overrightarrow{OA}_i) = 0$$

y

$$\overrightarrow{GO} m_t + \sum_{i=1}^{n} m_i \overrightarrow{OA}_i = 0$$

Multiplicando escalarmente por $\vec{u}$, vector unitario perpendicular al plano:

$$m_t \overrightarrow{GO} \cdot \vec{u} + \sum_{i=1}^{n} m_i \overrightarrow{OA}_i \cdot \vec{u} = 0$$

o sea,

$$-m_t y_G + \sum_{i=1}^{n} m_i y_i = 0$$

de donde:

$$y_G = \frac{\sum_{i=1}^{n} m_i y_i}{m_t}$$

Procediendo de igual modo con tres planos perpendiculares que se corten en *O*, formando un sistema cartesiano *OXYZ*, se obtienen las tres coordenadas del centro de masa de la distribución:

$$x_G = \frac{\sum_{i=1}^{n} m_i x_i}{m_t} \qquad y_G = \frac{\sum_{i=1}^{n} m_i y_i}{m_t} \qquad z_G = \frac{\sum_{i=1}^{n} m_i z_i}{m_t}$$

Las ecuaciones anteriores, en el caso de una *distribución continua* de masa de densidad ρ, se escriben en la forma:

$$x_G = \frac{\iiint x\rho\, dv}{\iiint \rho\, dv} \qquad y_G = \frac{\iiint y\rho\, dv}{\iiint \rho\, dv} \qquad z_G = \frac{\iiint z\rho\, dv}{\iiint \rho\, dv}$$

De las expresiones anteriores se deduce que la distancia del centro de masa a cada uno de los planos es igual a la media ponderada de las distancias a dicho plano, de cada una de las masas que componen el sistema. Si estas distancias son todas positivas, la media ponderada será también positiva; es decir, si todas las masas están en el mismo semiespacio determinado por un plano, el centro de masas estará en este mismo semiespacio. Tomando varios planos que determinen un poliedro en cuyo interior se encuentren la totalidad de las masas, el c.d.m. estará dentro de este recinto, es decir, en el interior de la mínima figura convexa que determinan las masas de la distribución.

10.3. TEOREMAS DE GULDIN

Los teoremas de Guldin [1] relacionan la posición del centro de masas con propiedades de áreas o volúmenes por lo que permiten en ciertas ocasiones simplificar el cálculo de la posición del centro de masas.

10.3.1. Primer teorema de Guldin

El área engendrada por una línea plana que gira alrededor de un eje situado sobre su plano y al que no corta, es igual al producto de la longitud de

[1] En algunos textos se denominan teoremas de Pappus.

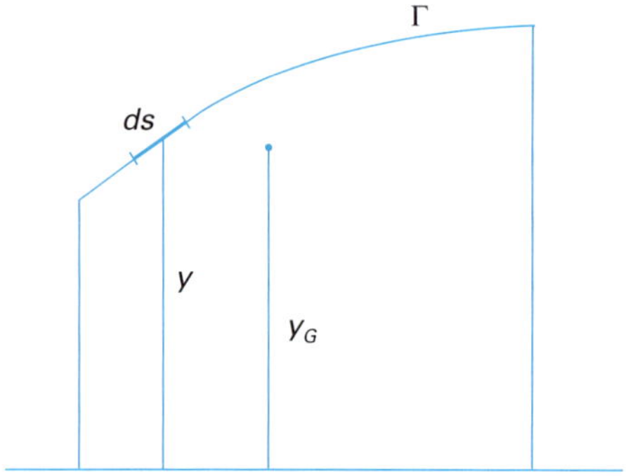

FIGURA 10.12

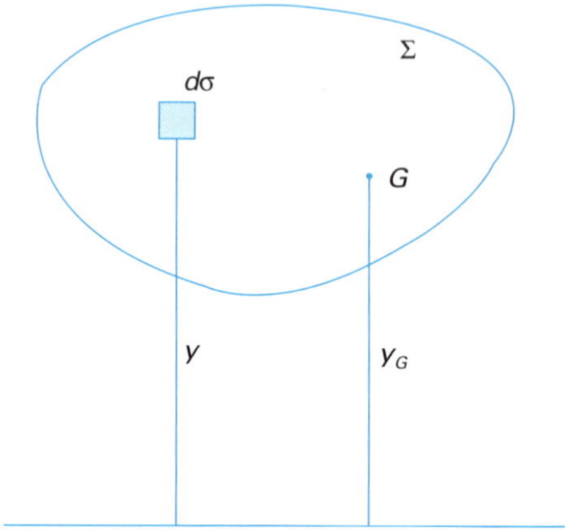

FIGURA 10.13

la línea por la longitud de la circunferencia descrita por su centro de masas.

Demostración:

Si sobre la línea plana Γ se toma un elemento de longitud ds situado a una distancia y del eje de giro, siendo y_G la distancia del centro de masas al eje, al girar la línea alrededor de este eje se tiene:

$$dA = 2\pi y\, ds$$

siendo dA el área engendrada por ds.

Integrando:

$$A = 2\pi \int_\Gamma y\, ds$$

pero como

$$y_G = \frac{\int_\Gamma y ds}{\int_\Gamma ds} = \frac{\int_\Gamma y ds}{L}$$

queda

$$A = 2\pi\, y_G L$$

como se quería demostrar. Este resultado también se puede ver inmediatamente teniendo en cuenta que el momento geométrico estático de la línea se puede calcular suponiendo que toda la masa (longitud L, en este caso,) se encuentra concentrada en G.

10.3.2. Segundo teorema de Guldin

El volumen engendrado por una superficie plana cerrada que gira alrededor de un eje contenido en su plano al que no corta es igual al producto del área de la superficie por la longitud de la circunferencia descrita por el centro de masas.

Demostración:

Si se toma un elemento de área $d\sigma$ en la superficie, situado a una distancia y del eje de giro, siendo y_G la distancia del centro de masas al eje, el volumen engendrado por dicho elemento de área al girar será

$$dV = 2\pi y d\sigma$$

Integrando:

$$V = 2\pi \int_{\Sigma} y d\sigma$$

y recordando que el momento estático geométrico se puede calcular suponiendo que toda la masa (la superficie S, en este caso,) está concentrada en G, resulta:

$$V = 2\pi\, y_G S$$

La superficie considerada, aunque no corte al eje, puede apoyarse en él y el teorema sigue siendo válido. Si el eje corta a la figura plana, los puntos de cada una de las porciones de superficie tienen abscisas de distinto signo, y por ello el volumen engendrado por una de las porciones es «restado» en su giro por la otra porción (fig. 10.14a) por lo que, en general no se puede aplicar el teorema. Sin embargo, esta misma consideración permite resolver fácilmente algunos problemas (fig. 10.14b).

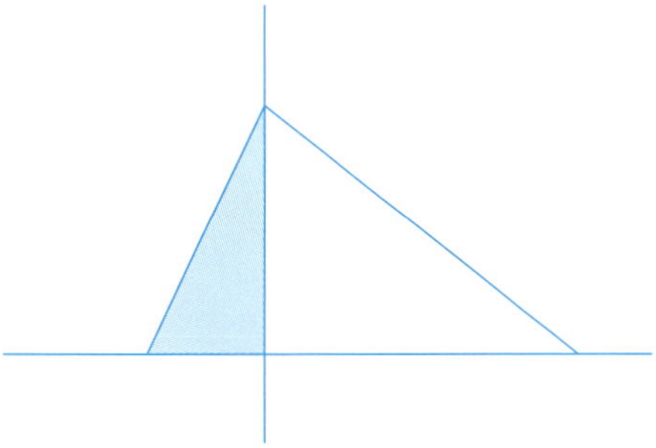

FIGURA 10.14a

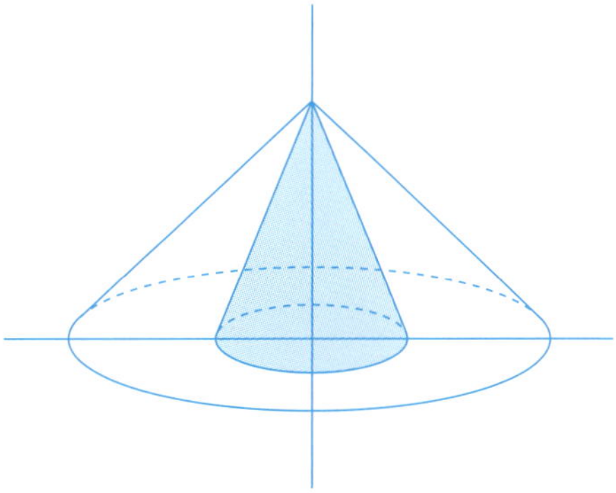

FIGURA 10.14b

10.4. MOMENTOS DE INERCIA CENTRALES, ÁXICOS Y PLANARIOS

Se define el *momento de inercia* de una distribución de masas con respecto a un punto, recta o plano, como la suma de los productos de cada una de las masas por el cuadrado de su distancia al punto, eje o plano considerado.

Si las n masas m_i de la distribución se encuentran situadas en los puntos A_i, las expresiones que dan cada uno de los momentos de inercia son las siguientes:

Momento de inercia respecto a un punto O:

$$I_O = \sum_{i=1}^{n} m_i \operatorname{nor} \overrightarrow{OA}_i$$

Momento de inercia respecto a una recta r:

$$I_r = \sum_{i=1}^{n} m_i \operatorname{nor} [(\vec{u} \times \overrightarrow{OA}_i) \times \vec{u}]$$

en donde $\vec{u}$ es un vector unitario de la misma dirección de la recta y O un punto de ésta.

Momento de inercia respecto a un plano π*:*

$$I_\pi = \sum_{i=1}^{n} m_i (\overrightarrow{OA}_i \cdot \vec{u})^2$$

siendo $\vec{u}$ un vector unitario normal al plano y O un punto perteneciente a éste.

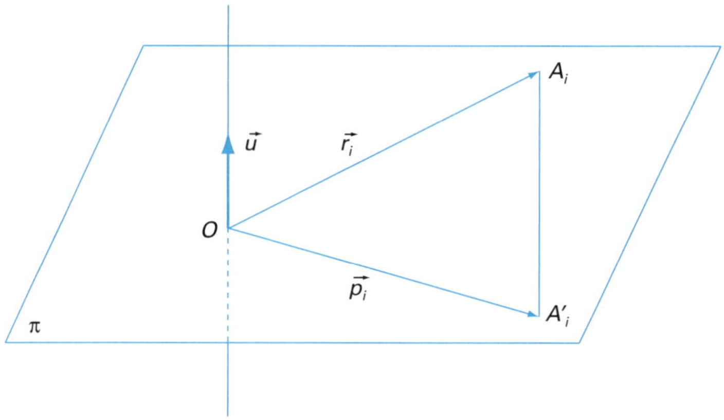

FIGURA 10.15

A continuación veremos como las expresiones vectoriales propuestas coinciden con la definición dada al comienzo del tema. En la primera, nor$\overrightarrow{OA}_i$ es el cuadrado de la distancia desde cada masa al punto, ya que la norma es el producto escalar del vector por sí mismo. En la segunda $(\vec{u} \times \overrightarrow{OA}_i) \times \vec{u}$ es la proyección, sobre un plano normal a la recta, del vector $\overrightarrow{OA}_i$. Por tanto, la norma de esta proyección es el cuadrado de la distancia de cada punto a la recta (fig. 10.15). En la tercera expresión es en la que se ve más claramente que el producto escalar es el cuadrado de la distancia desde cada punto en el que se encuentra una masa al plano.

Si la distribución de masas fuera continua, las anteriores expresiones se transforman en integrales extendidas al dominio D que ocupa la distribución de masas. O sea:

$$I_O = \int_D \text{nor}\,\vec{r}\;\rho\, dm$$

$$I_r = \int_D \text{nor}\,[(\vec{u} \times \vec{r}) \times \vec{u}]\;\rho\, dm$$

$$I_\pi = \int_D (\vec{r} \cdot \vec{u})^2\;\rho\, dm$$

en donde $\vec{r}$ es el vector de posición de un punto genérico de la distribución de masas cuya densidad es $\rho = \rho(r)$.

Las anteriores definiciones pueden utilizarse también para definir momentos de figuras geométricas (líneas, superficies o volúmenes) sin más que sustituir el elemento de masa correspondiente por el elemento de longitud, superficie o volumen respectivo. A estos momentos de inercia se les denomina *momentos de inercia geométricos* a diferencia de los primeros que se denominan *momentos de inercia físicos*.

10.5. PRODUCTOS DE INERCIA

Considérese una distribución de masas y dos planos π y π' cuyos vectores unitarios normales son $\vec{u}$ y $\vec{u}'$, respectivamente (fig. 10.16), se define el producto de inercia de la distribución como la suma de los productos de cada una de las masas por sus distancias a cada uno de los dos planos. Es decir

$$P_{\pi\pi'} = \sum_{i=1}^{n} m_i\,(\overrightarrow{OA}_i \cdot \vec{u}_i)(\overrightarrow{OA}_i \cdot \vec{u}')$$

en donde $\overrightarrow{OA}_i$ es el vector de posición, con origen en un punto cualquiera de la intersección de ambos planos, de un punto genérico A_i de la distribución de masas.

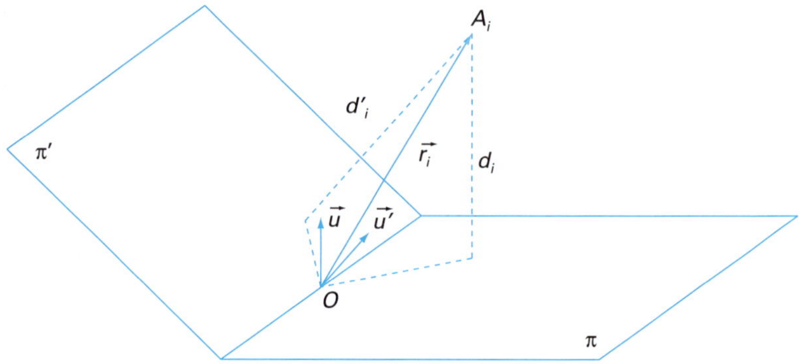

FIGURA 10.16

Es decir:

$$P_{\pi\pi'} = \sum_{i=1}^{n} m_i d_i d_i'$$

en donde d_i y d_i' son las distancias de A_i a π y π', afectadas, respectivamente, del signo correspondiente de acuerdo con las orientaciones de los semiespacios determinados por $\vec{u}$ y $\vec{u}\,'$. Por tanto, los productos de inercia, a diferencia de lo que ocurre con los momentos de inercia, pueden ser negativos dependiendo de la posición que tengan las masas respecto a los planos.

10.6. RELACIONES ENTRE MOMENTOS DE INERCIA

Considérese un plano π y una recta r perpendicular a él en el punto O. A continuación se expresará el momento de inercia respecto a la recta en función de los momentos de inercia respecto al punto y al plano.

$$I_r = \sum_{i=1}^{n} m_i \text{ nor } [(\vec{u} \times \overrightarrow{OA}_i) \times \vec{u}] \qquad [10.3]$$

Recordando que la norma de un producto vectorial de dos vectores es:

$$\text{nor } (\vec{u} \times \vec{v}) = \text{nor } \vec{u} \text{ nor } \vec{v} - (\vec{u} \cdot \vec{v})^2$$

la expresión [10.3] queda en la forma

$$I_r = \sum_{i=1}^{n} m_i \, [\text{nor } (\vec{u} \times \overrightarrow{OA}_i) \text{ nor } \vec{u} - [(\vec{u} \times \overrightarrow{OA}_i) \cdot \vec{u}\,]^2]$$

El segundo término se anula por ser un producto mixto con dos factores iguales, y nor $\vec{u} = 1$, por ser un vector unitario, con lo que, reiterando nuevamente el cálculo de la norma del producto vectorial, queda:

$$I_r = \sum_{i=1}^{n} m_i \text{ nor } (\vec{u} \times \overrightarrow{OA}_i) = \sum_{i=1}^{n} m_i [\text{nor } \overrightarrow{OA}_i \text{ nor } \vec{u} - (\vec{u} \cdot \overrightarrow{OA}_i)^2] =$$

$$= \sum_{i=1}^{n} m_i \text{ nor } \overrightarrow{OA}_i - \sum_{i=1}^{n} m_i (\overrightarrow{OA}_i \cdot \vec{u})^2 = I_O - I_\pi$$

es decir

$$I_O = I_r + I_\pi$$

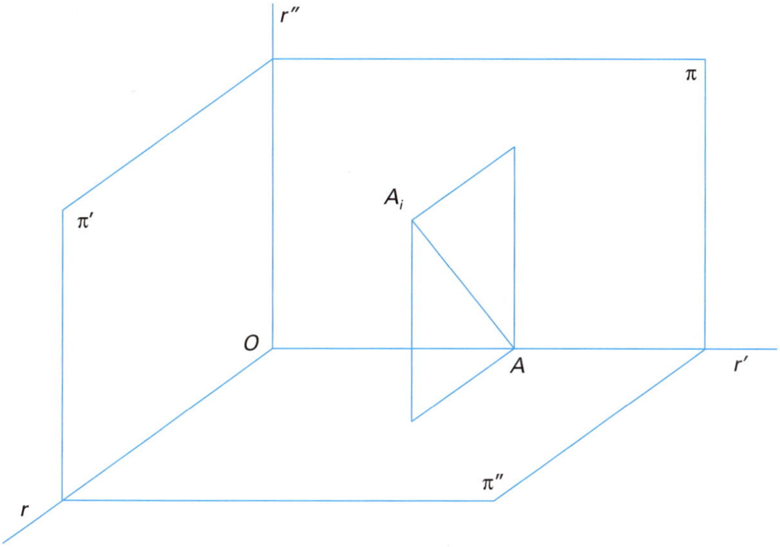

FIGURA 10.17

Considerando ahora un sistema trirrectangular formado por los planos π, π' y π'', respectivamente perpendiculares (fig. 10.17), que se cortan en O y, por parejas, en r, r' y r'', se tiene

$$\left.\begin{aligned} I_O &= I_r + I_\pi \\ I_O &= I_{r'} + I_{\pi'} \\ I_O &= I_{r''} + I_{\pi''} \end{aligned}\right\} \qquad [10.4]$$

Y considerando una masa puntual en A_i,

$$I_{r'} = I_\pi + I_{\pi''}$$

ya que la suma de los cuadrados de las distancias a los respectivos planos es igual al cuadrado de la distancia desde dicho punto a la recta.

Luego

$$\left.\begin{aligned} I_r &= I_{\pi'} + I_{\pi''} \\ I_{r'} &= I_{\pi''} + I_{\pi} \\ I_{r''} &= I_{\pi} + I_{\pi'} \end{aligned}\right\} \qquad [10.5]$$

Sumando miembro a miembro en las [10.4]

$$3I_O = (I_r + I_{r'} + I_{r''}) + (I_\pi + I_{\pi'} + I_{\pi''})$$

y sumando análogamente en las relaciones [10.5]

$$(I_r + I_{r'} + I_{r''}) = 2(I_\pi + I_{\pi'} + I_{\pi''})$$

resulta

$$\boxed{I_O = I_\pi + I_{\pi'} + I_{\pi''}}$$

e

$$\boxed{I_O = \frac{1}{2}(I_r + I_{r'} + I_{r''})}$$

El momento de inercia de una distribución de masas respecto a un punto es igual a la suma de los momentos de inercia respecto a los tres planos perpendiculares de un sistema de ejes coordenados que se cortan en O, o bien a la mitad de la suma de los momentos de inercia respecto a los tres ejes coordenados.

10.7. TEOREMA DE STEINER

El teorema de Steiner relaciona los momentos y productos de inercia de una distribución, respecto a puntos, ejes y planos, con los respectivamente paralelos que pasan por el centro de masas. Este teorema es de gran importancia para el cálculo de momentos de inercia, ya que permite simplificar los cálculos al poder obtener los momentos respecto al centro de gravedad, lo que suele resultar más sencillo.

Consideraremos, como siempre, que se trata de una distribución discreta de n masas m_i, situadas en puntos A_i, y que O es un punto cualquiera y G el centro de gravedad. Se tiene:

$$I_O = \sum_{i=1}^{n} m_i \operatorname{nor} \overrightarrow{OA}_i = \sum_{i=1}^{n} m_i \operatorname{nor} (\overrightarrow{OG} + \overrightarrow{GA}_i) =$$

$$= \sum_{i=1}^{n} m_i \operatorname{nor} \overrightarrow{OG} + \sum_{i=1}^{n} m_i \operatorname{nor} \overrightarrow{GA}_i + \sum_{i=1}^{n} m_i \, 2(\overrightarrow{GA}_i \cdot \overrightarrow{OG}) =$$

$$= \operatorname{nor} \overrightarrow{OG}\, m_t + I_G + 2\overrightarrow{OG} \cdot \sum_{i=1}^{n} m_i \overrightarrow{GA}_i$$

Y como $\sum_{i=1}^{n} m_i \overrightarrow{GA}_i = 0$, ya que es el momento estático respecto a G, la expresión del teorema de Steiner respecto a un punto es:

$$\boxed{I_O = I_G + m_t \operatorname{nor} \overrightarrow{OG}}$$

o sea, *el momento de inercia respecto a un punto es igual al momento de inercia respecto al centro de gravedad más el producto de la masa total del sistema por el cuadrado de la distancia desde el punto al centro de gravedad.*

En el caso del momento de la distribución respecto a una recta r_G que pasa por el centro de gravedad, siendo r una recta cualquiera paralela a ella a una distancia d, O un punto de la recta y G el centro de masas, se tiene:

$$I_r = \sum_{i=1}^{n} m_i \operatorname{nor} [(\vec{u} \times \overrightarrow{OA}_i) \times \vec{u}] = \sum_{i=1}^{n} m_i \operatorname{nor} [(\vec{u} \times \overrightarrow{OG}) \times \vec{u} +$$

$$+ (\vec{u} \times \overrightarrow{GA}_i) \times \vec{u}] = \sum_{i=1}^{n} m_i(\operatorname{nor} [(\vec{u} \times \overrightarrow{OG}) \times \vec{u}] + \operatorname{nor} [(\vec{u} \times \overrightarrow{GA}_i) \times \vec{u}] +$$

$$+ 2\,[(\vec{u} \times \overrightarrow{OG}) \times \vec{u}] \cdot [(\vec{u} \times \overrightarrow{GA}_i) \times \vec{u}]) = m_t \operatorname{nor} [(\vec{u} \times \overrightarrow{OG}) \times \vec{u}] +$$

$$+ \sum_{i=1}^{n} m_i \operatorname{nor} [(\vec{u} \times \overrightarrow{GA}_i) \times \vec{u}] + 2\,[(\vec{u} \times \overrightarrow{OG}) \times \vec{u}] \cdot \sum_{i=1}^{n} m_i\, [(\vec{u} \times \overrightarrow{GA}_i) \times \vec{u}]$$

y puesto que

$$\sum_{i=1}^{n} m_i\, [(\vec{u} \times \overrightarrow{GA}_i) \times \vec{u}] = 0$$

por ser el momento estático respecto a una recta que pasa por G, queda la expresión del teorema de Steiner para rectas paralelas:

$$\boxed{I_r = I_{rG} + m_t d^2}$$

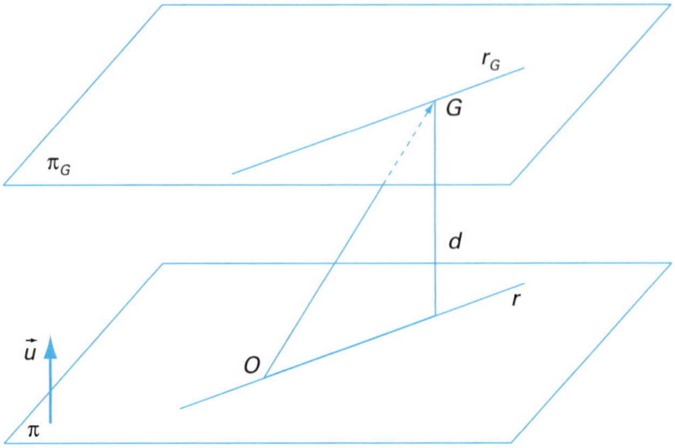

FIGURA 10.18

es decir, *el momento de inercia respecto a una recta es igual al momento de inercia respecto a otra recta paralela a la anterior que pasa por el centro de gravedad más el producto de la masa total del sistema por el cuadrado de la distancia entre las dos rectas.*

Por último, en el caso del momento de inercia de la distribución respecto a un plano π paralelo a otro π_G que pasa por el centro de gravedad, a una distancia d, siendo O un punto del plano y G el centro de masas, se tiene

$$I_\pi = \sum_{i=1}^{n} m_i (\overrightarrow{OA}_i \cdot \vec{u})^2 = \sum_{i=1}^{n} m_i [(\overrightarrow{OG} + \overrightarrow{GA}_i) \cdot \vec{u}]^2 =$$

$$= \sum_{i=1}^{n} m_i [(\overrightarrow{OG} \cdot \vec{u}) + (\overrightarrow{GA}_i \cdot \vec{u})]^2 = \sum_{i=1}^{n} m_i [(\overrightarrow{OG} \cdot \vec{u}) + \sum_{i=1}^{n} m_i [(\overrightarrow{GA}_i \cdot \vec{u}) +$$

$$+ 2\sum_{i=1}^{n} m_i [(\overrightarrow{OG} \cdot \vec{u})(\overrightarrow{GA}_i \cdot \vec{u})$$

El último sumando se anula, por ser $\sum_{i=1}^{n} m_i (\overrightarrow{GA}_i \cdot \vec{u})$ el momento estático respecto a un plano que pasa por G.

Quedará, definitivamente:

$$I_\pi = I_{\pi G} + m_i d^2$$

o sea, *el momento de inercia respecto a un plano es igual al momento de inercia respecto a otro plano paralelo al anterior que pasa por el centro de gravedad más el producto de la masa total del sistema por el cuadrado de la distancia entre los dos planos.*

10.7.1. Teorema de Steiner para productos de inercia

Consideremos dos planos π y π' respectivamente paralelos a los planos π_G y π'_G, que contienen a G (fig. 10.19), y situados a distancias d y d' de ellos. Sea O un punto cualquiera que pertenece a la intersección de ambos planos.

Puesto que

$$\vec{r}_i = \overrightarrow{OG} + \overrightarrow{GA}_i$$

se puede poner

$$P_{\pi\pi'} = \sum_{i=1}^{n} m_i(\vec{r}_i \cdot \vec{u})(\vec{r}_i \cdot \vec{u}') = \sum_{i=1}^{n} m_i[(\overrightarrow{OG} + \overrightarrow{GA}_i) \cdot \vec{u}][(\overrightarrow{OG} + \overrightarrow{GA}_i) \cdot \vec{u}'] =$$

$$= \sum_{i=1}^{n} m_i[(\overrightarrow{OG} \cdot \vec{u}) + (\overrightarrow{GA}_i \cdot \vec{u})][(\overrightarrow{OG} \cdot \vec{u}') + (\overrightarrow{GA}_i \cdot \vec{u}')] =$$

$$= \sum_{i=1}^{n} m_i[(\overrightarrow{OG} \cdot \vec{u})(\overrightarrow{OG} \cdot \vec{u}')] + \sum_{i=1}^{n} m_i[(\overrightarrow{OG} \cdot \vec{u})(\overrightarrow{GA}_i \cdot \vec{u}')] +$$

$$+ \sum_{i=1}^{n} m_i(\overrightarrow{GA}_i \cdot \vec{u})(\overrightarrow{OG} \cdot \vec{u}') + \sum_{i=1}^{n} m_i[(\overrightarrow{GA}_i \cdot \vec{u})(\overrightarrow{GA}_i \cdot \vec{u}')] =$$

$$= m_t dd' (\overrightarrow{OG} \cdot \vec{u})[(\sum_{i=1}^{n} m_i \overrightarrow{GA}_i) \cdot \vec{u}'] + [(\sum_{i=1}^{n} m_i \overrightarrow{GA}_i) \cdot \vec{u}](\overrightarrow{OG} \cdot \vec{u}') +$$

$$+ P_{\pi_G} P_{\pi'_G}$$

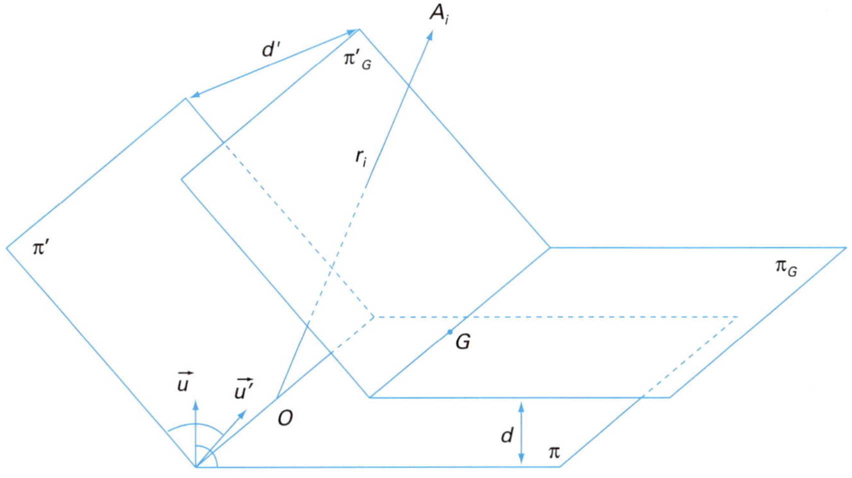

FIGURA 10.19

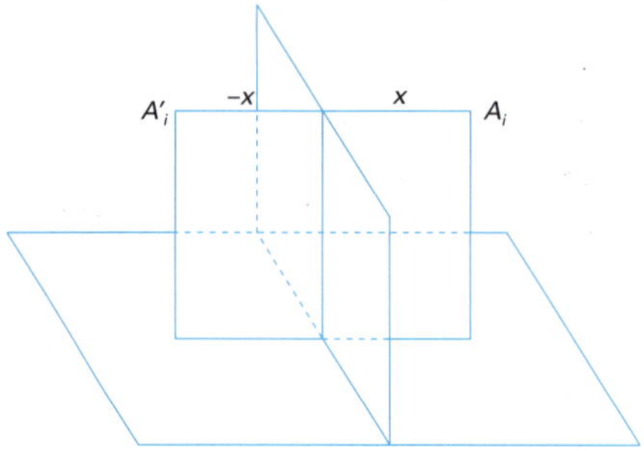

FIGURA 10.20

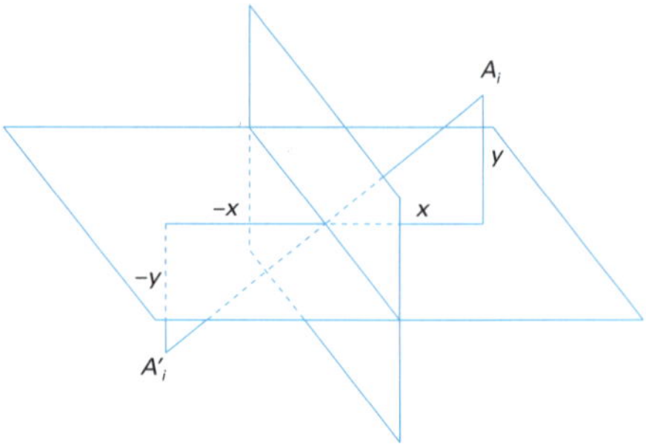

FIGURA 10.21

y puesto que

$$\sum_{i=1}^{n} m_i \overrightarrow{GA_i} = 0$$

por ser el momento estático de la distribución respecto al centro de masas, resulta como expresión del teorema de Steiner para productos de inercia la siguiente:

$$P_{\pi\pi'} = P_{\pi_G \pi'_G} + m_t d d'$$

siendo d y d' la distancia entre los planos π y π_G y π' y π'_G, respectivamente, y m_t la masa total de la distribución.

Los productos de inercia se anulan (fig. 10.20) cuando la distribución de masas presenta simetría respecto a alguno de los planos para el que se está calculando el producto de inercia, ya que en ese caso los signos de las coordenadas de cada pareja de puntos simétricos son distintos. Sin embargo, cuando el sistema presenta simetría central o axial (fig. 10.21) los productos de inercia no se anulan ya que al ser los signos de las dos coordenadas iguales, aunque éstas sean negativas, su producto es positivo.

10.8. RELACIÓN ENTRE LOS MOMENTOS DE INERCIA RESPECTO A EJES CONCURRENTES

Se trata de calcular el momento de inercia de la distribución de masas respecto a una recta, r, cualquiera, concurrente con otras tres rectas ortogonales que forman un sistema cartesiano $OXYZ$ en el origen O. Llamaremos $\vec{u}$ al vector unitario coincidente con la dirección de la recta y que forma con las otras tres rectas anteriores ángulos α, β, γ, respectivamente (fig. 10.22).

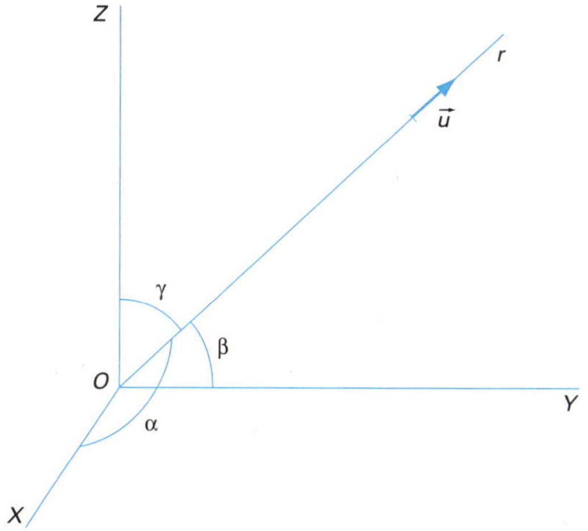

FIGURA 10.22

Por definición, el momento de inercia respecto a la recta es:

$$I_r = \sum_{i=1}^{n} m_i \text{ nor } [(\vec{u} \times \overrightarrow{OA}_i) \times \vec{u}]$$

y desarrollando la norma del producto vectorial de dos vectores (ecuación 10.3) queda

$$I_r = \sum_{i=1}^{n} m_i \text{ nor } (\vec{u} \times \overrightarrow{OA}_i) \text{ nor } \vec{u} - \sum_{i=1}^{n} m_i [(\vec{u} \times \overrightarrow{OA}_i) \cdot \vec{u}]^2$$

ya que el segundo término es nulo por ser un producto mixto con dos vectores iguales. Análogamente,

$$I_r = \sum_{i=1}^{n} m_i \text{ nor } (\vec{u} \times \overrightarrow{OA}_i) = \sum_{i=1}^{n} m_i \text{ nor } \vec{u} \text{ nor } \overrightarrow{OA}_i - \sum_{i=1}^{n} m_i (\overrightarrow{OA}_i \cdot \vec{u})^2 \quad [10.6]$$

y como

$$\overrightarrow{OA}_i = x\vec{i} + y\vec{j} + z\vec{k}$$
$$\vec{u} = \cos\alpha\vec{i} + \cos\beta\vec{j} + \cos\gamma\vec{k}$$

Sustituyendo en la relación [10.6] queda

$$I_r = \sum_{i=1}^{n} m_i [(x^2 + y^2 + z^2) - (x \cos\alpha + y \cos\beta + z \cos\gamma)^2]$$

Multiplicando el primer término del segundo miembro de la expresión anterior por:

$$(\cos^2\alpha + \cos^2\beta + \cos^2\gamma) = 1$$

y agrupando términos, quedará:

$$I_r = \sum_{i=1}^{n} m_i [(y^2 + z^2) \cos^2 \alpha + (z^2 + x^2) \cos^2 \beta + (x^2 + y^2) \cos^2 \gamma -$$
$$-2yz \cos \beta \cos \gamma - 2zx \cos \gamma \cos \alpha - 2xy \cos \alpha \cos \beta]$$

o sea

$$\boxed{\begin{array}{c} I_r = I_x \cos^2 \alpha + I_y \cos^2 \beta + I_z \cos^2 \gamma - 2P_{xy} \cos \alpha \cos \beta - \\ - 2P_{yz} \cos \beta \cos \gamma - 2P_{zx} \cos \gamma \cos \alpha \end{array}} \quad [10.7]$$

que es la expresión que da la relación entre el momento de inercia respecto a una recta concurrente con otras tres rectas ortogonales y los momentos y productos de inercia respecto a dicho sistema de ejes.

En esta expresión se ha utilizado para los productos de inercia la notación P_{xy}, P_{yz}, P_{zx}. Con esta notación, más compacta, P_{xy} representa el producto de inercia respecto a los dos planos perpendiculares a los ejes OX y OY, respectivamente. Es decir, el producto de inercia P_{xy} se calcula multiplicando cada una de las masas por sus distancias a los planos OYZ y OXZ.

10.9. MATRIZ DE INERCIA

La expresión anterior puede escribirse en forma matricial como sigue

$$I_r = [\cos \alpha \quad \cos \beta \quad \cos \gamma] \begin{bmatrix} I_x & -P_{xy} & -P_{xz} \\ -P_{yx} & I_y & -P_{yz} \\ -P_{zx} & -P_{zy} & I_z \end{bmatrix} \begin{bmatrix} \cos \alpha \\ \cos \beta \\ \cos \gamma \end{bmatrix} = \{u\}^T [I] \{u\}$$

que es una forma cuadrática definida no negativa, habida cuenta que $I_r > 0$ para toda r.

En la expresión anterior $\{u\}$ es un vector unitario en la dirección de la recta e $[I]$ es la matriz.

$$I = \begin{bmatrix} I_x & -P_{xy} & -P_{xz} \\ -P_{yx} & I_y & -P_{yz} \\ -P_{zx} & -P_{zy} & I_z \end{bmatrix}$$

que se denomina *matriz de inercia* relativa al punto O. Sus nueve elementos son los componentes de un tensor de segundo orden simétrico denominado *tensor de inercia*. La matriz de inercia relativa al centro de masas recibe el nombre de *matriz central de inercia*.

Recordando que toda matriz simétrica real es diagonalizable, se deduce que existirá otro sistema de coordenadas cartesianas ortogonales $OX^*Y^*Z^*$ en el que la matriz de inercia de la distribución de masas, relativa al punto O, sea una matriz diagonal que denominaremos I^*:

$$I^* = \begin{bmatrix} I_x^* & 0 & 0 \\ 0 & I_y^* & 0 \\ 0 & 0 & I_z^* \end{bmatrix}$$

Las direcciones de los ejes de este triedro son las direcciones de los tres vectores propios de la matriz de inercia y se denominan *direcciones principales de inercia* en O. Los momentos de inercia de la distribución de masas respecto a cada uno de estos ejes, que son los valores propios de la matriz de inercia, se denominan *momentos principales de inercia* en O.

Puesto que los valores propios de una matriz real simétrica son siempre reales, existirán en cualquier caso los tres momentos de inercia principales y, por razones físicas evidentes, serán todos ellos no negativos.

10.9.1. Determinación de las direcciones y momentos principales de inercia

Para transformar la matriz $[I]$ en otra $[I^*]$ que sea diagonal bastará adoptar como ejes de coordenadas las direcciones de los vectores propios de la matriz I. Recordaremos que se llama vector propio de una matriz a todo vector unitario $\{u\}$ tal que es colineal con el producto $[I]\{u\}$.

Es decir

$$[I]\{u\} = \lambda\{u\}$$

Por tanto en un cierto sistema de ejes $OXYZ$ las componentes α, β, γ de los vectores propios se determinan mediante las ecuaciones siguientes:

$$\begin{aligned} I_x\alpha - P_{xy}\beta - P_{xz}\gamma &= \lambda\alpha \\ -P_{yx}\alpha + I_y\beta - P_{yz}\gamma &= \lambda\beta \\ -P_{zx}\alpha - P_{zy}\beta + I_z\gamma &= \lambda\gamma \end{aligned}$$

es decir

$$
\begin{aligned}
(I_x - \lambda)\alpha \quad &- P_{xy}\beta \quad &- P_{xz}\gamma = 0 \\
-P_{yx}\alpha + (I_y - \lambda)\beta \quad &\quad &- P_{yz}\gamma = 0 \\
-P_{zx}\alpha \quad &- P_{zy}\beta + (I_z - \lambda)\gamma = 0 &
\end{aligned}
$$

este sistema únicamente tiene solución no nula para los valores de λ que anulan el determinante de los coeficientes de las incógnitas. Es decir:

$$\det |I - \lambda u| = 0$$

esta ecuación se llama ecuación característica o secular de la matriz y sus raíces se llaman *valores propios*. Pues bien a cada valor propio λ_i le corresponderá un vector propio $\{u_i\} = \begin{bmatrix} \alpha_i \\ \beta_i \\ \gamma_i \end{bmatrix}$ que dará una de las tres direcciones principales de inercia.

El momento de inercia con respecto a la línea de acción del vector propio u_i tiene por valor

$$I_\delta = \{u_i\}^T [I] \{u_i\} = \{u_i\}^T \lambda \{u_i\} = \lambda_i$$

ya que

$$[\alpha \;\; \beta \;\; \gamma] \begin{bmatrix} \lambda\alpha \\ \lambda\beta \\ \lambda\gamma \end{bmatrix} = \lambda(\alpha^2 + \beta^2 + \gamma^2) = \lambda$$

Por tanto, si se toman como ejes de coordenadas los principales de inercia en el punto O, la matriz de inercia se expresará en la forma

$$I^* = \begin{bmatrix} I_x^* & 0 & 0 \\ 0 & I_y^* & 0 \\ 0 & 0 & I_z^* \end{bmatrix}$$

siendo $\lambda_1 = I_x^*$, $\lambda_2 = I_y^*$ y $\lambda_3 = I_z^*$, y habiendo tomado I_x, I_y e I_z según la dirección de cada uno de los vectores propios.

10.10. ELIPSOIDE Y ELIPSE DE INERCIA

A continuación tomaremos una recta genérica que pasa por un punto O y estudiaremos la variación del momento de inercia según la radiación

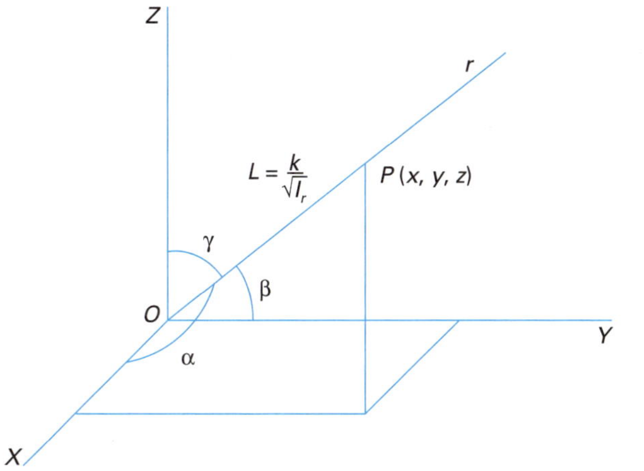

FIGURA 10.23

de rectas de vértice en O. Se verá que a cada distribución de masas le corresponde, en cada punto del espacio, un elipsoide con centro en él.

En el vértice O de la radiación de rectas se sitúan unos ejes cartesianos $OXYZ$ y sobre una recta genérica de la radiación definida por los ángulos α, β, y γ se lleva a partir del origen una longitud OP, tal que

$$OP = L = k/\sqrt{I_r}$$

en donde k es una constante arbitraria, e I_r el momento de inercia respecto a la recta.

Vamos a determinar el lugar geométrico que describe el punto $P(x, y, z)$ al variar la dirección de la recta. Los cosenos directores de la recta pueden escribirse en la forma

$$\cos \alpha = x/L \qquad \cos \beta = y/L \qquad \cos \gamma = z/L$$

Y como $I_r = k^2/L^2$, y sustituyendo en la expresión [10.7] que da el momento de inercia de la recta queda

$$\frac{k^2}{L^2} = I_x \frac{x^2}{L^2} + I_y \frac{y^2}{L^2} + I_z \frac{z^2}{L^2} - 2P_{xy} \frac{xy}{L^2} - 2P_{xz} \frac{xz}{L^2} - 2P_{yz} \frac{yz}{L^2}$$

y multiplicando los dos miembros por L^2:

$$k^2 = I_x x^2 + I_y y^2 + I_z z^2 - 2P_{xy} xy - 2P_{xz} xz - 2P_{yz} yz$$

que es la ecuación de una cuádrica con centro en el punto O. Esta cuádrica es un *elipsoide* ya que los coeficientes de los términos cuadráticos son siempre positivos por ser momentos de inercia. A la misma conclusión se llega observando que I_r es siempre finito, por lo tanto L no puede hacerse infinito en ningún punto, y la única cuádrica que no tiene puntos impropios es el elipsoide. Es fácil ver que O es el centro de simetría del elipsoide sin más que sustituir x por $-x$, y por $-y$, z por $-z$, y observando que la ecuación no cambia. Se llega a esta misma conclusión si se tiene en cuenta que el momento de inercia respecto a una recta no depende del sentido definido en ésta.

La forma del elipsoide no depende de los ejes de coordenadas elegidos ya que es un concepto intrínseco, lo que cambia es su ecuación en función de cuales sean dichos ejes. Puesto que la forma del elipsoide es invariante, la información que proporciona sobre la variación de los momentos de inercia respecto a las rectas de la radiación de vértice en O no depende de la constante k ya que al variar k se obtienen elipsoides homotéticos con centro de homotecia en el origen. Por esta razón se suele tomar $k = 1$.

Al elipsoide de inercia relativo al c.d.m. se le llama *elipsoide central o principal*. Entre todas las direcciones del espacio, el valor mínimo del momento corresponde a la dirección del semieje mayor del elipsoide y el máximo al semieje menor. A los ejes de simetría del elipsoide se les llama *ejes principales de inercia* en ese punto y coinciden con las direcciones principales de la matriz de inercia en ese punto, definidas en el epígrafe anterior.

10.10.1. Caso de distribuciones planas de masa

En el caso de distribuciones de masa contenidas en un plano, aunque todo cuanto se ha expuesto hasta ahora es de aplicación para estas distribuciones, se puede obtener una interesante simplificación que veremos a continuación.

Llamaremos OXY al plano que contiene a la distribución de masas. Al ser el sistema plano, puesto que $z = 0$ para todos los puntos de la distribución, serán $I_{xy} = 0$, $P_{zx} = P_{zy} = 0$. Los momentos de inercia planarios I_{xz} e I_{zy} se convierten en los momentos áxicos I_x e I_y, y el momento de inercia polar I_o y el momento áxico I_z, coinciden. Por tanto las relaciones entre los diversos momentos de inercia (ecuaciones 10.5) se reducen a las siguientes:

$$I_O = I_z + I_{xy} = I_z = I_x + I_y$$

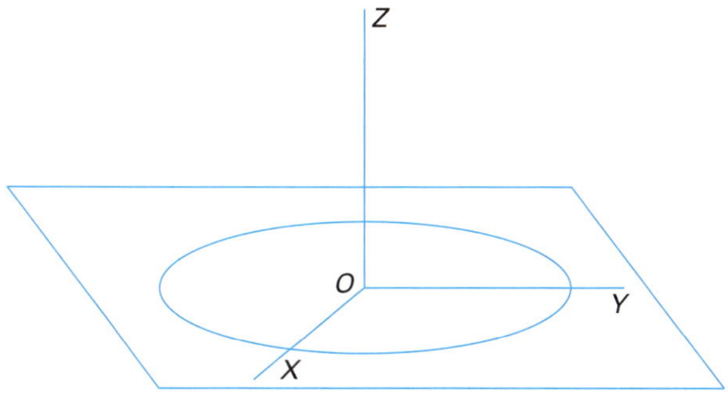

FIGURA 10.24

Bastará con conocer los momentos de inercia I_x e I_y y el producto P_{xy} para tener definido el elipsoide, ya que I_z depende de los anteriores momentos. Aunque sigue existiendo el elipsoide de inercia en cada punto del espacio, por comodidad utilizaremos una elipse, intersección del plano *OXY* con el elipsoide. Si el punto en el que se quiere calcular el elipsoide de inercia no pertenece al plano *OXY*, se utilizará uno paralelo al *OXY* que pase por el punto.

La ecuación de esta elipse es:

$$I_x x^2 + I_y y^2 - 2P_{xy} xy = k^2$$

que es la denominada *elipse de inercia*.

La expresión que da el momento de inercia de una recta del plano que pasa por *O*, en función de los momentos y productos de inercia del sistema plano respecto a los ejes *OXY*, resulta ser:

$$I_r = I_x \cos^2 \alpha + I_y \cos^2 \beta - 2P_{xy} \cos \alpha \cos \beta$$

y como $\cos \beta = \operatorname{sen} \alpha$, sustituyendo en la expresión anterior:

$$I_r = I_x \cos^2 \alpha + I_y \operatorname{sen}^2 \alpha - 2P_{xy} \cos \alpha \operatorname{sen} \alpha$$

Interesa saber si habrá alguna dirección para la cual el momento de inercia respecto a la recta es máximo o mínimo. Para ello la condición es:

$$\frac{dI}{d\alpha} = 0 = -I_x 2 \cos^2 \alpha \operatorname{sen} \alpha + I_y 2 \operatorname{sen} \alpha \cos \alpha + 2P_{xy} \operatorname{sen}^2 \alpha - 2P_{xy} \cos^2 \alpha$$

de donde:

$$\operatorname{tg} 2\alpha = \frac{2P_{xy}}{I_x - I_y}$$

expresión de la que se deduce que hay dos valores del ángulo 2α que verifican la ecuación y que se diferencian en π. Por tanto, existirán dos direcciones respecto a las cuales el momento de inercia del sistema toma valores máximo o mínimo relativos. Estas direcciones perpendiculares son las *direcciones principales de inercia*.

EJERCICIOS

10.1 Hallar las coordenadas del centro de masas de un octante de esfera de radio R.

10.2 Calcular los momentos principales de inercia, relativos al vértice, de una placa homogénea en forma de segmento parabólico, simétrico respecto al eje de la parábola, de flecha a y cuerda $2b$ y cuya masa es M.

10.3 La parábola de ecuación $y^2 = 2px$ gira alrededor de su eje de simetría engendrando un paraboloide de revolución. Considérese el volumen determinado por la superficie del paraboloide y su intersección con un plano perpendicular al eje trazado por el foco de la parábola. Llámese M a la masa del sólido que ocupa dicho volumen. Calcular:

a) Momento de inercia del sólido anterior respecto al eje de simetría del paraboloide.

b) Momento de inercia del citado sólido respecto a un diámetro de la circunferencia originada por la intersección del plano anterior con el paraboloide.

10.4 Sea un cubo de arista a. Perpendicularmente a una de sus caras se efectúa un taladro cilíndrico de radio $a/2$. En el sólido resultante se define un sistema de referencia $OXYZ$ cuyo origen coincide con uno de los vértices del sólido y cuyo eje OZ es paralelo al eje del hueco cilíndrico. Calcular:

a) Momentos de inercia geométricos respecto a los tres ejes de coordenadas del sistema de referencia anterior.

b) Elipsoide central o principal de inercia del sólido.

10.5 El elipsoide central o principal de inercia de un sólido de masa M, respecto a un sistema de referencia $OXYZ$, es:

$$\frac{X^2}{1} + \frac{Y^2}{2} + \frac{Z^2}{3} = \frac{1}{Ma^2}$$

Con origen en un punto P, de coordenadas $(a, -a/2, -a)$ en el sistema $OXYZ$, se define un nuevo sistema $Oxyz$, cuyos ejes son paralelos a los del sistema anterior. Calcular:

a) Momento de inercia del sólido respecto a una recta que pasa por P y forma ángulos iguales con los ejes Ox, Oy y Oz.

b) Valor de a para que este momento de inercia coincida numéricamente con la masa del sólido.

SOLUCIONES DE LOS EJERCICIOS

10.1

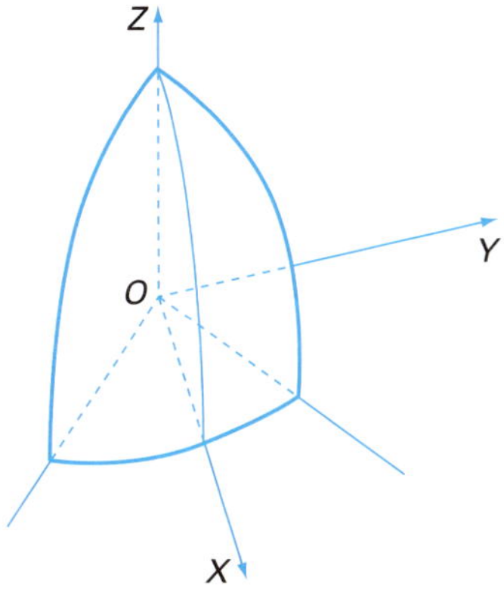

FIGURA 10.25

Situemos el octante de forma que el plano OXZ sea de simetría. Se tiene entonces que $y_G = 0$ y no habrá que calcular nada más que x_G y z_G.

Utilizando coordenadas esféricas se tiene

$$x = r \text{ sen } \varphi \cos \alpha$$

y

$$z = r \cos \varphi$$

Como el elemento de volumen en coordenadas esféricas es

$$dv = r^2 \text{ sen } \varphi \, d\varphi \, d\alpha \, dr$$

y las coordenadas del centro de masas:

$$x_G = \frac{\int x \, dv}{\int dv} = \frac{\int_0^R r^3 \, dr \int_0^{\frac{\pi}{2}} \text{sen}^3 \varphi \, d\varphi \int_{-\frac{\pi}{2}}^{\frac{\pi}{2}} \cos \alpha \, d\alpha}{\int_0^R r^2 \, dr \int_0^{\frac{\pi}{2}} \text{sen } \varphi \, d\varphi \int_{-\frac{\pi}{2}}^{\frac{\pi}{2}} d\alpha} =$$

$$= \frac{\frac{R^4}{4}\left(-\frac{\text{sen } \pi}{4} + \frac{\pi}{4}\right)\sqrt{2}}{\frac{R^3}{3}\frac{\pi}{2}} = \frac{\frac{R^4}{4}\frac{\pi}{4}\sqrt{2}}{\frac{R^3}{3}\frac{\pi}{2}} = \frac{3}{8} R\sqrt{2}$$

$$z_G = = \frac{\int z\,dv}{\int dv} = \frac{\int_0^R r^2\,dr \int_0^{\frac{\pi}{2}} \text{sen}\,\varphi \cos\varphi\,d\varphi \int_{-\frac{\pi}{2}}^{\frac{\pi}{2}} d\alpha}{\frac{\pi R^3}{6}} =$$

$$= \frac{\frac{R^4}{4}\frac{1}{2}\pi}{\frac{\pi R^3}{6}} = \frac{3}{4}R$$

10.2

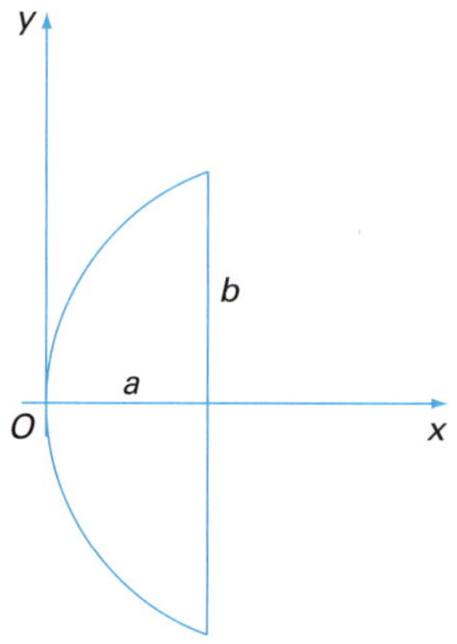

FIGURA 10.26

La ecuación de la parábola es:

$$y^2 = 2px$$

Teniendo en cuenta que para $x = a$; $y = b$, resulta para el parámetro de la cónica $p = \frac{b^2}{2a}$, por tanto

$$y^2 = \frac{b^2}{a}x$$

Masa:

$$M = \sigma A = \sigma 2\int_0^a y dx = 2\sigma \int_0^a \frac{b}{\sqrt{a}} x^{\frac{1}{2}} dx =$$

$$= \frac{2b}{\sqrt{a}} \sigma \frac{2}{3} \left| x^{\frac{3}{2}} \right|_0^a = \frac{4}{3} \sigma \frac{b}{\sqrt{a}} a^{\frac{3}{2}} = \frac{4}{3} \sigma ab$$

Momentos de inercia:

$$I_x = 2\int_0^b \sigma y^2 (a - x)\, dy = 2\sigma \int_0^b \left(ay^2 - y^2 \frac{a}{b^2} y^2 \right) dy =$$

$$= 2\sigma \int_0^b ay^2\, dy - 2\sigma \int_0^b \frac{a}{b^2} y^4\, dy = 2\sigma \left[a \left| \frac{y^3}{3} \right|_0^b - \frac{a}{b^2} \left| \frac{y^5}{5} \right|_0^b \right] =$$

$$= 2\sigma \left[\frac{ab^3}{3} - \frac{a}{b^2} \frac{b^5}{5} \right] = 2\sigma\, ab \left[\frac{b^2}{3} - \frac{b^2}{5} \right] = 2\sigma\, ab \frac{2b^2}{15} =$$

$$= 2\sigma\, ab \frac{4}{3} \frac{3}{4} \frac{2b^2}{15} = \frac{3}{15} Mb^2 = \frac{1}{5} Mb^2$$

$$I_y = 2\int_0^a \sigma x^2 y dx = 2\sigma \int_0^a x^2 \frac{b}{\sqrt{a}} \sqrt{x} dx = \frac{2\sigma b}{\sqrt{a}} \int_0^a x^{\frac{5}{2}} dx =$$

$$= 2\sigma \frac{b}{\sqrt{a}} \frac{2}{7} \left| x^{\frac{7}{2}} \right|_0^a = 2\sigma \frac{b}{\sqrt{a}} \frac{2}{7} a^{\frac{7}{2}} = 4\sigma \frac{b}{7} a^{\frac{7}{2} - \frac{1}{2}} =$$

$$= \frac{4}{7} \sigma ba^3 = \frac{3}{7} Ma^2$$

y finalmente

$$I_z = I_x + I_y = M \left(\frac{b^2}{5} + \frac{3a^2}{7} \right)$$

10.3

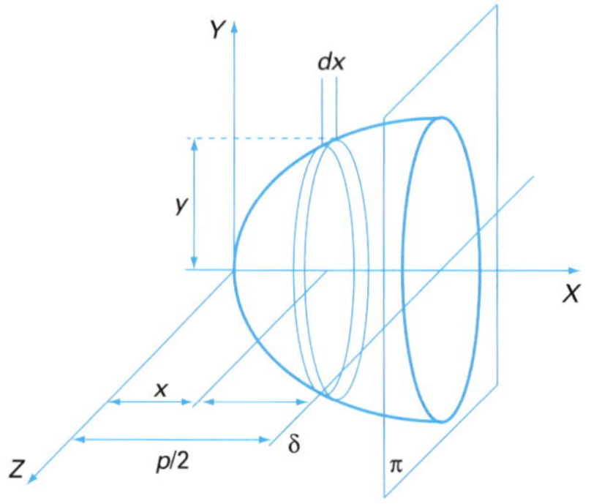

FIGURA 10.27

El foco está situado en $x = \dfrac{p}{2}$.

La masa del paraboloide así definido es:

$$M = \rho V = \rho \int_0^{\frac{p}{2}} \pi y^2\, dx = \rho\pi \int_0^{\frac{p}{2}} 2\, px\, dx =$$

$$M = 2\rho\pi p \int_0^{\frac{p}{2}} x\, dx = 2\rho\pi p \left| \frac{x^2}{2} \right|_0^{\frac{p}{2}} = 2\rho\pi p\, \frac{p^2}{2} = \rho\pi\, \frac{p^3}{4}$$

$$\boxed{M = \rho\pi\, \frac{p^3}{4}}$$

a) El momento de inercia respecto al eje de simetría es:

$$I_x = \int dI_x = \int \frac{1}{2} y^2\, dm = \int_0 \frac{1}{2} y^2\, \pi y^2 \rho\, dx = \frac{1}{2}\, \pi\rho \int_0^{\frac{p}{2}} y^4\, dx =$$

$$= \frac{1}{2}\, \pi\rho \int_0^{\frac{p}{2}} (2px)^2\, dx = \frac{1}{2}\, \pi\rho 4p^2 \int_0^{\frac{p}{2}} x^2\, dx =$$

$$= 2\pi\rho p^2 \left| \frac{x^3}{3} \right|_0^{\frac{p}{2}} = 2\pi\rho p^2\, \frac{p^3}{24} = \frac{1}{12}\, \pi\rho p^3 p^2 =$$

$$= \frac{1}{3}\, \frac{\pi\rho p^3}{4}\, p^2 = \frac{1}{3}\, Mp^2$$

$$\boxed{I_x = \frac{1}{3}\, Mp^2}$$

b) Para calcular I_δ utilizamos las relaciones entre momentos de inercia. Puesto que $I_\delta = I_\pi + I_{xy}$ y como $I_x = I_{xy} + I_{xz}$ y, además, por simetría, $I_{xy} = I_{xz}$ queda $I_x = 2I_{xy}$. Luego:

$$I_\delta = I_\pi + \frac{1}{2} I_x$$

Por tanto es preciso calcular I_π:

$$I_\pi = \int \left(\frac{p}{2} - x\right)^2 dm = \int_0^{\frac{p}{2}} \left(\frac{p}{2} - x\right)^2 \rho\pi y^2\, dx =$$

$$= \rho\pi \int_0^{\frac{p}{2}} (2px)\left(\frac{p}{2} - x\right)^2 dx = 2\rho\pi p \int_0^{\frac{p}{2}} x\left(\frac{p}{2} - x\right)^2 dx =$$

$$= 2\rho\pi p \int_0^{\frac{p}{2}} \left(\frac{p^2}{4} x - px^2 + x^3\right) dx =$$

$$= 2\rho\pi p \left| \frac{p^2}{4}\frac{x^2}{2} - p\frac{x^3}{3} + \frac{x^4}{4} \right|_0^{\frac{p}{2}} =$$

$$= 2\rho\pi p \left| \frac{p^4}{32} - \frac{p^4}{24} + \frac{p^4}{64} \right| = 2\rho\pi p^5 \frac{1}{192} = \frac{\rho\pi p^5}{96} =$$

$$= \frac{1}{24}\frac{\rho\pi p^3}{4} p^2 = \frac{1}{24} Mp^2$$

o sea:

$$\boxed{I_\pi = \frac{1}{24} Mp^2}$$

y finalmente:

$$I_\delta = \frac{1}{24} Mp^2 + \frac{1}{2}\frac{1}{3} Mp^2 = \left(\frac{1}{24} + \frac{1}{6}\right) Mp^2 = \frac{5}{4} Mp^2$$

o sea:

$$\boxed{I_\delta = \frac{5}{4} Mp^2}$$

10.4

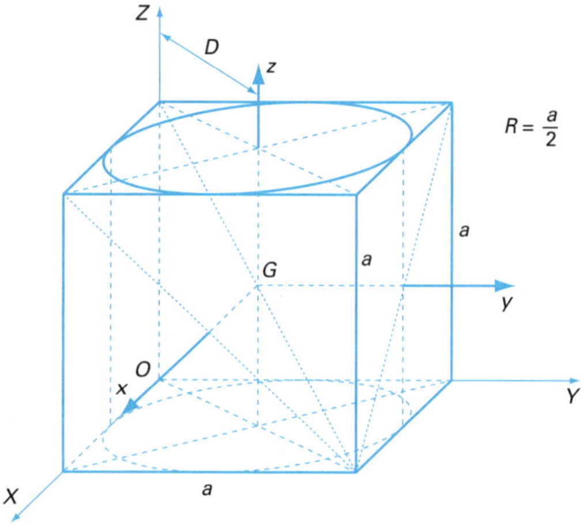

FIGURA 10.28

Los momentos de inercia geométricos del sólido resultante, al hacer el taladro, se obtienen restando a los momentos de inercia del cubo los del cilindro. Calcularemos primero los del cubo y después los del cilindro.

1. Momentos de inercia geométricos del cubo respecto a ejes y planos del sistema de referencia *OXYZ*:

   Tomando un elemento diferencial de volumen en forma de placa cuadrada de lado *a* y espesor *dx*:

$$I_{zy} = \int_0^a x^2\, dV = \int_0^a x^2 a^2\, dx = \frac{1}{3} a^5$$

$$I_{xy} = I_{xz} = I_{zy}; \qquad I_x = I_y = I_z = 2I_{xy}$$

$$I_x = I_y = I_z = \frac{2}{3} a^5$$

2. Momentos de inercia geométricos del cubo respecto a los ejes *Gxyz* que pasan por el centro de masas *G*:

$$I_{xG} = I_x - VD^2 = \frac{2}{3}a^5 - a^3\left(\frac{a\sqrt{2}}{2}\right)^2 = \frac{2}{3}a^5 - \frac{1}{2}a^5 = \frac{1}{6}a^5$$

es decir:

$$I_{xG} = I_{yG} = I_{zG} = \frac{1}{6}a^5$$

3. Momentos de inercia geométricos del cilindro respecto a los ejes con origen en O:

$$I_Z = \frac{1}{2}VR^2 + VD^2 = \frac{1}{2}\,\pi\left(\frac{a}{2}\right)^2 a\left(\frac{a}{2}\right)^2 + \pi\left(\frac{a}{2}\right)^2 a\left(\frac{a\sqrt{2}}{2}\right)^2 =$$

$$= \frac{\pi}{32}a^5 + \frac{\pi}{8}a^5 = \frac{5\pi}{32}a^5$$

Los momentos planarios son:

$$I_{XY} = \int_0^a z^2\,dV = \int_0^a \pi\left(\frac{a}{2}\right)^2 z^2\,dz = \frac{\pi a^2}{4}\left|\frac{z^3}{3}\right|_0^a = \frac{\pi}{12}a^5$$

$$I_{ZX} = I_{ZY} = \frac{1}{2}I_Z = \frac{5\pi}{64}a^5$$

$$I_X = I_{XY} + I_{XZ} = \frac{\pi}{12}a^5 + \frac{5\pi}{64}a^5 = \frac{31\pi}{192}a^5$$

$$I_Y = I_{XY} + I_{ZY} = \frac{\pi}{12}a^5 + \frac{5\pi}{64}a^5 = \frac{31\pi}{192}a^5$$

a) Los momentos de inercia geométricos del sólido resultante, al hacer el taladro, se obtienen restando a los momentos de inercia del cubo los del cilindro.

$$I_X = \frac{2}{3}a^5 = \frac{31\pi}{192}a^5 = \frac{128 - 31\pi}{192}a^5$$

$$I_Y = \frac{2}{3}a^5 = \frac{31\pi}{192}a^5 = \frac{128 - 31\pi}{192}a^5$$

$$I_Z = \frac{2}{3}a^5 = \frac{5\pi}{32}a^5 = \frac{64 - 15\pi}{96}a^5$$

b) Para calcular el elipsoide central o principal de inercia del sólido, es necesario conocer los momentos de inercia respecto a los ejes con centro en G (c.d.m.).

1. Momentos de inercia geométricos del cilindro respecto a ejes y planos del sistema de referencia $Gx_G y_G z_G$:

$$I_{z_G} = \frac{1}{2} VR^2 = \frac{1}{2} \pi \left(\frac{a}{2}\right)^2 a \left(\frac{a}{2}\right)^2 = \frac{\pi}{32} a^5$$

$$I_{z_G} = \frac{\pi}{32} a^5$$

$$I_{x_G y_G} = I_{xy} - V\left(\frac{a}{2}\right)^2 = \frac{\pi}{12} a^5 + \pi\left(\frac{a}{2}\right)^2 a \left(\frac{a}{2}\right)^2 =$$

$$= \frac{\pi}{12} a^5 - \frac{\pi}{16} a^5 = \frac{\pi}{48} a^5$$

$$I_{x_G y_G} = I_{zy} - V\left(\frac{a}{2}\right)^2 = \frac{5\pi}{64} a^5 - \pi\left(\frac{a}{2}\right)^2 a \left(\frac{a}{2}\right)^2 =$$

$$= \frac{5\pi}{64} a^5 - \frac{\pi}{16} a^5 = \frac{\pi}{64} a^5$$

$$I_{y_G} = I_{x_G y_G} + I_{z_G y_G} = \frac{\pi}{48} a^5 + \frac{\pi}{64} a^5 + \frac{7\pi}{192} a^5$$

$$I_{x_G} = I_{y_G} = \frac{7\pi}{192} a^5$$

Los momentos de inercia geométricos del sólido resultante, al hacer el taladro, respecto del sistema de referencia $Gx_G y_G z_G$, se obtienen, como ya se dijo, restando a los momentos de inercia del cubo los del cilindro.

$$I_{x_G} = I_{Y_G} = \frac{1}{6} a^5 - \frac{7\pi}{192} a^5 = \frac{(32 - 7\pi)}{192} a^5$$

$$I_{z_G} = \frac{1}{6} a^5 - \frac{\pi}{32} a^5 = \frac{(16 - 3\pi)}{96} a^5$$

Para calcular el elipsoide central de inercia (respecto al centro de masas del sólido) tendremos en cuenta que, por simetría, los productos de inercia son nulos. Se tiene por tanto:

$$I_{y_G} x^2 + I_{y_G} y^2 + I_{z_G} z^2 = k^2$$

y, finalmente

$$\frac{(32 - 7\pi)}{192} a^5(x^2 + y^2) + \frac{(16 - 3\pi)}{96} a^5 z^2 = k^2$$

10.5 De la ecuación del elipsoide se obtienen inmediatamente los valores de los momentos de inercia respecto al centro de masas:

$$I_{XG} = Ma^2 \qquad I_{YG} = \frac{Ma^2}{2} \qquad I_{ZG} = \frac{Ma^2}{3}$$

Por aplicación del teorema de Steiner, y teniendo en cuenta que el elipsoide dado tiene su centro en el origen de coordenadas, resultará en el sistema *OXYZ*:

$$I_X = I_{XG} + M(y_p^2 + z_p^2) = Ma^2 + M\left(\frac{a^2}{2} + a^2\right) = \frac{9}{4} Ma^2$$

$$I_y = I_{YG} + M(x_p^2 + z_p^2) = \frac{Ma^2}{2} + M(a^2 + a^2) = \frac{5}{2} Ma^2$$

$$I_Z = I_{ZG} + M(x_p^2 + y_p^2) = \frac{Ma^2}{2} + M\left(a^2 + \frac{a^2}{4}\right) = \frac{19}{12} Ma^2$$

$$P_{XY} = 0 + Mx_p y_p = -M\frac{a^2}{2}$$

$$P_{XY} = 0 + Mx_p z_p = -Ma^2$$

$$P_{YZ} = 0 + My_p z_p = M\frac{a^2}{2}$$

Por tanto:

$$I_\delta = I_X \cos^2\alpha + I_Y \cos^2\beta + I_Z \cos^2\gamma - 2P_{XY}\cos\alpha\cos\beta -$$

$$- 2P_{XZ}\cos\alpha\cos\gamma - 2P_{YZ}\cos\beta\cos\gamma$$

Y puesto que:

$$\cos\alpha = \cos\beta = \cos\gamma$$

y

$$\cos^2\alpha + \cos^2\beta + \cos^2\gamma = 1$$

Se tiene:

$$3\cos^2\alpha = 1$$

o sea:

$$\cos\alpha = \cos\beta = \cos\gamma = \frac{1}{\sqrt{3}}$$

Y el momento de inercia pedido será:

$$I_\delta = Ma^2\frac{9}{4}\frac{1}{3} + Ma^2\frac{5}{2}\frac{1}{3} + Ma^2\frac{19}{12}\frac{1}{3} + 2\frac{Ma^2}{2}\frac{1}{3} +$$

$$+ 2Ma^2\frac{5}{2}\frac{1}{3} - 2\frac{Ma^2}{2}\frac{1}{3} = \frac{25}{9}Ma^2$$

Para que numéricamente sea $I_\delta = M$, ha de ser $a = \dfrac{3}{5}$.

Capítulo 11

DINÁMICA DE LOS SISTEMAS. TEOREMAS FUNDAMENTALES

OBJETIVOS

1. *Definir los conceptos de sistemas discretos y continuos, deformables e indeformables.*
2. *Definir los conceptos de fuerzas interiores y exteriores a un sistema.*
3. *Deducir el teorema de la cantidad de movimiento para sistemas.*
4. *Deducir el teorema del centro de masas.*
5. *Deducir el teorema del momento cinético de un sistema y establecer las consecuencia que se derivan de dicho teorema.*
6. *Deducir el teorema de la energía cinética de un sistema.*
7. *Estudiar los casos particulares del teorema de la energía cinética para sistemas indeformables y existencia de función potencial.*
8. *Obtener las ecuaciones universales del movimiento de un sistema tanto discontinuo como continuo.*
9. *Estudiar el movimiento de un sistema alrededor de su centro de masas, calculando la cantidad de movimiento, el momento cinético y la energía cinética del sistema.*

ESQUEMA-RESUMEN

11.1. Introducción
— Sistemas discretos y continuos, deformables e indeformables
— Fuerzas interiores y exteriores a un sistema

11.2. Cantidad de movimiento de un sistema. Teorema de la cantidad de movimiento

11.3. Teorema del centro de masas

11.4. Momento cinético total de un sistema. Teorema del momento cinético
— Consecuencias

11.5. Energía cinética total de un sistema. Teorema de la energía cinética
— Caso de indeformables
— Caso de que exista función potencial

11.6. Ecuaciones universales del movimiento de un sistema
— Sistemas discontinuos y continuos

11.7. Movimiento de un sistema alrededor de su centro de masas
— Cantidad de movimiento
— Momento cinético
— Energía cinética

11. DINÁMICA DE LOS SISTEMAS. TEOREMAS FUNDAMENTALES

11.1. INTRODUCCIÓN

Se denomina *sistema* a aquella parte del universo limitada por una frontera geométrica arbitraria que es objeto de estudio durante la resolución de un problema determinado. El grado de aproximación requerido en el estudio del movimiento de un sistema determinado es muy variable. Una primera aproximación conduce al concepto de *punto material*. Un punto material es un sistema suficientemente pequeño para que, en la escala de longitudes utilizada para describir su movimiento, sus dimensiones puedan considerarse despreciables. Esta idea física, un tanto vaga, puede concretarse algo más mediante la siguiente definición: punto material es el par ordenado constituido por un punto geométrico y un escalar positivo al que se denomina masa de dicho punto material. Un sistema integrado por un conjunto de puntos materiales recibe el nombre de *sistema material*.

Los sistemas materiales pueden ser *discretos* o *continuos*. Si al rodear a cualquier punto material P de un sistema por una superficie esférica con centro en P y radio δ, la razón entre la masa encerrada en dicha superficie esférica y el volumen que la limita se mantiene finita al hacer que δ sea arbitrariamente pequeño, se dice que el sistema es continuo y en caso contrario que es discreto. Un sistema continuo queda caracterizado al definir, en cada punto, una función $\rho = \rho(xyz)$ llamada *función densi*dad, tal que

$$\rho = \frac{dm}{dv}$$

donde dv es un elemento de volumen que contiene al punto en cuestión y dm es la masa encerrada en dicho elemento. Por otra parte, un sistema discreto queda determinado al dar la masa asociada a cada punto geométrico del dominio en que está contenido el sistema.

La masa total de un sistema vendrá dada por:

$$M = \int_D dv$$

extendida la integral a todo el dominio D considerado, si el sistema es continuo, o bien por:

$$M = \sum_{i=1}^{N} m_i$$

si el sistema es discreto. Cualquier ecuación válida para un sistema discreto tiene su análoga para un sistema continuo, pudiendo deducirse ésta última sin más que sustituir el símbolo sumatorio por el símbolo integral y la masa m_i, asociada a un determinado punto, por el elemento de masa ρdv asociado al mismo. Por este motivo y en lo que resta de capítulo, se harán las deducciones para sistemas discretos, en el entendimiento de que los resultados que se obtengan serán también válidos, con el debido cambio de formulación, para sistemas continuos.

Puede haber masas distribuidas sobre superficies o en el interior de volúmenes. Cuando la masa está contenida en una superficie (fig. 11.1) se define una densidad superficial en cada punto $\sigma = \sigma(u, v)$ siendo u, v las coordenadas de Gauss definidas sobre la superficie S. La masa total será:

$$M = \iint_S \sigma dA$$

extendiendo la integral a todo el dominio, S, considerado.

Cuando la masa la podemos suponer ligada a una cierta línea, se define una densidad lineal $\lambda = \lambda(s)$. Siendo la masa total:

$$M = \int_L \lambda\, ds$$

extendiendo la integral curvilínea a toda la línea L, en la que está localizada la masa (fig. 11.2).

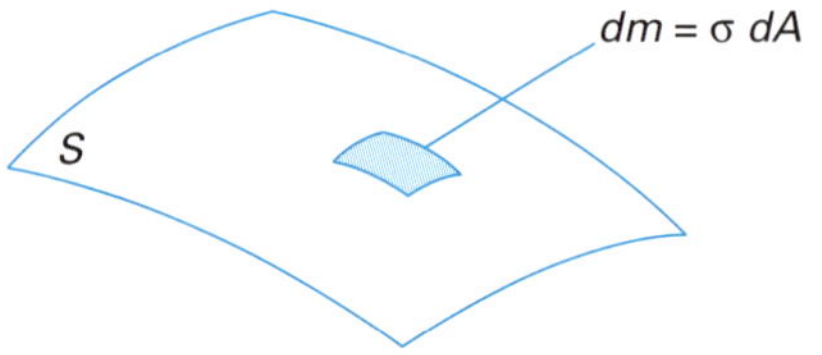

FIGURA 11.1

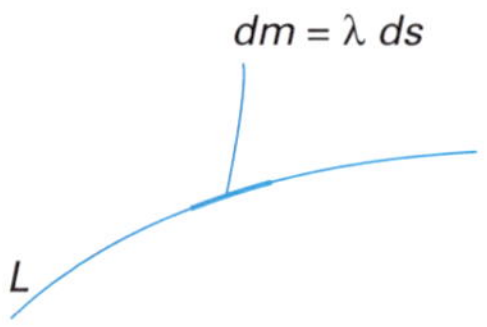

FIGURA 11.2

Los sistemas materiales pueden clasificarse también en *deformables* e *indeformables*. Se dice que un sistema es indeformable cuando la distancia entre dos cualesquiera de sus puntos permanece invariable durante el movimiento. Por lo tanto si P_i y P_j son dos puntos de un sistema indeformable S, se verifica que:

$$d(\text{nor } \overrightarrow{P_iP_j}) = 0 \qquad \forall A_iA_j \in S \qquad [11.1]$$

Como es sabido, un sistema indeformable tiene, en general, seis grados de libertad.

La *Dinámica de Sistemas* es aquella parte de la Mecánica que estudia la relación existente entre el movimiento de un sistema material (que podrá ser discreto o continuo, deformable o indeformable) y las causas de dicho movimiento.

Dado que todo sistema material está formado por puntos materiales y puesto que el movimiento de un punto material es consecuencia de las interacciones de éste con otros puntos materiales, interacciones que pueden representarse por medio de fuerzas, resultará que el movimiento de un sistema material puede describirse también por medio de fuerzas.

Las fuerzas que actúan sobre cada uno de los puntos materiales que integran un sistema como resultado de interacciones entre uno cualquiera de ellos y el exterior del sistema se denominan *fuerzas exteriores*, mientras que las fuerzas que obran sobre cada uno de los puntos materiales del sistema como resultado de interacciones entre el punto material considerado y todos los demás que pertenecen al propio sistema se denominan *fuerzas interiores*.

Como consecuencia de la tercera ley de Newton el conjunto de fuerzas interiores que actúa sobre un sistema material posee resultante y momento resultante nulos. En efecto, sea $\vec{F}_{ij}$ la fuerza que el punto material P_j ejerce sobre el P_i y $\vec{F}_{ji}$ la que el P_i ejerce sobre el P_j.

Según el principio de acción y reacción y considerando únicamente interacciones de tipo gravitatorio:

$$\vec{F}_{ij} + \vec{F}_{ji} = 0$$

$$\vec{F}_{ij} = \lambda_{ij} \, \overrightarrow{P_iP_j}$$

luego, llamando $\vec{F}_{\text{int}}$ a la resultante de las fuerzas interiores y $\vec{\Gamma}_{\text{int}}$ al momento resultante de las mismas respecto a un punto O, se tiene para un sistema de N puntos materiales:

$$\vec{F}_{\text{int}} = \sum_{i=1}^{N} \sum_{j \neq i}^{N-1} \vec{F}_{ij} = \sum_{\text{parejas}}^{N} (\vec{F}_{ij} + \vec{F}_{ji}) = 0$$

y

$$\vec{\Gamma}_{\text{int}} = \sum_{i=1}^{N} \left[\overrightarrow{OP}_i \times \sum_{j \neq i}^{N-1} \vec{F}_{ij} \right] = \sum_{i=1}^{N} \sum_{j \neq i}^{N-1} \overrightarrow{OP}_i \times \vec{F}_{ij} =$$

$$= \sum_{\text{parejas}}^{N} (\overrightarrow{OP}_i \times \vec{F}_{ij} + \overrightarrow{OP}_j \times \vec{F}_{ji}) =$$

$$= \sum_{\text{parejas}}^{N} (\overrightarrow{OP}_i - \overrightarrow{OP}_j) \times \vec{F}_{ij} = \sum_{\text{parejas}}^{N} \vec{F}_{ij} \times \overrightarrow{P_jP_i} =$$

$$= \sum_{\text{parejas}}^{N} \lambda_{ij} \, \overrightarrow{P_jP_i} \times \overrightarrow{P_jP_i} = 0$$

como se quería demostrar.

11.2. CANTIDAD DE MOVIMIENTO DE UN SISTEMA: TEOREMA DE LA CANTIDAD DE MOVIMIENTO

Se denomina cantidad de movimiento, $\vec{p}$, de un sistema a la resultante de las cantidades de movimiento de todos los puntos materiales que integran dicho sistema:

$$\vec{p} = \sum_{i=1}^{N} \vec{p}_i = \sum_{i=1}^{N} m_i \vec{v}_i \qquad [11.2]$$

en donde N es el número de puntos materiales que integran el sistema y $\vec{v}_i$ es la velocidad de cada punto.

Si se designa por $\vec{r}_i$ al vector de posición del punto genérico P_i del sistema material, se tiene:

$$\vec{v}_i = \frac{d\vec{r}_i}{dt}$$

luego, para sistema constituidos por puntos materiales de masa constante, resulta:

$$\vec{p} = \sum_{i=1}^{N} \frac{d(m_i \vec{r}_i)}{dt} = \frac{d}{dt} \sum_{i=1}^{N} m_i \vec{r}_i$$

en virtud del carácter lineal del operador derivada. Habida cuenta de que el último sumatorio representa el momento estático del sistema respecto al origen de vectores de posición, llamando $\vec{r}_G$ al vector de posición del centro de masas del sistema, se tiene:

$$\vec{p} = \frac{d}{dt}(M\vec{r}_G)$$

o sea,

$$\vec{p} = M\frac{d\vec{r}_G}{dt} \qquad [11.3]$$

es decir: **la cantidad de movimiento total de un sistema** *es igual a la cantidad de movimiento de un punto material ficticio cuya masa coincidiera con la masa total del sistema y que ocupara en cada instante la posición del centro de masas de éste.*

Obviamente, para un sistema indeformable es:

$$\vec{p} = M(\vec{v}_i + \vec{\omega} \times \overrightarrow{P_iG}) \qquad [11.4]$$

donde $\{\vec{v}_i, \vec{\omega}\}$ es el grupo cinemático relativo a un punto cualquiera P_i del sistema indeformable.

El teorema de la cantidad de movimiento *establece que la derivada respecto al tiempo de la cantidad de movimiento de un sistema, medida respecto a un sistema de referencia inercial, es igual a la resultante de las fuerzas exteriores que actúan sobre el sistema.* En efecto, llamando $\vec{F}_i$ a la resultante de las fuerzas exteriores que actúan sobre el punto P_i del sistema y $\vec{F}_{ij}$ a la fuerza que el punto P_j ejerce sobre el P_i, al aplicar el teorema de la cantidad de movimiento al punto material P_i se obtiene:

$$\vec{F}_i + \sum_{j \neq 1}^{N-1} \vec{F}_{ij} = \frac{d\vec{p}_i}{dt}$$

Sumando para todos los puntos materiales que integran el sistema:

$$\sum_{i=1}^{N} \vec{F}_i + \sum_{i=1}^{N} \sum_{j \neq 1}^{N-1} \vec{F}_{ij} = \sum_{i=1}^{N} \frac{d\vec{p}_i}{dt}$$

y puesto que el conjunto de fuerzas interiores es equivalente a cero:

$$\sum_{i=1}^{N} \vec{F}_i = \sum_{i=1}^{N} \frac{d\vec{p}_i}{dt}$$

es decir,

$$\sum_{i=1}^{N} \vec{F}_i = \frac{d}{dt} \sum_{i=1}^{N} \vec{p}_i$$

debido al carácter lineal del operador derivada. Por tanto, llamando $\vec{F}$ a la resultante de todas las fuerzas exteriores que actúan sobre el sistema, se llega finalmente a:

$$\boxed{\vec{F} = \frac{d\vec{p}}{dt}} \qquad [11.5]$$

como se quería demostrar.

Como consecuencia inmediata de este teorema se puede afirmar que *la cantidad de movimiento total de un sistema aislado, medida respecto a un sistema de referencia inercial, permanece constante*, entendiéndose por sistema aislado aquel que no interacciona con el exterior.

Si se multiplican escalarmente los dos miembros de la ecuación [11.5] por un vector unitario constante $\vec{u}$, se tiene:

$$\vec{F} \cdot \vec{u} = \left(\frac{d\vec{p}}{dt}\right) \cdot \vec{u}$$

o sea,

$$\vec{F} \cdot \vec{u} = \left(\frac{d}{dt}\right)(\vec{p} \cdot \vec{u}) \qquad [11.6]$$

puesto que por hipótesis es $d\vec{u} = 0$. Esta ecuación permite proyectar el teorema de la cantidad de movimiento sobre un eje arbitrario, siempre que permanezca fijo, y como consecuencia inmediata de la misma se deduce que si la resultante de las fuerzas exteriores que actúan sobre un sistema es permanentemente perpendicular a un eje, fijo respecto a un sistema de referencia inercial, la proyección sobre dicho eje de la cantidad de movimiento total del sistema permanece constante.

11.3. TEOREMA DEL CENTRO DE MASAS

El **teorema del centro de masas** *establece que el centro de gravedad de un sistema se mueve respecto a un sistema de referencia inercial como* *lo haría una partícula cuya masa fuera la total del sistema y sobre la que actuase la resultante de todas las fuerzas exteriores que obran sobre aquél.*

En efecto, derivando con relación al tiempo los dos miembros de la ecuación [11.3], se obtiene:

$$\frac{d\vec{p}}{dt} = M\frac{d\vec{v}_G}{dt}$$

y teniendo en cuenta el teorema de la cantidad de movimiento, ecuación [11.5], se llega finalmente a:

$$\boxed{\vec{F} = M\frac{d\vec{v}_G}{dt}} \qquad [11.7]$$

como se quería demostrar.

Como consecuencia inmediata de este teorema se deduce que, respecto a un sistema de referencia inercial, *el centro de masas de un sistema aislado se mueve en traslación rectilínea y uniforme*.

11.4. MOMENTO CINÉTICO TOTAL DE UN SISTEMA: TEOREMA DEL MOMENTO CINÉTICO

Se denomina **momento cinético total de un sistema**, respecto a un punto O, a la resultante de los momentos cinéticos respecto a O de todos los puntos materiales que integran el sistema.

$$\vec{L}_O = \sum_{i=1}^{N} \vec{r}_i \times \vec{p}_i = \sum_{i=1}^{N} m_i(\vec{r}_i \times \vec{v}_i) \qquad [11.8]$$

El **teorema del momento cinético** *establece que la derivada respecto al tiempo del momento cinético de un sistema respecto a un punto* O, *fijo en un sistema de referencia inercial en el que se mide la cantidad de movimiento del sistema, es igual al momento resultante respecto a dicho punto* O *de todas las fuerzas exteriores que actúan sobre el sistema*.

En efecto, aplicando el teorema del momento cinético a un punto cualquiera P_i del sistema:

$$\vec{r}_i \times \vec{F}_i + \vec{r}_i \times \sum_{j\neq 1}^{N-1} \vec{F}_{ij} = \frac{d}{dt}(\vec{r}_i \times \vec{p}_i)$$

sumando para todos los puntos materiales que integran el sistema:

$$\sum_{i=1}^{N} \vec{r}_i \times \vec{F}_i + \sum_{i=1}^{N}\left(\vec{r}_i \times \sum_{j\neq 1}^{N-1} \vec{F}_{ij}\right) = \sum_{i=1}^{N} \frac{d}{dt}(\vec{r}_i \times \vec{p}_i)$$

y puesto que el conjunto de fuerzas interiores es equivalente a cero:

$$\sum_{i=1}^{N} \vec{r}_i \times \vec{F}_i = \sum_{i=1}^{N} \frac{d}{dt}(\vec{r}_i \times \vec{p}_i)$$

o sea,

$$\sum_{i=1}^{N} \vec{r}_i \times \vec{F}_i = \frac{d}{dt} \sum_{i=1}^{N} \vec{r}_i \times \vec{p}_i$$

debido al carácter lineal del operador derivada. Por tanto, llamando $\vec{\Gamma}_O$ al momento resultante respecto a O de todas las fuerzas exteriores que actúan sobre el sistema, se llega finalmente a:

$$\boxed{\frac{d}{dt}\vec{L}_O = \vec{\Gamma}_O} \qquad [11.9]$$

como se quería demostrar.

Del teorema del momento cinético se pueden obtener dos importantes *consecuencias*:

a) El vector momento cinético de un sistema aislado respecto a cualquier punto fijo en un sistema de referencia inercial permanece constante en módulo, dirección y sentido.

b) Si todas las fuerzas exteriores que actúan sobre un tema pasan permanentemente por un punto fijo en un sistema de referencia inercial, el vector momento cinético del sistema respecto a dicho punto permanece constante en módulo, dirección y sentido.

En cualquiera de los dos casos anteriores la *conservación del momento cinético* del sistema permite escribir tres integrales primeras del movimiento, obtenidas al proyectar el vector momento cinético del sistema sobre tres direcciones del espacio linealmente independientes.

Sea un eje, fijo en un sistema de referencia inercial, definido por una recta δ y un vector unitario $\vec{u}$ que la oriente y O un punto cualquiera de δ. Multiplicando escalarmente por $\vec{u}$ los dos miembros de la ecuación (11.9) se obtiene:

$$\vec{\Gamma}_O \cdot \vec{u} = \left(\frac{d\vec{L}_O}{dt}\right) \cdot \vec{u}$$

o sea,

$$\vec{\Gamma}_O \cdot \vec{u} = \frac{d}{dt}(\vec{L}_O \cdot \vec{u})$$

ya que $d\vec{u} = 0$ por hipótesis. Por tanto, llamando Γ_δ al momento resultante áxico de todas las fuerzas exteriores respecto al eje $\{\delta; \vec{u}\}$ y L_δ al momento cinético áxico del sistema respecto a dicho eje, se tiene:

$$\vec{\Gamma}_\delta = \frac{dL_\delta}{dt} \qquad [11.10]$$

es decir: la derivada respecto al tiempo del momento cinético áxico de un sistema respecto a un eje, fijo en un sistema de referencia inercial, es igual al momento resultante, respecto a dicho eje, de todas las fuerzas exteriores que actúan sobre el sistema

Cuando todas las fuerzas exteriores que actúan sobre un sistema son permanentemente coplanarias con un cierto eje, fijo en un sistema de referencia inercial, el correspondiente momento cinético áxico del sistema permanece constante.

En efecto, la fuerzas que actúan sobre el sistema dan permanentemente, con respecto al eje, un momento áxico nulo $\Gamma_\delta = 0$.

Si esto se verifica, fijándonos en la expresión [11.10] vemos que:

$$\Gamma_\delta = c \qquad [11.11]$$

siendo c una constante escalar.

11.5. ENERGÍA CINÉTICA TOTAL DE UN SISTEMA: TEOREMA DE LA ENERGÍA CINÉTICA

Se denomina energía cinética total, E_c, de un sistema a la suma de las energías cinéticas de todos los puntos materiales que integran el sistema:

$$E_c = \sum_{i=1}^{N} \frac{1}{2} m_i \, \mathrm{nor}\, \vec{v}_i \qquad [11.12]$$

El **teorema de la energía cinética** *establece que la variación entre dos instantes cualesquiera de la energía cinética de un sistema, medida respecto a un sistema de referencia inercial, es igual a la suma de los trabajos realizados por todas las fuerzas exteriores e interiores que actúan sobre el sistema*. En efecto, al aplicar el teorema de la energía cinética a un punto material P_i, cualquiera, del sistema se obtiene:

$$\vec{F}_i \cdot d\vec{r}_i + \left(\sum_{j\neq 1}^{N-1} \vec{F}_{ij}\right) \cdot d\vec{r}_i = d\left(\frac{1}{2} m_i \operatorname{nor} \vec{v}_i\right)$$

y sumando para todos los puntos materiales que integran el sistema:

$$\sum_{i=1}^{N} \vec{F}_i \cdot d\vec{r}_i + \sum_{i=1}^{N} \sum_{j\neq i}^{N-1} \vec{F}_{ij} \cdot d\vec{r}_i = \sum_{i=1}^{N} d\left(\frac{1}{2} m_i \operatorname{nor} \vec{v}_i\right)$$

Teniendo en cuenta el carácter lineal del operador diferencial:

$$\sum_{i=1}^{N} \vec{F}_i \cdot d\vec{r}_i + \sum_{i=1}^{N} \sum_{j\neq i}^{N-1} \vec{F}_{ij} \cdot d\vec{r}_i = \sum_{i=1}^{N} d\left(\sum_{i=1}^{N} \frac{1}{2} m_i \operatorname{nor} \vec{v}_i\right)$$

de donde

$$\sum_{i=1}^{N} \vec{F}_i \cdot d\vec{r}_i + \sum_{i=1}^{N} \sum_{j\neq i}^{N-1} \vec{F}_{ij} \cdot d\vec{r}_i = d\,E_c$$

Por tanto llamando dT_{ext} al trabajo elemental desarrollado por las fuerzas exteriores y dT_{int} al desarrollado por las fuerzas interiores, se llega finalmente a:

$$dT_{\text{ext}} + dT_{\text{int}} = dE_c \qquad [11.13]$$

expresión que, integrando entre dos instantes cualesquiera, se puede escribir en forma finita:

$$T_{\text{ext}} + T_{\text{int}} = \Delta E_c \qquad [11.14]$$

como se quería demostrar.

11.5.1. Caso de sistemas indeformables

El conjunto de fuerzas interiores a un sistema indeformable realiza un trabajo total nulo en cualquier desplazamiento de éste.

Es decir:

$$dT_{\text{int}} = 0$$

y por lo tanto:

$$dE_c = dT_{\text{ext}}$$

Demostración: Supongamos que los puntos P_i y P_j (fig. 11.3) pertenecen a un sistema indeformable y que ejercen entre sí las siguientes fuerzas:

$$\vec{F}_{ij} = \text{Fuerza que sobre } P_i \text{ ejerce } P_j$$

$$\vec{F}_{ji} = \text{Fuerza que sobre } P_j \text{ ejerce } P_i$$

Calculemos el trabajo elemental de estas fuerzas en dos desplazamientos $d\vec{r}_i$ y $d\vec{r}_j$:

$$dT_i = \vec{F}_{ij} \cdot d\vec{r}_i$$

y

$$dT_j = \vec{F}_{ji} \cdot d\vec{r}_j$$

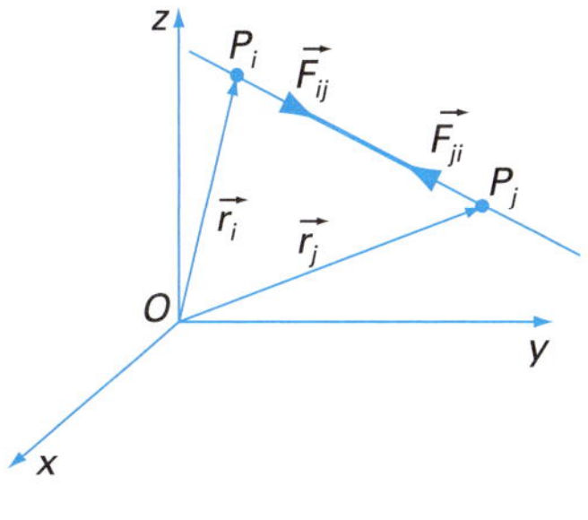

FIGURA 11.3

Por el principio de acción y reacción:

$$\vec{F}_{ji} = -\vec{F}_{ij}$$

El trabajo total elemental será:

$$dT_i + dT_j = \vec{F}_{ij} \cdot d\vec{r}_i + \vec{F}_{ji} \cdot d\vec{r}_j = \vec{F}_{ij} \cdot d\vec{r}_i - \vec{F}_{ij} \cdot d\vec{r}_j$$

o sea,

$$dT_i + dT_j = \vec{F}_{ij} \cdot (d\vec{r}_i - d\vec{r}_j) = \vec{F}_{ij} \cdot d\overrightarrow{P_jP_i}$$

Y siendo además la fuerza $\vec{F}_{ij}$ colineal con $\overrightarrow{P_iP_j}$:

$$\vec{F}_{ij} = -\lambda\overrightarrow{P_jP_i}$$

y sustituyendo en la expresión anterior:

$$dT_i + dT_j = -\lambda\overrightarrow{P_jP_i} \cdot d\overrightarrow{P_jP_i}$$

Si tenemos en cuenta la definición de sistema indeformable:

$$\frac{d(\text{nor } \overrightarrow{P_jP_i})}{dt} = 0$$

es decir:

$$2\overrightarrow{P_jP_i} \cdot \frac{d\overrightarrow{P_jP_i}}{dt} = 0$$

o sea,

$$\overrightarrow{P_jP_i} \cdot d\overrightarrow{P_jP_i} = 0$$

y resulta:

$$dT_i + dT_j = 0$$

Se observa que el trabajo de las dos fuerzas es nulo pero sin embargo el movimiento elemental del punto P_i no coincidirá con el movimiento elemental del punto P_j y por consiguiente, en general, en un sistema indeformable:

$$d\vec{r}_i \neq d\vec{r}_j$$

ya que cuando estos dos diferenciales son iguales para dos puntos cualesquiera, P_i y P_j, el movimiento del sistema es una traslación.

Como consecuencia de la anulación del trabajo de las fuerzas interiores de un sistema indeformable, el teorema de la energía cinética queda, en este caso, reducido a:

$$dT_{\text{ext}} = dE_c \qquad [11.15]$$

o bien, en forma finita, a:

$$T_{\text{ext}} = \Delta E_c \qquad [11.16]$$

Al enunciado del teorema de la energía cinética expresado en el apartado anterior le podemos añadir que si el sistema es indeformable el trabajo total de las fuerzas interiores es nulo.

Si consideramos el teorema de la energía cinética y lo extendemos a intervalos finitos de tiempo entre t_0 y t resulta:

$$\int_{v_0}^{v_i} d\sum_{i=1}^{N}\left(\frac{1}{2}\, m_i \operatorname{nor} \vec{v}_i\right) = \int_{t_0}^{t}(dT_{\text{ext}} + dT_{\text{int}}) \qquad [11.17]$$

o bien:

$$\sum_{i=1}^{N}\frac{1}{2}\, m_i \operatorname{nor} \vec{v}_i - \sum_{i=1}^{N}\frac{1}{2}\, m_i \operatorname{nor} \vec{v}_{io} = T_{\text{ext}} + T_{\text{int}} \qquad [11.18]$$

y que puede enunciarse diciendo: *En un intervalo de tiempo finito, la diferencia de la energía cinética del sistema entre el instante final y el instante inicial es igual a la suma del trabajo total realizado por las fuerzas exteriores e interiores a lo largo de dicho intervalo de tiempo*. Si el sistema es indeformable el trabajo de las fuerzas interiores es nulo.

11.5.2. Caso de que exista función potencial

Según hemos visto para un sistema material:

$$dE_c = (\vec{F}_{\text{int}} + \vec{F}_{\text{ext}}) \cdot d\vec{r}_i \qquad [11.19]$$

si la suma de las fuerzas conservativas que actúan sobre un determinado punto y del sistema deriva de un potencial.

$$\vec{F}_{i,\,\text{int}} + \vec{F}_{i,\,\text{ext}} = -\overrightarrow{\text{grad}}\, U_i$$

y sustituyendo esta última expresión en (11.19):

$$dE_c = -\sum_{i=1}^{N}(\overrightarrow{\text{grad}}\, U_i) \cdot d\vec{r}_i = -\sum_{i=1}^{N} dU_i$$

o lo que es igual:

$$d(E_c + \sum_{i=1}^{N} \vec{U}_i) = 0$$

entendiendo que el campo U del cual derivan las fuerzas es único pero su gradiente está particularizado para cada uno de los puntos y del sistema.

Integrando la última expresión:

$$E_c + \sum_{i=1}^{N} U_i = \text{cte} = E_{co} + \sum_{i=1}^{N} U_{io}$$

siendo E_{co} y $\sum_{i=1}^{N} U_{io}$ la energía cinética en el instante inicial y la energía potencial del sistema en el mismo instante, respectivamente. Resaltemos que $\sum_{i=1}^{N} U_i$ es la suma de los valores que toma el potencial en cada uno de los puntos del espacio en los que existe un punto material del sistema.

11.6. ECUACIONES UNIVERSALES DEL MOVIMIENTO DE UN SISTEMA

La aplicación del teorema de la cantidad de movimiento o, lo que es equivalente, la del teorema del centro de masas, permite escribir una ecuación vectorial, y por tanto tres escalares, entre las coordenadas de posición del sistema y el conjunto de fuerzas que actúa sobre éste. La aplicación del teorema del momento cinético permite encontrar análogamente una segunda ecuación vectorial o bien tres nuevas ecuaciones escalares y, finalmente, la aplicación del teorema de la energía cinética proporciona otra ecuación escalar. Según esto se dispone de un máximo de siete ecuaciones escalares para determinar el movimiento de un sistema material, las cuales reciben el nombre de ecuaciones universales del movimiento del sistema.

En las seis primeras ecuaciones intervienen exclusivamente las fuerzas exteriores al sistema, en tanto que en la última, salvo que se trate de un sistema indeformable, intervienen también las fuerzas interiores. En virtud del principio de relatividad de Galileo, la aplicación de las siete ecuaciones universales del movimiento a un sistema material cualquiera da resultados invariantes respecto al sistema de referencia empleado, con tal de que éste sea inercial.

En resumen las ecuaciones de que disponemos en dinámica para resolver los problemas que se nos plantean son las que proporcionan el teorema de la cantidad de movimiento (tres ecuaciones, ya que tienen carácter vectorial); el teorema del momento cinético (otras tres ecuaciones, por su carácter igualmente vectorial), y, por último, el teorema de la energía cinética (una ecuación).

Es decir:

Para sistemas discretos:

(3 ecuaciones) $$\frac{d}{dt}\sum_{i=1}^{N} m_i \vec{v}_i = \vec{F}$$

(3 ecuaciones) $$\frac{d}{dt}\sum_{i=1}^{N} \vec{r}_i \times m_i \vec{v}_i = \vec{\Gamma}_o$$

(1 ecuación) $$d\left(\sum_{i=1}^{N} \frac{1}{2} m_i \operatorname{nor} \vec{v}_i\right) = dT_{\text{int}} + dT_{\text{ext}}$$

Para sistemas continuos:

(3 ecuaciones) $$\frac{d}{dt}\iiint \vec{v}\, dm = \vec{F}$$

(3 ecuaciones) $$\frac{d}{dt}\iiint \vec{r} \times \vec{v}\, dm = \vec{\Gamma}_o$$

(1 ecuación) $$d\iiint \frac{1}{2} \operatorname{nor} \vec{v}\, dm = dT_{\text{ext}} + dT_{\text{int}}$$

11.7. MOVIMIENTO DE UN SISTEMA ALREDEDOR DE SU CENTRO DE MASAS

Sea *OXYZ* un sistema de coordenadas cartesianas vinculado a un observador inercial y $\{P_i; m_i\}$ un sistema material integrado por N puntos y cuyo centro de masas se encuentra en un cierto punto G del espacio. Si se vinculan a G unos ejes que en todo momento se mantengan paralelos a los correspondientes del sistema de referencia inercial se obtiene uno nuevo *GXYZ* que se mueve respecto al primero en traslación y que constituye el llamado *sistema de referencia del centro de masas*.

Puesto que el centro de masas de un sistema material posee en general aceleración, el sistema de referencia vinculado a éste normalmente no es inercial. Sin embargo y debido a las especiales propiedades del centro de masas, algunos de los teoremas enunciados anteriormente pueden aplicarse en el sistema de referencia del centro de masas como si de uno inercial se tratara.

11.7.1. Cantidad de movimiento

Sea $\vec{p}\,^*$ la cantidad de movimiento total del sistema medida por un observador vinculado al centro de masas de aquél y sea $\vec{r}_i^{\,*} = \overrightarrow{GA}_i$ el vector de posición de un punto genérico respecto a éste sistema de referencia.

Se tiene

$$\vec{p}\,^* = \sum_{i=1}^{N} m_i \frac{d\vec{r}_i^{\,*}}{dt} = \frac{d}{dt} \sum_{i=1}^{N} m_i \vec{r}_i \qquad [11.20]$$

pero el sumatorio del último miembro es el momento estático del sistema respecto a su centro de masas y por tanto es nulo, luego:

$$\vec{p}\,^* = 0 \qquad [11.21]$$

La cantidad de movimiento total de cualquier sistema, medida por un observador vinculado al centro de masas, es permanentemente nula y por ello el teorema de la cantidad de movimiento no es aplicable en el sistema de referencia del centro de masas. Este resultado se conoce como el *teorema del centro de masas*.

11.7.2. Momento cinético

Sea $\vec{L}_G^*$ el momento cinético total del sistema, medido por un observador vinculado al centro de masas G. Se tiene:

$$\vec{L}_O = \sum_{i=1}^{N} \vec{r}_i \times \vec{p}_i = \sum_{i=1}^{N} (\vec{r}_G + \vec{r}_i^{\,*}) \times \vec{p}_i = \sum_{i=1}^{N} (\vec{r}_G \times \vec{p}_i + \vec{r}_i^{\,*} \times \vec{p}_i) =$$

$$= \vec{r}_G \times \sum_{i=1}^{N} \vec{p}_i + \sum_{i=1}^{N} \vec{r}_i^{\,*} \times \vec{p}_i = \vec{r}_G \times \vec{p} + \sum_{i=1}^{N} \vec{r}_i^{\,*} \times m_i \frac{d}{dt}(\vec{r}_G + \vec{r}_i^{\,*}) =$$

$$= \vec{r}_G \times \vec{p} + \left(\sum_{\mathrm{i}=1}^{N} m_i \vec{r}_i^{\,*}\right) \times \frac{d\vec{r}_G}{dt} + \sum_{\mathrm{i}=1}^{N} \vec{r}_i^{\,*} \times m_i \frac{d\vec{r}_i^{\,*}}{dt} = \vec{r}_G \times \vec{p} = \vec{L}_G^*$$

y teniendo en cuenta que el momento estático respecto al centro de masas es nulo y la expresión de la cantidad de movimiento total del sistema (ecuación 11.3) se llega finalmente a:

$$\boxed{\vec{L}_O = \vec{r}_G \times M\vec{v}_G + \vec{L}_G^*} \qquad [11.22]$$

que es la expresión del **primer teorema de Koenig**: *el momento cinético total de un sistema es suma del momento cinético de la masa total del mismo, supuesta concentrada en su centro de masas y moviéndose con la velocidad de éste, y del momento cinético del sistema correspondiente a su movimiento alrededor de aquél.*

El término $\vec{L}_G^*$, correspondiente al movimiento de un sistema material alrededor de su centro de masas, resulta ser independiente de cualquier sistema de referencia y por este motivo se le denomina *momento cinético intrínseco o spín* del sistema.

Por otra parte, según el teorema del momento cinético:

$$\frac{d}{dt}\vec{L}_O = \vec{\Gamma}_O$$

y puesto que derivando en [11.22]:

$$\frac{d\vec{L}_O}{dt} = \vec{r}_G \times M\frac{d\vec{v}_G}{dt} + \frac{d\vec{r}_G}{dt} \times M\vec{v}_G + \dot{\vec{L}}_G^* = \vec{r}_G \times M\dot{\vec{v}}_G + \dot{\vec{L}}_G^*$$

teniendo en cuenta la ecuación [11.7], que expresa el teorema del centro de masas, se tiene:

$$\vec{r}_G \times \vec{F} + \dot{\vec{L}}_G^* = \vec{\Gamma}_O$$

Recordando que:

$$\vec{\Gamma}_G = \vec{\Gamma}_O - \vec{r}_G \times \vec{F}$$

se llega finalmente a:

$$\vec{\Gamma}_G = \frac{d\vec{L}_G^*}{dt}$$

ecuación que expresa la posibilidad de aplicar formalmente el teorema del momento cinético en el sistema de referencia del centro de masas como si se tratara de uno inercial.

11.7.3. Energía cinética

Sea E_C^* la energía cinética total del sistema, medida por un observador vinculado al centro de masas G. Se tiene:

$$E_c = \sum_{i=1}^{N} \frac{1}{2} m_i \operatorname{nor} \frac{d\vec{r}_i}{dt} =$$

$$= \sum_{i=1}^{N} \frac{1}{2} m_i \operatorname{nor} \frac{d}{dt} (\vec{r}_G + \vec{r}_i^{\,*}) = \sum_{i=1}^{N} \frac{1}{2} m_i \operatorname{nor} (\vec{v}_G + \vec{v}_i^{\,*}) =$$

$$= \sum_{i=1}^{N} \frac{1}{2} m_i (\operatorname{nor} \vec{v}_G + 2\vec{v}_G \cdot \vec{v}_i^{\,*} + \operatorname{nor} \vec{v}_i^{\,*}) =$$

$$= \frac{1}{2} M \operatorname{nor} \vec{v}_G + \vec{v}_G \cdot \sum_{i=1}^{N} m_i \vec{v}_i^{\,*} + \sum_{i=1}^{N} \frac{1}{2} m_i \operatorname{nor} \vec{v}_i^{\,*} =$$

$$= \frac{1}{2} M \operatorname{nor} \vec{v}_G + \vec{v}_G \cdot \vec{p}^{\,*} + E_c^*$$

y, teniendo en cuenta que $\vec{p}^{\,*} = 0$, el segundo término se anula y queda:

$$\boxed{E_c = \frac{1}{2} M \operatorname{nor} \vec{v}_G + E_c^*} \qquad [11.23]$$

que es la expresión analítica del **segundo teorema de Koenig**: *la energía cinética total de un sistema es suma de la energía cinética de la masa total del mismo, supuesta concentrada en su centro de masas y moviéndose con la velocidad de éste, y de la energía cinética del sistema correspondiente a su movimiento alrededor de aquél.*

El término E_C^* correspondiente al movimiento de un sistema material alrededor de su centro de masas resulta ser independiente de cualquier sistema de referencia y se denomina *energía cinética interna* del sistema, en tanto que el término $\frac{1}{2} M \operatorname{nor} \vec{v}_G$, que depende del sistema de referencia escogido, se denomina *energía cinética externa* del mismo.

Por otra parte, según el teorema de la energía cinética:

$$\sum_{i=1}^{N} \vec{F}_i \cdot d\vec{r}_i + \sum_{i=1}^{N} \sum_{j\neq 1}^{N-1} \vec{F}_{ij} \cdot d\vec{r}_i = dE_c \qquad [11.24]$$

o sea:

$$\sum_{i=1}^{N} (\vec{F}_i + \sum_{j\neq 1}^{N-1} \vec{F}_{ij}) \cdot d\vec{r}_i = dE_c$$

Teniendo en cuenta el segundo teorema de Koenig, el segundo término se puede escribir como

$$dE_c = d\left(\frac{1}{2} M \text{ nor } \vec{v}_G\right) + dE_c^* =$$

$$= M\,\vec{v}_G \cdot d\vec{v}_G + dE_c^* = M\frac{d\vec{r}_G}{dt} \cdot d\vec{v}_G + dE_c^* =$$

$$= M\frac{d\vec{v}_G}{dt} \cdot d\vec{r}_G + dE_c^* = \left(\sum_{i=1}^{N} \vec{F}_i\right) \cdot d\vec{r}_G + dE_c^* \qquad [11.25]$$

y como

$$\sum_{i=1}^{N} \sum_{j\neq 1}^{N-1} \vec{F}_{ij} = 0$$

el segundo miembro de la ecuación [11.24] se puede escribir, teniendo en cuenta [11.25], en la forma:

$$\sum_{i=1}^{N} \left(\vec{F}_i + \sum_{j\neq 1}^{N-1} \vec{F}_{ij}\right) \cdot d\vec{r}_i = \sum_{i=1}^{N} \left(\vec{F}_i + \sum_{j\neq 1}^{N-1} \vec{F}_{ij}\right) \cdot d\vec{r}_G + dE_c^*$$

de donde,

$$\sum_{i=1}^{N} \left(\vec{F}_i + \sum_{j\neq 1}^{N-1} \vec{F}_{ij}\right) \cdot d(\vec{r}_i - \vec{r}_G) = dE_c^*$$

y recordando que $\vec{r}_i = \vec{r}_i^{\,*} + \vec{r}_G$ queda,

$$\sum_{i=1}^{N} \left(\vec{F}_i + \sum_{j\neq 1}^{N-1} \vec{F}_{ij}\right) \cdot d\vec{r}_i^{\,*} = dE_c^*$$

y finalmente:

$$d\,T_{\text{ext}}^* + d\,T_{\text{int}}^* = dE_c^*$$

ecuación que expresa la posibilidad de aplicar formalmente el teorema de la energía cinética en el sistema de referencia del centro de masas como si de uno inercial se tratara.

La aplicación del teorema del centro de masas y de los teoremas del momento cinético y de la energía cinética en un sistema de referencia vinculado a éste permiten estudiar el movimiento de cualquier sistema material como superposición del movimiento de su centro de masas, problema que pertenece realmente a la Dinámica del Punto, y del movimiento del sistema alrededor de aquél. Este es el motivo que justifica el énfasis que se pone en la determinación del movimiento de un sólido rígido con un punto fijo en todos los tratados de Mecánica, ya que la resolución de este problema permite determinar el movimiento más general de un sólido rígido.

EJERCICIOS

11.1 Un hilo perfectamente flexible de longitud L y masa por unidad de longitud μ, está situado sobre una mesa horizontal que tiene un orificio a través del cual puede deslizar libremente.

Determinar:

a) La velocidad con la que desciende el hilo en el instante en el que cuelga una longitud x de hilo.

b) Aceleración del hilo.

11.2 Un disco de radio R y masa M sube por un plano inclinado un ángulo φ con la horizontal, debido a la acción de una fuerza constante F paralela al plano inclinado. Si rueda sin deslizar, determinar:

1. Aceleración del centro de masas.
2. Aceleración angular del disco.
3. Mínimo valor del coeficiente de rozamiento con el plano μ_0 compatible con dicho movimiento de rodadura.

11.3 Un sistema está formado por dos bolas A y B de masa m, cuyos radios son despreciables frente a la longitud L de la varilla AB que las une, cuyo peso se considera nulo. Las bolas A y B están permanentemente en contacto con una pared vertical y un suelo horizontal, respectivamente, ambos sin rozamiento. Llámese α al menor ángulo que forma la varilla AB con la pared.

a) Calcular, en función de α y $\dot{\alpha}$, la energía cinética del sistema respecto al sistema de referencia formado por el suelo y la pared, que se supone inercial.

b) Calcular dicha energía respecto a un sistema vinculado al centro de masas.

11.4 Una varilla uniforme de masa M y longitud $2L$ desliza sin rozamiento apoyándose en el suelo y en una pared vertical. En función del ángulo φ que la varilla forma con la pared, calcular:

a) Aceleración angular de la varilla.

b) Velocidad angular.

c) Reacciones de la pared y el suelo durante el movimiento.

11.5 En el interior de un cilindro hueco, fijo, de radio R, que se encuentra situado en posición horizontal, hay otro cilindro macizo de radio r ($r < R$) y masa m, en contacto con él. Al desplazar ligeramente este cilindro de su posición de equilibrio sobre la superficie interior del cilindro hueco comienza a oscilar. Se supondrá que rueda sin deslizar. Calcular:

a) Energía cinética total del cilindro, en función del ángulo que forma con la vertical la línea que une los ejes de los dos cilindros, si se aparta inicialmente un ángulo φ_o.

b) Frecuencia de las pequeñas oscilaciones del cilindro.

SOLUCIONES DE LOS EJERCICIOS

11.1

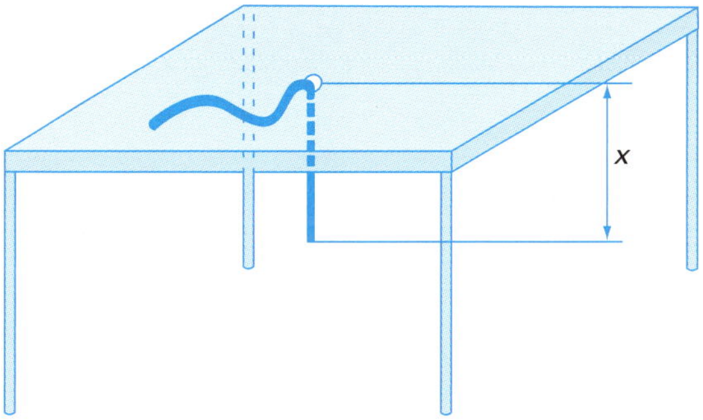

FIGURA 11.4

En una posición cualquiera, en la que la longitud del hilo que cuelga es x, su velocidad es $v = \dfrac{dx}{dt}$. La fuerza que actúa es el peso del trozo del hilo que cuelga.

La variación de la cantidad de movimiento correspondiente a un tiempo dt se emplea en incrementar la velocidad v del hilo que cuelga y en hacer pasar de cero a v la velocidad del elemento que se incorpora al movimiento, cuya longitud es dx, es decir

$$\mu(x + dx)(v + dv) - \mu xv = \mu(x + dx)g\,dt$$

o sea

$$\mu x\,dx + \mu v\,dx = \mu xg\,dt$$

y como $v = \dfrac{dx}{dt}$, sustituimos dt para dejar como incógnitas v y x.

$$v(xdv + v)\,dx = gx\,dx$$

multiplicando todo por x

$$x^2vdv + v^2xdx = gx^2dx$$

o sea

$$d\left(\frac{x^2v^2}{2}\right) = gx^2dx$$

Integrando con las condiciones iniciales, para $t = 0$, $x = 0$, $v = 0$, resulta

$$\frac{x^2v^2}{2} = g\frac{x^3}{3}$$

es decir

$$v^2 = \frac{2}{3}gx$$

o sea

$$x = \frac{1}{2}\frac{3}{g}v^2$$

El hilo desciende con movimiento uniformemente acelerado con aceleración

$$a = \frac{g}{3}$$

11.2

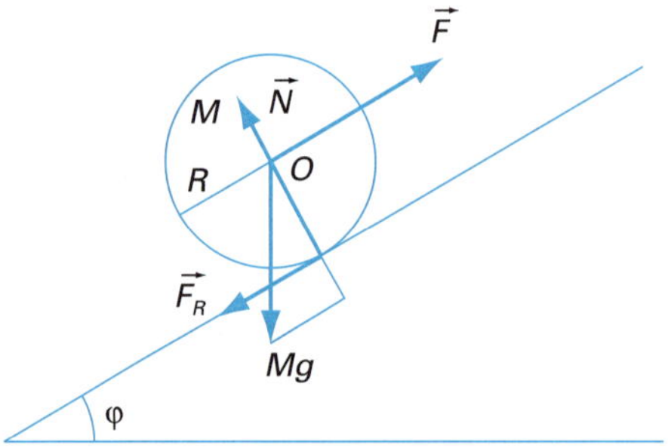

FIGURA 11.5

Teorema del centro de masas:

$$F - mg \operatorname{sen} \varphi - F_R = ma$$
$$N - mg \cos \varphi = 0 \qquad [11.26]$$

Teorema del momento cinético:

$$\frac{d\vec{L}_O}{dt} = \vec{\Gamma}_O$$

Momento cinético:

$$\vec{L}_O = \int \vec{r} \times \vec{v} dm = \int \vec{r} \times (\vec{\omega} \times \vec{r}) dm$$

Puesto que el disco se mueve siempre en el mismo plano, se trata de un movimiento plano y se tiene:

$$\vec{L}_O = \vec{k}\omega \int r^2 \, dm = I_O \omega \vec{k}$$

y como

$$\vec{\Gamma}_O = F_R R \vec{k}$$

resulta, derivando respecto al tiempo y llamando $\alpha = \dfrac{d\omega}{dt}$:

$$I_O \alpha = F_R R$$

y como

$$I_O = \frac{1}{2} m R^2$$

queda

$$F_R = \frac{I_O \alpha}{R} = \frac{\frac{1}{2} m R^2 \alpha}{R}$$

Dado que se trata de una rodadura sin deslizamiento, el c.i.r. es el punto de contacto con el plano y se tiene que,

$$a = R\alpha$$

por lo que

$$F_R = \frac{I_O \alpha}{R} = \frac{\frac{1}{2} m R^2 \alpha}{R} = \frac{1}{2} m R^2 \alpha$$

y la ecuación [11.25] queda en la forma

$$F - mg \operatorname{sen} \varphi - F_R = mR\alpha$$

Sustituyendo en esta última F_R, resulta

$$F - mg \operatorname{sen} \varphi - \frac{1}{2} m R^2 \alpha = mR\alpha$$

de donde

$$\alpha = \frac{2(F - mg \text{ sen } \varphi)}{3mR}$$

y

$$a = \frac{2}{3m} (F - mg \text{ sen } \varphi)$$

Puesto que

$$N = mg \cos \varphi$$

y, además,

$$F_R = \frac{1}{2} MR\alpha = \frac{1}{2} mR \frac{2}{3mR} (F - mg \text{ sen } \varphi) = \frac{1}{3} (F - mg \text{ sen } \varphi)$$

como

$$|F_R| \leq \mu N$$

resulta que

$$\mu \geq \frac{|F_R|}{N}$$

es decir

$$\mu \geq \frac{\frac{1}{3} (F - mg \text{ sen } \varphi)}{mg \cos \varphi} = \frac{F - mg \text{ sen } \varphi}{3mg \cos \varphi}$$

Puesto que el disco sube

$$F > mg \text{ sen } \varphi$$

y el mínimo valor de μ, es

$$\mu_0 = \frac{F - mg \text{ sen } \varphi}{3 \, mg \cos \varphi}$$

11.3

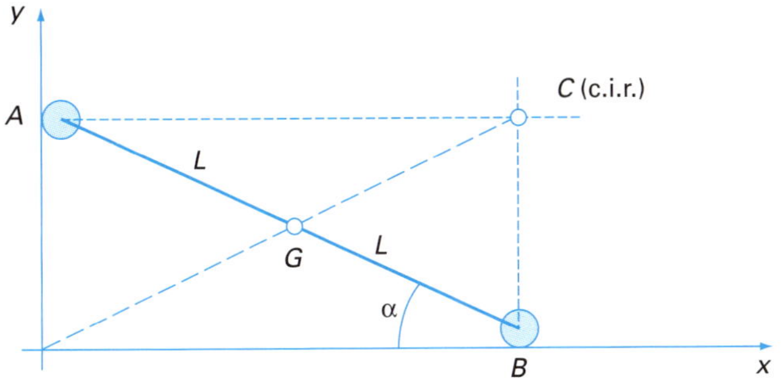

FIGURA 11.6

a) La energía cinética del sistema se puede obtener por la expresión:

$$E_C = \frac{1}{2} I_{C.I.R.}\, \omega^2 = \frac{1}{2}(I_G + 2m\overrightarrow{GC}^2)(\dot{\alpha})^2$$

siendo

$$I_G = 2m\left(\frac{L}{2}\right)^2 = \frac{1}{2}mL^2$$

luego

$$E_C = \frac{1}{2}\left(\frac{mL^2}{2} + 2m\,\frac{L^2}{4}\right)(\dot{\alpha})^2 = \frac{1}{2}mL^2(\dot{\alpha})^2$$

o sea

$$\boxed{E_C = \frac{1}{2}mL^2(\dot{\alpha})^2}$$

También se puede calcular como suma de las energías cinéticas de las bolas A y B:

$$E_{CA} = \frac{1}{2}mV_A^2 = \frac{1}{2}m(\dot{y})^2 \qquad E_{CB} = \frac{1}{2}mV_B^2 = \frac{1}{2}m(\dot{x})^2$$

Como

$$x = L \cos \alpha \qquad y = L \operatorname{sen} \alpha$$

resulta

$$\dot{x} = -L \operatorname{sen} \alpha\, \dot{\alpha} \qquad \dot{y} = L \cos \alpha\, \dot{\alpha}$$

De donde

$$E_C = E_{CA} + E_{CB} = \frac{1}{2} m\,(\dot{x}^2 + \dot{y}^2) = \frac{1}{2} m(\dot{\alpha})^2 L^2 (\operatorname{sen}^2 \alpha + \cos^2 \alpha)$$

o sea

$$\boxed{E_C = \frac{1}{2} mL^2(\dot{\alpha})^2}$$

b) Se calcula aplicando el teorema de Koenig:

$$E_C = E^*_{CG} + \frac{1}{2} MV_G^2$$

Energía cinética en el movimiento de rotación alrededor del centro de masas:

$$E^*_{CG} = \frac{1}{2} m\left(\dot{\alpha}\frac{L}{2}\right)^2 + \frac{1}{2} m\left(\dot{\alpha}\frac{L}{2}\right)^2 = \frac{1}{4} m\dot{\alpha}^2 L^2$$

o sea

$$E_C = \frac{1}{4} m\dot{\alpha}^2 L^2 + \frac{1}{2} 2m\left(\dot{\alpha}\frac{L}{2}\right)^2 = \frac{1}{4} m\dot{\alpha}^2 L^2 + \frac{1}{4} m\dot{\alpha}^2 L^2 = \frac{1}{2} m\dot{\alpha}^2 L^2$$

y finalmente

$$\boxed{E_C = \frac{1}{2} m\dot{\alpha}^2 L^2}$$

11.4

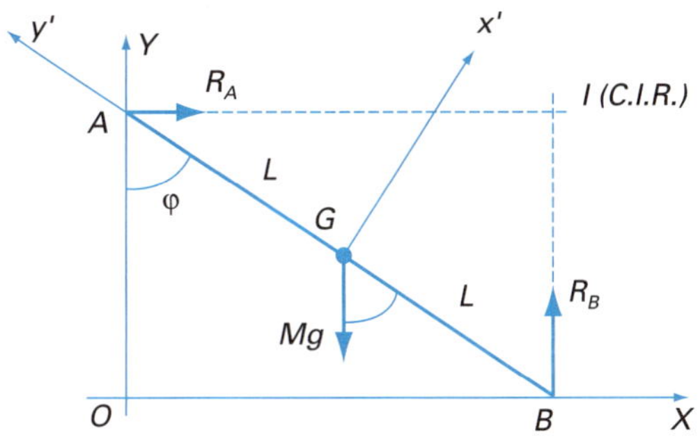

FIGURA 11.7

Supondremos el sistema *OXY* fijo, es decir, inercial. Sean *Gx'y'* los ejes móviles vinculados a la varilla con origen en el centro de masas *G*.

Aplicando el primer teorema de Koenig, se tiene:

$$\vec{L}_O = \vec{L}_G^* + \vec{OG} \times M\vec{V}_G$$

y a partir de aquí derivando y teniendo en cuenta que

$$\vec{V}_G = \vec{\omega} \times \vec{OG}$$

resulta

$$\frac{d\vec{L}_G^*}{dt} = \vec{\Gamma}_G^* \qquad [11.26]$$

que junto con la ecuación del teorema del centro de masas

$$M\vec{a}_G = \vec{R} \qquad [11.27]$$

resuelven el problema.

Al tratarse de un movimiento plano, $\vec{\omega} = \dot{\varphi}\vec{k}$. Si multiplicamos la ecuación [11.26] escalarmente por $\vec{k}$ (vector unitario perpendicular al plano del movimiento), resulta:

$$\frac{dL_{GZ}^*}{dt} = \Gamma_{GZ}^*$$

y puesto que $L_{GZ}^* = I_{GZ}\,\omega$, se tiene

$$I_{GZ}\frac{d\omega}{dt} = \Gamma^*_{GZ}$$

o sea,

$$I_{GZ}\ddot{\varphi} = \Gamma^*_{GZ}$$

y como:

$$I_{GZ} = \frac{1}{12}M(2L)^2 \quad \text{y} \quad \Gamma^*_{GZ} = -R_A L \cos\varphi + R_B L \operatorname{sen}\varphi$$

queda

$$\frac{1}{12}M4L^2\ddot{\varphi} = L(-R_A \cos\varphi + R_B \operatorname{sen}\varphi)$$

de donde

$$\ddot{\varphi} = \frac{3}{ML}(-R_A \cos\varphi + R_B \operatorname{sen}\varphi) \qquad [11.28]$$

y a partir de la ecuación [11.27], en los ejes fijos *OXYZ*, se tiene:

$$M\ddot{x}_G = R_A$$
$$M\ddot{y}_G = R_B - Mg$$

y puesto que

$$x_G = L \operatorname{sen}\varphi; \qquad y_G = L\cos\varphi$$

derivando dos veces respecto al tiempo, se tiene:

$$\dot{x}_G = L\cos\varphi\,\dot{\varphi}; \quad \dot{y}_G = -L\operatorname{sen}\varphi\,\dot{\varphi}$$
$$\ddot{x}_G = -L\operatorname{sen}\varphi\,\dot{\varphi}^2 + L\cos\varphi\,\ddot{\varphi}; \quad \ddot{y}_G = -L\cos\varphi\,\dot{\varphi}^2 - L\operatorname{sen}\varphi\,\ddot{\varphi}$$

por lo que

$$\begin{aligned} R_A &= M[-L\operatorname{sen}\varphi\,\dot{\varphi}^2 + L\cos\varphi\,\ddot{\varphi}] \\ R_B &= -M[L\cos\varphi\,\dot{\varphi}^2 + L\operatorname{sen}\varphi\,\ddot{\varphi}] + Mg \end{aligned} \qquad [11.29]$$

que sustituidos en [11.28] permiten obtener la aceleración angular $\ddot{\varphi}$:

$$\frac{ML}{3}\,\ddot{\varphi} = -M\cos\varphi\,(-L\operatorname{sen}\varphi\,\dot{\varphi}^2 + L\cos\varphi\,\ddot{\varphi}) -$$

$$- M\operatorname{sen}\varphi\,(L\cos\varphi\,\dot{\varphi}^2 + L\operatorname{sen}\varphi\,\ddot{\varphi}) + Mg\operatorname{sen}\varphi$$

o sea

$$\frac{ML}{3}\,\ddot{\varphi} = Mg\operatorname{sen}\varphi - ML\,\ddot{\varphi}$$

y la aceleración angular es

$$\boxed{\ddot{\varphi} = \frac{3}{4}\frac{g}{L}\operatorname{sen}\varphi}$$

La velocidad angular de la varilla se obtiene integrando la expresión anterior, que se puede escribir como:

$$\frac{d\dot{\varphi}}{dt} = \frac{d\dot{\varphi}}{d\varphi}\frac{d\varphi}{dt} = \frac{d\dot{\varphi}}{d\varphi}\,\dot{\varphi} = \frac{3}{4}\frac{g}{L}\operatorname{sen}\varphi$$

Separando variables e integrando:

$$\dot{\varphi}\,d\dot{\varphi} = \frac{3}{4}\frac{g}{L}\operatorname{sen}\varphi\,d\varphi$$

o sea

$$\frac{\dot{\varphi}^2}{2} = -\frac{3}{4}\frac{g}{L}\cos\varphi + \text{cte}$$

Si suponemos que parte del reposo para el ángulo φ_0, se tiene:

$$\text{cte} = \frac{3g}{4L}\cos\varphi_0$$

y

$$\frac{\dot{\varphi}^2}{2} = \frac{3g}{4L}(\cos\varphi_0 - \cos\varphi)$$

por lo que la velocidad angular $\dot{\varphi}$ será:

$$\boxed{\dot{\varphi} = \sqrt{\frac{3g}{2L}(\cos\varphi_0 - \cos\varphi)}}$$

Los valores de las reacciones R_A y R_B en función del ángulo φ se obtienen sin más que sustituir $\ddot{\varphi}$ y $\dot{\varphi}$ en las ecuaciones [11.29], y queda:

$$R_A = ML\left[-\text{sen}\,\varphi\,\frac{3g}{2L}(\cos\varphi_0 - \cos\varphi)\right] + \\ + ML\left[\cos\varphi\,\frac{3g}{4L}(\cos\varphi_0 - \cos\varphi)\right]$$

o sea

$$\boxed{R_A = \frac{3}{2}Mg\,\text{sen}\,\varphi\left(\frac{3}{2}\cos\varphi - \cos\varphi_0\right)}$$

y

$$R_B = -ML\left[\cos\varphi\,\frac{3g}{2L}(\cos\varphi_0 - \cos\varphi)\right] + ML\,\text{sen}\,\varphi\,\frac{3g}{4L}\,\text{sen}\,\varphi_0 + Mg$$

y finalmente

$$\boxed{R_B = Mg - \frac{3Mg}{2}(\cos\varphi_0 - \cos\varphi)\cos\varphi + \frac{3Mg}{2}\,\text{sen}^2\,\varphi}$$

11.5

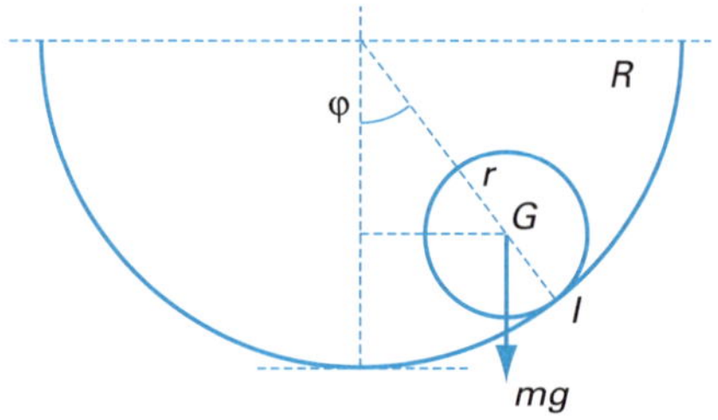

FIGURA 11.8

Suponiendo un instante cualquiera, la posición del cilindro menor es la de la figura.

La energía cinética total del cilindro será:

$$E_C = \frac{1}{2} m v_G^2 + \frac{1}{2} I_G \omega^2$$

Por la condición de rodadura sin deslizamiento, el punto I es el centro instantáneo de rotación (c.i.r.) del movimiento y la velocidad del punto G, centro de masas del cilindro pequeño, será:

$$\vec{V}_G = \vec{V}_I + \vec{\omega} \times \overrightarrow{IG} = \vec{\omega} \times \overrightarrow{IG}$$

ya que $\vec{V}_I = 0$. Es decir $|\vec{V}_G| = \omega r$.

Para calcular ω, tendremos en cuenta que, en función de φ, la velocidad del punto G, que recorre una circunferencia de radio $(R - r)$, será:

$$V_G = \dot{\varphi}(R - r)$$

por lo que

$$\omega r = \dot{\varphi}(R - r)$$

o sea

$$\omega = \dot{\varphi} \frac{(R - r)}{r}$$

Falta determinar el momento de inercia I_G, que vale $I_G = \dfrac{1}{2} m r^2$, por lo que:

$$E_C = \frac{1}{2} m (R - r)^2 \dot{\varphi}^2 + \frac{1}{2}\left(\frac{1}{2} m r^2\right)\left(\dot{\varphi} \frac{(R - r)}{r}\right)^2 = \frac{3}{4} m (R - r)^2 \dot{\varphi}^2$$

o sea

$$E_C = \frac{3}{4} m (R - r)^2 \dot{\varphi}^2$$

La energía potencial de cilindro será, en la posición inicial, y teniendo como referencia el punto más bajo:

$$E_{P_0} = [R - (R - r) \cos \varphi_0]\, mg$$

y en un punto cualquiera

$$E_P = [R - (R - r)\cos\varphi]\, mg$$

El teorema de conservación de la energía establece que:

$$E = E_P + E_C$$

o sea

$$E_{P_0} + E_{C_0} = E_T = E_P + E_C$$

Sustituyendo los valores antes obtenidos

$$E_{P0} = [R - (R - r)\cos\varphi]\, mg$$

$$E_{C0} = 0$$

resulta para la energía total del sistema

$$E_T = [R - (R - r)\cos\varphi_0]\, mg$$

y sustituyendo ahora los valores de la energía cinética y potencial en un instante cualquiera:

$$E_P = [R - (R - r)\cos\varphi]\, mg$$

$$E_C = \frac{3}{4} m(R - r)^2 \dot{\varphi}^2$$

resulta

$$\frac{3}{4} m(R - r)^2 \dot{\varphi}^2 + [R - (R - r)\cos\varphi]\, mg =$$
$$= [R - (R - r)\cos\varphi_0]\, mg = \text{cte}$$

Derivando respecto del tiempo en la expresión anterior:

$$\frac{3}{2} m(R - r)^2 \dot{\varphi}\,\ddot{\varphi} + mg\,(R - r)\,\text{sen}\,\varphi\,\dot{\varphi} = 0$$

de donde

$$\frac{3}{2} m(R - r)^2 \ddot{\varphi} + mg\,(R - r)\,\text{sen}\,\varphi = 0$$

o sea:

$$\ddot{\varphi} + \frac{2g}{3(R - r)} \operatorname{sen} \varphi = 0$$

Para pequeñas oscilaciones sen $\varphi = \varphi$ y queda

$$\ddot{\varphi} + \frac{2g}{3(R - r)} \varphi = 0$$

que es una ecuación diferencial que corresponde a un movimiento armónico de frecuencia

$$\boxed{f = \frac{\omega_n}{2\pi} = \frac{1}{2\pi} \sqrt{\frac{2g}{3(R - r)}}}$$

Capítulo 12

DINÁMICA DEL SÓLIDO CON UN EJE FIJO

OBJETIVOS

1. *Describir el movimiento de un sólido rígido alrededor de un eje fijo.*
2. *Calcular el momento cinético y la energía cinética del sólido.*
3. *Obtener la ecuación del movimiento.*
4. *Calcular las reacciones en los apoyos del eje.*
5. *Determinar los ejes permanentes y espontáneos de rotación.*
6. *Describir el péndulo compuesto y calcular el periodo de oscilación.*
7. *Calcular la longitud del péndulo simple síncrono.*
8. *Enunciar y demostrar el teorema de Huygens.*
9. *Establecer el método para equilibrar estática y dinámicamente un eje.*

ESQUEMA-RESUMEN

12.1. Movimiento de un sólido rígido alrededor de un eje fijo
- — Momento cinético
- — Energía cinética
- — Ecuación del movimiento
- — Reacciones en los apoyos

12.2. Ejes permanentes y espontáneos de rotación
- — Ejes permanentes
- — Ejes espontáneos

12.3. Péndulo compuesto
- — Péndulo simple síncrono
- — Teorema de Huygens

12.4. Equilibrado estático y dinámico

12. DINÁMICA DEL SÓLIDO CON UN EJE FIJO

12.1. MOVIMIENTO DE UN SÓLIDO RÍGIDO ALREDEDOR DE UN EJE FIJO

Sea un sólido rígido en rotación alrededor de un eje fijo, que se supondrá coincidente con el eje OZ de un sistema de referencia inercial $OXYZ$, con una rotación instantánea $\vec{\omega}$ y estando solicitado por un conjunto de n fuerzas $\vec{F}_i$, aplicadas en los puntos $\vec{r}_i$. Se trata de obtener la ecuación del movimiento, así como las reacciones de O y O'.

Para ello se calcularán previamente el momento cinético áxico y la energía cinética de un sólido rígido en rotación alrededor de un eje fijo OZ.

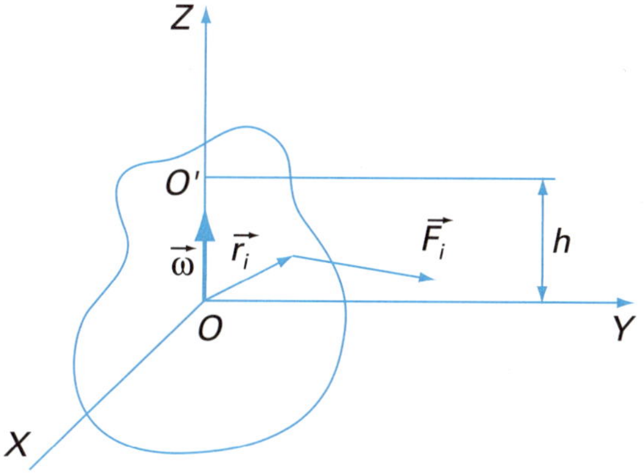

FIGURA 12.1

12.1.1. Momento cinético respecto al eje

El momento cinético de un sólido rígido, respecto a un eje δ definido por el vector unitario $\vec{u}$, viene dado por:

$$L_\delta = \int_D (\vec{r} \times \vec{v}) \cdot \vec{u}\, dm = \int_D (\vec{r}, \vec{v}, \vec{u})\, dm$$

siendo D el dominio en el que está definido el sólido. Puesto que

$$\vec{v} = \vec{\omega} \times \vec{r}$$

se puede escribir

$$L_\delta = \int_D \{(\vec{r}, (\vec{\omega} \times \vec{v}), \vec{u}\}\, dm$$

o sea

$$L_\delta = \omega \int_D \{(\vec{r}, (\vec{u} \times \vec{r}), \vec{u}\}\, dm$$

Teniendo en cuenta que el producto mixto es circularmente conmutativo resulta:

$$L_\delta = \omega \int_D \{(\vec{u} \times \vec{r}), \vec{u}, \vec{r}\}\, dm = \omega \int_D \{(\vec{u} \times \vec{r}) \times \vec{u}\} \cdot \vec{r}\, dm$$

y desarrollando el doble producto vectorial:

$$L_\delta = \omega \int_D \{(\text{nor}\, \vec{u})\, \vec{r}\} - (\vec{u} \cdot \vec{r})\, \vec{u}\} \cdot \vec{r}\, dm$$

de donde

$$L_\delta = \omega \int_D \{(\text{nor}\, \vec{u}\ \text{nor}\, \vec{r} - (\vec{u} \cdot \vec{r})^2\}\, dm$$

Recordando la relación de Lagrange que da la norma de un producto vectorial y la definición del momento de inercia respecto a una recta, resulta finalmente:

$$L_\delta = \omega \int_D \text{nor}\, (\vec{u} \times \vec{r})\, dm$$

o sea,

$$\boxed{L_\delta = \omega I_\delta} \qquad [12.1]$$

12.1.2. Energía cinética

La energía cinética del sistema es:

$$E_C = \frac{1}{2}\int_D \text{nor}\, \vec{v}\; dm$$

y como

$$\vec{v} = \vec{\omega} \times \vec{r}$$

resulta

$$E_c = \frac{1}{2}\int_D \text{nor}\, (\vec{\omega} \times \vec{r})\; dm$$

Desarrollando la norma del producto vectorial queda:

$$E_c = \frac{1}{2}\int_D [\text{nor}\, \vec{\omega}\; \text{nor}\, \vec{r} - (\vec{\omega} \cdot \vec{r})^2]\; dm$$

y puesto que $\vec{\omega} = \omega\, \vec{u}$,

$$E_c = \frac{1}{2}\omega^2 \int_D [\text{nor}\, \vec{u}\; \text{nor}\, \vec{r} - (\vec{u} \cdot \vec{r})^2]\; dm$$

o sea,

$$E_c = \frac{1}{2}\omega^2 \int_D \text{nor}\, \vec{r}\; dm - \frac{1}{2}\omega^2 \int_D (\vec{u} \cdot \vec{r})^2\; dm$$

y de aquí

$$E_c = \frac{1}{2}\omega^2 (I_o - I_{xy})$$

Si tenemos en cuenta que $I_o = I_{xy} + I_\delta$ resulta finalmente:

$$\boxed{E_c = \frac{1}{2}\omega^2 I_\delta} \qquad [12.2]$$

12.1.3. Ecuación del movimiento

El teorema del momento cinético permite escribir:

$$\frac{dL_\delta}{dt} = \vec{\Gamma} \cdot \vec{k}$$

siendo $\vec{\Gamma}$ el momento resultante de las fuerzas exteriores respecto a un punto del eje fijo $OO' = OZ$.

Por lo tanto,

$$\frac{dL_\delta}{dt} = \sum_{i=1}^{n} (\vec{r}_i \times \vec{F}_i) \cdot \vec{k}$$

Teniendo en cuenta la expresión [12.1] que da el momento cinético queda:

$$I_\delta \frac{d\omega}{dt} = \sum_{i=1}^{n} (\vec{r}_i, \vec{F}_i, \vec{k})$$

o lo que es lo mismo:

$$I_\delta \frac{d\omega}{dt} = \Gamma_z \qquad [12.3]$$

Se observará que en esta expresión no aparecen las reacciones $\vec{R}$ y $\vec{R}'$, en O y O', ya que por cortar al eje OZ no producen momento.

Al mismo resultado puede llegarse a partir del teorema de la energía cinética. En efecto,

$$d\left(\frac{1}{2} I_\delta \omega^2\right) = \sum_{i=1}^{n} \vec{F}_i \cdot d\vec{r}_i$$

y puesto que

$$d\vec{r}_i = \vec{v}_i\, dt \;\; \text{y} \;\; \vec{v}_i = \vec{\omega} \times \vec{r}_i$$

queda

$$d\left(\frac{1}{2} I_\delta \omega^2\right) = \sum_{i=1}^{n} \vec{F}_i \cdot \vec{v}_i dt$$

o sea

$$d\left(\frac{1}{2}I_\delta\omega^2\right) = \sum_{i=1}^{n}\vec{F}_i \cdot (\vec{\omega} \times \vec{r}_i)\, dt$$

y como $\vec{\omega} = \omega\vec{k}$ resulta

$$d\left(\frac{1}{2}I_\delta\omega^2\right) = \omega\sum_{i=1}^{n}(\vec{F}_i, \vec{k}, \vec{r}_i)dt$$

de donde

$$\frac{d}{dt}\left(\frac{1}{2}I_\delta\omega^2\right) = \omega\sum_{i=1}^{n}(\vec{r}_i, \vec{F}_i, \vec{k})$$

y finalmente

$$I_\delta\frac{d\omega}{dt} = \sum_{i=1}^{n}(\vec{r}_i, \vec{F}_i, \vec{k})$$

o lo que es igual:

$$I_\delta\frac{d\omega}{dt} = \Gamma_z$$

que es la misma expresión [12.3] obtenida a partir del teorema del momento cinético.

En el caso en que no hubiese fuerzas exteriores o las que hubiera diesen un momento resultante áxico, respecto a δ, nulo, resultará ω = cte.

12.1.4. Cálculo de las reacciones

Para calcular las reacciones supondremos que el eje δ (OZ) permanece fijo porque lo están dos de sus puntos O y O'. Sean $\vec{R}$ y $\vec{R}\,'$ las reacciones en O y O', respectivamente. Se puede, por tanto, prescindir de las ligaduras y considerar el cuerpo rígido como libre bajo la acción del sistema de fuerzas aplicadas $\vec{F}_i$ y de las reacciones $\vec{R}$ y $\vec{R}\,'$.

Consideraremos otro sistema de ejes, $Oxyz$, móviles, ligados al sólido, de modo que lo acompañan siempre en su movimiento y tales que Oz coincide en todo instante con OZ.

Aplicando el teorema del momento cinético se puede escribir:

$$\left(\frac{d\vec{L}_O}{dt}\right)_{\text{inercial}} = \vec{\Gamma}_o + \overrightarrow{OO'} \times \vec{R}'$$

y en los ejes móviles:

$$\frac{d\vec{L}_O}{dt} + \vec{\omega} \times \vec{\Gamma}_o = \vec{\Gamma}_o + \overrightarrow{OO'} \times \vec{R}' \qquad [12.4]$$

Ahora bien, si $\vec{\omega} = \omega\vec{k}$:

$$\vec{L}_o = \int_\tau \vec{r} \times \vec{v} dm = \int_\tau \vec{r} \times (\vec{\omega} \times \vec{r})\, dm$$

ya que $\vec{v} = \vec{\omega} \times \vec{r}$, de donde:

$$\vec{L}_o = \int_\tau \vec{\omega} \operatorname{nor} \vec{r}\, dm - \int_\tau (\vec{r} \times \vec{\omega})\vec{r}\, dm$$

y de aquí:

$$\vec{L}_o = \omega\vec{k}\, I_o - \omega\int_\tau (\vec{r} \cdot \vec{k})\vec{r}\, dm$$

y multiplicando escalarmente por $\vec{i}$, $\vec{j}$ y $\vec{k}$, respectivamente, resulta:

$$L_x = -\omega\int_\tau (\vec{r} \cdot \vec{k})(\vec{r} \cdot \vec{i})\, dm = -\omega P_{xz}$$

$$L_y = -\omega\int_\tau (\vec{r} \cdot \vec{k})(\vec{r} \cdot \vec{j})\, dm = -\omega P_{yz}$$

$$L_z = \omega I_O - \omega\int_\tau (\vec{r} \cdot \vec{k})^2\, dm = \omega(I_O - I_{xy}) = \omega I_z$$

por lo que:

$$\vec{L}_o = -\omega P_{xz}\vec{i} - \omega P_{yz}\vec{j} + \omega I_z\vec{k}$$

y

$$\vec{\omega} \times \vec{L}_O = \begin{vmatrix} \vec{i} & \vec{j} & \vec{k} \\ 0 & 0 & \omega \\ -\omega P_{xz} & -\omega P_{yz} & -\omega I_z \end{vmatrix} = \omega^2 P_{yz}\vec{i} - \omega^2 P_{xz}\vec{j}$$

Con lo que el primer miembro de [12.4] queda:

$$\frac{d\vec{L}_O}{dt} + \vec{\omega} \times \vec{L}_O = -\left(\frac{d\omega}{dt} P_{xz} - \omega^2 P_{xz}\right)\vec{i} -$$

$$-\left(\frac{d\omega}{dt} P_{yz} + \omega^2 P_{xz}\right)\vec{j} + \frac{d\omega}{dt} I_z \vec{k} \qquad [12.5]$$

Por otro lado:

$$\overrightarrow{OO'} \times \vec{R}' = \begin{vmatrix} \vec{i} & \vec{j} & \vec{k} \\ 0 & 0 & h \\ R'_x & R'_y & R'_z \end{vmatrix} = -hR'_y\vec{i} + hR'_x\vec{j}$$

Con lo que el segundo miembro de [12.4] puede escribirse como:

$$\vec{\Gamma}_o + \overrightarrow{OO'} \times \vec{R}' = -(\Gamma_x - hR'_y)\vec{i} + (\Gamma_y + hR'_x)\vec{j} + \Gamma_z\vec{k} \qquad [12.6]$$

Teniendo en cuenta [12.5] y [12.6], la ecuación vectorial [12.4] equivale a las tres escalares:

$$\left.\begin{aligned} -\left(\frac{d\omega}{dt} P_{xz} - \omega^2 P_{yz}\right) &= \Gamma_x - hR'_y \\ -\left(\frac{d\omega}{dt} P_{yz} + \omega^2 P_{xz}\right) &= \Gamma_y + hR'_x \\ I_z \frac{d\omega}{dt} &= \Gamma_z \end{aligned}\right\} \qquad [12.7]$$

La tercera de las [12.7] coincide con la ecuación movimiento ya obtenida. Una vez integrada, las dos primeras ecuaciones permiten calcular R'_x y R'_y.

Aplicando a continuación el teorema del centro de masas quedará:

$$M\,\vec{a}_G = \vec{F} + \vec{R} + \vec{R}' \qquad [12.8]$$

Recordando la expresión del vector aceleración de un punto se tiene:

$$\vec{a}_G = \frac{d\vec{v}_O}{dt} + \frac{d\vec{\omega}}{dt} \times \overrightarrow{OG} + \vec{\omega} \times (\vec{\omega} \times \overrightarrow{OG})$$

es decir:

$$\vec{a}_G = \frac{d\vec{\omega}}{dt} \times \overrightarrow{OG} + \vec{\omega} \times (\vec{\omega} \times \overrightarrow{OG})$$

Desarrollando ambos productos vectoriales, queda:

$$\frac{d\vec{\omega}}{dt} \times \overrightarrow{OG} = \begin{vmatrix} \vec{i} & \vec{j} & \vec{k} \\ 0 & 0 & \dfrac{d\omega}{dt} \\ x_G & y_G & z_G \end{vmatrix} = -y_G \frac{d\omega}{dt}\vec{i} + x_G \frac{d\omega}{dt}\vec{j} \qquad [12.9]$$

y por otro lado

$$\vec{\omega} \times (\vec{\omega} \times \overrightarrow{OG}) = (\vec{\omega} \cdot \overrightarrow{OG})\,\vec{\omega} - \omega^2 \overrightarrow{OG}$$

queda

$$\vec{\omega} \times (\vec{\omega} \times \overrightarrow{OG}) = (\omega z_G)\,\vec{\omega} - \omega^2 \overrightarrow{OG}$$

o sea

$$\vec{\omega} \times (\vec{\omega} \times \overrightarrow{OG}) = -\omega^2 x_G \vec{i} - \omega^2 x_G \vec{j} \qquad [12.10]$$

Teniendo en cuenta [12.9] y [12.10], se puede descomponer a continuación la ecuación vectorial [12.8] en las tres escalares:

$$\left.\begin{aligned} -M\left(\frac{d\omega}{dt} y_G + \omega^2 x_G\right) &= F_x + R_x + R'_x \\ -M\left(\frac{d\omega}{dt} x_G - \omega^2 y_G\right) &= F_y + R_y + R'_y \\ 0 &= F_z + R_z + R'_z \end{aligned}\right\} \qquad [12.11]$$

Las dos primeras ecuaciones permiten calcular R_x y R_y una vez resueltas las [12.7]. La tercera permite conocer la suma $R_z + R'_z$, pero para determinar cada una de éstas por separado hay que acudir, en general, al análisis de la deformación del eje de rotación. Puede eliminarse la indeterminación, sin suprimir la condición de indeformabilidad, disponiendo los apoyos en O y O' de forma adecuada. Por ejemplo, situando un cojinete radial en O' (que solo absorbe esfuerzos radiales) y una quicionera en O, destinada a absorber toda la componente F_z de las fuerzas exteriores, resultaría:

$$R'_z = 0 \qquad [12.12]$$

En adelante se supondrá que el eje se ha fijado de acuerdo con esta disposición y que, por tanto, las reacciones $\vec{R}$ y $\vec{R}'$ y quedan determinadas mediante las ecuaciones:

$$\left.\begin{aligned} -\left(\frac{d\omega}{dt}P_{xz} - \omega^2 P_{yz}\right) &= \Gamma_x - hR'_y \\ -\left(\frac{d\omega}{dt}P_{yz} + \omega^2 P_{xz}\right) &= \Gamma_y + hR'_x \\ -M\left(\frac{d\omega}{dt}y_G + \omega^2 x_G\right) &= F_x + R_x + R'_x \\ M\left(\frac{d\omega}{dt}x_G - \omega^2 y_G\right) &= F_y + R_y + R'_y \\ 0 &= F_z + R_z + R'_z \\ 0 &= R'_z \end{aligned}\right\} \qquad [12.13]$$

12.2. EJES PERMANENTES Y ESPONTÁNEOS DE ROTACIÓN

12.2.1. Ejes permanentes de rotación

Si el sistema de fuerzas activas aplicadas al sólido es tal que $\vec{\Gamma}_o = 0$. Es decir:

$$\Gamma_x = \Gamma_y = \Gamma_z = 0$$

de la ecuación del movimiento [12.3] se deduce:

$$\frac{d\omega}{dt} = 0, \quad \text{y} \quad \omega = \text{cte.}$$

Por otra parte de las dos primeras [12.13] se obtiene:

$$R'_x = -\frac{\omega^2 P_{xz}}{h} \quad \text{y} \quad R'_y = -\frac{\omega^2 P_{yz}}{h}$$

Si además, el eje de rotación δ (OZ) es una dirección principal de inercia en O, se verifica:

$$P_{xz} = P_{yz} = 0$$

En este caso $R'_x = R'_y = 0$ y el apoyo O' no transmite ninguna acción al sólido. Si se suprimiese el cojinete radial en O', una vez que el cuerpo ha comenzado a girar con ω constante, permanecerá girando indefinidamente sin variar el eje de rotación.

Se puede decir, por tanto, que si un sólido rígido con un punto fijo está libre de pares exteriores y adquiere un movimiento de rotación alrededor de una de las direcciones principales de inercia relativas al punto fijo, permanecerá girando indefinidamente alrededor de ella. Es por esto por lo que las direcciones principales de inercia relativas al punto fijo reciben el nombre de *ejes permanentes* de rotación del sólido.

12.2.2. Ejes espontáneos de rotación

Si el sistema de fuerzas exteriores aplicadas al sólido rígido es equivalente a cero, es decir:

$$\vec{F} = 0$$
$$\vec{\Gamma}_O = 0$$

de la ecuación del movimiento [12.3] se obtiene:

$$\frac{d\omega}{dt} = 0, \qquad \text{y} \qquad \omega = \text{cte}$$

Por otro lado de las [12.13] se deduce:

$$R'_x = -\frac{\omega^2 P_{xz}}{h}$$

$$R'_y = -\frac{\omega^2 P_{yz}}{h}$$

$$R_x = -M\omega^2 x_G - R'_x = \frac{\omega^2}{h}(P_{xz} - Mx_G h)$$

$$R_y = -M\omega^2 y_G - R'_y = \frac{\omega^2}{h}(P_{yz} - My_G h)$$

Si, además, el eje de rotación coincide con una de las direcciones principales de inercia relativas al punto O, y el centro de gravedad del sólido se encuentra sobre el eje de rotación, resultará:

$$\vec{R} = \vec{R}' = 0$$

En este caso, una vez que el sólido ha comenzado a girar con ω constante alrededor de OO' ninguno de los dos apoyos O y O' transmite acción alguna al sólido, por lo que podrían eliminarse ambos cojinetes sin que se alterase el movimiento.

Esto permite afirmar que si un sólido rígido libre adquiere un movimiento de rotación alrededor de una dirección principal de su elipsoide central de inercia, continuará girando indefinidamente alrededor de ella. Por este motivo las direcciones principales del elipsoide central de inercia reciben el nombre de *ejes espontáneos* de rotación.

12.3. PÉNDULO COMPUESTO

Recibe este nombre todo sólido rígido móvil alrededor de un eje fijo horizontal y sometido únicamente a la acción de la gravedad (fig. 12.2). Sin pérdida de generalidad podemos suponer que el plano OXY contiene al centro de gravedad (fig. 12.3).

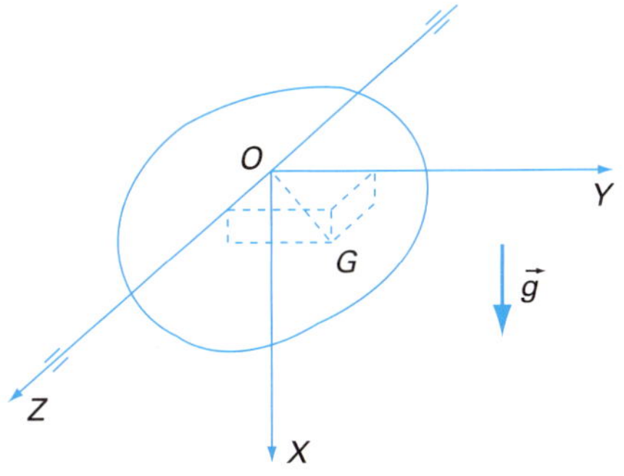

FIGURA 12.2

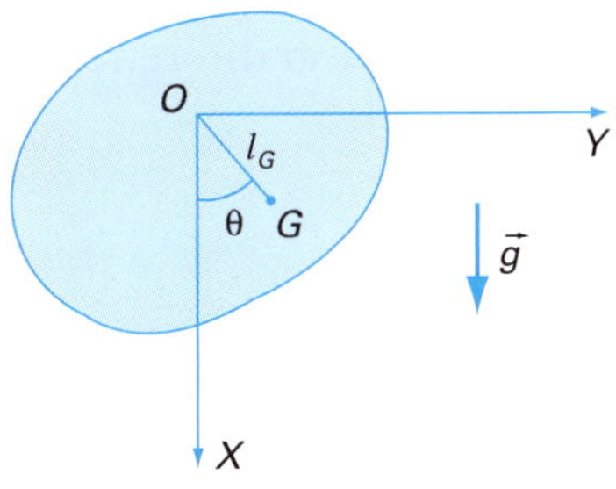

FIGURA 12.3

Aplicando el teorema del momento cinético respecto al eje OZ resulta:

$$I_z\ddot{\theta} = \Gamma_z \qquad [12.14]$$

Como

$$\Gamma_z = \vec{\Gamma}_O \cdot \vec{k}$$

se puede escribir:

$$\Gamma_z = \vec{k} \cdot \int_\tau \vec{r} \times \vec{g}\, dm = \vec{k} \cdot \left[\left(\int_\tau \vec{r}\, dm\right) \times \vec{g}\right]$$

es decir:

$$\Gamma_z = \vec{k} \cdot (M\, \vec{r}_G \times \vec{g})$$

que desarrollada queda:

$$\Gamma_z = -Mgy_G$$

Sustituyendo en la ecuación [12.14] resulta:

$$\Gamma_z \ddot{\theta} = -Mgy_G = -Mgl_G \text{ sen } \theta$$

Como por otro lado, $l_z = Mk_z^2$, siendo k_z el radio de giro queda:

$$M\, k_z^2\, \ddot{\theta} = -Mgl_G \text{ sen } \theta$$

o sea

$$\ddot{\theta} + \frac{gl_G}{k_z^2} \text{ sen } \theta = 0 \qquad [12.15]$$

que es la ecuación diferencial del movimiento del péndulo compuesto.

12.3.1. Péndulo simple síncrono

Se llama así a un péndulo simple cuyo periodo de oscilación coincide con el del péndulo compuesto.

Recordemos que la ecuación diferencial del movimiento un péndulo simple era:

$$\ddot{\theta} + \frac{g}{l} \text{ sen } \theta = 0 \qquad [12.16]$$

siendo l la longitud de dicho péndulo simple.

Comparando las ecuaciones [12.15] y [12.16] resulta que para que el péndulo simple sea síncrono se ha de verificar:

$$\frac{gl_G}{k_z^2} = \frac{g}{l}$$

o lo que es igual:

$$\boxed{l_G l = k_z^2} \qquad [12.17]$$

12.3.2. Teorema de Huygens

Si a partir del eje OZ, se traza una superficie cilíndrica CC' de radio igual a la longitud el péndulo simple síncrono, es decir, $OO' = l$, dicha superficie divide al péndulo en dos regiones: una formada por todos aquellos puntos del sólido tales que su distancia, r, al eje OZ es $r < l$ (puntos interiores a CC'), que oscilan más despacio que el péndulo simple síncrono (es decir, más lentamente que si estuviesen libres), y otra, formada por los puntos tales que $r > l$, que oscilan más deprisa que si estuviesen libres.

Los únicos puntos que oscilan como si estuviesen libres (péndulo simple síncrono) son los que se encuentran sobre la superficie cilíndrica $r = l$ (superficie CC').

Huygens llamó al eje OZ, *eje de suspensión*, y al eje $O'Z'$, paralelo a él y que pasa por O', *eje de oscilación*. El plano que ambos ejes determinan contiene al centro de masas G del sólido.

El teorema de Huygens establece que los periodos de oscilación alrededor del eje OZ y alrededor del eje $O'Z'$ son iguales.

En efecto, aplicando el teorema de Steiner para ejes paralelos, resulta:

$$I_z = I_{zG} + Ml_G^2$$

siendo M la masa total del péndulo, que en función de los radios de giro puede escribirse como:

$$k_z^2 = k_{zG}^2 + l_G^2 \qquad [12.18]$$

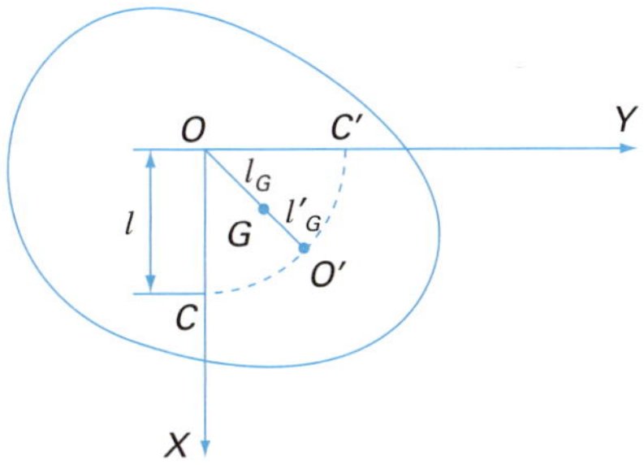

FIGURA 12.4

De la [12.17] resulta:

$$l_G\, l = k_z^2$$

y sustituyendo en [12.18] queda:

$$l_G l = k_{zG}^2 + l_G^2$$

o sea:

$$l = \frac{k_{zG}^2}{l_G} + l_G > l_G \qquad [12.19]$$

y como además

$$l = l_G + l'_G$$

resulta al sustituir en el primer miembros de [12.19]:

$$\frac{k_{zG}^2}{l'_G} = l_G \qquad [12.20]$$

Cuando oscila alrededor de OZ' la longitud del nuevo péndulo simple síncrono será l' y se verificará:

$$l'_G l' = k_{z'}^2$$

Aplicando Steiner:

$$l'_G l' = k_{zG}^2 + (l'_G)^2$$

de donde resulta:

$$l' = \frac{k_{zG}^2}{l'_G} + l'_G$$

y como además de [12.20]:

$$\frac{k_{zG}^2}{l'_G} = l_G$$

queda:

$$l' = l_G + l'_G = l$$

Como ambas longitudes son iguales ambos periodos también lo son, con lo que queda demostrado el **teorema de Huygens** que puede enunciarse como sigue: «*Si en un plano que pasa por el centro de masas del péndulo compuesto se tienen dos ejes paralelos y horizontales, a distancias desiguales del centro de masas, y para los cuales la longitud del péndulo simple síncrono es la misma, se verifica que dicha longitud es igual a la distancia que separa ambos ejes*».

12.4. EQUILIBRADO ESTÁTICO Y DINÁMICO

Interesa examinar las condiciones que deben verificarse para que las reacciones de los apoyos sean las mismas que si el sólido estuviera en equilibrio.

Bastará para ello que en las ecuaciones [12.13] hagamos:

$$x_G = y_G = 0$$

es decir, que el centro de gravedad del cuerpo esté en el eje de rotación, lo cual se expresa diciendo que el cuerpo está *equilibrado estáticamente*.

Y, además, deberá verificarse en dichas ecuaciones [12.13] que:

$$P_{xz} = P_{yz} = 0$$

es decir, que el eje de rotación sea principal de inercia, lo cual se expresa diciendo que el sólido está *dinámicamente equilibrado*.

Vamos a estudiar a continuación la posibilidad de equilibrar estática y dinámicamente un sólido móvil alrededor de OZ, con dos masas m_1 y m_2 situadas en dos planos de cotas z_1 y z_2 conocidas.

Sean x_G, y_G, z_G las coordenadas del centro de masas,

P_{yz}, P_{xz}, P_{xy}, los productos de inercia,

x_1, y_1, z_1, las coordenadas de m_1, y

x_2, y_2, z_2, las coordenadas de m_2.

Para que el sistema esté estáticamente equilibrado debe verificarse la nulidad de los momentos estáticos:

$$\begin{aligned} Mx_G + m_1x_1 + m_2x_2 &= 0 \\ My_G + m_1y_1 + m_2y_2 &= 0 \end{aligned} \qquad [12.21]$$

Y para que esté equilibrado dinámicamente expresamos la nulidad de los productos de inercia:

$$\begin{aligned} P_{yz} + m_1 y_1 z_1 + m_2 y_2 z_2 &= 0 \\ P_{xz} + m_1 x_1 z_1 + m_2 x_2 z_2 &= 0 \end{aligned} \qquad [12.22]$$

Resolviendo los sistemas [12.21] y [12.22] se obtienen las coordenadas x_1, y_1, x_2 e y_2 (puesto que z_1 y z_2 eran los planos dados):

$$x_1 = \frac{P_{xy} - M\, x_G\, z_2}{m_1\,(z_2 - z_1)} \qquad y_1 = \frac{P_{yz} - M\, y_G\, z_2}{m_1\,(z_2 - z_1)}$$

$$x_2 = \frac{M\, x_G\, z_1 - P_{xz}}{m_2\,(z_2 - z_1)} \qquad y_1 = \frac{M\, y_G\, z_1 - P_{yz}}{m_2\,(z_2 - z_1)}$$

Si el cuerpo estuviera estáticamente equilibrado, se verificaría:

$$x_G = y_G = 0$$

y las coordenadas $(x_1 y_1)$ y $(x_2 y_2)$ pasarían a ser:

$$x_1 = \frac{P_{xz}}{m_1(z_2 - z_1)}; \qquad y_1 = \frac{P_{yz}}{m_1(z_2 - z_1)}$$

$$x_2 = \frac{-P_{xz}}{m_2(z_2 - z_1)}; \qquad y_2 = \frac{-P_{yz}}{m_2(z_2 - z_1)}$$

que resuelven el problema propuesto.

EJERCICIOS

12.1 Un disco circular de radio R, masa M y espesor despreciable gira con velocidad angular ω constante alrededor de un eje vertical con el que forma un ángulo α. Los extremos del eje se encuentran a una distancia d del centro del disco. Determinar las reacciones en los apoyos situados en los extremos del eje.

12.2 Se tiene una varilla AB de longitud L y masa M. Dicha varilla se mueve con una rotación uniforme, de módulo ω, alrededor de un eje OZ, paralelo a AB y situado a una distancia R de la varilla, de manera que en todo instante OA y OZ son perpendiculares. Calcular:

a) Momento cinético de la varilla respecto a su centro de masa G.

b) Momento cinético de la varilla respecto al punto O.

12.3 En un plano vertical se encuentra situado un alambre que tiene la forma de una semicircunferencia, de masa M y radio R, y que gira con velocidad angular ω alrededor de su diámetro OO'. Se tomará como origen de coordenadas de un sistema de referencia $OXYZ$ el extremo O del diámetro, estando situado el otro extremo O' sobre el eje OZ. Se supondrá que el plano vertical es el OYZ. El centro de masas del alambre se encuentra en el punto de coordenadas $(0, 2R/\pi, 0)$ y la reacción en el apoyo O' no tiene componente según OZ. Calcular:

a) Productos de inercia del alambre respecto a dichos ejes.

b) Reacciones en los apoyos O y O'.

12.4 Una esfera rígida, homogénea, maciza, de radio R, puede girar alrededor de uno de sus ejes de simetría AB. Sobre el meridiano cuyo diámetro coincide con AB, se encuentra situado el origen de una fuerza de módulo constante f y cuya dirección es perpendicular al plano que contiene a dicho circulo máximo. El punto origen de dicha fuerza se desplaza sobre el meridiano con movimiento circular uniforme de velocidad angular Ω. Suponiendo que en el instante inicial la esfera está en reposo y el origen de la fuerza se encuentra en el punto A, calcular:

a) Momento ejercido por la fuerza respecto al eje AB.

b) Velocidad angular de la esfera al cabo de un tiempo t.

12.5 Una varilla AB, de longitud $2L$ y masa M, gira en un plano vertical alrededor de un apoyo situado en su extremo A. Calcular:

1.° La aceleración angular de la varilla, cuando está en posición horizontal, para que no exista reacción vertical en el extremo A.

2.° El momento que hay que aplicar a la varilla para que adquiera dicha aceleración.

SOLUCIONES DE LOS EJERCICIOS

12.1

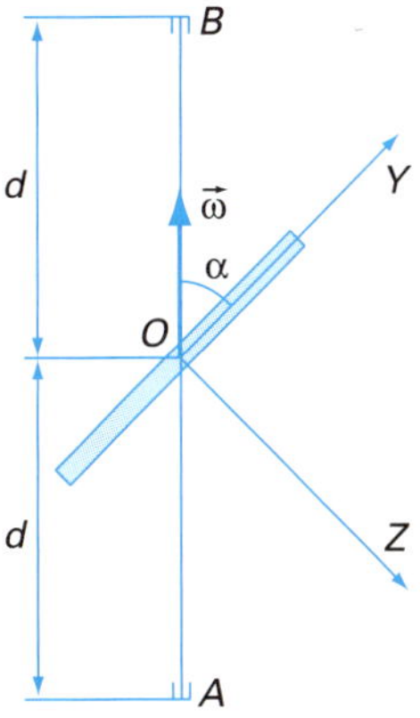

FIGURA 12.5

Por estar el centro de masas del disco sobre el eje, su velocidad es nula y por tanto la cantidad de movimiento del disco es nula.

Para calcular el momento cinético respecto a O se elige el sistema de ejes principales $Oxyz$. Resulta

$$\omega_x = 0$$

$$\omega_y = \omega \cos \alpha$$

$$\omega_z = -\omega \operatorname{sen} \alpha$$

$$I_x = I_y = \frac{1}{4} MR^2$$

$$I_z = \frac{1}{2} MR^2$$

El momento cinético vale

$$\vec{L}_O = M\frac{R^2}{4}\,\omega \cos \alpha\,\vec{j} - M\frac{R^2}{2}\,\omega \operatorname{sen} \alpha\,\vec{k}$$

$$\vec{\Gamma}_O = \frac{d\vec{L}_O}{dt} = \vec{\omega} \times \vec{L}_O = \begin{vmatrix} \vec{i} & \vec{j} & \vec{k} \\ 0 & \omega \cos \alpha & -\omega \operatorname{sen} \alpha \\ 0 & M\dfrac{R^2}{4}\,\omega \cos \alpha & -M\dfrac{R^2}{2}\,\omega \operatorname{sen} \alpha \end{vmatrix} =$$

$$= -\vec{i}\,M\frac{R^2}{2}\,\omega^2 \operatorname{sen} \alpha \cos \alpha$$

Este par se equilibra por las reacciones horizontales en A y B, R_{AH} y R_{BH}, que están contenidas en el plano OYZ, giran con él y son iguales, de módulo R_{BH}, y de sentido contrario:

$$2d\, R_{BH} = M \frac{R^2}{2} \omega^2 \operatorname{sen} \alpha \cos \alpha$$

y

$$R_{AH} = R_{BH} = \frac{MR^2}{8d} \omega^2 \operatorname{sen} 2\alpha$$

El esfuerzo axial es soportado por el apoyo A y la reacción vertical en A, R_{AV}, equilibrará el peso Mg. O sea:

$$R_{AV} = Mg \quad \text{y} \quad R_{BV} = 0$$

12.2

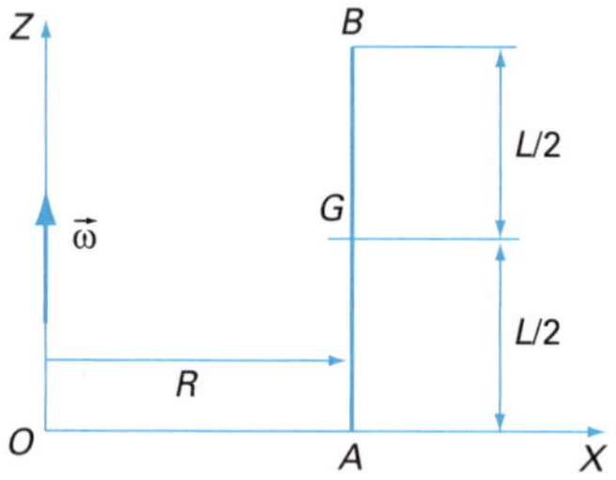

FIGURA 12.6

Recordando la expresión matricial del momento cinético respecto al centro de masa:

$$[L_G] = [I_G][\omega] = \begin{bmatrix} I_{XG} & -P_{XYG} & -P_{XZG} \\ -P_{XYG} & I_{YG} & -P_{YZG} \\ -P_{XZG} & -P_{YZG} & I_{ZG} \end{bmatrix} \begin{bmatrix} 0 \\ 0 \\ \omega \end{bmatrix} =$$

$$= (-P_{XZG}\vec{i} - P_{YZG}\vec{j} + I_{ZG}\vec{k})\omega$$

Ahora bien:

$$P_{XZG} = 0; \quad P_{YZG} = 0; \quad P_{YZG} = 0$$

luego:

$$[L_G] = 0$$

Para calcular el momento cinético respecto al punto O, se aplica el teorema de Koenig:

$$\vec{L}_O = \vec{L}_G + \vec{OG} \times M\vec{V}_G$$

como

$$\vec{OG} = R\vec{i} + \frac{L}{2}\vec{k}$$

y

$$\vec{V}_G = \vec{\omega} \times \vec{OG} = \omega\vec{k} \times \left(R\vec{i} + \frac{L}{2}\vec{k}\right) = \omega R\vec{j}$$

Luego:

$$\vec{L}_O = 0 + \left(R\vec{i} + \frac{L}{2}\vec{k}\right) \times M\omega R\vec{j} = M\omega R^2\vec{k} - M\omega R\frac{L}{2}\vec{i} =$$

$$= \left(MR^2\vec{k} - MR\frac{L}{2}\vec{i}\right)\omega$$

También se puede calcular directamente mediante la expresión:

$$[L_O] = [I_O][\omega]$$

Entonces, aplicando el teorema de Steiner:

$$I_Z = 0 + MR^2 = MR^2 \text{ y } P_{XZ} = 0 + M\frac{L}{2}R = \frac{MRL}{2}$$

Y resulta exactamente el mismo valor de $\vec{L}_O$:

$$\vec{L}_O = \frac{-MRL}{2}\omega\vec{i} + MR^2\omega\vec{k}$$

12.3

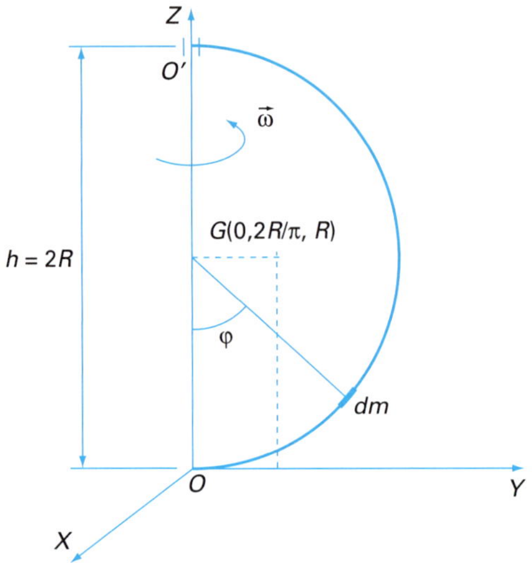

FIGURA 12.7

Se trata del movimiento de un sólido alrededor de un eje fijo. La ecuación del movimiento, es:

$$I_z \frac{d\omega}{dt} = \Gamma_z \qquad [12.23]$$

y las ecuaciones que permiten calcular las reacciones son los [12.13]:

$$\begin{aligned}
&-\left(\frac{d\omega}{dt} P_{xz} - \omega^2 P_{yz}\right) = \Gamma_x - h\, R'_y \\
&-\left(\frac{d\omega}{dt} P_{yz} + \omega^2 P_{xz}\right) = \Gamma_y + h\, R'_x \\
&-M\left(\frac{d\omega}{dt} Y_G + \omega^2 X_G\right) = F_x + R_x + R'_x \qquad [12.24] \\
&M\left(\frac{d\omega}{dt} X_G - \omega^2 Y_G\right) = F_y + R_y + R'_y \\
&0 = F_z + R_z + R'_z
\end{aligned}$$

Del enunciado del problema se tiene:

$$F_x = F_y = 0;\; F_z = -Mg \;\text{ y }\; \Gamma_y = \Gamma_z = 0;\; \Gamma_x = -Mg \frac{2R}{\pi}$$

y por tanto

$$\frac{d\omega}{dt} = \frac{\Gamma_z}{I_z} = 0 \Rightarrow \omega = \text{cte}$$

A continuación determinaremos los productos de inercia del sólido:

$$P_{xy} = 0; \quad P_{xz} = 0$$

y

$$P_{yz} = \int_L yzdm = \int_0^\pi R \operatorname{sen} \varphi \, (R - R \cos \varphi) \, \lambda \, Rd \, \varphi =$$

$$= \lambda R^3 \int_0^\pi \operatorname{sen} \varphi \, (1 - \cos \varphi) d\varphi =$$

$$= \lambda R^3 \, [-\cos \varphi]_0^\pi - \lambda R^3 \left[\frac{1}{2} \operatorname{sen}^2 \varphi \right]_0^\pi = \frac{2MR^2}{\pi}$$

o sea

$$P_{yz} = \frac{2MR^2}{\pi}$$

Sustituyendo en [12.24], y teniendo en cuenta las coordenadas del centro de masas, queda:

$$\omega^2 \, \frac{2MR^2}{\pi} = -Mg \, \frac{2R}{\pi} - 2RR_y$$

$$R_y' = -\frac{MR\omega^2}{\pi} - \frac{Mg}{\pi} = -\frac{M}{\pi} (R\omega^2 + g)$$

$$0 = 2RR_x' \qquad R_x' = 0$$

$$0 = R_x + R_x' \qquad R_x = 0$$

$$-M\omega^2 \, \frac{2R}{\pi} = R_y + R_y'$$

$$R_Y = \frac{M}{\pi} (\omega^2 R + g) - \frac{M}{\pi} \omega^2 \, 2R = \frac{M}{\pi} (g - \omega^2 R)$$

$$0 = -Mg + R_z$$

de esta última:

$$Mg = R_z$$

y las reacciones pedidas son:

En el punto O:

$$\vec{R}_O = R_x\vec{i} + R_y\vec{j} + R_z\vec{k} = \frac{M}{\pi}(g - \omega^2 R)\vec{j} + Mg\,\vec{k}$$

y en el punto O':

$$\vec{R}_{O'} = R'_x\vec{i} + R'_y\vec{j} + R'_z\vec{k} = -\frac{M}{\pi}(\omega^2 R + g)\vec{j}$$

12.4

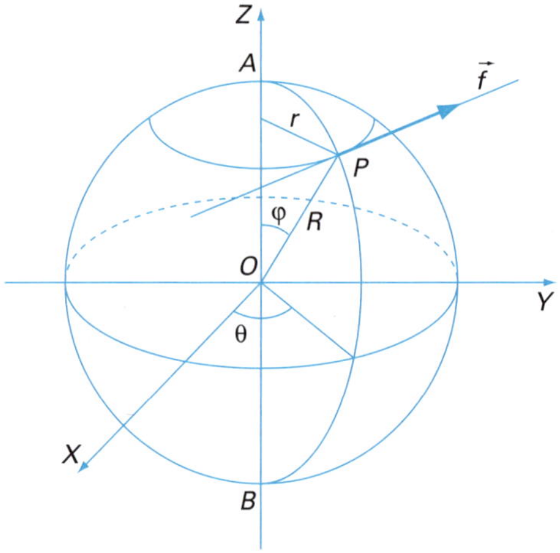

FIGURA 12.8

Sea $OXYZ$ un sistema de ejes cartesianos con origen en el centro de la esfera y supongamos que el eje AB es coincidente con OZ.

Sea P el punto en el que está aplicada la fuerza $\vec{f}$ y cuyas coordenadas esféricas son: R, θ, φ. En este sistema de coordenadas se tiene:

$$\vec{f} = f\vec{u}_\theta \quad \text{y} \quad \dot{\varphi} = \Omega$$

Integrando ésta última, resulta:

$$\varphi = \Omega t + \varphi_0$$

Y según las condiciones iniciales para $t = 0$, $\varphi = 0$, luego $\varphi_0 = 0$.

Como

$$r = R \operatorname{sen} \varphi$$

se puede escribir

$$r = R \operatorname{sen} (\Omega t)$$

a) Calculemos el momento áxico de la fuerza $\vec{f}$ respecto al eje AB:

$$\Gamma_{AB} = r f = R f \operatorname{sen} (\Omega t)$$

b) Aplicando el teorema del momento cinético respecto al eje AB:

$$\frac{dL_{AB}}{dt} = \Gamma_{AB}$$

y puesto que $L_{AB} = I_{AB}\,\omega$, resulta

$$I_{AB} \frac{d\omega}{dt} = \Gamma_{AB}$$

Cálculo de I_{AB}.

Se calcula en primer lugar el momento de inercia respecto al centro de la esfera, I_O:

$$I_O = \int_0^R r^2 \rho 4\pi r^2 \, dr = 4 \rho\pi \left[\frac{R^5}{5} \right]_0^R = \frac{3}{5} MR^3$$

ya que

$$M = \rho \frac{4}{3} \pi R^3$$

Por otro lado, de las relaciones entre los momentos de inercia respecto a ejes y planos, y teniendo en cuenta la simetría de la esfera, se obtiene:

$$I_o = I_{xy} + I_{yz} + I_{zx} = 3I_{xy} \Rightarrow I_{xy} = I_{yz} = I_{zx} = \frac{I_o}{3}$$

y

$$I_x = I_{xy} + I_{yz} = 2I_{xy} = \frac{2}{3} I_O$$

luego

$$I_{AB} = \frac{2}{3} \frac{3}{5} MR^2 = \frac{2}{5} MR^2$$

Sustituyendo, queda:

$$\frac{2}{5} MR^2 \frac{d\omega}{dt} = R f \operatorname{sen}(\Omega t)$$

o sea

$$\frac{d\omega}{dt} = \frac{5f}{2MR} \operatorname{sen}(\Omega t)$$

Integrando:

$$\omega = -\frac{5f}{2MR\Omega} \cos(\Omega t) + \text{cte}$$

Y según las condiciones de contorno, para $t = 0$, $\omega = 0$, resulta:

$$\text{cte} = \frac{5f}{2MR\Omega}$$

Luego:

$$\boxed{\omega = -\frac{5f}{2MR\Omega} \left(1 - \cos(\Omega t)\right)}$$

12.5

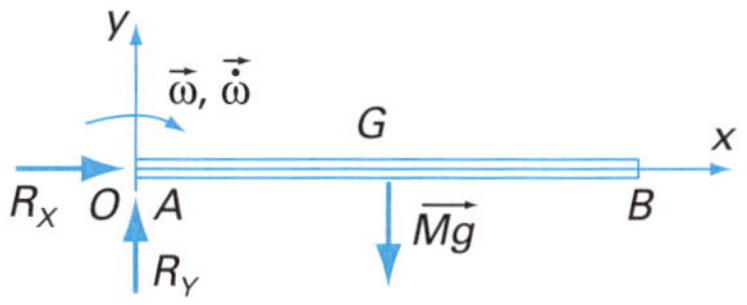

FIGURA 12.9

Se trata de un sólido que gira alrededor del eje fijo OZ perpendicular al plano del dibujo.

$$\vec{\omega} = -\omega \vec{k}, \quad \dot{\vec{\omega}} = -\dot{\omega}\vec{k}$$

Las fuerzas exteriores que actúan son:

$$F_x = 0; \; F_y = -Mg; \; F_z = 0$$

Las reacciones en O son R_x y R_y y según el enunciado $R_y = 0$.

El momento resultante

$$\Gamma_z = -MgL - \Gamma_{apl}$$

siendo Γ_{apl} el momento que hay que aplicar para que se verifiquen las condiciones del problema.

Las ecuaciones del movimiento se obtienen a partir del teorema del momento cinético:

$$I_z \dot{\omega} = \Gamma_z \qquad [12.25]$$

y del teorema del centro de masas:

$$\vec{F} + \vec{R} = M\vec{a}_G \qquad [12.26]$$

La aceleración del c.d.m. es:

$$\vec{a}_G = \dot{\vec{\omega}} \times \overrightarrow{OG} + \vec{\omega} \times (\vec{\omega} \times \overrightarrow{OG})$$

O sea:

$$\vec{a}_G = -\dot{\omega}L\vec{j} - \omega^2 L\vec{i} = -\omega^2 L\vec{i} - \dot{\omega}L\vec{j}$$

El momento de inercia de la varilla respecto al eje OZ es:

$$I_z = \int_0^{2L} \rho x^2 \, dx = \rho \left| \frac{x^3}{3} \right|_0^{2L} = \rho \frac{8L^3}{3} = \rho 2L \frac{4}{3} L^2 = \frac{4}{3} ML^2$$

Sustituyendo en la ecuación [12.26], resulta:

$$F_X + R_Y = M\ddot{x}_g$$
$$F_Y + R_Y = M\ddot{y}_g$$
$$F_Z + R_Z = M\ddot{z}_g$$

o sea:

$$R_X = -M\omega^2 L$$
$$-Mg + 0 = -M\dot{\omega}L$$

de donde:

$$\dot{\omega} = \frac{g}{L}$$

y la aceleración angular de la varilla es:

$$\boxed{\vec{\dot{\omega}} = -\frac{g}{L}\vec{k}}$$

y sustituyendo en la ecuación [12.25] queda

$$\frac{4}{3}ML^2\left(-\frac{g}{L}\right) = -MgL - \Gamma_{apl}$$

o sea:

$$\Gamma_{apl} = \frac{4}{3}MLg - MLg = \frac{1}{3}MLg$$

por lo que el momento pedido es:

$$\boxed{\vec{\Gamma}_{apl} = -\frac{1}{3}MLg\vec{k}}$$

Capítulo 13

DINÁMICA DEL SÓLIDO CON UN PUNTO FIJO

OBJETIVOS

1. *Describir el movimiento del sólido con un punto fijo.*
2. *Expresar la rotación instantánea en los ejes de Euler.*
3. *Calcular la energía cinética y el momento cinético.*
4. *Obtener las ecuaciones de Euler del movimiento.*
5. *Calcular la reacción del punto fijo.*
6. *Estudiar el caso de Euler-Poinsot del movimiento.*
7. *Enunciar y demostrar los teoremas de Poinsot.*
8. *Estudiar geométricamente el movimiento.*
9. *Obtener la polodia y herpolodia del movimiento.*
10. *Estudiar el caso de Lagrange-Poisson del movimiento.*
11. *Obtener las ecuaciones del movimiento.*
12. *Discutir el movimiento.*
13. *Definir y estudiar el movimiento giroscópico.*
14. *Integrar las ecuaciones del movimiento de un giróscopo.*
15. *Describir el efecto giroscópico, los giróscopos y sus aplicaciones.*

ESQUEMA-RESUMEN

13.1. Dinámica del sólido con un punto fijo
— Rotaciones de Euler
— Energía cinética
— Momento cinético

13.2. Ecuaciones de Euler

13.3. Reacción del punto fijo

13.4. Solución general del problema del sólido con un punto fijo

13.5. Caso de Euler-Poinsot
— Teoremas de Poinsot
— Estudio geométrico del movimiento
— Polodia
— Herpolodia
— Casos particulares

13.6. Estabilidad de la rotación alrededor de un eje principal de inercia

13.7. Caso de Lagrange-Poisson
— Ecuaciones del movimiento
— Discusión del movimiento
— Movimiento del eje *Oz*

13.8. Movimiento giroscópico
— Discusión del movimiento
— Integración aproximada para un movimiento de rotación muy rápido
— Efecto giroscópico
— Giróscopo. Aplicaciones

13. DINÁMICA DEL SÓLIDO CON UN PUNTO FIJO

13.1. DINÁMICA DEL SÓLIDO CON UN PUNTO FIJO

El estudio del movimiento de un sólido rígido con un punto fijo fue abordado por primera vez por D'Alembert a mediados del siglo XVIII. Hasta entonces sólo era conocida una de las dos ecuaciones vectoriales que rigen el equilibrio de un sólido libre. Era la ecuación que expresa la nulidad de la resultante del sistema de fuerzas que obra sobre el sólido rígido. La otra, que establece la nulidad del momento resultante del sistema de fuerzas aplicadas respecto al punto fijo, no se conocía. Sin embargo esta última es la única que interviene cuando el sólido se mueve alrededor de un punto fijo, y fue d'Alembert quien primero la introdujo obteniendo las ecuaciones del movimiento a partir del famoso principio que lleva su nombre.

13.1.1. Rotaciones de Euler

Para estudiar el movimiento de un sólido rígido con un punto fijo, introduciremos dos sistemas de coordenadas rectangulares, con origen común en un punto fijo. Uno es un sistema de referencia inercial $Ox_1y_1z_1$, denominado sistema fijo, y otro es el sistema de referencia $Oxyz$, ligado al sistema indeformable, que llamaremos sistema móvil. La posición de este segundo sistema respecto al primero se establece mediante los tres ángulos de Euler ψ, θ y φ, quedando totalmente determinado el movimiento del sistema indeformable una vez conocidas las tres funciones del tiempo:

$$\psi = \psi(t), \quad \theta = \theta(t) \quad \text{y} \quad \varphi = \varphi(t)$$

El vector $\vec{\omega}$, rotación instantánea a la que se encuentra sometido el sólido rígido, tiene por componentes ω_x, ω_y, y ω_z respecto al sistema móvil,

$$\vec{\omega} = \omega_x \vec{i} + \omega_y \vec{j} + \omega_z \vec{k}$$

siendo las tres rotaciones $\vec{\dot{\psi}}$, $\vec{\dot{\theta}}$ y $\vec{\dot{\varphi}}$ sus componentes en el sistema formado por la línea de nodos, el tercer eje fijo y el tercer eje móvil (sistema de Euler). Es decir:

$$\vec{\omega} = \dot{\theta}\vec{u}_n + \dot{\psi}\vec{u}_{z_1} + \dot{\varphi}\vec{k}$$

A continuación vamos a buscar las expresiones que dan los componentes del vector $\vec{\omega}$ respecto a los ejes móviles, en función de las rotaciones y ángulos de Euler.

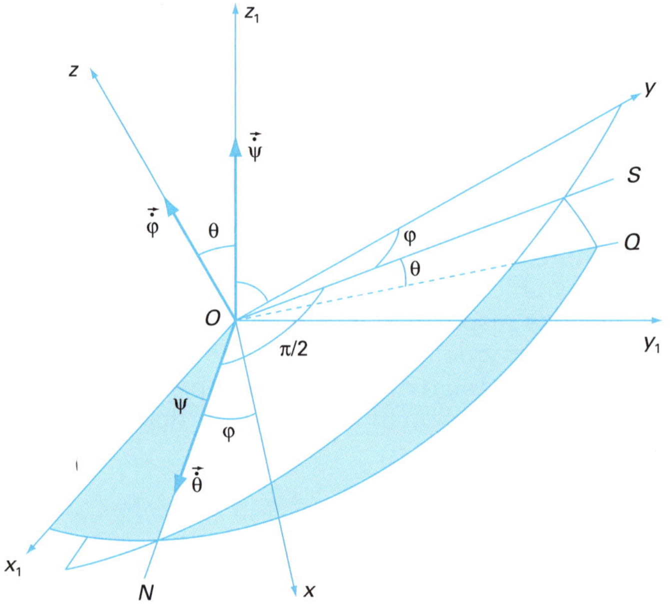

FIGURA 13.1

Para ello proyectaremos $\vec{\dot{\psi}}$, $\vec{\dot{\theta}}$ y $\dot{\varphi}$ sobre Ox, Oy y Oz y respectivamente, resultando:

$$\omega_x = \dot{\theta} \cos \varphi + \dot{\psi} \operatorname{sen} \theta \operatorname{sen} \varphi$$
$$\omega_y = -\dot{\theta} \operatorname{sen} \varphi + \dot{\psi} \operatorname{sen} \theta \cos \varphi$$
$$\omega_z = \dot{\varphi} + \dot{\psi} \cos \theta$$

Si $\dot{\theta}$, $\dot{\psi}$ y $\dot{\varphi}$ son funciones conocidas del tiempo, estas fórmulas permiten calcular directamente:

$$\omega_x(t), \ \omega_y(t) \ \text{y} \ \omega_z(t)$$

Si, por el contrario, lo que se conoce es ω_x, ω_y y ω_z, será preciso integrar las ecuaciones [13.1] para obtener:

$$\dot{\theta}(t),\ \dot{\psi}(t) \text{ y } \dot{\varphi}(t)$$

Generalmente se suelen calcular $\omega_x(t)$, $\omega_y(t)$ y $\omega_z(t)$, y por medio de las ecuaciones de Euler, que se obtendrán más adelante, y a continuación, a partir de las [13.1], $\theta(t)$, $\psi(t)$ y $\varphi(t)$.

13.1.2. Energía cinética

La energía cinética de un sólido rígido viene dada en un instante determinado, por:

$$E_c = \frac{1}{2} \int_D \text{nor}\, \vec{v}\, dm \qquad [13.2]$$

siendo dm la masa de un elemento del sólido rígido continuo, que se desplaza con velocidad $\vec{v}$ y D el volumen ocupado por el sólido rígido.

En el caso de un sistema indeformable con un punto fijo, al ser la velocidad de dicho punto cero, podemos escribir:

$$E_c = \frac{1}{2} \int_D \text{nor}\, (\vec{\omega} \times \vec{r}) dm \qquad [13.3]$$

en donde $\vec{\omega}$ es la rotación instantánea del sólido y $\vec{r}$ el vector de posición respecto al punto fijo de un elemento del sistema indeformable de masa dm.

La expresión anterior puede escribirse también como sigue:

$$E_c = \frac{1}{2} \int_D \omega^2\, \text{nor}\, (\vec{u} \times \vec{r}) dm = \frac{1}{2} \omega^2 \int_D \text{nor}\, (\vec{u} \times \vec{r}) dm = \frac{1}{2} \omega^2 I_\delta \qquad [13.4]$$

siendo I_δ el momento de inercia respecto al eje instantáneo de rotación, definido en cada instante por el vector unitario $\vec{u}$ cuya dirección pasa siempre por el punto fijo (se trata de un movimiento esférico).

Recordando la expresión del momento de inercia respecto a una recta concurrente con otras tres perpendiculares entre sí, resulta:

$$E_c = \frac{1}{2}\omega^2(I_x \cos^2 \alpha + I_y \cos^2 \beta + I_z \cos^2 \gamma -$$

$$- 2P_{xy} \cos \alpha \cos \beta - 2P_{xz} \cos \alpha \cos \gamma - 2P_{yz} \cos \beta \cos \gamma) =$$

$$= \frac{1}{2}[I_x(\omega \cos \alpha)^2 + I_y(\omega \cos \beta)^2 + I_z(\omega \cos \gamma)^2 -$$

$$- 2P_{xy}(\omega \cos \alpha)(\omega \cos \beta) - 2P_{xz}(\omega \cos \gamma) - 2P_{yz}(\omega \cos \beta)(\omega \cos \gamma)]$$

de donde:

$$E_c = \frac{1}{2}[I_x\omega_x^2 + I_y\omega_y^2 + I_z\omega_z^2 - 2P_{xy}\omega_x\omega_y - 2P_{xz}\omega_x\omega_z - 2P_{yz}\omega_y\omega_z] \qquad [13.5]$$

Expresión que puede escribirse en forma matricial como sigue:

$$E_c = \frac{1}{2}[\omega_x \ \ \omega_y \ \ \omega_z]\begin{bmatrix} I_x & -P_{xy} & -P_{xz} \\ -P_{xy} & I_y & -P_{yz} \\ -P_{xz} & -P_{yz} & I_z \end{bmatrix}\begin{bmatrix} \omega_x \\ \omega_y \\ \omega_z \end{bmatrix}$$

en donde la matriz

$$[I] = \begin{bmatrix} I_x & -P_{xy} & -P_{xz} \\ -P_{xy} & I_y & -P_{yz} \\ -P_{xz} & -P_{yz} & I_z \end{bmatrix}$$

es la denominada *matriz de inercia*.

Puesto que la matriz de inercia $[I]$ es simétrica por su propia definición, podemos calcular sus vectores propios y adoptar las direcciones que determinan como ejes de referencia. Dichos ejes son los denominados *ejes principales* de inercia del sólido. Los valores propios de la matriz reciben el nombre de *momentos principales* de inercia y les llamaremos I_x, I_y e I_z. De esta forma se ha transformado la matriz $[I]$ en una matriz diagonal. Esta operación de diagonalizar la matriz equivale a efectuar un giro que haga coincidir los ejes *Oxyz* con los principales del sistema indeformable.

Si tomamos como ejes móviles los ejes principales de inercia del sistema indeformable, la expresión [13.5] se reduce a:

$$E_c = \frac{1}{2}(I_x\omega_x^2 + I_y\omega_y^2 + I_z\omega_z^2)$$

puesto que en esos ejes $P_{xy} = P_{xz} = P_{yz} = 0$.

13.1.3. Momento cinético

El momento cinético de un sólido rígido respecto a un punto fijo viene dado en un instante determinado por:

$$\vec{L} = \int_D \vec{r} \times \vec{v}\, dm \qquad [13.6]$$

siendo $\vec{v}\, dm$ la cantidad de movimiento de un elemento de masa dm del sólido rígido continuo considerado, cuyo vector de posición respecto al punto fijo es $\vec{r}$, siendo D el volumen ocupado por el sólido.

Procediendo de modo análogo a como se hizo en el caso de la energía cinética, se puede escribir:

$$\vec{L} = \int_D \vec{r} \times (\vec{\omega} \times \vec{r})dm$$

y desarrollando el doble producto vectorial:

$$\vec{L} = \int_D (\text{nor}\, \vec{r})\vec{\omega}\, dm - \int_D (\vec{\omega} \cdot \vec{r})\vec{r}\, dm =$$

$$= \vec{\omega} \int_D \text{nor}\, \vec{r}\, dm - \int_D \vec{r}(\vec{\omega} \cdot \vec{r})\, dm$$

o sea:

$$\vec{L} = \vec{\omega} I_o - \int_D \vec{r}(\vec{\omega} \cdot \vec{r})\, dm \qquad [13.7]$$

en donde I_o representa el momento de inercia del sólido respecto al punto fijo.

Multiplicando la expresión [13.7] escalarmente por $\vec{i}$ y operando se obtiene:

$$\begin{aligned} L_x = \vec{L} \cdot \vec{i} &= \omega_x I_o - \int_\tau (\vec{r} \cdot \vec{i})(\vec{\omega} \cdot \vec{r})\, dm = \\ &= \omega_x I_o - \int_\tau (\vec{r} \cdot \vec{i})[\omega_x(\vec{r} \cdot \vec{i}) + \omega_y(\vec{r} \cdot \vec{j}) + \omega_z(\vec{r} \cdot \vec{k})]dm = \\ &= \omega_x I_o - \omega_x \int_\tau (\vec{r} \cdot \vec{i})^2 dm - \omega_y \int_\tau (\vec{r} \cdot \vec{i})(\vec{r} \cdot \vec{j})dm - \omega_z \int_\tau (\vec{r} \cdot \vec{i})(\vec{r} \cdot \vec{j})dm = \\ &= \omega_x(I_{xy} + I_{yz} + I_{zx}) - \omega_x I_{zy} - \omega_y P_{xy} - \omega_z P_{xz} = \\ &= \omega_x(I_{xy} + I_{zx}) - \omega_y P_{xy} - \omega_z P_{xz} \end{aligned}$$

y finalmente:

$$L_x = \vec{L} \cdot \vec{i} = \omega_x I_x - \omega_y P_{xy} - \omega_z P_{xz} \qquad [13.8]$$

Análogamente, multiplicando escalarmente la [13.7] por $\vec{j}$ y por $\vec{k}$ se obtienen las expresiones:

$$L_y = \vec{L} \cdot \vec{j} = -\omega_x P_{yx} + \omega_y I_y - \omega_z P_{yz}$$
$$L_z = \vec{L} \cdot \vec{k} = -\omega_x P_{zx} - \omega_y P_{zy} + \omega_z I_z$$

Las relaciones anteriores pueden escribirse matricialmente como sigue:

$$\begin{bmatrix} L_x \\ L_y \\ L_z \end{bmatrix} = \begin{bmatrix} I_x & -P_{xy} & -P_{xz} \\ -P_{xy} & I_y & -P_{yz} \\ -P_{xz} & -P_{yz} & I_z \end{bmatrix} \begin{bmatrix} \omega_x \\ \omega_y \\ \omega_z \end{bmatrix} \qquad [13.9]$$

En adelante supondremos que los ejes $Oxyz$ son principales, y por tanto la expresión [13.9] se reduce a:

$$\vec{L} = I_x\omega_x\vec{i} + I_y\omega_y\vec{j} + I_z\omega_z\vec{k} \qquad [13.10]$$

13.2. ECUACIONES DE EULER

Supongamos que el sólido con el punto fijo O se encuentra sometido a la acción de un sistema dado de fuerzas $\vec{F}_i$ $(i = 1, 2, \ldots, n)$. Sea $\vec{R}$ la reacción del vínculo en O y $\vec{\Gamma}_O$ el momento resultante del sistema de fuerzas respecto a dicho punto.

Para obtener las ecuaciones del movimiento aplicaremos el teorema del momento cinético en el sistema de referencia fijo o inercial:

$$\left(\frac{d\vec{L}}{dt}\right)_{\text{inercial}} = \vec{\Gamma}_O$$

Recordando que:

$$\left(\frac{d}{dt}\right)_{\text{inercial}} = \left(\frac{d}{dt}\right)_{\text{móvil}} + \vec{\omega} \times$$

resulta en nuestro caso:

$$\left(\frac{d\vec{L}}{dt}\right)_{\text{móvil}} + \vec{\omega} \times \vec{L} = \vec{\Gamma}_O \qquad [13.11]$$

Es decir:

$$\frac{dL_x}{dt}\vec{i} + \frac{dL_y}{dt}\vec{j} + \frac{dL_z}{dt}\vec{k} + \begin{vmatrix} \vec{i} & \vec{j} & \vec{k} \\ \omega_x & \omega_y & \omega_z \\ L_x & L_y & L_z \end{vmatrix} = \Gamma_x\vec{i} + \Gamma_y\vec{j} + \Gamma_z\vec{k} \qquad [13.12]$$

expresión en la que todas las magnitudes están referidas al sistema móvil por lo que ya no resulta necesario indicar explícitamente que la derivación se hace en dicho sistema.

De la expresión [13.12] se deducen las siguientes:

$$\begin{aligned} \frac{dL_x}{dt} + (\omega_y L_z - \omega_z L_y) &= \Gamma_x \\ \frac{dL_y}{dt} + (\omega_z L_x - \omega_x L_z) &= \Gamma_y \\ \frac{dL_z}{dt} + (\omega_x L_y - \omega_y L_x) &= \Gamma_z \end{aligned} \qquad [13.13]$$

y recordando que:

$$L_x = I_x\omega_x, \quad L_y = I_y\omega_y, \quad L_z = I_z\omega_z$$

resulta:

$$\begin{aligned} I_x\dot{\omega}_x + (\omega_y I_z\omega_z - \omega_z I_y\omega_y) &= \Gamma_x \\ I_y\dot{\omega}_y + (\omega_z I_x\omega_x - \omega_x I_z\omega_z) &= \Gamma_y \\ I_z\dot{\omega}_z + (\omega_x I_y\omega_y - \omega_y I_x\omega_x) &= \Gamma_z \end{aligned} \qquad [13.14]$$

de donde queda finalmente:

$$\begin{aligned} I_x\dot{\omega}_x + (I_z - I_y)\omega_z\omega_y &= \Gamma_x \\ I_y\dot{\omega}_y + (I_x - I_z)\omega_x\omega_z &= \Gamma_y \\ I_z\dot{\omega}_z + (I_y - I_x)\omega_y\omega_x &= \Gamma_z \end{aligned} \qquad [13.15]$$

que son las denominadas *ecuaciones de Euler*.

Las seis ecuaciones diferenciales simultáneas de primer orden [13.15] y [13.1] determinan las seis incógnitas ω_x, ω_y, ω_z, θ, ψ y φ en función del tiempo, y, por tanto, el movimiento del sólido rígido. Las seis integrales generales de este sistema contendrán seis constantes arbitrarias que se determinarán a partir de las condiciones iniciales; es decir, por la posición inicial correspondiente a los valores θ_o, ψ_o y φ_o de los tres ángulos de Euler y por la rotación instantánea inicial correspondiente a los valores ω_{x_o}, ω_{y_o} y ω_{z_o} de sus tres componentes.

La eliminación de ω_x, ω_y y ω_z entre las ecuaciones [13.15] y [13.1] conduce a un sistema de tres ecuaciones diferenciales de segundo orden que permiten obtener θ, ψ y φ. En general será preciso considerar las seis ecuaciones puesto que, salvo en casos muy particulares, Γ_x, Γ_y y Γ_z dependen de la posición del sólido, es decir, de θ, ψ y φ.

Hay que tener en cuenta que las ecuaciones [13.15] se han obtenido en el supuesto de que los ejes *Oxyz* sean solidarios con el sólido, por lo que la rotación instantánea $\vec{\omega}$ coincide con la de arrastre de los ejes móviles y los momentos y productos de inercia son invariantes con el tiempo. Si los ejes móviles no estuviesen solidariamente unidos al cuerpo, los momentos y productos de inercia serían, en general, funciones del tiempo, lo que complica extraordinariamente la solución del problema. No obstante, cuando el sólido gira alrededor de un eje de simetría, los momentos de inercia no varían con el tiempo, ya que no dependen de la posición de los otros dos ejes, por lo que en este caso puede resultar conveniente permitir que el sólido gire alrededor del eje de simetría, si bien entonces la rotación de arrastre ya no coincide con la rotación instantánea.

13.3. REACCIÓN DEL PUNTO FIJO

Para obtener la reacción $\vec{R}$ del punto fijo supondremos el problema resuelto y calcularemos las componentes R_x, R_y y R_z de dicha reacción, según los ejes móviles, aplicando el teorema del centro de masas:

$$M\vec{a}_G = \vec{R} + \vec{F}$$

y como la aceleración del centro de masas es:

$$\vec{a}_G = \frac{d\vec{v}_o}{dt} + \frac{d\vec{\omega}}{dt} \times \vec{r}_G + \vec{\omega} \times (\vec{\omega} \times \vec{r}_G)$$

y

$$\frac{d\vec{v}_o}{dt} = 0$$

resulta:

$$M \frac{d}{dt} (\vec{\omega} \times \vec{r}_G) + M\vec{\omega} \times (\vec{\omega} \times \vec{r}_G) = \vec{F} + \vec{R}$$

y teniendo en cuenta que nor $\vec{r}_G$ = cte, queda:

$$\vec{R} = M\left[\frac{d\vec{\omega}}{dt} \times \vec{r}_G + \vec{\omega} \times (\vec{\omega} \times \vec{r}_G)\right] - \vec{F} \qquad [13.16]$$

expresión vectorial que determina $\vec{R}$.

13.4. SOLUCIÓN GENERAL DEL PROBLEMA DEL SÓLIDO CON UN PUNTO FIJO

Aunque desde el punto de vista mecánico el conjunto de ecuaciones [13.1] y [13.15] resuelven completamente el problema del movimiento de un sistema indeformable alrededor de un punto fijo, analíticamente el problema, en general, no tiene solución.

Existen, sin embargo, tres casos particulares en los que resulta posible determinar integrales primeras del movimiento mediante las cuales el problema se resuelve por simples cuadraturas. Dichos casos son:

1. *Caso de Euler-Poinsot:* Las fuerzas exteriores se reducen a una resultante única que pasa por el punto fijo.
2. *Caso de Lagrange-Poisson:* El elipsoide de inercia del sólido respecto al punto fijo es de revolución alrededor de un eje sobre el cual está situado el centro de masas del sistema en el que está aplicada la única fuerza, constante, a la que se encuentra sometido el sólido.
3. *Caso de Mme. Kowalewsky:* El elipsoide de inercia del sólido respecto al punto fijo es de revolución y satisface la condición de que el momento de inercia respecto al eje de revolución es mitad de cada uno de los otros dos, el centro de masas está situado en el plano ecuatorial, y el sólido se encuentra sometido a la acción de una fuerza constante que pasa por el centro de masas.

13.5. CASO DE EULER-POINSOT

En este caso, como se acaba de decir, las fuerzas exteriores se reducen a una resultante única que pasa por el punto fijo. Fue resuelto por Euler y Jacobi mediante el empleo de funciones elípticas. Sin embargo la solución del problema se simplifica notablemente utilizando un procedimiento geométrico debido a Poinsot que permite obtener fácilmente las principales propiedades del movimiento.

13.5.1. Teoremas de Poinsot

Sea un cuerpo rígido, animado de un movimiento cualquiera alrededor de un punto fijo O. Consideremos el elipsoide de inercia del sólido relativo al punto O y adoptemos como ejes móviles $Oxyz$ los ejes del elipsoide.

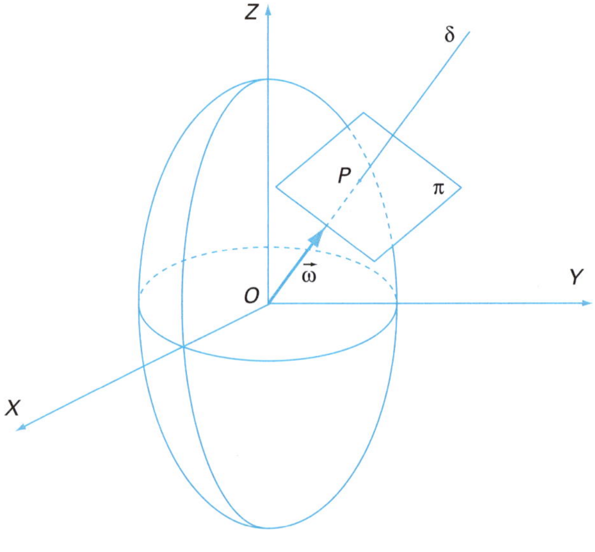

FIGURA 13.2

Recordando la definición del elipsoide de inercia como lugar geométrico de los puntos, P, cuya distancia a O es:

$$\overline{OP} = \frac{1}{\sqrt{I_\delta}}$$

resulta que:

$$I_\delta = \frac{1}{\overline{OP}^2}$$

siendo I_δ el momento de inercia del sólido respecto a la recta δ que pasa por O y P.

La ecuación cartesiana del elipsoide será:

$$I_x x^2 + I_y y^2 + I_z z^2 = 1$$

ya que se han adoptado como ejes de coordenadas los propios ejes de simetría del elipsoide. Sus tres semiejes son:

$$a = \frac{1}{\sqrt{I_x}}, \quad b = \frac{1}{\sqrt{I_y}}, \quad c = \frac{1}{\sqrt{I_z}}$$

y se ha supuesto $I_x > I_y > I_z$, con lo que $a < b < c$.

En lo que sigue supondremos que P ya no es un punto cualquiera del elipsoide de inercia relativo a O, sino la intersección del eje instantáneo de rotación con dicho elipsoide. Al punto P así definido se le llamará polo.

A continuación se demuestran tres teoremas, debidos a **Poinsot**, que relacionan ciertas características geométricas del elipsoide de inercia con magnitudes mecánicas tales como el momento cinético, energía cinética, etc.

TEOREMA 1.—*La energía cinética del sólido rígido es:*

$$E_c = \frac{1}{2} \frac{\omega^2}{\overline{OP}^2}$$

Demostración:

Por definición,

$$E_c = \frac{1}{2} I_\delta \omega^2$$

y teniendo en cuenta que:

$$I_\delta = \frac{1}{\overline{OP}^2}$$

queda:

$$E_c = \frac{1}{2} \frac{\omega^2}{\overline{OP}^2}$$

TEOREMA 2.—*El plano tangente al elipsoide de inercia en el polo es, en cada instante, perpendicular al momento cinético del cuerpo respecto al punto fijo.*

Demostración:

La ecuación del plano tangente a una superficie $f(x, y, z) = 0$, en un punto de la superficie de coordenadas (x_o, y_o, z_o) es:

$$\left(\frac{\partial f}{\partial x}\right)_o (x - x_o) + \left(\frac{\partial f}{\partial y}\right)_o (y - y_o) + \left(\frac{\partial f}{\partial z}\right)_o (z - z_o) = 2I_z z_o$$

En nuestro caso:

$$f(x, y, z) = I_x x^2 + I_y y^2 + I_z z^2 - 1 = 0$$

y resulta:

$$\left(\frac{\partial f}{\partial x}\right)_o = 2I_x x_o, \quad \left(\frac{\partial f}{\partial y}\right)_o = 2I_y y_o, \quad \left(\frac{\partial f}{\partial z}\right)_o = 2I_z z_o$$

por lo que la ecuación del plano tangente al elipsoide en $P(x_o, y_o, z_o)$ es:

$$2I_x x_o(x - x_o) + 2I_y y_o(y - y_o) + 2I_z z_o(z - z_o) = 0$$

y operando:

$$I_x x_o x + I_y y_o y + I_z z_o z = I_x x_o^2 + I_y y_o^2 + I_z z_o^2$$

y puesto que el segundo miembro coincide con el primero de la ecuación del elipsoide, particularizada para $P(x_o, y_o, z_o)$, resulta finalmente para el plano tangente la ecuación:

$$I_x x_o x + I_y y_o y + I_z z_o z = 1$$

Y sustituyendo las coordenadas, x_o, y_o, z_o, del polo por su valor:

$$x_o = \overline{OP}\,\frac{\omega_x}{\omega}$$

$$y_o = \overline{OP}\,\frac{\omega_y}{\omega}$$

$$z_o = \overline{OP}\,\frac{\omega_z}{\omega}$$

ya que $\frac{\omega_x}{\omega}$, $\frac{\omega_y}{\omega}$ y $\frac{\omega_z}{\omega}$ son los cosenos directores de $\vec{\omega}$ y por tanto de la recta δ, que es el eje instantáneo de rotación, resulta:

$$\frac{\overline{OP}}{\omega}(I_x\,\omega_x x + I_y\,\omega_y y + I_z\,\omega_z z) = 1$$

que podemos escribir como:

$$(I_x\omega_x)x + (I_y\omega_y)y + (I_z\omega_z)z - \frac{\omega}{\overline{OP}} = 0$$

cuyo vector unitario *normal es*:

$$\vec{n} = \frac{I_x\omega_x\vec{i} + I_y\omega_y\vec{j} + I_z\omega_z\vec{k}}{\sqrt{(I_x\omega_x)^2 + (I_y\omega_y)^2 + (I_z\omega_z)^2}}$$

que vemos que coincide con el vector unitario según la dirección del momento cinético $\vec{L}_o$ cuya expresión en los ejes de simetría del elipsoide era:

$$\vec{L}_o = I_x\omega_x\vec{i} + I_y\omega_y\vec{j} + I_z\omega_z\vec{k}$$

quedando demostrado que $\vec{L}_o$ es perpendicular al plano tangente al elipsoide en el polo, como se pretendía.

TEOREMA 3.—*La distancia del punto fijo* O *al plano tangente al elipsoide de inercia en el polo es:*

$$d = \frac{\sqrt{2E_c}}{L_o}$$

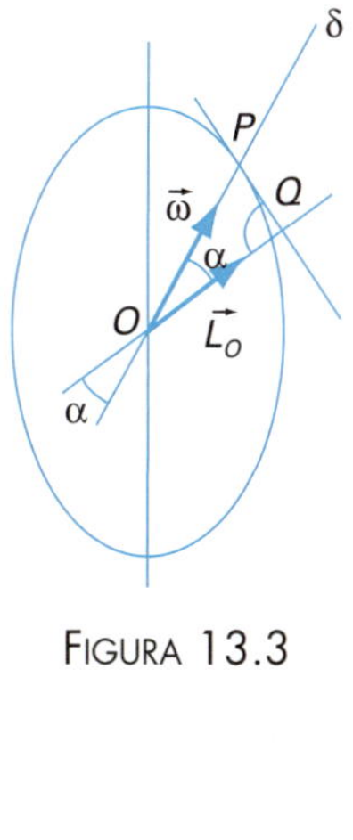

FIGURA 13.3

Demostración:

La distancia $d = \overline{OQ}$ la podemos obtener como proyección de $\overline{OP}$ sobre la dirección del momento cinético. Es decir:

$$d = \overline{OQ} \cos \alpha$$

y teniendo en cuenta que:

$$\cos \alpha = \frac{\vec{\omega} \cdot \vec{L}_o}{|\vec{\omega}|\,|\vec{L}_o|}$$

resulta, al sustituir $\vec{\omega}$ y $\vec{L}_o$ en función de sus componentes:

$$\vec{\omega} = \omega_x \vec{i} + \omega_y \vec{j} + \omega_z \vec{k}$$
$$\vec{L}_o = I_x \omega_x \vec{i} + I_y \omega_y \vec{j} + I_z \omega_z \vec{k}$$

la siguiente expresión para cos α:

$$\cos \alpha = \frac{I_x \omega_x^2 + I_y \omega_y^2 + I_z \omega_z^2}{|\vec{\omega}|\,|\vec{L}_o|}$$

La distancia al plano será:

$$d = \frac{\overline{OP}}{\omega L_o} (I_x \omega_x^2 + I_y \omega_y^2 + I_z \omega_z^2)$$

es decir:

$$d = \frac{\overline{OP}}{\omega L_o} 2E_c \qquad [13.17]$$

Ahora bien, según el teorema primero:

$$\sqrt{2E_c} = \frac{\omega}{\overline{OP}}$$

por lo que sustituyendo en [13.17] queda:

$$d = \frac{2E_c}{L_o \sqrt{2E_c}}$$

y finalmente:

$$d = \frac{\sqrt{2E_c}}{L_o}$$

13.5.2. Estudio geométrico del movimiento

Elegiremos los ejes principales de inercia, x, y, z de forma que:

$$I_x < I_y < I_z$$

El momento cinético $\vec{L}_o$ respecto al punto fijo y la energía cinética son constantes. Esto resulta inmediato sin más que aplicar los teoremas del momento cinético y de la energía cinética. En efecto:

$$\frac{d\vec{L}_o}{dt} = 0 \quad \text{y} \quad \vec{L}_o = \overrightarrow{\text{cte}}$$

y

$$dE_c = dT_{\text{ext}} = 0 \quad \text{y} \quad E_c = \text{cte}$$

Entonces, en virtud del teorema tercero del apartado anterior, la distancia del punto fijo al plano tangente, que vale:

$$d = \frac{\sqrt{2E_c}}{L_o}$$

es constante. Es decir, el plano tangente al elipsoide permanece fijo en el espacio.

Se deduce, por tanto, que el elipsoide de inercia se mueve de forma que permanece constantemente en contacto con el plano inmóvil π y estando su centro O, fijo (fig. 13.4).

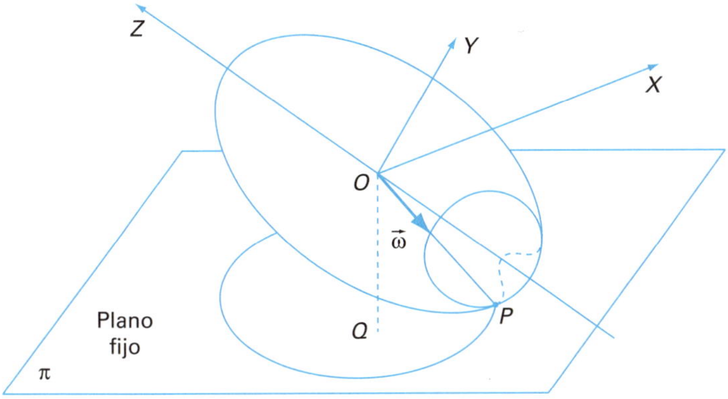

FIGURA 13.4

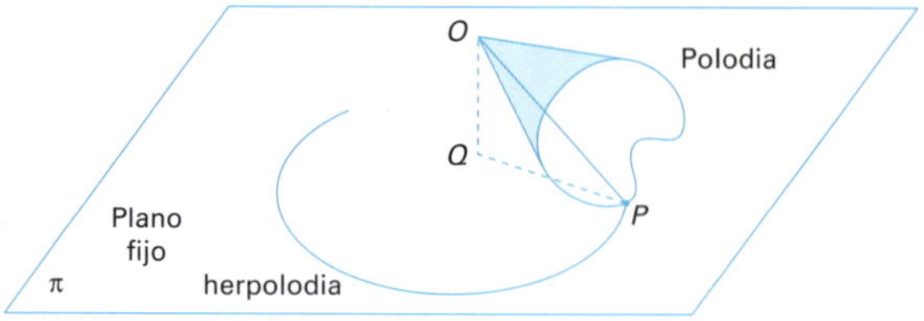

FIGURA 13.5

Como el punto de contacto del elipsoide con el plano es el polo P, que es la intersección del eje instantáneo de rotación con el elipsoide, su velocidad será nula y el elipsoide de inercia rueda sin deslizar sobre el plano.

Es decir, el punto P describe, respecto al sistema móvil $Oxyz$, una curva situada sobre el elipsoide llamada *polodia*. El lugar geométrico de P respecto a unos ejes fijos es una curva situada en el plano, que se denomina *herpolodia* (fig. 13.5).

El eje instantáneo de rotación, $\vec{\omega}$, describe dos conos de vértice O, llamados *cono fijo* y *cono móvil*. Y al pertenecer el punto P a la recta δ, resulta que la polodia está situada sobre el cono móvil y la herpolodia sobre el cono fijo.

Se deduce, pues, que se puede considerar también que el movimiento consiste en la rodadura, sin deslizamiento, sobre el plano fijo de un cono de vértice O limitado por la polodia, de forma que el punto de contacto describa la herpolodia.

A continuación vamos a obtener las ecuaciones de la polodia y de la herpolodia.

13.5.3. Polodia

La *polodia* es el lugar geométrico de los puntos $P(x_0, y_0, z_0)$ del elipsoide en los que el plano tangente π está a una distancia constante d del origen O.

La ecuación del plano tangente es:

$$I_x x_0 x + I_y y_0 y + I_z z_0 z = 1$$

que en la forma normal es:

$$\frac{1 - (I_x x_0 x + I_y y_0 y + I_z z_0 z)}{\sqrt{I_x^2 x_0^2 + I_y^2 y_0^2 + I_z^2 z_0^2}} = 0$$

La distancia desde el origen $O(0, 0, 0)$ a este plano es:

$$d = \frac{1}{\sqrt{I_x^2 x_0^2 + I_y^2 y_0^2 + I_z^2 z_0^2}}$$

de donde:

$$I_x^2 x_0^2 + I_y^2 y_0^2 + I_z^2 z_0^2 = \frac{1}{d^2} \qquad [13.18]$$

ecuación que, junto con la del elipsoide:

$$I_x^2 x_0^2 + I_y^2 y_0^2 + I_z^2 z_0^2 = 1 \qquad [13.19]$$

por ser $(x_0 y_0 z_0)$ punto del elipsoide, definen la *polodia* que será, por tanto, una curva algebraica de cuarto orden.

Multiplicando [13.19] por $\frac{1}{d^2}$, y restando de [13.18] la relación así obtenida, queda:

$$I_x\left(I_x - \frac{1}{d^2}\right)x_0^2 + I_y\left(I_y - \frac{1}{d^2}\right)^2 y_0^2 + I_z\left(I_z - \frac{1}{d^2}\right)^2 z_0^2 = 0 \qquad [13.20]$$

que es la ecuación de una superficie reglada que representa un cono de vértice O y cuya directriz es la polodia. Es decir, es el cono proyectante de la polodia que es el denominado cono móvil. Por tanto la polodia puede considerarse como la intersección del cono móvil de la ecuación [13.20] con el elipsoide. La distancia d ha de ser necesariamente igual o mayor que el semieje menor del elipsoide e igual o menor que el semieje mayor del elipsoide para que el cono móvil sea real.

A continuación examinaremos los diversos casos posibles, según los distintos valores de d. Para facilitar la discusión usaremos la siguiente notación:

$$I_x\left(I_x - \frac{1}{d^2}\right) = A \qquad \frac{1}{\sqrt{I_x}} = a$$

$$I_y\left(I_y - \frac{1}{d^2}\right) = B \qquad \frac{1}{\sqrt{I_y}} = b$$

$$I_z\left(I_z - \frac{1}{d^2}\right) = C \qquad \frac{1}{\sqrt{I_z}} = c$$

de modo que la ecuación del cono móvil queda:

$$Ax_0^2 + By_0^2 + Cz_0^2 = 0$$

Pueden presentarse los casos siguientes:

1. $d = a < b < c$
2. $a < d < b < c$
3. $a < d = b < c$
4. $a < b < d < c$
5. $a < b < c = d$

A continuación consideraremos cada uno de ellos separadamente:

1.º $d = a$

En este caso:

$$\frac{1}{d^2} = \frac{1}{a^2} = I_x$$

por lo que $A = 0$, siendo $B < 0$ y $C < 0$, y la ecuación [13.20] se convierte en:

$$-|B|y_0^2 - |C|z_0^2 = 0$$

que solamente se satisface si $y_0 = z_0 = 0$, para cualquier x_0.

El cono móvil se reduce al eje x y la polodia a los dos puntos de intersección del eje x con el elipsoide (extremos del eje menor).

2.º $a < d < b < c$

En este caso:

$$\frac{1}{a^2} > \frac{1}{d^2}$$

por lo que:

$$I_x > \frac{1}{d^2} \quad \text{y} \quad A > 0$$

siendo $B < 0$ y $C < 0$; la ecuación del cono se reduce a:

$$Ax_0^2 - |B|y_0^2 - |C|z_0^2 = 0$$

Si se corta por $x_0 = k$ se obtiene una elipse.

Si se corta por $y_0 = k$ se obtiene una hipérbola de eje Z.

Si se corta por $z_0 = k$ se obtiene una hipérbola de eje Y.

Luego se tiene un cono elíptico de eje OX (semieje menor).

La polodia, intersección de este cono con el elipsoide, consta de dos ramas cerradas, netamente alabeadas (fig. 13.6).

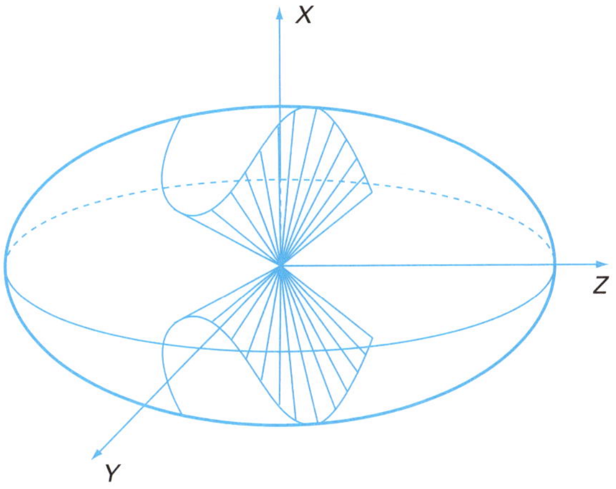

FIGURA 13.6

3.º $a < d = b < c$

Ahora siguen siendo $A > 0$ y $C < 0$, pero:

$$\frac{1}{b^2} = \frac{1}{d^2}$$

por lo que:

$$I_y = \frac{1}{d^2} \quad \text{y} \quad B = 0$$

la ecuación del cono se reduce a:

$$Ax_0^2 - |C|z_0^2 = 0$$

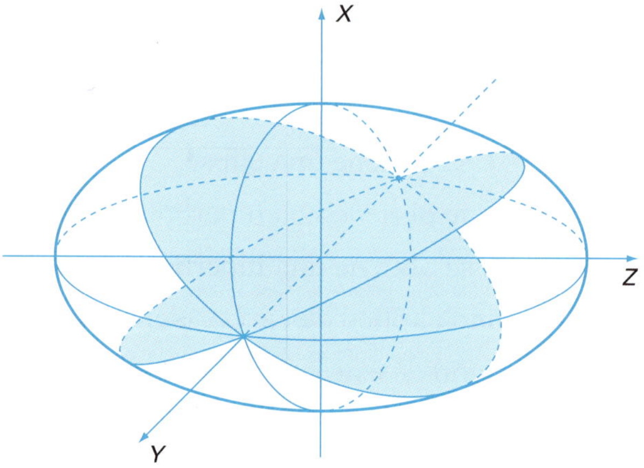

FIGURA 13.7

que se puede poner como:

$$(\sqrt{A}x_0 + \sqrt{C}z_0)(\sqrt{A}z_0 - \sqrt{C}x_0) = 0$$

que equivale a dos planos que contienen al eje OY y que cortarán al elipsoide en dos líneas simétricas respecto al plano YZ.

La polodia degenera en dos elipses, intersecciones de ambos planos con el elipsoide, que se cortan en dos puntos situados en los extremos del eje Y (fig. 13.7).

4.º $a < b < d < c$

En este caso:

$$A > 0, \; B > 0 \text{ y } C < 0$$

La ecuación del cono será:

$$Ax_0^2 + By_0^2 - |C|z_0^2 = 0$$

Cortando por $z_0 = k$ se obtiene una elipse.

Cortando por $y_0 = k$ se obtiene una hipérbola de eje Z.

Cortando por $x_0 = k$ se obtiene una hipérbola de eje Y.

Queda por tanto un cono elíptico de eje OZ.

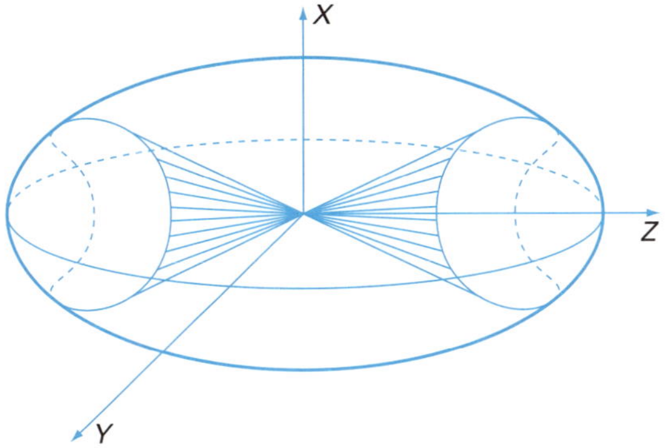

FIGURA 13.8

De nuevo la polodia está formada por dos ramas de curva alabeada, resultado de la intersección del cono elíptico de eje OZ con el elipsoide (figura 13.8).

5.º $a < b < c = d$

En este caso:

$$A > 0,\ B > 0 \text{ y } C = 0$$

La ecuación del cono se convierte en:

$$Ax_0^2 + By_0^2 = 0$$

que solamente se satisface si $x_0 = y_0 = 0$, para cualquier z_0.

El cono móvil se reduce al eje OZ y la polodia a los dos puntos de intersección del eje OZ con el elipsoide (extremos del eje mayor.)

Finalmente, considerando globalmente los cinco apartados anteriores se obtiene la figura 13.9.

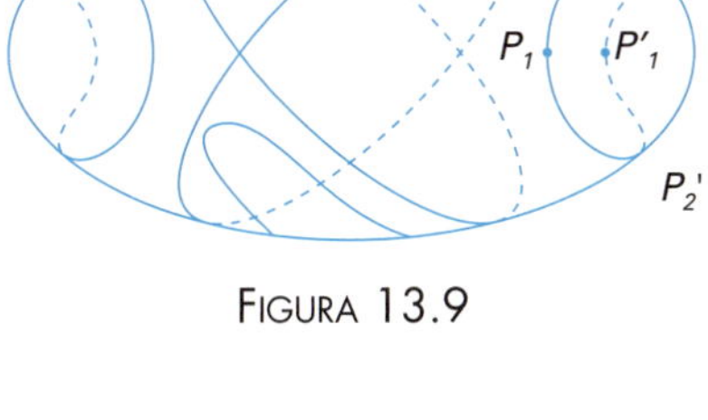

FIGURA 13.9

Puede observarse que cada rama de polodia tiene cuatro vértices P_1, P_1', P_2, P_2', para los cuales la distancia OP es máximo o mínimo.

13.5.4. Herpolodia

Sea ρ la distancia desde el pie de la perpendicular trazada por O al plano hasta el punto P, es decir, la distancia OP.

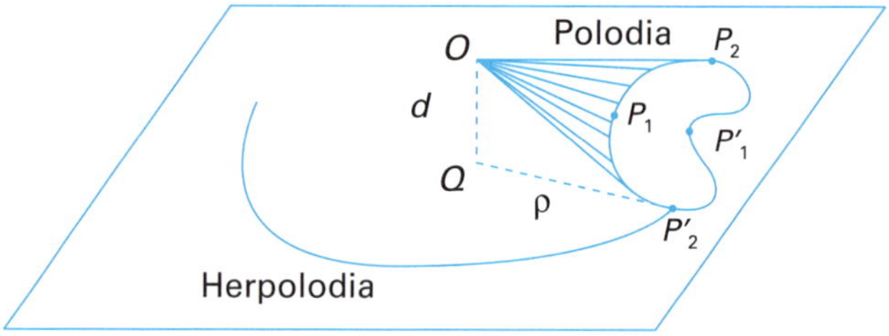

FIGURA 13.10

Se tiene:

$$\rho = \sqrt{\overline{OP}^2 - d^2}$$

Durante el movimiento, d es constante y $\overline{OP}$ varía entre los dos valores extremos $\overline{OP}_1 = \overline{OP}_1'$ y $\overline{OP}_2 = \overline{OP}_2'$, correspondientes a los cuatro vértices P_1, P_1', P_2, P_2' de la rama de polodia descrita por P (fig. 13.11). La distancia ρ variará también entre dos valores extremos ρ_1 y ρ_2.

La herpolodia estará por tanto comprendida entre dos círculos concéntricos de radios ρ_1 y ρ_2 a los que toca sucesivamente en π_1, π_2, π_1', π_2'.

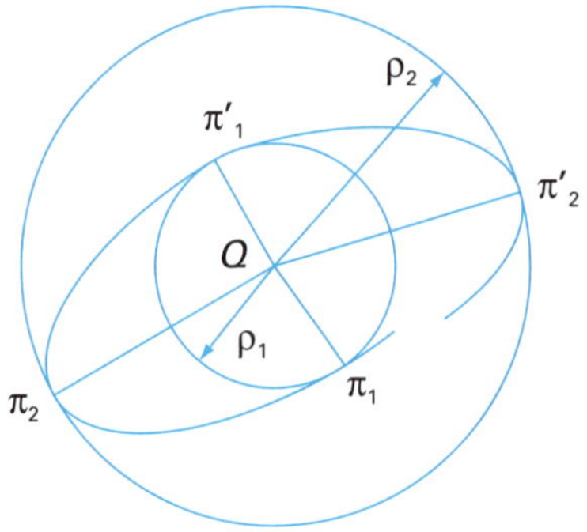

FIGURA 13.11

Los arcos de polodia $\widehat{P_1P_2}$, $\widehat{P_2P'_1}$, $\widehat{P'_1P'_2}$ y $\widehat{P'_2P_1}$, son iguales, por lo que los ángulos en el centro, $\widehat{\pi_1Q\pi_2}$, $\widehat{\pi_2Q\pi'_1}$, $\widehat{\pi'_1Q\pi'_2}$, etc., también serán iguales, puesto que cada uno de ellos corresponde a uno de los arcos. Si a este valor del ángulo se le llama φ, tendremos que:

a) Si $\dfrac{\varphi}{2\pi}$ es un número racional, la herpolodia es cerrada.

b) Si $\dfrac{\varphi}{2\pi}$ es irracional, la herpolodia no se cierra.

Puede demostrarse que la herpolodia no tiene puntos de inflexión y que presenta siempre su concavidad hacia el centro Q de los círculos de radios ρ_1 y ρ_2.

13.5.5. Casos particulares

A continuación se discutirán dos casos de especial interés cuando el elipsoide es de revolución y cuando se transforma en una esfera.

a) *Elipsoide de revolución de eje* OZ

En este caso $I_x = I_y$ y $A = B$. La polodia se convierte en una circunferencia y lo mismo acontece con la herpolodia.

El movimiento es una precesión regular, ya que los conos fijo y móvil son de revolución.

El elipsoide es alargado en el caso de la precesión progresiva ($I_x > I_z$) y es aplanado en el de la precesión retrógrada ($I_x < I_z$).

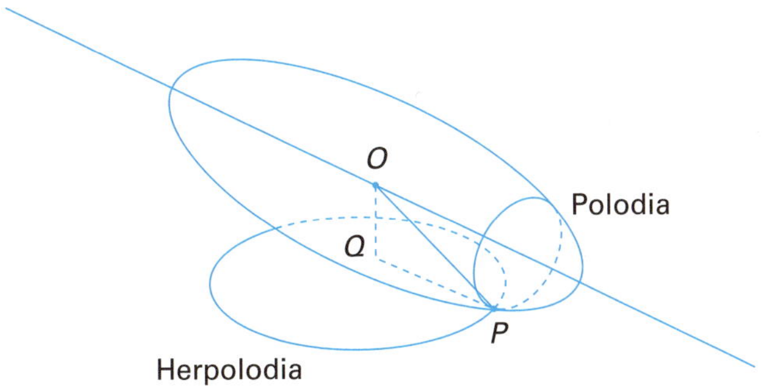

FIGURA 13.12

b) *Caso en que el elipsoide es una esfera*

Entonces $I_x = I_y = I_z$. La polodia y la herpolodia se reducen a un punto y el movimiento resulta ser una rotación alrededor de un eje fijo.

13.6. ESTABILIDAD DE LA ROTACIÓN ALREDEDOR DE UN EJE PRINCIPAL DE INERCIA

Supongamos que a un sólido rígido con un punto fijo se le imprime un cierto movimiento inicial siendo a continuación $\vec{\Gamma}_0$ constantemente nulo. El plano fijo, π, del movimiento, así definido, queda determinado por la posición inicial del elipsoide y por la rotación instantánea $\vec{\omega}$ en el instante t_0. La polodia del movimiento pasará por el punto de contacto inicial, y las sucesivas posiciones del sólido vendrán determinadas por la rodadura sin deslizamiento del elipsoide sobre el plano. La rotación $\vec{\omega}$ de origen en O y dirigida hacia el polo valdrá:

$$\omega = \overline{OP}\sqrt{2E_c}$$

según el teorema 1.º de Poinsot, siendo $E_c = \text{cte} = E_c(0)$.

Pues bien, si se da al sólido una rotación instantánea inicial $\vec{\omega}$, cuya dirección coincida con uno de los ejes principales de inercia, el sólido girará indefinidamente alrededor de este eje.

En efecto las ecuaciones de Euler se satisfacen en los tres casos siguientes:

a) $\omega = \omega_x = \omega_x(0)$; $\omega_y = \omega_z = 0$; (giro alrededor de Ox)
b) $\omega = \omega_y = \omega_y(0)$; $\omega_x = \omega_z = 0$; (giro alrededor de Oy)
c) $\omega = \omega_z = \omega_z(0)$; $\omega_x = \omega_y = 0$; (giro alrededor de Oz)

Vamos a ver cada uno de ellos, suponiendo.

CASO a.—La polodia se reduce a la intersección del eje Ox con el elipsoide. Supongamos que la rotación sufre una pequeña perturbación con lo que el plano π cambia ligeramente de posición y el nuevo punto de contacto estará muy próximo al anterior. La nueva polodia será una elipse que rodea al punto intersección de Ox con el elipsoide.

En consecuencia el nuevo movimiento será muy próximo al primitivo y se dice que la rotación alrededor del eje Ox es *estable*.

CASOS b Y c.—Se ve que la rotación alrededor del eje Oy es *inestable*, ya que la polodia que pasa por un punto muy próximo al extremo del eje Oy es una curva sobre la que el punto se alejaría considerablemente.

13.7. CASO DE LAGRANGE-POISSON

Es el caso de un sólido pesado móvil alrededor de un punto fijo O, tal que el elipsoide de inercia relativo al punto O es de revolución y el centro de masas está situado sobre el eje de revolución.

13.7.1. Ecuaciones del movimiento

Las hipótesis en este caso son:

- $I_x = I_y$ (elipsoide de revolución).
- c.d.m. $\in Oz$.
- Fuerza exterior: $M\vec{g}$.

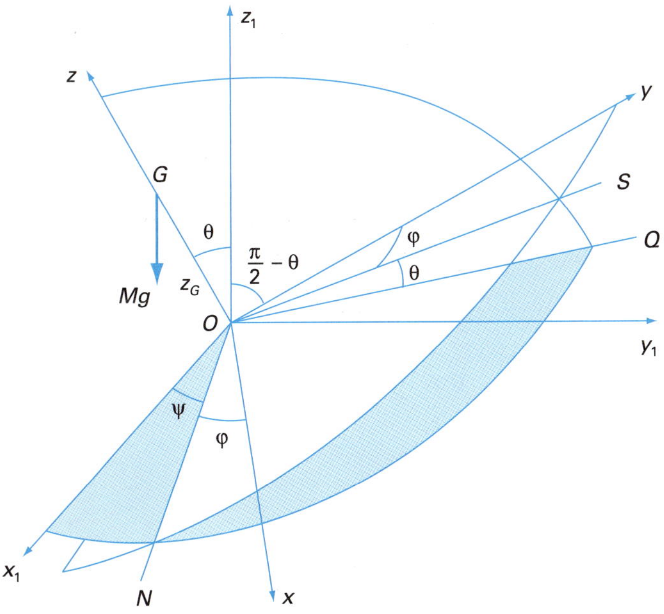

FIGURA 13.13

Aplicando el teorema de conservación de la energía resulta:

$$E_c + U = E$$

o sea:

$$\frac{1}{2}[I_x(\omega_x^2 + \omega_y^2) + I_z\omega_z^2] + Mgz_G \cos\theta = E \qquad [13.21]$$

que es una integral primera del movimiento.

Aplicando el teorema del momento cinético respecto al eje OZ:

$$\frac{dL_{z_1}}{dt} = \Gamma_{z_1} = 0 \qquad [13.22]$$

o sea:

$$L_{z_1} = k$$

A continuación obtendremos L_{z_1} en función de L_x, L_y y L_z. En efecto, proyectando L_x y L_z sobre Ow y a continuación sobre O_{z_1} y L_z sobre O_{z_1} directamente, resulta:

$$L_{z_1} = L_x \operatorname{sen} \varphi \operatorname{sen} \theta + L_y \cos \varphi \operatorname{sen} \theta + L_z \cos \theta = k$$

es decir:

$$I_x\omega_x \operatorname{sen} \varphi \operatorname{sen} \theta + I_y\omega_y \cos \varphi \operatorname{sen} \theta + I_z\omega_z \cos \theta = k \qquad [13.23]$$

que es otra integral del movimiento (téngase presente que Ox, Oy y Oz son los ejes principales de inercia del sólido].

Una tercera ecuación la proporciona la tercera de las de Euler:

$$I_z \frac{d\omega_z}{dt} + (I_y - I_x)\omega_y\omega_x = \Gamma_z$$

y que al ser $I_x = I_y$ se reduce a:

$$I_z \frac{d\omega_z}{dt} = 0$$

de donde se deduce:

$$\omega_z = \text{cte} = \omega_z(0) \qquad [13.24]$$

Introduciendo este valor en la integral de la energía queda:

$$(\omega_x^2 + \omega_y^2) = \frac{1}{2}[2E - I_z\omega_z(0)] - \frac{2Mgz_G}{I_x} \cos \theta \qquad [13.25]$$

Llamemos:

$$\frac{2Mgz_G}{I_x} = a$$

y

$$\frac{1}{I_x}[2E - I_z\omega_z(0)] = a$$

La expresión [13.25] queda:

$$\omega_x^2 + \omega_y^2 = -a \cos \theta$$

Análogamente, hagamos:

$$\frac{I_z}{I_x} = b$$

y

$$\frac{k}{I_x} = \beta$$

con lo que la ecuación [13.23] queda:

$$\operatorname{sen} \theta \, (\omega_x \operatorname{sen} \varphi + \omega_y \cos \varphi) = \beta - b\omega_z(0) \cos \theta$$

Quedan por tanto las tres ecuaciones:

$$\begin{gathered} \omega_x^2 + \omega_y^2 = \alpha - a \cos \theta \\ \operatorname{sen} \theta \, (\omega_x \operatorname{sen} \varphi + \omega_y \cos \varphi) = \beta - b\omega_z(0) \cos \theta \\ \omega_z = \omega_z(0) \end{gathered} \qquad [13.26]$$

que junto con las expresiones de la rotación instantánea en función de las rotaciones de Euler obtenidas en el apartado 13.1:

$$\begin{aligned} \omega_x &= \dot{\theta} \cos \varphi + \dot{\psi} \operatorname{sen} \theta \operatorname{sen} \varphi \\ \omega_y &= -\dot{\theta} \operatorname{sen} \varphi + \dot{\psi} \operatorname{sen} \theta \cos \varphi \\ \omega_z &= \dot{\psi} \cos \theta + \dot{\varphi} \end{aligned} \qquad [13.27]$$

permiten resolver el problema.

Vamos a eliminar ω_x y ω_y entre las ecuaciones [13.26] y [13.27]. Multiplicando la primera de las [13.27] por sen φ y la segunda por cos φ, queda:

$$\omega_x \operatorname{sen} \varphi = \dot{\theta} \cos \varphi \operatorname{sen} \varphi + \dot{\psi} \operatorname{sen} \theta \operatorname{sen}^2 \varphi$$
$$\omega_y \cos \varphi = -\dot{\theta} \operatorname{sen} \varphi \cos \varphi + \dot{\psi} \operatorname{sen} \theta \cos^2 \varphi$$

y sumando:

$$\omega_x \operatorname{sen} \varphi + \omega_y \cos \varphi = \dot{\psi} \operatorname{sen} \theta \qquad [13.28]$$

Elevando al cuadrado la primera y segunda de las [13.27] queda:

$$\omega_x^2 = \dot{\theta}^2 \cos^2 \varphi + 2\dot{\psi}\dot{\theta} \operatorname{sen} \theta \operatorname{sen} \varphi \cos \varphi + \dot{\psi}^2 \operatorname{sen}^2 \theta \operatorname{sen}^2 \varphi$$
$$\omega_y^2 = \dot{\theta}^2 \operatorname{sen}^2 \varphi - 2\dot{\psi}\dot{\theta} \operatorname{sen} \theta \operatorname{sen} \varphi \cos \varphi + \dot{\psi}^2 \operatorname{sen}^2 \theta \cos^2 \varphi$$

y sumando:

$$\omega_x^2 + \omega_y^2 = \dot{\psi}^2 \operatorname{sen}^2 \theta + \dot{\theta}^2 \qquad [13.29]$$

Sustituyendo [13.28] y [13.29] en las dos primeras de las [13.26] y ω_z por su valor obtenido de la tercera de las [13.27] queda:

$$\left.\begin{aligned} &\dot{\psi}^2 \operatorname{sen}^2 \theta + \dot{\theta}^2 = \alpha - a \cos \theta \\ &\dot{\psi}^2 \operatorname{sen}^2 \theta = \beta - b\omega_z(0) \cos \theta \\ &\dot{\psi}^2 \cos \theta + \dot{\varphi}^2 = \omega_z(0) \end{aligned}\right\} \qquad [13.30]$$

De las dos primeras ecuaciones se obtienen ψ y θ en función del tiempo y la última permite obtener φ mediante una cuadratura. Como es sabido, las variaciones del ángulo ψ constituyen el movimiento de *precesión*, las de θ, el movimiento de *nutación* y, las de φ, el movimiento *propio*.

13.7.2. Discusión del movimiento

La eliminación de $\dot{\psi}$ entre las dos primeras de las ecuaciones [13.30], para lo cual se multiplica la primera por sen^2 θ y se eleva al cuadrado la segunda y se resta, proporciona la ecuación:

$$\dot{\theta}^2 \operatorname{sen}^2 \theta + [\beta - b\omega_z(0) \cos \theta] = (\alpha - a \cos \theta) \operatorname{sen}^2 \theta$$

Y llamando $\cos\theta = u$ resulta:

$$\left(\frac{du}{dt}\right)^2 = (\alpha - au)(1 - u^2) - [\beta - b\omega_z(0)u]^2$$

o sea:

$$\left(\frac{du}{dt}\right)^2 = f(u)$$

de donde:

$$\frac{du}{dt} = \pm\sqrt{f(u)}$$

con lo que el problema propuesto conduce al cálculo de la integral elíptica:

$$t - t_o = \int \frac{du}{\pm\sqrt{f(u)}}$$

siendo:

$$f(u) = (\alpha - au)(1 - u^2) - [\beta - b\omega_z(0)u]^2$$

un polinomio de tercer grado.

Nos limitaremos a analizar las propiedades generales del movimiento estudiando este polinomio.

Las magnitudes a y b son esencialmente positivas, mientras que las constantes α, β y $\omega_z(0)$ pueden ser positivas, negativas o nulas. En lo que sigue se supondrá $\omega_z(0) \neq 0$.

El polinomio $f(u)$ es negativo para los valores $-\infty$, -1 y $+1$ de u; mientras que es positivo para el valor inicial u_0 de u, ya que:

$$f(u_o) = \left(\frac{du}{dt}\right)_0^2$$

y también lo es para $u = +\infty$. Tiene pues tres raíces reales, u_1, u_2 y u_3 situadas como se indica en la tabla adjunta.

u	$-\infty$	-1	u_1	u_0	u_2	$+1$	u_3	$+\infty$
$f(u)$	<0	<0	0	+	0	<0	0	>0

Por tanto si se parte de u_0, los valores de u deben quedar comprendidos entre u_1 y u_2.

La curva que representa el polinomio $f(u)$ tiene el aspecto de la figura 13.14 y en ella se puede observar que el polinomio tiene tres raíces reales tales que:

$$-1 < u_1 < u_0$$
$$u_0 < u_1 < +1$$
$$+1 < u_3 < \infty$$

Dado que $\dfrac{du}{dt}$ tiene que ser real, solamente serán válidos aquellos valores de u comprendidos entre -1 y $+1$ que correspondan a valores positivos de $f(u)$, es decir, valores de u comprendidos entre u_1 y u_2. El dominio de u está comprendido entre las dos raíces u_1 y u_2:

$$u_1 \leq u \leq u_2$$

El ángulo de nutación θ variará entre los límites:

$$\theta_1 = \text{arc cos } u_1$$

y

$$\theta_2 = \text{arc cos } u_2$$

estando comprendidos ambos ángulos entre θ y π.

En resumen, $f(u)$ puede escribirse en la forma:

$$f(u) = a(u - u_1)(u_2 - u)(u_3 - u)$$

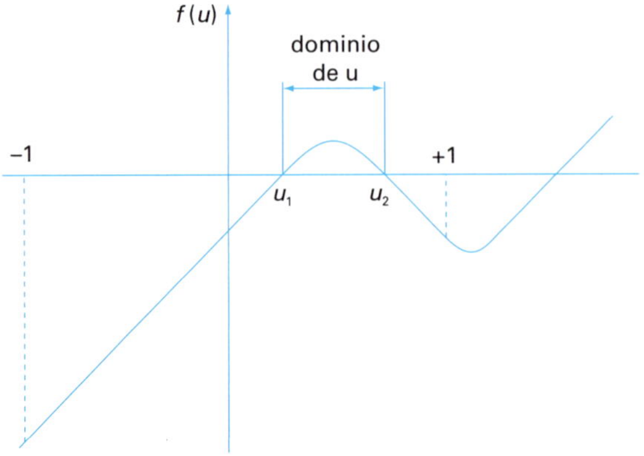

FIGURA 13.14

siendo los dos primeros paréntesis positivos o nulos durante el movimiento y permaneciendo el tercero constantemente positivo salvo el caso particular $u_3 = u_2 = +1$ en el que, excepcionalmente, dicho paréntesis se anula para $u = 1$.

Puesto que se pretende conocer únicamente las características generales del movimiento se supondrá en adelante que las dos raíces u_1 y u_2 son distintas y diferentes de ± 1.

Supóngase que en el instante inicial ($t = 0$, $u = u_o$ y $\theta = \theta_o$), las condiciones iniciales son tales que θ decrece al comenzar el movimiento, es decir, que u crece. La derivada $\frac{du}{dt}$ será inicialmente positiva y en una primera fase del movimiento se tendrá:

$$\frac{du}{dt} = +\sqrt{f(u)}$$

Cuando u alcanza su valor máximo u_2, θ alcanza su valor mínimo θ_2, y entonces:

$$\frac{du}{dt} = +\sqrt{f(u)} = 0$$

A continuación u decrece y θ crece por lo que $\frac{du}{dt}$ es necesariamente negativa y en esta segunda fase del movimiento se tiene:

$$\frac{du}{dt} = -\sqrt{f(u)}$$

manteniéndose el signo negativo mientras sea $u > u_1$.

Cuando u se hace igual a u_1, tomando su valor mínimo, alcanza su valor máximo θ_1 y

$$\frac{du}{dt} = -\sqrt{f(u_1)} = 0$$

El radical cambia de signo, u vuelve a crecer, θ decrece y en esta tercera fase del movimiento:

$$\frac{du}{dt} = +\sqrt{f(u)}$$

Cuando u pase por su valor inicial, u_0, el movimiento se producirá de nuevo tal y como antes se describió. Por tanto, u es una función periódica del tiempo, por lo que también lo será $\theta(t)$.

13.7.3. Movimiento del eje *Oz*

Para estudiar el movimiento del eje Oz, dibujaremos una esfera de centro O y radio unidad. Sea P la intersección de eje Oz con la esfera. La cota del punto es $u = \cos\theta$. El punto P está situado entre los dos círculos menores θ_1 y θ_2, intersecciones de dos planos horizontales de cotas u_1 y u_2 con la esfera, y describe sobre la esfera de radio unidad una curva comprendida entre los paralelos citados θ_1 y θ_2.

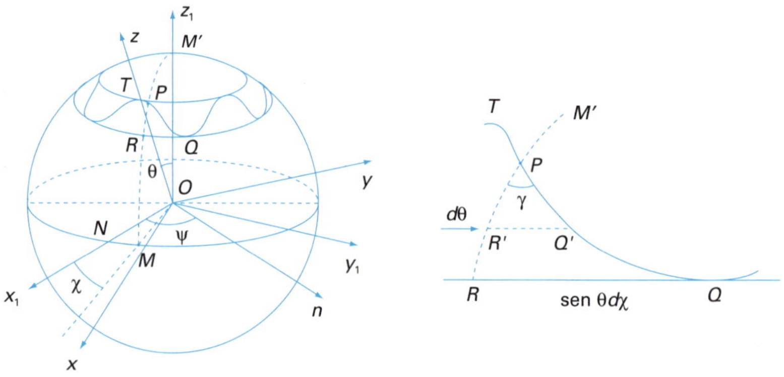

FIGURA 13.15

Tracemos el meridiano MM' que pasa por P. Sea M la intersección de dicho meridiano con el ecuador de la esfera. Llamemos $\chi = \psi - \dfrac{\pi}{2}$, al ángulo NOM y γ al ángulo que forman el meridiano y la curva TP descrita por P.

En el triángulo esférico elemental $PQ'R'$, se tiene:

$$\operatorname{tg} \gamma = \frac{\operatorname{sen} \theta d\chi}{d\theta}$$

y recordando que $u = \cos\theta$ y $du = \operatorname{sen} \theta d\theta$, se puede escribir:

$$\operatorname{tg} \gamma = -\frac{\operatorname{sen} \theta d\chi}{\dfrac{du}{\operatorname{sen} \theta}} = -\frac{(1 - \cos^2 \theta) d\chi}{du}$$

o sea:

$$\operatorname{tg} \gamma = -\frac{(1 - u^2)d\chi}{du}$$

Por otra parte de la segunda de [13.30] resulta que:

$$\dot{\psi} = \frac{d\psi}{dt} = \frac{\beta - b\omega_z(0) \cos \theta}{\operatorname{sen}^2 \theta}$$

y puesto que $\chi = \psi - \frac{\pi}{2}$, se tiene:

$$\frac{d\chi}{dt} = \frac{d\psi}{dt} = \frac{\beta - b\omega_z(0) \cos \theta}{1 - u^2} \qquad [13.31]$$

Y teniendo en cuenta que:

$$dt = \frac{du}{\pm\sqrt{f(u)}}$$

resulta:

$$d\chi = d\psi = \frac{\beta - b\omega_z(0)udu}{\pm(1 - u^2)\sqrt{f(u)}}$$

y sustituyendo este valor de $d\chi$ en la expresión que da tg γ:

$$\operatorname{tg} \gamma = -\frac{(1 - u^2)(\beta - b\omega_z(0)u)du}{du[\pm(1 - u^2)\sqrt{f(u)}]}$$

es decir:

$$\operatorname{tg} \gamma = -\frac{\beta - b\omega_z(0)u}{\pm\sqrt{f(u)}} \qquad [13.32]$$

y con esto podemos discutir el aspecto de las curvas sobre una esfera de radio unidad entre los paralelos θ_2 y θ_1.

Pueden presentarse tres casos según los valores de $\frac{\beta}{b\omega_z(0)}$ (raíz de la ecuación: $\beta - b\omega_z(0)u = 0$). Estos casos son:

1.° $\dfrac{\beta}{b\omega_z(0)} \neq u_1, u_2$ y $\notin \{u_1, u_2\}$

2.° $u_1 < \dfrac{\beta}{b\omega_z(0)} < u_2$

3.° $\dfrac{\beta}{b\omega_z(0)} = u_2$

Puede demostrarse, aunque aquí no se hace, que el caso $\dfrac{\beta}{b\omega_z(0)} = u_1$ no puede existir.

Veamos cada uno de dichos casos:

1.° $\dfrac{\boldsymbol{\beta}}{b\boldsymbol{\omega}_z(0)} \neq u_1, u_2$ y $\notin \{u_1, u_2\}$

El numerador de la expresión [13.32] que da tg γ no se anula nunca.

La derivada $\dfrac{d\psi}{dt}$ tiene siempre el mismo signo.

El ángulo θ oscila entre θ_1 y θ_2.

Cada vez que $f(u) = 0$, tg $\gamma \to \infty$ y $\gamma = \dfrac{\pi}{2}$.

La curva es, por tanto, alternativamente tangente a los dos círculos menores que limitan el desplazamiento del punto (fig. 13.16).

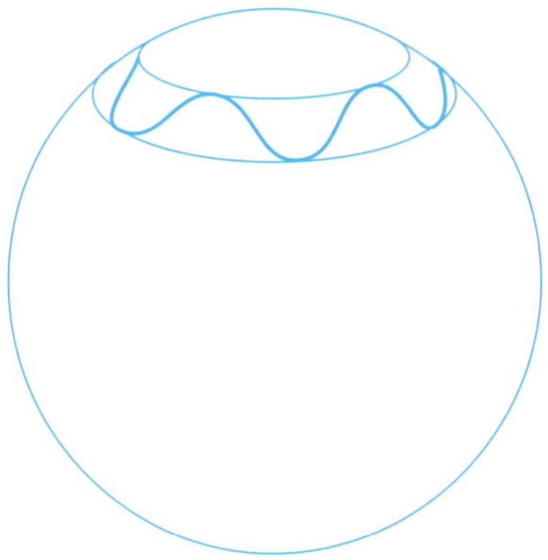

FIGURA 13.16

La variación del ángulo de rotación propia viene dada por:

$$\frac{d\varphi}{dt} = \omega_z(0) - \cos\theta \, \frac{d\psi}{dt}$$

o sea:

$$\frac{d\varphi}{dt} = \omega_z(0) - u\,\frac{\beta - b\omega_z(0)u}{1 - u^2}$$

es decir, $\frac{d\varphi}{dt}$ presenta igual periodicidad que $\theta(t)$.

2.º $u_1 < \frac{\beta}{b\omega_z(0)} < u_2$

Supongamos $\omega_z(0) > 0$.

La derivada $\frac{d\psi}{dt}$ será positiva cuando:

$$u < \frac{\beta}{b\omega_z(0)}$$

y negativa en el caso contrario.

La curva descrita por el punto P está formada por arcos, iguales y simétricos ABC (fig. 13.17).

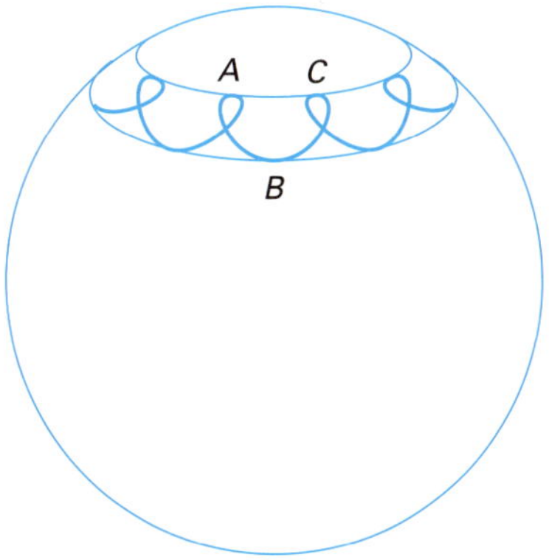

FIGURA 13.17

Si $u = \dfrac{\beta}{b\omega_z(0)}$, $\operatorname{tg}\gamma = 0$ y $\gamma = 0$.

La tangente es igual a la del meridiano que pasa por el punto considerado.

3.º $\dfrac{\boldsymbol{\beta}}{\boldsymbol{b\omega_z(0)}} = \boldsymbol{u_2}$

La derivada $\dfrac{d\psi}{dt}$ es en general distinta de cero y conserva el mismo signo. Se anula cuando se alcanza el valor máximo u_2.

Calculemos γ para $u = u_2$:

$$\operatorname{tg}\gamma = -\frac{\beta - b\omega_z(0)u}{\pm\sqrt{f(u)}} = -\frac{b\omega_z(0)\left(\dfrac{\beta}{b\omega_z(0)} - u\right)}{\pm\sqrt{a(u-u_1)(u_2-u)(u_3-u)}}$$

y como $\dfrac{\beta}{b\omega_z(0)} = u_2$, resulta:

$$\operatorname{tg}\gamma = -\frac{b\omega_z(0)\sqrt{u_2-u}}{\pm\sqrt{a(u-u_1)(u_3-u)}}$$

observándose que $\gamma = 0$ para $u = u_2$.

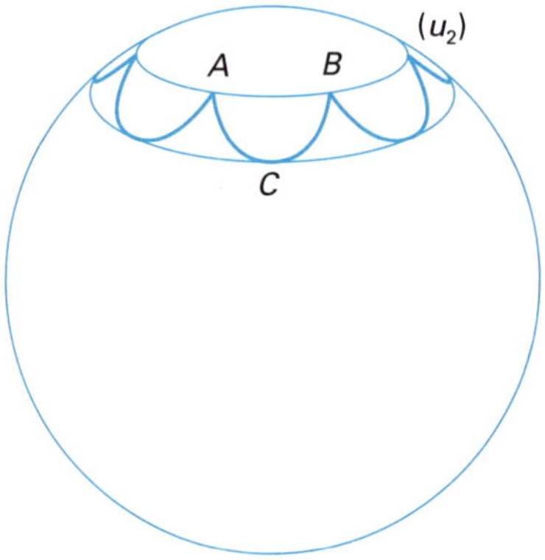

FIGURA 13.18

La curva descrita por P está formada por arcos iguales y simétricos ABC con puntos de retroceso $A, C\ldots$ situados sobre el paralelo θ_2 (fig. 13.18). En un punto de retroceso las dos ramas de la curva presentan una tangente común que coincide con la del meridiano que pasa por dicho punto.

La variación de la rotación propia $\dfrac{d\varphi}{dt}$ resulta análoga a la del caso primero.

13.8. MOVIMIENTO GIROSCÓPICO

Por movimiento giroscópico suele entenderse el movimiento de un sólido pesado con un punto fijo, cuyo elipsoide de inercia es de revolución respecto al punto fijo, el centro de masas está situado sobre el eje de revolución, y al que se comunica una rotación muy grande alrededor del eje Oz, para dejarlo libre a continuación.

Es pues un caso particular del segundo de los casos de integrabilidad que enunciamos anteriormente y que denominábamos caso de Lagrange-Poisson.

13.8.1. Discusión del movimiento

Se tendrán las siguientes condiciones iniciales: $\omega_x = \omega_y = 0$, $\omega_z(0) \neq 0$ y muy grande; además el eje Oz parte sin velocidad de su posición inicial, por lo que $\dot{\theta}(0) = 0$ y por tanto $\dot{u}_o = 0$. Esto significa que $u_0 = \cos\theta_0$ es una de las soluciones del polinomio $f(u) = 0$.

Además, puesto que $\dot{\psi}(0) = 0$, de la ecuación [13.31]:

$$\frac{d\psi}{dt} = \frac{\beta - b\omega_z(0)u}{1 - u^2}$$

resulta:

$$\beta - b\omega_z(0)u_0 = 0 \qquad [13.33]$$

y la condición de nulidad del polinomio:

$$f(u) = (\alpha - au)(1 - u^2) - [\beta - b\omega_z(0)u]^2 \qquad [13.34]$$

para $u = u_0$, es decir, $f(u) = 0$, se reduce a:

$$(\alpha - au_o)(1 - u_o^2) = 0 \qquad [13.35]$$

Para que esta igualdad se verifique existen dos posibilidades:

1.° $u_0 = 1$

En este caso $\theta_0 = 0$, el sólido tiene el eje *Oz* vertical y el peso $M\vec{g}$ pasará por el punto fijo. Como el eje *Oz* es permanente de rotación, y el momento del peso respecto al punto *O* es nulo, el movimiento continuará indefinidamente con el eje *Oz* vertical. (Es el denominado caso de la *peonza durmiente*.)

2.° $u_0 < 1$

Inicialmente el eje *Oz* está inclinado. Como consideramos el caso en que el centro de gravedad se encuentra sobre el semieje *Oz* positivo, será $0 < u_0 < 1$, o sea que $u_0 \neq 1$ y el segundo paréntesis no puede ser nulo. Por tanto de la igualdad [13.35] resulta:

$$\alpha - au_0 = 0 \qquad [13.36]$$

De esta forma se conocen los valores de α y β a partir de las condiciones iniciales (en lugar de a partir de la energía total y el momento cinético áxico) mediante las ecuaciones:

$$\alpha = au_o \quad \text{y} \quad \alpha = b\omega_z(0)u_o$$

El polinomio $f(u)$ puede ponerse en la forma:

$$f(u) = a\left(\frac{\alpha}{a} - u\right)(1 - u^2) - b^2\omega_z^2(0)\left(\frac{\beta}{b\omega_z(0)} - u\right)^2$$

o sea:

$$f(u) = (u_o - u)[a(1 - u^2) - b^2\omega_z^2(0)(u_o - u)] \qquad [13.37]$$

Si llamamos u_1 a la segunda solución de la ecuación $f(u) = 0$, comprendida entre $+1$ y -1, u_1 habrá de cumplir la condición:

$$a(1 - u_1^2) - b^2\omega_z^2(0)(u_o - u_1) = 0$$

de donde se deduce:

$$u_1 = u_o - \frac{a(1 - u_1^2)}{b^2\omega_z^2(0)} \qquad [13.38]$$

Por ser $u_1^2 < 1$ y $a < 0$, deberá ser $u_1 < u_0$, por lo que esta será la primera de las raíces del polinomio (la menor); la otra raíz que anula al primer factor de [13.37] será la u_2. Por tanto:

$$u_2 = u_0 = \frac{\beta}{b\omega_z(0)}$$

que es precisamente el tercero de los casos vistos en el apartado anterior.

Veamos ahora lo que vale la diferencia $u_2 - u_1$. De la ecuación [13.38] resulta (al ser $u_2 = u_0$):

$$u_2 - u_1 = \frac{a(1 - u_1)^2}{b^2\omega_z^2(0)}$$

y como $\omega_z(0)$ es muy grande, la diferencia $u_2 - u_1$ será muy pequeña, del orden de $\frac{1}{\omega_z^2(0)}$, es decir, los dos círculos menores y están muy próximos.

Pasando ahora a la variable ψ, recordemos que (ecuación 13.31):

$$\frac{d\psi}{dt} = \frac{b\omega_z(0)(u_o - u)}{1 - u^2}$$

y como u varía entre u_1 y u_0, siendo $u_1 < u_0$, $\frac{d\psi}{dt}$ tendrá el mismo signo de $\omega_z(0)$ y el movimiento de precesión se verificará siempre en el mismo sentido.

No es posible lograr que sea $u_1 = u_0$ y por tanto, cuando el movimiento del giróscopo es muy rápido, la apariencia de que su eje describe un cono de revolución de eje Oz, no es real. Lo que sucede es que al ser muy pequeña la diferencia entre las raíces u_1 y u_2 y resulta inapreciable la variación del ángulo θ, resultando aparentemente constante la velocidad de precesión.

13.8.2. Integración aproximada para un movimiento de rotación muy rápido

Partimos de la ecuación diferencial:

$$\frac{du}{dt} = \pm\sqrt{f(u)} = \pm\sqrt{(u_o - u)[a(1 - u^2) - b^2\omega_z^2(0)(u_o - u)]}$$

y poniendo $u = \cos\theta$ resulta:

$$dt = \pm \frac{du}{\sqrt{f(u)}} =$$

$$= \frac{\operatorname{sen}\theta\, d\theta}{\sqrt{(\cos\theta_o - \cos\theta)\sqrt{a\operatorname{sen}^2\theta - b_2\omega_z^2(0)(\cos\theta_o - \cos\theta)}}}$$

Hagamos el cambio de variable $\theta = \theta_0 + \varepsilon$, siendo ε una cantidad muy pequeña ya que al crecer $\omega_z(0)$ los valores de θ_1 y $\theta_2 = 0$, casi coinciden. Puesto que ε es muy pequeño prescindiremos de los términos que contienen potencias de ε superiores a la unidad y se puede poner $\cos\varepsilon \simeq 1$ y $\operatorname{sen}\varepsilon \simeq \varepsilon$, y queda:

$$\cos\theta = \cos(\theta_o + \varepsilon) + \cos\theta_o \cos\varepsilon - \operatorname{sen}\theta_o \operatorname{sen}\varepsilon = \cos\theta_o - \varepsilon\operatorname{sen}\theta_o$$

$$\operatorname{sen}\theta = \operatorname{sen}(\theta_o + \varepsilon) + \operatorname{sen}\theta_o \cos\varepsilon - \cos\theta_o \operatorname{sen}\varepsilon = \operatorname{sen}\theta_o - \varepsilon\cos\theta_o$$

y como $d\theta = d\varepsilon$, resulta:

$$dt = \frac{\operatorname{sen}\theta\, d\varepsilon}{\sqrt{\varepsilon\operatorname{sen}\theta_o}\sqrt{a\operatorname{sen}^2\theta - b^2\omega_z^2(0)\varepsilon\operatorname{sen}\theta_o}}$$

de donde dividiendo numerador y denominador por $\operatorname{sen}\theta$, queda:

$$\frac{d\varepsilon}{dt} = \sqrt{\varepsilon\operatorname{sen}\theta_o\left[a - \frac{b^2\omega_z^2(0)\varepsilon\operatorname{sen}\theta_o}{(\operatorname{sen}\theta_o + \varepsilon\cos\theta_o)^2}\right]}$$

es decir:

$$\frac{d\varepsilon}{dt} = \sqrt{\varepsilon a\operatorname{sen}\theta_o - b^2\omega_z^2(0)\varepsilon^2\operatorname{sen}^2\theta_o(\operatorname{sen}\theta_o + \varepsilon\cos\theta_o)^{-2}}$$

Desarrollando en serie mediante la fórmula del binomio [1] la expresión

$$(\operatorname{sen}\theta_o + \varepsilon\cos\theta_o)^{-2}$$

[1] Recuérdese que

$$(a+b)^n = a^n + n\,a^{n-1}b + \frac{n(n-1)}{2!} + \ldots + \frac{n(n-1)\ldots(n-m+1)}{m!}a^{n-m}b^m.$$

queda:

$$\frac{d\varepsilon}{dt} = \sqrt{\varepsilon a \operatorname{sen} \theta_o - b^2\omega_z^2(0)\varepsilon^2 \operatorname{sen}^2 \theta_o(\operatorname{sen}^{-2} \theta_o - 2 \operatorname{sen}^{-3} \theta_o \cos \theta_o\varepsilon + \ldots)}$$

y despreciando los términos del desarrollo que contienen potencias de ε superiores a la unidad queda:

$$\frac{d\varepsilon}{dt} = \sqrt{\varepsilon a \operatorname{sen} \theta_o - b^2\omega_z^2(0)\varepsilon^2}$$

El segundo sumando del radicando se conserva, aunque aparezca ε^2, ya que está multiplicado por $\omega_z^2(0)$ que es muy grande.

A continuación vamos a integrar esta ecuación diferencial. Para ello hacemos:

$$\varepsilon_1 = \frac{a \operatorname{sen} \theta_o}{2b^2\omega_z^2(0)} \quad \text{y} \quad \mu = b\omega_z(0)$$

y queda en la forma:

$$\mu\, dt = \pm \frac{d\varepsilon}{\sqrt{2\varepsilon_1\varepsilon = \varepsilon^2}}$$

que se puede poner como:

$$\mu\, dt = \pm \frac{d\varepsilon}{\sqrt{\varepsilon_1^2 - (\varepsilon_1 - \varepsilon)^2}}$$

y haciendo el cambio $\varepsilon_1\lambda = (\varepsilon_1 - \varepsilon)$ queda:

$$dt = \pm \frac{-\varepsilon_1\, d\lambda}{\varepsilon_1\sqrt{1 - \lambda^2}}$$

e integrando:

$$\mu(t - t_o) = \pm \text{arc cos } \lambda$$

o sea:

$$\lambda = \cos \mu\, (t - t_o)$$

y deshaciendo el cambio:

$$1 + \frac{\varepsilon}{\varepsilon_1} = \cos \mu\, (t - t_o)$$

o sea:

$$\varepsilon = \varepsilon_1[1 - \cos \mu\, (t - t_o)]$$

Resulta así que ε es una función periódica que representa la variación del ángulo de nutación θ. (Recuérdese que $\theta = \theta_0 + \varepsilon$.)

El periodo de dicha nutación será:

$$T_\theta = \frac{2\pi}{\mu} = \frac{2\pi}{b\omega_z(0)} = \frac{2\pi I_x}{I_z\omega_z(0)}$$

que si $\omega_z(0)$ es muy grande resulta ser una cantidad muy pequeña.

La amplitud de la nutación, o sea $\theta_1 - \theta_2$, será:

$$\theta_1 - \theta_2 = 2\varepsilon_1 = \frac{a \operatorname{sen} \theta_o}{b^2\omega_z^2(0)} = \frac{2I_x\, Mg\, z_G \operatorname{sen} \theta_o}{I^2{}_z\omega^2{}_z(0)}$$

que es una magnitud muy pequeña ya que en el denominador aparece $\omega_z(0)$ que es muy grande.

Calculemos ahora la precesión. De la ecuación [13.31] resulta:

$$\frac{d\psi}{dt} = \frac{b\omega_z(0)(\cos \theta_o - \cos \theta)}{\operatorname{sen}^2 \theta} = \frac{\mu\varepsilon}{\operatorname{sen} \theta_o}$$

y sustituyendo ε por su valor:

$$\frac{d\psi}{dt} = \frac{\mu\varepsilon_1}{\operatorname{sen} \theta_o}[1 - \cos \mu\, (t - t_o)]$$

e integrando queda:

$$\psi = \frac{\mu\varepsilon_1 t}{\operatorname{sen} \theta_o} - \frac{\varepsilon_1}{\operatorname{sen} \theta_o} \operatorname{sen} \mu\, (t - t_o)$$

La velocidad media de precesión es, suponiendo $t_o = 0$:

$$\left(\frac{d\psi}{dt}\right)^* = \frac{1}{\frac{2\pi}{\mu}} \int_o^{\frac{2\pi}{\mu}} \left[\frac{\mu\varepsilon_1}{\text{sen }\theta_o} - \frac{\varepsilon_1}{\text{sen }\theta_o} \cos \mu t \, dt\right]$$

o sea:

$$\left(\frac{d\psi}{dt}\right)^* = \frac{\mu}{2\pi}\frac{\mu\varepsilon_1}{\text{sen }\theta_o}\frac{2\pi}{\mu} - \left|\frac{\mu}{2\pi}\frac{\varepsilon_1}{\text{sen }\theta_o}\left(\frac{1}{\mu}\text{ sen }\mu t\right)\right|_0^{\frac{2\pi}{\mu}}$$

y finalmente resulta para la velocidad media de precesión:

$$\left(\frac{d\psi}{dt}\right)^* = \frac{\mu\varepsilon_1}{\text{sen }\theta_o} = \frac{Mgz_G}{I_z\omega_z(0)} \qquad [13.39]$$

y el periodo (tiempo empleado por el eje Oz del sólido en dar una vuelta completa alrededor de Oz_1) es:

$$T_\psi = \frac{2\pi I_z\omega_z(0)}{Mgz_G}$$

13.8.3. Efecto giroscópico

El movimiento de precesión, que se ha estudiado en el párrafo anterior, está producido por el peso del sólido en rotación, o sea por la fuerza $M\vec{g}$ aplicada en el centro de masas G y cuyo momento resultante respecto al punto fijo es un vector $\vec{\Gamma}_O$ perpendicular al plano vertical que pasa por el centro de gravedad y por el eje Oz, plano que contiene al momento cinético $\vec{L}_O$. La velocidad del extremo de $\vec{L}_O$ será equipolente al par $\vec{\Gamma}_O$, como se deduce inmediatamente del teorema del momento cinético. De aquí el fenómeno, aparentemente paradójico, llamado *efecto giroscópico*, de que el centro de gravedad del sólido se mueva perpendicularmente a la fuerza aplicada, es decir, en la dirección del momento y no en la de la fuerza como pudiera parecer a primera vista.

Si tenemos en cuenta que según [13.39] la velocidad media de precesión es:

$$(\dot{\psi})^* = \frac{Mgz_G}{I_z\omega_z(0)}$$

y el par producido por el peso es:

$$Mgz_G \text{ sen } \theta$$

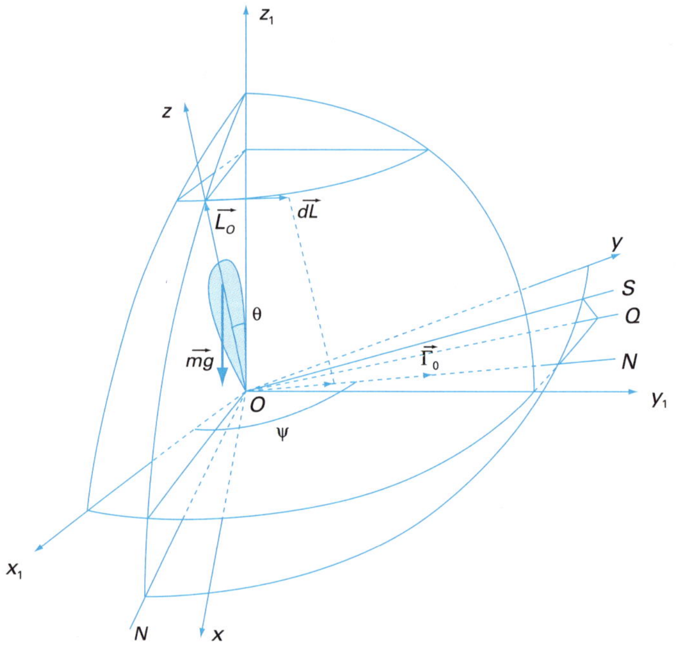

FIGURA 13.19

que se puede escribir en la forma:

$$Mgz_G \text{ sen } \theta = I_z\omega_z(0)(\dot{\psi})^* \text{ sen } \theta$$

y como $\omega_z(0) = \dot{\varphi} =$ cte, resulta que el par producido por el peso está equilibrado por el llamado *par giroscópico* de valor:

$$I_z\dot{\varphi}(\dot{\psi})^* \text{ sen } \theta$$

13.8.4. Giróscopo: aplicaciones

Un *giróscopo* es un sólido de revolución homogéneo, S, al que se le puede comunicar un rápido movimiento de rotación, $\dot{\varphi}$, alrededor de su eje montado sobre una armadura A en forma de suspensión cardan que permite tres grados de libertad. La rotación propia del giróscopo, $\vec{\dot{\varphi}}$ suele estar mantenida por un motor eléctrico que forma parte del sólido S (fig. 13.20).

La propiedad del giróscopo de que el eje de rotación conserve su dirección invariable, cuando puede moverse libremente en todas direcciones alrededor de su centro de gravedad, se utiliza en varias aplicaciones.

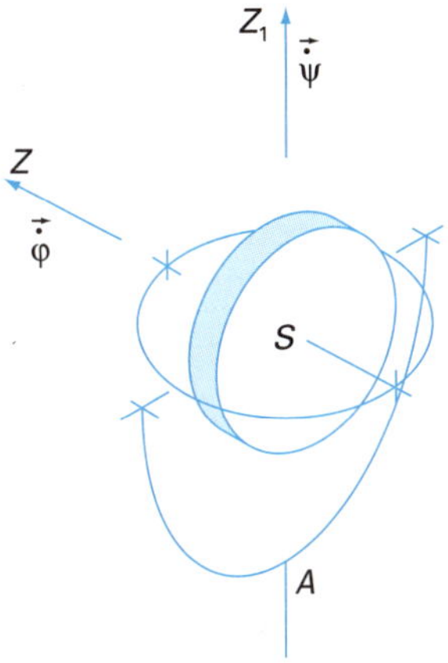

FIGURA 13.20

a) *Deriva de los proyectiles*. Con objeto de estabilizar el movimiento del proyectil, se le comunica un movimiento de rotación alrededor de su eje de revolución mediante las estrías que llevan los cañones en el ánima.

b) *Estabilizadores de ruta*. Se coloca un giróscopo de forma que su eje de rotación coincida con el eje longitudinal de la nave a estabilizar (avión, torpedo, etc.).

c) *Reductor del balanceo*. Estos aparatos reciben el nombre de girostatos, y las fuerzas de inercia del giróscopo se emplean para amortiguar el movimiento de oscilación del barco.

d) *Brújula giroscópica*. La brújula giroscópica consiste en un giróscopo móvil alrededor de su centro de gravedad, situado de modo que su eje se conserve en posición horizontal y pueda girar libremente alrededor del eje vertical (fig. 13.21). De modo muy simplificado

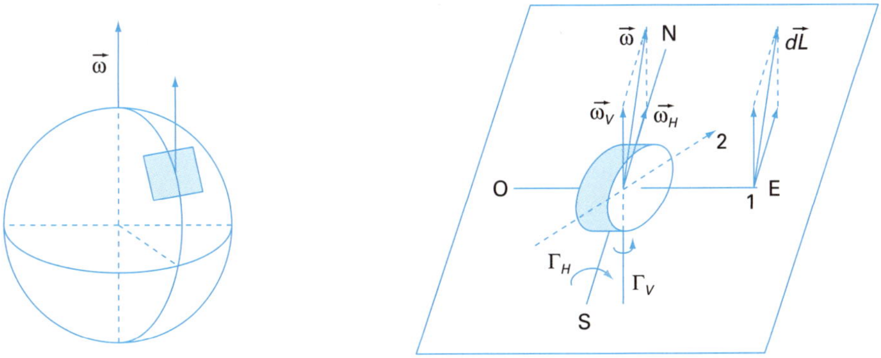

FIGURA 13.21

puede explicarse su funcionamiento como sigue: supongamos que en el instante inicial el eje del giróscopo señala la dirección Este-Oeste. Al girar la Tierra, gira el plano horizontal y por tanto gira la dirección Este-Oeste. Por tanto si el eje del giróscopo se mantuviese en la dirección Este-Oeste tendría que girar alrededor de la dirección vertical del lugar hasta ocupar la posición 2. Esto equivale a aplicar un par $\vec{\Gamma}_V$ en dirección vertical. Bajo la acción de este par el eje del giróscopo girará alrededor de la vertical hasta que su eje señale el Norte. El par Γ_H se equilibra con el producido por las reacciones en los apoyos del eje del giróscopo. Esta brújula, o compás giroscópico, tiene la ventaja de no estar influida por las variaciones del campo magnético terrestre.

EJERCICIOS

13.1 Considérese una placa rectangular, de lados a y b y masa m, cuyo centro de simetría O permanece fijo durante el movimiento. Determinar:

a) Momentos de inercia principales de la placa referidos al centro.

b) Momento que es necesario aplicar a la placa para que gire alrededor de su diagonal con velocidad angular constante ω.

13.2 Una varilla AB, de peso P y longitud l, está unida por su extremo A, mediante una articulación, a un eje vertical que gira con velocidad angular ω. Por su extremo B se apoya en un suelo horizontal liso. Determinar en función del ángulo α que forma la varilla con la vertical:

1. La velocidad angular ω para que se anule la reacción en B.
2. El módulo y el ángulo que forma con el eje vertical la reacción en el extremo A de la varilla.

13.3 Un péndulo giroscópico consta de dos varillas en forma de T. Los extremos de la varilla horizontal de la T se apoyan en dos puntos A y B, separados una distancia $2d$. Desde el punto medio O de esta varilla parte la varilla vertical OC. En el punto C de ésta, situado a una distancia R de O, se encuentra colocado un disco de espesor despreciable, masa m y radio r, que gira alrededor de OC con velocidad angular constante ω. En el instante inicial se separa el péndulo un ángulo de 90° respecto a la vertical. Determinar:

a) Velocidad angular Ω del péndulo cuando pasa por el punto más bajo.

b) Reacciones en los apoyos A y B.

13.4 Sobre uno de los radios de una mesa circular que gira en un plano horizontal con velocidad angular constante Ω en sentido contrario a las agujas del reloj, se disponen dos apoyos A y B, separados una distancia d. Sobre dichos apoyos se sitúa un eje AB en cuyo punto medio se encuentra un disco de espesor despreciable, masa m y radio r, que, sin entrar en contacto con la mesa, gira con una velocidad angular constante ω, alrededor del eje AB, y con sentido dirigido hacia el centro de la mesa. Calcular:

a) Rotación instantánea del sistema.

b) Reacciones en los apoyos A y B.

SOLUCIONES DE LOS EJERCICIOS

13.1

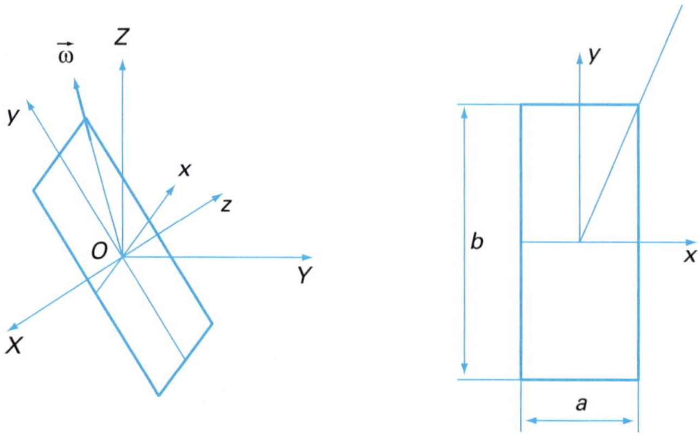

FIGURA 13.22

a) Momentos de inercia.

$$I_x = \int_{-b/2}^{+b/2} y^2 dm = \int_{-b/2}^{+b/2} y^2 \sigma a dy = \sigma a \left| \frac{y^3}{3} \right|_{-b/2}^{+b/2} =$$

$$= \frac{\sigma a}{3}\left(\frac{b^3}{8} + \frac{b^3}{8}\right) = \frac{1}{12}\sigma a b^3 = \frac{1}{12} M b^2$$

$$I_y = \int_{-a/2}^{+a/2} x^2 dm = \int_{-a/2}^{+a/2} x^2 \sigma a dx = \sigma a \left| \frac{x^3}{3} \right|_{-a/2}^{+a/2} =$$

$$= \frac{\sigma b}{3}\left(\frac{a^3}{8} + \frac{a^3}{8}\right) = \frac{1}{12}\sigma b a^3 = \frac{1}{12} M a^2$$

$$I_z = I_x + I_y = \frac{1}{12} M(a^2 + b^2)$$

b) Ecuaciones de Euler.

El teorema del momento cinético respecto al sistema fijo es:

$$\left(\frac{d\vec{L}_O}{dt}\right)_{\text{inerc}} = \vec{\Gamma}_O$$

y recordando que:

$$\left(\frac{d\vec{L}}{dt}\right)_{\text{inerc}} = \left(\frac{d\vec{L}}{dt}\right)_{\text{móvil}} + \vec{\omega} \times \vec{L}$$

queda:

$$\left(\frac{d\vec{L}_O}{dt}\right)_{\text{móvil}} + \vec{\omega} \times \vec{L}_O = \vec{\Gamma}_O$$

de donde se obtienen inmediatamente las ecuaciones de Euler:

$$\begin{aligned} I_x\dot{\omega}_x + (\omega_y I_z \omega_z - \omega_z I_y \omega_y) &= \Gamma_x \\ I_y\dot{\omega}_y + (\omega_z I_x \omega_x - \omega_x I_z \omega_z) &= \Gamma_y \\ I_z\dot{\omega}_z + (\omega_x I_y \omega_y - \omega_y I_x \omega_x) &= \Gamma_z \end{aligned}$$

Puesto que $\vec{\omega}$ = cte, resulta $\dot{\vec{\omega}} = 0$ y como según el enunciado la dirección de la rotación coincide con la diagonal de la placa se tiene:

$$\omega_z = 0, \quad \omega_x = \omega \cos\alpha \quad \text{y} \quad \omega_y = \omega \operatorname{sen}\alpha$$

siendo:

$$\operatorname{tg}\alpha = \frac{b}{a}; \qquad \operatorname{sen}\alpha = \frac{b}{\sqrt{a^2 + b^2}}; \qquad \cos\alpha = \frac{a}{\sqrt{a^2 + b^2}}$$

y a partir de las ecuaciones de Euler se obtienen inmediatamente, sin más que sustituir valores, las componentes del momento pedido:

$$\begin{aligned} \Gamma_x &= I_x\dot{\omega}_x = 0 \\ \Gamma_y &= I_y\dot{\omega}_y = 0 \\ \Gamma_z &= \omega_x I_y \omega_y - \omega_y I_x \omega_x = \omega_y \omega_x (I_y - I_x) \end{aligned}$$

es decir:

$$\Gamma_z = \omega^2 \frac{ab}{a^2 + b^2}\left(\frac{1}{12}Ma^2 - \frac{1}{12}Mb^2\right) = \frac{1}{12}M\frac{ab\omega^2}{a^2 + b^2}(a^2 - b^2)$$

13.2

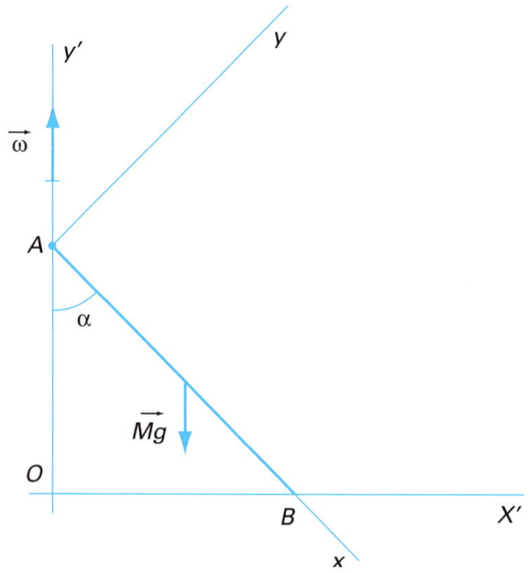

FIGURA 13.23

Consideraremos dos sistemas: uno fijo y otro vinculado a la varilla. Sea el sistema fijo el $Ox'y'$ y el sistema móvil el Oxy.

Aplicando el teorema del centro de masas:

$$\vec{R}_A + \vec{R}_B + \vec{P} = M\vec{a}_G \qquad [13.40]$$

siendo el peso de la varilla

$$\vec{P} = M\vec{g}$$

La aceleración del centro de masas de la varilla es:

$$\vec{a}_G = \vec{a}_{Gt} + \vec{a}_{Gn} = \vec{a}_{Gt} + \frac{l}{2}\,\text{sen}\,\alpha\omega^2(-\vec{i}\,')$$

Y puesto que por las condiciones del enunciado $\vec{R}_B = 0$ y $a_t = 0$, la ecuación [13.40] queda, en los ejes fijos:

$$\vec{R}_A + Mg(-\vec{j}\,') = -M\left(\frac{l}{2}\,\text{sen}\,\alpha\omega^2\right)\vec{i}\,'$$

Considerando el punto fijo A y siendo Axy el sistema móvil, las ecuaciones de Euler serán:

$$(I_y - I_x)\omega_y\omega_x = \Gamma_z$$

y teniendo en cuenta que

$$\Gamma_z = -Mg\frac{l}{2}\,\text{sen}\,\alpha$$

$$I_y = M\left(\frac{l}{2}\right)^2 + \frac{1}{12}Ml^2 = \frac{1}{3}Ml^2, \quad I_x = 0$$

$$\omega_x = -\omega\cos\alpha$$

$$\omega_y = \omega\,\text{sen}\,\alpha$$

sustituyendo resulta:

$$\boxed{\omega^2 = \frac{3g}{2l\cos\alpha}}$$

Teniendo en cuenta que

$$R_{Ax'} = Mg$$

$$R_{Ay'} = \frac{1}{2}Mlg\,\text{sen}\,\alpha\omega^2$$

$$|\vec{R}_A| = \sqrt{R_{Ax'}^2 + R_{Ay'}^2} = Mg\sqrt{1 + \frac{9}{4\cos^2\alpha}}$$

y el ángulo que forma la reacción en A con la vertical será:

$$\text{tg}\,\gamma = \frac{R_{Ay'}}{R_{Ax'}} = \frac{\frac{1}{2}Ml\,\text{sen}\,\alpha}{Mg}\,\frac{3g}{2l\cos\alpha} = \frac{3\,\text{tg}\,\alpha}{4}$$

13.3

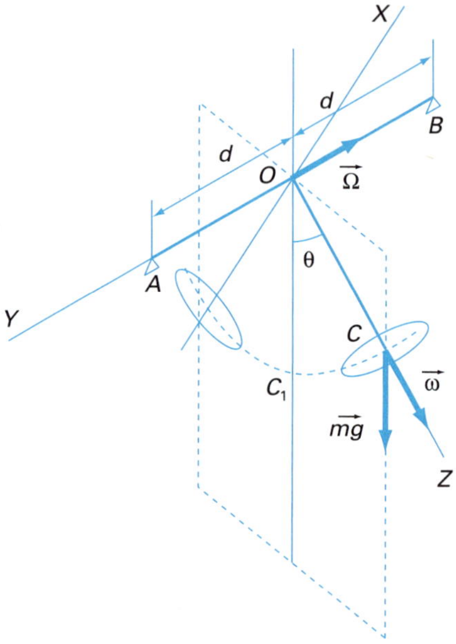

FIGURA 13.24

Tomando unos ejes móviles *OXYZ*, como los de la figura, y aplicando el teorema del momento cinético:

$$\left(\frac{d\vec{L}_O}{dt}\right)_{\text{móviles}} + \vec{\Omega} \times \vec{L}_O = \vec{\Gamma}_O$$

siendo $\vec{\Omega}$ la rotación de arrastre, ya que el sólido es simétrico y gira con velocidad angular ω alrededor de *OZ*.

La rotación resultante es:

$$\vec{\Omega}_{\text{res}} = \Omega\vec{j} + \omega\vec{k}$$

y el momento cinético:

$$\vec{L}_O = -\Omega I_y\vec{j} + \omega I_z\vec{k}$$

Puesto que:

$$\left(\frac{d\vec{L}_O}{dt}\right)_{\text{móviles}} = 0$$

y:

$$\vec{\Omega} \times \vec{L}_O = \begin{vmatrix} \vec{i} & \vec{j} & \vec{k} \\ 0 & -\Omega & 0 \\ 0 & -I_z\Omega & I_z\omega \end{vmatrix} = [-I_z\omega\Omega]\vec{i} = -I_z\omega\Omega\vec{i}$$

resulta:

$$\Gamma_{ox} = -I_z\omega\Omega$$

Para calcular las reacciones cuando el péndulo pasa por el punto más bajo, aplicaremos el teorema del centro de masas. En ese punto la aceleración de G es $\Omega^2 R$, luego:

$$R_{Az} + R_{Bz} = mg + m\Omega^2 R$$

y teniendo en cuenta que el par Γ_{ox} ha de equilibrarse con el producido por las reacciones en A y B ya que en el punto más bajo el par producido por el peso MgR sen $\theta = 0$ resulta:

$$(R_{Az} - R_{Bz})d = I_z\omega\Omega$$

de estas dos ecuaciones se obtienen los valores de R_{Az} y R_{Bz}. En efecto:

$$R_{Az} + R_{Bz} = mg + m\Omega^2 R$$

$$R_{Az} - R_{Bz} = \frac{I_z\omega\Omega}{d}$$

sumando y restando miembro a miembro resulta:

$$\left.\begin{aligned} R_{Az} &= \frac{mg}{2} + \frac{m\Omega^2 R}{2} + \frac{I_z\omega\Omega}{d} \\ R_{Bz} &= \frac{mg}{2} + \frac{m\Omega^2 R}{2} - \frac{I_z\omega\Omega}{d} \end{aligned}\right. \qquad [13.41]$$

La velocidad angular Ω en el punto más bajo se calcula aplicando el teorema de conservación de la energía. Puesto que en el instante inicial se separa $\pi/2$ y se abandona sin velocidad inicial, se tiene:

$$mgR = \frac{1}{2} I_y \Omega^2$$

de donde

$$\Omega = \sqrt{\frac{2mgR}{I_y}} = \sqrt{\frac{2mgR}{mR^2 + \frac{1}{4}mr^2}} = \sqrt{\frac{8gR}{r^2 + 4R^2}}$$

sustituyendo en [13.41] se obtienen los valores de las reacciones en A y B buscadas.

13.4

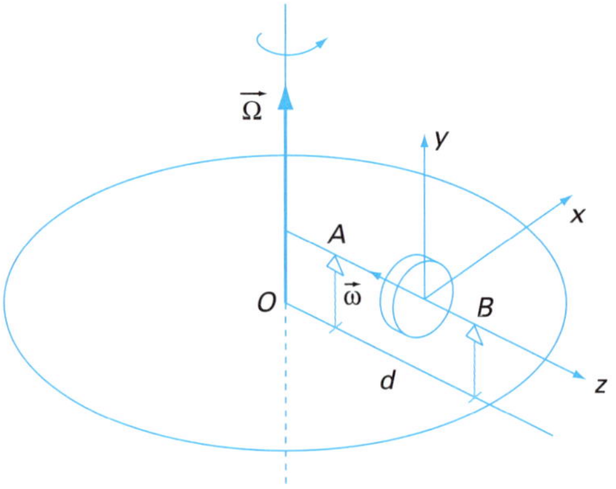

FIGURA 13.25

Considerando los ejes móviles $Oxyz$ en los que el disco puede girar alrededor del eje z y en los que, por simetría, no varían los momentos de inercia del sólido, la rotación instantánea resultante es:

$$\vec{\Omega}_{res} = \Omega\vec{j} - \omega\vec{k}$$

El momento cinético será:

$$\vec{L}_O = I_x\Omega_{res\,x}\vec{i} + I_y\Omega_{res\,y}\vec{j} + I_z\Omega_{res\,z}\vec{k}$$

por lo que

$$\vec{L}_O = I_y\Omega\vec{j} - I_z\omega\vec{k}$$

Aplicando el teorema del momento cinético en ejes móviles:

$$\left(\frac{d\vec{L}}{dt}\right)_{\text{inercial}} = \left(\frac{d\vec{L}}{dt}\right)_{\text{móviles}} + \vec{\Omega} \times \vec{L} = \Gamma_O$$

resulta:

$$\frac{d\vec{L}_O}{dt} + \vec{\Omega} \times \vec{L}_O = \vec{\Gamma}_O$$

siendo $\vec{\Omega}$ la rotación de arrastre del sistema móvil.

Operando, teniendo en cuenta que $\vec{\Omega}$ y $\vec{\omega}$ son constantes, resulta:

$$\frac{d\vec{L}_O}{dt} = 0$$

$$\vec{\Omega} \times \vec{L}_O = \begin{vmatrix} \vec{i} & \vec{j} & \vec{k} \\ 0 & \Omega & 0 \\ 0 & I_y\Omega & -I_z\omega \end{vmatrix} = -I_z\Omega\omega\vec{i}$$

o sea:

$$-I_z\Omega\omega\vec{i} = \Gamma_{ox}\vec{i}$$

Para el cálculo de las reacciones en los apoyos aplicaremos el teorema del centro de masas:

$$M\vec{a}_G = \vec{F} + \vec{R}_A + \vec{R}_B$$

Teniendo en cuenta que el c.d.m. describe una trayectoria circular horizontal con movimiento uniforme, se puede poner:

$$a_{Gx} = 0; \quad a_{Gy} = 0; \quad a_{Gz} = -m\Omega^2 r_G$$

y como $\vec{F} = 0$ queda:

$$\begin{aligned} 0 &= R_{Ax} + R_{Bx} \\ mg &= R_{Ay} + R_{By} \\ -m\Omega^2 r_G &= R_{Az} + R_{Bz} \end{aligned} \qquad [13.42]$$

y suponiendo que toda la fuerza es absorbida por el apoyo B se tiene:

$$R_{Az} = 0; \qquad R_{Bz} = -m\Omega^2 r_G$$

Puesto que el peso del disco está aplicado en el c.d.m., el momento de las fuerzas exteriores es cero, la componente según *OY* es cero, por lo que las reacciones R_{Ax} y R_{Bx} son nulas.

Por tanto el par $\Gamma_{ox} = -I_z\Omega\omega$ tiene que equilibrarse con el par producido por las reacciones en R_{Ay} y R_{By}, es decir:

$$(R_{AY} - R_{BY})\,\frac{d}{2} = I_z\Omega\omega$$

y puesto que $I_z = \dfrac{1}{2}mr^2$ y teniendo en cuenta las [13.42], queda:

$$R_{Ay} = \frac{mg}{2} + \frac{mr^2\Omega\omega}{2d}$$

y

$$R_{BY} = \frac{mg}{2} - \frac{mr^2\Omega\omega}{2d}$$

El problema también puede resolverse aplicando directamente las ecuaciones de Euler. En este caso hay que tener en cuenta que los ejes *Oxyz* son solidarios con el disco, por lo que las componentes de la rotación instantánea en esos ejes móviles son:

$$\vec{\Omega}_{\text{res}} = -\Omega \operatorname{sen} \varphi\, \vec{i} + \Omega \cos \varphi\, \vec{j} - \omega\, \vec{k}$$

siendo φ el ángulo girado por los ejes móviles respecto a la vertical. La aceleración instantánea es:

$$\dot{\vec{\Omega}}_{\text{res}} = -\Omega \cos \varphi\, \dot{\varphi}\, \vec{i} - \Omega \operatorname{sen} \varphi\, \dot{\varphi}\, \vec{j}$$

Las ecuaciones de Euler son:

$$I_x\, \dot{\Omega}_{\text{res}\, x} + (I_z - I_y)\, \Omega_{\text{res}\, y}\, \Omega_{\text{res}\, z} = \Gamma_x$$

$$I_y\, \dot{\Omega}_{\text{res}\, y} + (I_x - I_z)\, \Omega_{\text{res}\, z}\, \Omega_{\text{res}\, x} = \Gamma_y$$

$$I_z\, \dot{\Omega}_{\text{res}\, z} + (I_y - I_x)\, \Omega_{\text{res}\, x}\, \Omega_{\text{res}\, y} = \Gamma_z$$

y teniendo en cuenta que $\dot{\varphi} = \omega$ y que $I_x = I_y$, queda:

$$-\Omega\omega \cos \varphi \, I_z = \Gamma_x$$

$$-\Omega\omega \operatorname{sen} \varphi \, I_z = \Gamma_y \qquad [13.43]$$

$$0 = \Gamma_z$$

En el instante en el que los ejes móviles se encuentran en la posición de la figura $\varphi = 0$ y el momento resulta ser:

$$\vec{\Gamma}_0 = -\Omega\omega \, I_z \, \vec{i}$$

que coincide con el obtenido anteriormente. Puede observarse, ecuaciones [13.43], que el módulo del momento siempre vale $\Omega\omega I_z$ y su dirección es siempre perpendicular al eje *AB* y paralela al plano de la mesa, también de acuerdo con el resultado obtenido anteriormente.

Capítulo 14

PERCUSIONES

OBJETIVOS

1. *Definir el concepto de percusión.*
2. *Estudio de las percusiones aplicadas a un punto material.*
3. *Establecer los teoremas de la cantidad de movimiento y el momento cinético en este caso.*
4. *Estudio de las percusiones aplicadas a un sistema.*
5. *Establecer los teoremas de la cantidad de movimiento, momento cinético y centro de masas en este caso.*
6. *Estudiar el movimiento de un sólido con un eje fijo sometido a percusiones.*
7. *Calcular las coordenadas del centro de percusión.*
8. *Estudiar el movimiento de un sólido móvil con un punto fijo sometido a percusiones.*
9. *Estudiar el movimiento de un sólido libre sometido a percusiones.*
10. *Estudiar la pérdida de energía cinética en el choque, enunciando y demostrando el teorema de Carnot.*

ESQUEMA-RESUMEN

14.1. Percusiones aplicadas a un punto material
— Definición de percusión
— Teorema de la cantidad de movimiento
— Teorema del momento cinético

14.2. Percusiones aplicadas a un sistema
— Teorema de la cantidad de movimiento
— Teorema del momento cinético
— Teorema del centro de masas

14.3. Sólido con un eje fijo sometido a percusión
— Centro de percusión

14.4. Sólido móvil con un punto fijo sometido a percusiones

14.5. Sólido libre sometido a percusiones

14.6. Estudio general de la pérdida de energía cinética en el choque. Teorema de Carnot

14. PERCUSIONES

14.1. PERCUSIONES APLICADAS A UN PUNTO MATERIAL

Un sistema material sufre una *percusión*, cuando sus elementos cambian de velocidad en un tiempo extremadamente corto sin cambiar sensiblemente de posición.

Se pueden aplicar los teoremas generales de la Dinámica, suponiendo estos fenómenos producidos por fuerzas muy grandes actuando durante un tiempo muy corto.

14.1.1. Definición de percusión

Supongamos que sobre una partícula de masa m que se mueve con una velocidad $\vec{v}_0$ actúa una fuerza $\vec{F}$ durante un intervalo de tiempo elemental dt.

Llamamos *impulso elemental* al vector $\vec{F}dt$, y se verifica que:

$$\vec{F}dt = m\vec{a}\,dt = m\frac{d\vec{v}}{dt}dt = m\,d\vec{v}$$

Análogamente llamaremos *impulso finito* en un intervalo de tiempo (t_0, t_1) a:

$$\int_{t_0}^{t_1} \vec{F}\,dt$$

verificándose que:

$$\int_{t_0}^{t_1} \vec{F}dt = m\vec{v}_1 - m\vec{v}_0$$

Definimos el vector *percusión*, a veces llamado vector impulsión, mediante la expresión:

$$\vec{P} = \lim_{\tau \to 0} \int_{t_0}^{t_1+\tau} \vec{F} dt$$

Debe verificarse que cuando $\tau \to 0$

$$|\vec{F}|\tau \to \alpha \qquad (\alpha \neq 0)$$

siendo α una constante distinta de cero. Es decir, que la fuerza que actúa durante un intervalo de tiempo arbitrariamente pequeño τ será una fuerza arbitrariamente grande pero del orden de $\frac{1}{\tau}$.

Resulta fundamental admitir que el cambio de velocidad es instantáneo y que no se produce alteración en la posición. El punto va a seguir en la misma posición después de sufrir la percusión, pero se va a mover de forma distinta. Por tanto el problema a resolver en Teoría de Percusiones consiste en calcular $\Delta\vec{v}$ para obtener información del movimiento a partir del instante posterior a la percusión.

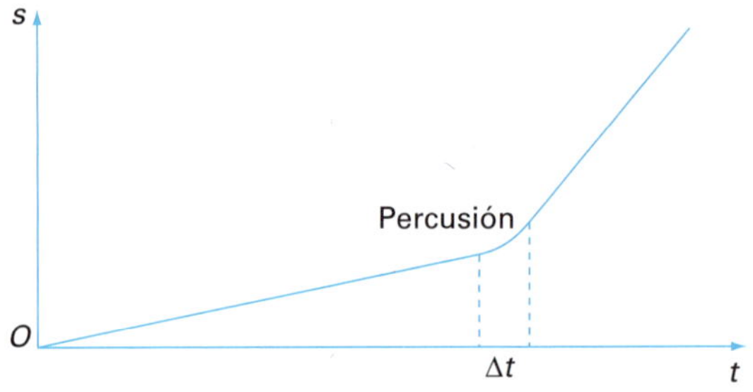

FIGURA 14.1

En la figura 14.1 puede verse, en un diagrama $s-t$, el símil más simple de una percusión real. En nuestro modelo matemático admitiremos, sin embargo, que la variación de velocidad es instantánea.

En resumen, durante una percusión:

a) Se pueden despreciar todas las fuerzas que no sean percusionales (por ejemplo el peso o las fuerzas de rozamiento.)

b) Se pueden despreciar los desplazamientos de las partículas implicadas, suponiendo que el sistema permanece inmóvil durante ese tiempo y que sólo varían las velocidades.

14.1.2. Teorema de la cantidad de movimiento

Del teorema de la cantidad de movimiento para un punto material resulta:

$$\vec{P} = \lim_{\tau \to 0} \int_{t_0}^{t_1+\tau} \vec{F}\, dt = \lim_{\tau \to 0} (m\vec{v}_1 - m\vec{v}_0) \neq 0$$

y podemos escribir:

$$\vec{P} = \Delta(m\vec{v})$$

siendo:

$$\Delta(m\vec{v}) = \lim_{\tau \to 0} (m\vec{v}_1 - m\vec{v}_0)$$

límite que es distinto de cero.

Es decir, la variación de la cantidad de movimiento de un punto material durante un intervalo es igual a la percusión aplicada en ese intervalo.

Si sobre el punto material actúan varias percusiones simultáneamente:

$$m \frac{d\vec{v}}{dt} dt = \vec{F}_1 + \vec{F}_2 + \ldots + \vec{F}_n$$

integrando entre t_0 y t_1:

$$\int_{t_0}^{t_1} m \frac{d\vec{v}}{dt} dt = \int_{t_0}^{t_1} \vec{F}_1 dt + \int_{t_0}^{t_1} \vec{F}_2 dt + \ldots + \int_{t_0}^{t_1} \vec{F}_n dt$$

de donde:

$$(m\vec{v}_1) - (m\vec{v}_0) = \vec{P}_1 + \vec{P}_2 + \ldots + \vec{P}_n$$

Es decir:

$$\boxed{\Delta(m\vec{v}) = \sum_{i=1}^{n} \vec{P}_i} \qquad [14.1]$$

que se puede enunciar diciendo que *la variación de la cantidad de movimiento de un punto material es igual a la resultante de todas las percusiones que actúan sobre él.*

Si la expresión [14.1] se proyecta sobre un eje δ, definido por un vector unitario $\vec{u}$, quedará:

$$\Delta(m\vec{v}) \cdot \vec{u} = \sum_{i=1}^{n} \vec{P}_i \cdot \vec{u}$$

y al ser $\vec{u} = \overrightarrow{\text{cte}}$

$$\Delta(m\vec{v}) = \sum_{i=1}^{n} P_{ui}$$

que puede enunciarse diciendo que la variación de la proyección de la cantidad de movimiento de un punto sobre un eje δ es igual a la suma de las proyecciones sobre dicho eje de todas las percusiones que actúan sobre él.

14.1.3. Teorema del momento cinético

Si en la ecuación [14.1] tomamos momentos respecto a un punto fijo O (es decir, multiplicamos vectorialmente a la izquierda por $\vec{r}$) queda:

$$\vec{r} \times \Delta(m\vec{v}) = \vec{r} \times \sum_{i=1}^{n} \vec{P}_i$$

es decir:

$$\Delta(\vec{r} \times m\vec{v}) = \vec{r} \times \sum_{i=1}^{n} \vec{P}_i$$

ya que $\Delta\vec{r} = 0$,

o lo que es lo mismo:

$$\Delta\vec{L}_O = \vec{r} \times \vec{P} \qquad [14.2]$$

en donde $\vec{L}_O$ es el momento cinético de la partícula respecto al punto O y $\vec{P} = \sum_{i=1}^{n} \vec{P}_i$ es la resultante de las percusiones aplicadas al punto material.

Se puede por tanto enunciar diciendo que *la variación del momento cinético de un punto material es igual al momento resultante de las percusiones que actúen sobre él.*

14.2. PERCUSIONES APLICADAS A UN SISTEMA

Sea un sistema constituido por N puntos materiales. Supondremos que sobre la partícula i-ésima del sistema pueden actuar fuerzas de percusión exteriores $\vec{F}_i$ y fuerzas de percusión interiores $\vec{F}_{ij}$ y admitiremos que éstas últimas verifican el principio de acción y reacción. Resulta, por tanto, que sobre el punto material i-ésimo actúan tanto vectores percusión exteriores $\vec{P}_i$ como interiores $\vec{P}_{ij}$.

14.2.1. Teorema de la cantidad de movimiento

Si se aplica el teorema de la cantidad de movimiento para percusiones a la partícula i-ésima, se tiene:

$$\Delta(m_i\vec{v}_i) = \vec{P}_i \times \sum_{j\neq i}^{N-1} \vec{P}_{ij}$$

y sumando para todas las partículas del sistema:

$$\sum_{i=1}^{N} \Delta(m_i\vec{v}_i) = \sum_{i=1}^{N} \vec{P}_i + \sum_{i=1}^{N} \sum_{j\neq i}^{N-1} \vec{P}_{ij}$$

pero como

$$\sum_{i=1}^{N} \Delta(m_i\vec{v}_i) = \sum_{i=1}^{N} (m_i\vec{v}_i)$$

y

$$\sum_{i=1}^{N} \sum_{j\neq i}^{N-1} \vec{P}_{ij} = \sum_{i=1}^{N} \sum_{j\neq i}^{N-1} \int_{t_0}^{t_1} \vec{F}_{ij}\, dt = \int_{t_0}^{t_1} \left(\sum_{i=1}^{N} \sum_{j\neq i}^{N-1} \vec{F}_{ij} \right) dt = \vec{0}$$

por verificarse la ley de acción y reacción para las fuerzas de percusión interiores, resulta:

$$\Delta \sum_{i=1}^{N} (m_i\vec{v}_i) = \sum_{i=1}^{N} \vec{P}_i \qquad [14.3]$$

O sea, *la variación de la cantidad de movimiento total de un sistema es igual a la resultante de las percusiones exteriores que actúan sobre el mismo.*

14.2.2. Teorema del momento cinético

Si se aplica la ecuación [14.2] que expresa el teorema del momento cinético para percusiones a la partícula i-ésima, se tiene:

$$\Delta\vec{L}_{oi} = \vec{r}_i \times \vec{P}_i + \vec{r}_i \times \left(\sum_{j\neq i}^{N-1} \vec{P}_{ij}\right)$$

y sumando para todas las partículas del sistema:

$$\sum_{i=1}^{N} \Delta\vec{L}_{oi} = \sum_{i=1}^{N} \vec{r}_i \times \vec{P}_i + \sum_{i=1}^{N} \vec{r}_i \times \left(\sum_{j\neq i}^{N-1} \vec{P}_{ij}\right)$$

pero

$$\sum_{i=1}^{N} \Delta\vec{L}_{oi} = \Delta \sum_{i=1}^{N} \vec{L}_{oi} = \Delta\vec{L}_O$$

y

$$\sum_{i=1}^{N} \vec{r}_i \times \left(\sum_{j\neq i}^{N-1} \vec{P}_{ij}\right) = \sum_{i=1}^{N} \vec{r}_i \times \left(\sum_{j\neq i}^{N-1} \int_{t_0}^{t_1} \vec{F}_{ij}\, dt\right) = \sum_{i=1}^{N} \vec{r}_i \times \int_{t_0}^{t_1} \sum_{j\neq i}^{N-1} \vec{F}_{ij}\, dt =$$

$$= \sum_{i=1}^{N} \int_{t_0}^{t_1} \vec{r}_i \times \left(\sum_{j\neq i}^{N-1} \vec{F}_{ij}\right) dt = \int_{t_0}^{t_1} \sum_{i=1}^{N} \vec{r}_i \times \left(\sum_{j\neq i}^{N-1} \vec{F}_{ij}\right) dt = 0$$

en virtud del principio de acción y reacción. Por tanto:

$$\Delta\vec{L}_o = \sum_{i=1}^{N} \vec{r}_i \times \vec{P}_i$$

es decir, *la variación del momento cinético de un sistema respecto a un punto* O *es igual al momento resultante respecto a dicho punto de todas las percusiones exteriores que actúan sobre el sistema.*

14.2.3. Teorema del centro de masas

A partir del teorema de la cantidad de movimiento

$$\sum_{i=1}^{N} \Delta(m_i\vec{v}_i) = \sum_{i=1}^{N} \vec{P}_i$$

se puede poner:

$$\sum_{i=1}^{N} \vec{P}_i = \Delta \sum_{i=1}^{N} \left(m_i \frac{d\vec{r}_i}{dt} \right) = \Delta \left(\frac{d}{dt} \sum_{i=1}^{N} m_i \vec{r}_i \right)$$

y recordando que

$$\sum_{i=1}^{N} m_i \vec{r}_i = M \vec{r}_G$$

siendo $\vec{r}_G$ el vector de posición del centro de gravedad, resulta:

$$\sum_{i=1}^{N} \vec{P}_i = \Delta \left[\frac{d}{dt} (M\vec{r}_G) \right] = \Delta M \frac{d\vec{r}_G}{dt}$$

o sea,

$$\Delta(M\dot{\vec{r}}_G) = \sum_{i=1}^{N} \vec{P}_i$$

la variación de la cantidad de movimiento total de un sistema es igual a la variación de la cantidad de movimiento del centro de masas supuesta concentrada en él la masa total del sistema y aplicadas también en él todas las percusiones exteriores.

Finalmente diremos que el teorema de la energía cinética no se utiliza en Teoría de Percusiones, puesto que al suponer las partículas inmóviles durante la percusión no es posible evaluar directamente el trabajo efectuado por las fuerzas de percusión.

14.3. SÓLIDO CON UN EJE FIJO SOMETIDO A PERCUSIONES

Sea un sólido rígido, dos de cuyos puntos A y B permanecen fijos en una referencia inercial. Como el sólido no cambia de posición mientras dura la percusión pueden escogerse los ejes arbitrariamente. Se supondrá que el eje Oz tiene la dirección y sentido del vector $\vec{AB}$ y además se supondrá que el centro de masas G está contenido en el plano Ayz.

En el instante inicial la velocidad angular es $\vec{\omega}_0 = \omega_0 \vec{k}$ y se imprime al sólido una percusión $\vec{P}$, aplicada en el punto C.

Vamos a determinar la variación que experimenta $\vec{\omega}_0$ al aplicar la percusión.

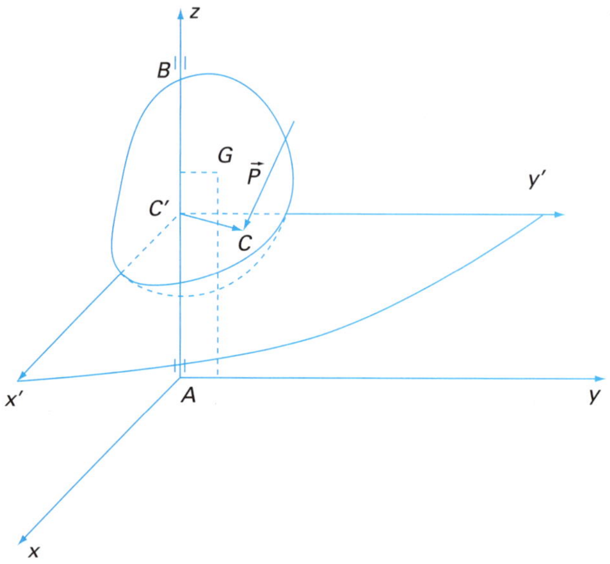

FIGURA 14.2

Aplicaremos el teorema del momento cinético respecto al punto A. Si llamamos $\vec{R}_A$ y $\vec{R}_B$ a las reacciones percusiones de ligadura que aparecen en los puntos A y B, se puede escribir:

$$\Delta\vec{L}_A = \vec{AC} \times \vec{P} + \vec{AB} \times \vec{R}_B \qquad [14.4]$$

y multiplicando escalarmente por $\vec{k}$ (vector unitario dirigido según el eje z):

$$\Delta\vec{L}_A \cdot \vec{k} = (\vec{AC}, \vec{P}, \vec{k}) \qquad [14.5]$$

es decir:

$$\Delta(\vec{L}_A \cdot \vec{k}) = (\vec{AC}, \vec{P}, \vec{k}) \qquad [14.6]$$

Ahora bien:

$$\vec{L}_A = \int_D \vec{r} \times (\vec{\omega} \times \vec{r})\, dm = \omega \int_D \vec{r} \times (\vec{k} \times \vec{r})\, dm$$

o sea,

$$\vec{L}_A = \omega[\int_D \vec{k} \operatorname{nor} \vec{r}\, dm - \int_D (\vec{r} \cdot \vec{k})\, \vec{r}\, dm]$$

Multiplicando escalarmente por $\vec{i}$, $\vec{j}$, $\vec{k}$ respectivamente, queda:

$$L_{Ax} = \vec{L}_A \cdot \vec{i} = \omega\int_D (\vec{r}\cdot\vec{k})(\vec{r}\cdot\vec{i})dm] = -P_{xz}\omega$$

$$L_{Ay} = \vec{L}_A \cdot \vec{j} = \omega\int_D (\vec{r}\cdot\vec{k})(\vec{r}\cdot\vec{j})dm] = -P_{yz}\omega$$

$$L_{Az} = \vec{L}_A \cdot \vec{k} = \omega[\int_D \text{nor}\,\vec{r}\,dm - \int_D (\vec{r}\cdot\vec{k})^2 dm] = \omega(I_o - I_{xy}) = I_z\omega$$

por tanto sustituyendo en [14.6] resulta:

$$I_z\Delta\omega = (\overrightarrow{AC}, \vec{P}, \vec{k})$$

y finalmente:

$$\Delta\omega = \frac{(\overrightarrow{AC}, \vec{P}, \vec{k})}{I_z}$$

es decir, la variación de velocidad angular del sólido durante la percusión es igual al cociente entre el momento de la percusión y el momento de inercia, calculados ambos respecto al eje fijo.

Una vez calculada la variación que experimenta la velocidad angular, calcularemos las reacciones percusionales de ligadura $\vec{R}_A$ y $\vec{R}_B$.

Aplicando el teorema del centro de masas para percusiones se puede escribir:

$$M\Delta\vec{v}_G = \vec{P} + \vec{R}_A + \vec{R}_B$$

y puesto que

$$\vec{v}_G = \vec{\omega} \times \overrightarrow{AG}$$

queda:

$$M(\Delta\vec{\omega}) \times \overrightarrow{AG} = \vec{P} + \vec{R}_A + \vec{R}_B$$

en donde $\overrightarrow{AG} = y_G\vec{i} + z_G\vec{k}$ ya que el plano AYZ contiene al c.d.m.

Ecuación vectorial que equivale a las tres escalares:

$$\left.\begin{aligned} -M\Delta\omega y_G &= P_x + R_{Ax} + R_{Bx} \\ 0 &= P_y + R_{Ay} + R_{By} \\ 0 &= P_z + R_{Az} + R_{Bx} \end{aligned}\right\} \qquad [14.7]$$

Por otro lado desarrollando el segundo miembro de la ecuación [14.4] resulta:

$$\overrightarrow{AC} \times \vec{P} = (\overrightarrow{AC}, \vec{P}, \vec{i})\vec{i} + (\overrightarrow{AC}, \vec{P}, \vec{j})\vec{j} + (\overrightarrow{AC}, \vec{P}, \vec{k})\vec{k}$$

y

$$\overrightarrow{AB} \times \vec{R}_B = \begin{vmatrix} \vec{i} & \vec{j} & \vec{k} \\ 0 & 0 & 0 \\ R_{Bx} & R_{By} & R_{Bz} \end{vmatrix} = -z_B R_{By}\vec{i} + z_B R_{Bx}\vec{j}$$

por lo que finalmente resulta:

$$\left.\begin{aligned} -P_{xz}\Delta\omega &= -z_B R_{By} + (\overrightarrow{AC}, \vec{P}, \vec{i}) \\ -P_{yz}\Delta\omega &= z_B R_{Bx} + (\overrightarrow{AC}, \vec{P}, \vec{j}) \\ I_x\Delta\omega &= (\overrightarrow{AC}, \vec{P}, \vec{k}) \end{aligned}\right\} \quad [14.8]$$

Se observará que la tercera de las ecuaciones [14.8] es justamente la que proporciona el valor de $\Delta\omega$. Quedan cinco ecuaciones: las tres [14.7] y las dos primeras de las [14.8]. Con estas cinco ecuaciones no es posible determinar las seis incógnitas R_{Ax}, R_{Ay}, R_{Az}, R_{Bx}, R_{By}, R_{Bz}. El problema puede determinarse si se seleccionan los apoyos de modo que, por ejemplo, $R_{Bz} = 0$ (lo que puede conseguirse fácilmente mediante un cojinete radial en B).

En este supuesto el conjunto de ecuaciones que resuelve el problema es el siguiente:

$$\left.\begin{aligned} -M(\Delta\omega)y_G &= P_x + R_{Ax} + R_{Bx} \\ 0 &= P_y + R_{Ay} + R_{By} \\ 0 &= P_z + R_{Az} \\ -P_{xz}(\Delta\omega) &= -z_B R_{By} + (\overrightarrow{AC}, \vec{P}, \vec{i}) \\ -P_{yz}(\Delta\omega) &= z_B R_{Bx} + (\overrightarrow{AC}, \vec{P}, \vec{j}) \end{aligned}\right\} \quad [14.9]$$

14.3.1. Centro de percusión

Veamos a continuación cuales son las condiciones que debe cumplir la percusión $\vec{P}$ para que no surjan reacciones percusionales (también llamadas reacciones impulsivas) en los apoyos A y B.

Debe verificarse que $\vec{R}_A = \vec{R}_B = \vec{0}$ y las ecuaciones [14.9] se reducen a:

$$\left.\begin{aligned} -M(\Delta\omega)y_G &= P_x \\ 0 &= P_y \\ 0 &= P_z \\ -P_{xz}(\Delta\omega) &= (\overrightarrow{AC}, \vec{P}, \vec{i}) \\ -P_{yz}(\Delta\omega) &= (\overrightarrow{AC}, \vec{P}, \vec{j}) \end{aligned}\right\} \qquad [14.10]$$

Para satisfacer las ecuaciones [14.10] es necesario dirigir la percusión perpendicularmente al plano $C'y'z$ (es decir al plano que pasa por el eje de rotación y contiene al centro de gravedad del sólido), ya que $P_y = 0$ y $P_z = 0$.

Admitamos que la percusión $\vec{P}$ tiene la dirección indicada. Entonces la percusión $\vec{P}$ será paralela al plano Axy. En este caso $(\overrightarrow{AC}, \vec{P}, \vec{i}) = (\overrightarrow{AC}, \vec{P}, \vec{j}) = 0$ por ser coplanarios y de las dos últimas de las ecuaciones [14.10] se deduce que $P_{xz} = P_{yz} = 0$. Esto quiere decir que el plano que contiene a la percusión, debe pasar por el punto C' para el cual el eje Az es principal del sólido.

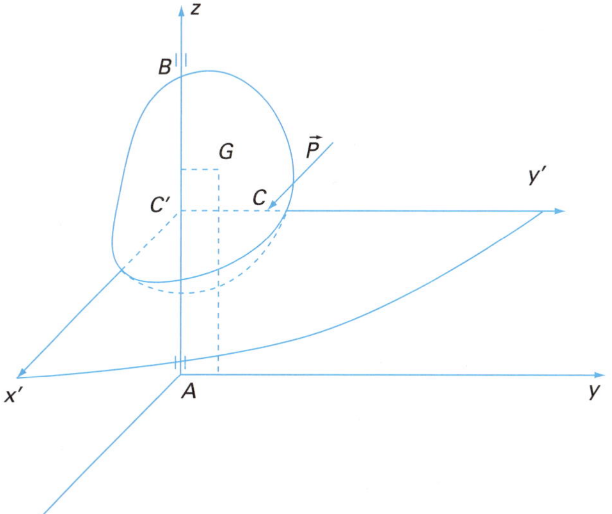

FIGURA 14.3

Como $P_y = P_z = 0$ y $P_x = -P$ la primera ecuación de [14.10] queda:

$$My_G(\Delta\omega) = P$$

y como además

$$I_z(\Delta\omega) = (\overrightarrow{AC}, \vec{P}, \vec{k}) = y_c P$$

resulta finalmente:

$$y_c = \frac{I_z}{My_G}$$

fórmula que determina la distancia a la que debe aplicarse la percusión.

El punto C se denomina centro de percusión del sólido y queda determinado por la condición de que su proyección sobre Oz da un Punto C' para el cual Az es una dirección principal de inercia.

Un eje paralelo al Az que pase por el punto C recibe el nombre de eje de oscilación del sólido. (Nótese que si $G \in AB$ el eje de oscilación se hace impropio.)

En resumen, las condiciones necesarias y suficientes para que las reacciones percusionales de ligadura sean nulas son:

1. La percusión aplicada ha de ser perpendicular al plano definido por el eje fijo y el centro de masas.
2. La percusión debe aplicarse en el centro de percusión. La cota del centro de percusión, z_c, queda determinada por la condición de que el eje de rotación es una dirección principal de inercia en el punto $(0, 0, z_c)$. La ordenada por la ecuación:

$$y_c = \frac{I_z}{My_G} = \frac{k_z^2}{y_G}$$

siendo k_z el radio de giro, y la abscisa por la ecuación de la superficie que limita a S.

Si el plano π, que pasando por G es normal a Az, es un plano de simetría del sólido, el eje Az es principal de inercia para el punto en que dicho plano corta al eje. Por tanto, la percusión debe estar contenida en ese plano y ser normal al plano que determinan G y Az.

14.4. SÓLIDO MÓVIL CON UN PUNTO FIJO SOMETIDO A PERCUSIONES

Se supone conocida la rotación $\vec{\omega}_\delta$ alrededor de un eje que pasa por el punto fijo O y las percusiones aplicadas $\vec{P}_i$. Se trata de calcular la velocidad final y la reacción percusional en O, $\vec{R}_O$.

Aplicando el teorema del momento cinético para percusiones, respecto al punto fijo, resulta:

$$\Delta\vec{L}_o = \sum_{i=1}^{N}\vec{r}_i \times \vec{P}_i$$

ecuación que permite hallar $\Delta\omega_\delta$.

Aplicando a continuación el teorema del centro de masas queda:

$$M\Delta\vec{v}_G = \sum_{i=1}^{N}\vec{P}_i + \vec{R}_O \qquad [14.11]$$

Además:

$$\vec{v}_{G1} = \vec{\omega}_{\delta 1} \times \vec{r}_G$$

y

$$\vec{v}_{G2} = \omega_{\delta 2} \times \vec{r}_G$$

de donde:

$$\Delta\vec{v}_G = \vec{v}_{G2} - \vec{v}_{G1} = (\vec{\omega}_{\delta 2} - \vec{\omega}_{\delta 1}) \times \vec{r}_G = \Delta\vec{\omega}_\delta \times \vec{r}_G$$

Por tanto la ecuación [14.11] permite calcular la reacción $\vec{R}_O$, quedando:

$$\vec{R}_O = M(\Delta\vec{\omega}_\delta \times \vec{r}_G) - \sum_{i=1}^{N}\vec{P}_i$$

14.5. SÓLIDO LIBRE SOMETIDO A PERCUSIONES

Aplicando el teorema de la cantidad de movimiento:

$$\Delta(M\vec{v}_G) = \sum_{i=1}^{N}\vec{P}_i$$

y el teorema del momento cinético:

$$\Delta\vec{L} = \sum_{i=1}^{N}\vec{r}_i \times \vec{P}_i$$

se dispone de seis ecuaciones. Como existe igual número de incógnitas (las componentes de $\Delta\vec{v}_G$ y de $\Delta\vec{\omega}$) puede resolverse el problema conociendo el movimiento inicial del sólido. Si éste viene definido por la velocidad del centro de gravedad $\vec{v}_{G_0}$ y la rotación $\vec{\omega}_0$, resulta:

$$\vec{v}_{G1} = \vec{v}_{G0} + \Delta\vec{v}_G$$

y

$$\vec{\omega}_1 = \vec{\omega}_0 + \Delta\vec{\omega}$$

quedando resuelto el problema.

14.6. ESTUDIO GENERAL DE LA PÉRDIDA DE ENERGÍA CINÉTICA EN EL CHOQUE. TEOREMA DE CARNOT

Se un conjunto de N masas aisladas sometidas exclusivamente a las percusiones producidas por sus propios choques; es decir, sometidos únicamente a percusiones interiores ya que el sistema está aislado.

Para una masa cualquiera m_i, cuyas velocidades antes y después del choque son $\vec{v}_{i0}$ y $\vec{v}_{i1}$, respectivamente, se verifica:

$$\Delta(m_i\vec{v}_i) = \vec{P}$$

siendo $\vec{P}$ la resultante de las percusiones exteriores.

Es decir:

$$m_i(\vec{v}_{i1} - \vec{v}_{i0}) = \lim_{\Delta t \to 0} \int_{t_0}^{t+\Delta t} \vec{F}\,dt \qquad [14.12]$$

y aplicando el teorema del valor medio a la integral del segundo miembro queda:

$$m_i(\vec{v}_{i1} - \vec{v}_{i0}) = \vec{F}^* \,\Delta t$$

en donde $\vec{F}^*$ es el valor medio de $\vec{F}$ en el intervalo $(t_0, t_0 + \Delta t)$.

Multiplicando escalarmente ambos miembros por $\vec{v}_{i1}$:

$$m_i\vec{v}_{i1} \cdot (\vec{v}_{i1} - \vec{v}_{o1}) = \vec{F}^* \cdot \vec{v}_{i1}\Delta t$$

y puesto que

$$\vec{v}_{i1} = \lim_{\Delta t \to 0} \frac{\Delta\vec{s}_i}{\Delta t}$$

resultará:

$$m_i\vec{v}_{i1} \cdot (\vec{v}_{i1} - \vec{v}_{io}) = \vec{F}^* \cdot \Delta\vec{s}_i$$

Sumando para todas las masas del sistema queda:

$$\sum_{i=1}^{N} m_i \vec{v}_{i1} \cdot (\vec{v}_{i1} - \vec{v}_{io}) = 0 \qquad [14.13]$$

ya que la suma de los trabajos de todas las fuerzas de percusión es nula por tratarse de un sistema aislado.

La expresión anterior puede escribirse en la forma:

$$\frac{1}{2}\sum_{i=1}^{N} 2m_i [\text{nor}\, \vec{v}_{i1} - \vec{v}_{i1} \cdot \vec{v}_{i0}] = 0$$

o sea:

$$\frac{1}{2}\sum_{i=1}^{N} 2m_i [2\ \text{nor}\, \vec{v}_{i1} - 2\vec{v}_{i1} \cdot \vec{v}_{i0}] = 0$$

Sumando y restando nor $\vec{v}_{i0}$ dentro del corchete, quedará:

$$\frac{1}{2}\sum_{i=1}^{N} m_i [2\ \text{nor}\, v_{i1} - \text{nor}\, \vec{v}_{i0} + \text{nor}\, \vec{v}_{i0} - 2\vec{v}_{i1} \cdot \vec{v}_{i0}] = 0$$

es decir:

$$\frac{1}{2}\sum_{i=1}^{N} m_i [\text{nor}\, \vec{v}_{i1} + \text{nor}\, \vec{v}_{i1} - \text{nor}\, \vec{v}_{i0} + \text{nor}\, \vec{v}_{i0} - 2\vec{v}_{i1} \cdot \vec{v}_{i0}] = 0$$

o sea:

$$\frac{1}{2}\sum_{i=1}^{N} m_i [(\text{nor}\, \vec{v}_{i1} - \text{nor}\, \vec{v}_{i0}) + \text{nor}\, \vec{v}_{i1} + \text{nor}\, \vec{v}_{i0} - 2\vec{v}_{i1} \cdot \vec{v}_{i0}] = 0$$

de donde

$$\frac{1}{2}\sum_{i=1}^{N} m_i [(\text{nor}\, \vec{v}_{i1} - \text{nor}\, \vec{v}_{i0} + \text{nor}\, (\vec{v}_{i0} - \vec{v}_{i1})] = 0$$

Llamando al vector $\vec{v}_{i0} - \vec{v}_{i1} = \vec{w}_i$, «*velocidad perdida*» por la masa i-ésima, y cambiando de signo queda finalmente:

$$\frac{1}{2}\sum_{i=1}^{N} m_i\ \text{nor}\, \vec{v}_{i0} - \frac{1}{2}\sum_{i=1}^{N} m_i\ \text{nor}\, \vec{v}_{i1} = \frac{1}{2}\sum_{i=1}^{N} m_i\ \text{nor}\, \vec{w}_{i0} \qquad [14.14]$$

que es la expresión del **teorema de Carnot** que puede enunciarse como sigue: «L*a pérdida total de energía cinética de todas las masas del sistema es igual a la suma de las energías cinéticas de todas ellas si cada una estuviese animada de la velocidad que ha perdido*».

EJERCICIOS

14.1 Determinar la posición del centro de percusión de un triángulo rectángulo cuyos catetos tienen longitudes a y b, cuando gira alrededor de un eje que contiene al cateto de longitud a.

14.2 Una bola de billar de masa m y radio r se encuentra situada sobre un suelo sin rozamiento. Determinar a qué altura debe golpearse la bola con un taco mantenido horizontalmente para que comience a moverse rodando sin deslizar.

14.3 Se tiene una barra homogénea AB, de masa M y longitud $2r$. Su extremo A está obligado a moverse, sin rozamiento, vinculado a una circunferencia de radio r y centro O, situada en un plano vertical. En el instante inicial la barra AB está en reposo y el radio OA forma un ángulo θ_0 con la vertical en O y la barra AB un ángulo φ_0 con la vertical en A. Los ángulos se miden a partir de la vertical en sentido contrario a las agujas del reloj. En ese instante la barra AB sufre una percusión aplicada en el punto B, de módulo P, dirección horizontal y sentido hacia la derecha. Calcular:

a) Velocidades angulares $\dot{\theta}$ y $\dot{\varphi}$ inmediatamente después del choque.

a) Reacción percusional de la barra en el punto A.

14.4 Una placa rectangular de lados a y b, cuya masa es M, está situada en un plano horizontal pudiendo girar alrededor del eje de simetría paralelo al lado de longitud b. Desde una altura h sobre la placa se deja caer una pequeña bola de masa m que choca perpendicularmente con ella en una de las aristas paralela al eje de giro. Calcular la velocidad angular que adquiere la placa inmediatamente después del choque.

14.5 El péndulo balístico, que se utiliza para determinar la velocidad de los proyectiles de pequeño calibre, consiste en un péndulo compuesto de masa M que puede girar alrededor de un eje fijo situado en un plano horizontal, cuyo centro de gravedad está situado a una distancia a del eje de giro y cuyo momento de inercia respecto a dicho eje es I_z. Debido al choque de un proyectil de masa m, en un punto situado a una distancia d del eje de giro, el péndulo se separa de la vertical hasta alcanzar un ángulo α. Determinar:

a) Velocidad angular que adquiere el péndulo en el instante del choque.

b) Velocidad del proyectil en dicho instante.

SOLUCIONES DE LOS EJERCICIOS

14.1

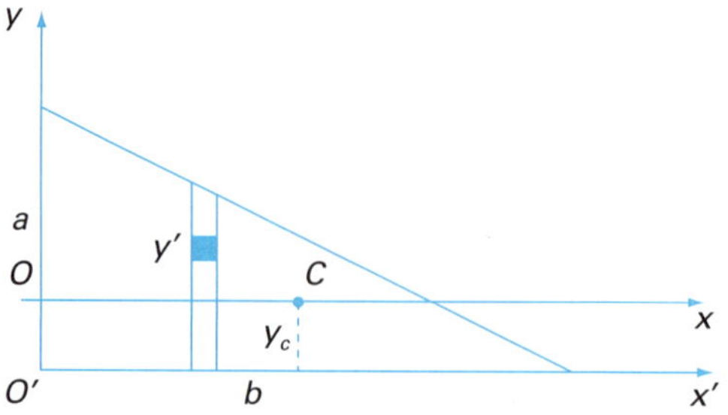

FIGURA 14.4

Como se sabe el centro de percusión se encuentra a una distancia del eje de rotación dada por la expresión:

$$x_c = \frac{I_y}{Mx_G}$$

en donde I_y es el m.d.i. respecto al eje de rotación, x_G la abscisa del c.d.m. y M la masa de la placa.

Pero además si C es el centro de percusión, el eje de rotación ha de ser principal de inercia en O. Por tanto el problema se reduce a hallar un punto O tal que el eje OX sea principal de inercia en O, con lo cual también lo será el OY.

Se ha de cumplir:

$$\int xydm = 0$$

como

$$y = y' - y_c$$

se tiene

$$\int xy'\,dm - \int xy_c\,dm = 0$$

de donde

$$y_c = \frac{\int xy'\,dm}{\int x\,dm} = \frac{P_{xy'}}{Mx_G}$$

siendo $P_{xy'}$ el producto de inercia respecto a $O'x'y'$.

El problema exige calcular las coordenadas del c.d.g. del triángulo, es decir:

$$x_G = \frac{\int x dm}{\frac{1}{2}\sigma ab} = \frac{\int x\sigma\, ydx}{\frac{1}{2}\sigma ab} = \frac{1}{2ab}\int_0^b x\,\frac{a}{b}\,(b - x)\,dx =$$

$$= \frac{1}{2b^2}\left[\frac{b^3}{2} - \frac{b^3}{3}\right] = \frac{1}{3}b$$

y análogamente

$$y_G = \frac{1}{3}a$$

Los momentos y productos de inercia del triángulo respecto a los ejes son:

$$I_y = \int x^2\,dm = \int x^2\,\sigma ydx = \int_0^b \sigma\,\frac{a}{b}\,x^2(b - x)\,dx =$$

$$= \sigma\,\frac{a}{b}\left[b\,\frac{y^3}{3}\Big|_0^b - \frac{y^4}{4}\Big|_0^b\right] = \frac{1}{12}\,\sigma ab^3 = \frac{1}{6}\,Mb^2$$

$$P_{xy'} = \int xydm = \iint xy\sigma dydx = \sigma\int xyd\left[\frac{y^2}{2}\right]_0^{\left(\frac{a}{b}\right)(b-x)} =$$

$$= \sigma\frac{1}{2}\int_0^b x\left(\frac{a}{b}\right)^2 (b - x)^2\,dx = \frac{\sigma}{2}\left(\frac{a}{b}\right)^2\int_0^b x[b^2 - 2bx + x^2]dx =$$

$$= \frac{\sigma}{2}\left(\frac{a}{b}\right)^2\left[b^2\frac{x}{2} - 2b\,\frac{x^3}{3} + \frac{x^4}{4}\right]_0^b =$$

$$= \frac{\sigma}{2}\left(\frac{a}{b}\right)^2\left[b^2\frac{b^2}{2} - 2b\,\frac{b^3}{3} + \frac{b^4}{4}\right] = \frac{\sigma}{2}\,\frac{a^2}{b^2}\left[\frac{b^4}{2} - \frac{2b^4}{3} + \frac{b^4}{4}\right] =$$

$$= \frac{\sigma}{2}\,\frac{a^2}{b^2}b^4\left[\frac{1}{2} - \frac{2}{3} + \frac{1}{4}\right] = \frac{\sigma}{2}a^2b^2\left[\frac{6 - 8 + 3}{12}\right] =$$

$$= \frac{\sigma}{2}a^2b^2\frac{1}{12} = \frac{1}{12}\,Mab$$

de donde

$$x_c = \frac{I_y}{MX_a} = \frac{\frac{1}{6}Mb^2}{M\frac{1}{3}b} = \frac{1}{2}b$$

$$y_c = \frac{P'_{xy}}{MX_a} = \frac{\frac{1}{12}Mab}{M\frac{1}{3}b} = \frac{1}{4}a$$

14.2 Aplicando el teorema del centro de masas para percusiones:

$$\Delta(M\vec{V}_G) = \vec{P}$$

o sea

$$MV_G = P$$

y puesto que la bola rueda sin deslizar

$$V_G = \omega r$$

y

$$M\omega R = P \qquad [14.15]$$

Teorema del momento cinético para percusiones:

$$\left.\begin{aligned} \Delta\vec{L}_O = \vec{h}\cdot\vec{P} = -hP\vec{i} \\ (\vec{L}_O - \vec{0}) = -I_x\omega\vec{i} \end{aligned}\right\}$$

de donde

$$I_x\omega = hP \qquad [14.16]$$

y eliminando P entre [14.15] y [14.16] resulta

$$M\omega R = MV_G = \frac{I_x\omega}{h}$$

o sea

$$h = \frac{I_x}{MR} = \frac{\frac{7}{5}MR^2}{R}$$

y, por último

$$\boxed{h = \frac{7}{5}R}$$

14.3

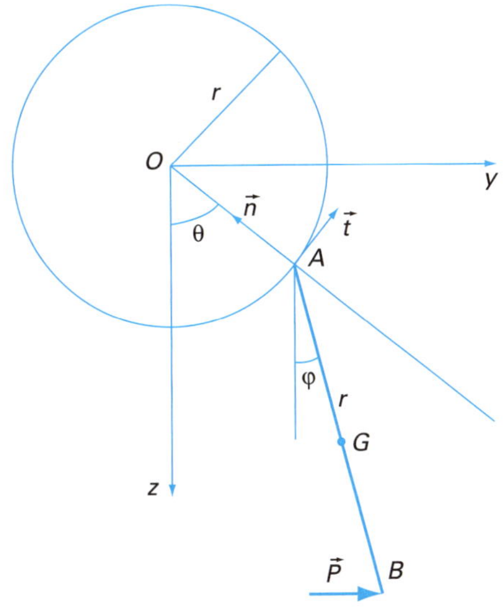

FIGURA 14.5

Aplicando el teorema de la cantidad de movimiento a la barra

$$\Delta m\vec{v}_G = \vec{P} + \vec{R}_A \qquad [14.17]$$

siendo $\vec{R}_A$ la reacción percusional en A que al no existir rozamiento tiene la dirección $\overrightarrow{OA}$ y $\vec{P} = P\vec{j}$ la percusión aplicada en B.

Tomando los ejes $Oxyz$ de la figura se tiene:

$$\vec{V}_G = \frac{d\overrightarrow{OG}}{dt} = \frac{d}{dt}[r(\cos\theta + \cos\varphi)\vec{k} + r(\operatorname{sen}\theta + \operatorname{sen}\varphi)\vec{j}\,] =$$
$$= r\,(-\operatorname{sen}\theta\,\dot{\theta} - \operatorname{sen}\varphi\,\dot{\varphi})\vec{k} + r\,(\cos\theta\,\dot{\theta} + \cos\varphi\,\dot{\varphi})\vec{j}$$

Proyectando sobre la tangente y la normal a la circunferencia se tiene:

$$V_{Gt} = \vec{V}_G \cdot \vec{t} = r\,(-\text{sen}\,\theta\,\dot{\theta} - \text{sen}\,\varphi\,\dot{\varphi})(\vec{k} \cdot \vec{t}) + \\ + r\,(\cos\theta\,\dot{\theta} + \cos\varphi\,\dot{\varphi})(\vec{j} \cdot \vec{t})$$

y

$$V_{Gn} = \vec{V}_G \cdot \vec{n} = r\,(-\text{sen}\,\theta\,\dot{\theta} - \text{sen}\,\varphi\,\dot{\varphi})(\vec{k} \cdot \vec{n}) + \\ + r\,(\cos\theta\,\dot{\theta} + \cos\varphi\,\dot{\varphi})(\vec{j} \cdot \vec{n})$$

y puesto que

$$\vec{j} \cdot \vec{t} = \cos\theta; \quad \vec{k} \cdot \vec{t} = \cos\left(\theta + \frac{\pi}{2}\right) = -\text{sen}\,\theta$$

y

$$\vec{j} \cdot \vec{n} = -\text{sen}\,\theta; \quad \vec{k} \cdot \vec{n} = -\cos\theta$$

resulta

$$V_{Gt} = r\,(\text{sen}^2\,\theta\,\dot{\theta} + \text{sen}\,\varphi\,\text{sen}\,\theta\,\dot{\varphi}) + r\,(\cos\theta\,\dot{\theta} + \cos\theta\cos\varphi\,\dot{\varphi}) = \\ = r\,\dot{\theta}(\text{sen}^2\,\theta + \cos^2\theta) + r\,\dot{\varphi}(\text{sen}\,\varphi\,\text{sen}\,\theta + \cos\theta\cos\varphi) = \\ = r\,\dot{\theta} + r\,\dot{\varphi}\cos(\theta - \varphi)$$

y

$$V_{Gn} = r\,(\text{sen}\,\theta\cos\theta\,\dot{\theta} + \text{sen}\,\varphi\cos\theta\,\dot{\varphi}) + r\,(-\cos\theta\,\text{sen}\,\theta\,\dot{\theta} - \\ - \text{sen}\,\theta\cos\varphi\,\dot{\varphi}) = r\,\dot{\theta}(\text{sen}\,\theta\cos\theta - \cos\theta\,\text{sen}\,\theta) + \\ + r\,\dot{\varphi}(\text{sen}\,\varphi\,\text{sen}\,\theta - \text{sen}\,\theta\cos\varphi) = r\,\dot{\varphi}\,\text{sen}\,(\theta - \varphi)$$

Por tanto:

$$\vec{V}_G = [r\,\dot{\theta} + r\,\dot{\varphi}\cos(\theta - \varphi)]\vec{t} + [r\,\dot{\varphi}\,\text{sen}\,(\theta - \varphi)]\vec{n}$$

Proyectando sobre estos mismos ejes la ecuación [14.17] que da el teorema de la cantidad de movimiento, en el instante inicial, se tiene

$$mV_{Gt1} = P\cos\theta_0$$

y

$$mV_{Gn1} = P \text{ sen } \theta_0 + R$$

en donde el subíndice 1 indica la velocidad del c.d.m. inmediatamente después de sufrir la percusión.

Aplicando el teorema del momento cinético respecto al centro de masas:

$$\Delta\vec{L}_G = \vec{GB} \times \vec{P} + \vec{GA} \times R$$

y puesto que

$$\Delta\vec{L}_G = I_G\, \dot{\varphi}\vec{L} = \frac{1}{3}\, mr^2\dot{\varphi}$$

y

$$\vec{GB} = r \text{ sen } \varphi \vec{j} + r \cos \varphi \vec{k}$$
$$\vec{GA} = -r \text{ sen } \varphi \vec{j} - r \cos \varphi \vec{k}$$

resulta

$$\vec{GB} \times \vec{P} = \begin{vmatrix} \vec{i} & \vec{j} & \vec{k} \\ 0 & r \text{ sen } \varphi & r \cos \varphi \\ 0 & P & 0 \end{vmatrix} = rP \cos \varphi \vec{i}$$

y

$$\vec{GA} \times \vec{R} = \begin{vmatrix} \vec{i} & \vec{j} & \vec{k} \\ 0 & -r \text{ sen } \varphi & -r \cos \varphi \\ 0 & R \text{ sen } \theta & R \cos \theta \end{vmatrix} =$$

$$= [-rR \text{ sen } \varphi \cos \theta + rR \text{ sen } \theta \cos \varphi]\vec{i} = rR \text{ sen } (\varphi - \theta)\vec{i}$$

Por lo que finalmente resulta, para el instante inicial,

$$\frac{1}{3}\, mr^2\, \dot{\varphi}_1 = rP \cos \varphi_0 + rR \text{ sen } (\varphi_0 - \theta_0)$$

siendo $\dot{\varphi}_1$ la velocidad angular inmediatamente después de sufrir la percusión.

Por tanto tenemos el siguiente conjunto de ecuaciones:

$$\left.\begin{aligned} m[r\dot{\theta}_1 + r\dot{\varphi}_1 \cos(\theta_0 - \varphi_0)] &= P\cos\theta_0 \\ mr\,\dot{\varphi}_1 \operatorname{sen}(\theta_0 - \varphi_0) &= P\operatorname{sen}\theta_0 + R \\ \frac{1}{3}mr\,\dot{\varphi}_1 &= P\cos\varphi_0 + R\operatorname{sen}(\varphi_0 - \theta_0) \end{aligned}\right\}$$

que una vez resuelto da los valores buscados:

$$\dot{\theta}_1 = \frac{P}{rm}\,\frac{\dfrac{4}{3}\cos\theta_0 - 2\cos\varphi_0\cos(\theta_0 - \varphi_0)}{\dfrac{1}{3} + \operatorname{sen}^2(\theta_0 - \varphi_0)}$$

$$\dot{\varphi}_1 = \frac{P}{rm}\,\frac{\cos\varphi_0 - \operatorname{sen}\theta_0\operatorname{sen}(\theta_0 - \varphi_0)}{\dfrac{1}{3} + \operatorname{sen}^2(\theta_0 - \varphi_0)}$$

$$R = -\frac{P\cos\varphi_0}{\operatorname{sen}(\theta_0 - \varphi_0)} + \frac{P}{3\operatorname{sen}(\varphi_0 - \theta_0)}\left[\frac{\cos\varphi_0 - \operatorname{sen}\theta_0\operatorname{sen}(\theta_0 - \varphi_0)}{\dfrac{1}{3} + \operatorname{sen}^2(\theta_0 - \varphi_0)}\right]$$

14.4 Se trata de percusiones aplicadas a un sólido con un eje fijo. Aplicando el teorema del momento cinético par percusiones se tiene:

$$\Delta\vec{L}_A = \overrightarrow{AC} \times \vec{P} + \overrightarrow{AB} \times \vec{R}_B$$

en donde A y B son los puntos de apoyo del eje de giro y C el punto en el que se aplica la percusión.

Multiplicando escalarmente por un vector unitario según el eje de giro se tiene la expresión del momento cinético áxico:

$$\Delta\vec{L}_A \cdot \vec{u}_\delta = (\overrightarrow{AC}, \vec{P}, \vec{u}_\delta)$$

En este caso la percusión es

$$\vec{P} = \Delta m\vec{v}$$

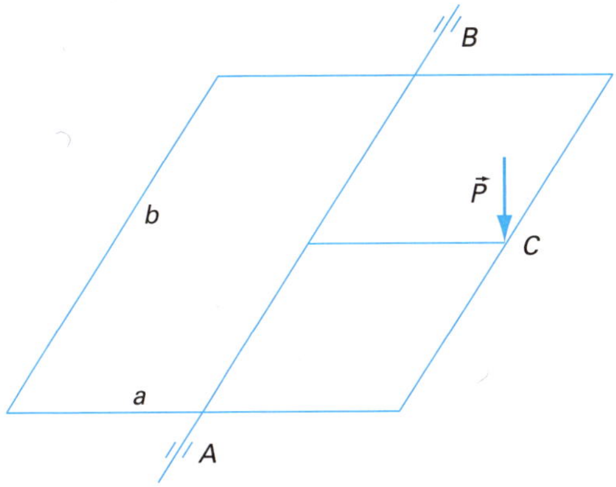

FIGURA 14.6

y puesto que la masa cae desde la altura h, la velocidad en el instante del choque es

$$v = \sqrt{2gh}$$

y por tanto:

$$P = m\sqrt{2gh}$$

La variación del momento cinético respecto al eje de giro es:

$$\Delta L_\delta = I_\delta \omega$$

siendo ω la velocidad angular de la placa inmediatamente después del choque y

$$(\overrightarrow{AC}, \vec{P}, \vec{u}_\delta) = \frac{a}{2} mv = \frac{a}{2} m\sqrt{2gh}$$

Por tanto:

$$I_\delta \omega = \frac{a}{2} m\sqrt{2gh} \qquad [14.18]$$

Y puesto que

$$I_\delta = \int_{\frac{a}{2}}^{\frac{a}{2}} r^2 \, \sigma \, b \, dr = \sigma b \left| \frac{r^3}{3} \right|_{\frac{a}{2}}^{\frac{a}{2}} = \frac{\sigma b}{3}\left[\frac{a^3}{8} + \frac{a^3}{8}\right] = \frac{\sigma ab}{12} a^2$$

y la masa de la placa es $M = \sigma ab$ resulta:

$$I_\delta = \frac{1}{12} Ma^2$$

Sustituyendo en [14.18]:

$$\frac{1}{12} Ma^2\omega = \frac{a}{2} m\sqrt{2gh}$$

y finalmente

$$\boxed{\omega = \frac{6m}{a}\sqrt{2gh}}$$

14.5 Aplicando el teorema del momento cinético para percusiones para un sólido con un eje fijo considerando el instante en el que la bola penetra en el péndulo, siendo $\vec{u}$ un vector unitario según el eje AB (fig. 14.7), se tiene:

$$\Delta\vec{L}_O \cdot \vec{u} = (\vec{AC} \times \vec{P}) \cdot \vec{u}$$

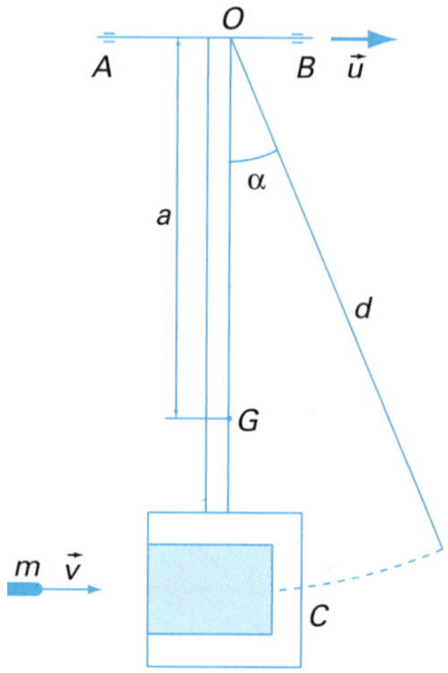

FIGURA 14.7

El primer miembro es:

$$\Delta L_z = (I_z\omega + m\omega d\, d) - 0$$

La percusión exterior debida al impacto del proyectil es

$$\vec{P} = \Delta m\vec{v} = m\vec{v}$$

y por tanto el segundo miembro de [14.19] es mvd, luego:

$$I_z\omega + m\omega\, d^2 = mvd$$

de donde la velocidad del proyectil resulta ser

$$v = \frac{\omega(I_z + md^2)}{md} \qquad [14.20]$$

Para calcular ω aplicaremos el teorema de la energía cinética

$$\Delta E_C = T$$

La energía cinética en el instante inicial es

$$E_{Ci} = \frac{1}{2} I_z\omega^2 + \frac{1}{2} md^2\omega^2 = \frac{1}{2}\,\omega^2\,(I_z + md^2)$$

y la energía cinética final es 0 puesto que al alcanzar el péndulo el ángulo α su velocidad es nula.

El trabajo debido a las fuerzas exteriores es el producido por el peso, o sea:

$$T = -Mga(1 - \cos\alpha) - mgd(1 - \cos\alpha) =$$
$$= -(Mga + mgd)(1 - \cos\alpha)$$

Por tanto

$$\frac{1}{2}\,\omega^2\,(I_z + md_2) = -(Mga + mgd)(1 - \cos\alpha)$$

o sea

$$\omega^2 = \frac{-2(1 - \cos\alpha)(Mga + mgd)}{I_z + md^2} = 2\,\mathrm{sen}^2\,\frac{\alpha}{2}\,\frac{Mga + mgd}{I_z + md^2}$$

y finalmente, sustituyendo en [14.19], la velocidad del proyectil resulta:

$$v = \frac{2}{md}\,\mathrm{sen}\,\frac{\alpha}{2}\sqrt{(Mga + mgd)/(I_z + md^2)}$$

Capítulo 15

MECÁNICA ANALÍTICA

OBJETIVOS

1. *Establecer las bases de la mecánica analítica*
2. *Clasificar los distintos tipos de ligaduras.*
3. *Formular el concepto de desplazamiento virtual y establecer el principio de los trabajos virtuales.*
4. *Formular el principio de D'Alembert y obtener la ecuación fundamental de la dinámica.*
5. *Establecer los conceptos de coordenadas generalizadas y fuerzas generalizadas.*
6. *Obtener las ecuaciones de Lagrange para un sistema holónomo y conservativo.*
7. *Calcular la lagrangiana de un sistema*
8. *Calcular las reacciones de ligadura.*
9. *Obtener las ecuaciones de Hamilton.*
10. *Formular el método de Routh para coordenadas cíclicas.*
11. *Formular los teoremas de conservación y establecer el significado físico de la hamiltoniana.*
12. *Obtener las ecuaciones de Lagrange y Hamilton a partir de un principio variacional.*
13. *Formular los principios de mínimo.*
14. *Obtener la ecuación de Hamilton-Jacobi.*

ESQUEMA-RESUMEN

15.1. Introducción

15.2. Estática analítica
— Ligaduras. Clasificación
— Desplazamiento virtual

15.3. Principio de los trabajos virtuales
— Principio de los trabajos virtuales
— Ecuación fundamental de la Estática

15.4. Dinámica analítica.
— Principio de D'Alembert
— Ecuación fundamental de la dinámica
— Coordenadas generalizadas
— Fuerzas generalizadas

15.5. Formulación lagrangiana.
— Ecuaciones de Lagrange para sistemas holónomos
— Sistemas conservativos
— Lagrangiana del sistema
— Reacciones de ligadura

15.6. Formulación hamiltoniana
— Transformación de Legendre
— Momentos generalizados
— Ecuaciones de Hamilton
— Coordenadas cíclicas. Método de Routh
— Teoremas de conservación y significado físico de la hamiltoniana

15.7. Principios variacionales
— Obtención de las ecuaciones de Lagrange y Hamilton a partir de un principio variacional
— Principio de mínima acción
— Formas diversas del principio de mínima acción

15.8. Formulación de Hamilton-Jacobi
— Ecuación de Hamilton-Jacobi

15. MECÁNICA ANALÍTICA

15.1. INTRODUCCIÓN

La mecánica analítica, desarrollada fundamentalmente por Lagrange[1], no es una nueva teoría física, distinta de la mecánica newtoniana, sino un nuevo método de obtención de las ecuaciones del movimiento. En consecuencia, los resultados que se obtienen por aplicación de uno u otro método son los mismos. La diferencia esencial entre ambos estriba en el carácter fundamental que adquieren las magnitudes energéticas en la mecánica analítica, frente a la primacía que se da a las fuerzas como agente causal del movimiento en la mecánica newtoniana.

15.2. ESTÁTICA ANALÍTICA

La estática analítica pretende llevar a cabo el estudio del equilibrio de un sistema con el máximo grado de generalidad. Para ello se fundamenta en el concepto de desplazamiento virtual, de modo que el desplazamiento real resulta ser uno de los virtuales. Este planteamiento hace que el concepto de fuerza pase a desempeñar un papel mucho menos relevante que el que tenía en la mecánica newtoniana, como se acaba de decir.

15.2.1. Ligaduras. Clasificación

Cada una de las condiciones o restricciones que deben verificarse durante el movimiento de un sistema constituyen un enlace, *vínculo* o *ligadura* del mismo. Ejemplos de sistemas con restricciones en su movimiento pueden ser: una cuenta ensartada en un alambre, que está obli-

[1] En su obra *Mécanique Analytique*, 1788.

gada a desplazarse sobre la curva que determina aquel, una molécula de gas, que está obligada a desplazarse dentro de la vasija que lo contiene, o una bola pesada situada sobre un plano horizontal, que está obligada a rodar sobre él.

Si una ligadura puede expresarse por medio de relaciones analíticas de igualdad entre las coordenadas de los puntos que constituyen el sistema y, a lo sumo, el tiempo, de la forma

$$f(x_i, y_i, z_i, t) = 0$$

se dice que el vínculo es *holónomo*, diciéndose en caso contrario que es *no holónomo*. La condición de sistema indeformable es un ejemplo de vínculo holónomo, pues da origen a relaciones de la forma

$$(x_i - x_j)^2 + (y_i - y_j)^2 + (z_i - z_j)^2 = c_{ij}^2$$

Un ejemplo de sistema con vínculo no-holónomo lo proporciona la molécula de gas citada, pues, supuesta ortoédrica la vasija, se tiene:

$$a_1 \leq x \leq a_2; \qquad b_1 \leq y \leq b_2; \qquad c_1 \leq z \leq c_2$$

Otro ejemplo de sistema con vínculo, en general, no-holónomo es una rueda obligada a rodar sin deslizar sobre un plano, pues existen relaciones entre velocidades que, en general, no son integrables.

Otra clasificación usual de los vínculos tiene en cuenta el hecho de que éstos sean estacionarios, es decir, independientes del tiempo, o no. En el primer caso se dice que el vínculo es *esclerónomo* y *reónomo* en el segundo. La condición de sistema indeformable es un vínculo esclerónomo. Si la cuenta está ligada a un alambre móvil el vínculo es reónomo.

Para que un sistema en movimiento no rompa las ligaduras, el vínculo debe actuar continuamente, o sólo en los instantes adecuados, sobre aquél. A estas acciones ejercidas por el vínculo sobre el sistema se les denomina fuerzas de ligadura o reacciones del vínculo. Un enlace, al restringir el movimiento relativo entre sólidos rígidos, limita en cada instante la posibilidad de variación independiente de sus coordenadas. Las diferenciales de las coordenadas deben verificar determinadas relaciones analíticas –ecuaciones o inecuaciones– denominadas *relaciones de enlace*.

15.2.2. Desplazamiento virtual

Se denomina *desplazamiento virtual* de un sistema a *todo desplazamiento arbitrario e indefinidamente pequeño que, en el instante considera-*

do, sea compatible con los vínculos y en el que las fuerzas conservan sus valores instantáneos y posicionales. Es importante subrayar que el desplazamiento virtual se realiza suponiendo que el tiempo no transcurre: podemos decir que es un desplazamiento a tiempo constante.

Representaremos por $\delta\vec{r}_i$ un desplazamiento virtual del punto i-ésimo del sistema. El desplazamiento real es el que realiza el sistema, de forma perfectamente determinada por su estado cinemático y las fuerzas aplicadas, en un intervalo de tiempo. Este desplazamiento real podrá coincidir eventualmente con un desplazamiento virtual.

Definiremos como *vínculo liso* aquel que determina un trabajo virtual nulo para sus reacciones, o de otra forma: es el que presupone un trabajo virtual de ligadura nulo.

15.3. PRINCIPIO DE LOS TRABAJOS VIRTUALES

Fue enunciado sin demostración, por vez primera por J. Bernoulli, siendo publicada su demostración en 1788 por Lagrange. Aunque puede deducirse a partir de las leyes de Newton, lo enunciaremos aquí sin demostrarlo:

«*La condición necesaria y suficiente para que un sistema esté en equilibrio es que el trabajo virtual total de las fuerzas que actúan sobre el sistema, sin incluir las fuerzas de ligadura, sea nulo para cualquier desplazamiento virtual del sistema, supuestos los vínculos lisos y no singulares.*»

Como se deduce del enunciado del principio, las fuerzas interiores deben, en general, incluirse en el cálculo del trabajo efectuado en el desplazamiento virtual que consideremos. Sin embargo, en el caso de sistemas indeformables es fácil demostrar que el trabajo virtual total de las fuerzas interiores es nulo. La condición de vínculos lisos hace desaparecer automáticamente del planteamiento del problema las reacciones de los mismos.

15.3.1. Ecuación general de la estática

Sea un sistema formado por N puntos materiales, sujeto a vínculos lisos y no singulares, siendo $\vec{F}_i$ la fuerza resultante que actúa sobre el punto cualquiera cuyo vector de posición es $\vec{r}_i$.

La condición de trabajo virtual nulo se traduce analíticamente en que

$$\delta W = 0$$

es decir, para los N puntos del sistema

$$\sum_{i=1}^{N} \vec{F}_i \cdot \delta\vec{r}_i = 0 \qquad [15.1]$$

expresión que proporciona analíticamente las condiciones que deben verificarse para que un sistema esté en equilibrio y que se conoce con el nombre de *ecuación general de la estática*.

15.4. DINÁMICA ANALÍTICA. PRINCIPIO DE D'ALEMBERT

15.4.1. Principio de D'Alembert

La ecuación fundamental de la dinámica newtoniana para el punto i-ésimo de un sistema, puede escribirse de la forma

$$\vec{F}_i + \vec{\Phi}_i - m_i \frac{d^2\vec{r}_i}{dt^2} = 0$$

en un sistema inercial, siendo $\vec{\Phi}_i$ las fuerzas de ligadura y $\vec{F}_i$ las restantes fuerzas que obran sobre el sistema. Esta ecuación puede interpretarse de otra manera, introduciendo las fuerzas de inercia, $-m_i \frac{d^2\vec{r}_i}{dt^2}$, diciendo que la partícula está en equilibrio bajo la acción de las fuerzas activas, las fuerzas reactivas y las fuerzas de inercia. En este sentido, puede generalizarse el principio de los trabajos virtuales de la siguiente forma:

«*Las ecuaciones del movimiento de un sistema se obtienen al establecer que el trabajo total de todas las fuerzas que actúan sobre el sistema, sin incluir las de ligadura, más el trabajo total realizado por todas las fuerzas de inercia, es cero en cualquier desplazamiento virtual del sistema, supuestos los vínculos lisos y no singulares*.»

El enunciado anterior constituye el llamado principio de D'Alembert y será el punto de partida para la construcción de la dinámica analítica. Puede expresarse analíticamente como

$$\sum_{i=1}^{N} \left(\vec{F}_i - m_i \frac{d^2\vec{r}_i}{dt^2}\right) \cdot \delta\vec{r}_i = 0 \qquad [15.2]$$

15.4.2. Coordenadas generalizadas

Consideremos un sistema formado por N puntos que posee h vínculos holónomos. Entre las coordenadas de posición de los N puntos del sistema y, eventualmente, el tiempo existen h relaciones de la forma

$$f_k(x_i, y_i, z_i, t) = 0 \text{ con } (1 \leq k \leq h) \text{ y } (1 \leq i \leq N)$$

en las que la presencia del tiempo permite tener en cuenta posibles vínculos *reónomos* o referencias no-inerciales. Como consecuencia, fijadas $n = 3N - h$ coordenadas de posición se obtiene, para cada instante, una posible configuración del sistema.

Por ejemplo, si se considera un sistema constituido por dos puntos materiales unidos rígidamente por una varilla, se verificará

$$(x_i - x_j)^2 + (y_i - y_j)^2 + (z_i - z_j)^2 = l^2$$

siendo l la longitud de la varilla. Para fijar la posición del sistema basta dar las cinco variables ($5 = 2 \times 3 - 1$): x_1, y_1, z_1, x_2 e y_2.

También puede definirse una configuración del sistema por medio de un conjunto de valores de n parámetros q_j, tales que

$$\vec{r}_i = \vec{r}_i(q_j, t) \text{ con } (1 \leq i \leq N) \text{ y } (1 \leq j \leq n)$$

Estos parámetros q_j reciben el nombre de *coordenadas generalizadas* del sistema y no tienen porque ser coordenadas cartesianas necesariamente, pudiendo ser distancias, ángulos, áreas, superficies, volúmenes, energías, etc.

La utilización de coordenadas generalizadas es muy útil en mecánica analítica, pues sus métodos permiten utilizar cómodamente variables que, sin embargo, complicarían enormemente el empleo de los métodos vectoriales.

El conjunto de todos los valores posibles de cada una de las n-plas $\{q_j\}$ constituye un espacio afín n-dimensional que denominaremos *espacio de configuración* del sistema.

El número $n = 3N - h$ de coordenadas generalizadas que hay que fijar para establecer unívocamente una configuración de un sistema con vínculos exclusivamente holónomos, se denomina número de *grados de libertad* del sistema y por supuesto coincide con la dimensión del espacio de configuración. En un sistema de este tipo la determinación de las ecua-

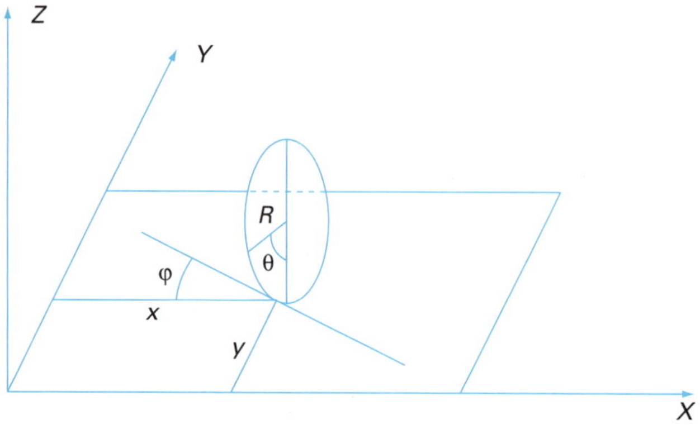

FIGURA 15.1

ciones del movimiento en forma finita exige la especificación de $2n$ condiciones de contorno.

Sin embargo, si el sistema posee vínculos no-holónomos el número de grados de libertad puede reducirse. Un caso frecuente es que un sistema con N puntos y h vínculos holónomos, posea s vínculos no holónomos, pero expresables mediante relaciones de la forma

$$f_k(q_j, q_j, t) = 0 \ \text{ con } \ (1 \leq k \leq s) \ \text{ y } \ (1 \leq j \leq n = 3N - h)$$

En este caso el número de grados de libertad del sistema es $n - s$ y el de condiciones de contorno que se han de especificar para encontrar las ecuaciones del movimiento en forma finita es $2n - s$.

En general, se puede decir que el número de grados de libertad de un sistema es igual al número de variables cuya variación puede ser arbitraria al dar un desplazamiento virtual al sistema. Un ejemplo clásico en este sentido es el de un disco que pivota y rueda sin deslizar sobre cierto plano fijo, manteniéndose perpendicular al mismo.

Para fijar una posición determinada del disco pueden darse valores a las cuatro variables x, y, θ, φ; sin embargo, la condición de rodadura sin deslizamiento obliga a que

$$\dot{x} = -R\dot{\theta} \operatorname{sen} \varphi$$
$$\dot{y} = +R\dot{\theta} \cos \varphi$$

o sea

$$dx + R \operatorname{sen} \varphi \, d\theta = 0$$
$$dy - R \cos \varphi \, d\theta = 0$$

y aunque las cuatro coordenadas sean independientes, para un desplazamiento virtual del sistema existe la limitación

$$\delta x + R \operatorname{sen} \varphi \, \delta \theta = 0$$
$$\delta y - R \cos \varphi \, \delta \theta = 0$$

por lo que sólo hay dos desplazamientos virtuales independientes, por ejemplo $\delta\varphi$ y $\delta\theta$.

15.4.3. Fuerzas generalizadas

Consideremos un sistema formado por N puntos materiales que posee h vínculos holónomos lisos, por lo que tendrá $n = 3N - h$ grados de libertad. Supongamos que la posición del sistema viene determinada por $\{q_j\}$ $(1 \leq j \leq n)$ coordenadas generalizadas, esto es que

$$\vec{r}_i = \vec{r}_i(q_j, t) \qquad [15.3]$$

El principio de D'Alembert permite escribir

$$\sum_{i=1}^{N} \left(\vec{F}_i - m_i \frac{d^2\vec{r}_i}{dt^2} \right) \cdot \delta\vec{r}_i = 0 \qquad [15.4]$$

para todo $\{\delta\vec{r}_i\}$ posible donde los N desplazamientos virtuales $\delta\vec{r}_i$ no son independientes.

Evidentemente, de [15.3] se obtiene

$$\delta\vec{r}_i = \sum_{j=1}^{n} \frac{\partial \vec{r}_i}{\partial q_j} \delta q_j$$

donde los n desplazamientos virtuales δq_j si son independientes. Sustituyendo en [15.2]:

$$\sum_{i=1}^{N} \left[\left(\vec{F}_i - m_i \frac{d^2\vec{r}_i}{dt^2} \right) \cdot \left(\sum_{j=1}^{n} \frac{\partial \vec{r}_i}{\partial q_j} \delta q_j \right) \right] = 0$$

o sea

$$\sum_{i=1}^{N} \left[\sum_{j=1}^{n} \left(\vec{F}_i - m_i \frac{d^2\vec{r}_i}{dt^2} \right) \cdot \left(\frac{\partial \vec{r}_i}{\partial q_j} \delta q_j \right) \right] = 0$$

es decir

$$\sum_{j=1}^{n}\left[\left(\sum_{i=1}^{N}\vec{F}_i\cdot\frac{\partial\vec{r}_i}{\partial q_j}\right)-\left(\sum_{i=1}^{N}m_i\frac{d^2\vec{r}_i}{dt^2}\cdot\frac{\partial\vec{r}_i}{\partial q_j}\right)\right]\delta q_j=0$$

Si llamamos a

$$Q_j=\sum_{i=1}^{N}\vec{F}_i\cdot\frac{\partial\vec{r}_i}{\partial q_j} \qquad [15.5]$$

fuerza generalizada conjugada de la variable q_j, y a

$$I_j=-\sum_{i=1}^{N}m_i\frac{d^2\vec{r}_i}{dt^2}\cdot\frac{\partial\vec{r}_i}{\partial q_j} \qquad [15.6]$$

fuerza de inercia generalizada conjugada de la variable q_j, tendremos

$$\sum_{j=1}^{n}(Q_j+I_j)\delta q_j=0$$

pero por ser δq_j independientes, necesariamente se verifica:

$$Q_j+I_j=0$$

sistema de n ecuaciones diferenciales en $\dot{q}_j$, q_j y t que constituyen las ecuaciones diferenciales del sistema.

Para la determinación de Q_j e I_j puede utilizarse el conjunto de ecuaciones [15.5] y [15.6]. También en ciertos casos es posible calcular por algún procedimiento el trabajo virtual total realizado por el sistema cuando se le da un desplazamiento virtual sólo a la coordenada generalizada q_j, siendo $\delta q_j = 0$ para $i \neq j$; en este caso se tiene

$$Q_j+I_j=\frac{\delta W}{\delta q_j}$$

Obsérvese que al igual que q_j no tienen por qué tener dimensiones de longitud, Q_j o I_j no tienen que tener dimensiones de fuerza. Sin embargo los productos $Q_j\delta q_j$ o $I_j\delta q_j$ tienen que tener dimensiones de trabajo.

15.5. FORMULACIÓN LAGRANGIANA

En la formulación lagrangiana las ecuaciones del movimiento se obtienen en términos de magnitudes escalares (trabajo, energía, etc.) en un espacio de configuración, a diferencia de la formulación newtoniana en la que aparecen magnitudes vectoriales (fuerza, velocidad, etc.). De hecho, originalmente la formulación lagrangiana surgió de la necesidad de eliminar las fuerzas de ligadura de las ecuaciones del movimiento.

15.5.1. Ecuaciones de Lagrange para sistemas holónomos y vínculos lisos

Sea un sistema constituido por N puntos materiales que posee h vínculos holónomos lisos. Supongamos que se ha elegido un conjunto $\{q_j\}$ de $n = 3N - h$ coordenadas generalizadas, y que

$$\vec{r}_i = \vec{r}_i(q_j, t)$$

derivando respecto al tiempo se obtiene la velocidad del punto:

$$\frac{d\vec{r}_i}{dt} = \sum_{j=1}^{n} \frac{\partial \vec{r}_i}{\partial q_j} \dot{q}_j + \frac{\partial \vec{r}_i}{\partial t}$$

y derivando la anterior respecto a $\dot{q}_j$ (*velocidad generalizada*):

$$\frac{\partial}{\partial \dot{q}_j}\left(\frac{d\vec{r}_i}{dt}\right) = \frac{\partial \vec{r}_i}{\partial q_j} \qquad [15.7]$$

y también respecto a q_k:

$$\frac{\partial}{\partial q_k}\left(\frac{d\vec{r}_i}{dt}\right) = \left(\sum_{j=1}^{n} \frac{\partial^2 \vec{r}_i}{\partial q_j \partial q_k} \dot{q}_j\right) + \frac{\partial^2 \vec{r}_i}{\partial t \partial q_k} \qquad [15.8]$$

Por otra parte, puesto que $\left(\frac{\partial \vec{r}_i}{\partial q_k}\right)$ también depende de las q_j y t, se tiene:

$$\frac{d}{dt}\left(\frac{\partial \vec{r}_i}{\partial q_k}\right) = \left(\sum_{j=1}^{n} \frac{\partial^2 \vec{r}_i}{\partial q_k \partial q_j} \dot{q}_j\right) + \frac{\partial^2 \vec{r}_i}{\partial t \partial q_k} \qquad [15.9]$$

por tanto, en virtud del teorema de Schwartz, comparando [15.8] y [15.9]:

$$\frac{d}{dt}\left(\frac{\partial \vec{r}_i}{q_k}\right) = \frac{\partial}{\partial q_k}\left(\frac{d\vec{r}_i}{dt}\right) \qquad [15.10]$$

Recordando el principio de D'Alembert, según el cual

$$Q_j = -I_j$$

tenemos

$$Q_j = \sum_{i=1}^{N} m_i \frac{d^2\vec{r}_i}{dt^2}\cdot\frac{\partial \vec{r}_i}{\partial q_j} = \frac{d}{dt}\left[\sum_{i=1}^{N} m_i \frac{d\vec{r}_i}{dt}\cdot\frac{\partial \vec{r}_i}{\partial q_j}\right] - \left[\sum_{i=1}^{N} m_i \frac{d\vec{r}_i}{dt}\cdot\frac{d}{dt}\left(\frac{\partial \vec{r}_i}{\partial q_j}\right)\right]$$

Sustituyendo [15.7] en el primer sumando y [15.10] en el segundo

$$Q_j = \frac{d}{dt}\left[\sum_{i=1}^{N} m_i \frac{d\vec{r}_i}{dt}\cdot\frac{\partial}{\partial \dot{q}_j}\left(\frac{d\vec{r}_i}{dt}\right)\right] - \left[\sum_{i=1}^{N} m_i \frac{d\vec{r}_i}{dt}\cdot\frac{\partial}{\partial q_j}\left(\frac{d\vec{r}_i}{dt}\right)\right] =$$

$$= \frac{d}{dt}\left[\frac{1}{2}\sum_{i=1}^{N} m_i \frac{\partial}{\partial \dot{q}_j}(\text{nor}\,\vec{v}_i)\right] - \left[\frac{1}{2}\sum_{i=1}^{N} m_i \frac{\partial}{\partial q_j}(\text{nor}\,\vec{v}_i)\right] =$$

$$= \frac{d}{dt}\left[\frac{\partial}{\partial \dot{q}_j}\left(\frac{1}{2}\sum_{i=1}^{N} m_i\, \text{nor}\,\vec{v}_i\right)\right] - \left[\frac{\partial}{\partial q_j}\left(\frac{1}{2}\sum_{i=1}^{N} m_i\, \text{nor}\,\vec{v}_i\right)\right] =$$

es decir,

$$\boxed{Q_j = \frac{d}{dt}\left(\frac{\partial T}{\partial \dot{q}_j}\right) - \frac{\partial T}{\partial q_j}} \qquad [15.11]$$

sistema de n ecuaciones diferenciales, llamadas *ecuaciones de Lagrange*, que constituye las n ecuaciones diferenciales del movimiento del sistema, en donde $T = \frac{1}{2}\sum_{i=1}^{N} m_i\, \text{nor}\,\vec{v}_i$ es la energía cinética del sistema.

Nótese que la forma de las ecuaciones no depende de la referencia escogida ni de la existencia de vínculos móviles, pues la posible influencia de estos factores va incluida en las ecuaciones que definen la posición del sistema en función del conjunto de coordenadas generalizadas escogido. Sin embargo T está medida en un sistema inercial.

15.5.2. Sistemas conservativos: lagrangiana del sistema

Decimos que un sistema es conservativo, cuando existe una función

$$U = U(\vec{r}_i) \text{ con } (1 \leq i \leq N)$$

tal que

$$\vec{F}_i = -\left(\frac{\partial U}{\partial x_i}\vec{i} + \frac{\partial U}{\partial y_i}\vec{j} + \frac{\partial U}{\partial z_i}\vec{k}\right)$$

o en notación más compacta:

$$\vec{F}_i = -\frac{\partial U}{\partial \vec{r}_i}$$

esto es, cuando las fuerzas que actúan sobre el sistema derivan de un potencial escalar.

Si el sistema en cuestión es holónomo, evidentemente será

$$\vec{r}_i = \vec{r}_i(q_j, t)$$

En el caso particular en que se verifique

$$\vec{r}_i = \vec{r}_i(q_j)$$

se tiene

$$U = U(q_j)$$

y utilizando la notación compacta:

$$-\frac{\partial U}{\partial q_j} = -\sum_{i=1}^{N}\frac{\partial U}{\partial \vec{r}_i}\frac{\partial \vec{r}_i}{\partial q_j} = \sum_{i=1}^{N}\vec{F}_i\frac{\partial \vec{r}_i}{\partial q_j} = Q_j$$

por tanto las ecuaciones de Lagrange podrán escribirse

$$\frac{d}{dt}\left(\frac{\partial T}{\partial \dot{q}_i}\right) - \frac{\partial T}{\partial q_j} = -\frac{\partial U}{\partial q_j}$$

o bien

$$\frac{d}{dt}\left(\frac{\partial T}{\partial \dot{q}_i}\right) - \frac{\partial}{\partial q_j}(T - U) = 0$$

y como U no depende explícitamente de $\dot{q}_j$ será

$$\frac{\partial U}{\partial \dot{q}_j} = 0$$

luego

$$\frac{d}{dt}\left[\frac{\partial T}{\partial \dot{q}_i}(T - U)\right] - \frac{\partial}{\partial q_j}(T - U) = 0$$

de donde, haciendo

$$L = T - U$$

se obtiene

$$\boxed{\frac{d}{dt}\left(\frac{\partial L}{\partial \dot{q}_j}\right) - \frac{\partial L}{\partial q_j} = 0} \qquad [15.12]$$

La función $L = T - U$ se denomina *lagrangiana* del sistema.

Observemos que, en este caso, se verifica

$$dT = \sum_{i=1}^{N} \vec{F}_i d\vec{r}_i = \sum_{i=1}^{N} \vec{F}_i \left(\sum_{j=1}^{n} \frac{\partial \vec{r}_i}{\partial q_j} dq_j\right) = \sum_{j=1}^{n} Q_j dq_j =$$

$$= -\sum_{j=1}^{n} \frac{\partial U}{\partial q_j} dq_j = -dU$$

luego

$$d(T + U) = 0$$

o bien

$$T + U = \text{cte}$$

y hay conservación de la energía mecánica.

En el caso general en que

$$\vec{r}_i = \vec{r}_i(q_j, t)$$

si las fuerzas son conservativas también, se tendrá

$$U = U(q_j, t)$$

luego, al ser

$$\vec{F}_i = \frac{\partial U}{\partial \vec{r}_i}$$

será

$$Q_j = -\frac{\partial U(q_j, t)}{\partial q_j}$$

y se seguirán verificando las ecuaciones de Lagrange [15.12], pero, a pesar de seguir siendo $L = T - U$, no habrá conservación de la energía.

Finalmente, en el caso de que la fuerza sobre el punto i-ésimo sea la resultante de una fuerza conservativa y otra que no lo sea, las ecuaciones de Lagrange se escribirán en la forma

$$\frac{d}{dt}\left(\frac{\partial L}{\partial \dot{q}_j}\right) - \frac{\partial L}{\partial q_j} = Q_j' \qquad [15.13]$$

donde Q_j' caracteriza a las fuerzas que no derivan de potencial y en L se engloba la energía potencial de las restantes.

15.5.3. Cálculo de las reacciones de ligadura

Consideremos el caso de vínculos lisos. El procedimiento a seguir para determinar las fuerzas de ligadura es el siguiente:

a) Resolución de las ecuaciones de Lagrange, correspondientes al grupo de coordenadas independientes seleccionadas, a fin de encontrar la posición del sistema en el tiempo.

b) Eliminación de los vínculos e introducción de las adecuadas fuerzas de ligadura. Formulación de las ecuaciones de Lagrange para el nuevo grupo de coordenadas independientes.

c) Introducción en el grupo de ecuaciones de Lagrange obtenidas en el apartado anterior, de las condiciones de ligadura y de las ecuaciones del movimiento, despejando los valores correspondientes a las fuerzas generalizadas de reacción.

15.6. FORMULACIÓN HAMILTONIANA

Las ecuaciones de Lagrange constituyen un conjunto de ecuaciones diferenciales simultáneas de segundo orden, generalmente no lineal en las coordenadas y velocidades. Ahora bien, esta formulación no es la única posible. A veces es deseable formular el problema en términos de ecuaciones diferenciales de primer orden, en vez de las de segundo orden, empleando las coordenadas generalizadas y los momentos generalizados y utilizando las transformaciones oportunas.

15.6.1. Transformación de Legendre

Se define el momento generalizado conjugado con la coordenada q_j por

$$p_j = \frac{\partial L}{\partial \dot{q}_j}$$

siendo las p_j funciones lineales de las velocidades generalizadas $\dot{q}_j$.

La transformación del conjunto de variables $(q_j, \dot{q}_j, t)$ al (q_j, p_j, t) puede llevarse a cabo por un procedimiento especialmente adecuado para este propósito conocido con el nombre de *transformación dual de Legendre* que se expone a continuación.

Consideremos una función de n variables u_i:

$$F = F(u_1, u_2, \ldots, u_n)$$

e introduzcamos un nuevo conjunto de variables v_i relacionado con el primero por la transformación

$$v_i = \frac{\partial F}{\partial u_i} \qquad (i = 1, \ldots, n) \qquad [15.14]$$

Para asegurar que las nuevas variables v_i sean independientes, la *matriz hessiana* de F debe ser no singular ($\det \neq 0$) (La *matriz hessiana* está formada por las segundas derivadas parciales de F). De esta forma se puede resolver el sistema [15.14] para las variables u_i en función de v_i.

Consideremos ahora una nueva función definida por

$$G = \sum_{i=1}^{N} u_i v_i - F \qquad [15.15]$$

de modo que expresando las variables u_i en función de v_i la función G dependerá solamente de las variables v_i:

$$G = G(v_1, \ldots, v_n) \qquad [15.16]$$

Escribiendo la diferencial total de G obtenida de [15.15], resulta

$$dG = \sum_{i=1}^{n} [(du_i)\, v_i + u_i\, dv_i] - dF =$$

$$= \sum_{i=1}^{n} [v_i\, du_i + u_i\, dv_i] - \sum_{i=1}^{n} \frac{\partial F}{\partial u_i} du_i =$$

$$= \sum_{i=1}^{n} \left[u_i\, dv_i + \left(v_i - \frac{\partial F}{\partial u_i} \right) du_i \right]$$

y puesto que según [15.14], por definición $v_i = \dfrac{\partial F}{\partial u_i}$ y $\left(v_i - \dfrac{\partial F}{\partial u_i} \right) = 0$, queda:

$$dG = \sum_{i=1}^{n} u_i\, dv_i$$

Diferenciando ahora en [15.16] se obtiene:

$$dG = \sum_{i=1}^{n} \frac{\partial G}{\partial v_i} dv_i$$

e identificando, junto con la [15.14]

$$\left. \begin{aligned} u_i &= \frac{\partial G}{\partial v_i} \\ v_i &= \frac{\partial F}{\partial u_i} \end{aligned} \right\} (i = 1, \ldots, n) \qquad [15.17]$$

forman la transformación dual buscada.

15.6.2. Ecuaciones de Hamilton

Siguiendo este mismo esquema apliquemos la transformación dual de Legendre a la función lagrangiana. En efecto

$$L = L(q_j, \dot{q}_j, t) \qquad (j = 1, \ldots, n)$$

y queremos pasar a las nuevas variables (q_j, p_j, t), siendo

$$p_j = \frac{\partial L}{\partial \dot{q}_j}$$

Introduzcamos la función H (*función Hamiltoniana*) definida por

$$H = \sum_{j=1}^{n} \dot{q}_j p_j - L = \sum_{j=1}^{n} \frac{\partial L}{\partial \dot{q}_j} \dot{q}_j - L \qquad [15.18]$$

(Nótese que la transformación solamente afecta a las variables $\dot{q}_j$ que hacen las veces de las u_i en la transformación de Legendre, pero no a las q_j ni a t.)

Calculemos la diferencial total de H en la ecuación [15.18]:

$$dH = \sum_{j=1}^{n} (d\dot{q}_j p_j + \dot{q}_j dp_j) - dL =$$

$$= \sum_{j=1}^{n} (p_j d\dot{q}_j + \dot{q}_j dp_j) - \sum_{j=1}^{n} \frac{\partial L}{\partial q_j} dq_j - \sum_{j=1}^{n} \frac{\partial L}{\partial \dot{q}_j} d\dot{q}_j - \frac{\partial L}{\partial t} dt =$$

$$= \sum_{j=1}^{n} \dot{q}_j dp_j - \sum_{j=1}^{n} \frac{\partial L}{\partial q_j} dq_j - \frac{\partial L}{\partial t} dt$$

se observa pues que

$$H = H(q_j, p_j, t) \qquad [15.19]$$

Diferenciando en [15.19]:

$$dH = \sum_{j=1}^{n} \frac{\partial H}{\partial q_j} dq_j + \sum_{j=1}^{n} \frac{\partial H}{\partial p_j} dp_j + \frac{\partial H}{\partial t} dt \qquad [15.20]$$

e identificando resulta

$$\frac{\partial H}{\partial q_j} = -\frac{\partial L}{\partial q_j}; \qquad \frac{\partial H}{\partial p_j} = \dot{q}_j; \qquad \frac{\partial H}{\partial t} = -\frac{\partial L}{\partial t} \qquad [15.21]$$

Las ecuaciones [15.21] son las que resultan de aplicar la transformación de Legendre.

Para completar la transformación buscada recurrimos ahora a las leyes de la dinámica. Para un sistema holónomo conservativo, de las ecuaciones de Lagrange, se deduce que

$$\frac{d}{dt}(p_j) - \frac{\partial L}{\partial q_j} = 0$$

o sea

$$\dot{p}_j = \frac{\partial L}{\partial q_j} \qquad (j = 1, \ldots, n)$$

por lo que las dos primeras ecuaciones [15.21] resultan ser:

$$\boxed{\left.\begin{aligned} \dot{q}_j &= \frac{\partial H}{\partial p_j} \\ \dot{p}_j &= \frac{\partial H}{\partial q_j} \end{aligned}\right\}} \qquad (j = 1, \ldots, n) \qquad [15.22]$$

que representan un sistema de $2n$ ecuaciones diferenciales de primer orden conocido con el nombre de *ecuaciones canónicas de Hamilton*.

La función hamiltoniana describe completamente el movimiento ya que las ecuaciones diferenciales del movimiento pueden obtenerse a partir de ella. La ventaja más obvia de las ecuaciones de Hamilton sobre las de Lagrange es que en las ecuaciones de Hamilton las derivadas con respecto al tiempo de las variables aparecen solamente en uno de los miembros de la ecuación.

Resulta claro que las n primeras ecuaciones en [15.22] resultan estrictamente de la transformación de Legendre, mientras que las n segundas reflejan las leyes de la dinámica que gobiernan el movimiento.

Si el sistema es holónomo pero sujeto a fuerzas que no derivan de una función potencial, las ecuaciones

$$\dot{p}_j = \frac{\partial L}{\partial q_j}$$

ya no son válidas y vemos, a partir de las ecuaciones de Lagrange para ese caso, que deben reemplazarse por

$$\dot{p}_j = \frac{d}{dt}\left(\frac{\partial L}{\partial \dot{q}_j}\right) = \frac{\partial L}{\partial q_j} + Q_j \qquad (j = 1, ..., n)$$

en donde Q_j representan las fuerzas generalizadas que no derivan de una función potencial.

En el caso en que el sistema esté sujeto a s restricciones no holónomas

$$\sum_{j=1}^{n} a_{kj}\,\dot{q}_j + a_{k0} = 0 \qquad (k = 1, ..., s) \qquad [15.23]$$

el método de los multiplicadores de Lagrange conduce a las ecuaciones de Hamilton en la forma

$$\left.\begin{aligned} \dot{q}_j &= \frac{\partial H}{\partial p_j} \\ \dot{p}_j &= \frac{\partial H}{\partial q_j} + \sum_{k=1}^{s} \lambda_k a_{kj} \end{aligned}\right. \qquad (j = 1, ..., n)$$

que han de considerarse junto a las [15.23] que son las ecuaciones de ligadura.

Finalmente en el caso en que las fuerzas deriven de una función de disipación de Rayleigh, las ecuaciones de Hamilton se convierten en

$$\left.\begin{aligned} \dot{q}_j &= \frac{\partial H}{\partial p_j} \\ \dot{p}_j &= -\frac{\partial H}{\partial q_j} - \frac{\partial \mathcal{F}}{\partial \dot{q}_j} \end{aligned}\right. \qquad (j = 1, ..., n)$$

en donde la *función de disipación* viene dada por

$$\mathcal{F} = \frac{1}{2}\sum_{r=1}^{n}\sum_{s=1}^{n} C_{rs}\,\dot{q}_r\,\dot{q}_s$$

que es una definición de carácter general. Si se supone que la velocidad de un punto material no influye en la fuerza disipativa de otro distinto se puede poner $\nabla_v \mathcal{F} = Q$.

15.6.3. Coordenadas cíclicas. Método de Routh

Ya se ha dicho que a la magnitud

$$\frac{\partial L}{\partial \dot{q}_j} = p_j$$

se le denomina *momento canónico o generalizado* correspondiente (o conjugado) con la coordenada q_j.

Se define como coordenada cíclica, q_k, aquella que no aparece explícitamente en la lagrangiana, aunque si aparezca su derivada con respecto al tiempo $\dot{q}_k$.

Por tanto, en virtud de la definición, si q_k es cíclica:

$$\frac{\partial L}{\partial q_k} = 0$$

y de las ecuaciones de Lagrange:

$$\frac{d}{dt}\left(\frac{\partial L}{\partial \dot{q}_k}\right) - \frac{\partial L}{\partial q_k} = 0$$

resulta que

$$\frac{d}{dt} p_k = 0$$

o sea:

$$p_k = \text{cte} \qquad [15.24]$$

de donde se deduce que *el momento canónico conjugado con una coordenada cíclica permanece constante*. La ecuación [15.24] constituye una integral primera del movimiento.

Si la coordenada q_k es cíclica, se deduce de las ecuaciones canónicas de Hamilton que

$$\frac{\partial H}{\partial q_k} = -\dot{p}_k = 0$$

ya que p_k = cte = c_k. En consecuencia la coordenada q_k tampoco aparece en la hamiltoniana y en dicha función la variable p_k se sustituye por una constante c_k. Es decir, si se tienen k coordenadas cíclicas la utilización de las ecuaciones de Hamilton permite reducir el problema a uno de $(n - k)$ grados de libertad. Las constantes c_k se determinan a partir de las condiciones de contorno del problema.

El método de Routh consiste en realizar la transformación de Legendre para unas coordenadas y no para otras. De esta forma, la nueva función, que recibe el nombre de función de Routh o Routhiana, se expresa en función de las coordenadas q_j, de las derivadas de algunas de ellas $\dot{q}_j$, y de los momentos canónicos p_j correspondientes a las restantes. Lo que se hace, por tanto, es utilizar las ecuaciones de Hamilton para las coordenadas cíclicas, y el de Lagrange para las demás coordenadas.

Consideremos un sistema de n grados de libertad y cuyas coordenadas cíclicas son los parámetros $q_{k+1}, \ldots, q_n$. La lagrangiana del sistema es

$$L = L(q_j, \dot{q}_j, t) \qquad (j = 1, \ldots, n)$$

Para realizar la transformación de Legendre, comenzaremos por calcular la diferencial total de dicha función.

$$dL = \sum_{j=1}^{k} \frac{\partial L}{\partial q_j} dq_j + \sum_{j=k+1}^{n} \frac{\partial L}{\partial q_j} dq_j + \sum_{j=1}^{k} \frac{\partial L}{\partial \dot{q}_j} d\dot{q}_j + \sum_{j=k+1}^{n} \frac{\partial L}{\partial \dot{q}_j} d\dot{q}_j + \frac{\partial L}{\partial t} dt$$

y puesto que sabemos que

$$\frac{\partial L}{\partial \dot{q}_j} = p_j \quad \text{y} \quad \frac{\partial L}{\partial q_j} = \dot{p}_j$$

recordando que se hace para $j = k + 1 \ldots n$, resulta

$$dL = \sum_{j=1}^{k} \frac{\partial L}{\partial q_j} dq_j + \sum_{j=1}^{k} \frac{\partial L}{\partial \dot{q}_j} d\dot{q}_j + \sum_{j=k+1}^{n} \dot{p}_j \, dq_j + \sum_{j=k+1}^{n} p_j d\dot{q}_j + \frac{\partial L}{\partial t} dt$$

y puesto que

$$\sum_{j=k+1}^{n} p_j d\dot{q}_j = d \sum_{j=k+1}^{n} p_j \dot{q}_j - \sum_{j=k+1}^{n} \dot{q}_j \, dp_j$$

queda

$$dL = \sum_{j=1}^{k} \frac{\partial L}{\partial q_j} dq_j + \sum_{j=1}^{k} \frac{\partial L}{\partial \dot{q}_j} d\dot{q}_j + \sum_{j=k+1}^{n} \dot{p}_j \, dq_j + d \sum_{j=k+1}^{n} p_j \dot{q}_j - \sum_{j=k+1}^{n} \dot{q}_j \, dp_j + \frac{\partial L}{\partial t} dt$$

de donde resulta

$$d\left[\sum_{j=k+1}^{n} p_j\dot{q}_j - L\right] = -\sum_{j=1}^{k}\frac{\partial L}{\partial q_j}dq_j - \sum_{j=1}^{k}\frac{\partial L}{\partial \dot{q}_j}d\dot{q}_j - \sum_{j=k+1}^{n}\dot{p}_j\,dq_j + $$

$$+\sum_{j=k+1}^{n}\dot{q}_j\,dq_j - \frac{\partial L}{\partial t}dt \qquad [15.25]$$

Se denomina *función de Routh* del sistema a la expresión

$$R = \sum_{j=k+1}^{n} p_j\dot{q}_j - L$$

y se observa inmediatamente que es función de $q_i(i = 1, ..., k)$, $\dot{q}_i(i = 1, ..., k)$, $q_j(j = k + 1, ..., n)$, $p_j(j = k + 1, ..., n)$.

Es decir,

$$R = R(q_i, \dot{q}_i, q_j, p_j, t)\begin{cases} i = 1, 2 ..., k \\ j = k + 1, ..., n\end{cases} \qquad [15.26]$$

por lo que diferenciando en [15.26]

$$dR = \sum_{i+1}^{k}\frac{\partial R}{\partial q_i}dq_i + \sum_{i=1}^{k}\frac{\partial R}{\partial \dot{q}_i}d\dot{q}_i + \sum_{j=k+1}^{n}\frac{\partial R}{\partial q_j}dq_j + \sum_{j=k+1}^{n}\frac{\partial R}{\partial p_j}dp_j + \frac{\partial R}{\partial t}dt$$

e identificando [15.25] y [15.26] resulta

$$\left.\begin{aligned}\frac{\partial R}{\partial q_i} &= -\frac{\partial L}{\partial q_i}\\ \frac{\partial R}{\partial \dot{q}_i} &= -\frac{\partial L}{\partial \dot{q}_i}\end{aligned}\right\} \quad i = 1, ..., k \qquad [15.27]$$

$$\left.\begin{aligned}\frac{\partial R}{\partial q_j} &= -\dot{p}_j\\ \frac{\partial R}{\partial p_j} &= \dot{q}_j\end{aligned}\right\} \quad j = k + 1, ..., n \qquad [15.28]$$

$$\frac{\partial R}{\partial t} = -\frac{\partial L}{\partial t}$$

Derivando respecto al tiempo la segunda de las ecuaciones [15.27] y sumando miembro a miembro con la primera resulta que

$$\frac{d}{dt}\left(\frac{\partial R}{\partial \dot{q}_i}\right) - \frac{\partial R}{\partial q_i} = 0 \qquad (i = 1, \ldots, k)$$

que es un conjunto de ecuaciones que coincide con las de Lagrange.

Análogamente las $2(n - k)$ ecuaciones [15.28] son análogas a las ecuaciones de Hamilton.

Puesto que las coordenadas cíclicas $q_j (j = k + 1, \ldots, n)$ no aparecen en la función de Routh y sus momentos conjugados p_j son constantes, c_j, que se calculan a partir de las condiciones iniciales, la función de Routh dependerá de las coordenadas no cíclicas, sus derivadas y las constantes c_j:

$$R = R(q_i, \dot{q}_i, c_j, t) \begin{cases} i = 1, \ldots, k \\ j = k + 1, \ldots, n \end{cases}$$

por lo que el sistema de ecuaciones [15.28] se reduce a

$$\frac{\partial R}{\partial c_j} = \dot{q}_j$$

15.6.4. Teoremas de conservación y significado físico de la hamiltoniana

Durante el movimiento de un sistema mecánico descrito por las $2n$ coordenadas q_i y $\dot{q}_i$ existen ciertas funciones de dichas coordenadas que permanecen constantes durante el movimiento, ya que dependen únicamente de las condiciones iniciales, y que se denominan *integrales del movimiento*. Son por tanto relaciones del tipo

$$f(q_i, \dot{q}_i, t) = \text{constante}$$

que suelen proporcionar información de carácter físico sobre el sistema y que son ecuaciones diferenciales de primer orden.

Acabamos de ver que si la lagrangiana de un sistema no incluye una coordenada q_j, se dice que esta coordenada es cíclica o ignorable, y que el momento canónico conjugado

$$p_j = \text{constante}$$

Se tiene así un primer teorema general de conservación que dice: «*el momento conjugado de una coordenada cíclica se conserva*».

Para sistemas conservativos vamos a ver que existe otro teorema de conservación para la energía total del sistema. Supóngase un sistema conservativo cuyas las ligaduras sean independientes del tiempo, tal que $\vec{F} = -\overrightarrow{\text{grad}}\, U$, siendo el potencial U independiente de las velocidades. La lagrangiana del sistema será función de q_j y $\dot{q}_j$ y su derivada total respecto al tiempo es:

$$\frac{dL}{dt} = \sum_{j=1}^{n} \frac{\partial L}{\partial q_j} \frac{dq_j}{dt} + \sum_{j=1}^{n} \frac{\partial L}{\partial \dot{q}_j} \frac{d\dot{q}_j}{dt}$$

Recordando las ecuaciones de Lagrange:

$$\frac{d}{dt}\left(\frac{\partial L}{\partial \dot{q}_j}\right) - \frac{\partial L}{\partial q_j} = 0$$

resulta que

$$\left(\frac{\partial L}{\partial q_j}\right) = \frac{d}{dt}\left(\frac{\partial L}{\partial \dot{q}_j}\right)$$

luego:

$$\frac{dL}{dt} = \sum_{i=1}^{n} \frac{d}{dt}\left(\frac{\partial L}{\partial \dot{q}_j}\right) \dot{q}_j + \sum_{i=1}^{n} \frac{\partial L}{\partial \dot{q}_j} \frac{d\dot{q}_j}{dt}$$

es decir,

$$\frac{dL}{dt} = \sum_{i=1}^{n} \frac{d}{dt}\left(\dot{q}_j \frac{\partial L}{\partial \dot{q}_j}\right)$$

de donde resulta

$$\frac{d}{dt}\left(L - \sum_{i=1}^{n} \dot{q}_j \frac{\partial L}{\partial \dot{q}_j}\right) = 0$$

por tanto el término entre paréntesis es constante:

$$L - \sum_{i=1}^{n} \dot{q}_j \frac{\partial L}{\partial \dot{q}_j} = \text{cte}$$

Si se denomina $-H$ a dicha constante se tiene:

$$H = \sum_{i=1}^{n} p_j \dot{q}_j - L \qquad [15.29]$$

y puesto que el sistema es conservativo y el potencial es independiente de las velocidades, resulta

$$p_j = \frac{\partial L}{\partial \dot{q}_j} = \frac{\partial T}{\partial \dot{q}_j}$$

por lo que el primer sumando de la ecuación [15.29] queda

$$\sum_{i=1}^{n} \dot{q}_j \frac{\partial T}{\partial \dot{q}_j} = 2T$$

por el teorema de Euler para funciones homogéneas al ser T función cuadrática homogénea en las $\dot{q}_j$.

Se tiene, por último:

$$H = 2T - L = 2T - (T - U) = T + U$$

por lo que la hamiltoniana de un sistema conservativo coincide con la energía total del sistema que, además, se conserva.

15.7. PRINCIPIOS VARIACIONALES

En apartados anteriores se han obtenido las ecuaciones de Lagrange a partir del principio de D'Alembert, basándose en la consideración del estado instantáneo del sistema y suponiendo pequeños desplazamientos virtuales en un entorno de aquél; es decir a partir de un «principio diferencial». Pero también es posible deducirlas, a partir de un principio que considere el movimiento completo del sistema entre los instantes t_1 y t_2 y tenga en cuenta pequeñas variaciones virtuales de tal movimiento real. Un principio de esta naturaleza suele recibir el nombre de «principio integral». Posteriormente se ha desarrollado la dinámica mediante una estructura diferente conocida con el nombre de formulación hamiltoniana. Desde el punto de vista físico no se ha añadido nada nuevo pero se ha presentado un instrumento más potente para operar con los principios físicos conocidos.

El objetivo de este tema consiste en poner de manifiesto la potencia deductiva de los principios variacionales en mecánica. Se deducirán, en primer lugar, las ecuaciones de Lagrange y Hamilton a partir de un principio variacional. Seguidamente se verificará que otro principio variacional asociado con la formulación hamiltoniana, el principio de mínima acción, se cumple para los sistemas holónomos conservativos y a partir de él se obtendrá una gran variedad de principios variacionales.

15.7.1. Obtención de las ecuaciones de Lagrange y Hamilton a partir de un principio variacional

Antes de entrar en la deducción de las ecuaciones de Lagrange y Hamilton, recordaremos que la configuración instantánea de un sistema está determinada por los valores de las n coordenadas generalizadas $q_1, q_2, \ldots, q_n$ y corresponde a un punto particular de un espacio n-dimensional que se denomina «espacio de configuración».

El punto que representa el estado del sistema describirá en el espacio de configuración, una curva llamada «trayectoria del movimiento del sistema» o trayectoria dinámica, ya que el estado del sistema varía con el tiempo. Es decir, el punto representativo del sistema se mueve a lo largo de esta trayectoria en el espacio de configuración. El tiempo puede considerarse como un parámetro de la curva que representa sus variaciones; a cada punto de la trayectoria hay asociados uno o más valores del tiempo.

El *principio de Hamilton* para sistemas conservativos se enuncia diciendo:

«El movimiento de un sistema entre los instantes t_1 y t_2 es tal, que la integral curvilínea

$$S = \int_{t_1}^{t_2} L(q_i, \dot{q}_i, t)\, dt$$

es una extremal respecto a la trayectoria del movimiento.»

En donde $L = L(q_i, \dot{q}_i, t)$ es la función lagrangiana del sistema y S se denomina acción hamiltoniana.

El enunciado anterior equivale a decir que de todas las trayectorias posibles del punto representativo del sistema entre los instantes t_1 y t_2, describirá aquella para la cual sea extremal la integral anterior. Por tanto, la acción hamiltoniana S posee un valor estacionario sobre la trayectoria real (la que «realmente» sigue el punto representativo) si se la compara con el conjunto de caminos vecinos coincidentes con la trayectoria real en los instantes t_1 y t_2.

La acción en el sentido de Hamilton es un funcional determinado por la elección de un conjunto de n funciones del tiempo $q_i(t)$. Sobre la trayectoria real, S posee un valor numérico completamente definido S_r; en este caso las funciones $q_i(t)$ y $\dot{q}_i(t)$ que figuran en el integrando, se definen como las coordenadas y velocidades generalizadas en el movimiento real.

En resumen, matemáticamente, el principio de Hamilton equivale a decir que la variación de la integral S entre t_1 y t_2 fijos es nula, y se expresa así:

$$\delta S = \delta \int_{t_1}^{t_2} L(q_i, \dot{q}_i, t)\, dt = 0$$

Recordemos a continuación el significado de la variación δ. La expresión «variación de la integral» indica la variación del valor de la integral cuando se modifica la trayectoria del punto representativo del sistema entre los dos puntos extremos, pero manteniendo el tiempo constante. Por tanto, los tiempos correspondientes a los puntos extremos son fijos, de manera que el «tiempo de recorrido» entre las dos configuraciones inicial y final es el mismo para todas las trayectorias.

Supóngase que C es la trayectoria dinámica real del punto representativo en el espacio de configuración, cuyos extremos son $q_i(t_1)$ y $q_i(t_2)$, y que C' es una trayectoria variada posible. Si la trayectoria C suministra un valor estacionario a la integral, la variación de la misma, δS, al pasar de C a C' se realiza mediante una sucesión continua de desplazamientos virtuales elementales de las coordenadas, $\delta q_i(t)$, como ya se dijo. Analíticamente el proceso de variación δ se expresa mediante diferenciales sin más que asociar a cada una de las trayectorias posibles un valor de un cierto parámetro α. En efecto, las coordenadas de un punto, q_i, en el espacio de configuración serán, pues, funciones de t y α.

$$q_i = q_i(t, \alpha)$$

en donde α indica la trayectoria de integración elegida.

La integral S puede considerarse entonces como una función de α, y la variación δ se identifica con la diferencial ordinaria resultante de un cambio $d\alpha$ en torno al valor de α correspondiente a la trayectoria real:

$$\delta \equiv \frac{\partial}{\partial \alpha} d\alpha$$

Entre las propiedades de la variación δ, está la de ser permutable con el operador diferencial ordinario, d, y actuar formalmente de la misma manera.

a) Ecuaciones de Lagrange

Supondremos un sistema holónomo con vínculos lisos y fuerzas conservativas, en el que la lagrangiana es función de las coordenadas, las velocidades generalizadas y el tiempo. Una variación $\delta q_i(t)$ de las coordenadas da lugar simultáneamente a una variación de las velocidades. Por tanto

$$\delta S = \int_{t_1}^{t_2} L(q_i + \delta q_i, \dot{q}_i + \delta \dot{q}_i, t)\, dt - \int_{t_1}^{t_2} L(q_i, \dot{q}_i, t)\, dt \qquad [15.30]$$

si se desarrolla en serie la primera integral y se desprecian los infinitésimos de segundo orden queda

$$\delta S = \sum_{i=1}^{n} \int_{t_2}^{t_1} \left(\frac{\partial L}{\partial q_i} \delta q_i + \frac{\partial L}{\partial \dot{q}_i} \delta \dot{q}_i \right) dt \qquad [15.31]$$

las integrales que aparecen en esta expresión se pueden integrar por partes teniendo en cuenta que

$$\delta \dot{q}_i = \frac{d}{dt} (\delta \dot{q}_i)$$

En efecto:

$$\int_{t_2}^{t_1} \frac{\partial L}{\partial \dot{q}_i} \delta \dot{q}_i\, dt = \int_{t_2}^{t_1} \frac{\partial L}{\partial \dot{q}_i} d(\delta q_i) = \left[\frac{\partial L}{\partial \dot{q}_i} \delta q_i \right]_{t_1}^{t_2} - \int_{t_2}^{t_1} \frac{d}{dt} \frac{\partial L}{\partial \dot{q}_i} \delta q_i\, dt =$$

$$= - \int_{t_2}^{t_1} \frac{d}{dt} \frac{\partial L}{\partial \dot{q}_i} \delta q_i\, dt$$

ya que el término

$$\left[\frac{\partial L}{\partial \dot{q}_i} \delta q_i \right]_{t_1}^{t_2} = 0$$

ya que las variaciones en los extremos del intervalo son nulas:

$$\delta q_i(t_1) = \delta q_i(t_2) = 0$$

Sustituyendo en [15.31] los valores obtenidos de las integrales queda

$$\delta S = \sum_{i=1}^{n} \int_{t_2}^{t_1} \left(\frac{\partial L}{\partial q_i} \delta q_i - \frac{d}{dt} \frac{\partial L}{\partial \dot{q}_i} \delta q_i \right) dt = \sum_{i=1}^{n} \int_{t_2}^{t_1} \left(\frac{\partial L}{\partial q_i} - \frac{d}{dt} \frac{\partial L}{\partial \dot{q}_i} \right) \delta q_i \, dt$$

al ser las coordenadas generalizadas independientes entre sí, para que la variación de S sea nula tienen que serlo simultáneamente los paréntesis que aparecen bajo el signo integral por lo que

$$\left(\frac{\partial L}{\partial q_i} - \frac{d}{dt} \frac{\partial L}{\partial \dot{q}_i} \right) = 0 \qquad (i = 1, 2, ..., n)$$

que son las ecuaciones de Lagrange que se querían obtener.

b) Ecuaciones de Hamilton

A continuación se van a deducir las ecuaciones del movimiento de Hamilton a partir de un principio variacional. Para ello se escribirá el principio de Hamilton expresando la lagrangiana $L(q_i, \dot{q}_i, t)$ en función de la hamiltoniana, mediante la ecuación:

$$H(q_i, p_i, t) = \sum_{i=1}^{n} p_i \dot{q}_i - L(q_i, \dot{q}_i, t)$$

quedando el principio de Hamilton en la forma

$$\delta S = \delta \int_{t_1}^{t_2} [\sum_{i=1}^{n} (p_i \dot{q}_i - H(q_i, p_i, t)] dt = 0$$

ecuación que suele recibir el nombre de *principio de Hamilton modificado* y que será nuestro punto de partida.

En efecto, calculemos la variación de la integral anterior, teniendo en cuenta que los tiempos inicial y final no varían. Tendremos

$$\int_{t_1}^{t_2} \sum_{i=1}^{n} \left[\delta p_i \dot{q}_i + p_i \delta \dot{q}_i - \frac{\partial H}{\partial q_i} \delta q_i - \frac{\partial H}{\partial p_i} \delta p_i \right] dt = 0$$

Puesto que la variación se verifica a tiempo constante, pueden permutarse δ y $\frac{d}{dt}$ en el segundo término del corchete y queda:

$$\int_{t_1}^{t_2} \sum_{i=1}^{n} \left[\delta p_i \dot{q}_i + p_i \frac{d}{dt} \delta q_i - \frac{\partial H}{\partial p_i} \delta p_i - \frac{\partial H}{\partial p_i} \delta p_i \right] dt = 0 \qquad [15.32]$$

e integrando por partes este segundo término, haciendo:

$$u = p_i; \quad du = \dot{p}_i \, dt$$

$$dv = \frac{d}{dt} \delta q_i \, dt; \quad v = \delta q_i$$

queda:

$$\int_{t_1}^{t_2} p_i \frac{d}{dt} \delta q_i \, dt = [p_i \, \delta q_i]_{t_1}^{t_2} - \int_{t_1}^{t_2} \dot{p}_i \, \delta q_i \, dt = -\int_{t_1}^{t_2} \dot{p}_i \, \delta q_i \, dt$$

ya que en los extremos

$$\delta q_i(t_1) = \delta q_i(t_2) = 0$$

Sustituyendo en [15.32] se tiene:

$$\int_{t_1}^{t_2} \sum_{i=1}^{n} \left[\dot{q}_i \delta p_i - \dot{p}_i \delta p_i - \frac{\partial H}{\partial q_i} \delta q_i - \frac{\partial H}{\partial p_i} \delta p_i \right] dt = 0$$

Agrupando términos

$$\int_{t_1}^{t_2} \sum_{i=1}^{n} \left[\left(\dot{q}_i - \frac{\partial H}{\partial p_i} \right) \delta p_i - \left(\dot{p}_i + \frac{\partial H}{\partial q_i} \right) \delta q_i \right] dt = 0$$

y siendo δp_i y δq_i arbitrarias, la nulidad de la integral exige que se anulen por separado los coeficientes, de donde resulta:

$$\left.\begin{aligned} \dot{q}_i &= \frac{\partial H}{\partial p_i} \\ \dot{p}_i &= -\frac{\partial H}{\partial q_i} \end{aligned}\right\} \quad (i = 1, 2, \ldots, n)$$

que son las ecuaciones de Hamilton ya conocidas.

Recordaremos que anteriormente se obtuvieron mediante una transformación de Legendre, por lo que cabe aquí subrayar la forma más simple en la que se han obtenido dichas ecuaciones al utilizar como punto de partida un principio variacional. No obstante, en ambos casos se ha utilizado la naturaleza independiente de las coordenadas generalizadas y de los momentos generalizados que constituye, como sabemos, la diferencia esencial entre las formulaciones lagrangiana y hamiltoniana. La igualdad de categoría concedida a q_i y p_i en esta última permite mayor libertad de elección de las magnitudes que han de servir como q_i y p_i.

La pregunta que cabe hacerse es si q_i y p_i son independientes en el último sentido de la palabra. Realmente no, pues si es conocido $q_i = q_i(t)$ el problema está resuelto:

$$\dot{q}_i(t) = \frac{d}{dt}q_i(t) \quad \text{y las} \quad p_i = \frac{\partial L}{\partial \dot{q}_i}$$

Pero mientras que q_i y $\dot{q}_i$ están relacionadas por una simple derivada temporal, la conexión entre q_i y p_i se obtiene a través de las mismas ecuaciones del movimiento. Encontrar la relación que liga las q_i y p_i para eliminar la supuesta independencia, es tanto como resolver el problema.

Reiteramos que las denominaciones de «coordenadas» y de «momentos» deben entenderse en un sentido amplio y no en el de coordenadas espaciales o cantidades de movimiento ordinarias. La clasificación en coordenadas y momentos debe interpretarse como una división en dos grupos de las variables independientes que describen el movimiento, cuya relación viene dada por las ecuaciones de Hamilton.

15.7.2. Principio de mínima acción

Los principios de mínimo aparecen en muy diversos campos de la Física y han sido propuestos desde los comienzosde esta ciencia. La observación parece poner de manifiesto que la Naturaleza se comporta de modo que, en cualquier proceso, determinadas magnitudes son máximas o mínimas, es decir, extremas. Ya Herón de Alejandría en el siglo II después de Cristo, encontró que la ley que rige la reflexión de la luz se podría obtener considerando que el camino luminoso es mínimo (principio de la trayectoria más corta), sin embargo no dio la ley de refracción. En el siglo XVII Fermat enunció su conocido principio de mínimo tiempo para la trayectoria que permitía explicar la ley de refracción que se había descubierto poco tiempo antes. En el siglo XVIII, Maupertuis propuso que el movimiento tenía lugar con una acción mínima. El concepto de mínima acción propuesto por Maupertuis era, sin embargo, algo oscuro y estaba impregnado de algunas referencias teológicas[2] por lo que fueron Euler y Lagrange quienes le dieron más tarde su formulación exacta.

[2] En palabras de Maupertuis: «... no puede dudarse que todas las cosas son reguladas por un Ser Supremo quien, cuando imprimió a la materia las fuerzas que denotan su poder, la destinó a efectuar los hechos que indican su sabiduría», en Degas, R., *A History of Mechanics*, Dover, New York, 1988, pág. 264.

En términos actuales, la acción se define en Mecánica mediante la integral

$$A = \int_{t_1}^{t_2} \sum_{i=1}^{n} p_i \dot{q}_i \, dt$$

El *principio de mínima acción* establece que de «*todas las trayectorias, entre dos puntos del espacio de configuración, compatibles con* H = *cte, el sistema evoluciona por aquella que hace extrema la acción*».

Es decir, en un sistema en el que H sea constante se verifica

$$\Delta \int_{t_1}^{t_2} \sum_{i=1}^{n} p_i \dot{q}_i \, dt = 0$$

en donde Δ representa un nuevo tipo de variación.

Ya se dijo que la variación δ corresponde a desplazamientos virtuales en los que se deja fijo el tiempo, mientras que las coordenadas varían de acuerdo con las ligaduras impuestas al sistema. La trayectoria variada en el proceso δ no corresponde necesariamente a una trayectoria posible del movimiento del sistema, y puede suceder que no se conserve H en el transcurso de la variación. En la variación Δ la trayectoria variada se obtiene mediante una sucesión de desplazamientos que suponen un cambio dt para cada uno y, además, se exige que la trayectoria variada resulte compatible con la real, de modo que, que si en ésta se conserva H, también se conserve en la variada, aunque para ello tenga que modificarse el tiempo necesario para que el punto representativo del sistema recorra las distintas trayectorias en el espacio de configuración. Por tanto en la variación Δ varía el tiempo también en los puntos extremos en los que la variación de las q_i es nula ($\Delta q_i(t_1) = \Delta q_i(t_2) = 0$).

La trayectoria variada puede ser la misma en la variación δ y en la Δ, pero el punto representativo tendrá que recorrerlas con velocidades diferentes ya que en la variación δ la velocidad tiene que ser la adecuada para que el tiempo de recorrido coincida en la trayectoria real y en la variada, mientras que en la variación Δ la velocidad ha de ser tal que H permanezca constante.

Si, del mismo modo que se procedió en el caso de la variación δ, se asocian a las trayectorias variadas los diversos valores de un parámetro α, la variación Δ puede expresarse, teniendo en cuenta que el tiempo también depende de α, en la forma:

$$\Delta q_i = \frac{\partial q_i}{\partial \alpha} d\alpha + \frac{dq_i}{dt} dt = d\alpha \left(\frac{\partial q_i}{\partial \alpha} + \dot{q}_i \frac{dt}{d\alpha} \right)$$

en donde el primer término es precisamente δq_i,

$$\delta q_i \equiv d\alpha \frac{\partial q_i}{\partial \alpha}$$

y el coeficiente de $\dot{q}_i$, representa la variación de t debida al proceso Δ, por lo que se puede denominar Δt. Es decir:

$$\Delta q_i = \delta q_i + \dot{q}_i \Delta t$$

Esta relación es válida para cualquier función $f(q_j, t)$, por lo que podemos considerar el operador:

$$\Delta \equiv \delta + \Delta t \frac{d}{dt}$$

Por tanto, la variación Δq_i se puede expresar como suma de dos términos: un desplazamiento virtual δq_i (a tiempo constante) y otro $\dot{q}_i \Delta t$ engendrado por el desfase temporal.

Teniendo en cuenta la definición de la hamiltoniana, la acción puede escribirse como:

$$A = \int_{t_1}^{t_2} \sum_{i=1}^{n} p_i \dot{q}_i \, dt = \int_{t_1}^{t_2} (L + H) \, dt = \int_{t_1}^{t_2} L \, dt + H(t_2 - t_1)$$

puesto que H se conserva.

Realizando la variación ΔA se tiene:

$$\Delta A = \Delta \int_{t_1}^{t_2} L \, dt + \left| H \Delta t \right|_{t_1}^{t_2} \qquad [15.33]$$

En esta expresión hay que recordar que la variación Δ es equivalente al operador

$$\Delta \equiv \delta + \Delta t \frac{d}{dt}$$

y que los límites de integración también están sometidos a variación.

Puesto que

$$S = \int_{t_1}^{t_2} L \, dt$$

se tiene

$$\int_{t_1}^{t_2} L\,dt = S(t_2) - S(t_1)$$

y se puede escribir

$$\Delta\int_{t_1}^{t_2} L\,dt = \Delta S(t_2) - \Delta S(t_1)$$

que teniendo en cuenta la expresión del operador Δ es:

$$\begin{aligned}\Delta\int_{t_1}^{t_2} L\,dt &= \delta S(t_2) + \Delta t_2 \dot{S}(t_2) - \delta S(t_1) - \Delta t_1 \dot{S}(t_1) = \\ &= \delta S(t_2) - \delta S(t_1) + \Delta t_2 \dot{S}(t_2) - \Delta t_1 \dot{S}(t_1)\end{aligned}$$

pero

$$\dot{S} = \frac{dS}{dt} = \frac{d}{dt}\int L\,dt = L$$

luego

$$\Delta\int_{t_1}^{t_2} L\,dt = \delta\int_{t_1}^{t_2} L\,dt + L\left|\Delta t\right|_{t_1}^{t_2} \qquad [15.34]$$

El primer término del segundo miembro no es nulo, como pudiera pensarse a primera vista, como consecuencia del principio de Hamilton, ya que en ese caso la variación δq_i se anula en las configuraciones inicial y final, mientras que en la variación Δ que aquí se utiliza es Δq_i la que se anula en los extremos, no siendo, en general, nulas las δq_i.

Calcularemos ahora el valor de este término:

$$\delta\int_{t_1}^{t_2} L\,dt = \int_{t_1}^{t_2} \sum_{i=1}^{n}\left(\frac{\partial L}{\partial q_i}\delta q_i + \frac{\partial L}{\partial \dot{q}_i}\delta \dot{q}_i\right)dt$$

que recordando las ecuaciones de Lagrange, se transforma en:

$$\delta\int_{t_1}^{t_2} L\,dt = \sum_{i=1}^{n}\int_{t_1}^{t_2}\left[\frac{d}{dt}\left(\frac{\partial L}{\partial \dot{q}_i}\right)\delta q_i + \frac{\partial L}{\partial \dot{q}_i}\frac{d}{dt}\delta q_i\right]dt = \sum_{i=1}^{n}\int_{t_1}^{t_2}\frac{d}{dt}\left[\left(\frac{\partial L}{\partial \dot{q}_i}\right)\delta q_i\right]dt$$

y poniendo δq_i en función de Δq_i, o sea $\delta q_i = \Delta q_i - \dot{q}_i \Delta t$, queda:

$$\delta\int_{t_1}^{t_2} L\,dt = \sum_{i=1}^{n}\int_{t_1}^{t_2}\frac{d}{dt}\left[\frac{\partial L}{\partial \dot{q}_i}\Delta q_i - \frac{\partial L}{\partial \dot{q}_i}\dot{q}_i\,\Delta t\right]dt = \sum_{i=1}^{n}\left|\left(\frac{\partial L}{\partial \dot{q}_i}\Delta q_i - \frac{\partial L}{\partial \dot{q}_i}\dot{q}_i\,\Delta t\right)\right|_{t_1}^{t_2}$$

Recordando que en los extremos se anula Δq_i pero no Δt, puesto que el tiempo de recorrido no es constante, se tiene:

$$\delta\int_{t_1}^{t_2} L\, dt = \left| -\sum_{i=1}^{n} p_i\dot{q}_i\, \Delta t \right|_{t_1}^{t_2} \qquad [15.35]$$

y volviendo a la expresión [15.30] de la variación total de acción, teniendo en cuenta [15.34]:

$$\Delta A = \Delta\int_{t_1}^{t_2} L\, dt + \left| H\Delta t \right|_{t_1}^{t_2} = \delta\int_{t_1}^{t_2} L dt + \left| L\Delta t \right|_{t_1}^{t_2} + \left| H\Delta t \right|_{t_1}^{t_2}$$

e introduciendo [15.35] queda:

$$\Delta A = \left| -\sum_{i=1}^{n} p_i\dot{q}_i\, \Delta t \right|_{t_1}^{t_2} + \left| L\Delta t \right|_{t_1}^{t_2} + \left| H\Delta t \right|_{t_1}^{t_2} = \left| (-\sum_{i=1}^{n} p_i\dot{q}_i + L + H)\Delta t \right|_{t_1}^{t_2} = 0$$

puesto que de acuerdo con la definición de H la expresión entre paréntesis es idénticamente nula.

En consecuencia, cuando cuando el sistema es holónomo y conservativo su movimiento tiene lugar de acuerdo con el principio de mínima acción.

15.7.3. Formas diversas del principio de mínima acción

Existe una gran variedad de formas diversas del principio de mínima acción. Por ejemplo, si las ecuaciones de transformación no contienen el tiempo explícitamente, la energía cinética T es una función cuadrática homogénea de las $\dot{q}_i$, y como $L = T - U$ y $U = U(q_i)$ resulta $\frac{\partial L}{\partial \dot{q}_i} = \frac{\partial T}{\partial \dot{q}_i}$ y por el teorema de Euler para funciones homogéneas

$$\sum_{i=1}^{n} p_i\dot{q}_i = \sum_{i=1}^{n} \frac{\partial T}{\partial \dot{q}_i}\dot{q}_i = 2T$$

En este caso el principio se expresa por

$$\Delta\int_{t_1}^{t_2} T dt = 0 \qquad [15.36]$$

Si el sistema está aislado, es decir, que no actúa ninguna fuerza externa sobre él, se conservará T junto con la energía total H. En este caso el principio de mínima acción toma la forma

$$\Delta(t_2 - t_1) = 0 \qquad [15.37]$$

que expresa que de todas las trayectorias posibles entre dos puntos, conservándose la energía del sistema, éste sigue la trayectoria para la que el tiempo de recorrido es mínimo, o más correctamente: extremal. Como se observará, esta forma del principio de mínima acción es muy semejante al principio de Fermat de la óptica geométrica, que establece que, entre dos puntos, el rayo luminoso sigue la trayectoria que requiere un tiempo mínimo.

Supongamos ahora que se tiene un sistema constituido por un solo punto material de masa m.

La energía cinética del punto es:

$$T = \frac{1}{2} m v^2 = \frac{1}{2} m \operatorname{nor} \frac{d\vec{r}}{dt}$$

de donde

$$dt = \sqrt{\frac{m\,|d\vec{r}\,|^2}{2T}}$$

que da dt en función de la longitud de la trayectoria seguida por la partícula. Sustituyendo en la ecuación [15.36], el principio puede escribirse como:

$$\Delta\int_{t_1}^{t_2} 2T\, dt = \Delta\int \sqrt{2mT}\, ds = \Delta\int \sqrt{2m(H - U)}\, ds = 0 \qquad [15.38]$$

Para sistemas formados por muchas partículas también puede aplicarse esta expresión del principio de mínima acción.

Si el sistema está descrito por un conjunto de coordenadas generalizadas y puesto que las ecuaciones que definen las q_i no han de contener el tiempo, la energía cinética se puede expresar como una función cuadrática homogénea de las velocidades.

$$T = \frac{1}{2} \sum_{i,k} m_{ik} \dot{q}_i \dot{q}_k = \frac{1}{2} \sum_{i,k} m_{ik} \frac{dq_i\, dq_k}{(dt)^2}$$

que se puede escribir en la forma

$$T = \frac{1}{2}\left(\frac{d\rho}{dt}\right)^2$$

en donde se ha definido una diferencial, $d\rho$, mediante la ecuación:

$$(d\rho)^2 = \sum_{i,k} m_{ik}\, dq_i\, dq_k$$

con lo que resulta

$$dt = \frac{d\rho}{\sqrt{2T}}$$

y el principio de mínima acción [15.36] toma la forma

$$\Delta \int_{t_1}^{t_2} T\, dt = \Delta \int \sqrt{T}\, d\rho = 0$$

o sea

$$\Delta \int \sqrt{H - U(q)}\, d\rho = 0 \qquad [15.39]$$

que es la denominada *forma de Jacobi* del principio de mínima acción.

Como se sabe por geometría diferencial, la expresión de $d\rho$ es la forma general del elemento de arco de una curva en un espacio n-dimensional cuyas coordenadas sean $q_1, \ldots, q_n$ siendo los coeficientes m_{ik} los elementos del tensor métrico.

Si no actúan fuerzas, T es constante y el punto representativo describe una geodésica en el espacio de configuración que es una forma de expresar el llamado *principio de Hertz* de la curvatura mínima.

Entre los numerosos principios variacionales propuestos la mayor parte ha resultado ser de poca utilidad, únicamente el principio de Hamilton ha proporcionado los resultados de mayor interés al constituirse en punto de partida de una nueva formulación de la mecánica clásica.

15.8. ECUACIÓN DE HAMILTON-JACOBI

A continuación, y partiendo de la definición de la acción hamiltoniana, deduciremos una de las ecuaciones más interesantes de la dinámica: la ecuación de Hamilton-Jacobi.

15.8.1. Ecuación de Hamilton-Jacobi

Consideremos un sistema con enlaces holónomos y sometido exclusivamente a fuerzas conservativas. Para dicho sistema, la acción hamiltoniana se escribe

$$S = \int_{t_1}^{t_2} L\, dt$$

Teniendo en cuenta la ecuación [15.18] que proporciona la definición de H:

$$H = \sum_{i=1}^{n} p_i \dot{q}_i - L$$

queda

$$S = \int_{t_1}^{t_2} \left(\sum_{i=1}^{n} p_i \dot{q}_i - H\right) dt$$

Si se calcula la diferencial de la función S resulta

$$dS = \sum_{i=1}^{n} p_i \dot{q}_i dt - H dt$$

o lo que es igual, ya que $\dot{q}_i = \dfrac{dq_i}{dt}$:

$$dS = \sum_{i=1}^{n} p_i dq_i - H dt$$

de donde, identificando con la diferencial, se tiene

$$\frac{\partial S}{\partial q_i} = p_i$$

$$\frac{\partial S}{\partial t} = -H$$

La segunda de estas dos ecuaciones puede escribirse como

$$\frac{\partial S}{\partial t} + H(p_i, q_i, t) = 0$$

y sustituyendo las p_i por $\dfrac{\partial S}{\partial q_i}$ queda

$$\boxed{\frac{\partial S}{\partial t} + H\left(q_i, \frac{\partial S}{\partial q_i}, t\right) = 0}$$

que es la *ecuación de Hamilton-Jacobi*.

A partir de la ecuación de Hamilton-Jacobi puede establecerse un método general de integrar las ecuaciones del movimiento. En efecto, puesto que toda ecuación en derivadas parciales de primer orden tiene una solución, que se denomina *integral completa*, que contiene un número de constantes arbitrarias independientes igual al de variables independientes que existan, a partir de la ecuación de Hamilton-Jacobi puede obtenerse fácilmente una integral completa. Como las variables independientes en la ecuación de Hamilton-Jacobi son las coordenadas y el tiempo, si el sistema está descrito por n coordenadas generalizadas, una integral completa de esta ecuación debe contener $n + 1$ constantes arbitrarias (las correspondientes a las n coordenadas más el tiempo.) Además, puesto que en la ecuación de Hamilton-Jacobi únicamente aparecen las derivadas de la función S, una de dichas constantes arbitrarias será aditiva. Si llamamos a dichas constantes arbitrarias $\alpha_1, \alpha_1 \dots \alpha_n$ y A, una integral completa de la ecuación será:

$$S = S(q_1, \dots, q_n, \alpha_1, \dots, \alpha_n, t) + A$$

Conviene señalar, por último, que en las aplicaciones mecánicas la solución completa de la ecuación de Hamilton-Jacobi es más importante que la llamada *integral general*, que es una solución dependiente de una función arbitraria, como se verá más adelante.

15.8.2. Teorema de Jacobi

Este teorema establece que si $S = S(q_1, \dots, q_n, \alpha_1, \dots, \alpha_n, t) + A$ es una integral completa de la ecuación de Hamilton-Jacobi, las ecuaciones

$$\frac{\partial S}{\partial \alpha_1} = \beta_i \qquad [15.40]$$

$$\frac{\partial S}{\partial q_i} = p_i \qquad [15.41]$$

son integrales generales del sistema de ecuaciones canónicas de Hamilton.

Las constantes β_i, al igual que las α_i, son constantes arbitrarias. A partir de las ecuaciones [15.40] se obtienen las $q_i = q_i(t)$, que son las ecuaciones horarias del movimiento, como funciones del tiempo y de las constantes α_i y β_i. Las p_i se pueden obtener sustituyendo las q_i en las ecuaciones [15.41].

Para demostrar el teorema habrá que comprobar que las q_j, p_j, $\dot{q}_j$, $\dot{p}_j$ obtenidas de las ecuaciones [15.40] y [15.41] satisfacen las ecuaciones canónicas de Hamilton.

Derivando respecto al tiempo las [15.40], o sea las ecuaciones

$$\frac{\partial S}{\partial \alpha_1} = \beta_i$$

se tiene

$$\frac{\partial^2 S}{\partial \alpha_i \partial t} + \sum_{j=1}^{n} \frac{\partial^2 S}{\partial \alpha_i \partial q_j} \dot{q}_j = 0 \quad (i = 1, \ldots, n) \qquad [15.42]$$

ya que β_i es una constante.

Para que este sistema de ecuaciones [15.38] tenga solución y se puedan despejar las $\dot{q}_j$ es preciso que el determinante hessiano sea distinto de cero:

$$\det \left| \frac{\partial^2 S}{\partial \alpha_i \partial q_j} \right| \neq 0$$

lo que se cumple por ser S una integral completa.

A continuación se comprobará que estas $\dot{q}_j$ satisfacen las ecuaciones canónicas de Hamilton. Derivando en la ecuación de Hamilton-Jacobi respecto a cada una de las α_i:

$$\frac{\partial^2 S}{\partial t \partial \alpha_i} + \sum_{j=1}^{n} \frac{\partial H}{\partial p_j} \frac{\partial p_i}{\partial \alpha_i} = 0 \quad (i = 1, \ldots, n) \qquad [15.43]$$

Por otra parte, puesto que

$$p_j = \frac{\partial S}{\partial q_j}$$

derivando respecto a α_i se tiene

$$\frac{\partial p_j}{\partial \alpha_i} = \frac{\partial^2 S}{\partial q_j \partial \alpha_i}$$

y sustituyendo en [15.43] queda

$$\frac{\partial^2 S}{\partial t \partial \alpha_i} + \sum_{j=1}^{n} \frac{\partial H}{\partial p_j} \frac{\partial^2 S}{\partial q_j \partial \alpha_i} = 0 \quad (i = 1, \ldots, n)$$

que al compararla con la [15.42] se deduce que

$$\dot{q}_j = \frac{\partial H}{\partial p_j}$$

es decir se cumplen las ecuaciones canónicas de Hamilton como se quería comprobar.

Por último habrá que verificar que los momentos canónicos p_j obtenidos por el teorema de Jacobi también cumplen las ecuaciones canónicas de Hamilton.

En efecto, derivando respecto al tiempo en las ecuaciones [15.41], o sea, en

$$\frac{\partial S}{\partial q_i} = p_i$$

se tiene

$$\frac{\partial^2 S}{\partial q_i \partial t} + \sum_{j=1}^{n} \frac{\partial^2 S}{\partial q_i \partial q_j} \dot{q}_j = \dot{p}_i$$

y puesto que acabamos de ver que

$$\dot{q}_j = \frac{\partial H}{\partial p_j}$$

se sustituye en la ecuación anterior y queda

$$\frac{\partial^2 S}{\partial q_i \partial t} + \sum_{j=1}^{n} \frac{\partial^2 S}{\partial q_i \partial q_j} \frac{\partial H}{\partial p_j} = \dot{p}_i \qquad (i = 1 \ldots n) \qquad [15.44]$$

Derivando la ecuación de Hamilton-Jacobi respecto a cada una de las q_i, se tiene

$$\frac{\partial^2 S}{\partial t \partial q_i} + \sum_{j=1}^{n} \frac{\partial H}{\partial p_j} \frac{\partial p_j}{\partial q_i} + \frac{\partial H}{\partial q_j} = 0 \qquad [15.45]$$

y derivando parcialmente respecto a q_i la expresión $p_j = \dfrac{\partial S}{\partial q_j}$ resulta

$$\frac{\partial p_j}{\partial q_i} = \frac{\partial^2 S}{\partial q_i \partial q_j}$$

que sustituida en la [15.45] da

$$\frac{\partial^2 S}{\partial t \partial q_i} + \sum_{j=1}^{n} \frac{\partial H}{\partial p_j} \frac{\partial^2 S}{\partial q_j \partial q_i} + \frac{\partial H}{\partial q_i} = 0$$

Comparando estas últimas ecuaciones con las [15.44] se tiene

$$\dot{p}_j = -\frac{\partial H}{\partial q_i}$$

que son precisamente las ecuaciones canónicas de Hamilton como se quería demostrar.

EJERCICIOS

15.1 Determinar, a partir de las ecuaciones de Lagrange, la ecuación diferencial del movimiento de un péndulo compuesto que oscila en un plano vertical alrededor de un eje horizontal fijo.

15.2 Sobre un bloque de masa m que desliza sin rozamiento sobre un carril horizontal actúa una fuerza de módulo F, también horizontal. Del centro de gravedad del bloque se suspende, mediante una varilla de longitud L y masa despreciable, una bola de masa m cuyas dimensiones son insignificantes respecto a la longitud de la varilla. La varilla permanece durante el movimiento en un plano vertical que contiene al carril. Determinar:

a) Lagrangiana del sistema.

b) Fuerzas generalizadas.

c) Ecuaciones diferenciales del movimiento.

15.3 Una varilla AB, de peso despreciable, está sujeta por su extremo A a un eje vertical OA, alrededor del cual gira con velocidad angular constante ω. Sobre esta varilla se mueve, sin rozamiento, una bola de peso mg.

a) Determinar, en función del ángulo α que forma la varilla con la vertical y de la distancia r desde el punto A a la bola, la lagrangiana del sistema.

b) Por aplicación de las ecuaciones de Lagrange, obtener la ecuación diferencial del movimiento de la bola.

15.4 Un punto material de masa m se mueve sometido a la acción de una fuerza central que depende únicamente de la distancia al origen. Calcular:

a) La hamiltoniana del sistema.

b) Las ecuaciones de Hamilton para el movimiento del punto.

SOLUCIONES DE LOS EJERCICIOS

15.1

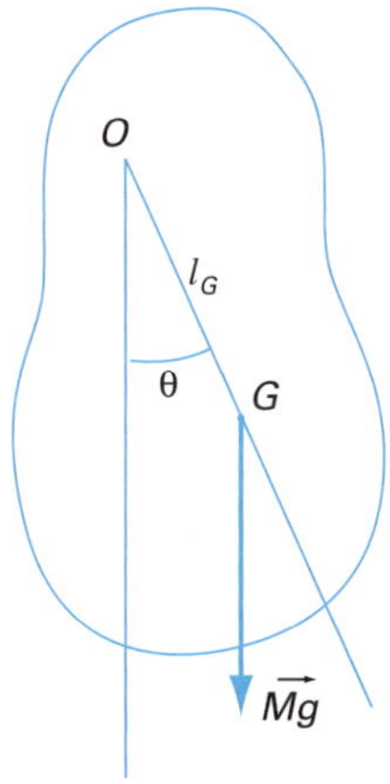

FIGURA 15.2

Ecuaciones de Lagrange:

$$\frac{d}{dt}\left(\frac{\partial L}{\partial \dot{q}_i}\right) - \frac{\partial L}{\partial q_i} = 0$$

Como el sistema es conservativo:

$$L = T - U$$

Las energías cinética y potencial son:

$$T = \frac{1}{2} I_z \omega^2; \qquad U = Mgl_G \cos \theta$$

luego la lagrangiana es

$$L = \frac{1}{2} I_z \dot{\theta}^2 - Mgl_G \cos \theta$$

El sistema tiene un solo grado de libertad y la ecuación de Lagrange, tomando como coordenada el ángulo θ, es

$$\frac{d}{dt}\left(\frac{\partial L}{\partial \dot{\theta}}\right) - \frac{\partial L}{\partial \theta} = 0$$

en donde

$$\frac{\partial L}{\partial \dot{\theta}} = \frac{1}{2} I_z 2\dot{\theta} = I_z \dot{\theta}$$

y

$$\frac{\partial L}{\partial \theta} = + Mgl_G \operatorname{sen} \theta$$

o sea

$$\frac{d}{dt}(I_z \ddot{\theta}) - Mgl_G \operatorname{sen} \theta = 0$$

y finalmente

$$\boxed{\ddot{\theta} - \frac{Mgl_G}{I_z} \operatorname{sen} \theta = 0}$$

que es la ecuación diferencial del movimiento buscada.

15.2

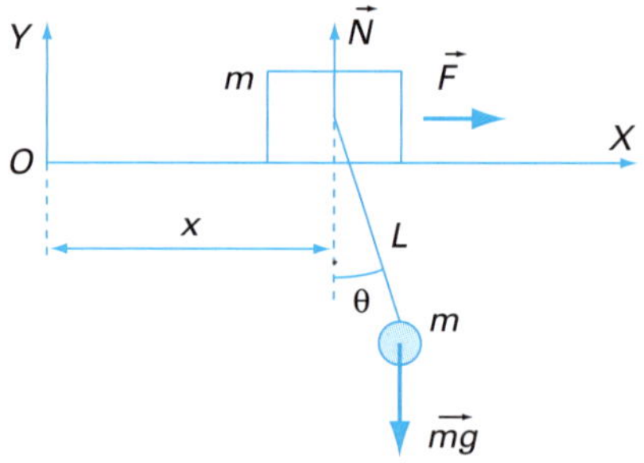

FIGURA 15.3

El sistema tiene dos grados de libertad. Se tomarán como coordenadas generalizadas: «x» y «θ».

a) Puesto que $\vec{F}$ no es conservativa, no es posible obtener la lagrangiana.

b) Las fuerzas generalizadas se definen por las expresiones:

$$\boxed{Q_j = \sum_{i=1}^{n} \vec{F}_i \cdot \frac{\partial \vec{r}_i}{\partial x_j}} \qquad j = 1, 2, \ldots n,$$

es decir

$$Q_x = \sum_{i=1}^{2} \vec{F}_i \cdot \frac{\partial \vec{r}_i}{\partial x}; \qquad Q_\theta = \sum_{i=1}^{2} \vec{F}_i \cdot \frac{\partial \vec{r}_i}{\partial \theta} \qquad [15.46]$$

Vamos a obtener las expresiones de las fuerzas que intervienen en el sistema *OXY* y sus vectores de posición (la reacción normal $\vec{N}$ no interviene por no producir trabajo al ser perpendicular al desplazamiento):

$$\vec{F}_1 = F\vec{i}; \qquad \vec{F}_2 = -mg\vec{j}$$

$$\vec{r}_1 = x\vec{i}; \qquad \vec{r}_2 = (x + L \operatorname{sen} \theta)\vec{i} - L \cos \theta \vec{j}$$

A continuación se calculan $\frac{\partial \vec{r}_i}{\partial x}$ y $\frac{\partial \vec{r}_i}{\partial \theta}$:

$$\frac{\partial \vec{r}_1}{\partial x} = \vec{i}; \quad \frac{\partial \vec{r}_1}{\partial \theta} = 0; \quad \frac{\partial \vec{r}_2}{\partial x} = \vec{i}; \quad \frac{\partial \vec{r}_2}{\partial \theta} = L \cos \theta \vec{i} + L \operatorname{sen} \theta \vec{j}$$

Por lo que sustituyendo en [15.46] las fuerzas generalizadas serán:

$$Q_x = \sum_{i=1}^{2} \vec{F}_i \cdot \frac{\partial \vec{r}_i}{\partial x} = \vec{F}_1 \cdot \frac{\partial \vec{r}_1}{\partial x} + \vec{F}_2 \cdot \frac{\partial \vec{r}_2}{\partial x} = F$$

$$Q_\theta = \sum_{i=1}^{2} \vec{F}_i \cdot \frac{\partial \vec{r}_i}{\partial \theta} = \vec{F}_1 \cdot \frac{\partial \vec{r}_1}{\partial \theta} + \vec{F}_2 \cdot \frac{\partial \vec{r}_2}{\partial \theta} =$$

$$= -mg\vec{j} \cdot (L \cos \theta \vec{i} + L \operatorname{sen} \theta \vec{j}) = -mg\, L \operatorname{sen} \theta$$

c) Las ecuaciones de Lagrange para sistemas holónomos no conservativos son:

$$\frac{d}{dt}\left(\frac{\partial T}{\partial \dot{q}_j}\right) - \frac{\partial T}{\partial q_j} = Q_j$$

en este caso:

$$\frac{d}{dt}\left(\frac{\partial T}{\partial \dot{x}}\right) - \frac{\partial T}{\partial x} = Q_x \qquad \frac{d}{dt}\left(\frac{\partial T}{\partial \dot{\theta}}\right) - \frac{\partial T}{\partial \theta} = Q_\theta \quad [15.47]$$

La energía cinética T del sistema será:

$$T = T_{\text{bloque}} + T_{\text{bola}} = \frac{1}{2}m\dot{x}^2 + \frac{1}{2}m\,(\dot{x}_b^2 + \dot{y}_b^2)$$

en donde

$$x_b = x + L \operatorname{sen}\theta; \quad y_b = -L\cos\theta;$$
$$\dot{x}_b = \dot{x} + L\cos\theta\,\dot{\theta}; \quad \dot{y}_b = L\operatorname{sen}\theta\,\dot{\theta}$$

Por lo que sustituyendo resulta:

$$T = \frac{1}{2}m\dot{x}^2 + \frac{1}{2}m\,(\dot{x}^2 + 2\dot{x}\,L\cos\theta\,\dot{\theta} + L^2\cos^2\theta\,\dot{\theta}^2 +$$
$$+ L^2\operatorname{sen}^2\theta\,\dot{\theta}^2) = \frac{1}{2}m\dot{x}^2 + \frac{1}{2}m(\dot{x}^2 + 2\dot{x}\,L\cos\theta\,\dot{\theta} + L^2\,\dot{\theta}^2)$$

o sea

$$\boxed{T = m\dot{x}^2 + m\dot{x}\,L\cos\theta\,\dot{\theta} + \frac{1}{2}m\,L^2\,\dot{\theta}^2}$$

Por tanto:

$$\frac{\partial T}{\partial x} = 0; \qquad \frac{\partial T}{\partial \theta} = -m\dot{x}\,L\operatorname{sen}\theta\,\dot{\theta}$$

$$\frac{\partial T}{\partial \dot{x}} = 2m\dot{x} + mL\cos\theta\,\dot{\theta}; \qquad \frac{\partial T}{\partial \dot{\theta}} = m\dot{x}L\cos\theta + mL^2\dot{\theta}$$

Sustituyendo en [15.47] queda:

$$\frac{d}{dt}\,(2m\dot{x} + mL\cos\theta\,\dot{\theta}) = F$$

$$\frac{d}{dt}(m\dot{x}L\cos\theta + mL^2\dot{\theta}) + m\dot{x}L\,\text{sen}\,\theta\,\dot{\theta} = -mgL\,\text{sen}\,\theta$$

y derivando y agrupando se obtienen las ecuaciones diferenciales del movimiento pedidas:

$$\boxed{\begin{aligned} 2\,m\ddot{x} + m\,L\cos\theta\,\ddot{\theta} - m\,L\,\text{sen}\,\theta\,\dot{\theta}^2 &= F \\ L\ddot{\theta} + \cos\theta\,\ddot{x} + g\,\text{sen}\,\theta &= 0 \end{aligned}}$$

15.3 La velocidad de la bola tiene tres componentes

$$\vec{v}_{\text{bolita}} = \vec{v}_r + \vec{v}_\theta + \vec{v}_\alpha$$

puesto que el sistema es conservativo la lagrangiana es

$$L = T - U$$

en donde

$$T = \frac{1}{2}m(\dot{r}^2 + r^2\dot{\theta}^2\,\text{sen}^2\,\alpha + r^2\dot{\alpha}^2)$$

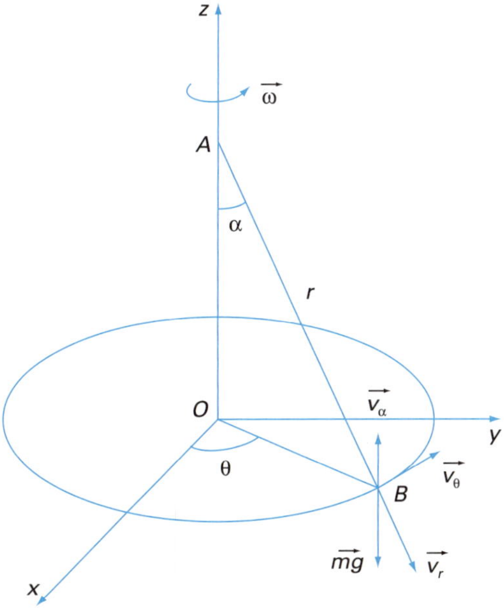

FIGURA 15.4

y

$$U = mgr\,(1 - \cos\alpha)$$

a) La lagrangiana será

$$L = T - U = \frac{1}{2}m(\dot{r}^2 + r^2\omega^2 \operatorname{sen}^2\alpha + r^2\dot{\alpha}^2) - mgr\,(1 - \cos\alpha)$$

b) Las ecuaciones del movimiento se obtienen a partir de las ecuaciones de Lagrange

$$\frac{d}{dt}\left(\frac{\partial L}{\partial \dot{q}_k}\right) - \frac{\partial L}{\partial q_k} = 0$$

Puesto que

$$\frac{\partial L}{\partial \dot{r}} = m\dot{r}; \qquad \frac{\partial L}{\partial r} = m\omega^2 r \operatorname{sen}\alpha + mr\dot{\alpha}^2 - mg\,(1 - \cos\alpha)$$

$$\frac{\partial L}{\partial \dot{\alpha}} = r^2\dot{\alpha}; \qquad \frac{\partial L}{\partial \alpha} = mr^2\omega^2 \operatorname{sen}\alpha\cos\alpha - mgr \operatorname{sen}\alpha$$

sustituyendo quedan como ecuaciones del movimiento:

$$\ddot{r} - \omega^2 r \operatorname{sen}^2\alpha - r\dot{\alpha}^2 + g\cos\alpha = 0$$

$$r^2\ddot{\alpha} - r^2\omega^2 \operatorname{sen}\alpha\cos\alpha + gr \operatorname{sen}\alpha = 0$$

15.4 a) El sistema es conservativo y, por tratarse de una fuerza central, se cumple la ley de las áreas y la trayectoria es plana. Se tomará, por tanto, un sistema de coordenadas polares planas.

La energía cinética del punto material es:

$$T = \frac{1}{2}m(\dot{r}^2 + r^2\dot{\theta}^2)$$

y la fuerza central central deriva de un potencial $U(r)$ por lo que la lagrangiana es:

$$L = T - U = \frac{1}{2}m(\dot{r}^2 + r^2\dot{\theta}^2) - U(r)$$

Si se adoptan como coordenadas generalizadas las coordenadas r y θ, los momentos canónicos conjugados serán

$$p_r = \frac{\partial L}{\partial \dot{r}} = m\dot{r}; \qquad p_\theta = \frac{\partial L}{\partial \dot{\theta}} = mr^2\,\dot{\theta}$$

por lo que

$$\dot{r} = \frac{p_r}{m}; \qquad \dot{\theta} = \frac{p_\theta}{mr^2}$$

La hamiltoniana será:

$$H = \sum_{i=1}^{n} p_i\dot{q}_i - L = p_r\dot{r} + p_\theta\dot{\theta} - \left[\frac{1}{2}m(\dot{r}^2 + r^2\dot{\theta}^2) - U(r)\right] =$$

$$= p_r\left(\frac{p_r}{m}\right) + p_\theta\left(\frac{p_\theta}{mr^2}\right) - \left[\frac{1}{2}m\left(\frac{p_r^2}{m^2} + r^2\frac{p_\theta^2}{m^2r^4}\right) - U(r)\right] =$$

$$= \frac{p_r^2}{2m} + \frac{p_0^2}{2mr^2} + U(r)$$

b) Las ecuaciones deHamilton son

$$\dot{q}_i = \frac{\partial H}{\partial p_i} \qquad\qquad (i = 1, 2)$$

$$\dot{p}_i = -\frac{\partial H}{\partial q_i}$$

Luego

$$\dot{r} = \frac{\partial H}{\partial p_r} = \frac{p_r}{m}; \qquad \dot{\theta} = \frac{\partial H}{\partial p_\theta} = \frac{p_\theta}{mr^2}$$

y

$$\dot{p}_i = -\frac{\partial H}{\partial r} = \frac{p_\theta^2}{mr^3} - U(r), \qquad \dot{p}_\theta = -\frac{\partial H}{\partial \theta} = 0$$

Es decir, las $2n$ ecuaciones de Hamilton serán en este caso las siguientes cuatro ecuaciones:

$$\dot{r} = \frac{p_r}{m}$$

$$\dot{\theta} = \frac{p_\theta}{mr^2}$$

$$\dot{p}_r = \frac{p_\theta^2}{mr^3} - U(r)$$

$$\dot{p}_\theta = 0$$

Capítulo 16

VIBRACIONES

OBJETIVOS

1. *Definir el concepto de vibración.*
2. *Estudiar la estabilidad del equilibrio.*
3. *Obtener las expresiones de la energía cinética y de la energía potencial para pequeñas vibraciones alrededor de la posición de equilibrio estable.*
4. *Obtener las ecuaciones diferenciales del movimiento para pequeñas vibraciones alrededor de la posición de equilibrio estable.*
5. *Obtener los modos normales.*
6. *Estudiar las vibraciones en sistemas con un grado de libertad libres, amortiguadas y forzadas.*
7. *Estudiar las vibraciones en sistemas con dos grados de libertad*
8. *Realizar el análisis armónico de una función periódica.*

ESQUEMA-RESUMEN

16.1. Introducción
— Definición de vibración
— Tipos de vibraciones

16.2. Pequeñas vibraciones alrededor de una posición de equilibrio estable
— Estabilidad del equilibrio
— Ecuaciones del movimiento
— Coordenadas normales y modos normales

16.3. Vibraciones en sistemas con un grado de libertad
— Vibraciones libres
— Vibraciones amortiguadas
— Vibraciones forzadas

16.4. Vibraciones en sistemas con dos grados de libertad

16.5. Análisis armónico

16. VIBRACIONES

16.1. INTRODUCCIÓN

Se denomina *vibración* al movimiento de un punto material, o de un sistema, alrededor de una posición de equilibrio, que se repite en todas sus características transcurrido un cierto intervalo de tiempo que se denomina *periodo*. Los movimientos vibratorios aparecen con gran frecuencia en la Naturaleza y se presentan en muy diversos campos de la física y la ingeniería. Las oscilaciones de un péndulo o de una masa suspendida de un resorte son dos ejemplos comunes de movimiento vibratorio, pero también lo son las vibraciones acústicas, los circuitos eléctricos oscilantes o las ondas electromagnéticas luminosas o de radio.

A veces, el movimiento no repite todas sus características alrededor de su posición de equilibrio sino que se produce de un modo irregular en forma aleatoria. Se tienen entonces las vibraciones *aleatorias*.

Se dice que el movimiento vibratorio es *armónico* cuando puede representarse mediante una función trigonométrica. Esto ocurre, en general, cuando la amplitud inicial del movimiento es pequeña. En este caso el periodo del movimiento es independiente de la amplitud. Cuando las amplitudes iniciales del movimiento son muy grandes, las vibraciones se caracterizan porque el periodo depende de la amplitud y no pueden representarse mediante funciones armónicas. Este tipo de vibraciones se denominan *anarmónicas*. Como se verá más adelante, el teorema de Fourier permite expresar cualquier movimiento periódico mediante una superposición de movimientos armónicos cuyas frecuencias son múltiplos de la fundamental.

Las características esenciales de un movimiento vibratorio son su periodo T, o su frecuencia $f = 1/T$, y su *amplitud*, A, que es la máxima separación de la posición de equilibrio.

16.2. PEQUEÑAS VIBRACIONES ALREDEDOR DE UNA POSICIÓN DE EQUILIBRIO ESTABLE

En este apartado se va a estudiar el movimiento de un sistema cuando su configuración es muy próxima a la de equilibrio estable.

16.2.1. Estabilidad del equilibrio

Ya se discutió en el capítulo 4, dedicado a la estática, la estabilidad del equilibrio de un punto. Se estudiará a continuación dicha cuestión de modo general. Se dice que un sistema es estable cuando apartándolo muy poco, de modo arbitrario, de su posición de equilibrio y proporcionando a sus diferentes elementos velocidades muy pequeñas, se obtiene un movimiento en el que el sistema se separa muy poco de esa posición de equilibrio.

Considérese un sistema holónomo, con vínculos lisos e independientes del tiempo, sobre el que actúa un sistema de fuerzas generalizadas que derivan del potencial $U(q_1, q_2, \ldots, q_n)$. El teorema de **Lejeune-Dirichlet** establece que *una posición de equilibrio del sistema es estable si la función potencial U es mínima en esa posición*.

Supóngase que las coordenadas generalizadas del sistema, $q_1, q_2, \ldots, q_n$, se anulan en la posición de equilibrio en la que supondremos que U también se anula, lo que siempre es posible puesto que sus distintos valores solo se diferencian en una constante aditiva. Sean $q_{10}, q_{20}, \ldots, q_{n0}$ los valores iniciales de las coordenadas generalizadas y $\dot{q}_{10}, \dot{q}_{20}, \ldots, \dot{q}_{n0}$ los de las velocidades generalizadas que, de acuerdo con las condiciones establecidas, serán muy pequeños. Para demostrar el teorema, se calcularán en primer lugar los valores de la energía cinética y de la energía potencial del sistema en esas condiciones. Se tiene:

$$T = T(q_{10}, q_{20}, \ldots, q_{n0}, \dot{q}_{10}, \dot{q}_{20}, \ldots, \dot{q}_{n0})$$
$$U = U(q_{10}, q_{20}, \ldots, q_{n0})$$

Aplicando el teorema de conservación de la energía a este movimiento resulta:

$$T(q_1, q_2, \ldots, q_n, \dot{q}_1, \dot{q}_2, \ldots, \dot{q}_n) + U(q_1, q_2, \ldots, q_n) =$$
$$= T(q_{10}, q_{20}, \ldots, q_{n0}, \dot{q}_{10}, \dot{q}_{20}, \ldots, \dot{q}_{n0}) + U(q_{10}, q_{20}, \ldots, q_{n0})$$

de donde

$$T(q_1, q_2, \dots, q_n, \dot{q}_1, \dot{q}_2, \dots, \dot{q}_n) =$$
$$= T(q_{10}, q_{20}, \dots, q_{n0}, \dot{q}_{10}, \dot{q}_{20}, \dots, \dot{q}_{n0}) + U(q_{10}, q_{20}, \dots, q_{n0}) - U(q_1, q_2, \dots, q_n)$$

Puesto que $U(q_1, q_2, \dots, q_n)$, por hipótesis, es mínima, y, en particular, nula en el punto $q_1 = q_2 = \dots = q_n = 0$, se puede determinar en el espacio n dimensional de configuración una esfera de radio r tal que

$$q_1^2 + q_2^2 + \dots + q_n^2 = r^2$$

verificándose que en todos sus puntos $U(q_1, q_2, \dots, q_n) > 0$, excepto en el centro. Sea k el menor valor que toma la función U sobre la superficie de la esfera. Si se toma la posición inicial $q_{10}, q_{20}, \dots, q_{n0}$ suficientemente próxima al centro de la esfera y las velocidades generalizadas $\dot{q}_{10}, \dot{q}_{20}, \dots, \dot{q}_{n0}$ suficientemente pequeñas para que

$$T(q_{10}, q_{20}, \dots, q_{n0}, \dot{q}_{10}, \dot{q}_{20}, \dots, \dot{q}_{n0}) + U(q_{10}, q_{20}, \dots, q_{n0}) < k \qquad [16.1]$$

el punto de coordenadas $q_1, q_2, \dots, q_n$ permanecerá durante todo el movimiento en el interior de la esfera de radio r. En efecto, supongamos que no fuera así y que en un cierto instante el punto $q_1, q_2, \dots, q_n$ estuviese sobre la superficie de la esfera. En ese instante

$$U(q_1, q_2, \dots, q_n) \geq k \qquad [16.2]$$

y por tanto, teniendo en cuenta las ecuaciones [16.1] y [16.2], se tiene

$$T(q_1, q_2, \dots, q_n, \dot{q}_1, \dot{q}_2, \dots, \dot{q}_n) =$$
$$= [T(q_{10}, q_{20}, \dots, q_{n0}, \dot{q}_{10}, \dot{q}_{20}, \dots, \dot{q}_{n0}) + U(q_{10}, q_{20}, \dots, q_{n0})] - U(q_1, q_2, \dots, q_n) =$$
$$= [< k] - [\geq k] \leq 0$$

es decir, que la energía cinética sería negativa, lo que es imposible, por lo queda demostrado el teorema.

16.2.2. Ecuaciones del movimiento de las pequeñas vibraciones alrededor de la posición de equilibrio estable

Se supondrá que el sistema se encuentra en una posición en la que U es mínima y que se verifican todas las condiciones establecidas en el apartado anterior. Supóngase, igualmente, que el sistema se desplaza ligeramente de la posición de equilibrio de modo que las velocidades generalizadas iniciales sean muy pequeñas y que se abandona a continuación. El sistema adquiere un movimiento en el que las coordenadas y las velocidades generalizadas permanecen muy pequeñas por lo que se podrán considerar como infinitésimos de primer orden. Puesto que los enlaces son esclerónomos, la energía cinética es una función cuadrática de las velocidades generalizadas y se puede escribir en la forma:

$$T = \frac{1}{2}\sum_{i=1}^{n}\sum_{j=1}^{n} a_{ij}\dot{q}_i\dot{q}_j \qquad [16.3]$$

en donde los coeficientes $a_{ij} = a_{ji}$ son función de las coordenadas generalizadas q_i. Dado que durante el movimiento las coordenadas generalizadas varían muy poco, se puede suponer que los coeficientes a_{ij} permanecen constantes puesto que en el desarrollo en serie de McLaurin de $a_{ij} = a_{ij}(q_1, q_2, \ldots, q_n)$ sólo se conserva el primer término ya que, en virtud de las hipótesis anteriores, los demás son infinitésimos de orden superior respecto a él. En efecto:

$$a_{ij} = a_{ij}(0) + \sum_{i=1}^{n}\left(\frac{\partial a_{ij}}{\partial q_k}\right)_0 q_k + \frac{1}{2!}\sum_{k,m}\left(\frac{\partial^2 a_{ij}}{\partial q_k \partial q_m}\right)_0 q_k q_m + \ldots$$

expresión que sustituida en [16.3] y eliminando infinitésimos superiores da

$$T_r = \frac{1}{2}\sum_{i=1}^{n}\sum_{j=1}^{n} a_{ij}\dot{q}_i\dot{q}_j \qquad [16.4]$$

que recibe el nombre de forma reducida de la energía cinética y en donde $a_{ij} = a_{ji}(0)$.

De acuerdo con el teorema de Lejeune-Dirichlet y las hipótesis antes establecidas, se tiene

$$\left(\frac{\partial U}{\partial q_i}\right) = 0$$
$$U(0) = 0 \qquad [16.5]$$

para $i = 1, 2, \ldots, n$. Procediendo de modo análogo al caso anterior se tiene:

$$U(q_i) = U(0) + \sum_{i=1}^{n}\left(\frac{\partial U}{\partial q_i}\right)_0 q_i + \frac{1}{2!}\sum_{j,k}\left(\frac{\partial^2 U}{\partial q_j \partial q_k}\right)_0 q_j q_k + \ldots$$

y teniendo en cuenta las ecuaciones [16.5] se puede escribir

$$U_r = \frac{1}{2}\sum_{i=1}^{n}\sum_{j=1}^{n} b_{ij}q_iq_j \qquad [16.6]$$

que es la forma reducida de la energía potencial, en donde $b_{ij} = b_{ji}$ es también un coeficiente constante y simétrico en virtud del teorema de Schwartz.

Se observa que ambas expresiones [16.4] y [16.6] son formas cuadráticas definidas positivas.

Para obtener las ecuaciones del movimiento aplicaremos las ecuaciones de Lagrange

$$\frac{d}{dt}\left(\frac{\partial L}{\partial \dot{q}_i}\right) - \frac{\partial L}{\partial q_i} = 0 \qquad (i = 1, 2, ..., n) \qquad [16.7]$$

La lagrangiana del sistema será:

$$L = T - U = \frac{1}{2}\sum_{i=1}^{n}\sum_{j=1}^{n} a_{ij}\dot{q}_i\dot{q}_j - \frac{1}{2}\sum_{i=1}^{n}\sum_{j=1}^{n} b_{ij}q_iq_j$$

y de aquí

$$\frac{\partial L}{\partial \dot{q}_\alpha} = \frac{1}{2}\sum_{j=1}^{n} a_{\alpha j}\dot{q}_j + \frac{1}{2}\sum_{i=1}^{n} a_{\alpha i}\dot{q}_i = \sum_{i=1}^{n} a_{\alpha i}\dot{q}_i = a_{\alpha 1}\dot{q}_1 + a_{\alpha 2}\dot{q}_2 + ... + a_{\alpha n}\dot{q}_n$$

y análogamente:

$$\frac{\partial L}{\partial q_\alpha} = -\sum_{i=1}^{n} b_{\alpha i}q_i = -b_{\alpha 1}q_1 - b_{\alpha 2}q_2 - ... - b_{\alpha n}q_n$$

Sustituyendo en [16.7]:

$$\sum_{i=1}^{n} a_{\alpha i}\ddot{q}_i + \sum_{i=1}^{n} b_{\alpha i}q_i = 0 \qquad (i = 1, 2, ..., n)$$

que es un sistema de n ecuaciones diferenciales lineales de segundo orden de coeficientes constantes. Escribiendo la expresión anterior en forma matricial, resulta

$$[a]\{\ddot{q}\} + [b]\{q\} = \{0\} \qquad [16.8]$$

Para resolver el sistema de ecuaciones diferenciales [16.8] se ensayan soluciones de la forma

$$q_j = c_j \cos(\omega t + \varphi) \qquad [16.9]$$

y como

$$\ddot{q}_j = -\omega^2 c_j \cos(\omega t + \varphi)$$

sustituyendo en [16.8] queda

$$[a]\{-c\omega^2 \cos(\omega t + \varphi)\} + [b]\{c \cos(\omega t + \varphi)\} = \{0\}$$

o sea

$$[b - a\omega^2]\{c\} = \{0\} \qquad [16.10]$$

Para que este sistema de n ecuaciones lineales homogéneas tenga solución, distinta de la trivial $c_i = 0$ (reposo), es preciso que el determinante de los coeficientes sea nulo. Es decir:

$$\det |b_{ij} - a_{ij}\omega^2| = 0 \qquad [16.11]$$

Esta es la denominada *ecuación característica*, y es una ecuación algebraica de grado n en ω^2 por lo que, en general, tendrá n raíces para ω^2 y $2n$ soluciones para ω, iguales dos a dos y de signo contrario. Los valores de ω_k así definidos se denominan *frecuencias propias* del sistema. Por consideraciones físicas resulta inmediato que los valores de ω^2 han de ser reales y positivos, lo que equivale a decir que los valores de ω son todos reales. En efecto, si ω tuviera una parte imaginaria las soluciones [16.9] tendrían un factor exponencial creciente o decreciente, y lo mismo ocurriría con las velocidades, esto daría lugar a una variación con el tiempo de la energía total del sistema que no se conservaría, lo que es físicamente inadmisible. Podemos considerar, por tanto, únicamente los n valores positivos de ω. A cada valor positivo ω_k que satisface la ecuación [16.11] le corresponderá, de acuerdo con la [16.10], un conjunto de valores $c_{k1}, c_{k2}, \ldots, c_{kn}$ de las constantes $c_1, c_2, \ldots, c_n$ que dependen de una constante arbitraria λ_k. Es decir:

$$c_{k1} = C_{k1}\lambda_k, \quad c_{k2} = C_{k2}\lambda_k \ldots, \quad c_{kn} = C_{kn}\lambda_k \qquad [16.12]$$

en donde $C_{k1}, C_{k2}, \ldots, C_{kn}$ son funciones de $a_{11}, b_{11}, a_{12}, b_{12}, \ldots, \omega_k$ que pueden determinarse aplicando la teoría de las ecuaciones lineales homogéneas.

Introduciendo los valores [16.12] en las expresiones de las soluciones ensayadas [16.9] resulta

$$q_1 = C_{k1}\lambda_k \cos(\omega_k t + \varphi_k)$$
$$q_2 = C_{k2}\lambda_k \cos(\omega_k t + \varphi_k)$$
$$\dots$$
$$q_n = C_{kn}\lambda_k \cos(\omega_k t + \varphi_k)$$

Y puesto que se trata de un sistema de ecuaciones diferenciales lineales, la solución general del sistema será la suma de n soluciones particulares

$$q_1 = \sum_{k=1}^{n} C_{k1}\lambda_k e^{-i\omega_k t}$$
$$q_2 = \sum_{k=1}^{n} C_{k2}\lambda_k e^{-i\omega_k t}$$
$$\dots$$
$$q_n = \sum_{k=1}^{n} C_{kn}\lambda_k e^{-i\omega_k t}$$

en donde las constantes λ_k se determinan a partir de las condiciones iniciales del movimiento. Se observa que la vibración general del sistema alrededor de la posición de equilibrio estable es la superposición de n vibraciones parciales cuyas frecuencias respectivas son $\omega_1, \omega_2, \dots, \omega_n$.

Otro procedimiento de estudiar las pequeñas vibraciones del sistema es el siguiente. Puesto que la matriz $[a]$ no es degenerada, ya que da origen a una forma definida positiva, se puede multiplicar en [16.8] a la izquierda por su inversa y queda

$$[a]^{-1}[a]\{\ddot{q}\} + [a]^{-1}[b]\{q\} = \{0\}$$

y haciendo

$$[k] = [a]^{-1}[b]$$

resulta

$$\{\ddot{q}\} + [k]\{q\} = \{0\} \qquad [16.13]$$

en donde $[k]$ es también definida positiva.

Ensayando soluciones de la forma

$$q_j = c_j \cos(\omega t + \varphi)$$

se tiene

$$\{-c\omega^2\} + [k]\{c\} = \{0\}$$

o sea

$$[k - \omega^2]\{c\} = \{0\} \qquad [16.14]$$

en donde el vector $\{c\}$ es el vector amplitud.

Recordando que los valores propios α_n de la matriz $[k]$ son las raíces de la ecuación secular

$$\det |k_{ij} - \alpha\delta_{ij}| = 0$$

resulta que ω^2 es un valor propio de la matriz $[k]$ y $\{c\}$ es el vector propio correspondiente a dicho valor. Multiplicando la expresión anterior por $|a_{ij}|$ resulta:

$$\det |b_{ij} - \omega^2 a_{ij}| = 0$$

que es la misma ecuación [16.11] y que se conoce también con el nombre de *ecuación de la frecuencia*.

Puede plantearse la cuestión de si es posible encontrar un conjunto de coordenadas generalizadas de modo tal que cada una de ellas realice una vibración armónica. En efecto, si se eligen unas nuevas coordenadas lagrangianas Q_i relacionadas con las q_i mediante una transformación lineal

$$\{q\} = [A]\{Q\}$$

tal que las coordenadas Q_i definen una base ortonormal en el espacio de configuración, las expresiones de la energía cinética y potencial se reducen a

$$T = \frac{1}{2}\sum_{i=1}^{n} \dot{Q}_i^2$$

y

$$U = \frac{1}{2}\sum_{i=1}^{n} \omega_i^2 Q_i^2$$

ya que las matrices [a] y [b] toman forma diagonal. Las ecuaciones de Lagrange del movimiento son:

$$\frac{d}{dt}\left(\frac{\partial L}{\partial \dot{Q}_i}\right) - \frac{\partial L}{\partial Q_i} = 0 \qquad (i = 1, 2, ..., n) \qquad [16.15]$$

siendo la lagrangiana

$$L = T - U = \frac{1}{2}\sum_{i=1}^{n} \dot{Q}_i^2 - \frac{1}{2}\sum_{i=1}^{n} \omega_i^2 Q_i^2$$

de donde

$$\frac{\partial L}{\partial \dot{Q}_i} = \dot{Q}_i \quad \text{y} \quad \frac{\partial L}{\partial Q_i} = -\omega_i^2 Q_i$$

y sustituyendo en [16.15] queda

$$\ddot{Q}_i + \omega_i^2 Q_i = 0 \qquad (i = 1, 2, ..., n)$$

que es un sistema de n ecuaciones diferenciales lineales de coeficientes constantes, de variables separadas, cuya solución general es

$$Q_1 = A_1 \cos(\omega_1 t + \varphi_1)$$
$$Q_2 = A_2 \cos(\omega_2 t + \varphi_2)$$
$$\cdots$$
$$Q_n = A_n \cos(\omega_n t + \varphi_n)$$

siendo A_i y φ_i $2n$ constantes de integración que se determinan a partir de las condiciones iniciales del movimiento. Es decir, la solución del problema es un conjunto de vibraciones armónicas independientes cada una de las cuales se asocia a una frecuencia natural del sistema. A las coordenadas Q_i se les denomina *coordenadas normales*.

16.3. VIBRACIONES EN SISTEMAS CON UN GRADO DE LIBERTAD

Los sistemas con un solo grado de libertad son aquellos cuya configuración puede definirse mediante una única coordenada. Estos sistemas constituyen una buena introducción para el análisis de las vibraciones mecánicas y, con frecuencia, pueden utilizarse como una primera aproximación de una estructura real. Asimismo su análisis ayuda a comprender mejor el comportamiento de sistemas más complejos con un mayor número de grados de libertad.

16.3.1. Vibraciones libres

Comenzaremos por el caso más sencillo de un sistema mecánico constituido por una masa m sujeta a un resorte elástico de constante k. La posición de la masa m puede conocerse en todo instante mediante una sola coordenada x. No existe ninguna fuerza exterior que actúe sobre el sistema ni resistencias pasivas de ningún tipo que pudieran producir amortiguamiento. El movimiento de un sistema de estas características se conoce con el nombre de *vibración libre*.

Si x_0 es la posición de equilibrio del resorte, la fuerza ejercida cuando se separa de esta posición una distancia x, será:

$$\vec{F} = -kx\,\vec{i}$$

y aplicando la ecuación fundamental de la dinámica:

$$\vec{F} = m\vec{a}$$

se tiene

$$m\ddot{x} = -kx$$

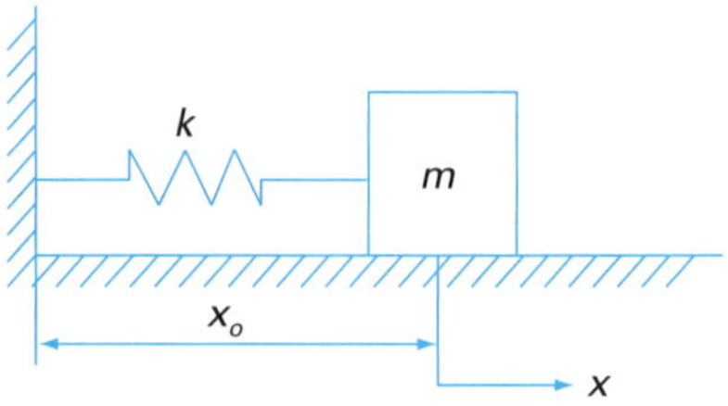

FIGURA 16.1

o sea

$$\ddot{x} + \frac{k}{m}x = 0 \qquad [16.16]$$

que es la ecuación diferencial del movimiento. Esta ecuación es una ecuación diferencial lineal homogénea de segundo orden con coeficientes constantes. Para obtener la solución se forma la ecuación característica

$$r^2 + \frac{k}{m} = 0$$

cuyas raíces son

$$r_1 = i\sqrt{\frac{k}{m}} \quad \text{y} \quad r_2 = -i\sqrt{\frac{k}{m}}$$

por lo que la solución es de la forma

$$x = C_1 e^{i\sqrt{\frac{k}{m}}t} + C_2 e^{-i\sqrt{\frac{k}{m}}t}$$

y haciendo

$$\omega^2 = \sqrt{\frac{k}{m}}$$

se puede escribir como

$$x = C_1 e^{i\omega t} + C_2 e^{-i\omega t}$$

Recordando la relación de Euler

$$e^{i\theta} = \cos\theta + i \operatorname{sen}\theta$$

resulta

$$x = C_1 (\cos\omega t + i \operatorname{sen}\omega t) + C_2 (\cos\omega t - i \operatorname{sen}\omega t) =$$
$$= (C_1 - C_2)\, i \operatorname{sen}\omega t + (C_1 + C_2)\cos\omega t = A \operatorname{sen}\omega t + B\cos\omega t$$

o sea

$$x = A \operatorname{sen}\omega t + B\cos\omega t \qquad [16.17]$$

y las constantes A y B se determinan a partir de las condiciones iniciales del movimiento.

Haciendo

$$A = C \cos \varphi$$

$$B = C \operatorname{sen} \varphi$$

siendo C y φ dos nuevas constantes arbitrarias, la expresión anterior se puede escribir también en la forma

$$x = C \cos \varphi \operatorname{sen} \omega t + C \operatorname{sen} \varphi \cos \omega t =$$

$$= C (\cos \varphi \operatorname{sen} \omega t + \operatorname{sen} \varphi \cos \omega t) = C \operatorname{sen} (\omega t + \varphi)$$

o sea

$$x = C \operatorname{sen} (\omega t + \varphi) \qquad [16.18]$$

en donde

$$C = \sqrt{A^2 + B^2}$$

$$\tan \varphi = \frac{B}{A} \qquad [16.19]$$

siendo C la amplitud del movimiento y el ángulo φ el *ángulo de fase* o, simplemente, la *fase* del movimiento.

Las constantes A y B o C y φ se pueden determinar fácilmente a partir de las condiciones iniciales del movimiento que, en general, serán la velocidad y posición de la masa en el instante inicial $t = 0$. Es decir:

$$t = 0; \quad x(0) = x_0; \quad \dot{x}(0) = \dot{x}_0$$

Sustituyendo en la ecuación [16.17] y en su derivada respecto al tiempo, se tiene

$$A = \frac{\dot{x}_0}{\omega}$$

$$B = x_0$$

y sustituyendo en las [16.19] resulta:

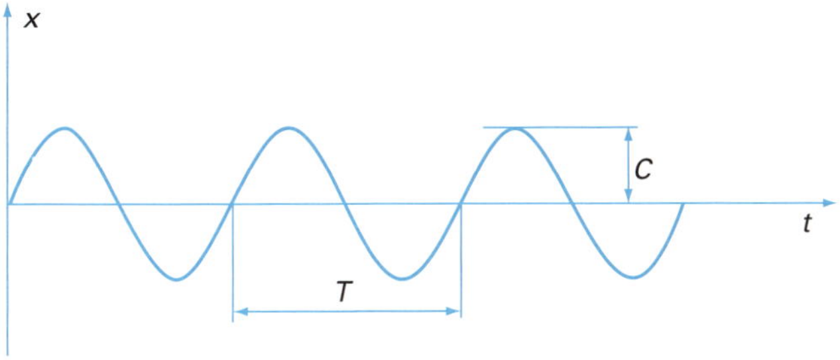

FIGURA 16.2

$$C = \sqrt{\left(\frac{\dot{x}_0}{\omega}\right)^2 + x_0^2}$$

$$\tan \varphi = \frac{x_0 \omega}{\dot{x}_0}$$

El movimiento descrito por las ecuaciones [16.17] y [16.18] se denomina *armónico* y su representación gráfica puede verse en la figura 16.2. El movimiento se repite cada ciclo verificándose $\omega t = 2\pi$. Se denomina periodo, T, al tiempo empleado en completar un ciclo y será:

$$T = \frac{2\pi}{\omega}$$

La inversa del periodo se denomina *frecuencia* y representa el número de ciclos por unidad de tiempo:

$$f = \frac{\omega}{2\pi}$$

o bien

$$\omega = 2\pi f$$

denominándose a ω *frecuencia angular* y se mide en radianes por segundo. En un sistema como el descrito la frecuencia ω (o la f) recibe el nombre de frecuencia natural del sistema.

Finalmente, el ángulo de fase indica cuanto se ha desplazado cada una de las curvas que representan el desplazamiento, la velocidad o la aceleración a lo largo del eje horizontal, es decir,

$$\omega\, t_0 + \varphi = 0$$

$$t_0 = -\frac{\varphi}{\omega}$$

16.3.2. Vibraciones amortiguadas

En una vibración ideal, no amortiguada, como la estudiada en el apartado anterior el movimiento oscilatorio permanecería indefinidamente. La experiencia demuestra, sin embargo, que todas las vibraciones reales acaban por desaparecer al cabo de un tiempo. Esto se debe a la presencia de fuerzas disipativas, de tipo viscoso, que producen un amortiguamiento de la vibración. Las fuerzas viscosas suelen ser proporcionales a alguna potencia de la velocidad y es bastante común suponerlas proporcionales a la primera potencia de la velocidad ya que así se representa con bastante exactitud el comportamiento de un amortiguador de aceite.

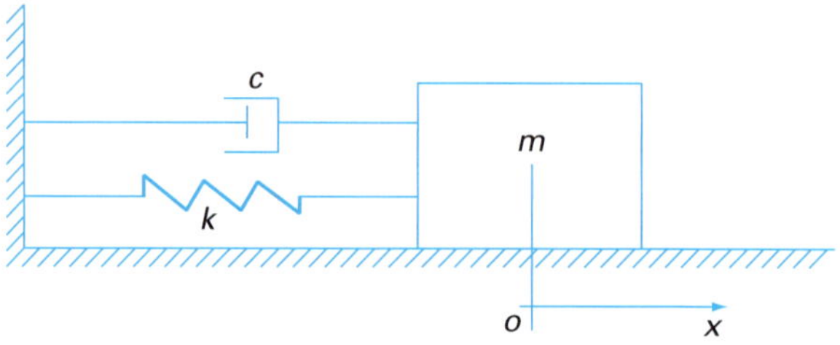

FIGURA 16.3

Consideremos nuevamente el sistema anterior de un solo grado de libertad constituido por una masa m y un resorte elástico de constante k, al que se ha añadido un amortiguador cuya *constante de amortiguamiento* es c (fig. 16.3.) La fuerza amortiguadora será:

$$\vec{F} = -c\dot{x}\vec{i}$$

y la fuerza total que actúa sobre la masa será:

$$\vec{F} = -kx\vec{i} - c\dot{x}\vec{i}$$

por lo que la ecuación diferencial del movimiento es

$$m\ddot{x} + c\dot{x} + kx = 0$$

o sea

$$\ddot{x} + \frac{c}{m}\dot{x} + \frac{k}{m}x = 0$$

que es una ecuación diferencial lineal homogénea de segundo orden. Para hallar la solución se forma la ecuación característica

$$r^2 + \frac{c}{m}r + \frac{k}{m} = 0$$

cuyas raíces son

$$r_{1,2} = -\frac{\frac{c}{m}}{2} \pm \frac{\sqrt{\left(\frac{c}{m}\right)^2 - 4\frac{k}{m}}}{2} = -\frac{c}{2m} \pm \sqrt{\left(\frac{c}{2m}\right)^2 - \frac{k}{m}} \qquad [16.20]$$

por lo que la solución general de la ecuación diferencial es

$$x = C_1 e^{r_1 t} + C_2 e^{r_2 t}$$

siendo C_1 y C_2 dos constantes de integración que se determinan a partir de las condiciones iniciales del movimiento. Las raíces de la ecuación característica pueden escribirse de modo que los parámetros sean más fáciles de medir, en la forma

$$\omega^2 = \frac{k}{m}$$

$$\alpha = \frac{c}{c_c}$$

en donde ω es la frecuencia angular natural del sistema y α el *factor de amortiguamiento*. El amortiguamiento crítico, c_c, es el que hace que se anule el discriminante en la expresión [16.20], es decir:

$$\left(\frac{c_c}{2m}\right)^2 - \frac{k}{m} = 0$$

de donde

$$c_c = 2\sqrt{km} = 2m\omega$$

y entonces

$$c = 2m\omega\alpha$$

y

$$\alpha = \frac{c}{2\sqrt{km}}$$

con lo que la expresión [16.20] puede escribirse en la forma

$$r_{1,2} = -\alpha\omega \pm \omega\sqrt{\alpha^2 - 1}$$

lo que expresa que el comportamiento del sistema depende exclusivamente de los dos parámetros α y ω. La forma de la solución de la ecuación diferencial del movimiento depende de los valores de α. Pueden presentarse tres casos:

PRIMER CASO: $\alpha < 1$.

En este caso la constante de amortiguamiento es menor que el amortiguamiento crítico:

$$c < c_c$$

y

$$\alpha = \frac{c}{c_c} < 1$$

La ecuación [16.20] queda en la forma

$$r_{1,2} = -\alpha\omega \pm i\omega\sqrt{1 - \alpha^2}$$

y la solución general de la ecuación diferencial del movimiento será

$$x = C_1 e^{-\alpha\omega t + i\omega\sqrt{1 - \alpha^2}t} + C_2 e^{-\alpha\omega t - i\omega\sqrt{1 - \alpha^2}t}$$

que se puede escribir en la forma

$$x = Ce^{-\alpha\omega t} \operatorname{sen}(\omega\sqrt{1 - \alpha^2}t + \varphi) = Ce^{-\alpha\omega t} \operatorname{sen}(\omega_a t + \varphi)$$

en donde

$$\omega_a = \omega\sqrt{1 - \alpha^2}$$

es la frecuencia angular del sistema amortiguado.

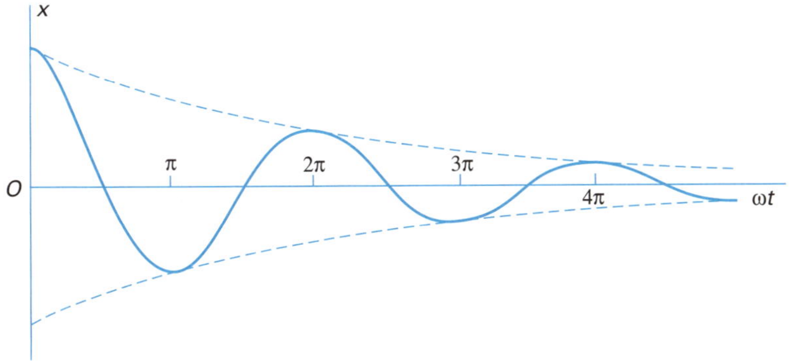

FIGURA 16.4

La solución consta de dos factores: el primero decrece exponencialmente y el segundo es una función senoidal. La combinación de ambos factores proporciona una vibración senoidal amortiguada (fig. 16.4). Se dice que el movimiento está *subamortiguado*.

El valor del factor de amortiguamiento, α, puede determinarse a partir del *decremento logarítmico*, δ, que se define como el logaritmo del cociente entre dos máximos sucesivos del movimiento. O sea:

$$\delta = \ln \frac{x_n}{x_{n+1}}$$

y que, aproximadamente, puede ponerse en la forma

$$\delta \simeq \ln \frac{e^{-\alpha\omega t_n}}{e^{-\alpha\omega(t_n+T)}}$$

ya que los puntos de contacto con la curva exponencial no coinciden exactamente con los máximos de la función $x = x(t)$.

Desarrollando esta última expresión del decremento logarítmico, resulta

$$\delta \simeq \ln \frac{e^{-\alpha\omega t_n}}{e^{-\alpha\omega(t_n+T_a)}} = \ln e^{-\alpha\omega t_n + \alpha\omega t_n + \alpha\omega T_a} = \ln e^{\alpha\omega T_a} = \alpha\omega T_a$$

siendo T_a el periodo de la vibración amortiguada. Recordando que la frecuencia de la vibración amortiguada es

$$\omega_a = \omega\sqrt{1 - \alpha^2}$$

resulta finalmente

$$\delta = \alpha\omega\frac{2\pi}{\omega_a} = \alpha\omega\frac{2\pi}{\omega\sqrt{1 - \alpha^2}} = \frac{2\pi\alpha}{\sqrt{1 - \alpha^2}}$$

que permite calcular fácilmente el factor de amortiguamiento del sistema a partir del decremento logarítmico.

SEGUNDO CASO: $\alpha = 1$.

En este caso la constante de amortiguamiento es igual al amortiguamiento crítico

$$c = c_c$$

y

$$\alpha = \frac{c}{c_c} = 1$$

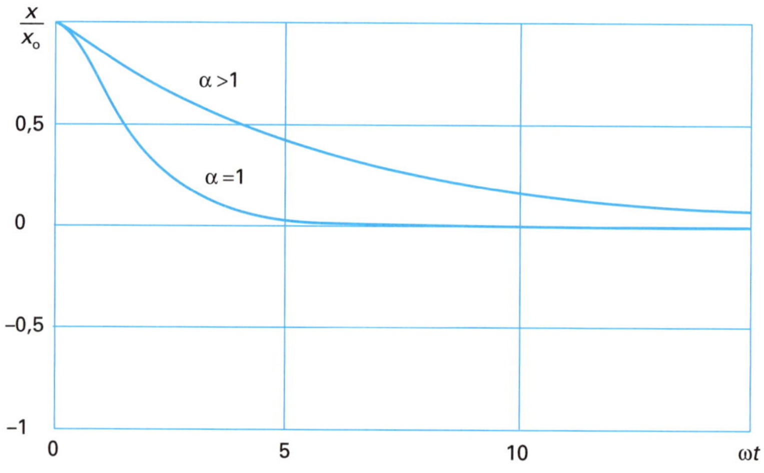

FIGURA 16.5

La ecuación característica tiene una raíz doble

$$r_{1,2} = -\omega$$

y la solución de la ecuación diferencial del movimiento es

$$x = C_1 e^{-\omega t} + C_2 t e^{-\omega t} = e^{-\omega t}(C_1 + C_2 t)$$

La respuesta es aperiódica (fig. 16.5) y el movimiento se dice que está *críticamente amortiguado*.

TERCER CASO: $\alpha > 1$.

En este caso la constante de amortiguamiento es mayor que el amortiguamiento crítico:

$$c > c_c$$

y

$$\alpha = \frac{c}{c_c} > 1$$

La ecuación [16.20] queda en la forma

$$r_{1,2} = -\alpha\omega \pm i\omega\sqrt{\alpha^2 - 1}$$

y las dos raíces son reales.

La solución de la ecuación diferencial del movimiento es la suma de dos curvas exponenciales decrecientes:

$$x = C_1 e^{-\alpha\omega t + \omega\sqrt{\alpha^2 - 1}\,t} + C_2 e^{-\alpha\omega t - \omega\sqrt{\alpha^2 - 1}\,t}$$

En este caso no hay vibración y el movimiento consiste en una vuelta a la posición de equilibrio sin rebasarla. El movimiento se denomina *sobreamortiguado*. Cuanto más grande sea el amortiguamiento, más lenta será la vuelta a la posición de equilibrio. Teóricamente dicha posición es asintótica por lo que no se alcanzaría nunca. En la práctica se alcanza tanto más rápidamente cuanto menor es el amortiguamiento, hasta alcanzar el amortiguamiento crítico (fig. 16.5).

16.3.3. Vibraciones forzadas

En este caso actúa una fuerza exterior excitadora, función del tiempo, $F(t)$ y la ecuación diferencial del movimiento es análoga a la del caso anterior sin más que añadir esta nueva fuerza. Es decir,

$$m\ddot{x} + c\dot{x} + kx = F(t) \qquad [16.21]$$

La solución general de esta ecuación diferencial lineal con segundo término se obtiene sumando a la solución de la ecuación homogénea (sin segundo término) una solución particular de la completa. La solución de la homogénea se acaba de obtener en el apartado anterior, por lo que el problema consiste en obtener una solución particular de la ecuación con segundo término.

En general, en las aplicaciones, sólo interesa el movimiento estacionario o en régimen permanente, una vez que el movimiento transitorio inicial es ya despreciable.

Consideremos el caso en que la fuerza excitadora que actúa sobre el sistema es armónica, o sea

$$F(t) = F \operatorname{sen} \Omega t$$

en donde F es la amplitud de la fuerza excitadora y Ω es la frecuencia angular forzada, siendo ω la frecuencia angular natural del sistema.

La ecuación [16.21] se convierte en

$$m\ddot{x} + c\dot{x} + kx = F \operatorname{sen} \Omega t \qquad [16.22]$$

Para obtener una solución particular de la completa se ensaya una solución del tipo

$$x = X \operatorname{sen} (\Omega t - \phi)$$

en donde X es la amplitud del movimiento en régimen permanente y ϕ el ángulo de fase.

Sustituyendo en la ecuación [16.22] los valores de x y sus derivadas primera y segunda:

$$x = X \operatorname{sen} (\Omega t - \phi); \quad \dot{x} = X\Omega \cos (\Omega t - \phi); \quad \ddot{x} = -X\Omega^2 \operatorname{sen} (\Omega t - \phi)$$

resulta

$$-mX\Omega^2 \operatorname{sen} (\Omega t - \phi) + cX\Omega \cos (\Omega t - \phi) + kX \operatorname{sen} (\Omega t - \phi) = F \operatorname{sen} \Omega t$$

o sea

$$(k - m\Omega^2)X \operatorname{sen}(\Omega t - \phi) + cX\Omega \cos(\Omega t - \phi) = F \operatorname{sen} \Omega t$$

desarrollando los términos en seno y coseno queda:

$$[c\Omega \cos \phi - (k - m\Omega^2) \operatorname{sen} \phi]X \cos \Omega t + [(k - m\Omega^2) \cos \phi + \\ + c\Omega \operatorname{sen} \phi]X \operatorname{sen} \Omega t = F \operatorname{sen} \Omega t$$

y puesto que esta última ecuación debe verificarse en todo instante, identificando, se tiene

$$\begin{aligned} &[c\Omega \cos \phi - (k - m\Omega^2) \operatorname{sen} \phi] = 0 \\ &[(k - m\Omega^2) \cos \phi + c\Omega \operatorname{sen} \phi]X = F \end{aligned} \qquad [16.23]$$

De estas dos ecuaciones se pueden obtener los valores de la amplitud X y el ángulo de fase ϕ. En efecto, de la primera ecuación resulta

$$\tan \phi = \frac{c\Omega}{k - m\Omega^2} \qquad [16.24]$$

que da el ángulo de fase y de esta última

$$\operatorname{sen} \phi = \frac{c\Omega \cos \phi}{k - m\Omega^2} \qquad [16.25]$$

Sustituyendo este valor en la segunda de las ecuaciones [16.23]

$$\left[(k - m\Omega^2) \cos \phi + c\Omega \frac{c\Omega \cos \phi}{k - m\Omega^2}\right] X = F$$

o sea

$$\cos \phi = \frac{F}{X} \cdot \frac{k - m\Omega^2}{(k - m\Omega^2)^2 + c^2\Omega^2}$$

de donde

$$X = \frac{F}{\cos \phi} \cdot \frac{k - m\Omega^2}{(k - m\Omega^2)^2 + c^2\Omega^2} \qquad [16.26)$$

Y se elimina el cos ϕ teniendo en cuenta que

$$\text{sen}^2\,\phi + \cos^2\phi = 1$$

y sustituyendo el valor del seno de la ecuación [16.25], antes obtenido:

$$\cos^2\phi = 1 - \text{sen}^2\,\phi = 1 - \frac{c^2\Omega^2}{(k - m\Omega^2)^2}\cos^2\phi$$

de donde

$$\left(1 + \frac{c^2\Omega^2}{(k - m\Omega^2)^2}\right)\cos^2\phi = 1$$

o sea

$$\frac{1}{\cos\phi} = \sqrt{1 + \frac{c^2\Omega^2}{(k - m\Omega^2)^2}}$$

y finalmente

$$X = F\sqrt{1 + \frac{c^2\Omega^2}{(k - m\Omega^2)^2}}\cdot\frac{k - m\Omega^2}{(k - m\Omega^2)^2 + c^2\Omega^2} = \frac{F}{\sqrt{(k - m\Omega^2)^2 + c^2\Omega^2}}$$

Recordando que

$$\alpha = \frac{c}{2\sqrt{km}} \quad \text{y} \quad \omega = \sqrt{\frac{k}{m}}$$

la amplitud X se puede poner en la forma

$$X = \frac{F}{\sqrt{k^2\left(1 - \frac{m}{k}\Omega^2\right)^2 + 4\alpha^2 km\Omega^2}} = \frac{F/k}{\sqrt{\left[1 - \left(\frac{\Omega}{\omega}\right)^2\right]^2 + \left[2\alpha\frac{\Omega}{\omega}\right]^2}}$$

o bien, haciendo $X_0 = \dfrac{F}{k}$:

$$X = \frac{X_0}{\sqrt{\left[1 - \left(\frac{\Omega}{\omega}\right)^2\right]^2 + \left[4\alpha\frac{\Omega}{\omega}\right]^2}} \qquad [16.27]$$

Llamando $\rho = \frac{\Omega}{\omega}$ a la relación de frecuencias, la amplitud puede escribirse como:

$$X = \frac{X_0}{\sqrt{(1 - \rho^2)^2 + 4\alpha^2\rho^2}}$$

Esta amplitud, X, tendrá un máximo cuando $\frac{dX}{d\rho} = 0$. Es decir:

$$\frac{d}{d\rho}[(1 - \rho^2)^2 + 4\alpha^2\rho^2]^{-\frac{1}{2}} = 0$$

o sea:

$$-\frac{1}{2}[(1 - \rho^2)^2 + 4\alpha^2\rho^2]^{-\frac{3}{2}}[2(1 - \rho^2)(-2\rho) + 8\alpha^2\rho] = 0$$

o bien

$$-\frac{1}{2}[2(1 - \rho^2)(-2\rho) + 8\alpha^2\rho] = 0$$

de donde

$$\rho_{\text{máx}} = \sqrt{1 - 2\alpha^2}$$

y por tanto

$$\left(\frac{\Omega}{\omega}\right)_{\text{máx}} = \sqrt{1 - 2\alpha^2}$$

El correspondiente valor de la amplitud de resonancia se obtiene sin más que sustituir $\left(\frac{\Omega}{\omega}\right)_{\text{máx}}$ en la ecuación [16.27]:

$$X_r = \frac{X_0}{\sqrt{[1-(1-2\alpha^2)]^2 + 4\alpha^2(1-2\alpha^2)}} = \frac{X_0}{2\alpha\sqrt{1-\alpha^2}}$$

Para este máximo la tangente del ángulo de fase es

$$\tan\phi = \frac{c\Omega}{k - m\Omega^2} = \frac{2m\alpha\omega\omega\dfrac{\Omega}{\omega}}{k\left(1 - \dfrac{\Omega^2}{\omega^2}\right)} = \frac{2m\alpha\omega^2\sqrt{1-2\alpha^2}}{k[1-(1-2\alpha^2)]} =$$

$$= \frac{2\alpha\sqrt{1-2\alpha^2}}{2\alpha^2} = \frac{\sqrt{1-2\alpha^2}}{\alpha}$$

Finalmente cuando

$$\frac{\Omega}{\omega} = 1$$

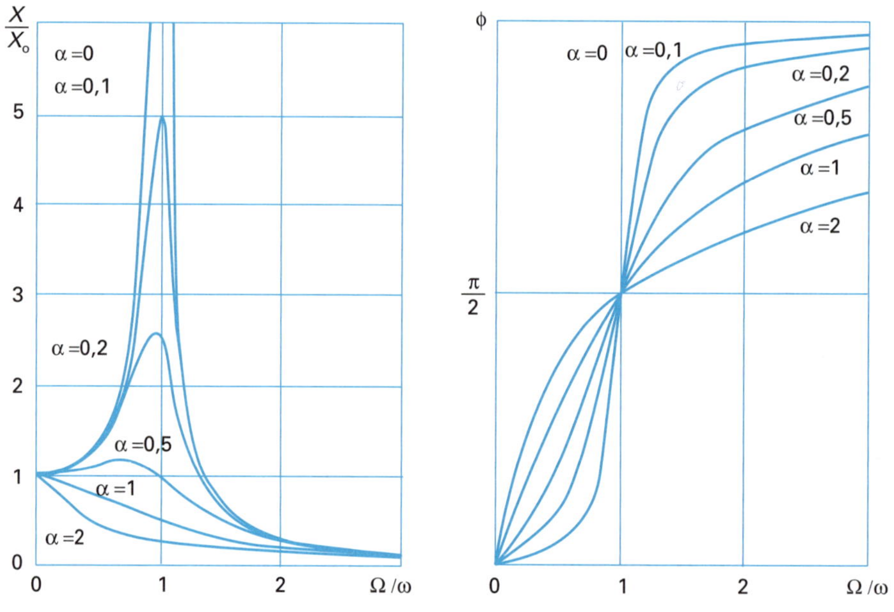

FIGURA 16,6

la tangente del ángulo de fase

$$\tan \phi_r = \frac{c\Omega}{k - m\Omega^2} = \frac{2\alpha \dfrac{\Omega}{\omega}}{\left(1 - \dfrac{\Omega^2}{\omega^2}\right)} = \frac{2\alpha}{1 - 1} \rightarrow \infty$$

se hace infinita, y se dice que hay *resonancia de fase*.

En la figura 16.6 pueden verse las curvas X/X_0 y las del ángulo de fase, ϕ, en función de $\dfrac{\Omega}{\omega}$, para diversos valores del factor de amortiguamiento.

16.4. VIBRACIONES LIBRES EN SISTEMAS CON DOS GRADOS DE LIBERTAD

Aunque los sistemas de dos grados de libertad pueden considerarse comprendidos en el caso general de los sistemas con n grados de libertad, se suelen tratar separadamente ya que al quedar determinada su configuración mediante sólo dos variables es posible encontrar soluciones analíticas que permiten una comprensión más sencilla de su comportamiento.

En el caso de vibraciones libres con dos grados de libertad sin amortiguamiento, aplicaremos la teoría de las pequeñas vibraciones estudiada anteriormente. Supongamos que se tiene un sistema constituido por dos masas, enlazadas entre sí mediante resortes, que se mueven según una línea recta. El sistema es holónomo, conservativo y con enlaces esclerónomos. Llamaremos x_1 y x_2 a las coordenadas generalizadas que definen la configuración del sistema.

Las expresiones de la energía cinética reducida y de la energía potencial son:

$$T_r = \frac{1}{2}\sum_{i=1}^{2}\sum_{j=1}^{2} m_{ij}\dot{x}_i\dot{x}_j = \frac{1}{2}m_{11}\dot{x}_1^2 + m_{12}\dot{x}_1\dot{x}_2 + \frac{1}{2}m_{22}\dot{x}_2^2$$

y análogamente

$$U_r = \frac{1}{2}\sum_{i=1}^{2}\sum_{j=1}^{2} k_{ij}x_i x_j = \frac{1}{2}k_{11}x_1^2 + k_{12}x_1x_2 + \frac{1}{2}k_{22}x_2^2$$

por lo que la lagrangiana del sistema es

$$L = \frac{1}{2}m_{11}\dot{x}_1^2 + m_{12}\dot{x}_1\dot{x}_2 + \frac{1}{2}m_{22}\dot{x}_2^2 - \frac{1}{2}k_{11}x_1^2 + k_{12}x_1x_2 - \frac{1}{2}k_{22}x_2^2$$

y de aquí

$$\frac{\partial L}{\partial \dot{x}_1} = m_{11}\dot{x}_1 + m_{12}\dot{x}_2; \qquad \frac{\partial L}{\partial x_1} = -k_{11}x_1 - k_{12}x_2$$

y

$$\frac{\partial L}{\partial \dot{x}_2} = m_{12}\dot{x}_1 + m_{22}\dot{x}_2; \qquad \frac{\partial L}{\partial x_2} = -k_{12}x_1 - k_{22}x_2$$

Las ecuaciones del movimiento serán

$$m_{11}\ddot{x}_1 + m_{12}\ddot{x}_2 + k_{11}x_1 + k_{12}x_2 = 0$$
$$m_{12}\ddot{x}_1 + m_{22}\ddot{x}_2 + k_{12}x_1 + k_{22}x_2 = 0$$

que en forma matricial se puede expresar como

$$\begin{bmatrix} m_{11} & m_{12} \\ m_{21} & m_{22} \end{bmatrix} \begin{bmatrix} \ddot{x}_1 \\ \ddot{x}_2 \end{bmatrix} + \begin{bmatrix} k_{11} & k_{12} \\ k_{21} & k_{22} \end{bmatrix} \begin{bmatrix} x_1 \\ x_2 \end{bmatrix} = 0$$

Este sistema de ecuaciones diferenciales puede simplificarse suponiendo que la matriz $[M]$ tiene forma diagonal, ya que la masa de las partículas del sistema no depende de la orientación de los ejes coordenados, por lo que los coeficientes m_{ij} desaparecen y queda el siguiente sistema de ecuaciones diferenciales del movimiento

$$m_{11}\ddot{x}_1 + k_{11}x_1 + k_{12}x_2 = 0$$
$$m_{22}\ddot{x}_2 + k_{21}x_1 + k_{22}x_2 = 0$$

Este sistema se puede escribir del siguiente modo

$$\frac{d^2x_1}{dt^2} = -a_{11}x_1 - a_{12}x_2$$
$$\frac{d^2x_2}{dt^2} = -a_{21}x_1 - a_{22}x_2 \qquad [16.28]$$

Para resolverlo vamos a ensayar soluciones de la forma

$$x_1 = A \operatorname{sen}(\omega t + \varphi)$$
$$x_2 = B \operatorname{sen}(\omega t + \varphi)$$

que, como se sabe, son soluciones de las ecuaciones diferenciales

$$\frac{d^2x_1}{dt^2} = -\omega^2 x_1$$
$$\frac{d^2x_2}{dt^2} = -\omega^2 x_2$$

Sustituyendo en el sistema de ecuaciones diferenciales [16.28] queda

$$\begin{aligned} (a_{11} - \omega^2)x_1 + a_{12}x_2 &= 0 \\ a_{21}x_1 + (a_{22} - \omega^2)x_2 &= 0 \end{aligned} \qquad [16.29]$$

Para que este sistema de ecuaciones tenga solución, distinta de la trivial nula, es preciso que se anule el determinante de los coeficientes, o sea

$$\begin{vmatrix} a_{11} - \omega^2 & a_{12} \\ a_{21} & a_{22} - \omega^2 \end{vmatrix} = 0$$

Esta es una ecuación cuadrática en ω que una vez resuelta proporciona dos valores ω_1 y ω_2 que corresponden a los dos modos principales de vibración del sistema. La relación entre las coordenadas se obtiene a partir del sistema de ecuaciones [16.29]:

MODO 1:

$$\left(\frac{x_2}{x_1}\right)_1 = \frac{\omega_1^2 - a_{11}}{a_{12}} = \frac{B_1}{A_1}$$

MODO 2

$$\left(\frac{x_2}{x_1}\right)_2 = \frac{\omega_2^2 - a_{11}}{a_{12}} = \frac{B_2}{A_2}$$

Se puede observar que el cociente de las coordenadas para cada grado de libertad permanece fijo e igual al cociente entre las amplitudes.

La solución general del sistema [16.28] se obtiene como una combinación lineal de dos soluciones inωdependientes del sistema, es decir, de los dos modos antes citados. O sea:

$$x_1(t) = A_1 \text{ sen } (\omega_1 t + \varphi_1) + A_2 \text{ sen } (\omega_2 t + \varphi_2)$$

$$x_2(t) = B_1 \text{ sen } (\omega_1 t + \varphi_1) + B_2 \text{ sen } (\omega_2 t + \varphi_2)$$

Las constantes A_1, A_2, B_1, B_2, φ_1 y φ_2 se determinan a partir de las condiciones iniciales de posición y velocidad de cada coordenada, e imponiendo que se satisfagan ambas ecuaciones diferenciales del movimiento.

16.5. ANÁLISIS ARMÓNICO

El análisis armónico de una función periódica $f(t)$ está fundado en el principio de superposición y consiste en expresarla, exacta o aproximadamente, como suma de una serie infinita de funciones armónicas del tipo:

$$f(t) = A_0 + A_1 \text{ sen } (\omega t + \varphi_1) + A_2 \text{ sen } (\omega t + \varphi_2) + \ldots + A_n \text{ sen } (\omega t + \varphi_n) \qquad [16.30]$$

en donde $\omega = \dfrac{2\pi}{T}$, n es un número entero y φ es el llamado ángulo de *fase*.

Sea $f(t)$ una función periódica, de periodo T, es decir, tal que

$$f(t) = f(t + T)$$

siendo T el menor número positivo que verifica dicha condición. Estas funciones tienen la propiedad de que siempre es posible expresarlas mediante la suma de funciones armónicas [16.1] o lo que es lo mismo, en la forma:

$$f(t) = \frac{a_0}{2} + \sum_{n=1}^{\infty} (a_n \cos n\,\omega t + b_n \text{ sen } n\,\omega t) \qquad [16.31]$$

en donde las constantes a_0, a_n y b_n se denominan coeficientes de *Fourier* de la función $f(t)$ y vienen dados por las expresiones:

$$a_0 = \frac{1}{T}\int_{-\frac{T}{2}}^{\frac{T}{2}} f(t)\, dt$$

$$a_n = \frac{2}{T}\int_{-\frac{T}{2}}^{\frac{T}{2}} f(t) \cos n\omega t\, dt$$

$$a_n = \frac{2}{T}\int_{-\frac{T}{2}}^{\frac{T}{2}} f(t) \,\mathrm{sen}\, n\omega t\, dt$$

Las condiciones matemáticas que han de cumplirse para que las serie anterior sea convergente son muy generales y en la práctica la mayoría de las funciones de interés en ingeniería las cumplen. El conjunto de todos los sumandos [16.30] o [16.31] recibe el nombre de *espectro de frecuencias* de la función $f(t)$. Obtener dicha serie para la función se denomina análisis armónico de $f(t)$. En la figura 16.7 puede verse la descomposición de una señal $f(t)$ en sus dos primeros armónicos.

El análisis espectral de una función periódica es de gran interés en numerosos campos de la ciencia y la tecnología, desde la ingeniería mecánica hasta la de telecomunicaciones, ya que permite interpretar el espectro de Fourier de una señal como el conjunto de frecuencias componentes de la señal original.

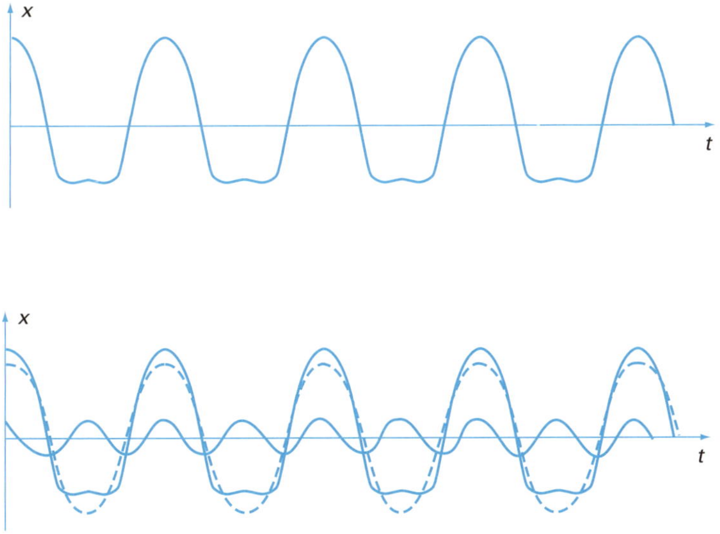

FIGURA 16.7

EJERCICIOS

16.1 Un cilindro de masa M y radio R rueda sin deslizar sobre una superficie horizontal. En el centro del cilindro se suelda una varilla de longitud L y masa despreciable en cuyo extremo se coloca una masa m. Calcular:

a) Ecuación del movimiento del sistema.

b) Frecuencia de oscilación de las pequeñas oscilaciones del sistema.

16.2 Un péndulo doble está formado por dos varillas de longitudes L_1 y L_2 que por uno de sus extremos están unidas a una masa m_1 y m_2, respectivamente. La varilla de longitud L_1 está suspendida de un punto fijo O y la varilla de longitud L_2 está suspendida de la masa m_1. Ambas varillas oscilan libremente en el mismo plano bajo la acción del campo gravitatorio terrestre. Calcular:

a) Grados de libertad del sistema y ecuaciones diferenciales del movimiento.

b) Ecuaciones del movimiento para las pequeñas oscilaciones del sistema.

16.3 Dos péndulos simples iguales están formados por dos varillas de longitud L y peso despreciable en uno de cuyos extremos está situada una masa puntual m. Por el otro extremo los péndulos están suspendidos de dos puntos A y B situados a la misma altura. A una distancia d de su punto de suspensión cada péndulo está unido a uno de los extremos de un resorte de constante k. Calcular:

a) Ecuaciones diferenciales del movimiento.

b) Frecuencias de vibración para los pequeños movimientos del sistema.

16.4 Un sistema mecánico está formado por una masa m, que puede desplazarse horizontalmente sin rozamiento, unida a un resorte de constante elástica k y a un amortiguador de constante de amortiguamiento c. Por el otro extremo el resorte y el amortiguador permanecen unidos a una pared fija. Sobre el sistema actúa una fuerza constante de módulo F. En el instante inicial la masa se encuentra en el origen y su velocidad es cero. Determinar:

a) La ecuación del movimiento $x(t)$ en el caso general.

b) La ecuación del movimiento cuando el amortiguamiento es cero.

16.5 Dos masas iguales, $m_1 = m_2 = m$, se mueven sobre una recta, sin rozamiento, unidas entre sí y a dos puntos fijos de la recta por tres muelles de constante elástica k. Las condiciones iniciales son: $x_1(0) = 0$; $x_2(0) = 0$; $\dot{x}_1(0) = v_0$; $\dot{x}_2(0) = 0$. Calcular:

a) Frecuencias y modos de vibración.

b) Ecuaciones del movimiento $x_1(t)$ y $x_2(t)$.

SOLUCIONES DE LOS EJERCICIOS

16.1

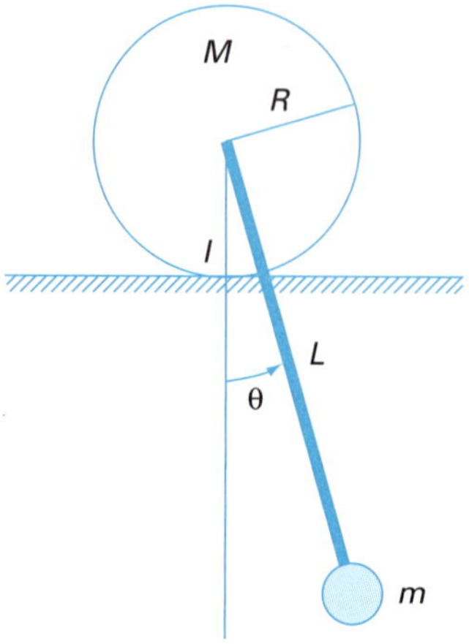

FIGURA 16.8

El sistema tiene un solo grado de libertad ya que el cilindro y la varilla forman un único sólido rígido. Para obtener las ecuaciones del movimiento calcularemos en primer lugar la lagrangiana del sistema. Para ello, se calculan las energías respecto al centro instantáneo de rotación, *I*, punto respecto al que en un instante están girando las dos masas *M* y *m*.

$$T_{\text{cil}} = \frac{1}{2} I_I \dot{\theta}^2 = \left(\frac{1}{2} MR^2 + MR^2\right)\dot{\theta}^2 = \frac{3}{4} MR^2\dot{\theta}^2$$

Energía cinética del péndulo

$$T_{\text{pénd}} = \frac{1}{2} m(L - R)^2\dot{\theta}^2$$

Tomando el plano horizontal como referencia, se tiene:

Energía potencial del cilindro:

$$U_{\text{cil}} = 0$$

Energía potencial del péndulo:

$$U_{\text{pénd}} = (L - R)(1 - \cos\theta)$$

La lagrangiana es

$$L = \frac{3}{4} M\, R^2 \dot{\theta}^2 + \frac{1}{2} m(L - R)\dot{\theta}^2 - mg(L - R)(1 - \cos\theta)$$

La ecuación del movimiento es

$$\frac{d}{dt}\left(\frac{\partial L}{\partial \dot{\theta}}\right) - \frac{\partial L}{\partial \theta} = 0$$

derivando respecto a $\dot{\theta}$ y θ en la lagrangiana, resulta:

$$\frac{\partial L}{\partial \dot{\theta}} = \frac{3}{4} mR^2 2\dot{\theta} + \frac{1}{2} m(L - R)^2 2\dot{\theta}$$

$$\frac{\partial L}{\partial \theta} = -mg(L - R)\,\mathrm{sen}\,\theta$$

Luego la ecuación del movimiento es

$$\frac{3}{2} MR^2 \ddot{\theta} + m(L - R)^2 \ddot{\theta} + mg(L - R)\,\mathrm{sen}\,\theta = 0$$

o sea

$$\left[\frac{3}{2} MR^2 + m(L - R)^2\right]\ddot{\theta} + mg(L - R)\,\mathrm{sen}\,\theta = 0$$

Para pequeñas oscilaciones

$$\mathrm{sen}\,\theta \simeq \theta \quad \text{y} \quad \cos\theta \simeq 1$$

y la ecuación del movimiento se reduce a:

$$\left[\frac{3}{2} MR^2 + (L - R)^2\right]\ddot{\theta} = -mgL\theta$$

es decir,

$$\ddot{\theta} + \frac{mgL}{\frac{3}{2} MR^2 + (L - R)^2}\,\theta = 0$$

ecuación diferencial lineal cuya ecuación característica es

$$\omega^2 + \frac{mgL}{\frac{3}{2}MR^2 + (L - R)^2} = 0$$

y cuyas soluciones son:

$$\omega = \pm \sqrt{\frac{mgL}{\frac{3}{2}MR^2 + (L - R)^2}}$$

La frecuencia de oscilación del sistema corresponde a la determinación positiva de la raíz

$$\omega_0 = \sqrt{\frac{mgL}{\frac{3}{2}MR^2 + (L - R)^2}}$$

16.2

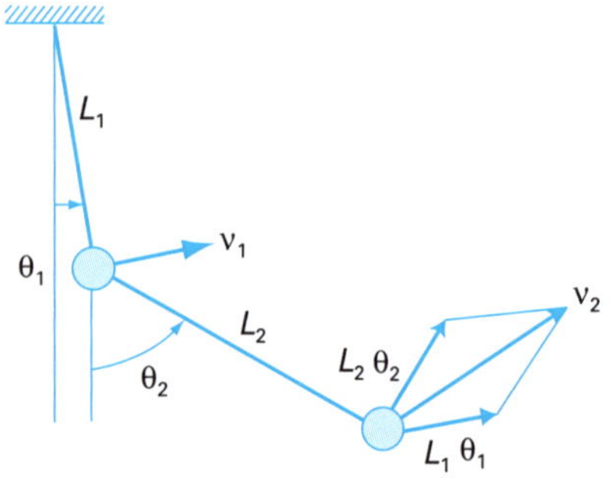

FIGURA 16.9

El sistema tiene dos grados de libertad y es conservativo. La lagrangiana del sistema es

$$L = T - U$$

Las velocidades de las dos masas son las que se observan en la figura 16.9, por lo que la energía cinética de los péndulos es:

$$T = \frac{1}{2}m_1v_1^2 + \frac{1}{2}m_2v_2^2 =$$

$$= \frac{1}{2}m_1(L_1\dot{\theta})^2 + \frac{1}{2}m_2[(L_1\dot{\theta}_1 \cos\theta_1 + L_2\dot{\theta}_2 \cos\theta_2)^2 +$$

$$+ (L_1\dot{\theta}_1 \operatorname{sen}\theta_1 + L_2\dot{\theta}_2 \operatorname{sen}\theta_2)^2] =$$

$$= \frac{1}{2}m_1(L_1\dot{\theta}_1)^2 + \frac{1}{2}m_2[(L_1\dot{\theta}_1)^2 + (L_2\dot{\theta}_2)^2 + 2L_1L_2\dot{\theta}_1\dot{\theta}_2 \cos(\theta_2 - \theta_1)^2]$$

y la energía potencial será:

$$U = m_1gL_1(1 - \cos\theta_1) + m_2g[L_1(1 - \cos\theta_1) + L_2(1 - \cos\theta_2)]$$

luego la lagrangiana es:

$$L = T - U = \frac{1}{2}(m_1 + m_2)(L_1\dot{\theta}_1)^2 + \frac{1}{2}m_2(L_2\dot{\theta}_2)^2 +$$
$$+ m_2L_1L_2\dot{\theta}_1\dot{\theta}_2 \cos(\theta_2 - \theta_1) -$$
$$- (m_1 + m_2)L_1g(1 - \cos\theta_1) - m_2gL_2(1 - \cos\theta_2)$$

Las ecuaciones del movimiento son:

$$\frac{d}{dt}\left(\frac{\partial L}{\partial \dot{\theta}_1}\right) - \frac{\partial L}{\partial \theta_1} = 0$$

$$\frac{d}{dt}\left(\frac{\partial L}{\partial \dot{\theta}_2}\right) - \frac{\partial L}{\partial \theta_2} = 0$$

por lo que derivando en la expresión de la lagrangiana se obtiene:

$$\frac{\partial L}{\partial \dot{\theta}_1} = (m_1 + m_2)L_1^2\dot{\theta}_1 + m_2L_1L_2\dot{\theta}_2 \cos(\theta_2 - \theta_1)$$

$$\frac{d}{dt}\left(\frac{\partial L}{\partial \theta_1}\right) = (m_1 + m_2)L_1^2\ddot{\theta}_1 + m_2L_1L_2\ddot{\theta}_2 \cos(\theta_2 - \theta_1) +$$
$$+ m_2L_1L_2\dot{\theta}_2[-\operatorname{sen}(\theta_2 - \theta_1)(\dot{\theta}_2 - \dot{\theta}_1)] =$$
$$= (m_1 + m_2)L_1^2\ddot{\theta}_1 + m_2L_1L_2\ddot{\theta}_2 \cos(\theta_2 - \theta_1) -$$
$$- m_2L_1L_2\dot{\theta}_2^2 \operatorname{sen}(\theta_2 - \theta_1) - m_2L_1L_2\dot{\theta}_2\dot{\theta}_1 \operatorname{sen}(\theta_2 - \theta_1)$$

$$\frac{\partial L}{\partial \theta_1} = -m_2 L_1 L_2 \dot{\theta}_1 \dot{\theta}_2 \operatorname{sen}(\theta_2 - \theta_1)\dot{\theta}_1 - (m_1 + m_2) L_1 g \operatorname{sen}\theta_1$$

por lo tanto la primera ecuación diferencial del movimiento es:

$$\frac{d}{dt}\left(\frac{\partial L}{\partial \dot{\theta}_1}\right) - \frac{\partial L}{\partial \theta_1} = (m_1 + m_2) L_1^2 \ddot{\theta}_1 + m_2 L_1 L_2 \ddot{\theta}_2 \cos(\theta_2 - \theta_1) -$$

$$- m_2 L_1 L_2 \dot{\theta}_2^2 \operatorname{sen}(\theta_2 - \theta_1) - m_2 L_1 L_2 \dot{\theta}_2 \dot{\theta}_1 \operatorname{sen}(\theta_2 - \theta_1) +$$

$$- m_2 L_1 L_2 \dot{\theta}_1 \dot{\theta}_2 \operatorname{sen}(\theta_2 - \theta_1) + (m_1 + m_2) L_1 g \operatorname{sen}\theta_1 = 0$$

y análogamente:

$$\frac{\partial L}{\partial \dot{\theta}_2} = m_2 L_2^2 \dot{\theta}_2 + m_2 L_1 L_2 \dot{\theta}_1 \cos(\theta_2 - \theta_1)$$

$$\frac{d}{dt}\left(\frac{\partial L}{\partial \dot{\theta}_2}\right) = m_2 L_2^2 \ddot{\theta}_2 + m_2 L_1 L_2 \ddot{\theta}_1 \cos(\theta_2 - \theta_1) -$$

$$- m_2 L_1 L_2 \dot{\theta}_1 [\operatorname{sen}(\theta_2 - \theta_1)(\dot{\theta}_2 - \dot{\theta}_1)] =$$

$$= m_2 L_2^2 \ddot{\theta}_2 + m_2 L_1 L_2 \ddot{\theta}_1 \cos(\theta_2 - \theta_1) - m_2 L_1 L_2 \dot{\theta}_1 \dot{\theta}_2 \operatorname{sen}(\theta_2 - \theta_1) +$$

$$+ m_2 L_1 L_2 \dot{\theta}_1^2 \operatorname{sen}(\theta_2 - \theta_1)$$

$$\frac{\partial L}{\partial \theta_2} = -m_2 L_1 L_2 \dot{\theta}_1 \dot{\theta}_2 \operatorname{sen}(\theta_2 - \theta_1) - m_2 g L_2 \operatorname{sen}\theta_2$$

por lo que la segunda ecuación diferencial del movimiento es:

$$\frac{d}{dt}\left(\frac{\partial L}{\partial \dot{\theta}_2}\right) - \frac{\partial L}{\partial \theta_2} = m_2 L_2^2 \ddot{\theta}_2 + m_2 L_1 L_2 \ddot{\theta}_1 \cos(\theta_2 - \theta_1) -$$

$$- m_2 L_1 L_2 \dot{\theta}_1 \dot{\theta}_2 \operatorname{sen}(\theta_2 - \theta_1) + m_2 L_1 L_2 \dot{\theta}_1^2 \operatorname{sen}(\theta_2 - \theta_1) +$$

$$+ m_2 L_1 L_2 \dot{\theta}_1 \dot{\theta}_2 \operatorname{sen}(\theta_2 - \theta_1) + m_2 g L_2 \operatorname{sen}\theta_2 =$$

$$= m_2 L_2^2 \ddot{\theta}_2 + m_2 L_1 L_2 \ddot{\theta}_1 \cos(\theta_2 - \theta_1) + m_2 L_1 L_2 \theta_1^2 \operatorname{sen}(\theta_2 - \theta_1) +$$

$$+ m_2 g L_2 \operatorname{sen}\theta_2 = 0$$

Para las pequeñas oscilaciones del sistema se tiene:

$$\operatorname{sen}\theta_1 \simeq \theta_1; \quad \operatorname{sen}\theta_2 \simeq \theta_2; \quad \cos(\theta_2 - \theta_1) \simeq 1; \quad \operatorname{sen}(\theta_2 - \theta_1) \simeq 0$$

y las ecuaciones del movimiento para pequeñas oscilaciones se reducen a:

$$(m_1 + m_2)L_1\ddot{\theta}_1 + m_2L_2\ddot{\theta}_2 + (m_1 + m_2)g\theta_1 = 0$$

$$L_2\ddot{\theta}_2 + L_1\ddot{\theta}_1 + g\theta_2 = 0$$

16.3

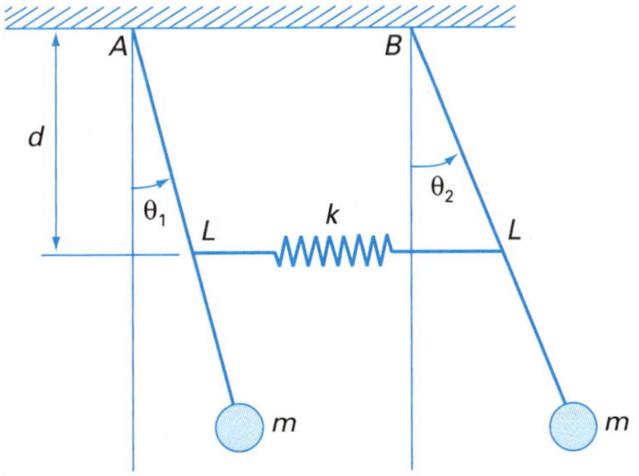

FIGURA 16.10

Como paso previo para el cálculo de la lagrangiana calcularemos las energías cinética y potencial del sistema:

Energía cinética:

$$T = \frac{1}{2}m(L\dot{\theta}_1)^2 + \frac{1}{2}m(L\dot{\theta}_2)^2$$

Energía potencial:

$$U = U_{\text{elástica}} + U_{\text{gravitatoria}} = \frac{1}{2}k(d\theta_1 - d\theta_2)^2 + mgL(1 - \cos\theta_1) +$$

$$+ mgL(1 - \cos\theta_2) = \frac{1}{2}kd^2(\theta_1 - \theta_2)^2 + mgL(1 - \cos\theta_1) +$$

$$+ mgL(1 - \cos\theta_2)$$

y la lagrangiana será:

$$L = \frac{1}{2}mL^2(\dot{\theta}_1^2 + \dot{\theta}_2)^2 - \frac{1}{2}kd^2(\theta_1 - \theta_2)^2 - mgL(1 - \cos\theta_1) -$$

$$- mgL(1 - \cos\theta_2)$$

Las ecuaciones del movimiento son:

$$\frac{d}{dt}\left(\frac{\partial L}{\partial \dot{\theta}_1}\right) - \frac{\partial L}{\partial \theta_1} = 0$$

$$\frac{d}{dt}\left(\frac{\partial L}{\partial \dot{\theta}_2}\right) - \frac{\partial L}{\partial \theta_2} = 0$$

Derivando en la lagrangiana se tiene:

$$\frac{\partial L}{\partial \dot{\theta}_1} = mL^2\dot{\theta}_1; \qquad \frac{d}{dt}\left(\frac{\partial L}{\partial \dot{\theta}_1}\right) = mL^2\ddot{\theta}_1$$

$$\frac{\partial L}{\partial \theta_1} = -kd^2(\theta_1 - \theta_2) - mg \text{ sen } \theta_1$$

y la primera ecuación del movimiento será:

$$mL^2\ddot{\theta}_1 + kd^2(\theta_1 - \theta_2) + mgL \text{ sen } \theta_1 = 0 \qquad [16.32]$$

Derivando nuevamente en la lagrangiana respecto a $\dot{\theta}_2$ y θ_2 se tiene

$$\frac{\partial L}{\partial \dot{\theta}_2} = mL^2\dot{\theta}_2; \qquad \frac{d}{dt}\left(\frac{\partial L}{\partial \dot{\theta}_2}\right) = mL^2\ddot{\theta}_2$$

$$\frac{\partial L}{\partial \theta_2} = kd^2(\theta_1 - \theta_2) - mgL \text{ sen } \theta_2$$

y la segunda ecuación del movimiento es:

$$mL^2\ddot{\theta}_2 + kd^2(\theta_2 - \theta_1) + mgL \text{ sen } \theta_2 = 0 \qquad [16.33]$$

para pequeñas oscilaciones se puede poner:

$$\text{sen } \theta_1 \simeq \theta_1 \quad \text{y} \quad \text{sen } \theta_2 \simeq \theta_2$$

y las ecuaciones del movimiento se reducen a:

$$mL^2\ddot{\theta}_1 + kd^2(\theta_1 - \theta_2) + mgL\theta_1 = 0$$

$$mL^2\ddot{\theta}_2 + kd^2(\theta_2 - \theta_1) + mgL\theta_2 = 0$$

Ensayando soluciones de la forma:

$$\theta_1 = A \cos \omega t$$

$$\theta_2 = B \cos \omega t$$

resulta

$$(-\omega^2 mL^2 + mgL + kd^2)A - kd^2 B = 0$$

$$(-\omega^2 mL^2 + mgL + kd^2)B - kd^2 A = 0$$

y para que este sistema tenga solución, el determinante de los coeficientes ha de ser nulo, o sea

$$\begin{vmatrix} -\omega^2 mL^2 + mgL + kd^2 & -kd^2 \\ -kd^2 & -\omega^2 mL^2 + mgL + kd^2 \end{vmatrix} = 0$$

y desarrollando el determinante se obtiene la ecuación de la frecuencia

$$\omega^4 - 2\left(\frac{g}{L} + \frac{kd^2}{mL^2}\right)\omega^2 + \left(\frac{g^2}{L^2} + \frac{2kd^2 g}{mL^2}\right) = 0$$

cuyas soluciones son las frecuencias buscadas

$$\omega_1 = \sqrt{\frac{g}{L}} \quad \text{y} \quad \omega_2 = \sqrt{\frac{g}{L} + \frac{2kd^2}{mL^2}}$$

16.4

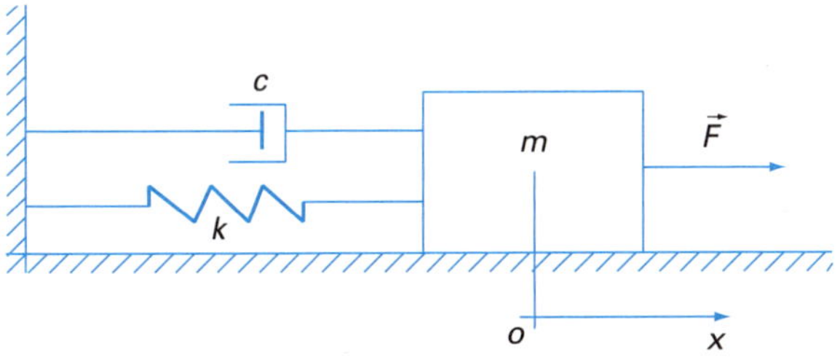

FIGURA 16.11

El sistema está sometido a la acción de una fuerza constante de módulo F. La ecuación diferencial del movimiento es:

$$m\ddot{x} + c\ddot{x} + kx = F$$

La solución general de esta ecuación diferencial, como es sabido, es la suma de la solución de la homogénea más una solución particular de la completa.

Para hallar la solución de la homogénea se forma la ecuación característica:

$$mr^2 + cr + k = 0$$

cuyas raíces son

$$r = \frac{-c \pm \sqrt{c^2 - 4mk}}{2m} = \frac{-c}{2m} \pm \sqrt{\left(\frac{c}{2m}\right)^2 - \frac{k}{m}} =$$

$$= -\alpha\omega \pm \omega\sqrt{\alpha^2 - 1}$$

en donde

$$\omega = \sqrt{\frac{k}{m}} \qquad \text{y} \qquad \alpha = \frac{c}{c_c} = \frac{c}{2\sqrt{km}}$$

siendo c_c el amortiguamiento crítico y α el llamado coeficiente de amortiguamiento, por lo que la solución de la homogénea, en el caso de que $\alpha < 1$, es de la forma

$$x = Ae^{-\alpha\omega t}\left[A \operatorname{sen}\left(\omega\sqrt{1 - \alpha^2}\, t\right) + B \cos\left(\omega\sqrt{1 - \alpha^2}\, t\right)\right]$$

y la solución particular de la completa, se obtiene ensayando una solución de la forma

$$x_p = \frac{F}{K}$$

por lo que la solución buscada es:

$$x = e^{-\alpha\omega t}\left[A \operatorname{sen}\left(\omega\sqrt{1 - \alpha^2}\, t\right) + B \cos\left(\omega\sqrt{1 - \alpha^2}\, t\right)\right] + \frac{F}{k}$$

y teniendo en cuenta las condiciones de contorno:

$$x(0) = 0 \qquad \text{y} \qquad \dot{x}(0) = 0$$

resulta

$$0 = B + \frac{F}{K}$$

y

$$B = -\frac{F}{K}$$

Derivando respecto al tiempo en la ecuación que da la solución general:

$$\dot{x} = -\alpha\omega e^{-\alpha\omega t}\left[A \text{ sen } (\omega\sqrt{1-\alpha^2}\, t) + B \cos (\omega\sqrt{1-\alpha^2}\, t)\right] +$$

$$+ e^{-\alpha\omega t}\left[A\omega\sqrt{1-\alpha^2} \cos(\omega\sqrt{1-\alpha^2}\, t) - B\omega\sqrt{1-\alpha^2} \text{ sen} (\omega\sqrt{1-\alpha^2}\, t)\right]$$

y teniendo en cuenta las condiciones iniciales:

$$\dot{x}(0) = -\alpha\omega[B] + \left[A\omega\sqrt{1-\alpha^2}\right] = 0$$

o sea

$$-\alpha\left(-\frac{F}{k}\right) = -A\sqrt{1-\alpha^2}$$

y queda:

$$A = -\frac{\alpha F}{k\sqrt{1-\alpha^2}}$$

por lo que finalmente la solución general buscada es:

$$x = e^{-\alpha\omega t}\left[\frac{-\alpha F}{k\sqrt{1-\alpha^2}} \text{ sen } (\omega\sqrt{1-\alpha^2}\, t) - \right.$$

$$\left. - \frac{F}{k} \cos(\omega\sqrt{1-\alpha^2}\, t)\right] + \frac{F}{k} =$$

$$= -\frac{F}{k} e^{-\alpha\omega t}\left[\frac{\alpha}{\sqrt{1-\alpha^2}} \text{ sen } (\omega\sqrt{1-\alpha^2}\, t) + \cos(\omega\sqrt{1-\alpha^2}\, t)\right] + \frac{F}{k}$$

si el amortiguamiento es $\alpha = 0$ se tiene:

$$x = -\frac{F}{k}\cos(\omega t) + \frac{F}{k} = \frac{F}{k}(1 - \cos \omega t)$$

16.5

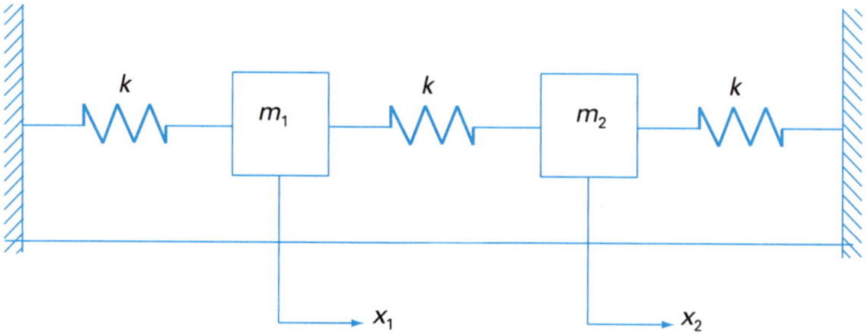

FIGURA 16.12

Supóngase que x_1 y x_2 son los desplazamientos de las masas m_1 y m_2 respecto a su posición de equilibrio. Las energías cinética y potencial de las masas son:

$$T = \frac{1}{2}m_1\dot{x}_1^2 + \frac{1}{2}m_2\dot{x}_2^2$$

y

$$U = \frac{1}{2}kx_1^2 + \frac{1}{2}k(x_2 - x_1)^2 + \frac{1}{2}kx_2^2$$

y la lagrangiana del sistema es

$$L = \frac{1}{2}m_1\dot{x}_1^2 + \frac{1}{2}m_2\dot{x}_2^2 - \frac{1}{2}kx_1^2 + \frac{1}{2}k(x_2 - x_1)^2 + \frac{1}{2}kx_2^2$$

las ecuaciones del movimiento son:

$$\frac{d}{dt}\left(\frac{\partial L}{\partial \dot{x}_1}\right) - \frac{\partial L}{\partial x_1} = 0$$

$$\frac{d}{dt}\left(\frac{\partial L}{\partial \dot{x}_2}\right) - \frac{\partial L}{\partial x_2} = 0$$

Derivando en la expresión de la lagrangiana respecto a $\dot{x}_1$ y x_1 se tiene:

$$\frac{\partial L}{\partial \dot{x}_1} + m_1\dot{x}_1; \quad \frac{d}{dt}\left(\frac{\partial L}{\partial \dot{x}_1}\right) = m_1\ddot{x}_1$$

y

$$\frac{\partial L}{\partial x_1} = -kx_1 + k(x_2 - x_1)$$

e igualmente:

$$\frac{\partial L}{\partial \dot{x}_2} + m_1\dot{x}_2; \quad \frac{d}{dt}\left(\frac{\partial L}{\partial \dot{x}_2}\right) = m_1\ddot{x}_2$$

y

$$\frac{\partial L}{\partial x_2} = -k(x_2 - x_1) - kx_2$$

por lo que las ecuaciones del movimiento quedan:

$$m_1\ddot{x}_1 + kx_1 - k(x_2 - x_1) = 0$$

$$m_2\ddot{x}_2 + kx_2 + k(x_2 - x_1) = 0$$

o sea

$$m_1\ddot{x}_1 + 2kx_1 - kx_2 = 0$$

$$m_2\ddot{x}_2 - 2kx_1 + kx_2 = 0$$

que en forma matricial pueden escribirse como

$$\begin{bmatrix} m_1\ddot{x}_1 \\ m_2\ddot{x}_2 \end{bmatrix} + \begin{bmatrix} 2k & -k \\ -k & 2k \end{bmatrix}\begin{bmatrix} x_1 \\ x_2 \end{bmatrix} = 0$$

o bien

$$\begin{bmatrix} m_1 & 0 \\ 0 & m_2 \end{bmatrix}\begin{bmatrix} \ddot{x}_1 \\ \ddot{x}_2 \end{bmatrix} + \begin{bmatrix} 2k & -k \\ -k & 2k \end{bmatrix}\begin{bmatrix} x_1 \\ x_2 \end{bmatrix} = 0$$

siendo

$$[M] = \begin{bmatrix} m_1 & 0 \\ 0 & m_2 \end{bmatrix} \quad \text{y} \quad [K] = \begin{bmatrix} 2k & -k \\ -k & 2k \end{bmatrix}$$

las matrices de masas y rigideces del sistema, respectivamente.

O sea:

$$[M]\{\ddot{x}_i\} + [K]\{x_i\} = 0$$

en donde x_i es un vector de dos dimensiones ($i = 1, 2$) y las matrices $[M]$ y $[K]$ son simétricas y definidas positivas, por lo que la solución se obtiene como suma de los modos normales:

$$x_i(t) = \sum_{k=1}^{2} C_k \, \lambda_k \cos(\omega_k t + \varphi_k) \qquad (k = 1, 2)$$

Para obtener ω_k y λ_k se resuelve el problema de valores propios:

$$[M]^{-1}[K]\{\lambda_k\} = \omega_k^2\{\lambda_k\}$$

Las frecuencias normales se obtienen a partir de la ecuación secular

$$\det([K] - \omega_k^2[M]) = 0$$

o sea

$$\begin{vmatrix} 2k - m\omega_k^2 & -k \\ -k & 2k - m\omega_k^2 \end{vmatrix} = 0$$

y resolviendo esta ecuación se obtienen las frecuencias

$$\omega_1 = \sqrt{\frac{k}{m}} \quad \text{y} \quad \omega_2 = \sqrt{\frac{3k}{m}}$$

Los modos normales son los vectores propios correspondientes, o sea:

$$\{\lambda_1\} = \frac{1}{\sqrt{2}}\begin{bmatrix} 1 \\ 1 \end{bmatrix} \quad \text{y} \quad \{\lambda_2\} = \frac{1}{\sqrt{2}}\begin{bmatrix} -1 \\ 1 \end{bmatrix}$$

y las ecuaciones del movimiento para cada modo son:

Primer modo:

$$x_1 = \frac{C_1}{\sqrt{2}} \cos\,(\omega_1 t + \varphi_1)$$

$$x_2 = \frac{C_2}{\sqrt{2}} \cos\,(\omega_2 t + \varphi_2)$$

Segundo modo:

$$x_1 = \frac{-C_1}{\sqrt{2}} \cos\,(\omega_1 t + \varphi_1)$$

$$x_2 = \frac{C_2}{\sqrt{2}} \cos\,(\omega_2 t + \varphi_2)$$

BIBLIOGRAFÍA

APPELL, P., y DAUTHEVILLE, S.: *Précis de Mécanique Rationnelle.* Gauthier-Villars, París, 1952.

ARTÉS, M.: *Apuntes de Dinámica de los Sistemas*. ETSII, Madrid, 1979.

AUBERT, P., y PAPELIER, G.: *Exercises de Mécanique*. Vuibert, París, 1959.

BASTERO, J. M., y CASELLAS, J.: *Curso de Mecánica*. EUNSA, Pamplona, 1991.

BEER, F., y JOHNSTON, E.: *Mecánica Vectorial para Ingenieros*. McGraw-Hill, Madrid, 1990.

BRUHOT, G., y THUILLIER, P.: *Cours de Mécanique. Dynamique.* Masson, París, 1973.

CORBEN, H. C., y STEHLE, P.: *Classical Mechanics.* Dover, Nueva York, 1994.

DEGAS, R.: *A History of Mechanics*. Dover, Nueva York, 1988.

DÍAZ CARRIL, R., y FANO J.: *Mecánica: Problemas Explicados*. UNED, Madrid, 2000.

FAVRE, H.: *Cours de Mécanique*. Leeman, Zurich, 1959.

FINZI, B.: *Mecánica Racional.* Urmo, Bilbao, 1976.

FINZI, B., y UDESCHINI, P.: *Esercizi di Meccanica Razionale.* Tamburini, Milán, 1967.

FOGIEL, M.: *Mechanics Problem Solver: Statics and Dynamics*. REA, Nueva Jersey, 1990.

FRENCH, P.: *Mecánica newtoniana*. Reverté, Barcelona, 1974.

GOLDSTEIN, H.: *Mecánica Clásica*. Aguilar, Madrid, 1963.

GULLÓN, R., y LÓPEZ, M.: *Problemas de Física*, 5 vols. De Romo, Madrid, 1977.

ÍÑIGUEZ, J. M., y CID, R.: *Mecánica Teórica*, 2 vols. Dossat, Madrid, 1965.

LANCZOS, C.: *The Variational Principles of Mechanics*. Dover, Nueva York, 1986.

LANDAU, L. D., y LIFSHITZ, E. M.: *Mecánica*. Reverté, Barcelona, 1988.

LORENTE, J. L., y RUEDA, A.: *Complementos de Física y Mecánica*. UNED, Madrid, 1991.

MARAVALL, D.: *Mecánica y Cálculo Tensorial para Ingenieros*. Dossat, Madrid, 1965.

MARION, J. B.: *Dinámica Clásica de las Partículas y Sistemas*. Reverté, 1975.

MCLEAN, W. G., y NELSON, E. W.: *Mecánica para Ingenieros*. McGraw-Hill, México, 1992.

MEIROVITCH, L.: *Methods of Analytical Dynamics*. McGraw-Hill, Nueva York, 1970.

MERIAM, J. L.: *Estática. Dinámica*. Reverté, Barcelona, 1976.

MESHCHERSKII, I.: *Problemas de Mecánica Teórica*. Mir, Moscú, 1974.

ORTIZ, L.: *Cinemática*. Litoprint, Madrid, 1972.

ORTIZ, L.: *Geometría de Masas*. Litoprint, Madrid, 1970.

PARDO, G.; GONZÁLEZ, F., y BRUQUE, J. M.: *Mecánica*. Paraninfo, Madrid, 1975.

PÉREZ, V.; VÁZQUEZ, L., y RAÑADA, A.: *100 Problemas de Mecánica*. Alianza, Madrid, 1997.

PRIETO, M.: *Curso de Mecánica Racional*, vols. 1 y 2. ADI, Madrid, 1994.

RAÑADA, A.: *Dinámica Clásica*. Alianza, Madrid, 1990.

SÁNCHEZ, A. M.: *Experiencias de Mecánica*. ETSII, Madrid, 1972.

SCALA, J. J.: *Análisis Vectorial. I: Vectores*. Síntesis, Madrid, 1995.

SCALA, J. J.: *Análisis Vectorial. II: Campos*. Reverté, Barcelona, 1990.

SETO, W. W.: *Vibraciones Mecánicas*. McGraw-Hill, México, 1970.

SPIEGEL, M. R.: *Theoretical Mechanics*. McGraw-Hill, Nueva York, 1967.

SYMON, K. R.: *Mecánica*. Aguilar, Madrid, 1970.

SYNGE, J. L., y GRIFFITH, B. A.: *Principios de Mecánica*. Del Castillo, 1965.

TARG, S.: *Curso Breve de Mecánica Teórica*. Mir, Moscú, 1979.

TRUESDELL, C.: *Ensayos de Historia de la Mecánica*. Tecnos, Madrid, 1975.

VANDERWEGEN, P.: *Mécanique du point*. Masson, París, 1996.

WELLS, D. A.: *Lagrangian Dynamics*. McGraw-Hill, Nueva York, 1967.

WITTENBAUER, F.: *Problemas de Mecánica General y Aplicada*. Labor, Barcelona, 1958.

ÍNDICE ANALÍTICO